WILEY

船舶与海洋工程翻译出版计划

U0292966

Ultimate Limit State Analysis and Design of Plated Structures

板结构极限状态分析与设计

〔韩〕白点基（Jeom Kee Paik） 著

闫发锁 刘红兵 董 岩 译

哈尔滨工程大学出版社
Harbin Engineering University Press

黑版贸登字 08-2024-010 号

First published in English under the title

Ultimate Limit State Analysis and Design of Plated Structures, 2nd Edition (9781119367796 / 1119367794) by Jeom Kee Paik

图书在版编目(CIP)数据

板结构极限状态分析与设计 / 闫发锁,刘红兵,董岩译 ;(韩)白点基著. -- 哈尔滨 : 哈尔滨工程大学出版社,2024. 3. -- ISBN 978-7-5661-4185-9

Ⅰ. TG14

中国国家版本馆 CIP 数据核字第 2024EM2404 号

板结构极限状态分析与设计
BANJIEGOU JIXIAN ZHUANGTAI FENXI YU SHEJI

选题策划	石 岭
责任编辑	秦 悦
封面设计	李海波

出版发行	哈尔滨工程大学出版社
社 址	哈尔滨市南岗区南通大街 145 号
邮政编码	150001
发行电话	0451-82519328
传 真	0451-82519699
经 销	新华书店
印 刷	哈尔滨午阳印刷有限公司
开 本	787 mm×1 092 mm 1/16
印 张	31.5
字 数	808 千字
版 次	2024 年 3 月第 1 版
印 次	2024 年 3 月第 1 次印刷
书 号	ISBN 978-7-5661-4185-9
定 价	198.00 元

http://www.hrbeupress.com
E-mail:heupress@ hrbeu.edu.cn

Preface to the Chinese Edition

I am deeply honored and pleased to introduce the Chinese edition of *Ultimate Limit State Analysis and Design of Plated Structures*, the second edition of which was originally published by John Wiley & Sons in 2018. This translation represents a significant milestone in the dissemination of knowledge in the field of structural engineering, and I extend my heartfelt gratitude to the Chinese experts who have undertaken this effort.

Plated structures play a pivotal role in various applications, spanning from marine structures like ships and offshore platforms to land-based structures such as bridges and cranes. The components of plated structures, including plates, stiffeners and girders, form the backbone of these structures, and their performance under a wide range of load conditions is of paramount importance. It is our responsibility, as engineers and designers, to ensure the safety and reliability of these structures throughout their lifetimes.

In the past, design criteria for plated structures often relied on allowable working stresses and simplified checks for structural stability. However, as our understanding of structural behavior has advanced, it has become clear that a limit state approach provides a more accurate and comprehensive basis for design. This approach accounts for not only typical loads but also extreme and accidental scenarios, offering a more robust measure of safety.

Today, limit state considerations, including the ultimate limit state, are central to the preliminary design of various structures. Accurate assessment of a structure's capacity and behavior under known loads is essential for achieving safety and economy in design. Engineers must have access to reliable tools and data to make informed decisions, whether they are designing intact structures or assessing damage tolerance and survivability.

This book, originally conceived as a textbook, aims to bridge the gap between theory and practice in the ultimate limit state analysis and design of ductile steel-plated and aluminum-plated structures. It also delves into structural impact mechanics and fracture mechanics, offering a comprehensive resource for both students and practicing engineers. It is an extensive update of my previous work, *Ultimate Limit State Design of Steel-Plated Structures*, co-authored with Dr. A. K. Thayamballi and published in 2003. This revised edition incorporates the latest advances in the field and covers both steel-plated and aluminum-plated structures.

I hope that this Chinese edition serves as a valuable resource for the engineering community in China, aiding in the development of safer and more efficient structures. May it contribute to the advancement of knowledge and the practice of structural engineering in your region. Thank you for your commitment to excellence in engineering.

Professor Jeom Kee Paik FREng

Professor of Marine Technology, Department of

Mechanical Engineering, University College London

Chair Professor, Ningbo University

Chair Professor, Harbin Engineering University

中文版前言（译文）

　　我非常荣幸和高兴地向大家介绍《板结构极限状态分析与设计》中文版，该书英文第 2 版于 2018 年由 John Wiley & Sons 出版公司出版。该书中文版是结构工程领域知识传播的一个重要里程碑，我衷心感谢承担这一工作的中国专家学者们。

　　从船舶、海洋平台等海上结构物到桥梁、起重机等陆基结构物，板结构在各种工程应用中发挥了重要作用。板结构由板、加强筋、横梁等构成，作为结构物的主要支撑骨架，其在各种载荷条件下的性能表现是至关重要的。工程师和设计师有责任确保这些结构在其使用寿命内的安全性和可靠性。

　　板结构以往的设计标准通常采用许用应力和结构稳性的简化校核。随着我们对结构行为理解的深入，极限状态方法逐渐普及，为工程结构奠定了更加准确、全面的设计基础。该方法不仅考虑了典型负载，还考虑了极端和意外情况，提供了更稳健的安全措施。

　　如今，考虑结构极限状态的设计思想，包括承载能力的极限状态，成为各种结构基本设计的核心。准确评估结构在已知载荷下的承载能力和响应行为，对实现设计的安全性和经济性是必要的。无论是对完好结构，还是对受损结构的容许极限和生存能力评估，工程师都必须获得可靠的工具和数据才能做出明智的决策。

　　本书最初设想是作为教材来使用，旨在搭建钢制和铝制板结构极限状态设计理论与实践之间的桥梁。书中还深入讨论了结构冲击力学和断裂力学的相关内容，为学生和工程师提供了更全面的学习资源。本书也是我与 A. K. Thayamballi 博士 2003 年合著出版的《钢板结构的极限状态设计》的更新和完善。本次修订版包含了该领域的最新进展，涵盖了钢板结构和铝板结构。

　　我衷心希望该书中文版能在中国工程领域体现自身价值，对开发更安全、更高效的工程结构有所帮助。愿它能为不同区域的知识传播和结构工程实践做出贡献。感谢各位读者对卓越工程的承诺与追求！

白点基教授

伦敦大学学院机械工程系海洋技术教授

宁波大学讲座教授

哈尔滨工程大学讲座教授

译 者 序

为了获得安全经济的结构设计，人们必须准确评估指定载荷作用下结构的极限承载能力及响应状态。所以，极限状态设计方法在船舶与海洋、土木、建筑、航空航天和机械工程等领域得到了广泛应用。当前，船舶与海洋工程结构物的规范体系以极限状态设计方法为基础，把目标结构划分为承载能力的极限状态、正常使用的极限状态、疲劳的极限状态和事故的极限状态四种来开展设计开发工作。

Jeom Kee Paik 教授的著作《板结构极限状态分析与设计》系统阐述了极限状态分析设计的基本原理和实践过程，是结构工程相关的研究人员、工程师、在校学生进行系统深入学习的教材。Paik 教授长期从事船舶与海洋工程结构工程方面的教学科研工作，学术造诣深厚，是该领域的著名学者。他曾获得英国皇家造船学会（RINA）的 William Froude 奖章（2015 年）和美国造船与轮机工程师协会（SNAME）的 David W. Taylor 奖章（2013 年）。RINA 设立了一个以 Paik 教授命名的奖项，即"Jeom Kee Paik"奖。在本书翻译过程中，译者很荣幸与 Paik 教授进行了讨论，并得到了 Paik 教授的指导和热心帮助，在此表示衷心感谢！

本书标题中的"板结构"，除在钢结构领域具有通用意义之外，尤其适用于船舶与海洋平台等以板架为基本结构单元的浮体结构物。第 1 章极限状态设计原理为全书的概括；第 2 章板-加强筋组合结构的屈曲和极限强度、第 3 章复杂条件下板的弹性和非弹性屈曲强度、第 4 章板的大挠度和极限强度、第 5 章板架结构的弹性和非弹性屈曲强度、第 6 章加筋板和板架结构的大变形与极限强度行为、第 7 章板件的屈曲和极限强度（槽形板、板梁、箱柱和箱梁）分别阐述了梁、柱、板、板架、箱梁等基本结构的极限强度分析原理与方法；第 8 章船体结构的极限强度总体阐述了船体梁结构的极限强度分析原理；第 9 章结构断裂力学和第 10 章结构冲击力学阐述了疲劳和事故极限状态的基本原理和实践，是对承载能力极限状态分析与设计的补充；第 11 章增量伽辽金法、第 12 章非线性有限元法和第 13 章智能超大尺度有限元法对板结构的极限强度行为进行了更精确、更复杂的分析。

本书由哈尔滨工程大学船舶工程学院闫发锁、刘红兵、董岩三人合作翻译，具体分工如下：第 1 章由三人共同翻译；索引、前言、第 2 章至第 4 章由闫发锁翻译；第 5 章至第 9 章由董岩翻译；第 10 章至第 13 章及附录 A 由刘红兵翻译。全书由闫发锁统稿。

本书的翻译出版得到了中国造船工程学会和哈尔滨工程大学共同实施的"船舶与海洋工程翻译出版计划"的支持。哈尔滨工程大学船舶工程学院康庄教授在本书翻译过程中提出了中肯建议；哈尔滨工程大学出版社的石岭和秦悦编辑为本书的出版付出了辛苦努力。

此外,研究生杜钰清、耿城、张金荣、王宇洋、谷绪峰、王李杰、贾凡、郭忠鑫、张晓茜、徐明慧等协助完成了译稿的文本校对和处理工作。在此,向为本书翻译出版提供大力支持和帮助的相关单位和个人表示诚挚谢意。

由于译者水平有限,书中不妥之处在所难免,敬请读者指正。

译 者

2024 年 1 月

前　言

板结构指板及其他构件所组成的承载结构,在各种海洋和陆地工程中都有重要应用,例如船舶、海洋平台、箱式梁桥、电力、化工设施、起重机械等领域。板结构除了包含板及其支撑构件(如加强筋、梁等)外,还包含加筋板、板架、箱柱和箱梁。由这些成分组成的结构物在服役期间通常会受到多种常规载荷,有时是极端甚至偶发事故所致的载荷作用和影响。

过去,板结构的设计标准主要基于许用应力和简化的屈曲校核,但仅使用线弹性方法很难确定结构的实际安全余量,现在人们普遍认为极限状态是一种更好的设计方法。因为只有确定结构真正的极限状态,才能建立统一的安全措施,为不同尺寸、类型和特性的结构制定统一的标准。此外,准确可靠的结构安全评估能力也会促进相关法规和设计要求的改进与完善。

如今,包括军舰和商船在内的船舶、海洋结构物(如船形海上装置、移动式海上钻井装置、固定式海上平台、张力腿平台)以及陆基结构物(如桥梁和箱梁起重机)的初始设计往往基于极限状态(包括承载能力的极限状态)设计。

为了获得安全经济的结构设计,人们必须准确评估指定载荷作用下结构的极限承载能力及响应状态。在结构初始设计阶段,如果能通过简单的方法来准确预测极限状态行为,结构设计师就可以开展相对可靠的结构安全评估。此外,设计师不仅希望对完整的结构进行评估,而且希望确定已受损结构的承载容限和生存能力。

尽管业内的多数结构工程师在基于传统标准的结构设计方面技能熟练、经验丰富,但他们也需要对极限状态设计概念、相关工程工具和数据有更好的认识背景基础。因此,需要一本关于这一主题的工科教材来学习基本知识和概念。此外,许多研究机构的专家正在开发更先进的板结构极限状态设计方法,但他们有时缺乏有用的工程数据来验证。高校的学生也希望了解更多关于极限状态分析设计的基础知识和实践过程,需要能提供相关原理和见解的教材。本书回顾并阐述了延性材料结构(主要指钢板和铝板结构)极限状态设计的基本原理和分析过程,还介绍了结构断裂力学和结构冲击力学的相关知识。

本书是我于 2003 年出版的《钢板结构的极限状态设计》(与 A. K. Thayamballi 博士合著)的再版补充与更新。本次更新涵盖了钢板结构和铝板结构研究的最新进展和资源。本书是作为教材设计编写的,书中给出了基本数学公式的推导,并深入讨论了公式和求解方法的基础假设及有效性。

我相信读者应该能够从学术和实践角度，广泛且深入地学习了解极限状态分析的设计思想。从另一个角度看，本书也是一个促进极限状态概念学习和应用的分析设计工具。

本书主要基于我从业 35 年来的专业见解和经验，也包括众多研究人员的发现和极限状态设计从业者提供的信息。在此，我对相关人员的无私贡献致以诚挚的谢意，也对其中可能存在的无意的失误表示遗憾。感谢所有帮助我成书的相关人员，特别是前一版的合著者 A. K. Thayamballi 博士，他为本书提出了宝贵且全面的建议。最后，借此机会感谢我的妻子 Yun Hee Kim、我的儿子 Myung Hoon Paik 和我的女儿 Yun Jung Paik，感谢他们在本书的编写过程中对我始终如一的耐心和支持。

Jeom Kee Paik（白点基）

2017 年 10 月

关 于 作 者

Jeom Kee Paik 博士是韩国釜山大学(PNU)造船与海洋工程系和英国伦敦大学学院机械工程系的教授,也是英国斯特拉斯克莱德大学和中国南方科技大学的名誉教授。他曾任丹麦技术大学、美国弗吉尼亚理工学院暨州立大学、澳大利亚纽卡斯尔大学客座教授。

Paik 教授创立了两个研究机构,他在这两个机构中分别担任董事长和主席。第一个是太平洋大学的韩国船舶和海上研究所(KOSORI)(http://www.kosori.org),自 2008 年以来该研究所一直作为劳氏船级社基金会卓越研究中心(ICASS,国际先进安全研究中心,http://www.icass.center);第二个是韩国内政安全部下属的火灾和爆炸安全论坛。他还是一本由英国 Taylor & Francis 出版的同行评审国际期刊——《船舶和海上结构》(*Ships and Offshore Structures*, https://tandfonline.com/journals/tsos20)的创始人和主编。他也是船舶和海上结构国际会议(International Conference on Ships and Offshore Structures, https://www.icsos.info)的联合创始人和联合主席,这个会议组织了与《船舶和海上结构》期刊相关的年度活动。

Paik 教授获韩国釜山大学工学学士学位、日本大阪大学工学硕士和博士学位。他是美国造船与轮机工程师协会(SNAME)终身会员、委员、海洋技术理事会成员、副会长,同时也是英国皇家造船学会(RINA)的会员、理事会成员、出版委员会成员和韩国分会主席。

Paik 教授的主要研究方向包括非线性结构力学、分析与设计、先进安全研究、极限状态设计、结构可靠性、风险评估和管理、健康状况评估和管理、火灾、爆炸、碰撞、触底、落物等冲击工程、腐蚀评估和管理、结构延寿、检验、维护及退役等。

Paik 教授撰写或合作撰写了 500 多篇技术论文,其中包括 270 多篇同行评审的期刊论文。他是四本书的共同作者和共同编辑:(1)《钢板结构的极限状态设计》(与 A. K. Thayamballi 合作),John Wiley & Sons 出版公司,2003 年;(2)《船形海上装置设计、建造和操作》(与 A. K. Thayamballi 合作),剑桥大学出版社,2007 年;(3)《老龄结构状况评估》(与 R. E. Melchers 合作),CRC 出版社,2009 年;(4)《船舶结构分析与设计》(与 O. F. Hughes 合作),SNAME,2013 年。他还在造船和海洋工程领域的多个课题上开展了研究,获得了多项专利。

在其他奖项中,Paik 教授获得了 RINA 的 William Froude 奖章(2015 年)和 SNAME 的 David W. Taylor 奖章(2013 年)。这是全球海事界最负盛名的两枚奖章,以表彰他对船舶和海洋工程的贡献。2012 年,他被比利时列日大学授予荣誉博士,以表彰他对国际科学与工程技术的贡献。2014 年,他被授予大韩民国科学技术荣誉勋章。他获得了来自 SNAME、RINA、英国机械工程师学会、美国机械工程师学会和韩国造船学会的多次(13 次)最佳论文奖和工程奖。他还获得了 Kyung-Ahm 教育文化基金会(Kyung-Ahm Education and Culture Foundation)颁发的 Kyung-Ahm 奖(Kyung-Ahm Prize,2013 年)。

作为仍在世人物的一种非常特殊的荣誉,RINA 设立了一个以 Paik 教授命名的奖项,即"Jeom Kee Paik"奖。该奖项自 2015 年起每年颁发给 30 岁以下获得最佳论文的研究人员。这是在 RINA 的 156 年历史中第一个以非英国人名命名的奖项。

Paik 教授曾在多个国际工程学会担任职务。2006—2011 年,他担任联合国教科文组织(UNESCO)生命维持系统百科全书(EOLSS 6.177《船舶和近海结构》)的主编。他于 2013—2014 年担任意大利船级社(Registro Italiano Navale)韩国造船咨询委员会主席,并担任国际船舶结构大会(ISSC)相关的船舶碰撞和搁浅大会(2000—2003 年)、老化船舶状况评估大会(2003—2006 年)和极限强度评估(2006—2012 年)相关的众多技术委员会主席。他主持了许多国际会议,包括薄壁结构国际会议(ICTWS 2014,韩国釜山)与国际海洋和极地工程会议(OMAE 2016,韩国釜山),并联合主持了船舶和海上结构国际会议。他担任了塑性和冲击力学国际研讨会(IMPLAST 2019,韩国釜山)主席。目前,Paik 教授是日本船级社(ClassNK)韩国技术委员会主席,马来西亚国家理工大学学术顾问委员会委员和 ISSC 常务委员会委员,同时是 20 多家国际期刊的编委会成员。

如何使用这本书

本书旨在为钢板和铝板结构极限状态设计原理提供一本教材或方便的学习材料,内容设计非常适合正在接受相关专业技术学习的大学生。在先进复杂的分析设计方法方面,本书还可以满足船舶与海洋、土木、建筑、航空航天和机械工程领域的结构分析师、设计师和研究人员的需求。

本书除作为资深从业者继续教育的参考和辅助资料之外,还可以作为高等院校板结构极限状态分析与设计课程的教材,因为它涵盖了广泛的主题,可以开展超过一个学期的课程教学。

例如,如果作为一门45学时的本科生结构力学或薄壁结构教学课程,内容可包括第1章极限状态设计原理、第2章板–加强筋组合结构的屈曲和极限强度、第3章复杂条件下板的弹性和非弹性屈曲强度、第5章板架结构的弹性和非弹性屈曲强度、第7章板件的屈曲和极限强度(槽型板、板梁、箱柱和箱梁)和第8章船体结构的极限强度。对于已学习过上述本科生课程内容的研究生,一门更高级的45学时课程内容可以包括第1章极限状态设计原理、第2章板–加强筋组合结构的屈曲和极限强度、第4章板的大挠度和极限强度、第6章加筋板和板架结构的大变形与极限强度行为。在教学过程中,教师应结合钢板、铝板结构分析与设计的实际问题,引导学生练习各章节中重要公式的推导,学生可以提交作业或报告,这有助于学生更好地理解基础知识和实际应用。

第9章结构断裂力学和第10章结构冲击力学分别适用于疲劳极限状态设计和事故极限状态设计。这两章介绍了疲劳和事故极限状态的基本原理和实践,是对承载能力极限状态分析与设计的补充。第11章增量伽辽金法、第12章非线性有限元法和第13章智能超大尺度有限元法对板结构的极限强度行为进行了更精确、更复杂的分析,这对于研究生、研究人员和工程师来说也是很有用的。

作者在编写这本书的过程中试图实现这些崇高的目标,衷心希望自己的努力能够获得成功,真诚谨祝。

索 引

3

目　录

第1章 极限状态设计原理

1.1 结构设计理念

结构在服役过程中通常会受到由作业和环境引起的各种类型的载荷和载荷效应,这些作业和环境条件有时是正常的,但有时是极端的,甚至是事故偶发的。结构设计者的任务是使所设计的结构在预期寿命内能够承受指定的作业和环境影响。

结构的载荷效应、最大承载能力或结构的极限状态受到各种因素的影响,这些因素本质上具有很大的不确定性,其中包括:

- 与结构特征、屈曲、大变形、压溃或褶皱相关的几何因素。
- 与化学成分、力学性能、屈服或塑性以及断裂相关的材料因素。
- 与制造相关的初始缺陷,如初始变形、焊接引起的残余应力或软化。
- 温度因素,如冷水中作业、货物低温、火灾和爆炸引起的高温。
- 动态或冲击因素(如应变率敏感性或惯性效应),如由畸形波、晃荡、砰击或甲板上浪引起的冲击压力作用,爆炸引起的超压作用,以及碰撞、搁浅或落物造成的冲击。
- 与时间相关的退化因素,如腐蚀或疲劳裂纹。
- 由事故引起的损伤因素,如局部凹陷、碰撞损伤、搁浅损伤、火灾损伤或爆炸损伤。
- 与非正常操作相关的人为因素(如船舶速度、航向、装载或卸载情况)。

不确定性可以分为两类:固有不确定性和模型不确定性。固有不确定性是由环境作用和材料特性的自然变化引起的;模型不确定性来自评估,或控制载荷、载荷效应(如应力、变形)、载荷承载能力及极限状态工程模型的不准确性,或建造和运行程序的变化。在设计中,由于这两种不确定性,结构需要有足够的安全裕度来满足使用要求。

“需求”类似于载荷,“能力”类似于抵抗该载荷所需的强度,两者需用一致的量来表征(如应力、变形、抵抗或施加的载荷及弯矩、损失或吸收的能量)。可以给出结构的性能函数 G 为

$$G = C_d - D_d \tag{1.1a}$$

式中,C_d 代表“设计”能力;D_d 代表“设计”需求。术语“设计”表示在需求和能力的确定过程中考虑了固有和模型不确定性。

因为方程(1.1a)中的 C_d 和 D_d 都是基本变量的函数,即 $X = (x_1, x_2, \cdots, x_i, \cdots, x_n)$,可以将性能函数 G 改写如下:

$$G = G(X) = G(x_1, x_2, \cdots, x_i, \cdots, x_n) \tag{1.1b}$$

当 $G(X) > 0$ 时,结构处于理想状态;当 $G(X) \leqslant 0$ 时,结构处于非理想状态。在工程实践中,结构的性能函数有时以式(1.1a)相反的方式定义如下:

$$G^* = D_d - C_d \tag{1.2}$$

式中,G^* 为结构的性能函数。在这种定义下,当 $G^* < 0$ 时,结构处于理想状态;当 $G^* \geqslant 0$

时,结构处于非理想状态。图 1.1 分别示意了两个性能函数的理想状态和非理想状态。

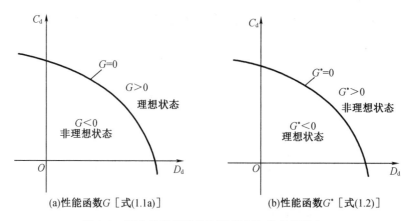

$$(a)性能函数 G[式(1.1a)] \qquad (b)性能函数 G^*[式(1.2)]$$

图 1.1 两个性能函数的理想状态和非理想状态

1.1.1 基于可靠性的设计格式

基于可靠性的设计格式通常涉及以下任务:

(1)目标可靠性的定义。

(2)确定结构所有不利的失效模式。

(3)(2)项中确定的每种失效模式的极限状态(性能)函数的表达式。

(4)确定极限状态函数中随机变量的概率特征(均值、方差、概率密度分布)。

(5)对结构的每种失效模式计算极限状态下的可靠性。

(6)评估预测的可靠性是否大于目标可靠性。

(7)否则重新设计结构。

(8)考虑参数敏感性对可靠性分析结果评估。

在基于可靠性的设计格式中,每个基本变量都作为一个随机变量以概率方式处理,其中每个随机变量必须由相应的具有均值和标准差的概率密度函数来表征。如果采用一阶近似,则性能函数 $G(X)$ 可以用泰勒级数展开改写如下:

$$G(X) \cong G(\mu_{x1},\mu_{x2},\cdots,\mu_{xi},\cdots,\mu_{xn}) + \sum_{i=1}^{n} \left(\frac{\partial G}{\partial x_i}\right)_{\bar{x}} (x_i - \mu_{xi}) \tag{1.3}$$

式中,μ_{xi} 是变量 x_i 的均值;$\bar{x}$ 是基本变量的均值,$\bar{x} = (\mu_{x1},\mu_{x2},\cdots,\mu_{xi},\cdots,\mu_{xn})$;$\left(\frac{\partial G}{\partial x_i}\right)_{\bar{x}}$ 是 $G(X)$ 关于 x_i 在 $x_i = \mu_{xi}$ 处的偏微分。

性能函数 $G(X)$ 的均值由下式给出:

$$\mu_G = G(\mu_{x1},\mu_{x2},\cdots,\mu_{xi},\cdots,\mu_{xn}) \tag{1.4}$$

式中,μ_G 表示性能函数 $G(X)$ 的均值。

性能函数 $G(X)$ 的标准差通过以下公式计算:

$$\sigma_G = \left[\sum_{i=1}^{n} \left(\frac{\partial G}{\partial x_i}\right)_{\bar{x}}^2 \sigma_{xi}^2 + 2 \sum_{i>j} \left(\frac{\partial G}{\partial x_i}\right)_{\bar{x}} \left(\frac{\partial G}{\partial x_j}\right)_{\bar{x}} \text{covar}(x_i,x_j) \right]^{\frac{1}{2}} \tag{1.5a}$$

式中,σ_G 是 $G(X)$ 的标准差;σ_{xi} 是变量 x_i 的标准差;$\mathrm{covar}(x_i,x_j)=E[(x_i-\mu_{xi})(x_j-\mu_{xj})]$ 是 x_i 和 x_j 的协方差,$E[\ ]$ 是 $[\ ]$ 的均值。

当基本变量 $X=(x_1,x_2,\cdots,x_i,\cdots,x_n)$ 相互独立时,$\mathrm{covar}(x_i,x_j)=0$。此时方程式(1.5a)简化为

$$\sigma_G=\left[\sum_{i=1}^{n}\left(\frac{\partial G}{\partial x_i}\right)_{\bar{x}}^2\sigma_{xi}^2\right]^{\frac{1}{2}} \tag{1.5b}$$

如果采用一阶二阶矩法(Benjamin et al.,1970),这种情况下的可靠性指标可以确定为

$$\beta=\frac{\mu_G}{\sigma_G} \tag{1.6}$$

式中,β 表示可靠性指标。

对于性能函数 $G(X)$ 为两个参数的简单情况,例如能力 C 和需求 D,它们在统计上相互独立,可靠性指数 β 可以计算如下:

$$\mu_G=\mu_C-\mu_D \tag{1.7a}$$

$$\sigma_G=\sqrt{(\sigma_C)^2+(\sigma_D)^2} \tag{1.7b}$$

$$\beta=\frac{\mu_C-\mu_D}{\sqrt{(\sigma_C)^2+(\sigma_D)^2}}=\frac{\mu_C/\mu_D-1}{\sqrt{(\mu_C/\mu_D)^2(\eta_C)^2+(\eta_D)^2}} \tag{1.7c}$$

式中,μ_C、μ_D 分别是 C 和 D 的均值;σ_C、σ_D 分别是 C 和 D 的标准差;η_C、η_D 分别是 C 和 D 的变异系数(即标准差除以均值)。

为实现成功的设计,设计结构的可靠性指标应大于目标值,即

$$\beta\geqslant\beta_{\mathrm{T}} \tag{1.8}$$

式中,β_{T} 是目标可靠性指标。

目标可靠性指标或所需的结构可靠性水平因不同行业而异,且取决于各种因素,如失效的类型、后果的严重性或公众和媒体的敏感性。合适的目标可靠性指标并不容易获得,通常是通过调查或对失效统计的检查来确定。在解释这些结果时需要认识到风险评估和可靠性分析之间的根本区别。选择目标可靠性指标和结构可靠性水平的方法可分为以下三类(Paik et al.,2001):

- “猜测”:由监管机构或专业人士根据之前的成功经验推荐“合理”值。这种方法可用于不存在失效统计数据库的新型结构。
- 设计规范的校准:基于已有成功的设计规范校准新的设计规范,据此估计可靠性水平。此方法通常用于修订现有设计规范。
- 经济性分析:选择目标可靠性,使结构在使用寿命期内的总预期成本最小。

对于可靠性分析的详细描述,感兴趣的读者可以参考 Benjaminand 和 Cornell(1970)、Nowak 和 Collins(2000)、Melchers(1999a)和 Modarres 等(2016)的文献。

1.1.2 基于分项安全系数的设计格式

在基于分项安全系数的设计格式中,通过用固有不确定性和模型不确定性相关的分项安全系数来定义设计能力或设计需求。能力和需求的特征(名义)值分别为 C_k 和 D_k,一般是相应随机变量的均值。而设计能力和设计需求分别为 C_d 和 D_d,被定义为相应随机变量

的概率曲线下面积的指定百分比。例如,设计强度或能力 C_d 为下限或 95% 超越概率值,而设计载荷或需求 D_d 为上限或 5% 超越概率值,如图 1.2 所示。

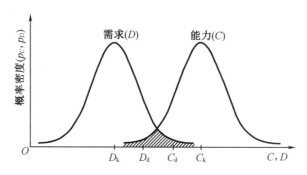

图 1.2 能力和需求的概率密度分布

设计能力和设计需求定义如下:

$$C_d = \frac{C_k}{\gamma_C} \tag{1.9a}$$

$$D_d = \gamma_D D_k \tag{1.9b}$$

式中,C_k 是能力的特征(或名义)值或式(1.7a)中的 μ_C;D_k 是需求的特征(或名义)值或式(1.7a)中的 μ_D;γ_C 是与能力相关的分项安全系数;γ_D 是与需求相关的分项安全系数。由于分项安全系数必须大于 1.0,显然,减小能力的特征值 C_k,放大需求的特征值 D_k 以确定它们的设计值 C_d 和 D_d。

结构充分程度 η 的度量可以确定如下:

$$\eta = \frac{C_d}{D_d} = \frac{1}{\gamma_C \gamma_D} \frac{C_k}{D_k} \tag{1.10}$$

为了实现成功的设计,结构充分程度 η 必须大于 1.0,且有足够的余量:

$$\eta = \frac{C_d}{D_d} = \frac{1}{\gamma_C \gamma_D} \frac{C_k}{D_k} > 1.0 \tag{1.11}$$

1.1.3 基于失效概率的设计格式

无论不确定程度如何,每个结构都可能有一定的失效概率,即载荷或需求超过其极限值或能力的可能性。与性能函数 G[式(1.1)或式(1.2)]相关联的特定失效模式的失效概率 P_f 定义如下:

$$P_f = \text{prob}(G \leqslant 0) = \text{prob}(G^* \geqslant 0) = \text{prob}(C_d \leqslant D_d) \tag{1.12a}$$

结构的安全性相反,是不会失效的概率,即

$$\text{安全性} = \text{prob}(G > 0) = \text{prob}(G^* < 0) = \text{prob}(C_d > D_d) = 1 - P_f \tag{1.12b}$$

失效概率通常可以计算如下:

$$P_f = \int_{G \leqslant 0} p_x(X) \, \mathrm{d}x = \int_{G^* \geqslant 0} p_x^*(X) \, \mathrm{d}x \tag{1.13}$$

式中,$p_x(X)$ 和 $p_x^*(X)$ 是随机变量 $X = (x_1, x_2, \cdots, x_i, \cdots, x_n)$ 的联合概率密度函数,与需求和能力有关;$G(X)$ 和 $G^*(X)$ 是定义的极限状态(性能)函数,它们分别取负值或正值都意味着失效。

由于 $G(X)$ 或 $G^*(X)$ 通常是一个复杂的非线性函数,式(1.13)对联合概率密度函数 $p_x(X)$ 或 $p_x^*(X)$ 的直接积分并不简单。因此,式(1.13)通常用近似程序求解,其中极限状态(性能)函数 $G(X)$ 或 $G^*(X)$ 在设计点通过切超平面或超抛物线来近似,简化了计算失效概率的数学计算。第一种采用切超平面的近似方法称为一阶可靠性方法(FORM),第二种采用超抛物线的近似方法称为二阶可靠性方法(SORM)。广泛可用的标准软件包纳入这些方法,有助于快速计算失效概率。除所涉及的单个随机变量的概率密度分布之外,也可以容易地考虑随机变量 A 和 B 之间的相关性。

考虑能力和需求的概率密度分布,如图 1.2 所示,该特定类型的失效概率可以计算如下:

$$P_f = \int_0^{+\infty} \left[\int_0^y p_C(x)\,dx \right] p_D(y)\,dy \tag{1.14}$$

式中,$p_C(x)$ 是能力的概率密度函数;$p_D(y)$ 是需求的概率密度函数。

虽然能力的均值 C_k 远远大于需求的均值 D_k,但能力仍有可能低于需求。计算式(1.14)通常具有挑战性,但值得注意的是,图 1.2 中重叠的阴影区域表示失效概率的近似值。为了实现成功的设计,应将失效概率 P_f 降至足够低。

1.1.4 基于风险的设计格式

基于风险的设计格式通常包括以下五项任务:①危险源辨识;②风险计算;③建立一组可能的风险控制选项;④风险控制选项的成本效益分析;⑤决策。在工程界,风险被定义为危险发生频率与后果程度的乘积,如下所示:

$$R = FC \tag{1.15}$$

式中,R 是风险;F 是危险发生频率;C 是后果程度。

危险发生频率代表危险发生的可能性;后果程度代表后果的影响或严重程度,表明如果发生人身伤亡、财产损失和环境污染等会造成多大的后果。危险发生频率通常通过单位时间(例如每年)发生的次数来衡量。后果程度有时以货币为基准衡量(例如,意外损坏的维修费用或污染保险费用)。

风险评估需要频率和后果表征。定性风险评估技术使用不需要数值计算的简单方法,但定量风险评估需要数值和实验研究等精确方法。当然,人们更希望应用定量风险评估方法来精确地计算与人身伤亡、财产损失和环境污染相关的风险。

根据式(1.15),很明显,人们可能需要减小 F 和 C 或降低两者风险。为实现成功的设计、制造或运行,风险应尽量减小到"合理可行的最低限度"(ALARP)的水平。开展控制风险的活动就是风险管理,涉及风险控制。进行成本-效益分析是为了对一组可能的风险控制选项进行分级,并且应该应用单个或多个选项来更好地控制风险达到 ALARP 的水平。风险评估和管理被认为是做决策的最好工具,用于实现鲁棒性的设计、建造、运行或退役。

1.2 许用应力设计与极限状态设计

极限状态设计不同于传统的许用应力设计。在许用应力设计中,重点是将设计载荷产生的工作应力保持在一定的许用水平下,这种设计通常基于类似的成功经验。在行业实践中,监管机构或船级社通常将许用应力的值指定为一定比例的材料力学属性(如屈服强度)。许用应力设计的标准通常由下式给出:

$$\sigma < \sigma_a \tag{1.16}$$

式中,σ 是工作应力;σ_a 是许用应力。

与许用应力设计不同,极限状态设计明确地考虑了结构可能无法达到其预期功能的各种情况。对于这些情况,估计了合适的能力或强度限定值,并用于设计。

为此,通常使用简化的设计公式或更精细的计算来评估结构的承载能力,例如进行非线性弹塑性大变形有限元分析,适当地模拟几何或材料属性、初始缺陷、边界条件、载荷情况以及采用合适的有限元网格尺寸。

在过去的几十年中,对结构设计的重视已经从许用应力设计转向极限状态设计,因为后者可以使得结构设计更加严格和经济,结构可以直接考虑各种相关的失效模式。

极限状态定义为特定构件或整个结构不能执行事先设计的功能的状态。从结构设计的角度来看,四种极限状态与结构相关:

- 正常使用的极限状态(SLS);
- 承载能力的极限状态(ULS);
- 疲劳极限状态(FLS);
- 事故的极限状态(ALS)。

SLS 表示由于常规功能降低而影响正常作业的失效状态。设计中的 SLS 可能包括:

- 局部损伤降低了结构的耐久性或影响结构单元的效用。
- 不可接受的变形影响了结构单元的有效使用或设备的功能。
- 过度的振动或噪声会导致人们不适或影响设备的正常运行。
- 变形和挠度可能会破坏结构的美学外观。

ULS(也称为极限强度)表示由于结构刚度和强度的损失而导致的结构失效。这种能力的损失可能与以下因素有关:

- 通常被认为是刚体的部分或整体结构力学平衡的丧失(例如翻转或倾覆)。
- 结构区域、构件或连接部位大范围的屈服或断裂,达到最大的抵抗能力。
- 板、加筋板和支撑构件的屈曲和塑性失效,导致部分或整体结构的不稳定性。

FLS 表示由于应力集中和在反复加载下的累积损伤或裂纹扩展引起的局部结构的疲劳裂纹。

ALS 表示事故造成的结构损坏,例如碰撞、搁浅、爆炸和火灾,这些事故会影响结构、环境和人员的安全。

基于分项安全系数的极限状态设计准则通常由式(1.17)给出:

$$C_d > D_d \text{ 或} \frac{C_k}{\gamma_C} > \gamma_D D_k \tag{1.17}$$

值得注意的是,在极限状态设计中,这些不同类型的极限状态可以针对不同的安全水平进行设计。对某一特定极限状态,实际要达到的安全水平与认为的后果和从此状态恢复的难易程度有内在的关系。与结构极限状态设计相关的分项安全系数的确定指南可在 ECCS(1982),BS 5950(1985),ENV 1993-1(1992a,1992b),ISO 2394(1998)和 NORSOK(2004)等文献中找到。

1.2.1 正常使用的极限状态设计

用于 SLS 设计的结构准则通常基于正常使用情况下的挠度或振动限制。实际上,结构的过度变形也可能与过度振动或噪声有关,因此,定义的设计准则之间可能存在某些相互关系,有时为方便起见,设计准则单独使用。

SLS 设计准则通常由结构的运行者或既定惯例定义,其主要目的是在无须过度的日常维护或停机的情况下,实现高效、经济的运行性能。可接受的极限必然取决于结构的类型、任务和布置。此外,在定义此类极限时,还必须咨询其他学科的专家(如机械设计)。图 1.3 所示结构中梁的横向挠度极限值如表 1.1 所示。

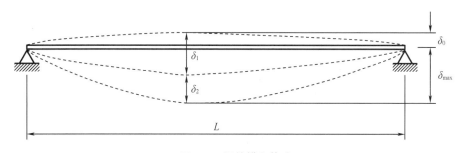

图 1.3 梁的横向挠度

表 1.1 梁的横向挠度极限值

类型	δ_{max} 极限	δ_2 极限
甲板梁	$L/200$	$L/300$
支撑石膏或其他脆性表面或非柔性隔板的甲板梁	$L/250$	$L/350$

在表 1.1 中,L 是支点之间梁的跨度。对于悬臂梁,L 可以取为悬臂长度的两倍。δ_{max} 是最大挠度,由 $\delta_{max} = \delta_1 + \delta_2 - \delta_0$ 计算,其中 δ_0 是预拱度,δ_1 是施加永久载荷后即刻引起的梁挠度变化,δ_2 是可变载荷引起的梁挠度变化,还包括永久载荷的变化部分。

对于板的 SLS 设计,通常采用基于弹性屈曲控制的准则。在某些情况下,需要完全防止此类情况的发生;而在其他情况下,可允许弹性屈曲达到确定且可控的程度。如果板弹性屈曲及其影响(例如较大的横向挠度)可能是不利的,则必须防止此类现象。然而,在达到极限强度之前,板可能有一定的超越弹性屈曲的储备强度,因此在某些情况下,允许可控的弹性屈曲可以提高结构的经济性。在本书的第 3 章和第 5 章中,论述了基于弹性屈曲强度的 SLS 设计方法在板和加筋板设计中的应用。

1.2.2 承载能力的极限状态设计

结构的 ULS 设计准则基于塑性失效或极限强度。许多类型结构的简化 ULS 设计往往依赖于对构件屈曲强度的评估,通过对弹性屈曲强度进行简单的塑性修正得到,如图 1.4 中的 A 点所示。在这种基于 A 点强度的设计方案中,结构设计师没有考虑构件的后屈曲行为及其相互作用。图 1.4 中 B 点表示的真实极限强度可能更高,因为没有直接评估实际极限强度,因此无法确认这一点。

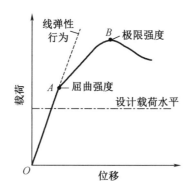

图 1.4 基于极限状态的结构设计

在任何情况下,如果不知道 B 点相关的强度水平(就像传统的许用应力设计或线弹性设计方法一样),就很难确定实际安全裕度。因此,近年来,船舶、海上平台、箱梁桥和箱梁起重机等结构倾向于基于极限强度进行设计。

如图 1.4 所示,结构的安全裕度可通过比较其极限强度与施加的极限载荷(或者载荷效应,如应力)来进行评估。为了获得经济、安全的结构设计,必须准确评估极限强度和设计载荷。结构设计师不仅希望估算完整结构的极限强度,还希望估算存在服役损伤(例如腐蚀损耗、疲劳裂纹或局部凹陷)及事故损伤(例如碰撞、搁浅、坠物、火灾或爆炸)结构的极限强度,以评估其损伤容限和生存能力。

ULS 设计准则也可以用式(1.17)表示。此时,式(1.17)中设计能力 C_d 的特征量度是极限强度,D_d 是相关的载荷或需求的量度。对于 ULS 设计,船舶和海上结构物的分项安全系数有时取 $\gamma_C = 1.15$(NORSOK,2004)。

值得注意的是,结构中的任何失效在理想情况下都须以韧性方式而不是脆性方式发生;避免脆性破坏使结构不会突然失效,因为延性允许结构重新分配内应力,从而在整体破坏前吸收更多能量。结构设计中保持充分的韧性可通过以下方式实现:

- 满足必要的材料韧性要求。
- 避免在结构细节中发生由高应力集中和未检测到的焊接缺陷导致的失效起始条件情况。
- 设计结构细节和连接位置,可以允许一定量的塑性变形,即避免"热点"。
- 布置构件时,不会因突然转换或构件失效导致结构承载力突然降低。

本书主要关注由此类延性构件组成的结构和系统的 ULS 设计方法,也在一定程度上描述了其他类型的极限状态。

1.2.3 疲劳极限状态设计

FLS 设计旨在确保结构具有足够的疲劳寿命。预测的疲劳寿命可以作为结构运行期间制定有效检查计划的基础。结构构件的设计疲劳寿命通常是运行人员或其他监管机构(如船级社)要求的结构服役寿命。对于船舶结构,疲劳寿命通常被认为是 25 年或更长。设计疲劳寿命越短,所需的可靠性应越高,检查时间间隔应越短,才能确保运行期间无裂纹问题。

原则上,应针对每个疑似疲劳开裂位置进行 FLS 设计和分析,包括焊接接头和局部应力集中区域。FLS 的结构设计准则通常基于交变载荷作用下的结构疲劳累积损伤,如用 Palmgren-Miner(线性)理论计算疲劳累积损伤时。线性累积损伤的特定值(如 1)被视为裂纹形成或萌生的象征。设计的结构在疲劳分析是采用损伤缩减的 Mine 累积目标,这意味着在指定的损伤程度内裂纹不会形成。

裂纹萌生部位的疲劳损伤受许多因素的影响,例如循环载荷引起的应力范围、局部应力集中特征和应力循环次数。通常考虑两种类型的 FLS 设计方法:

- $S-N$ 曲线法(S=应力范围,N=循环次数);
- 断裂力学法。

在 $S-N$ 曲线法中,Palmgren-Miner 累积损伤理论与 $S-N$ 曲线一起应用。该应用通常遵循三个步骤:①定义循环应力范围直方图;②选择相关的 $S-N$ 曲线;③计算疲劳累积损伤。

疲劳设计中最重要的因素之一是定义 $S-N$ 曲线(承载力)和应力分析(波动的局部疲劳应力作为结构需求)的特征值。在此基础上提出了四种方法:

- 名义应力法;
- 热点应力法;
- 切口应力法;
- 切口应变法。

名义应力法使用远离应力集中区域的名义应力,结合隐含结构几何和焊缝影响的 $S-N$ 曲线。因此,在名义应力法中,应根据所涉及的结构细节类型和焊缝几何形状选择 $S-N$ 曲线。需要提供各种类型焊缝和几何形状的 $S-N$ 曲线。当使用的标准中 $S-N$ 曲线数量有限时,必须考虑所分析结构细节,指定其中一个 $S-N$ 曲线,这需要一定程度的判断。

热点应力法使用在应力集中区域定义明确的热点力来单独考虑结构几何效应,而将焊接效应纳入 $S-N$ 曲线中。这是目前非常流行的方法,但存在一些实际困难。其中最基本的是热点应力更适用于表面裂纹问题,而不是内部裂纹问题。在一系列焊缝和结构几何形状中,热点应力的统一定义存在困难,在应力集中区域热点应力的估计也会出现困难。例如,在计算应力集中系数时,应注意将应力外推到焊趾上,并且需要从不同焊缝类型的 $S-N$ 曲线中选择适用的 $S-N$ 曲线。

切口应力法使用切口处的应力,考虑了结构几何形状和焊缝的影响,而 $S-N$ 曲线则表示母材、热影响区(HAZ)材料或焊缝材料(视情况而定)的疲劳性能。切口应力法的一个显著优点是,它可以在疲劳损伤计算中处理特定的焊趾几何形状,存在的困难是必须清楚知道实际结构的相关几何参数(例如焊趾形状)。

当低周疲劳占主导地位时,切口应变法使用切口处的应变,因为在这种情况下工作应力有可能接近材料屈服应力,基于应力的方法不太合适。

断裂力学法认为结构中存在一个或多个小尺寸的裂纹,并预测裂纹扩展过程中的疲劳损伤,包括任何的裂纹合并和突破,以及随后的断裂。在这种设计方法中,一项主要的任务是预先建立相关的裂纹扩展方程或"定律"。在假设裂纹尖端周围的屈服面积相对较小的条件下,裂纹扩展速率通常表示为裂纹尖端应力强度因子范围的函数。实际上,除了应力强度因子范围外,裂纹扩展行为还受许多其他参数(如平均应力、载荷顺序、裂纹迟滞、裂纹闭合、裂纹扩展阈值)的影响。

本书将在第9章中讨论结构断裂力学。本章在线性累积损伤理论(即 Palmgren-Miner 理论)的假设下,简要阐述使用名义应力法。在焊接结构细节的疲劳损伤评估中,主要关注的是循环最大应力和最小应力之间的范围,而不是平均应力,如图1.5所示。因为通常存在接近材料屈服应力的残余平均应力,这往往会导致整个应力范围具有破坏性。非焊接情况当然不同,此时平均应力可能很重要。

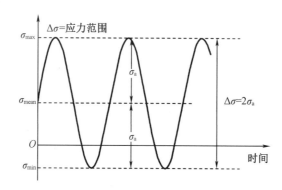

图1.5　循环应力范围与时间的关系

对于使用名义应力法的 FLS 设计,如前文所述应得到针对不同焊接接头的 S-N 曲线。为此,要对各类试样进行定常应力幅值的疲劳试验。如图1.5所示,最大应力和最小应力分别用 σ_{max} 和 σ_{min} 表示。在此类试验中,可以量化平均应力 $\sigma_{mean} = (\sigma_{max} + \sigma_{min})/2$ 对疲劳损伤的影响,这对于非焊接情况是必要的。为方便起见,非焊接几何形状试件的疲劳试验通常在 $\sigma_{min} = 0$ 或 $\sigma_{max} = -\sigma_{min}$ 的定常应力范围内,即 $\Delta\sigma = \sigma_{max} - \sigma_{min} = 2\sigma_a$,其中 σ_a 是应力幅值。

应力循环次数 N_I 或 N_F 基于疲劳试验结果得出,前者代表裂纹萌生寿命,即应力循环加载直到裂纹萌生所经历的应力循环次数;后者代表断裂寿命,例如应力循环加载直到小尺寸试样分成两段所经历的应力循环次数。在对各种应力范围 $\Delta\sigma$ 内进行一系列此类试验,可以绘制特定结构细节的 S-N 曲线,通常如图1.6所示。设计曲线可通过在双对数坐标图上对试验结果曲线拟合表示,即

$$\log N = \log a - 2s - m\log \Delta\sigma \qquad (1.18a)$$

$$N(\Delta\sigma)^m = A \qquad (1.18b)$$

式中,$\Delta\sigma$ 是应力范围;N 是定常应力范围($\Delta\sigma$)对应的失效应力循环次数;m 是 S-N 曲线的负反斜率;a 是平均 S-N 曲线的寿命截距;s 是 $\log N$ 的标准差;$\log A = \log a - 2s$。

对于基于 S-N 曲线方法的 FLS 设计标准,当长期应力范围的分布由相关应力直方图给

出时,可将式(1.17)改写为无量纲形式,该直方图以定常应力范围区间 $\Delta\sigma_i$ 表示,n_i 是每个区间的循环次数,如下所示:

$$D = \sum_{i=1}^{B} \frac{n_i}{N_i} = \frac{1}{A}\sum_{i=1}^{B} n_i(\Delta\sigma_i)^m \leqslant D_{cr} \tag{1.19}$$

式中,D 是累积疲劳损伤;B 是应力区间的数量;n_i 是区间 $\Delta\sigma_i$ 中的应力循环次数;N_i 是第 i 个定常幅值应力范围 $\Delta\sigma_i$ 对应的失效循环次数;D_{cr} 是设计的目标疲劳累积损伤。

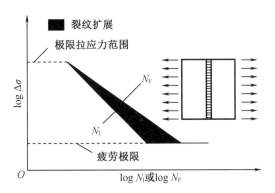

图1.6 恒定振幅试验的典型 S-N 曲线

为了在结构中实现更高的疲劳耐久性,重要的是将应力集中、潜在缺陷(例如错位、材料不良)和结构退化(包括腐蚀和疲劳效应)降到最小。疲劳设计与使用的维护机制相关。某些情况下,只要在检测到疲劳损伤并修复后结构可以继续工作,在设计上允许出现一定程度的疲劳损伤概率可能更经济。在其他情况下,如果不方便检查结构或不能中断生产,则不允许出现疲劳损伤。因此,只要有可能进行定期检查和相关维护,就可以采用前一种方法。而如果检查存在困难,导致存在未检测到的疲劳损伤,则后一种方法显然更适宜。

疲劳可以分为高周疲劳和低周疲劳。高周疲劳意味着结构由于较小的应力范围而具有较长的疲劳寿命,而低周疲劳表示结构由于较大的应力范围而具有较短的疲劳寿命。两者有时以循环次数 10^4 来区分。

第9章将介绍结构断裂力学和与疲劳裂纹损伤相关的板架的极限强度。有关疲劳损伤分析方法的详细说明,感兴趣的读者可参考 Schijve(2009)、Nussbaumer 等(2011)和 Lotsberg(2016)的文献。

1.2.4 事故的极限状态设计

结构 ALS 设计的主要目的如下:
- 避免结构或周围区域内的生命损失。
- 避免环境污染。
- 尽量减少财产损失或财务风险。

在 ALS 设计中,在任何事故期间或事故发生后的特定时间内须实现结构的主要安全功能不受损失。ALS 的结构设计准则基于对事故后果的限制,例如结构损坏和环境污染。

由于结构的损伤特征和行为取决于事故类型,因此为 ALS 建立普遍适用的结构设计准则并不容易。通常对于给定类型的结构,事故场景和相关性能准则必须在风险评估的基础上确定。

对于船舶或海上平台,ALS 设计可能需要考虑的事故包括碰撞、搁浅、掉落物体、引发屈曲或结构损坏的水动力冲击(如晃荡、砰击或甲板上浪)、人为失误、靠泊或干船坞造成的过度载荷、油舱或机舱内的火灾或内部气体爆炸以及水下或空中爆炸。在陆基结构中,事故场景可能包括火灾、爆炸、地基运动或与地震相关的结构破坏。

在为此类事件选择设计目标的 ALS 性能水平时,通常采用的方法是允许较大的目标,例如生存能力或者最小后果,可以存在一定程度的损伤,否则将导致结构的经济性降低。

在任何事故期间或事故发生后的一段特定时间内,不应损害结构的主要安全功能,包括:

- 逃生通道的可用性。
- 避难区和控制间的完整性。
- 结构整体承载力。
- 环境的完整性。

因此,应制定 ALS 设计准则,以确保前面提到的主要安全功能可以成功实现,并充分考虑以下几点:

- 与结构耐撞性相关的能量耗散。
- 局部强度构件或结构的承载力。
- 整体结构的承载力。
- 避免撕裂或断裂的许用拉伸应变。
- 防火耐久性。

对于 ALS 设计,结构的完整性通常分两步进行检查。第一步,通过假定的设计事故评估结构性能;第二步,评估事故后影响,如对环境的破坏。

例如,在船舶发生事故的情况下,ALS 设计的主要关注点是保持船舶舱室的水密性、存储危险或污染货物(如化学品、散装油、液化气)舱室的密闭性,以及核动力船舶反应堆舱室的完整性。为了保持结构的正常运行,事故发生后立即将受损结构的完整性和剩余强度保持在一定水平也很重要。

不同类型的事故通常需要不同的方法来分析结构的抗力。对于主要面向冲击载荷的 ALS 设计标准,式(1.17)通常可以采用与能量耗散相关的准则进行改写,以确保结构或环境的安全性不会丧失:

$$E_k \gamma_k < \frac{E_a}{\gamma_a} \qquad (1.20)$$

式中,E_k 是事故中损失的动能;E_a 是严重损伤发生前的有效能量吸收能力;γ_k 和 γ_a 分别是与动能损失和能量吸收能力相关的分项安全系数。

事故期间,结构的耗散能量通常可以通过事故载荷下结构的载荷-位移曲线下方的面积积分来计算,如图 1.7 所示。第 10 章将详细描述结构冲击力学和具有事故导致损伤(如局部凹陷)的板架的剩余极限强度。

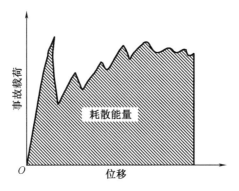

图 1.7 事故载荷下结构的能量吸收

1.3 结构材料的力学性能

对于板结构的材料,通常使用钢或铝合金。铝合金的密度大约是钢的三分之一,因此主要用于对质量要求严格的结构。铝合金还具有良好的耐海水腐蚀性能和易于挤压加工的优点,可以制成各种截面形式。但是铝合金的弹性模量只有钢的三分之一,这是铝合金明显的缺点。

在结构分析和设计中,必须定义与目标结构系统相关的材料属性。在行业实践中,结构的分析和设计通常用材料属性的名义值。然而,当恶劣的环境或操作条件是主要关注点时,必须考虑这些条件的影响来准确量化材料的力学性能。材料测试是量化材料属性的一种方法,文献中已经开发了许多测试数据库(Callister,1997),但有些局限于特定的条件,有些是基于不再使用的旧材料。

现代材料制造技术极大地提高了旧测试数据库中材料的属性,当今的结构系统经常暴露在更恶劣的环境和操作条件下。因此,应不断发展这些易变的材料属性测试数据库,以满足新的要求(Paik et al. ,2017)。

1.3.1 材料特性表征

结构材料的力学性能通过对预先设计试件的单轴拉伸实验来表征。图 1.8 显示了结构金属材料的理想化工程应力-工程应变曲线。可以使用以下参数来表征材料特性:

- 弹性模量(又称杨氏模量),E;
- 泊松比,ν;
- 比例极限,σ_p;
- 上屈服点,σ_{YU};
- 下屈服点,$\sigma_{YL}(\approx \sigma_Y)$;
- 屈服强度,σ_Y;
- 屈服应变,ε_Y;
- 应变硬化应变,ε_h;
- 应变硬化切线模量,E_h;
- 极限拉伸强度,σ_T;

- 极限拉伸应变,ε_T;
- 颈缩切线模量,E_n;
- 断裂时的颈缩应力(完全断裂),σ_F;
- 断裂(完全断裂)应变,ε_F。

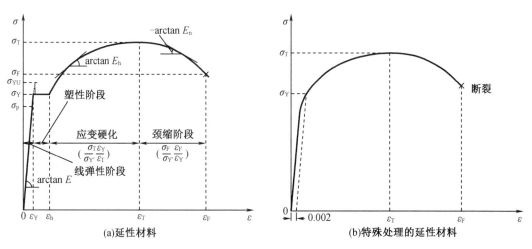

(a)延性材料   (b)特殊处理的延性材料

图 1.8   金属材料的理想化工程应力-工程应变关系示意图

1.3.1.1   弹性模量,E

应力与应变之间的初始关系是线弹性的,因此材料在卸载时完全恢复。弹性状态下应力-应变关系线性部分的斜率定义为弹性模量 E。表 1.2 给出了室温下部分金属和金属合金的弹性模量的典型值。铝合金的弹性模量大约是钢的三分之一。

表 1.2   室温下金属和金属合金的弹性模量和泊松比的典型值

材料	E/GPa	ν
铝合金	70	0.33
铜	110	0.34
钢	205.8	0.30
钛	104~116	0.34

1.3.1.2   泊松比,ν

泊松比定义为弹性状态下承受拉伸载荷的材料的横向应变与纵向应变之比。表 1.2 给出了室温下部分金属和金属合金的泊松比的典型值。

1.3.1.3   弹性剪切模量,G

材料在剪切下的力学性能通常是利用结构力学原理而不是通过测试来确定的。弹性剪切模量由弹性模量 E 和泊松比 ν 的函数表示:

$$G = \frac{E}{2(1+\nu)} \qquad (1.21)$$

1.3.1.4　比例极限，σ_p

弹性状态下的最大应力，即初始屈服前的最大应力，称为比例极限。

1.3.1.5　屈服强度，σ_Y；屈服应变，ε_Y

严格地说，未经特殊处理(如淬火、回火)的结构材料可能有上下屈服点，如图 1.8(a) 所示。下屈服点通常在应力-应变曲线中有一个延长的平稳状态，其近似为屈服强度 σ_Y 和相应的屈服应变 ε_Y，且有 $\varepsilon_Y = \sigma_Y / E$。

结构材料的力学性能随着轧制过程中的加工量和热处理而变化。通常，接受更多做功的板比没有接受做功的板具有更高的屈服强度。金属的屈服强度通常通过特殊处理来提高。

图 1.8(b) 显示了经过特殊处理的延性材料的理想工程应力-工程应变曲线，在达到极限抗拉强度之前，上下屈服点都不会出现。在这种情况下，屈服强度通常被定义为应力-应变曲线和过偏移点应变 $(\sigma, \varepsilon) = (0, 0.002)$ 的直线交点处的应力，即 0.2% 应变下的应力，即 $\varepsilon = 0.002$，其平行于弹性范围内应力-应变曲线的线性部分。

需要认识到，材料的屈服强度受操作和环境条件的显著影响，例如温度和加载速度(或应变率)等。出于结构设计的目的，监管机构或船级社确定了材料的力学性能和化学成分的最低要求。例如，国际船级社协会(IACS)规定了船用轧制或挤压铝合金的屈服强度、极限拉伸强度和断裂应变(伸长率)的最低要求，如表 1.3 和 1.4 所示(IACS，2014)。感兴趣的读者也可以参考 Sielski (2007，2008) 的文献。

表 1.3　轧制铝合金力学性能的最低要求(IACS，2014)

等级	回火类型	厚度 t/mm	σ_Y/MPa	σ_T/MPa	ε_F/%	
					$t \leq 12.5$ mm	$t > 12.5$ mm
5083	O	$3 \leq t \leq 50$	125	275~350	16	14
	H111	$3 \leq t \leq 50$	125	275~350	16	14
	H112	$3 \leq t \leq 50$	125	275	12	10
	H116	$3 \leq t \leq 50$	215	305	10	10
	H321	$3 \leq t \leq 50$	215~295	305~385	12	10
5383	O	$3 \leq t \leq 50$	145	290	—	17
	H111	$3 \leq t \leq 50$	145	290	—	17
	H116	$3 \leq t \leq 50$	220	305	10	10
	H321	$3 \leq t \leq 50$	220	305	10	10
5059	O	$3 \leq t \leq 50$	160	330	24	24
	H111	$3 \leq t \leq 50$	160	330	24	24
	H116	$3 \leq t \leq 20$	270	370	10	10
		$20 < t \leq 50$	260	360	—	10
	H321	$3 \leq t \leq 20$	270	370	10	10
		$20 < t \leq 50$	260	360	—	10

表 1.3(续)

等级	回火类型	厚度 t/mm	σ_Y/MPa	σ_T/MPa	ε_F/%	
					$t \leq 12.5$ mm	$t > 12.5$ mm
5086	O	$3 \leq t \leq 50$	95	240~305	16	14
	H111	$3 \leq t \leq 50$	95	240~305	16	14
	H112	$3 \leq t \leq 12.5$	125	250	8	—
		$12.5 < t \leq 50$	105	240	—	9
	H116	$3 \leq t \leq 50$	195	275	10	9
5754	O	$3 \leq t \leq 50$	80	190~240	18	17
	H111	$3 \leq t \leq 50$	80	190~240	18	17
5456	O	$3 \leq t \leq 6.3$	130~205	290~365	16	—
		$6.3 < t \leq 50$	125~205	285~360	16	14
	H116	$3 \leq t \leq 30$	230	315	10	10
		$30 < t \leq 40$	215	305	—	10
		$40 < t \leq 50$	200	285	—	10
	H321	$3 \leq t \leq 12.5$	230~315	315~405	12	—
		$12.5 < t \leq 40$	215~305	305~385	—	10
		$40 < t \leq 50$	200~295	285~370	—	10

注：①当 $t \leq 6.3$ mm 时，断裂应变 ε_F 取 8%。

②O 型和 H111 型回火后的力学性能相同，把它们分为两种类型是因为这些回火代表不同的加工方式。

表 1.4 挤压铝合金力学性能的最低要求(IACS,2014)

等级	回火类型	厚度 t/mm	σ_Y/MPa	σ_T/MPa	ε_F/%	
					$t \leq 12.5$ mm	$t > 12.5$ mm
5083	O	$3 \leq t \leq 50$	110	270~350	14	12
	H111	$3 \leq t \leq 50$	165	275	12	10
	H112	$3 \leq t \leq 50$	110	270	12	10
5383	O	$3 \leq t \leq 50$	145	290	17	17
	H111	$3 \leq t \leq 50$	145	290	17	17
	H112	$3 \leq t \leq 50$	190	310	—	13
5059	H112	$3 \leq t \leq 50$	200	330	—	10
5086	O	$3 \leq t \leq 50$	95	240~315	14	12
	H111	$3 \leq t \leq 50$	145	250	12	10
	H112	$3 \leq t \leq 50$	95	240	12	10

表 1.4(续)

等级	回火类型	厚度 t/mm	σ_Y/MPa	σ_T/MPa	ε_F/%	
					$t \leqslant 12.5$ mm	$t > 12.5$ mm
6005A	T5	$3 \leqslant t \leqslant 50$	215	260	9	8
	T6	$3 \leqslant t \leqslant 10$	215	260	8	6
		$10 < t \leqslant 50$	200	250	8	6
6061	T6	$3 \leqslant t \leqslant 50$	240	260	10	8
6082	T5	$3 \leqslant t \leqslant 50$	230	270	8	6
	T6	$3 \leqslant t \leqslant 5$	250	290	6	—
		$5 < t \leqslant 50$	260	310	10	—

1.3.1.6 应变硬化切线模量,E_h;应变硬化应变,ε_h

超过屈服应力或应变,金属塑性流动过程中应力没有明显变化,直到达到应变硬化应变 ε_h。应变硬化状态下应力-应变曲线的斜率被定义为应变硬化切线模量 E_h,它不是常数,而是取决于不同的条件。

应变硬化也可表征为极限拉伸强度 σ_T 与屈服强度 σ_Y 之比,或极限拉伸应变 ε_T 与屈服应变 ε_Y 之比。超过存在应变硬化的弹塑性材料屈服强度的应力 σ 通常由一定程度的塑性应变表示,如下所示:

$$\sigma = \sigma_Y + \frac{EE_h}{E-E_h}\varepsilon_P \tag{1.22}$$

式中,ε_P 是有效塑性应变。

1.3.1.7 极限拉伸强度,σ_T

当应变超过应变硬化 ε_h 时,由于应变硬化,应力增加到屈服强度 σ_Y 以上,这种行为可以持续到极限拉伸强度(简称抗拉强度)σ_T。σ_T 的值由最大轴向拉伸载荷除以试样的原始横截面积得到。表 1.3 和表 1.4 显示了轧制或挤压铝合金极限拉伸强度的最低要求。

1.3.1.8 颈缩切线模量,E_n

随着应变的进一步增加,横截面局部显著减小,称为颈缩或应变软化。内部工程应力在颈缩状态下减小。颈缩范围内工程应力-工程应变曲线的斜率有时定义为颈缩切线模量 E_n。颈缩也可以表征为断裂应力 σ_F 与极限拉伸强度 σ_T 之比或断裂应变 ε_F 与极限拉伸应变 ε_T 之比。

1.3.1.9 断裂应变,ε_F;断裂时的颈缩应力,σ_F

当应变达到断裂应变(又称伸长率或总断裂应变)ε_F 时,试件将发生断裂。断裂应力 σ_F 定义为颈缩状态下发生断裂时的应力。断裂应变还受到作业和环境条件的显著影响,例如温度和加载速度(或应变率)等因素。表 1.3 和表 1.4 给出了轧制或挤压铝合金的断裂应变最低要求。

1.3.2　理想弹塑性材料模型

图 1.9 所示为在纵向压缩载荷下,由非线性有限元法分析(FEA)得到的应变硬化对矩形钢板的弹塑性大变形行为(即平均应力-平均应变曲线)的影响。应变硬化的特征是变化的[图 1.9(a)],板四边简支,保持直线。很明显,应变硬化效应可以使板的极限强度大于不计应变硬化时的强度。

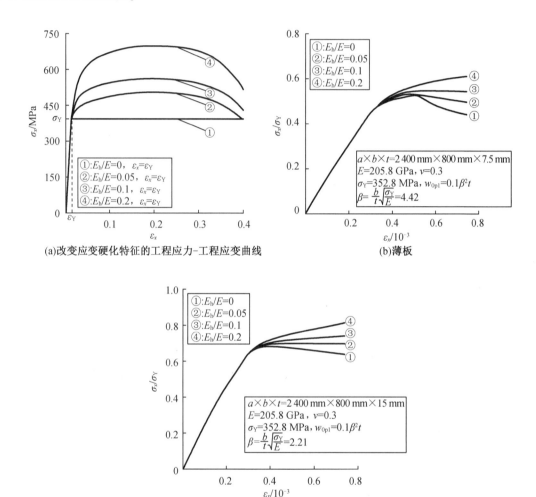

(a)改变应变硬化特征的工程应力-工程应变曲线　　(b)薄板

(c)厚板(w_{0p1},屈曲模式初始板的变形)

图 1.9　应变硬化对钢板轴向压缩极限强度的影响

因为应变一般不显著,延性材料结构的 ULS 评估通常用理想弹塑性材料模型(即没有应变硬化或颈缩的模型),如图 1.10 所示。这种材料模型可能导致对能力特征值的悲观估计。而对于 ALS 评估,通常涉及大的塑性应变,应考虑包含应变硬化和颈缩效应的真实应力-真实应变关系。如图 1.11 所示为图题。

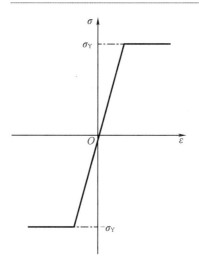

图 1.10 材料的弹塑性模型

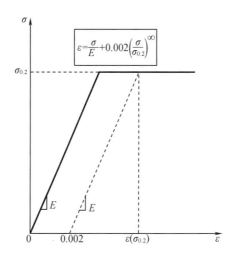

图 1.11 理想弹塑性材料模型的 Ramberg-Osgood 定律

1.3.3 工程应力-工程应变的表征关系

当工程应力 σ 与工程应变 ε 之间的关系不可用,但弹性模量 E 和屈服强度 σ_Y 等基本参数已知时,工程应力和工程应变之间的关系通常可以使用兰伯格-奥斯古德(Ramberg et al.,1943)方程近似,该方程最初是针对铝合金提出的,如下所示:

$$\varepsilon = \frac{\sigma}{E} + \left(\frac{\sigma}{B}\right)^n \qquad (1.23)$$

式中,E 为应力应变曲线起点处的弹性模量;ε 为工程应变;σ 为工程应力;B、n 为常数,由实验确定。

式(1.23)通常简化如下(Mazzolani,1985):

$$\varepsilon = \frac{\sigma}{E} + 0.002\left(\frac{\sigma}{\sigma_{0.2}}\right)^n \qquad (1.24a)$$

式中,$\sigma_{0.2}$ 为应变在 0.2% 时的屈服应力,即 $\varepsilon = 0.002$,通常取值为材料屈服强度 σ_Y,即

$\sigma_{0.2}=\sigma_Y$，如图 1.11 所示；指数 n 为 $\sigma_{0.2}$ 和 $\sigma_{0.1}$ 的函数，如下所示：

$$n=\frac{\ln 2}{\ln\left(\dfrac{\sigma_{0.2}}{\sigma_{0.1}}\right)} \tag{1.24b}$$

式中，$\sigma_{0.1}$ 是应变为 0.1% 时的屈服应力，$\varepsilon=0.001$。

当使用 Ramberg-Osgood 定律时，除 E 和 $\sigma_{0.2}(\approx\sigma_Y)$ 之外，一个实际困难是 $\sigma_{0.1}$ 的确定。在不考虑应变硬化效应的情况下，如果 $\sigma_{0.2}/\sigma_{0.1}$ 的比值接近 1（或 $\sigma_{0.1}=\sigma_{0.2}$），则指数变为无穷大，即 $n=\infty$。这种情况对应于材料的理想弹塑性模型（图 1.10），可以表示为

$$\varepsilon=\frac{\sigma}{E}+0.002\left(\frac{\sigma}{\sigma_{0.2}}\right)^{\infty} \tag{1.25}$$

对于铝合金，Steinhardt（1971）提出了一种确定指数 n 的近似方法，$\sigma_{0.1}$ 的值取如下：

$$0.1n=\sigma_{0.2} \text{ 或 } =10\sigma_{0.2} \tag{1.26}$$

1.3.4 真实应力-真实应变关系的表征

对于结构材料，工程应力-工程应变关系可以转化为真实应力-真实应变关系：

$$\sigma_{\text{true}}=\sigma(1+\varepsilon) , \varepsilon_{\text{true}}=\ln(1+\varepsilon) \tag{1.27}$$

式中，σ_{true} 是真实应力；$\varepsilon_{\text{true}}$ 是真实应变；σ 是工程应力；ε 是工程应变。

图 1.12 显示了低碳钢和铝合金 5383-H116 的工程应力-工程应变曲线与真实应力-真实应变曲线。式（1.27）容易高估应变硬化和颈缩（应变软化）效应。为了解决这个问题，Paik（2007a，2007b）建议引入一个工程应变函数作为敲低因子来修改式（1.27），如下所示：

$$\sigma_{\text{true}}=f(\varepsilon)\sigma(1+\varepsilon) , \varepsilon_{\text{true}}=\ln(1+\varepsilon) \tag{1.28a}$$

$$f(\varepsilon)=\begin{cases} \dfrac{C_1-1}{\ln(1+\varepsilon_T)}\ln(1+\varepsilon)+1 & \varepsilon_T<\varepsilon<\varepsilon_F \\[3mm] \dfrac{C_2-C_1}{\ln(1+\varepsilon_F)-\ln(1+\varepsilon_T)}\ln(1+\varepsilon)+C_1-\dfrac{(C_2-C_1)\ln(1+\varepsilon_T)}{\ln(1+\varepsilon_F)-\ln(1+\varepsilon_T)} & \varepsilon_T<\varepsilon<\varepsilon_F \end{cases} \tag{1.28b}$$

式中，$f(\varepsilon)$ 是工程应变函数的敲低因子；ε_F 是材料的断裂应变；ε_T 是极限拉伸应力下的应变；C_1 和 C_2 是受材料类型和板厚等其他因素影响的测试常数。

尽管敲低因子受材料类型和板厚的特性限制，但对于低碳钢和高强度钢，测试常数可以都取为 $C_1=0.9$ 和 $C_2=0.85$（Paik，2007a，2007b）。图 1.13 比较了低碳钢和铝合金 5383-H116 的原始真实应力-真实应变曲线与修改后的真实应力-真实应变曲线，其中常数 $C_1=0.9$ 和 $C_2=0.85$，可见它们既适用于低碳钢，也适用于铝合金。

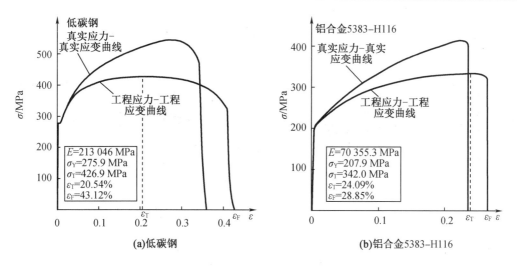

图 1.12 材料的工程应力−工程应变曲线与真实应力−真实应变曲线

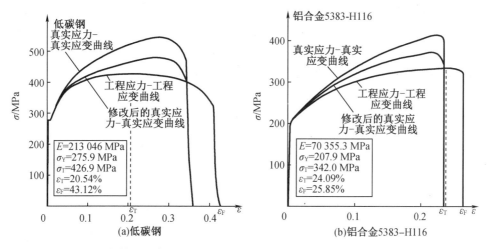

图 1.13 材料的原始真实应力−真实应变曲线与修改后的真实应力−真实应变曲线

1.3.5 应变率的影响

材料的力学性能受加载速度或应变率 $\dot{\varepsilon}$ 的显著影响,可以通过近似方式假设动态载荷的初始速度 V_0 线性减小到零直到加载完成,平均位移为 δ,即

$$\dot{\varepsilon} = \frac{V_0}{2\delta} \qquad (1.29)$$

在结构耐撞性和/或冲击响应分析中,应变率敏感性起着重要作用。因此,必须考虑动态屈服强度和动态断裂应变方面的材料建模。图 1.14 显示了在室温下分别通过低碳钢(A级)和铝合金 5083-O 实验获得的不同应变率的工程应力−工程应变曲线(Paik et al., 2017)。

如第 10.3.2 节所述,动态屈服强度通常由下面的 Cowper-Symonds 方程确定(Cowper, 1957):

$$\sigma_{Yd} = \left\{ 1 + \left(\frac{\dot{\varepsilon}}{C} \right)^{\frac{1}{q}} \right\} \sigma_Y \tag{1.30a}$$

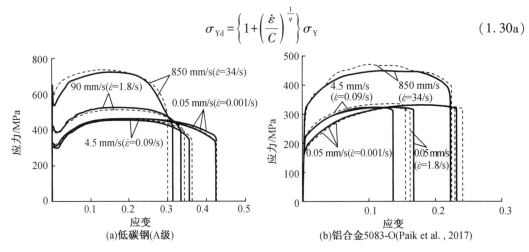

图 1.14　室温下不同应变率的工程应力-工程应变曲线

式中，σ_Y 为静态屈服强度；σ_{Yd} 为动态屈服强度；$\dot{\varepsilon}$ 为应变率，s^{-1}；C 和 q 为试验常数，对普通强度钢，可取 $C = 40.4/s$，$q = 5$，对高强度钢，可取 $C = 3\,200/s$，$q = 5$，对铝合金，可取 $C = 6\,500/s$，$q = 4$（Paik et al.，2007；Jones，2012；Paik et al.，2017）

动态断裂应变被视为动态屈服强度的 Cowper-Symonds 方程的倒数，如下所示：

$$\varepsilon_{Fd} = \left\{ 1 + \left(\frac{\dot{\varepsilon}}{C} \right)^{\frac{1}{q}} \right\}^{-1} \varepsilon_F \tag{1.30b}$$

式中，ε_F 是静态断裂应变；ε_{Fd} 是动态断裂应变。请注意，动态断裂应变的测试常数 C 和图 q 与 10.3.3 节中描述的动态屈服强度的测试常数不同。

图 1.15 和 1.16 显示了应变率与低温对从低碳钢、高强度钢和铝合金 5083-O 的实验中获得的屈服强度或断裂应变的影响，这些曲线是由 Paik 等（2017）的实验获得。

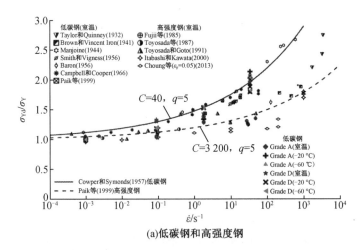

图 1.15　应变率和低温对材料屈服强度的影响

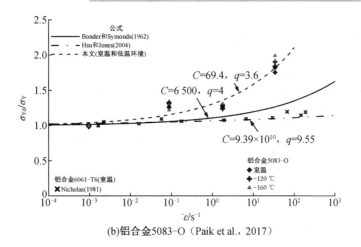

(b)铝合金5083-O（Paik et al.，2017）

图 1.15（续）

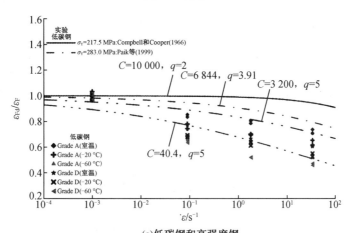

(a)低碳钢和高强度钢

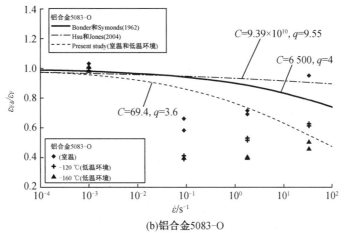

(b)铝合金5083-O

图 1.16 应变率和低温对材料断裂应变的影响

1.3.6 温度升高的影响

材料的性能与其热特性相关。由于作业环境条件或火灾等事故导致的温度升高的影响,材料的力学性能会显著降低。图 1.17(a)给出了钢的比热容随温度升高的变化情况,图 1.17(b)绘制了钢的力学性能,表明在 400 ℃ 以上的温度时钢的力学性能显著下降。根据 ECCS 欧洲规范设计手册(Franssen et al.,2010),钢的比例极限、屈服强度和弹性模量的折减系数如表 1.5 所示。

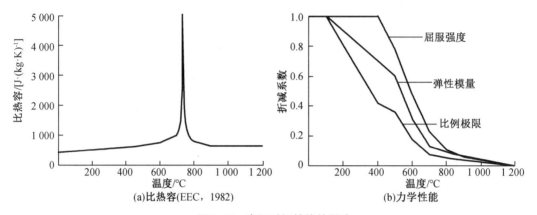

图 1.17　高温对钢性能的影响

表 1.5　碳钢在温度升高时的力学性能折减系数(20 ℃)

钢材温度/℃	σ_Y	σ_p	E
20	1.000	1.000 0	1.000 0
100	1.000	1.000 0	1.000 0
200	1.000	0.807 0	0.900 0
300	1.000	0.613 0	0.800 0
400	1.000	0.420 0	0.700 0
500	0.780	0.360 0	0.600 0
600	0.470	0.180 0	0.310 0
700	0.230	0.075 0	0.130 0
800	0.110	0.050 5	0.090 0
900	0.060	0.037 5	0.067 5
1 000	0.040	0.025 0	0.045 0
1 100	0.020	0.012 5	0.022 5
1 200	0.000	0.000 0	0.000 0

注:对于表中所列温度的中间值,可以使用线性插值。

1.3.7 低温的影响

低温对材料的力学性能有显著影响,低温可能是由液化石油/天然气货物或者是极地作业的环境条件造成的。图1.18和图1.19显示了低温和应变率对低碳钢(A级)和铝合金5083-O的屈服强度或断裂应变的综合影响,由Paik等(2017)的实验获得。

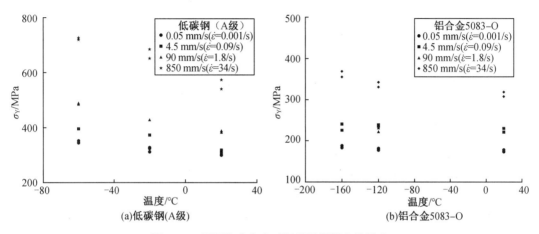

图1.18 低温和应变率对材料屈服强度的影响

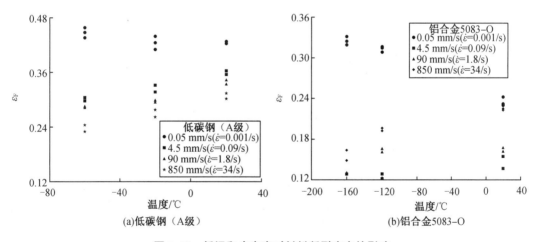

图1.19 低温和应变率对材料断裂应变的影响

1.3.8 多应力分量下的屈服条件

对于单轴拉伸或压缩载荷下的一维强度构件,通过单轴拉伸试验确定的屈服强度可用于检查屈服状态,要回答的问题仅是轴向应力是否达到屈服强度。

板钢或铝结构主要强度构件,可能会受到双向拉伸/压缩和剪切应力的组合影响,这通常可以被认为处于平面应力状态(对应于平面应变状态)。

对于一个各向同性的二维结构构件,其一个方向的尺寸远小于其他两个方向的尺寸,并且具有三个面内应力分量(即两个正应力 σ_x、σ_y 和剪切应力 τ_{xy})或等价于两个主应力分量(即 σ_1、σ_2),通常采用如下三种屈服准则:

(1)基于最大主应力的判据:如果两个主应力的最大绝对值达到临界值,则材料屈服,即

$$\max(\,|\sigma_1|\,,\,|\sigma_2|\,)=\sigma_Y \tag{1.31a}$$

(2)基于最大剪应力的判据(也称为 Tresca 准则):如果最大剪应力 $\tau_{\max}$ 达到临界值,则材料屈服,即

$$\tau_{\max}=\left|\frac{\sigma_1-\sigma_2}{2}\right|=\frac{\sigma_Y}{2} \tag{1.31b}$$

(3)基于应变能的准则(也称为 Mises-Hencky 或 Huber-Hencky-Mises 或 von Mises 准则):如果由于几何变化引起的应变能达到临界值,则材料屈服,该临界值相当于等效应力 σ_{eq} 达到屈服强度 σ_Y,由单向拉伸试验确定,如下所示:

$$\sigma_{eq}=\sqrt{\sigma_x^2-\sigma_x\sigma_y+\sigma_y^2+3\tau_{xy}^2}=\sigma_Y \tag{1.31c}$$

式中,σ_Y 是材料的屈服强度。

式(1.31a)被认为是第一个屈服条件,与脆性材料相关。后两个条件,式(1.31b)和式(1.31c),更适用于韧性材料,其中 von Mises 条件式(1.31c)更适用于板结构分析。图 1.20 显示了与两个法向应力分量 σ_x 和 σ_y 相关的 von Mises 和 Tresca 屈服面。纯剪切下的剪切屈服应力 τ_Y 可以通过求解 von Mises 条件式(1.31c)的 τ_{xy} 值来确定,当 $\sigma_x=\sigma_y=0$ 时:

$$\tau_Y=\frac{\sigma_Y}{\sqrt{3}} \tag{1.31d}$$

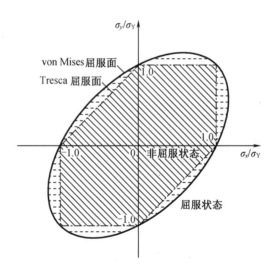

图 1.20 与两个法向应力分量相关的 von Mises 和 Tresca 屈服面

1.3.9 包辛格效应:循环加载

在作业期间,结构构件很可能受到循环载荷作用,如图 1.21 所示。如果材料在拉伸中发生塑性应变,然后逐渐卸载,使拉力减小并进一步转变为压力,构件受压缩变形,在远低于材料屈服点的应力水平下,压缩载荷阶段的应力-应变曲线偏离线性关系。重复卸载至反向加载的过程,它返回首次拉伸加载循环的最大应力和应变点。对于相反的加载循环,

即先压缩再拉伸,观察到相同的效果。在这种情况下,如图 1.21 中的应力–应变曲线形状所示,弹性模量降低。这种现象通常称为包辛格效应(Brockenbrough et al.,1981)。当刚度是主要关注点时,例如,在评估屈曲或变形时,包辛格效应可能会引起人们的兴趣。

在可接受的精度范围内,通过单向拉伸试验确定的特定类型的钢或铝合金的力学性能也被近似认为适用于单向压缩下的同一类型的材料。

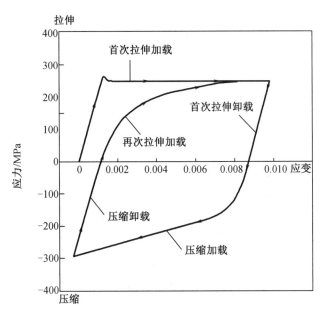

图 1.21 金属中的包辛格效应

1.3.10 冷成型极限

冷成型是一种结构成型的有效技术,例如弯曲板。然而,重要的一点是要认识到冷成型过程中的过度应变会耗尽延展性并导致开裂。因此,必须限制冷成型结构形状的应变,不仅要防止开裂,还要防止承受压缩载荷的结构单元发生屈曲失效。冷成型引起的应变通常通过要求弯曲半径与板厚的大比值来控制在 5~10 范围内。

1.3.11 层状撕裂

在大多数板结构中,主要关注与载荷效应相关的板的长度和宽度。壁厚方向的变化通常不重要。然而,在重型焊接结构中,特别是在与厚板和重型结构形状的接头或连接中,在板表面下方或焊趾处的壁厚方向可能发生裂纹型分离或分层。这种失效通常是由大的厚度应变引起的,有时与高约束接头中的焊缝金属收缩有关。这种现象称为层状撕裂。仔细选择焊缝细节、填充金属和焊接程序,并使用具有受控全厚度特性的钢(如 Z 级钢),可以有效地控制这种失效。

1.4 板结构的强度构件类型

钢或铝板结构的几何构型主要是根据特定结构的功能来确定的。图 1.22 显示了典型板结构的基本形式。板结构和框架结构之间的主要区别在于,前者的主要强度构件是板和支撑构件,而后者的主要强度构件通常由桁架或梁构件组成,其轴向尺寸通常比其他两个方向的尺寸要大得多。

板结构的典型例子是船舶、船形海上平台、箱梁桥和箱梁起重机。通常构成板结构的结构构件的基本类型如下:

- 板件:板、加筋板、波纹板;
- 小支撑构件:加强筋、梁、柱、梁柱;
- 强主支撑构件:板梁、框架、肋板、舱壁、箱梁;

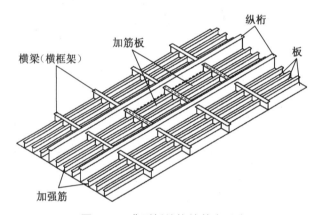

图 1.22 典型板结构的基本形式

为了提高板件的刚度和强度,增加加强筋的尺寸通常比简单地增加板厚更有效,因此板件通常在纵向或横向上用梁构件(加强筋)进行加固。图 1.23(a) 显示了用于加筋板的典型梁构件。在某些情况下,也可以使用自加强板,例如图 1.23(b) 中所示的槽型。

当加筋板可能受到横向载荷或平面外弯曲或仅需要横向支撑时,它们由更坚固的梁构件支撑。图 1.23(c) 显示了用于构建板结构的典型弹力主支撑构件。对于船舶和海上结构,由深腹板和宽翼缘组成的板梁通常作为主支撑构件。板梁的深腹板通常在垂直和/或水平方向上进行加强。由板组成的箱式支撑构件用于建造陆基钢桥或起重机。在箱梁的相关位置设置肋板或横肋板或横舱壁。

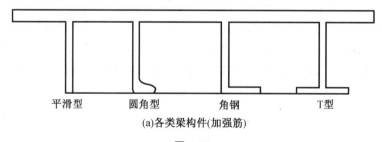

平滑型　　　　圆角型　　　　角钢　　　　T型

(a)各类梁构件(加强筋)

图 1.23

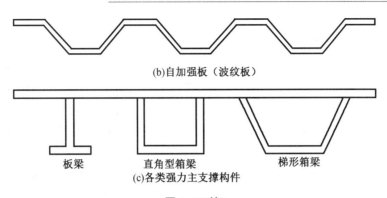

(b)自加强板（波纹板）

板梁　　　　　直角型箱梁　　　　　梯形箱梁
(c)各类强力主支撑构件

图 1.23(续)

尽管板主要承受平面内载荷,但支撑构件也可抵抗平面外(横向)载荷和弯曲。加强筋之间的板称为"板",带有加强筋的镀层称为"加筋板"。交叉加筋板被称为"格构",其在概念上本质是一组相交的梁构件。当一维强度构件主要承受轴向压缩时,它被称为"柱",而当其承受横向载荷或弯曲时,它被称为"梁"。在轴压和弯曲组合作用下的一维强度构件称"梁柱"。当强度构件受到弯曲和轴向拉力的组合作用时,它被称为"张力梁"。

当强支撑构件位于主要加载方向(即箱形梁或船体梁的纵向)时,通常称为"(纵向)桁"或主梁,当它们位于与主载荷方向正交的方向时,称为"(横向)框架"或主支撑构件(即在箱形梁或船体梁的横向上)。

对于板结构的强度分析,加强筋或一些支撑构件及其相关的板通常被建模为梁、柱或梁柱,如第2章所述。

1.5　载 荷 类 型

船舶和海上结构施加载荷分类相关的术语与用于陆基结构的术语相似。板结构或加强构件可能承受的载荷类型可分为以下四组:

- 固定载荷;
- 作业或服务(可变)载荷;
- 环境荷荷;
- 事故载荷。

固定载荷(也称为永久载荷)是与时间无关的、以重力为主的使用载荷。固定载荷主要包括结构的重量或在结构的整个生命周期中保持不变的重量。恒载通常是静态的,并且通常可以准确地确定,但在某些情况下某些项目的重量在结构设计完成之前可能是未知的。

作业或服务载荷通常是自然活动载荷,包括重力和/或热载荷,在结构正常作业期间大小和位置会发生变化。作业载荷可以是准静态的、动态的,甚至是高速波动的,如人员、家具、可移动设备、车辆或货物的轮载以及存储的消耗品的重量。在海洋结构中,水和货物引起的压力载荷和货物(如液化石油气、液化天然气)引起的热载荷也是作业载荷。在陆基箱形梁桥、公路车辆的设计中载荷通常单独归类为高速公路活载荷。尽管一些活载荷(如人员和家具)实际上是永久的和静态的,但其他的(如箱梁起重机和各种类型的机械)具有高度的时间依赖性和动态性。由于在特定情况下活载荷的大小、位置和密度通常是未知的,因此出于设计目的确定作业载荷并不简单。出于这个原因,规范机构有时会根据经验和经过实践验证来规定设计作业载荷。

环境载荷指与风、水流、波浪、雪和地震有关的外力作用。大多数环境载荷是与时间相关的,并以某种方式重复,即循环。因此,环境载荷可以是准静态的、动态的,甚至是高速波动的。设计环境载荷通常由监管机构或船级社规则指定,通常使用平均重现期的概念。例如,雪或风的设计载荷可以基于 100 年或更长的重现期来制定,这表明在设计中使用了预计会出现 100 年一次的极端降雪或风速。

事故载荷是由诸如碰撞、搁浅、火灾、爆炸或坠落物体等事故引起的作用。事故载荷通常对大应变下的结构行为具有动态或冲击效应。由于事故的性质未知,预测和解释事故载荷更为不准确。然而,在设计中处理此类载荷很重要,特别是当涉及新型结构时,可能缺乏经验。这经常发生在海洋领域,近几十年来已经引入了几种新型结构。全尺寸原型或至少是大型模型的试验数据库对于表征和量化事故条件下的结构非线性力学是非常必要的,因为将小尺寸模型试验结果转换为实际全尺寸结构的缩放规律并不总是可用的。

前述各类载荷的极大值并不总是同时施加的,但通常多种载荷共存并相互作用。因此,结构设计必须考虑分阶段定义组合载荷的影响。通常,设计时考虑多个载荷组合,每个载荷在其极值处代表一个载荷加上其他载荷的伴随值。设计中需要考虑的相关载荷组合准则通常由规范机构或船级社根据特定类型的结构制定。

1.6 结构失效的基本类型

本书涉及钢板和铝板结构 ULS 分析与设计的基本原理和实际程序。ULS 设计的一个主要任务是确定引起单个构件和整体结构失效的施加载荷水平。因此,更好地了解结构失效类型至关重要。韧性材料板结构的失效通常与下列一种或两种非线性行为有关:

- 屈曲或大挠度相关的几何非线性;
- 屈服或塑性变形导致的材料非线性。

对于结构构件,有许多基本类型的失效,其中较重要的包括:

- 屈曲或失稳;
- 局部区域的可塑性;
- 与循环载荷相关的疲劳开裂;
- 由于疲劳裂纹或预先存在的缺陷而导致的韧性或脆性断裂;
- 过度变形。

前面提到的基本失效类型并不总是同时发生,但在结构达到 ULS 之前,理论上可能涉及不止一种类型。为方便起见,前面提到的结构失效的基本类型有时会单独描述和处理。

随着外载荷的增大,结构构件内部应力最大的区域将首先屈服,产生局部塑性变形,降低构件刚度。随着载荷的进一步增大,局部塑性变形将增大,并/或发生在几个不同的区域。局部塑性区较大的构件刚度更低,变形迅速增大,最终超过一定限度时,认为杆件失效。

任何结构构件都可能发生屈曲或失稳,这些构件主要受载荷组合作用,导致结构产生压缩效应。在屈曲相关设计中,考虑了两种屈曲类型——分岔和非分岔。前者被看成是理想的无初始缺陷的完好构件,而后者一般发生在有初始缺陷的实际构件中。例如,直弹性柱在临界轴压载荷下产生可供选择的平衡位置,当施加载荷达到某一值时突然产生不同弯曲形状。这种使构件分为两个不同平衡条件的阈值载荷称为分岔载荷。

与直柱相反,有初始弯曲变形的柱或梁柱从加载开始引起弯曲,并且横向偏转逐渐增加。构件刚度因大挠度和局部屈服而降低,最终在峰值负载时变为零。具有极低或零刚度的构件的变形很大,以至于该构件被认为已经失效。在这种情况下,直到构件失效时才出现明显的突然屈曲点,这种类型的失效称为非分岔失稳或极限载荷屈曲(Galambos,1988)。

由于载荷的反复波动,疲劳裂纹会在结构的应力集中区萌生和扩展。断裂是由裂纹迅速扩展引起的一种破坏形式。脆性断裂、断裂和韧性断裂,三种类型的断裂是相关的。脆性断裂通常发生在韧性较低或低于一定温度的材料中,很小的应变也会导致材料的极限抗拉强度急剧下降。而对于高韧性材料,通常在室温或高温情况下,构件在较大应变时发生颈缩断裂。韧性断裂是介于脆性断裂和断裂之间的一种中间断裂方式。在钢或铝合金中,断裂趋势不仅与温度有关,还与施加载荷的速率有关。加载速率越高,向脆性断裂发展的趋势越大。

1.7 制造相关的初始缺陷

经过焊接的金属结构总会存在某些初始缺陷,一般有几何变形、残余应力、焊熔区的软化[即焊接热影响区(HAZ)]等表现形式。因为与这些制造工艺相关的初始缺陷可能影响结构性质和承载能力,必须在结构分析和设计阶段作为影响参数来处理。

1.7.1 初始缺陷的形成机理

当结构材料局部受热时,受热区膨胀扩张,但因为相邻低温区的约束作用,材料内部会产生压应力和挤压变形;受热区在冷却后会局部收缩,在低于初始状态后继续收缩则会造成邻近区域的拉伸作用。在铝合金结构的焊接热影响区,软化现象导致结构强度性能下降,主要是因为材料流动性的增加降低了熔点。但人们也认识到,软化区的材料强度可以在一段时效内自然恢复(Lancaster,2003)。

已有多位学者采用直接测量的手段对焊接初始缺陷的机理进行了实验研究,如Masubuchi(1980)、Smith 等(1988)、Ueda(1999)、Paik 和 Yi(2016)对钢制板架的初始变形进行了研究;Paik 等(2006)、Paik(2007,2008)和 Paik 等(2008,2012)对铝制板架的初始变形进行了研究;Masubuchi(1980)、Smith 等(1988)、Cheng 等(1996)、Ueda(1999)、Kenno 等(2010,2017)以及 Paik 和 Yi(2016)对钢制板架的残余应力进行了研究;Paik 等(2006,2008,2012)对铝制板架的残余应力和软化现象进行了研究。

根据对现有文献的分析,可以认为各种焊接初始变形和残余应力是相关的,如图1.24所示。实际上,为了评估结构承载能力,无论是角变形还是纵向弯曲变形都要重点考虑,如图 1.24(e)所示,而纵向或横向压缩变形通常可以忽略。作为分布内力,构件焊接热影响区的拉压残余应力必须在结构平面内实现自平衡(图 1.25)。铝制加筋板架结构的残余应力发展如图 1.26 所示。焊接铝结构的软化区宽度基本与焊接热影响区一致,如图 1.27 所示。

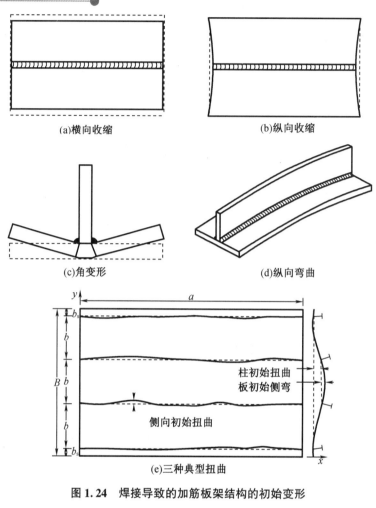

(a)横向收缩

(b)纵向收缩

(c)角变形

(d)纵向弯曲

柱初始扭曲

板初始侧弯

侧向初始扭曲

(e)三种典型扭曲

图 1.24　焊接导致的加筋板架结构的初始变形

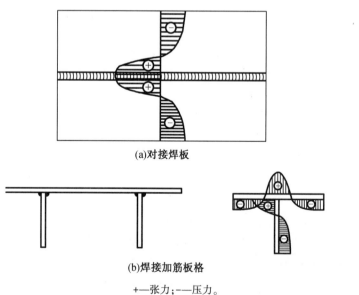

(a)对接焊板

(b)焊接加筋板格

+—张力;—压力。

图 1.25　加筋板架结构中焊接所产生的残余应力分布

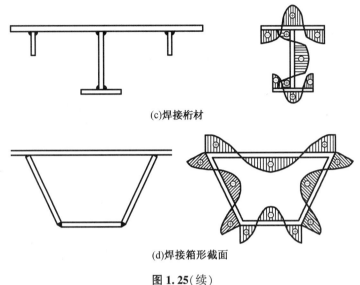

(c)焊接桁材

(d)焊接箱形截面

图 1.25(续)

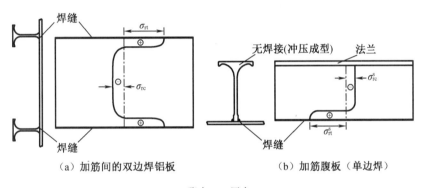

（a）加筋间的双边焊铝板　　　　（b）加筋腹板（单边焊）

+—张力;－—压力。

图 1.26　加筋间的双边焊铝板和加筋腹板(单边焊)焊接残余应力分布
(Paik et al. ,2012；Hughes et al. ,2013)

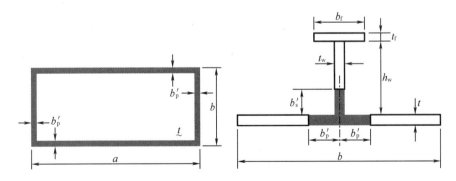

图 1.27　四边焊接铝板和板架上"交接区"的软化区宽度(Hughes et al. ,2013)

图 1.28 采用实测和有限元分析方法,研究实尺度板架结构中焊接所致的初始翘曲和残余应力分布,此结果由 Paik 和 Yi(2016)通过现代化工艺和测量技术得到。图 1.29 为 Paik (2008)通过实验研究得到的实尺度铝制板架在熔融焊方式下的初始变形和残余应力分布。

(a1)自动埋弧焊加工

(a2)初始变形的三维扫描测量

(a3)焊接残余应力的无损测量技术

(a)钢制板架结构初始缺陷的实际检测

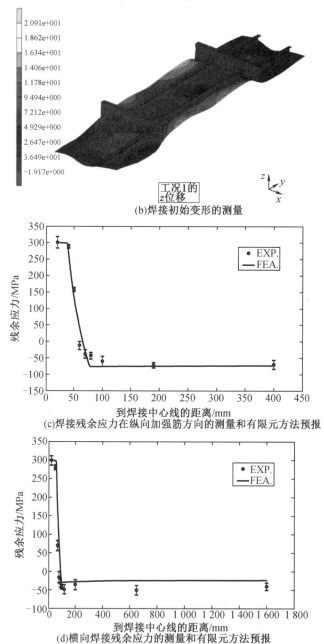

(b)焊接初始变形的测量

(c)焊接残余应力在纵向加强筋方向的测量和有限元方法预报

(d)横向焊接残余应力的测量和有限元方法预报

图1.28　尺度板架结构中焊接所致的初始翘曲和残余应力分布(Paik et al.,2016)

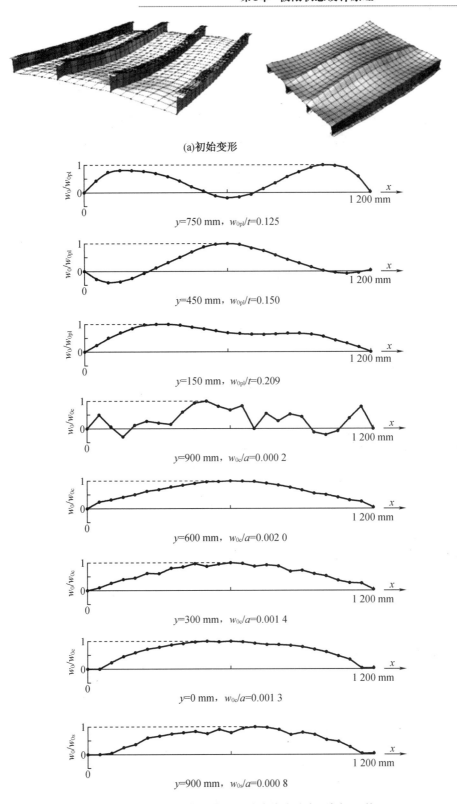

(a)初始变形

图 1.29 一个铝制加筋板架的焊接初始变形和残余应力分布(放大 30 倍)(Paik,2008)

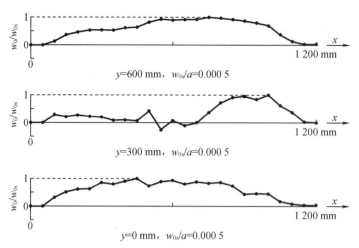

w_{0pl}—板的初始变形；w_{0c}—加强筋柱式(压杆)初始变形；w_{0s}—加强筋的侧向初始变形。

(b)初始变形测量值

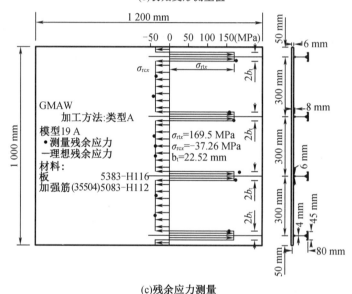

(c)残余应力测量

图 1.29(续)

1.7.2 初始变形模型

图 1.30 展示了一些一维焊接构件(梁、杆件等)的典型初始变形形状和可能的简化方式。从实际设计目的出发,一维构件的初始变形形状可以简化为虚线。图 1.30 中的虚线可以近似表达成如下的三角函数:

$$w_0 = \delta_0 \sin\frac{\pi x}{L} \tag{1.32}$$

式中,w_0 是初始挠度;δ_0 是挠度幅值,在强度计算中经常采用平均缺陷水平 $0.001\ 5L$;L 是构件的支撑长度。加筋板的三种典型焊接初始变形和残余应力如图 1.31 所示。

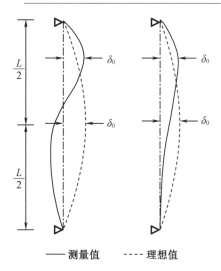

—— 测量值　　---- 理想值

图 1.30　一维焊接构件初始变形形状的理想化

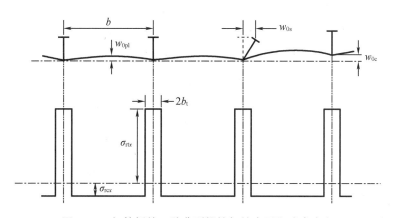

图 1.31　加筋板的三种典型焊接初始变形和残余应力

图 1.31 中的初始变形包括三种:

- 支撑构件之间的板的初始变形 w_{0pl};
- 支撑构件的柱式初始变形 w_{0c};
- 支撑构件的侧向初始变形 w_{0s}。

每种初始缺陷在构件上的表现形状和变形幅度在屈曲失效行为中都扮演重要角色,因此,有必要更深入地理解目标区域的实际缺陷(Paik et al.,2004)。事实上,在结构建模开始之前,就需要获得有关目标结构初始变形的精确信息。考虑到与制造工艺相关的初始缺陷的大量不确定因素,焊接结构初始缺陷的测量常有助于开发通用性模型。

1.7.2.1　板的初始变形

薄板在支撑构件焊接后的初始变形形状是非常复杂的。加强筋之间板的初始变形可以采用如下的傅里叶级数函数表示:

$$\frac{w_0}{w_{0pl}} = \sum_{i=1}^{M} \sum_{j=1}^{N} B_{0ij} \sin\frac{i\pi x}{a}\sin\frac{j\pi y}{b} \tag{1.33}$$

式中,a 为板长;b 为板宽;B_{0ij} 为由最大初始变形;w_{0pl} 为归一化的焊接所致的初始变形形状系数。其中,最大初始变形 w_{0pl} 可以通过测量确定, i 和 j 分别表示初始变形在 x 和 y 方向的半波数。

如果有板的初始变形数据库,式(1.33)的初始变形值可通过调整式中的项数 M 和 N 来确定,这取决于初始形状的复杂程度。

基于实际设计目的,采用理想化的形式近似初始变形形状是必要的。在结构中对板单元的初始变形测量表明,沿板长边方向(纵向)多波形占主导(图1.32),而在短边方向(横向)只有一个半波(图1.31)。

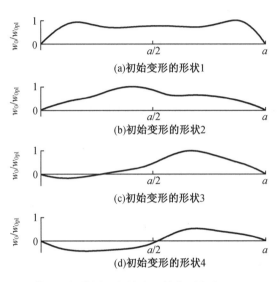

(a)初始变形的形状1

(b)初始变形的形状2

(c)初始变形的形状3

(d)初始变形的形状4

图1.32 加强筋之间板的纵向初始变形的典型方式(Paik et al. ,1996)

对矩形板而言,式(1.33)可以简化为 $M=N=1$。对 x 方向多个半波而 y 方向仅一个半波的板单元,式(1.33)变为

$$\frac{w_0}{w_{0pl}} = \sum_{i=1}^{M} B_{0i} \sin \frac{i\pi x}{a} \sin \frac{\pi y}{b} \qquad (1.34)$$

实际上,式(1.34)中的 M 可以取一个大于或等于3倍的 a/b 值的整数,且要大于1 (Paik et al. ,1996)。在此基础上,式(1.34)中 M 值对应的 B_{0i} 在具备初始变形测量数据的前提下就能确定。表1.6给出了当 M 的值取11时,图1.32中初始变形形状系数 B_{0i} 的值。

表1.6 图1.32中的各种初始变形形状采用式(1.35a)算得的变形幅值

初始变形形状	B_{01}	B_{02}	B_{03}	B_{04}	B_{05}	B_{06}	B_{07}	B_{08}	B_{09}	B_{010}	B_{011}
1	1.0	-0.023 5	0.383 7	-0.025 9	0.212 7	-0.037 1	0.047 8	-0.020 1	0.001 0	-0.009 0	0.000 5
2	0.880 7	0.064 3	0.034 4	0.105 6	0.018 3	0.048 0	0.015 0	-0.010 1	0.008 2	0.000 1	-0.010 3
3	0.550 0	-0.496 6	0.002 1	0.021 3	-0.060 0	0.040 3	0.022 8	-0.008 9	0.001 0	-0.005 7	-0.000 7
4	-0.496 6	0.002 1	0.021 3	0.060 0	0.040 3	0.022 8	-0.008 9	-0.001 0	-0.005 7	-0.000 7	-0.000 7

在当前的业界实践中,结构设计和强度评估时,初始变形幅值通常采用平均值,形状通

常假设为屈曲模态,因为这种形状一般导致结构在到达极限状态时出现最不利的结果。板的初始变形 w_0^p 的幅值或最大值 $w_{0\mathrm{pl}}$ 经常采用如下假设:

$$w_0^\mathrm{p} = w_{0\mathrm{pl}} \sin\frac{m\pi x}{a}\sin\frac{\pi y}{b} \tag{1.35a}$$

$$w_{0\mathrm{pl}} = C_1 b \tag{1.35b}$$

$$w_{0\mathrm{pl}} = C_2\beta^2 t \tag{1.35c}$$

式中,w_0^p 为板的初始变形;$w_{0\mathrm{pl}}$ 为板初始变形的最大值;b 为沿短边的板宽或纵骨间距;t 为板厚;$\beta = \dfrac{b}{t}\sqrt{\sigma_\mathrm{Y}/E}$,为板的柔度;$E$ 为材料弹性模量;σ_Y 是屈服强度;C_1 和 C_2 是常量;m 是板的屈曲半波数。

值得注意的是,两个可替换的方程(1.35b)和方程(1.35c)有着不同的使用背景。一些船级社认可方程(1.35b),认为 $w_{0\mathrm{pl}}$ 仅为与板宽有关的函数。而 Smith 等(1988)认为方程(1.35c)给出了更为精确的表达,因为它是柔度的函数。

此外,方程(1.35b)可能导致薄板出现过小的初始变形,厚板出现过大的初始变形。尽管如此,在当中等板厚情况下,方程(1.35b)在当今船舶与海洋结构物建造领域中更加适用。部分原因是在不考虑板的柔度相关特性的前提下,方程(1.35b)更适于指定的建造公差。

方程(1.35b)和方程(1.35c)中的常量可以通过钢板或铝板初始缺陷测量数据的统计分析确定。下面提供一些参考:

$$C_1 = 0.005 \quad \text{平均水平} \quad \text{钢板}$$

$$C_1 = \begin{cases} 0.0032 & \text{低水平} \\ 0.0127 & \text{中等水平} \\ 0.0290 & \text{高水平} \end{cases} \Bigg\} \text{铝板 (Paik,2007c)}$$

$$C_2 = \begin{cases} 0.0025 & \text{低水平} \\ 0.1 & \text{中等水平} \\ 0.3 & \text{高水平} \end{cases} \Bigg\} \text{钢板 (Smith et al.,1988)}$$

$$C_2 = \begin{cases} 0.018 & \text{低水平} \\ 0.096 & \text{中等水平} \\ 0.252 & \text{高水平} \end{cases} \Bigg\} \text{铝板 (Paik et al.,2006)}$$

为了确定屈曲模态形式的初始变形形状,需要求解特征值问题。基于特征值计算,前面提到的加筋板结构的初始变形可以分解为三种。每种初始变形被放大到最大目标值,然后三种结果叠加,就可以得到一个完整的初始变形图。在这里有必要引入结构力学的经典理论,简支板在纵向压缩作用下的屈曲半波数,即如第3章和第4章所述,满足下列条件的最小整数:

$$\frac{a}{b} \leqslant \sqrt{m(m+1)} \tag{1.36a}$$

式中,m 是板纵向屈曲的半波数,而横向半波假设为单位1。

在纵向压应力 σ_x 与横向压应力 σ_y 的任意组合下,板屈曲半波数可以确定,但要满足第3章与第4章中提到的下列条件:

$$\frac{(m^2/a^2+1/b^2)^2}{m^2/a^2+c/b^2} \leqslant \frac{[(m+1)^2/a^2+1/b^2]^2}{(m+1)^2/a^2+c/b^2} \tag{1.36b}$$

式中，$c = \sigma_y/\sigma_x$，为载荷比。当 $c = 0$ 时，即仅在纵向压缩状态下，式（1.36b）可简化为式（1.36a）。

船级社或其他规范实体通常会指定最大初始变形相关的构件施工公差，目的是确保建造中结构的初始变形小于相应规定值。现列举规范中对板的初始变形极值限制的几个例子：

- 挪威石油工业技术法规（NORSOK，2004）

$$\frac{w_{0pl}}{b} \leqslant 0.01$$

- 日本造船质量标准（JSQS，1985）

$$w_{0pl} \leqslant 7 \text{ mm} \quad 底板板$$

$$w_{0pl} \leqslant 6 \text{ mm} \quad 甲板板$$

- 钢质箱梁桥梁质量标准（ECCS，1982）

$$w_{0pl} \leqslant \min\left(\frac{t}{6}+2, \frac{t}{3}\right), t \text{ 单位为 mm}$$

与此相关并值得注意的是，通常情况下，在制定（和使用）质量规范时，并未具体提及特定位置的载荷和载荷效应。在这种情况下，相应的规范建议通常用经济的方式实现，而不是在特定情况下实现。

1.7.2.2　加强筋的柱失稳式初始变形

加强筋的柱失稳式初始变形可以按下式计算：

$$w_0^c = w_{0c}\sin\frac{\pi x}{a} \tag{1.37a}$$

$$w_{0c} = C_3 a \tag{1.37b}$$

式中，w_0^c 是支撑构件的初始变形；a 是两个强支撑构件之间的加强筋跨长；C_3 是一个常数，取值如下：

$$C_3 = 0.0015 \quad 平均水平 \quad 钢板$$

$$C_3 = \begin{cases} 0.00016 & 轻度 \\ 0.0018 & 中度 \\ 0.0056 & 重度 \end{cases} \Bigg\} 铝板（\text{Paik et al.}，2006）$$

1.7.2.3　加强筋的侧向初始变形

加强筋的侧向初始变形可以按下式计算：

$$w_0^s = w_{0s}\frac{z}{h_w}\sin\frac{\pi x}{a} \tag{1.38a}$$

$$w_{0s} = C_4 a \tag{1.38b}$$

式中，w_0^s 是支撑构件的侧向初始变形；z 是加强筋腹板高度方向坐标；h_w 是腹板高；a 是两个强支撑构件之间的加强筋跨长；C_4 是一个常数，取值如下：

$C_4 = 0.0015$ 平均水平 钢板

$$C_4 = \begin{cases} 0.00019 & \text{轻度} \\ 0.001 & \text{中度} \\ 0.0024 & \text{重度} \end{cases} \text{铝板（Paik et al.，2006）}$$

1.7.3 焊接残余应力模型

出于实际设计目的,受支撑的四边焊接板单元的残余应力分布可近似为拉伸应力和压缩应力块状组合,如图 1.33 所示。图 1.33(c)是一个典型的板单元残余应力理想化的近似分布。

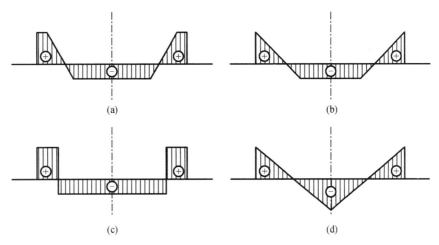

图 1.33 加筋板结构中焊接残余应力的理想分布

如果板单元与支撑构件采用焊接方式,其残余应力在横向和纵向的发展如图 1.34 所示。焊接热影响区的宽度在 y 方向用 b_t 表示,在 x 方向用 a_t 表示,残余应力近似等于拉伸屈服应力,因为熔融金属可以像液体一样自由膨胀。而焊接完成后,它迅速恢复为固态,冷却过程中发生的收缩涉及"塑性流动"。

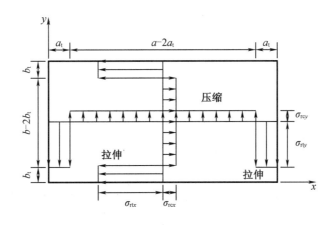

图 1.34 金属结构单元内横向和纵向焊接残余应力的典型简化

当焊接沿 x 和 y 方向进行时,在 x 方向上的拉伸残余应力 σ_{rtx} 和 y 方向上的拉伸残余应力 σ_{rty} 通常靠近板边缘的焊缝。由于内力平衡,在 x 方向上的压缩残余应力 σ_{rcx} 和 y 方向上的压缩残余应力 σ_{rcy} 发生在板单元的中部。

当拉伸残余应力区块等效于焊接热影响区时,它们的宽度可以从拉伸和压缩残余应力的平衡中得到

$$2b_t = \frac{\sigma_{rcx}}{\sigma_{rcx}-\sigma_{rtx}}b, 2a_t = \frac{\sigma_{rcy}}{\sigma_{rcy}-\sigma_{rty}}a \tag{1.39}$$

式中,b_t 和 a_t 是拉伸残余应力区块的宽度;σ_{rcx} 和 σ_{rcy} 是 x 和 y 方向的压缩残余应力;σ_{rtx} 和 σ_{rty} 是 x 和 y 方向的拉伸残余应力。

然后就可以定义 x 和 y 方向上的残余应力分布,如下所示:

$$\sigma_{rx} = \begin{cases} \sigma_{rtx} & \text{当 } 0 \leqslant y \leqslant b_t \text{ 时} \\ \sigma_{rcx} & \text{当 } b_t \leqslant y \leqslant b-b_t \text{ 时} \\ \sigma_{rtx} & \text{当 } b-b_t \leqslant y \leqslant b \text{ 时} \end{cases} \tag{1.40a}$$

$$\sigma_{ry} = \begin{cases} \sigma_{rty} & \text{当 } 0 \leqslant x \leqslant a_t \text{ 时} \\ \sigma_{rcy} & \text{当 } a_t \leqslant x \leqslant a-a_t \text{ 时} \\ \sigma_{rty} & \text{当 } a-a_t \leqslant x \leqslant a \text{ 时} \end{cases} \tag{1.40b}$$

Smith 等(1988)建议采用下面的公式定义钢板 x 方向的压缩残余应力 σ_{rcx}:

$$\sigma_{rcx} = \begin{cases} -0.05\sigma_Y & \text{低水平} \\ -0.15\sigma_Y & \text{平均水平} \\ -0.3\sigma_Y & \text{高水平} \end{cases} \tag{1.41a}$$

y 方向上压缩残余应力 σ_{rcy} 相应为

$$\sigma_{rcy} = k \frac{b}{a} \sigma_{rcx} \tag{1.41b}$$

式中,k 是一个修正系数,取值小于1,仅考虑 x 方向的残余应力时,$k=0$。

Paik 和 Yi(2016)建议采用高级方法预测钢板结构中的焊接残余应力。基于试验和数值研究,对长宽比 $a/b \geqslant 1$ 的钢板,他们提出,焊接热影响区的宽度是关于板材柔度比和焊缝长度的函数:

$$b_t = c_1 L_w + c_2 \tag{1.42a}$$

$$a_t = d_1 L_w + d_2 \tag{1.42b}$$

式中

$$c_1 = -0.456\,2\beta_x^2 + 4.199\,4\beta_x + 2.635\,4$$
$$c_2 = 1.135\,2\beta_x^2 - 4.318\,5\beta_x - 11.175\,0$$
$$d_1 = -0.039\,9\beta_y^2 + 2.008\,7\beta_y + 8.788\,0$$
$$d_2 = 0.104\,2\beta_y^2 - 4.857\,5\beta_y - 17.795\,0$$

$\beta_x = (b/t)\sqrt{\sigma_Y/E}$;$\beta_y = (a/t)\sqrt{\sigma_Y/E}$,$L_w$ 是焊缝长度(mm),一般在 $4 \sim 8$ mm 之间(设计要求是 $4 \sim 5$ mm,平均值为6 mm),取决于焊接条件和板的柔度。

一旦据式(1.42)确定焊接热影响区的宽度后,则取决于焊接条件和板的长细比,焊接所致的压缩残余应力可由式(1.39)估算:

$$\sigma_{rcx} = \frac{2b_t}{2b_t - b}\sigma_{rtx} \qquad\qquad (1.43a)$$

$$\sigma_{rcy} = \frac{2a_t}{2a_t - a}\sigma_{rty} \qquad\qquad (1.43b)$$

式中，$\sigma_{rtx} = \sigma_{rty} = \sigma_Y$ 可适用于钢。

1.7.4 软化现象的建模

前面提到，一般认为铝合金软化区的性能可以随着一定使用时效自然恢复（Lancaster，2003）。然而，焊接铝合金板结构的极限强度可能因为软化区材料性能无法恢复而减弱。

在焊接铝结构中软化区的宽度近似等于热影响区的宽度，Paik 等（2006）建议图 1.27 中各符号定义的软化区宽度如下：

$$b_p' = b_s' = \begin{cases} 11.3 \text{ mm} & \text{低水平} \\ 23.1 \text{ mm} & \text{平均水平} \\ 29.9 \text{ mm} & \text{高水平} \end{cases} \qquad\qquad (1.44)$$

根据铝合金类型，热影响区的屈服强度如下（Paik et al.，2006）：

（1）铝合金 5083-H116 热影响区材料屈服应力：

$$\frac{\sigma_{YHAZ}}{\sigma_Y} = \begin{cases} 0.906 & \text{低水平} \\ 0.777 & \text{平均水平} \\ 0.437 & \text{高水平} \end{cases} \quad \text{当} \sigma_Y = 215 \text{ N/mm}^2 \text{ 时} \qquad (1.45a)$$

（2）铝合金 5383-H116 热影响区材料屈服应力：

$$\frac{\sigma_{YHAZ}}{\sigma_Y} = \begin{cases} 0.820 & \text{低水平} \\ 0.774 & \text{平均水平} \\ 0.640 & \text{高水平} \end{cases} \quad \text{当} \sigma_Y = 220 \text{ N/mm}^2 \text{ 时} \qquad (1.45b)$$

（3）铝合金 5383-H112 热影响区材料屈服应力：

$$\frac{\sigma_{YHAZ}}{\sigma_Y} = 0.891 \quad \text{平均水平} \quad \text{当} \sigma_Y = 190 \text{ N/mm}^2 \text{ 时} \qquad (1.45c)$$

（4）铝合金 6082-T6 热影响区材料屈服应力：

$$\frac{\sigma_{YHAZ}}{\sigma_Y} = 0.703 \quad \text{平均水平} \quad \text{当} \sigma_Y = 240 \text{ N/mm}^2 \text{ 时} \qquad (1.45d)$$

式中，σ_{YHAZ} 为软化区域的屈服极限；σ_Y 为基材的屈服极限。

板和加强筋腹板的残余应力可以从式（1.43）至式（1.45）求得。针对铝合金的经验公式如下（不考虑铝合金类型）：

$$\sigma_{rcx} = \begin{cases} -0.110\sigma_{Yp} & \text{低水平} \\ -0.161\sigma_{Yp} & \text{平均水平} \\ -0.216\sigma_{Yp} & \text{高水平} \end{cases} \text{在板上} \qquad (1.46a)$$

$$\sigma_{rcx} = \begin{cases} -0.078\sigma_{Ys} & \text{低水平} \\ -0.137\sigma_{Ys} & \text{平均水平} \\ -0.195\sigma_{Ys} & \text{高水平} \end{cases} \text{在加强筋腹板上} \qquad (1.46b)$$

式中,σ_{Yp}和σ_{Ys}分别是板和加强筋腹板的屈服极限。

1.8 老龄结构的退化

在老龄结构中,尤其是海洋环境中的结构(Paik et al. , 2007; Rizzo et al. , 2007; Paik et al. , 2008),与腐蚀和疲劳裂纹相关的缺陷非常可观。在许多老龄海洋和陆基结构损坏的案例报告中,主要构件和次要构件都可能存在腐蚀损伤和疲劳裂纹。无论如何,腐蚀和疲劳都是影响结构性能的两个最重要的因素。

因此,结构设计人员和作业人员必须全面了解结构作业过程中损伤的位置和程度,以及两者对结构能力造成的影响。一方面,这些知识对于提出维修决策是必要的;另一方面,可以为结构的末期延寿提供支撑。与式(1.17)相关的结构能力的确定需要处理结构老龄退化参数的影响。

1.8.1 腐蚀损伤

腐蚀损伤可能导致结构能力降低,使油/水密边界处发生泄漏等,后两者可能导致不可预期的污染、混合或者是封闭空间内的气体积聚。腐蚀过程随时间发展,腐蚀损伤的程度通常由腐蚀率定义,单位为毫米/年,即每年腐蚀减少的厚度。在某些情况下,由于腐蚀进展过程中结构性能发生了变化,腐蚀率也是随时间变化的,数学上表示为关于时间的函数。

图1.35给出了一些影响结构强度的典型腐蚀损伤类型。一般腐蚀使构件的厚度均匀地减小(也称为均匀腐蚀),如图1.35(a)所示;而局部腐蚀(例如,点蚀或沟槽状腐蚀)会导致局部区域的退化,如图1.35(b)所示;局部腐蚀有时会引起疲劳裂纹,如图1.35(c)所示。

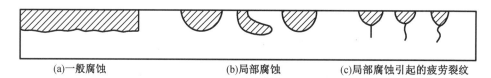

(a)一般腐蚀　　　　　　　(b)局部腐蚀　　　　　(c)局部腐蚀引起的疲劳裂纹

图1.35　腐蚀损伤类型

结构的腐蚀损伤受许多因素影响,包括腐蚀防护系统和各种作业参数(Afanasieff, 1975; Schumacher, 1979; Melchers et al. , 1994; Paik et al. , 2007)。通常使用的腐蚀防护系统包括涂层(油漆)和牺牲阳极两类。作业参数包括维护、修理、加热盘管的使用、湿度条件、水和积污、微生物污染和惰性气体成分。对于船舶和海上结构,压载时间、油舱清洗频率和温度也是产生腐蚀损伤的影响参数。在过去的几十年中,已经进行了多项研究来认识和了解多种因素的影响及其相互作用。

为了预测结构对可能的腐蚀损伤的耐受性,有必要按类型、位置和其他参数来估计各种构件的腐蚀率。为了进一步概括,必须理想地定义构件腐蚀有关的四个方面:

- 哪里最可能发生腐蚀?
- 腐蚀从何时开始?
- 腐蚀有多大范围?
- 作为以时间为变量的函数,腐蚀率最可能是多少?

第一个问题通常会使用某种形式的历史数据库来回答,如以前的调查结果。关于腐蚀开始的时间,同样也来自对特定结构先前调查的信息。如果缺乏具体的数据库,可以根据保护系统的使用、涂层的特性和阳极停留时间对腐蚀开始的时间进行假设。

针对被腐蚀结构的剩余强度和相关性能的评估,必须阐明腐蚀在结构中是如何发生和进展的,构件性能退化的范围,以及对强度和泄漏等结构性能测试最可能的影响。由于影响腐蚀的因素众多,如保护类型、货物类型、温度和湿度等,这些因素的处理极为复杂。此外,概率处理方法对于解释与腐蚀相关的各种不确定性是十分必要的。

腐蚀的程度可能会随着时间的推移而增加,但我们对其进展程度的预测能力仍然有限。唯一切合实际的替代方案是保守地假设腐蚀程度超过实际可能的程度,例如在标称设计腐蚀值的情况下结构会发生什么变化。换句话说,当缺乏或无法获得有关腐蚀程度的具体信息时,可以根据假定的腐蚀程度来评估结构性能。

当结构存在涂层时,通常情况下腐蚀的进展很大程度上取决于此类涂层的降解。出于这个原因,大多数船级社通常建议对腐蚀保护系统进行长期维护,并且大多数船东都会进行这种维护。因此从长远来看,考虑到腐蚀影响,所使用的特定维护方式对结构的可靠性也有着显著影响。

图1.36给出了结构涂层区域腐蚀进展示意图。在图1.36中,假设涂层有效期间或涂层破损后的短暂过渡阶段结构区域不会发生腐蚀。因此,腐蚀模型考虑了三个阶段:涂层存在阶段(涂层的寿命)、过渡阶段以及腐蚀进展阶段。

图1.36中用实线表示的腐蚀进展曲线为微凸曲线,但在某些情况下,动态承载结构的腐蚀进展曲线可能是凹曲线,如虚线所示。结构弯曲会不断暴露额外的表面积,使其受到腐蚀的影响。但是,实际评估时也可以对这些非线性曲线使用线性近似。

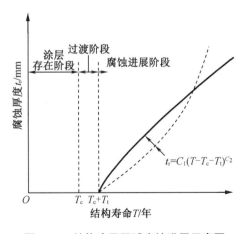

图1.36 结构涂层区域腐蚀进展示意图

涂层的寿命(或耐久性)基本从结构服役到腐蚀开始,或到原始状态裸露时,或到将涂层区域修复良好完整时。涂层的寿命通常取决于所用涂层系统的类型和相关的维护保养等因素(Melchers et al.,2006)。通常假设涂层寿命达到预定义的剥落状态时遵循对数正态分布,由下式给出:

$$f(T_c) = \frac{1}{\sqrt{2\pi}\,\sigma_c} \exp\left[-\frac{(\ln T_c - \mu_c)^2}{2\sigma_c^2}\right] \tag{1.47}$$

式中,μ_c 为 $\ln T_c$ 的平均值,年;σ_c 为 $\ln T_c$ 的标准差;T_c 为涂层寿命,年。

涂层系统有时按其目标寿命进行分类。例如,IMO(1995)对船舶和海上结构采用了三种涂层体系(涂料体系Ⅰ、Ⅱ和Ⅲ),对应的目标耐久性分别为 5 年、10 年和 15 年。然而,这种特殊的分类方式绝不是通用的。TSCF(2000)定义了油轮压载舱 10 年、15 年和 25 年涂层系统的要求。然而,一般来说,5 年的涂层寿命被认为是不理想的情况,而 10 年或更长时间则被认为是相对较理想的情况。选择要达到的目标寿命主要是经济上的考虑。任何给定的涂层寿命的平均值或中值都是不确定的。对于 $\ln T_c$,涂层寿命的变异系数有时取 $\sigma_c/\mu_c = 0.4$(ClassNK,1995)。

在涂层失效后,存在一段过渡时间,即从涂层失效到腐蚀开始的时间,被认为是在腐蚀开始到足够大且易于测量的区域。过渡时间有时被认为是指数分布的随机变量。例如,散货船横向舱壁结构过渡时间的平均值为深舱壁 3 年、水密舱壁 2 年、粪便区 1.5 年(Yamamoto et al.,1998)。假设过渡时间为零,即 $T_t = 0$,则表明涂层失效后立即开始腐蚀。

如图 1.36 所示,腐蚀对板厚的磨损一般可以表示为腐蚀开始后时间(年)的函数,即

$$d_c = C_1 T_e^{C_2} \tag{1.48}$$

式中,d_c 为腐蚀深度(或因腐蚀而磨损的板厚),mm;T_e 为涂层破损后曝光时间(年),取 $T_e = T - T_c - T_t$,T 为结构的年龄(年),T_c 为涂层使用寿命(年),T_t 为过渡期间(年),可以保守地认为 $T_t = 0$;C_1 和 C_2 为系数。

式(1.48)中的系数 C_2 决定了腐蚀过程的发展趋势,而系数 C_1 部分反映了年腐蚀速率,可以通过式(1.48)对时间进行微分得到。由式(1.48)可知,这两个系数相互作用密切,可根据收集现有的结构腐蚀统计数据一起确定。然而,这种方法在大多数情况下都不适用,主要是因为在结构的生命周期中通常访问的数据库收集站点存在差异。也就是说,根据通常用的测量数据,很难跟踪特定地点的腐蚀情况。这是许多研究中腐蚀数据相对分散的部分原因。

另一种更简单的方法是在系数 C_2 的恒定值下确定系数 C_1。从数学上讲,这是一个较简单的模型,但它并不能消除由调查中数据收集方法所造成的任何缺点。然而,它确实可以根据 C_2 的值以易于理解的方式假设不同的腐蚀行为模式随时间的变化。

对于船舶和海上结构的腐蚀,研究表明,系数 C_2 有时会在 $0.3 \sim 1.5$ 范围内(Yamamoto et al.,1998;Melchers,1999b)。这意味着随着时间的推移,腐蚀速率明显下降或趋于稳定。虽然这种行为对于静载结构是合理的,但对于腐蚀尺度不断丢失、新材料由于结构弯曲而暴露于腐蚀中的动态加载结构,这种 C_2 值可能并不总是合适或安全的(Melchers et al.,2009)。在实际设计中,通常采用 $C_2 = 1$。

图 1.37 为时变腐蚀过程示意图,表明腐蚀过程的概率特征随时间的变化而不同。图 1.38(a)显示了散货船压载舱结构时变腐蚀过程的证据(Paik et al.,2012)。

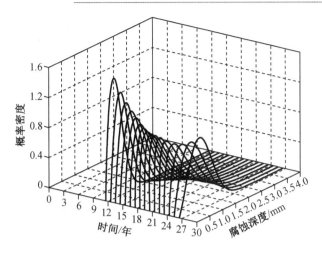

图 1.37 腐蚀损耗随时间进展的概率特征示意图(Paik et al.,2012)

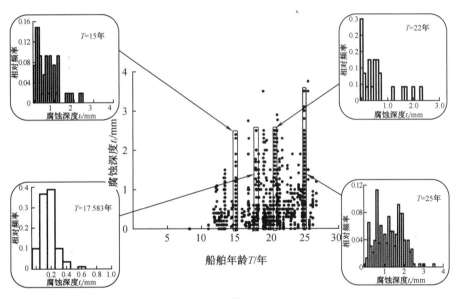

(a)测量数据库

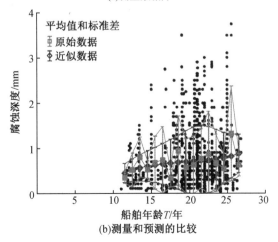

(b)测量和预测的比较

图 1.38 散货船压载舱结构腐蚀损耗随时间进展的概率特征(Pail et al.,2012)

Paik 和 Kim（2012）推导出了一个数学模型,通过考虑随时间变化的概率特征的影响来预测散货船压载舱结构的时变腐蚀损耗,其中通过拟合优度测试,发现两参数 Weibull 函数最适合表示腐蚀损耗进度:

$$d_c = \frac{\alpha}{\beta}\left(\frac{T_e}{\beta}\right)^{\alpha-1}\exp\left[-\left(\frac{T_e}{\beta}\right)^{\alpha}\right] \tag{1.49a}$$

式中

$$\alpha = 0.002\,0T_e^3 - 0.099\,4T_e^2 + 1.560\,4T_e - 6.002\,5 \tag{1.49b}$$

$$\beta = 0.000\,4T_e^3 - 0.024\,8T_e^2 + 0.479\,3T_e - 2.381\,2 \tag{1.49c}$$

图 1.38(b)通过与原始采集的腐蚀测量数据对比,证实了式(1.49)近似公式的适用性。

Hairil Mohd 和 Paik（2013）进一步将该方法应用于海底井管的时变腐蚀损伤预测,其中通过拟合优度测试也发现两参数 Weibull 函数最适合表示腐蚀损耗进度。在这种情况下,式 (1.49a) 中的系数 α 和 β 如下:

$$\alpha = -0.022\,87T_e^2 + 0.618\,35T_e - 0.943\,98 \tag{1.50a}$$

$$\beta = 0.001\,347T_e^2 + 0.004\,688T_e + 0.292\,059 \tag{1.50b}$$

图 1.39 证实了式(1.50)和式(1.49a)对于表示海底井管的时变腐蚀损耗的有效性。Hairil Mohd 等（2014）进一步应用这种方法来预测海底天然气管道的时变腐蚀损耗进程,如图 1.40 所示。其中发现三参数 Weibull 函数最适合表示腐蚀损耗进度,如下所示:

$$d_c = \frac{\alpha}{\beta}\left(\frac{T_e-\gamma}{\beta}\right)^{\alpha-1}\exp\left[-\left(\frac{T_e-\gamma}{\beta}\right)^{\alpha-1}\right] \tag{1.51a}$$

式中

$$\alpha = 0.003\,337T_e^2 - 0.130\,420T_e + 2.455\,7 \tag{1.51b}$$

$$\beta = -0.000\,997T_e^2 + 0.013\,425T_e + 1.582\,01 \tag{1.51c}$$

$$\gamma = 0.000\,345\,5T_e^2 + 0.062\,137T_e - 0.365\,129 \tag{1.51d}$$

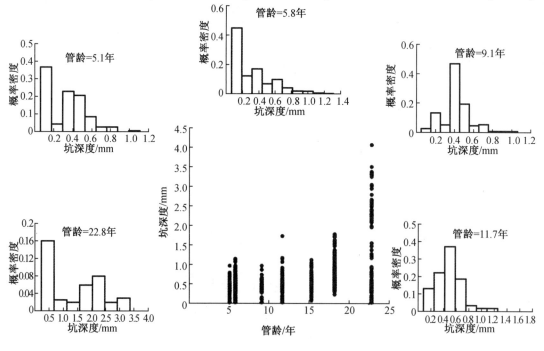

图 1.39　海底井管腐蚀损耗随时间变化的概率特征

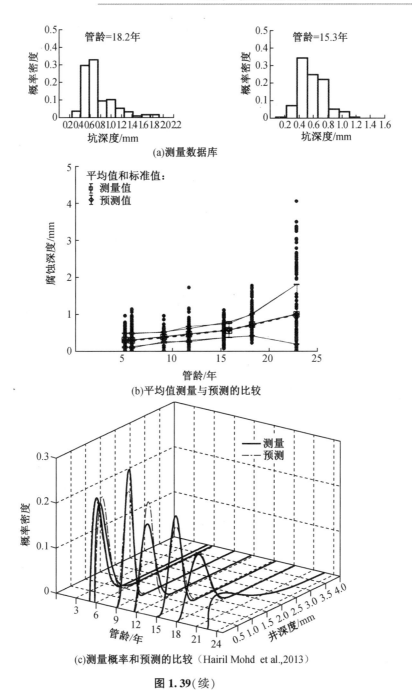

(a)测量数据库

(b)平均值测量与预测的比较

(c)测量概率和预测的比较（Hairil Mohd et al.,2013）

图1.39（续）

很明显,腐蚀进程的特征因腐蚀环境而异,即使在同一结构中,在结构构件腐蚀环境的不同位置也会有所不同。Paik 等(2003a)根据腐蚀环境的不同位置,将双壳油轮结构划分为 34 个结构组成部分,如图 1.41 和表 1.7、表 1.8 所示。Paik 等(2003b)也将散货船结构划分为 23 个结构组成部分,如图 1.42 和表 1.9 所示。每个结构构件组具有不同的腐蚀特征。

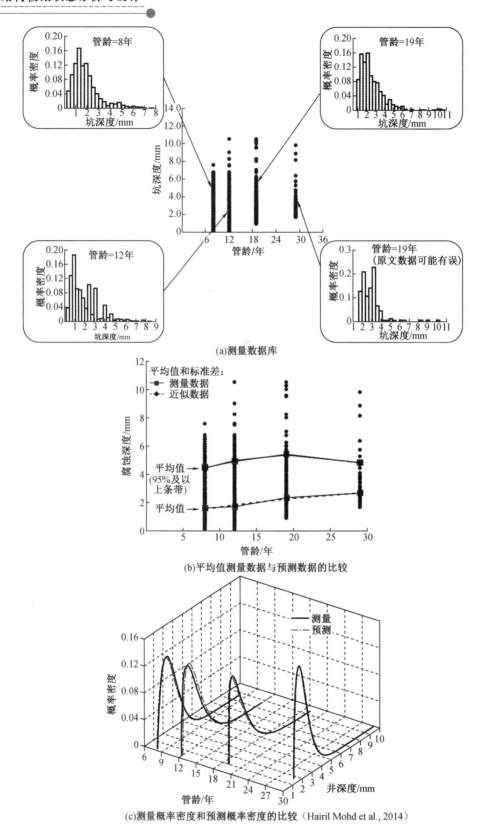

(a)测量数据库

(b)平均值测量数据与预测数据的比较

(c)测量概率密度和预测概率密度的比较（Hairil Mohd et al., 2014）

图1.40　海底天然气管道腐蚀损耗随时间变化的概率特征

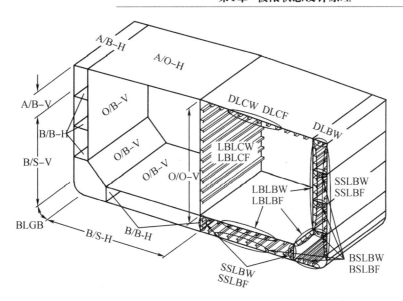

图 1.41 双壳油轮结构的 34 个结构组成部分(位置和类别组,部分被遮挡)(Paik et al.,2003a)

表 1.7 识别油轮板的 14 个构件

代号	类型
B/S-H	外底板(压载舱)
A/B-H	甲板板(压载舱)
A/B-V	吃水线以上的舷侧板(压载舱)
B/S-V	吃水线以下的舷侧板(压载舱)
BLGB	舭部外板(压载舱)
O/B-V	纵舱壁板(压载舱)
B/B-H	平台板(压载舱)
O/S-H	外底板(货油舱)
A/O-H	甲板板(货油舱)
A/O-V	吃水线以上的舷侧板(货油舱)
O/S-V	吃水线以下的舷侧板(货油舱)
BLGV	舭部外板(货油舱)
O/O-V	纵舱壁板(货油舱)
O/O-H	平台板(货油舱)

表 1.8 识别油轮腹板和翼板的 20 个构件

代号	类型	ID	类型
BSLBW	压载舱内的底部外壳板纵骨——腹板	BSLBF	压载舱内的底部外壳板纵骨——翼板
SSLBW	压载舱内的舷侧外板纵骨——腹板	SSLBF	压载舱内的舷侧外板纵骨——翼板

表 1.8(续)

代号	类型	ID	类型
LBLBW	压载舱内纵舱壁纵骨——腹板	LBLBF	压载舱内纵舱壁纵骨——翼板
BSLCW	货油舱内底板纵骨——腹板	BSLCF	货油舱内底板纵骨——翼板
DLCW	货油舱内甲板纵骨——腹板	DLCF	货油舱内甲板纵骨——翼板
SSLCW	货油舱内舷侧外板纵骨——腹板	SSLCF	货油舱内舷侧外板纵骨——翼板
LBLCW	货油舱内纵舱壁纵骨——腹板	LBLCF	货油舱内纵舱壁纵骨——翼板
BGLCW	货油舱内底纵桁上纵骨——腹板	BGLCF	货油舱内底纵桁上纵骨——翼板
DGLCW	货油舱内甲板纵桁上纵骨——腹板	DGLCF	货油舱内甲板纵桁上纵骨——翼板
DLBW	压载水舱内甲板纵桁——腹板		
SSTLCW	货油舱边底桁上纵骨——腹板		

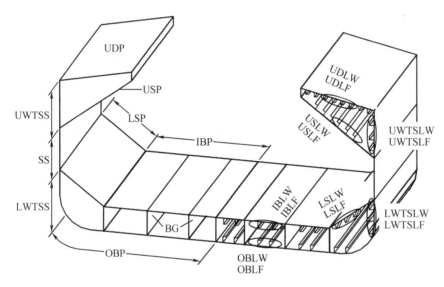

图 1.42 散货船结构的 23 个结构组成部分(位置和类别组)(Paik 等,2003b)

表 1.9 识别散货船结构的 23 个构件

代号	类型
OBP	外底板
IBP	内底板
LSP	底斜板
LWTSS	底边舱侧板
SS	舷侧板
UWTSS	底边舱侧板
USP	上斜板

表 1.9(续)

代号	类型
UDP	上甲板
BG	底纵桁
OBLW	外底纵骨——腹板
OBLF	外底纵骨——翼板
IBLW	内底纵骨——腹板
IBLF	内底纵骨——翼板
UWTSLW	顶边舱舷侧纵骨——腹板
UWTSLF	顶边舱舷侧纵骨——翼板
USLW	上斜板纵骨——腹板
USLF	上斜板纵骨——翼板
UDLW	上甲板纵骨——腹板
UDLF	上甲板纵骨——翼板
LWTSLW	底边舱舷侧纵骨——腹板
LWTSLF	底边舱舷侧纵骨——翼板
LSLW	下倾斜纵骨——腹板
LSLF	下倾斜纵骨——翼板

1.8.2 疲劳裂纹

由于所应用的制造工艺,结构中也可能形成初始缺陷或裂纹。除了在反复循环加载下的疲劳扩展外,裂纹在单调递增的极限载荷下也可能扩展,这种情况最终可能导致结构的灾难性失效,特别是当裂纹快速且不受控制地扩展而无法停止时,或者当裂纹达到一定长度导致结构承载能力显著降低时。

很明显,疲劳裂纹损伤也随时间的变化而变化。图 1.43 给出了结构中疲劳相关的开裂损伤进展随时间(年龄)的变化示意图(Paik et al.,2007)。疲劳损伤过程可分为三个阶段:裂纹萌生阶段(Ⅰ)、裂纹扩展阶段(Ⅱ)和破坏阶段(Ⅲ)(ISO 2394,1998)。因此,为了评估在极端载荷和波动载荷下老化结构的剩余强度,通常需要将现有裂纹作为影响参数(Paik et al.,2000)。

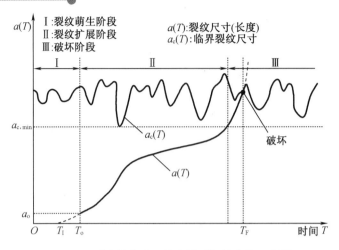

图 1.43　裂纹的萌生和扩展随时间的变化示意图

1.9　事故引起的损伤

结构的极限强度会因事故引起的损伤而降低。潜在的事故,如碰撞、搁浅、掉落物体的撞击或装卸货物操作不当、火灾、爆炸等,都可能导致结构损坏,降低结构的承载能力(极限强度),甚至导致结构能力的全部损失。

碰撞和搁浅事故通常会导致压溃(皱褶)、屈服和撕裂。水动力冲击可引起塑性变形损伤。掉落的物体会造成局部凹陷和/或整体永久变形。火灾或爆炸会使结构材料暴露在高温下,火灾也会伴随着爆炸。火灾高温不仅会导致结构损伤,还会导致材料冶金性质的变化。关于防火安全性和结构的抗力,请参考 Lawson(1992)、Nethercot(2001)、Franssen 和 Real(2010)的文献。

具有事故损伤的结构的极限强度,通常被称为剩余强度。与式(1.17)相关的结构能力需要通过将事故引起的损伤作为影响参数来确定。

参 考 文 献[①]

Afanasieff, L. (1975). Corrosion mechanisms, corrosion defense and wastage. Chapter 16 in Ship structural design concepts, Edited by Harvey Evans, J., Cornell Maritime Press, Cambridge, MA.

Benjamin, J. R. & Cornell, C. A. (1970). Probability, statistics, and decision for civil engineers. McGraw-Hill, New York.

Bodner, S. R. & Symonds, P. S. (1962). Experimental and theoretical investigation of the plastic deformation of cantilever beams subjected to impulsive loading. Journal of Applied Mechanics, 29:719-728.

---

① 译者注:为了忠实原著,便于读者阅读与查考,在翻译过程中本书参考文献格式与原著保持一致。

Brockenbrough, R. L. & Johnston, B. G. (1981). USS steel design manual. United States Steel Corporation, Pittsburgh, PA.

BS 5950 (1985). The structural use of steelwork in building. Part 8. British Standards Institution, London.

Callister, W. D. (1997). Materials science and engineering. Fourth Edition, John Wiley & Sons, Inc., New York.

Campbell, J. & Cooper, R. H. (1966). Yield and flow of low-carbon steel at medium strain rates. Proceedings of the Conference on the Physical Basis of Yield and Fracture, Institute of Physics and Physical Society, London, 77-87.

Cheng, J. J. R., Elwi, A. E., Grodin, G. Y. & Kulak, G. L. (1996). Material testing and residual stressmeasurements in a stiffened steel plate. In strength and stability of stiffened plate components, SSC-399, Ship Structure Committee, Washington, DC.

ClassNK (1995). Guidance for corrosion protection system of hull structures for water ballast tanks and cargo oil tanks. Second Revision, Nippon Kaiji Kyokai, Tokyo.

Cowper, G. R. & Symonds, P. S. (1957). Strain-hardening and strain-rate effects in the impact loading of cantilever beams, Technical Report, 23, Division of Applied Mathematics, Brown University, Providence, RI.

ECCS (1982). European recommendations for the fire safety of steel structures, ECCS Technical Committee, 3, European Convention for Constructional Steelwork (ECCS), Brussels.

ENV 1993-1 (1992a). Eurocode 3: design of steel structures, part 1.1 general rules and rules for buildings. British Standards Institution, London.

ENV 1993-1 (1992b). Eurocode 3: design of steel structures, part 1.2 fire resistance. British Standards Institution, London.

Franssen, J. M. & Real, P. V. (2010). Fire design of steel structures, ECCS Eurocode Design Manuals, Ernst & Sohn, Berlin.

Galambos, T. V. (1988). Guide to stability design criteria for metal structures. John Wiley & Sons, Inc., New York.

Hairil Mohd, M., Kim, D. K., Kim, D. W. & Paik, J. K. (2014). A time-variant corrosion wastage model for subsea gas pipelines. Ships and Offshore Structures, 9(2):161-176.

Hairil Mohd, M. & Paik, J. K. (2013). Investigation of the corrosion progress characteristics of offshore subsea oil well tubes. Corrosion Science, 67:130-141.

Hsu, S. S. & Jones, N. (2004). Dynamic axial crushing of aluminum alloy 6063-T6 circular tubes. Latin American Journal of Solids and Structures, 1(3):277-296.

Hughes, O. F. & Paik, J. K. (2013). Ship structural analysis and design. The Society of Naval Architects and Marine Engineers, Alexandria, VA.

IACS (2014). Aluminum alloys for hull construction and marine structures. International Association of Classification Societies, London.

IMO (1995). Resolution A. 798 (19). In Guidelines for the selection, application and maintenance of corrosion prevention systems of dedicated seawater ballast tanks. International

Maritime Organization, London.

ISO 2394 (1998). General principles on reliability for structures. Second Edition, International Organization for Standardization, Geneva, Switzerland.

Jones, N. (2012). Structural impact. Second Edition, Cambridge University Press, Cambridge.

JSQS (1985). Japanese shipbuilding quality standards. The Society of Naval Architects of Japan, Tokyo.

Kenno, S. Y., Das, S., Kennedy, J., Rogge, R. B. & Gharghouri, M. A. (2010). Distribution of residual stresses in stiffened plates with one or two stiffeners. Ships and Offshore Structures, 5(3):211-225.

Kenno, S. Y., Das, S., Rogge, R. B. & Gharghouri, M. A. (2017). Changes in residual stresses caused by an interruption in the weld process of ships and offshore structures. Ships and Offshore Structures, 12(3):341-359.

Lancaster, J. (2003). Handbook of structural welding: processes, materials and methods used in the welding of major structures, pipelines and process plant. Abington Publishing, Cambridge.

Lawson, R. M. (1992). Fire resistance and protection of structural steelwork. Chapter 7.3 in Constructional steel design: an international guide, Edited by Dowling, P. J., Hrading, J. E. & Bjorhovde, R., Elsevier Applied Science, London.

Lotsberg, I. (2016). Fatigue design of marine structures. Cambridge University Press, Cambridge.

Masubuchi, K. (1980). Analysis of welded structures. Pergamon Press, Oxford.

Mazzolani, F. M. (1985). Aluminum alloy structures. Pitman Publishing Ltd., London.

Melchers, R. E. (1999a). Structural reliability analysis and prediction. John Wiley & Sons, Ltd, Chichester.

Melchers, R. E. (1999b). Corrosion uncertainty modeling for steel structures. Journal of Constructional Steel Research, 52:3-19.

Melchers, R. E. & Ahammed, M. (1994). Nonlinear modeling of corrosion of steel in marine environments, Research Report, 106.09.1994, Department of Civil, Surveying and Environmental Engineering, The University of Newcastle, Callaghan.

Melchers, R. E. & Jiang, X. (2006). Estimation of models for durability of epoxy coatings in water ballast tanks. Ships and Offshore Structures, 1(1):61-70.

Melchers, R. E. & Paik, J. K. (2009). Effect of flexure on rusting of ship's steel plating. Ships and Offshore Structures, 5(1):25-31.

Modarres, M., Kaminskiy, M. P. & Krivtsov, V. (2016). Reliability engineering and risk analysis: a practical guide. Third Edition, CRC Press, New York.

Nethercot, D. A. (2001). Limit states design of structural steelwork. Third Edition Based on Revised BS 5950: Part I, 2000 Amendment, Spon Press, London.

NORSOK (2004). Design of steel structures. N-004, Rev.2, Standards Norway, Lysaker.

Nowak, A. A. & Collins, K. R. (2000). Reliability of structures. McGraw-Hill, Boston.

Nussbaumer, A. , Borges, L. & Davaine, L. (2011). Fatigue design of steel and composite structures. In Eurocode 3: design of steel structures. ECCS Eurocode Design Manuals, Ernst & Sohn, Berlin.

Paik, J. K. (2007a). Practical techniques for finite element modeling to simulate structural crashworthiness in ship collisions and grounding (Part I: Theory). Ships and Offshore Structures, 2(1):69-80.

Paik, J. K. (2007b). Practical techniques for finite element modeling to simulate structural crashworthiness in ship collisions and grounding (Part II: Verification). Ships and Offshore Structures, 2(1):81-85.

Paik, J. K. (2007c). Characteristics of welding induced initial deflections in welded aluminum plates. Thin-Walled Structures, 45:493-501.

Paik, J. K. (2008). Mechanical collapse testing on aluminum stiffened panels for marine applications, SSC-451, Ship Structure Committee, Washington, DC.

Paik, J. K. , Andrieu, C. & Cojeen, H. P. (2008). Mechanical collapse testing on aluminum stiffened plate structures for marine applications. Marine Technolog y, 45(4):228-240.

Paik, J. K. & Chung, J. Y. (1999). A basic study on static and dynamic crushing behavior of a stiffened tube. Transactions of the Korean Society of Automotive Engineers (KSAE), 7 (1): 219-238.

Paik, J. K. & Frieze, P. A. (2001). Ship structural safety and reliability. Progress in Structural Engineering and Materials, 3:198-210.

Paik, J. K. & Kim, D. K. (2012). Advanced method for the development of an empirical model to predict time-dependent corrosion wastage. Corrosion Science, 63:51-58.

Paik, J. K. , Kim, K. J. , Lee, J. H. , Jung, B. G. & Kim, S. J. (2017). Test database of the mechanical properties of mild, high-tensile and stainless steel and aluminum alloy associated with cold temperatures and strain rates. Ships and Offshore Structures, 12(S1):S230-S256.

Paik, J. K. , Kim, B. J. , Sohn, J. M. , Kim, S. H. , Jeong, J. M. & Park, J. S. (2012). On buckling collapseof a fusion-welded aluminum stiffened plate structure: an experimental and numericalstudy. Journal of Offshore Mechanics and Arctic Engineering, 134: 021402. 1 - 021402. 8.

Paik, J. K. , Lee, J. M. , Hwang, J. S. & Park, Y. I. (2003a). A time-dependent corrosion wastagemodel for the structures of single- and double-hull tankers and FSOs and FPSOs. Marine Technolog y, 40(3):201-217.

Paik, J. K. & Melchers, R. E. (2008). Condition assessment of aged structures. CRC Press, New York.

Paik, J. K. & Pedersen, P. T. (1996). A simplified method for predicting the ultimate compressive strength of ship panels. International Shipbuilding Progress, 43:139-157.

Paik, J. K. & Thayamballi, A. K. (2007). Ship-shaped offshore installations: design, building, and operation. Cambridge University Press, Cambridge.

Paik, J. K. , Thayamballi, A. K. , Park, Y. I. & Hwang, J. S. (2003b). A time-dependent corrosion wastage model for bulk carrier structures. International Journal of Maritime Engineering, 145(A2):61-87.

Paik, J. K., Thayamballi, A. K. & Lee, J. M. (2004). Effect of initial deflection shape on theultimate strength behavior of welded steel plates under biaxial compressive loads. Journalof Ship Research, 48(1):45-60.

Paik, J. K., Thayamballi, A. K., Ryu, J. Y., Jang, J. H., Seo, J. K., Park, S. W., Seo, S. K., Andrieu, C., Cojeen, H. P. & Kim, N. I. (2006). The statistics of weld induced initial imperfections inaluminum stiffened plate structures for marine applications. International Journal of Maritime Engineering, 148(Part A1):19-63.

Paik, J. K. & Yi, M. S. (2016). Experimental and numerical investigations of welding induced distortions and stresses in steel stiffened plate structures. The Korea Ship and Offshore Research Institute, Pusan National University, Busan.

Ramberg, W. & Osgood, W. R. (1943). Description of stress-strain curves by three parameters, Technical Note, 902, National Advisory Committee on Aeronautics (NACA), Kitty Hawk, NC.

Rizzo, C. M., Paik, J. K., Brennan, F., Carlsen, C. A., Daley, C., Garbatov, Y., Ivanov, L., Simonsen, B. C., Yamamoto, N. & Zhuang, H. Z. (2007). Current practices and recent advances in condition assessment of aged ships. Ships and Offshore Structures, 2 (3):261-271.

Schijve, J. (2009). Fatigue of structures and materials. Second Edition, Springer, Cham, Switzerland.

Schumacher, M. (1979). Seawater corrosion handbook. Noyes Data Corporation, Park Ridge, NJ.

Sielski, R. A. (2007). Review of structural design of aluminum ships and crafts. Transactions of the Society of Naval Architects and Marine Engineers, 115:1-30.

Sielski, R. A. (2008). Research needs in aluminum structure. Ships and Offshore Structures, 3(1):57-65.

Smith, C. S., Davidson, P. C., Chapman, J. C. & Dowling, P. J. (1988). Strength and stiffness of ship's plating under in-plane compression and tension. Transactions of the Royal Institution of Naval Architects, 130:277-296.

Steinhardt, O. (1971). Aluminum constructions in civil engineering. Aluminum, 47:131-139; 254-261.

TSCF (2000). Guidelines for ballast tank coating systems and edge preparation. Tanker Structure Cooperative Forum, Presented at the TSCF Shipbuilders Meeting in Tokyo, Japan, October.

Ueda, Y. (1999). Computational welding mechanics (a volume of selected papers in the commemoration of the retirement from Osaka University). Joining and Welding Research Institute, Osaka University, Osaka, Japan, March.

Yamamoto, N. & Ikegami, K. (1998). A study on the degradation of coating and corrosion of ship's hull based on the probabilistic approach. Journal of Offshore Mechanics and Arctic Engineering, 120:121-128.

第2章 板-加强筋组合结构的 屈曲和极限强度

2.1 板-加强筋组合结构的理想化

如图2.1所示,板结构一般由钢板与轧制或组合制造的支撑构件组成,支撑构件通常被称为加强筋。板结构的整体失效受这些组成构件的影响,可能受个体构件的屈曲或塑性破坏控制。因此,在ULS设计中,准确计算此类构件的屈曲与极限强度是一项首要任务。

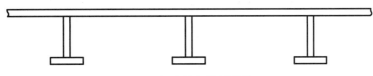

图2.1 连续加筋板结构

与框架结构对比,构成钢板结构的单元不是独立地起作用,而是形成一个高度冗余的复杂组合体系。为了能够分析结构的响应,我们必须考虑所需的精度,分析所面临的复杂程度,并进行简化或理想化。一般来说,越复杂的分析结果准确度越高。然而,结构简化的程度通常取决于问题的背景。例如,对于一个初步的估计,在相当少的信息下快速提供一个合理的答案往往比答案的准确性更重要;而对于一个最终的方案,应该在条件允许的情况下做到越精确越好。

板结构可以被理想化为许多更简单的机械结构单元模型、理想化元件或工程模型的组合形式。每种模型在给定的载荷作用下具有相似的响应行为,组合模型与实际结构的响应一致。

图2.1所示的连续加筋板结构模拟的典型模型如下:
- 板-加强筋(梁)组合模型;
- 板-加强筋(梁)分离模型;
- 正交板模型;
- 纯板单元(板块)模型。

在上述模型方法中,最具代表性的是板-加强筋(梁)组合模型。它将一个连续的加筋板架模拟为不对称的工字梁及其附带板(即翼板)的组合,认为翼板抵抗弯矩,而加强筋腹板抵抗剪切载荷,如图2.2(a)所示。该模型忽略了加筋板架的扭转刚度、泊松比效应和交叉梁的影响。然而,当加强筋的弯曲刚度低于板的刚度时,该方法的精度可能变得不可靠。但当支撑构件(即加强筋)的结构为中等或较大尺寸时,板-加强筋(梁)组合模型是比较有意义的,类似梁柱结构与带板的组合。板-加强筋组合方法也可用于把纵横加筋板架理想化为一个离散的交叉梁系(或格构),每个梁单元由加强筋及其相关板的有效部分组成。本章的主要内容是研究板–加强筋组合的性能。

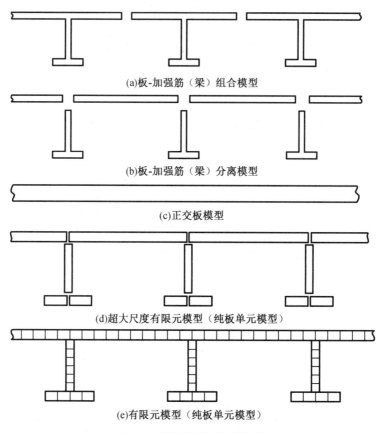

(a)板-加强筋（梁）组合模型

(b)板-加强筋（梁）分离模型

(c)正交板模型

(d)超大尺度有限元模型（纯板单元模型）

(e)有限元模型（纯板单元模型）

图2.2　板结构的理想化模型

此外,如图2.2(b)所示,在板与支撑构件腹板交界处将支撑构件从板结构中分离出来,也可以实现结构理想化。所谓的板-加强筋(梁)分离模型更适用于支撑构件结构尺寸较大的情况。这样使加强筋腹板和加强筋之间的板作为一个板格(plate panel)。在这种情况下,加强筋腹板及其之间的板的局部屈曲是一种主要的失效模式,此模式在板失效后支撑构件有足够的强度保持直线。加强筋之间板的屈曲和失效将分别在第3章和第4章讨论。

相反,如果支撑构件相对较弱,它们会与板一起变形。因此在这种情况下,通过将加强筋"抹平"在板上,加筋板可以理想化为正交板,如图2.2(c)所示。基于总体板架失效模式,采用正交方法计算加筋板的极限强度是可行的。在该方法中,采用了板正交的结构理论,这意味着加强筋数量较多且尺寸较小(即它们与板一起变形),它们的行为在整体的所有响应阶段内保持稳定。是否能使用正交板来表示加筋板,通常取决于每个方向上加强筋的数量、间距以及它们的刚度是否统一。研究表明,只有在每个方向上有三个以上加强筋的情况下（Smith,1966;Troitsky,1976;Mansour,1977）才可以使用正交理论等效交叉加筋板结构。此外,每个方向的加强筋必须相似。正交板法将在第5章和第6章中介绍。

在纯板单元(板块)模型中,将加强筋之间的板、加强筋腹板、加强筋翼板一侧等每个分区的单元理想化为一个板元或段,如图2.2(d)所示。这种理想化的方法与有限元方法的建模非常相似。如第13章所述,智能超大尺度有限元法(ISFEM)使用纯板单元模型这种建模方式。如第 7 章和第 8 章所述,这种建模技术也可应用于板组件(如箱梁或船体梁)的截面特性的自动化计算,在这些组件中,板-加强筋翼板可以被简化为一个板单元(板块)。非线性有限元法采用细网格有限元模型对结构进行理想化处理,如图 2.2(e)所示。如第 12 章所述,采用更精细的网格可以得到更精确的结果。

需要认识到的一个重要问题是,即使对同一类型的结构,不同的结构尺寸或载荷作用下的结构响应行为也可能需要采用不同的力学模型来分析。显然,在某些情况下,可能需要组合前面提到的建模方法进行结构简化。例如,强横向框架之间的纵向加筋板格可以用板-加强筋(梁)组合模型或正交板模型来建模,然而大型横向框架或桁材可以用板-加强筋(梁)分离模型来模拟,它们的腹板可以用板格来建模。当然,如第 13 章所述的智能超大尺度有限元法,仅用板单元也可以模拟整个结构。

在任何情况下,简化结构的行为均应与实际结构的行为相似或一致。本章介绍了板-加强筋组合模型在各种载荷和边界条件下的极限强度公式。需要注意的是,本章所讲述的理论和方法可以普遍应用于钢制和铝制板结构。

2.2 几何性质

在连续的加筋板结构中,加强筋(支撑构件)及被附着的板被简化为一种板-梁组合模型,其间距为垂直加强筋方向的两个相邻的主支承构件之间的距离。带板采用有效宽度(effective width 或者 effective breadth),而不是全宽,如 2.6 节所述。

图 2.3 给出了典型的板-加强筋组合截面及其有效带板的几何模型。为方便起见,x 轴为构件的纵向,支撑之间的长度(跨距)用 L 表示。带板的全宽和有效宽度分别用 b 和 b_e 表示。

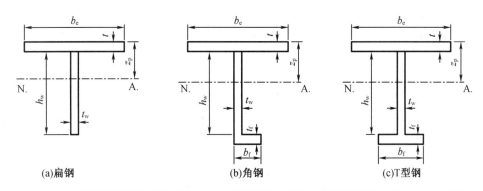

(a)扁钢　　　　　(b)角钢　　　　　(c)T型钢

图 2.3　由加强筋及其有效带板组成的板-加强筋组合模型的典型截面形式(N.A. 为中性轴)

2.3 材料属性

虽然加强筋的腹板和翼板的材料一般相同,但也存在它们与带板材料不同的情况(例如,腹板和翼板采用高强度钢,而带板采用低碳钢)。针对一般情况,加强筋腹板、翼板和带板的屈服强度分别被定义为 σ_{Yw}、σ_{Yf}、σ_{Yp},弹性模量为 E,泊松比为 ν,剪切模量为 $G=$

$E/[2(1+\nu)]$。表 2.1 给出了具有全宽或部分有效宽度的板–加强筋组合截面的一些重要属性。

表 2.1 具有全宽或部分有效宽度的板–加强筋组合截面的一些重要属性

属性	表达式
横截面积	$A=A_p+A_w+A_f, A_e=A_{pe}+A_w+A_f$ 其中 $A_p=bt, A_{pe}=b_e t, A_w=h_w t_w, A_f=b_f t_f$
横截面上的等效屈服强度	$\sigma_{Yeq}=\dfrac{A_p\sigma_{Yp}+A_w\sigma_{Yw}+A_f\sigma_{Yf}}{A}$
带板外表面到 弹性水平中性轴的距离	$z_0=\dfrac{0.5bt^2+A_w(t+0.5h_w)+A_f(t+h_w+0.5t_f)}{A}$ $z_p=\dfrac{0.5b_e t^2+A_w(t+0.5h_w)+A_f(t+h_w+0.5t_f)}{A_e}$
惯性矩	$I=\dfrac{bt^3}{12}+A_p\left(z_0-\dfrac{t}{2}\right)+\dfrac{h_w^3 t_w}{12}+A_w\left(z_0-t-\dfrac{h_w}{2}\right)^2+\dfrac{b_f t_f^3}{12}+A_f\left(t+h_w+\dfrac{t_f}{2}-z_p\right)^2$ $I_e=\dfrac{b_e t^3}{12}+A_{pe}\left(z_p-\dfrac{t}{2}\right)+\dfrac{h_w^3 t_w}{12}+A_w\left(z_p-t-\dfrac{h_w}{2}\right)^2+\dfrac{b_f t_f^3}{12}+A_f\left(t+h_w+\dfrac{t_f}{2}-z_p\right)^2$
回转半径	$r=\sqrt{\dfrac{I}{A}}, r_e=\sqrt{\dfrac{I_e}{A}}$
柱的长细比	$\lambda=\dfrac{L}{\pi r}\sqrt{\dfrac{\sigma_{Yeq}}{E}}, \lambda_e=\dfrac{L}{\pi r_e}\sqrt{\dfrac{\sigma_{Yeq}}{E}}$
板的长细比	$\beta=\dfrac{b}{t}\sqrt{\dfrac{\sigma_{Yp}}{E}}$

注:下标 e 表示有效横截面。

值得注意的是,表 2.1 的表达式对于 $b_f=t_f=0$ 的扁钢和对称的工字形截面是有效的。截面等效屈服强度以及加强筋之间带板的长细比的计算采用全截面尺寸,即以带板的全宽计算。

2.4 端部条件模型

板结构中支撑构件的端部条件(也称边界条件)受其他方向支撑构件的连接方式和刚度的影响。在焊接板结构中,支撑构件的末端通常对转动和/或平动有一定程度的约束,其至有时不易直接数学模拟。然而,出于实际设计的目的,如图 2.4 所示,板–加强筋组合模型的端部条件通常由五种类型中的一种或多种简化,第 4 章将介绍板结构由邻近支撑构件形成的有限转动约束边界条件的精细化处理。

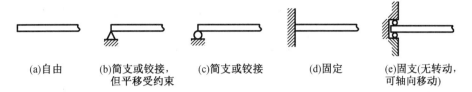

(a)自由   (b)简支或铰接，   (c)简支或铰接   (d)固定   (e)固定(无转动，
但平移受约束)   可轴向移动)

图2.4 板-加强筋组合模型的典型端部条件

自由端表示没有任何约束。简支端表示弯矩为零，可自由转动，而横向变形(平动)是固定的。在固定端或固支端，不允许转动，同时没有横向移动。根据轴向运动的可能性，存在两种不同的情况，即图2.4中的(b)或(c)为简支端，(d)或(e)为固定端。如果存在轴向约束(称之为固定条件)，随着构件的变形可能会产生轴向张力；而当没有轴向约束时，轴向可以自由移动(称之为固支条件)。

有时可以在梁的每一端都采用相同的边界条件，但必须根据支撑构件的尺寸和连接方式考虑不同边界条件的可能性。但是，至少有一端应满足约束平移条件以消除刚体运动。

虽然在典型的框架结构中，远离端部区域(跨中部区域)的工字钢(I-beam)截面的上、下翼板的移动通常会相对自由(邻侧无约束)，但在连续板结构中，板-加强筋组合模型的翼板(也称为带板，实际上是连续板的一部分)的侧向变形可能会受到限制。由图2.2(a)可推测，因为板-加强筋组合模型中的边界需要满足对称条件，即沿两个相邻支撑构件(加强筋)之间的中心线对称，即使在加强筋的翼板既可以垂向变形又可以侧向扭转的情况下也是如此。这本质上导致板结构的板-加强筋组合模型与普通框架结构的简单工字钢模型具有不同的失效模式与响应行为。

2.5 载荷及载荷效应

平板结构的板-加强筋组合模型可能会受到各种类型的载荷作用，如轴向压缩、拉伸，集中载荷或分布的横向载荷以及端部弯矩，如图2.5所示。

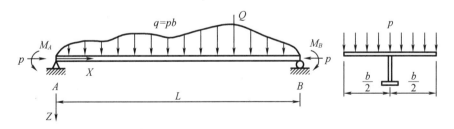

图2.5 板-加强筋组合模型的典型载荷作用

分布在钢板上的横向载荷通常可以理想化为线载荷，$q=pb$(即线载荷q等于均匀侧压力p乘以支撑构件之间的腹板宽度b)，并假设加强筋腹板承受由横向分布载荷产生的全部剪力。

轴向受压的一维板-加强筋组合模型称为柱，而横向载荷或端部弯矩作用下的一维板-加强筋模型称为梁，在轴压和弯曲组合作用下的构件则称为梁柱。轴向拉伸通常对梁起稳定作用,在弯曲和轴向拉伸组合作用下的梁有时被称为张力梁。

作为复杂结构的单元,板–加强筋组合结构的载荷效应(如应力、弯矩)通常采用线弹性有限元法进行总体分析计算。它们也可以用许多教科书中描述的结构力学经典理论进行分析(Timoshenko et al.,1970;Chen et al.,1976,1977)。

2.6　带板的有效宽度

板–加强筋组合模型的带板不能脱离相邻构件独立起作用,它受到横向变形的限制,而加强筋的翼板可以自由地垂向和横向变形。因此,当加筋板结构被看作是板–加强筋组合模型时,面临的一个主要问题是带板在多大程度上强化了加强筋的作用。

与有效宽度这个术语相关的有两个物理概念,中文直译相同,但英语用词通常存在差别,即 effective breadth 和 effective width,它们都与应力的不均匀分布导致板的部分失效有关(Paik,2008a)。有效宽度"effective width"用于表示受压屈曲或大变形状态下非均匀应力分布板单元的有效性。由于横向载荷或板面外弯曲的作用,在宽翼板梁(即板–加强筋组合模型)弯曲的情况下,传统的简单梁理论认为翼板截面上纵向应力是均匀分布的。但实际上弯曲引起的纵向应力由于翼板与腹板连接处的剪切作用,剪应力以非均匀的形式传递到翼板上。

因此,翼板上的应力分布并不均匀,但在边界处(即板与加强筋腹板的连接处)比中间处更大,随着与腹板距离的增加呈现应力滞后的现象,如图2.6所示。非均匀应力与经典梁理论假设的均匀应力的偏离称为剪切滞后,本质上是因为材料的剪切模量为有限值。

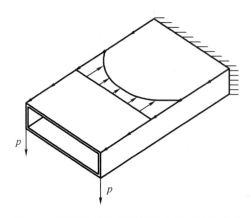

图2.6　剪切滞后现象引起的应力不均匀分布

综上所述,板–加强筋组合模型中带板或翼板宽度因受压屈曲导致有效性降低后的宽度称为 effective width;若由于横向载荷或板面外弯曲导致的剪切滞后引起,则称为 effective breadth 或有效翼板宽度(effective flange width)。在某些情况下,由于压缩载荷和横向载荷的联合作用,板–加强筋组合模型中连接板的应力分布不均匀导致部分失效,例如在中拱状态下船底板中的横向载荷。

如第4章所述,effective width 和 effective breadth 的概念对于处理非均匀正向应力分布的板是有用的,因为"有效宽度"的板可以作为应力分布均匀的理想板来处理,从而使该问题成为线性结构力学问题。对于含有非均匀剪应力分布的板,可以应用有效剪切模量概念(Paik,1995),如第4章所述。

有效宽度(effective width)问题,例如平面压缩板的有效宽度问题,最初是由海军建筑师约翰(John,1877)提出的。他研究了一艘在恶劣天气下断裂成两半的船的强度,认为这可能是由中垂弯矩引起的高应力造成的。他指出,甲板和上层建筑的薄板在受压情况下不能认为是完全有效的。为了在计算船舶截面模量时考虑这种影响,他减小了板的厚度,并保持应力(在不考虑屈曲的情况下可以进行计算)不变。

Bortsch(1921)是采用解析方法计算板有效宽度的先驱,他采用近似的、解析的有效宽度公式解决桥梁工程相关的实际问题。现代有效宽度的概念是由 von Karman(1924)开创的,他提出了一种从理论上解决问题的通用方法,并首次引入了有效宽度(effective width)一词。他使用应力函数方法计算了二维问题的应力分布,用以评估有效宽度。Metzer(1929)对简支梁和连续梁的有效翼板宽度进行了研究,使 von Karman 方法取得了显著进展。

20世纪30年代,Schuman 和 Back(1930)对钢板进行了大量压缩试验。他们指出,弯曲的钢板表现得好像只有部分宽度可以有效承载。通过应用有效宽度概念,von Karman 等(1932)从理论上研究了这一现象,获得了第一个板有效宽度的表达式。Paik(2008a)综述了板材有效性评估概念的一些最新进展。

图2.7显示了加强筋之间板的典型非均匀应力分布。最大膜应力出现在板与加强筋腹板的交界处,而板内部的应力相对较小,这意味着,板以均匀应力方式承载的有效部分可以理想化为仅局限于板与加强筋腹板交界处(板边缘)附近的一小部分。因此,通常情况下,总载荷将由位于板边缘附近的两个组合宽度的板条承担,作为近似代表均匀承载的最大应力,而不是实际应力。

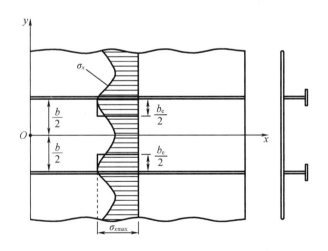

图2.7 板-加强筋上腹板的有效宽度

不管应力分布不均匀的原因是什么,板的有效性通常可以用一个参数 b_e 来表征,该参数是在翼缘和腹板交叉处理想化为均匀发生的最大膜应力的宽度(或广度)。因此承受的总载荷与实际板-加强筋连接情况下应力不均匀分布的总载荷相同。

图2.7所示的坐标系中,有效宽度 b_e 可由下式表示:

$$b_e = \frac{\int_{-\frac{b}{2}}^{\frac{b}{2}} \sigma_x \mathrm{d}y}{\sigma_{x\max}} = b\frac{\sigma_{xav}}{\sigma_{x\max}} \tag{2.1}$$

式中，σ_x 是非均匀法向应力；σ_{xav} 是平均应力；$\sigma_{x\max}$ 是板-腹板连接处最大法向应力。

2.6.1 剪切滞后引起的失效：板的有效宽度

本节推导了板-加强筋组合结构剪切滞后效应或宽翼板弯曲时有效宽度的解析公式。关于板-加强筋组合模型中宽翼板梁剪切滞后导致的有效宽度的各种解析方法，感兴趣的读者可以参考 Troitsky(1976)的综述。

由式(2.1)可明显看出，计算有效宽度的前提是已知非均匀的法向应力分布(垂直板截面方向)。为了计算应力分布，可以应用经典的弹性理论(Timoshenko et al., 1961)。对于二维问题，应变与位移的关系由式(2.2)给出：

$$\varepsilon_x = \frac{\partial u}{\partial x}, \quad \varepsilon_y = \frac{\partial v}{\partial y}, \quad \gamma_{xy} = \frac{\partial u}{\partial y} + \frac{\partial v}{\partial x} \tag{2.2}$$

式中，ε_x、ε_y 为 x、y 方向的法向应变；γ_{xy} 为剪切应变；u、v 为 x、y 方向的位移。

二维问题的应力应变关系由式(2.3)给出：

$$\varepsilon_x = \frac{1}{E}(\sigma_x - \nu\sigma_y), \quad \varepsilon_y = \frac{1}{E}(\sigma_y - \nu\sigma_x), \quad \gamma_{xy} = \frac{2(1+\nu)}{E}\tau_{xy} \tag{2.3}$$

式中，σ_x、σ_y 为 x、y 方向上的正应力；τ_{xy} 为剪应力；ν 为泊松比。

通过求解下列相容方程，可以得到二维问题的应力分布：

$$\frac{\partial^4 F}{\partial x^4} + 2\frac{\partial^4 F}{\partial x^2 \partial y^2} + \frac{\partial^4 F}{\partial y^4} = 0 \tag{2.4}$$

式中，F 为 Airy 应力函数，满足以下条件：

$$\sigma_x = \frac{\partial^2 F}{\partial y^2}, \quad \sigma_y = \frac{\partial^2 F}{\partial x^2}, \quad \tau_{xy} = -\frac{\partial^2 F}{\partial x \partial y} \tag{2.5}$$

为计算带板 x 方向上的非均匀法向应力分布，假设板的横向位移与 $\sin(2\pi x/\omega)$ 成正比，其中 ω 为挠曲波长，其大小取决于加强筋的刚度与载荷作用的类型。对于刚性横向框架，可近似取 $\omega = L$。

在这种情况下，沿板与加强筋腹板交界处，即 $y = \pm b/2$ 处，x 方向轴向位移 u 可以计算如下(Yamamoto et al., 1986)：

$$u = -u_0 \cos\frac{2\pi x}{\omega} \tag{2.6}$$

式中，u_0 为轴向位移函数的幅值。

将式(2.6)代入式(2.2)可得到在 $y = \pm b/2$ 处的轴向应变 ε_x：

$$\varepsilon_x\Big|_{y=\pm\frac{b}{2}} = \frac{\partial u}{\partial x}\Big|_{y=\pm\frac{b}{2}} = \varepsilon_0 \sin\frac{2\pi x}{\omega} \tag{2.7}$$

式中，$\varepsilon_0 = u_0(2\pi/\omega)$。

为满足式(2.4)，应力函数 F 可以表示为

$$F = f(y)\sin\frac{2\pi x}{\omega} \tag{2.8}$$

式中

$$f(y) = C_1\frac{2\pi y}{\omega}\sinh\frac{2\pi y}{\omega} + C_2\cosh\frac{2\pi y}{\omega}$$

式中，C_1 和 C_2 是常数，由边界条件决定。

为了确定式(2.8)中的两个未知数 C_1 和 C_2，要用到两个边界条件。式(2.7)表示其中一个边界条件，而另一个边界条件是相邻加强筋之间的带板在中心线处必须满足对称条件，即

$$\left.\frac{\partial v}{\partial x}\right|_{y=0} = 0 \tag{2.9}$$

将式(2.5)代入式(2.3)，轴向应变 ε_x 可由 Airy 应力函数表示：

$$\varepsilon_x = \frac{1}{E}\left(\frac{\partial^2 F}{\partial y^2} - \nu\frac{\partial^2 F}{\partial x^2}\right) \tag{2.10}$$

将式(2.8)代入式(2.10)并考虑式(2.7)，得到第一个边界条件：

$$\frac{d^2 f(y)}{dy^2} + \nu\left(\frac{2\pi}{\omega}\right)^2 f(y) = E\varepsilon_0 \quad 当\ y = \pm\frac{b}{2}时 \tag{2.11}$$

第二个边界条件为式(2.9)，可通过式(2.2)改写为

$$\frac{\partial\gamma_{xy}}{\partial x} = \frac{\partial^2 u}{\partial x\partial y} + \frac{\partial^2 v}{\partial x^2} = \frac{\partial^2 u}{\partial x\partial y} = \frac{\partial\varepsilon_x}{\partial y} \quad 当\ y = 0\ 时 \tag{2.12}$$

将式(2.2)、式(2.3)、式(2.5)与式(2.8)代入式(2.12)，第二个边界条件变为如下的三阶微分方程：

$$\frac{d^3 f(y)}{dy^3} - (2+\nu)\left(\frac{2\pi}{\omega}\right)^2\frac{df(y)}{dy} = 0 \quad 当\ y = 0\ 时 \tag{2.13}$$

将式(2.8)中的 $f(y)$ 代入式(2.11)和式(2.13)，求解关于 C_1 和 C_2 的两个联立方程，得出

$$C_1 = C_3\sinh\frac{\pi b}{\omega}$$

$$C_2 = C_3\left[\left(\frac{1-\nu}{1+\nu}\right)\sinh\frac{\pi b}{\omega} - \frac{\pi b}{\omega}\cosh\frac{\pi b}{\omega}\right] \tag{2.14}$$

$$C_3 = E\varepsilon_0\left(\frac{\omega}{2\pi}\right)^2\left[\left(\frac{3-\nu}{2}\right)\sinh\frac{2\pi b}{\omega} - (1+\nu)\frac{\pi b}{\omega}\right]^{-1}$$

将式(2.8)和式(2.14)代入式(2.5)可得法向应力 σ_x：

$$\sigma_x = \left(\frac{2\pi}{\omega}\right)^2\left[C_1\frac{2\pi y}{\omega}\sinh\frac{2\pi y}{\omega} + (2C_1 + C_2)\cosh\frac{2\pi y}{\omega}\right]\sin\frac{2\pi x}{\omega} \tag{2.15}$$

将式(2.14)和式(2.15)代入式(2.1)，可计算出有效宽度 b_e 如下：

$$b_e = \frac{4\omega\sinh^2(\pi b/\omega)}{\pi(1+\nu)\left[(3-\nu)\sinh(2\pi b/\omega) - 2(1+\nu)(\pi b/\omega)\right]} \tag{2.16}$$

板-加强筋组合模型的有效宽度通常随跨度的变化而变化，但实际设计中可取其最小

值,该值出现在最大纵向应力发展的位置。由于 b_e 必须小于 b,式(2.16)可以近似为

$$\frac{b_e}{b} = \begin{cases} 1.0 & 当\ b/\omega \leqslant 0.18 \\ 0.18L/b & 当\ b/\omega > 0.18 \end{cases} \quad (2.17)$$

如前所述,对于两个刚性横向框架之间的板格,式(2.16)或式(2.17)中的波长 ω 可近似取为 $\omega = L$。图 2.8 显示了当 $\omega = L$ 时,由式(2.16)和式(2.17)得到的有效宽度(或有效翼板宽度)随加强筋间距与板-加强筋组合模型跨度之比的变化。由图 2.8 可看出,随着带板宽度或跨度的增大,标准有效宽度显著减小。

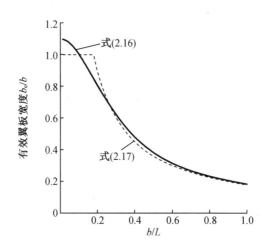

图 2.8 当 ω 等于 L 时,板-加强筋组合模型的有效宽度随加强筋间距
与板-加强筋组合模型跨度之比的变化

式(2.16)或式(2.17)可用于评价板-加强筋组合模型在主要板面外弯曲作用下的有效宽度。

2.6.2 屈曲引起的失效:板的有效宽度

严格地说,有效宽度概念的三个不同方面已应用于分析板的后屈曲行为:强度的有效宽度、刚度的有效宽度和折减的切线模量宽度。

完整平板在轴压作用下屈曲后,其最大正应力立即大于平均应力。这种情况下可以明显看出,有效宽度与全宽的比率与式(2.1)定义的平均应力与最大应力的比率相同。已有研究表明,板的最大承载能力接近最大正应力达到材料屈服应力的载荷。由于使用最大法向应力表示的有效宽度可用于预测板的极限强度,因此该有效宽度称为强度的有效宽度。

屈曲后平均应变随平均应力增长的趋势大于屈曲前,当板与加强筋腹板交界处的连接处保持直线时,单轴压缩平板沿板边最大法向应力的平均值结果如下:

$$\sigma_{x\max} = E\varepsilon_{xav} = E\frac{u}{L} \quad (2.18)$$

式中,ε_{xav} 为带板的平均轴向应变,可近似取沿板与加强筋腹板交界处轴向应变的平均值,即 $y = \pm b/2$ 时,$\varepsilon_{xav} = \varepsilon_x$;$u$ 为端部位移。

在这种情况下,有效宽度也可以由式(2.1)计算得到,但使用式(2.18)的轴向应变代替

σ_{xmax}。刚度的有效宽度是基于平均轴向应变得到的,可以用于表征屈曲板在主要轴向压缩下的整体刚度。

板的抗轴向压缩刚度在屈曲后立即降低。尽管这种行为可能以刚度的有效宽度为特征,但有时需要了解屈曲后的切线刚度的大小或平均应力-应变曲线的斜率,在后屈曲范围内的数学表达为 $\partial\sigma_{xav}/\partial\varepsilon_{xav}$。屈曲后的切线刚度称为切向有效宽度或有效弹性模量 E^*。利用该公式,由 E^*/E 给出屈曲后压缩刚度与屈曲前压缩刚度的比值。对于四边简支的平板,屈曲后 $E^*/E\approx0.5$。只要无载荷作用的边保持笔直并使部分横向应力沿此边发展,则可认为 E^*/E 与 $\partial\sigma_{xav}/\partial\varepsilon_{xav}$ 对应,而当无载荷作用的边可以在平面内自由移动且沿此边无应力时,前者总是大于后者(Rhodes,1982)。这一点在第4章有详细描述。

Faulkner(1975)和 Rhodes(1982)对板的有效宽度公式的推导做了广泛的评价与描述。Ueda 等(1986)推导了考虑存在初始挠度和焊接残余应力影响的在组合双向压缩与边缘剪切作用的板的有效宽度公式。Usami(1993)研究了压缩和面内弯曲中屈曲的板的有效宽度。

尽管有效宽度的概念旨在评估受压屈曲的板单元的刚度,但 Paik(1995)提出了一个有效剪切模量的新概念用于评估板单元在剪应力屈曲中的有效性。有效剪切模量概念可用于计算板在主剪应力作用下的后屈曲。

针对长板抗压强度,业界中常用的典型的有效宽度表达式如下:

$$\frac{b_e}{b}=\begin{cases}1.0 & \text{当}\ \beta<1\ \text{时}\\ C_1/\beta-C_2/\beta^2 & \text{当}\ \beta\geqslant1\ \text{时}\end{cases} \qquad (2.19a)$$

式中,C_1 和 C_2 是取决于板边界条件的常数;β 是整个截面的长细比,如表 2.1 所示。基于对初始挠度在中等水平但没有残余应力的钢板的可用实验数据的分析,Faulkner(1975)提出 $C_1=2.0,C_2=1.0$ 适用于所有边(4个)简支的板,或 $C_1=2.25,C_2=1.25$ 适用于所有边(4个)固支的板。

尽管原始的 von Karman 有效宽度表达式(即 $b_e/b=\sqrt{\sigma_{cr}/\sigma_Y}$,其中 σ_{cr} 为临界应力;σ_Y 为屈服强度)被认为对相对较薄的板是相当准确的,但对于具有初始缺陷的相对较厚的板并不适用。对此,Winter(1947)修改后的 von Karman 式如下:

$$\frac{b_e}{b}=\sqrt{\frac{\sigma_{cr}}{\sigma_{max}}}\left(1-0.25\sqrt{\frac{\sigma_{cr}}{\sigma_{max}}}\right) \qquad (2.19b)$$

式中,σ_{max} 为最大正应力,可取 $\sigma_{max}=\sigma_Y$。

式(2.19b)已广泛用于评估冷弯钢板(AISI,1996;ENV 1993-1-1,1992)的后屈曲强度。在一些设计规范中,式(2.19b)中的 0.25 改为 0.218 或 0.22。

式(2.19)可用于评估板-加强筋组合模型在主要轴压为主载荷作用下的带板有效宽度。带板有效宽度(和有效剪切模量)的更精确表达式见第4章。

2.6.3 屈曲与剪切之后联合引起的失效

实际情况下,板结构中的板可能会受到压缩载荷和横向压力的联合作用,从而导致屈曲和剪切滞后,这一点也很重要。在这种情况下,板-加强筋组合模型中附加板的有效性评估必须考虑上述两种影响。

在这种情况下,式(2.1)的 σ_{xmax} 必须是最大压应力,表示为组合压载荷、侧压力和初始缺陷的函数,详见第4章。

2.7　横断面的塑性承载力

在许用工作应力设计方法中,往往以初始屈服(first yield)作为设计准则。即尽管大多数金属结构会经历局部屈服,并且由于材料的延展性导致内应力重新分布,但仍然可以进一步承受增加的载荷。

相比之下,ULS设计的结构设计标准是基于塑性理论的最大承载能力或极限强度的。当考虑板–加强筋组合模型的极限强度时,局部屈曲和应变硬化的影响不是主要关注点,塑性横截面承载力是主要因素。

在随后的几节中,将对板–加强筋组合模型在轴向载荷、截面剪切、弯曲或这些的组合作用下初始或完全屈服下的横截面承载能力进行描述。

2.7.1　轴向承载力

轴向载荷下的塑性承载力 P_p 计算如下:

$$P_p = \pm(A_p\sigma_{Yp} + A_w\sigma_{Yw} + A_f\sigma_{Yf}) \tag{2.20}$$

此处,式(2.20)对不发生局部屈曲时的轴向拉伸和轴向压缩有效,并且使用了相关的符号约定(例如,正号表示拉伸,负号表示压缩)。

2.7.2　抗剪切能力

实际上,只有平行于剪力方向的截面部分才会对结构的剪切抵抗力有贡献。例如,当考虑垂向截面剪力(正剪为正,负剪为负)时,计算抗剪承载力只考虑板–加强筋组合模型的加强筋腹板截面积 F_p,如下所示:

$$F_p = \pm(A_w\tau_{Yw}) \tag{2.21}$$

式中,$\tau_{Yw} = \sigma_{Yw}/\sqrt{3}$ 为腹板的剪切屈服应力。

2.7.3　抗弯能力

在各向均匀的梁中,初始屈服发生在横截面的外侧纤维处,该处跨中发生最大弯曲。随着进一步加载,横截面变为完全塑性。梁的塑性弯曲能力通常取决于它们的横截面几何形状和它们的材料特性。能力公式对正弯曲取正号,对负弯曲取负号。

2.7.3.1　矩形横截面

在计算板–加强筋组合模型的塑性抗弯能力之前,首先考虑一个更简单的矩形截面情况。如图2.9所示,在这种情况下,中性轴(N. A.)位于腹板高度的一半处。

当上部或下部外部纤维屈服时,初始屈服弯曲能力 M_Y 可以通过关于中性轴的轴向应力的一阶矩获得,如下所示:

$$M_Y = \pm\int_{-\frac{h_w}{2}}^{\frac{h_w}{2}} \sigma_x t_w z \mathrm{d}z = \pm Z_Y \sigma_{Yw} \qquad (2.22)$$

式中,$Z_Y = t_w h_w^2/6$ 为初始屈服模量。

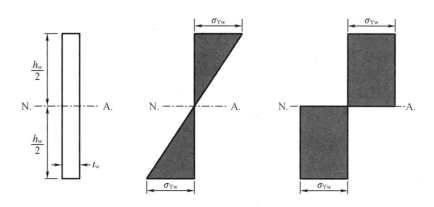

图 2.9 矩形截面梁初始屈服和完全屈服时的应力分布

初始屈服的抗弯能力也可以通过简单的梁理论来预测,使得弯矩和弯曲应力之间存在以下线性关系:

$$M = \pm\frac{\sigma_x}{z}I \qquad (2.23)$$

式中,M 为弯矩;σ_x 为弯曲应力;I 为转动惯量;z 为与中性轴的距离。

对于矩形截面梁,由于外层纤维处的 $I = t_w h_w^3/12$,$\sigma_x = \sigma_{Yw}$,即 $z = \pm h_w/2$,则由式(2.23)得到的初始屈服抗弯能力与式(2.22)相对应。确定塑性中性轴的位置,使两部分面积(即受拉侧或受压侧)相等。对于对称矩形截面梁,塑性中性轴位于腹板高度的一半处。

如图 2.9 所示,完全塑性弯曲能力 M_p 由横截面完全屈服时相对于塑性中性轴的轴向应力的一阶矩计算得出:

$$M_p = \pm\int_{-\frac{h_w}{2}}^{\frac{h_w}{2}} \sigma_x t_w z \mathrm{d}z = \pm Z_p \sigma_{Yw} \qquad (2.24)$$

式中,$Z_p = t_w h_w^2/4$ 为塑性截面模量。

2.7.3.2 板-加强筋组合模型横截面

如图 2.10 所示,由式(7.44)或表 2.1 可确定弹性中性轴在有效板外表面的位置如下:

$$z_p = \frac{0.5A_{pe}t + A_w(t+0.5h_w) + A_f(t+h_w+0.5t_f)}{A_{pe}+A_w+A_f} \qquad (2.25)$$

应用经典的简支梁理论,由式(7.47)可计算出初始屈服弯曲能力 M_Y 如下:

$$M_Y = \pm\frac{I_e}{z_p-0.5t}\sigma_{Yp} \qquad \text{连接板处的初始弯矩} \qquad (2.26a)$$

$$M_Y = \pm\frac{I_e}{t+h_w+0.5t_f-z_p}\sigma_{Yf} \qquad \text{加强筋处的初始弯矩} \qquad (2.26b)$$

式中,I_e 的定义见表 2.1。应注意,除如图 2.10 所示的腹板或加强筋翼板以外,假定各节段保持弹性。

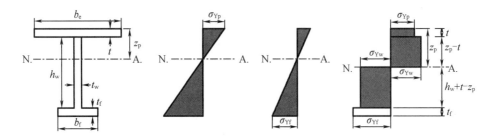

图 2.10　板-加强筋组合截面完全屈服时的应力分布

式(2.26)可以重新写为

$$M_Y = \pm Z_{Yp}\sigma_{Yp} \qquad 连接板处的初始弯矩 \qquad (2.27a)$$

$$M_Y = \pm Z_{Yf}\sigma_{Yf} \qquad 加强筋处的初始弯矩 \qquad (2.27b)$$

式中,$Z_{Yp} = I_e/(z_p - 0.5t)$ 为板侧中厚处的初始屈服截面模量;$Z_{Yf} = I_e/(h_w + t + 0.5t_f - z_p)$ 为加强筋翼板侧中厚处的初始屈服截面模量。

如图 2.10 所示,塑料中性轴与镀层外表面的位置可以由公式(7.50)确定如下:

$$z_p = \frac{0.5A_{pe}\sigma_{Yp}t + A_w\sigma_{Yw}(t + 0.5h_w) + A_f\sigma_{Yf}(t + h_w + 0.5t_f)}{A_{pe}\sigma_{Yp} + A_w\sigma_{Yw} + A_f\sigma_{Yf}} \qquad (2.28)$$

完全塑性弯曲能力 M_p 也可以使用式(7.51)中的简单梁理论方法计算如下:

$$
\begin{aligned}
M_p &= \pm\left[b_e t\sigma_{Yp}\left(z_p - \frac{t}{2}\right) + (z_p - t)t_w\sigma_{Yw}\frac{z_p - t}{2} + (h_w + t - z_p)t_w\sigma_{Yw}\frac{h_w + t - z_p}{2} + b_f t_f\sigma_{Yf}\left(h_w + t - z_p + \frac{t_f}{2}\right) \right] \\
&= \pm\left[b_e t\sigma_{Yp}\left(z_p - \frac{t}{2}\right) + \frac{(z_p - t)^2}{2}t_w\sigma_{Yw} + \frac{(h_w + t - z_p)^2}{2}t_w\sigma_{Yw} + b_f t_f\sigma_{Yf}\left(h_w + t - z_p + \frac{t_f}{2}\right) \right] \quad (2.29)
\end{aligned}
$$

2.7.4　弯曲和轴向载荷联合作用的承载力

当弯曲和轴向联合加载时,截面全屈服时的应力分布可推测如图 2.11 所示。

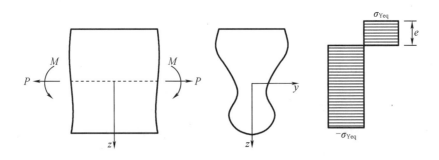

图 2.11　弯曲和轴向载荷联合作用下任意截面上的应力分布

然后,通过对横截面上的应力分布进行积分,可以计算出轴向载荷 P 和弯矩 M 如下:

$$P = \int_A \sigma_x \mathrm{d}A, \quad M = \int_A \sigma_x z \mathrm{d}A \qquad (2.30)$$

式中，$\int_A (\ ) \mathrm{d}A$ 表示横截面积上的积分。

在式(2.30)中，P 和 M 是未知参数 e 的函数；e 为板的外层纤维与塑性中性轴的距离。将这两个关于未知参数的公式联立，可得 P 与 M 的相互作用关系。可以看出，截面在弯曲和轴向联合载荷下的塑性能力小于单独弯曲的塑性能力。

2.7.4.1　矩形横截面

在计算 M 和 P 组合作用下板-加强筋组合模型的塑性承载力之前，首先考虑截面为矩形的简单情形。矩形截面完全屈服时其应力分布可以假设为图 2.12 所示。在这种情况下，应力可以分为两部分，一部分为纯弯曲应力，另一部分为纯轴向应力。

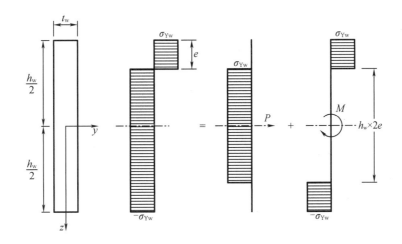

图 2.12　弯曲和轴向载荷联合作用下任意截面的应力分布

根据假定的应力分布，相应的弯矩 M 和相应的轴向载荷 P 计算如下：

$$P = t_w (h_w - 2e) \sigma_{Yw} \tag{2.31a}$$

$$M = M_p - M_{pe} = M_p - Z_{pe} \sigma_{Yw} = \frac{t_w h_w^2}{4} \sigma_{Yw} - \frac{t_w (h_w - 2e)^2}{4} \sigma_{Yw} \tag{2.31b}$$

式中，$P_p = t_w h_w \sigma_{Yw}$，$M_p = (t_w h_w^2 / 4) \sigma_{Yeq}$，$M_{pe} = Z_{pe} \sigma_{Yw}$ 为截面距离 e 处的塑性弯曲能力；$Z_{pe} = [t_w (h_w - 2e^2)]/4$ 为截面距离 e 处的塑性截面模量。

结合式(2.31a)和式(2.31b)，板梁组合在 M 和 P 下的塑性能力相互作用公式为

$$\left| \frac{M}{M_p} \right| + \left(\frac{P}{P_p} \right)^2 = 1 \tag{2.32}$$

图 2.13 显示了上述矩形截面在组合(正)弯曲和(正)轴向载荷下的相互作用曲线。从图 2.13 可以看出，随着轴向载荷的增加，塑性弯曲能力显著降低。

2.7.4.2　板-加强筋组合模型横截面

如图 2.14 (Ueda et al., 1984)所示，截面承受弯曲和轴向联合载荷的板-加强筋组合模型的塑性应力分布可以用塑性中性轴的位置 e 来描述，e 是带板外层纤维到塑性中性轴的距离。

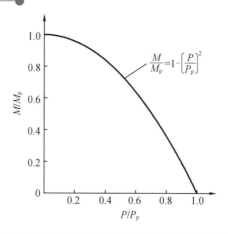

图 2.13 矩形截面在弯曲和轴向载荷共同作用下的相互作用曲线

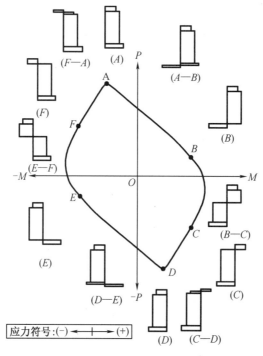

图 2.14 板-加强筋组合模型截面上不同弯曲和轴向载荷组合状态下的应力分布

与对称矩形截面相比,板-加强筋组合模型在 M 和 P 下的塑性承载力相互作用关系的表达式,可能会根据载荷施加方向的不同而有所不同。基于每个载荷组合状态的假定应力分布,折减弯矩 M 和相关的轴向载荷 P 可以表示为未知数 e 的函数。然后,通过省略两个表达式之间的 e,导出了塑性承载力的表达式。

为简单起见,式(2.32)常用于求解板-加强筋组合模型在 M 和 P 下的塑性能力相互作用公式,而板-加强筋组合模型则采用 P_p 和 M_p。

2.7.5 弯曲、轴向载荷和剪切联合作用下的承载力

当施加弯矩 M、轴向载荷 P 和剪切力 F 的组合载荷时,可以采用类似于组合弯曲和轴

向载荷的应力分布,假设剪切力仅由加强筋腹板承受。在这方面,加强筋腹板的降低屈服强度 σ_{Yv} 的降低可以通过 Tresca 屈服准则公式(1.31b)引入,如下(ENV 1993-1-1, 1992):

$$\sigma_{Yv} = 2\left[\left(\frac{\sigma_{Yw}}{2}\right)^2 - \left(\frac{F}{A_w}\right)^2\right]^{0.5} \tag{2.33}$$

式中,F 为施加的剪切力。

综上所述,对于组合弯曲、轴向载荷和剪切力,板-加强筋组合模型横截面的近似折减塑性弯曲能力可以从式(2.32)获得,对于板-加强筋组合模型,采用 P_p 和 M_p,但用方程(2.33)的 σ_{Yv} 代替加强筋腹板屈服应力 σ_{Yw}。

2.8　板-加强筋组合模型在弯曲作用下的极限强度

当发展出足够的塑性铰形成塑性机制时结构会被破坏。应用刚塑性理论(Hodge,1959;Neal,1977),通常可以推导出板-加强筋组合模型在多种载荷和端部条件下的弯曲塑性破坏强度公式,而板-加强筋组合模型以梁的形式处理。

Belenkiy 和 Raskin(2001)的研究表明,刚塑性理论确定的梁极限强度与非线性有限元分析得到的"临界"(极限)载荷相当吻合。定义此临界载荷是为了将线弹性状态和塑性状态分开。图 2.15 说明了梁临界极限载荷的概念。在该图中,由实线表示的载荷-挠度曲线可分为 3 个区间:线弹性区(Ob)、塑性挠度开始增长的过渡区(bc)和大挠度区(cd)。

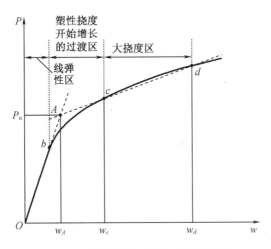

图 2.15　梁的临界(极限)载荷示意图

真实的载荷-挠度曲线近似为双线性关系,即 OAd。其中可取 $w_c = 0.005L$ 和 $w_d = 0.01L$,L 为梁的跨度,然后定义临界极限载荷为 A 点作用下的载荷 P_u。Belenkiy 和 Raskin(2001)通过比较刚塑性理论确定的各种端部条件和载荷施加方式的梁的极限载荷与非线性有限元分析得到临界载荷,也得出了一些重要的结论:①临界载荷对应的塑性变形 w_A 通常为 $0.001\sim0.004L$;②应变硬化和膜应力对临界载荷的影响通常较小。

为了使用刚塑性理论推导出梁的极限强度公式,需满足提到的基本假设:

- 应变硬化效应可以忽略;
- Tresca 屈服准则适用;
- 由于涉及小变形,因此膜效应可以忽略;
- 不发生局部屈曲;
- 局部塑性区不向梁的纵向(轴向)方向扩展,因此认为塑性铰保持固定在特定的横截面上;
- 梁的截面保持在平面内,即不产生轴向变形。

在后面的章节中,忽略局部屈曲的影响,推导了梁在不同载荷和端部条件下的塑性强度公式。在这种情况下,塑性强度公式表示为梁的全塑性弯矩 M_p 的函数。然后,考虑局部屈曲影响的梁的近似极限强度可由这些塑性强度公式估算,但需要使用考虑横截面局部屈曲影响的极限弯矩 M_u 代替 M_p。

2.8.1 悬臂梁

如图 2.16 所示,首先推导出各类载荷作用下悬臂梁的塑性失效强度公式。当梁在自由端受到集中载荷 Q 时,如图 2.16(a)所示,沿梁跨的弯矩由式(2.34)给出:

$$M = Q(L-x) \tag{2.34}$$

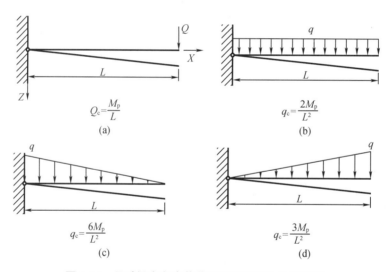

图 2.16　悬臂梁在各类载荷作用下的塑性失效载荷

随着集中载荷的增加,固定端周围的塑性区形成并扩展至整个厚度范围。当固定端截面完全屈服,即固定端弯矩达到塑性弯矩 M_p 时,梁因为塑性铰机理而破坏。因此,在这种情况下,塑性失效载荷 Q_c 确定为

$$Q_c = \frac{M_p}{L} \tag{2.35}$$

式中,M_p 见 2.7.3 节定义。

采用与前述相同的方法,确定不同类型载荷作用下悬臂梁的塑性失效载荷如图 2.16(b)至图 2.16(d)所示。

2.8.2 两端简支梁

现在推导两端简支梁在各种类型载荷作用下的塑性破坏强度公式,如图 2.17 所示。

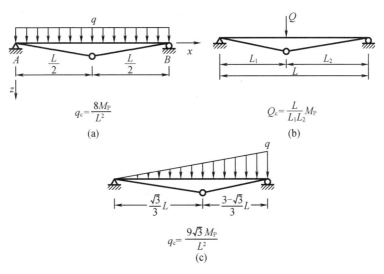

图 2.17 两端简支梁在各类载荷作用下的塑性临界载荷

如图 2.17(a)所示,当梁受到均匀分布的线载荷时,如果在跨内某一位置横截面屈服,由于两端已经铰接,此时梁会产生破坏。如果施加的是对称载荷[与图 2.17(a)类似],最大弯矩发生在跨中,此处截面首先屈服。在这种情况下,两端的反力和跨内的弯矩分布由下式给出:

$$R_A = R_B = \frac{qL}{2}, M = R_A x - \frac{1}{2} q x^2 = \frac{1}{2} q x (L-x) \tag{2.36}$$

由此可得跨中的最大弯矩 M_{max},即在 $x = L/2$ 处的弯矩如下:

$$M_{max} = \frac{qL^2}{8} \tag{2.37}$$

令式(2.37)等于塑性弯曲能力 M_p,式中的 q 替换为 q_c,得到塑性破坏强度 q_c 如下:

$$q_c = \frac{8M_p}{L^2} \tag{2.38}$$

采用类似的过程可以计算简支梁在不同载荷作用下的塑性失效强度,结果如图 2.17(b)或图 2.17(c)所示。

2.8.3 一端简支一端固定梁

现在推导一端简支一端固定的超静定梁在各种类型载荷作用下的塑性失效强度公式,如图 2.18 和图 2.19 所示。

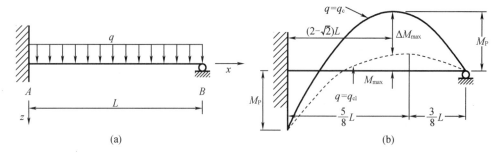

图 2.18　一端简支一端固定梁在均布载荷作用下的弯矩分布

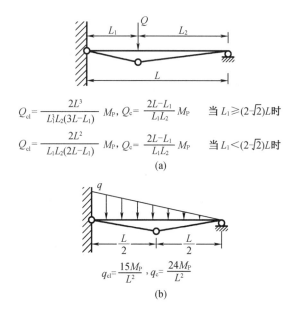

$$Q_{cl} = \frac{2L^3}{L_1^2 L_2(3L-L_1)} M_P, \quad Q_c = \frac{2L-L_1}{L_1 L_2} M_P \qquad \text{当 } L_1 \geqslant (2-\sqrt{2})L \text{ 时}$$

$$Q_{cl} = \frac{2L^2}{L_1 L_2(2L-L_1)} M_P, \quad Q_c = \frac{2L-L_1}{L_1 L_2} M_P \qquad \text{当 } L_1 < (2-\sqrt{2})L \text{ 时}$$

(a)

$$q_{cl} = \frac{15 M_P}{L^2}, \quad q_c = \frac{24 M_P}{L^2}$$

(b)

图 2.19　一端简支一端固定梁在其他载荷作用下的塑性失效载荷

注:Q_{cl} 或 q_{cl} 表示仅在固定端形成塑性铰时的临界载荷

当梁承受如图 2.18 所示的均匀分布的线载荷时,平衡条件下端部的反力和力矩为

$$R_A = \frac{qL}{2} + \frac{M_A}{L}, \quad R_B = \frac{qL}{2} - \frac{M_A}{L} \tag{2.39}$$

式中,R_A 和 R_B 分别是 A 端与 B 端的反力;M_A 是 A 端的赘余反力(弯矩)。

沿跨度的弯矩可用赘余反力 M_A 表示如下:

$$M = -M_A + R_A x - \frac{q}{2} x^2 = -M_A \left(1 - \frac{x}{L}\right) + \frac{qL}{2} x - \frac{q}{2} x^2 \tag{2.40}$$

具有有效截面特性的梁的弯曲应变能 U 由式(2.41)给出:

$$U = \frac{1}{2} \int_{Vol} \sigma_x \varepsilon_x dVol = \frac{1}{2E} \int_{Vol} \sigma_x^2 dVol = \frac{1}{2E} \int_{Vol} \left(\frac{M}{I_e} z\right)^2 dVol$$

$$= \frac{1}{2E} \int_0^L \left(\frac{M}{I_e}\right)^2 \left(\int_{A_e} z^2 dA_e\right) dx = \frac{1}{2E} \int_0^L \frac{M^2}{I_e} dx \tag{2.41}$$

式中,$\int_{A_e} z^2 dA_e = I_e$;$\sigma_x$ 为弯曲应力;ε_x 为弯曲应变;$\int_{Vol} (\ ) dVol$ 表示梁的体积积分;$\int_{A_e} (\ ) dA_e$ 表示梁有效截面上的面积积分;下标 e 表示板–加强筋组合模型(梁)中带板采用了有效

宽度。

应用卡氏第一定理,由于固定端条件,固定端的转动(可以通过应变能对相关弯矩的微分来计算)必须为零,即

$$\theta_A = \frac{\partial U}{\partial M_A} = \int_0^L \frac{M}{EI_e} \frac{\partial M}{\partial M_A} dx = 0 \tag{2.42}$$

式中,θ_A 表示 A 端的转角。

将式(2.40)代入式(2.42),则赘余反力 M_A 由下式定义:

$$M_A = \frac{qL^2}{8} \tag{2.43}$$

随着载荷的增加,最大弯矩出现在固定端,即 $x=0$ 处。当 A 端最大弯矩达到塑性临界抗弯能力 $|M_p|$ 时,固定端形成塑性铰。该状态下使用 q_{c1} 代替 q 定义临界侧向载荷如下:

$$q_{c1} = \frac{8M_p}{L^2} \tag{2.44}$$

即使在固定端截面屈服后,由于尚未形成塑性铰机制,梁仍可能进一步承受载荷。在 $q=q_{c1}$ 之前,跨内最大弯矩 M_{max1} 发生在 $x=5L/8$ 处。由于考虑 A 端铰接,此时可以维持弯矩恒定在 $-M_p$。因此对于两端简支梁,由附加横向载荷 $q-q_{c1}$ 引起的弯矩增量 ΔM 为

$$\Delta M = \frac{1}{2}(q-q_{c1})(Lx-x^2) \tag{2.45}$$

当跨中的总(或累积)最大弯矩达到塑性弯矩时,由于形成了塑性机制,梁将发生破坏,则

$$M_{max} = M_{max1}^* + \Delta M_{max} \tag{2.46}$$

式中,M_{max} 出现在 $x=(2-\sqrt{2})L$ 处,与 M_{max1} 的位置不对应;M_{max1}^* 通过式(2.40)和式(2.43),令 $M_{max1}=M$,在 $q=q_{c1}$ 和 $x=(2-\sqrt{2})L$ 处计算得到;ΔM_{max} 通过式(2.45)令 $\Delta M_{max}=\Delta M$,在 $x=(2-\sqrt{2})L$ 处计算得到。

当跨内累积的最大弯矩达到塑性弯矩时,即 $M_{max}=M_p$ 时,梁最终失效。在这种状态下,受均布线载荷作用的梁的塑性破坏强度由下式给出:

$$q_c = \frac{2(3+2\sqrt{2})M_p}{L^2} \tag{2.47}$$

对于其他类型的载荷,如图 2.19 所示,第一临界载荷和塑性失效载荷可采用与之前相同的方法计算。

2.8.4 两端固定梁

现推导两端固定的超静定梁在各种载荷作用下的塑性破坏载荷公式,如图 2.20 和图 2.21 所示。在这种情况下,如果两端或者跨中任意位置的截面屈服,梁就会失效。

如图 2.20 所示,对于均布线载荷作用下的梁,两端同时形成塑性铰,由于载荷与端部边界条件对称,最大弯矩发生在两端。即使在两端形成塑性铰后,梁仍能承受进一步的载荷,直至跨中截面屈服,导致塑性铰机制产生。

在图 2.20 中,弯矩沿跨长的分布可以通过考虑关于跨中的对称载荷条件如下给出:

$$M = -M_A + \frac{qL}{2}x - \frac{q}{2}x^2 \tag{2.48}$$

式中，$M_A = M_B$ 为梁端的弯矩。

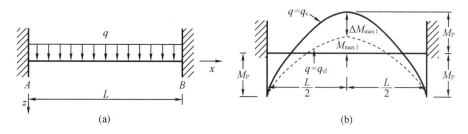

图 2.20　两端固定梁在均布载荷作用下的弯矩分布

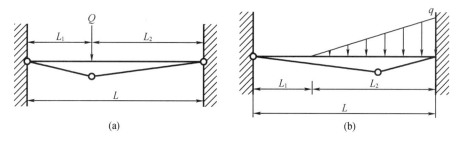

图 2.21　两端固定梁在其他载荷作用下的塑性失效载荷

注：Q_{c1} 或 q_{c1} 表示只在固定端形成塑性铰时的临界载荷

梁有效截面的弯曲应变能 U 由式（2.41）计算，固定端 A 的转角必须为零，满足式（2.42）。通过联立求解式（2.42）和式（2.48），M_A 由下式确定：

$$M_A = \frac{qL^2}{12} \tag{2.49}$$

当两端刚好屈服时，得到临界载荷 q_{c1}，即 $x=0$ 或 L 处的端弯矩达到塑性弯矩 $-M_p$ 时的载荷：

$$q_{c1} = \frac{12M_p}{L^2} \tag{2.50}$$

发生在梁跨中位置的最大弯矩 M_{max1}，可令 $q=q_{c1}$，把式（2.49）代入式（2.48）得到。M_{max1} 发生在两端刚发生屈服时的跨中位置，即 $x=L/2$ 处。

$$M_{max1} = \frac{q_{c1}L^2}{24} \tag{2.51}$$

即使两端屈服之后，梁也可能承受进一步的载荷，直至跨中横截面屈服。虽然端弯矩保持 $-M_p$ 不变，但跨内弯矩增大。此时梁可以认为是两端简支，忽略膜应力效应，因进一步加载引起的跨内弯矩的增量 ΔM 为

$$\Delta M = \frac{q-q_{c1}}{2}(Lx - x^2) \tag{2.52}$$

由于最大弯矩增量 ΔM_{max} 发生在跨中，因此得到了跨中总（或累积）最大弯矩 M_{max}：

$$M_{\max} = M_{\max 1} + \Delta M_{\max} = \frac{q_{c1}L^2}{24} + \frac{(q-q_{c1})L^2}{8} = \frac{qL^2}{8} - M_p \qquad (2.53)$$

式中，$\Delta M_{\max} = [(q-q_{c1})/8]L^2$。

由于跨中截面屈服时形成塑性铰机制，当 $M_{\max} = M_p$ 时，梁的塑性失效载荷 q_c 最终由下式确定：

$$q_c = \frac{16M_p}{L^2} \qquad (2.54)$$

采用与前述类似的方法，可以计算梁在其他载荷作用下的第一临界载荷或塑性失效载荷，如图 2.21 所示。

2.8.5 两端部分转动约束梁

当梁与相邻结构相连时，其端部的转动会受到一定程度的限制。现考虑梁两端的转动受到有限约束。如图 2.22(a) 所示，梁受到的侧向压力呈梯形分布，两端部分呈线性变化，由下式给出：

$$q = -\frac{q_B - q_D}{L}x + q_B \qquad (2.55)$$

式中，q_B 和 q_D 分别为 B 端和 D 端的侧压力。

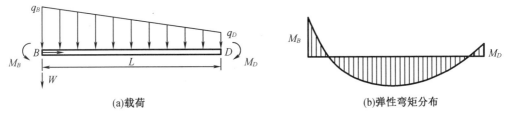

(a)载荷   (b)弹性弯矩分布

图 2.22　侧压力作用下的两端弹性约束梁

如图 2.22(a) 所示，梁端弯矩是由于梁与相邻结构连接处的转动约束引起，因此，它取决于相邻结构的扭转刚度。

根据弯矩平衡条件，梁端约束可定义如下。

端点 B：

$$\left(\frac{\mathrm{d}^2w}{\mathrm{d}x^2}\right)_{x=0} = \frac{C_B}{L}\left(\frac{\mathrm{d}w}{\mathrm{d}x}\right)_{x=0} \qquad (2.56a)$$

端点 D：

$$\left(\frac{\mathrm{d}^2w}{\mathrm{d}x^2}\right)_{x=L} = \frac{C_D}{L}\left(\frac{\mathrm{d}w}{\mathrm{d}x}\right)_{x=L} \qquad (2.56b)$$

式中，w 为梁的横向挠度；C_B 和 C_D 分别为梁两端的约束系数。对于简支端或固支端，这两个系数分别变为零和无穷大。

应用简支梁理论，梁的弹性弯矩分布表示如下：

$$M = EI_e\frac{\mathrm{d}^2w}{\mathrm{d}x^2} = M_B - \frac{x}{L}(M_B - M_D) + \frac{q_B}{2}(x^2 - Lx) + \frac{q_B - q_D}{6}\left(Lx - \frac{x^3}{L}\right) \qquad (2.57)$$

式中，I_e 是梁有效截面的惯性矩。

图 2.22(b)表示梁的弹性弯矩分布。从图中可以看出，弯矩出现了三个极值，分别在 B 端、D 端和跨中三个位置。通过对式(2.57)进行二次积分并考虑端部条件，可将横向挠度 w 表示为

$$w = \frac{q_B + q_D}{24EI_e}\left(\frac{x^4}{2} - Lx^3 + \frac{L^3 x}{2}\right) + \frac{q_B - q_D}{24EI_e}\left(-\frac{x^5}{5L} + \frac{x^4}{2} - \frac{Lx^3}{3} + \frac{L^3 x}{30}\right) + \frac{M_B}{EI_e}\left(-\frac{x^3}{6L} + \frac{x^2}{2} - \frac{Lx}{3}\right) + \frac{M_D}{EI_e}\left(\frac{x^3}{6L} - \frac{Lx}{6}\right)$$

$$(2.58)$$

将式(2.56)代入平衡条件式(2.58)中，可将 B 和 D 两端弯矩计算为约束系数的函数，则

$$M_B = \frac{C_B L^2}{120}\frac{(q_B - q_D)(2 - C_D) + (q_B - q_D)(30 - 5C_D)}{12 + 4C_B - 4C_D - C_B C_D} \tag{2.59a}$$

$$M_D = \frac{C_D L^2}{120}\frac{(q_B - q_D)(2 - C_D) + (q_B - q_D)(30 - 5C_B)}{12 + 4C_B - 4C_D - C_B C_D} \tag{2.59b}$$

当 $dM/dx = 0$ 时，跨内产生弯矩极值。当两端和跨内任意一点屈服时，失效铰机制形成。根据端部条件的不同，与失效机制形成有关的载荷以及其他细节可能会有所不同。

在第 2.8.2 或第 2.8.3 节所述的理想端部条件下，如果满足下列条件，梁就会失效。

(1)两端简支梁：

$$\frac{q_B(x_p^2 - Lx_p)}{2} + \frac{q_B - q_D}{6}\left(Lx_p - \frac{x_p^3}{L}\right) = M_p \tag{2.60}$$

式中

$$x_p = \frac{L}{2} \qquad \text{当} q_D = q_B \text{ 时}$$

$$x_p = \frac{L}{q_B - q_D}\left(q_B - \sqrt{\frac{q_B^2 + q_D^2 + q_D q_B}{3}}\right) \qquad \text{当} q_B > q_D \text{ 时}$$

(2)B 端固定，D 端简支的梁：

$$\frac{x_p\left[(L^2 - x_p^2)q_D + (2L^2 - 3Lx_p + x_p^2)q_B\right]}{6(2L - x_p)} = M_p \tag{2.61}$$

式中，当 q_B 或 q_D 取最小值时，x_p 为 B 端到跨内塑性铰的距离。

2.8.6　侧向扭转屈曲(弯扭屈曲)

若受压侧的翼板横向刚度不足，则横向载荷作用下绕其主轴弯曲的梁会产生侧向屈曲。在临界载荷下，由于受压翼缘可能发生侧向扭转，板-加强筋组合模型可能会变得不稳定。这种现象有时被称为侧向扭转屈曲(或侧倾)，被认为是导致板-加强筋组合模型极限承载状态的情况之一。第 5.8 节将描述加强筋的侧向扭转屈曲。

2.9　轴向压缩下板–加强筋组合模型的极限强度

轴向压缩载荷作用下的板–加强筋组合模型可以作为柱进行处理。与第4章中描述的面板不同,在屈曲开始后,不能期望柱具有残余强度,因此柱的屈曲强度通常被认为与极限强度相同。

在本节中,将描述主要在轴向压缩载荷作用下板–加强筋组合模型的极限强度公式。

2.9.1　直柱的大挠度弯曲

如图2.23所示,由经典的大挠度柱理论出发,可以计算出横向挠曲柱的无限小元 AB 的长度 $\mathrm{d}L'$,其初始长度为 $\mathrm{d}x$,通过下式计算(Shames et al.,1993):

$$(\mathrm{d}L')^2 = (\mathrm{d}x)^2(1+2\varepsilon_x) \tag{2.62}$$

式中, $\varepsilon_x = \mathrm{d}u/\mathrm{d}x + (\mathrm{d}u/\mathrm{d}x)^2/2 + (\mathrm{d}w/\mathrm{d}x)^2/2$,是考虑大变形效应的直柱轴向应变,其中 u 为轴向位移, w 为横向挠度(对于直柱,由于不存在初始挠度,增加的挠度等于总挠度)。

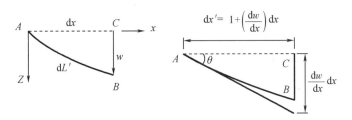

图2.23　横向偏转梁的大挠度弯曲

如果立柱的中性轴在直线位置弯曲的过程中是不可压缩的,则 $\mathrm{d}L' = \mathrm{d}x$。因此,式(2.62)变为

$$\left(1+\frac{\mathrm{d}u}{\mathrm{d}x}\right)^2 + \left(\frac{\mathrm{d}w}{\mathrm{d}x}\right)^2 = 1 \tag{2.63}$$

从图2.23中的几何关系考虑, AB 段的转动可由下式计算:

$$\sin\theta = \frac{\left(\dfrac{\mathrm{d}w}{\mathrm{d}x}\right)\mathrm{d}x}{\overline{AB}} = \frac{\left(\dfrac{\mathrm{d}w}{\mathrm{d}x}\right)\mathrm{d}x}{\sqrt{(1+\mathrm{d}u/\mathrm{d}x)^2 + (\mathrm{d}w+\mathrm{d}x)^2(\mathrm{d}x)}} = \frac{\mathrm{d}w}{\mathrm{d}x} \tag{2.64}$$

只要柱为不可压缩柱,式(2.63)就可以满足。

变形后,考虑 $\mathrm{d}L = \mathrm{d}x$,给出了柱的曲率 $1/R$,即

$$\frac{1}{R} \equiv \frac{\mathrm{d}\theta}{\mathrm{d}L'} = \frac{\mathrm{d}\theta}{\mathrm{d}x} = \frac{\mathrm{d}^2w/\mathrm{d}x^2}{\cos\theta} = \frac{\mathrm{d}^2w/\mathrm{d}x^2}{\sqrt{1-(\mathrm{d}w/\mathrm{d}x)^2}} \tag{2.65}$$

因为在式(2.64)中, $\cos\theta(\mathrm{d}\theta/\mathrm{d}x) = \mathrm{d}^2w/\mathrm{d}x^2$,所以 $\cos\theta = \sqrt{(1-\sin 2\theta)} = \sqrt{[1-(\mathrm{d}w/\mathrm{d}x)^2]}$, R 为半径。

当柱的变形足够小时,式(2.65)通常被简化为

$$\frac{1}{R} \cong \frac{\mathrm{d}^2 w}{\mathrm{d}x^2} \tag{2.66}$$

因为 $\mathrm{d}w/\mathrm{d}x \ll 1$，所以 $(\mathrm{d}w/\mathrm{d}x)^2 \approx 0$。

整个柱的总缩短量可以考虑通过式(2.63)计算：

$$u = \int_0^L \frac{\mathrm{d}u}{\mathrm{d}x}\mathrm{d}x = \int_0^L \left[\sqrt{1 - \left(\frac{\mathrm{d}w}{\mathrm{d}x}\right)^2} - 1 \right]\mathrm{d}x \cong -\frac{1}{2}\int_0^L \left(\frac{\mathrm{d}w}{\mathrm{d}x}\right)^2 \mathrm{d}x \tag{2.67}$$

上述表达式只考虑横向偏转的影响，柱的中性轴是不可压缩的。

现在计算柱由于弯曲而产生的应变能。应用7.5.1节所述的梁弯曲的伯努利-欧拉假设，可以得到应变能 U 的表达式如下：

$$U = \frac{1}{2}\int_{\mathrm{Vol}} \sigma_x \varepsilon_x \mathrm{dVol} = \frac{E}{2}\int_{\mathrm{Vol}} \varepsilon_x^2 \mathrm{dVol} = \frac{E}{2}\int_{\mathrm{Vol}} \left(\frac{z}{R}\right)^2 \mathrm{dVol} = \frac{EI_e}{2}\int_0^L \left(\frac{1}{R}\right)^2 \mathrm{d}x \tag{2.68}$$

式中，$\varepsilon_x = z/R$；$I_e = \int_{A_e} z^2 \mathrm{d}A_e$；$\sigma_x$ 为弯曲应力；下标 e 表示有效截面。

将式(2.66)代入式(2.68)，可近似计算出应变能 U：

$$U \cong \frac{EI_e}{2}\int_0^L \left(\frac{\mathrm{d}^2 w}{\mathrm{d}x^2}\right)^2 \mathrm{d}x \tag{2.69}$$

此外，利用式(2.67)可以得到外部势能 W：

$$W = Pu = P\int_0^L \frac{\mathrm{d}u}{\mathrm{d}x}\mathrm{d}x \cong -\frac{P}{2}\int_0^L \left(\frac{\mathrm{d}w}{\mathrm{d}x}\right)^2 \mathrm{d}x \tag{2.70}$$

总势能 Π 可由应变能 U 和外部势能 W 之和给出。对于直柱：

$$\Pi = U + W \tag{2.71}$$

对于直柱：

$$\Pi = \frac{EI_e}{2}\int_0^L \left(\frac{1}{R}\right)^2 \mathrm{d}x - P\int_0^L \frac{\mathrm{d}u}{\mathrm{d}x}\mathrm{d}x \cong \frac{EI_e}{2}\int_0^L \left(\frac{\mathrm{d}^2 w}{\mathrm{d}x^2}\right)^2 \mathrm{d}x - \frac{P}{2}\int_0^L \left(\frac{\mathrm{d}w}{\mathrm{d}x}\right)^2 \mathrm{d}x$$

然后，将最小势能原理应用于式(2.71)，即可分析直柱的大挠度弯曲。例如，当假定横向挠度 w 满足柱边界条件且包含若干未知常数的傅里叶级数的函数 C_i 时，将 w 的函数代入式(2.71)，则因为 $\partial\Pi/\partial C_i = 0$，常数 C_i 由最小势能原理确定，参见式(2.90)。

2.9.2　直柱的弹性屈曲

研究柱的极限强度，主要应该考虑弹性屈曲。如图2.24所示，为了说明柱的屈曲现象，以简支为例。

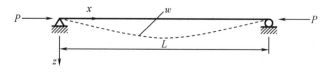

图2.24　两端简支直柱

当直柱的挠度足够小时，将获得有效截面柱的以下特征值。

内部弯矩：

$$M = -EI_e \frac{1}{R} = -EI_e \frac{\mathrm{d}^2 w}{\mathrm{d}x^2} \tag{2.72a}$$

外部弯矩：

$$M = Pw \tag{2.72b}$$

式中，曲率 $1/R$ 由式（2.66）给出。

考虑弯矩的平衡条件，得出以下控制微分方程：

$$-EI_e \frac{\mathrm{d}^2 w}{\mathrm{d}x^2} = Pw \ \text{或} \frac{\mathrm{d}^2 w}{\mathrm{d}x^2} + k^2 w = 0 \tag{2.73}$$

式中，$k = \sqrt{(P/EI_e)}$。

方程（2.73）的通解为

$$w = C_1 \sin kx + C_2 \cos kx \tag{2.74}$$

式中，C_1 和 C_2 是根据最终条件确定的常数。

因为柱的两端均为简支，所以在 $x=0$ 和 $x=L$ 处 $w=0$。将此端部条件代入式（2.74），会出现以下两个条件：

$$C_2 = 0, \ C_1 \sin kL = 0 \tag{2.75}$$

考虑式（2.75）的第一个条件，解的形式变为 $w = C_1 \sin kx$。这意味着系数 C_1 不应为零，否则就不存在偏转。因此，根据式（2.75）的第二个条件，得到了一个非平凡的解，如下所示：

$$\sin kL = 0 \ \text{或} \ kL = \pi, 2\pi, 3\pi, \cdots, n\pi, \cdots \tag{2.76}$$

当 $kL = \pi$ 时，给出所施加载荷 P 的最小值。因此，所谓的欧拉屈曲载荷 P_E 的计算式为

$$P_E = \frac{\pi^2 EI_e}{L^2} \tag{2.77}$$

屈曲后，两端简支柱的挠度曲线表示为 $w = \sin(\pi x/L)$。

2.9.3 端部条件的影响

柱的末端通常焊接到其他构件上，因此在旋转上受限制。这种约束的特征量通常随所涉及的结构构件的特性而变化。

如图 2.25 所示，对于具有特定类型端部条件的微段，当 $\mathrm{d}w/\mathrm{d}x \approx 0$ 时，考虑柱弯曲或屈曲的力平衡的基本四阶微分方程如下：

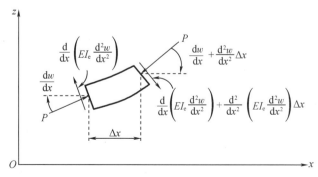

图 2.25　力作用于柱的自由单元

$$\frac{d^2}{dx^2}\left(EI_e\frac{d^2w}{dx^2}\right)+P\frac{d^2w}{dx^2}=0 \tag{2.78}$$

当横截面沿跨度均匀时,式(2.78)可改写如下:

$$EI_e\frac{d^4w}{dx^4}+P\frac{d^2w}{dx^2}=0 \tag{2.79}$$

方程(2.79)的通解由下式给出:

$$w=C_1\cos kx+C_2\sin kx+C_3x+C_4 \tag{2.80}$$

式中,k 的定义见式(2.73)。

考虑横向挠度 w、斜率 dw/dx、弯矩 $EI_e\,d^2w/dx^2$ 和剪切力 $EI_e\,d^3w/dx^3+Pdw/dx$ 在 z 方向上,柱的端部条件可以在数学上表示如下。

简支端:

$$w=0,\frac{d^2w}{dx^2}=0 \tag{2.81a}$$

固定端:

$$w=0,\frac{dw}{dx} \tag{2.81b}$$

自由端:

$$\frac{d^2w}{dx^2}=0,\frac{d^3w}{dx^3}+k^2\frac{dw}{dx}=0 \tag{2.81c}$$

由于端部都存在两个边界条件,因此在任何给定情况下,式(2.80)中有四个必须确定的未知常数。仅当一组关于 $C_1\sim C_4$ 的线性齐次式的行列式消失时,横向挠度 w 才具有非零解。屈曲载荷可以计算为满足行列式为零的条件的最小值。

例如,当一端固定而另一端自由时,考虑柱的屈曲,如图 2.26 所示。在这种情况下,端部条件由下式给出。

在 $x=0$(自由端):

$$\frac{d^2w}{dx^2}=0,\frac{d^3w}{dx^3}+k^2\frac{dw}{dx}=0 \tag{2.82a}$$

在 $x=L$(固定端):

$$w=0,\frac{dw}{dx}=0 \tag{2.82b}$$

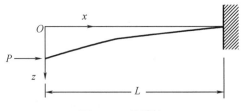

图 2.26 悬臂柱

将这些边界条件代入式(2.80),得到

$$C_1=C_3=0,C_2\sin kL+C_4=0,C_2k\cos kL=0 \tag{2.83a}$$

式(2.83a)的第二个和第三个条件变为

$$C_4 = -C_2 \sin kL = C_2(-1)^n, C_2 \neq 0, k \neq 0$$

$$\cos kL = 0 \rightarrow kL = (2n-1)\frac{\pi}{2}, n = 1, 2, 3, \cdots \tag{2.83b}$$

当 $n=1$ 时得到最小载荷,由(2.83b)中的最后一式得到屈曲载荷如下:

$$kL = \frac{\pi}{2} \rightarrow P_E = \frac{\pi^2 EI_e}{4L^2} = \frac{\pi^2 EI_e}{(2L)^2} \tag{2.83c}$$

屈曲后,悬臂柱的偏转由 $w = 1 - \sin(\pi x/2L)$ 给出。随着相邻结构的旋转约束增加,端部可能接近固定状态。在这种情况下,拐点之间的屈曲波长减小。例如,如图 2.27(b)所示,悬臂柱的屈曲波长可能成为原始长度的 200%,如式(2.83c)所示。对于如图 2.27(c)所示的两端固定的柱,屈曲波长为原始长度的 50%。当一端固定一端简支时,如图 2.27(d)所示,屈曲波长变为原始长度的 70%。

很明显,屈曲波长随着柱端旋转约束的增加而减小。此外,屈曲波长越短,屈曲载荷越大。为方便起见,术语"有效长度"(也称为"屈曲长度")通常用于说明柱端条件的影响,以便具有各种类型端部条件的柱的弹性屈曲载荷可以通过欧拉公式确定,但需要以有效长度 L_e 替换原始(或系统)长度 L,如下所示:

$$P_E = \frac{\pi^2 EI_e}{4L_e^2} = \frac{\pi^2 EI_e}{(\alpha L)^2} \text{或} \sigma_E = \frac{P_E}{A} = \frac{\pi^2 E}{(\alpha L / r_e)^2} \tag{2.84}$$

式中,α 是一个常数,用于考虑梁端约束条件的影响。

对于各种端部条件,有效长度 L_e 或常数 α 由图 2.27 给出。

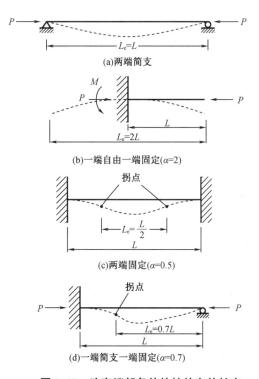

图 2.27　改变端部条件的柱的有效长度

2.9.4　初始缺陷的影响

焊接板结构中的实际柱可能存在初始挠度(偏离直线度)和残余应力等形式的初始缺陷,从而影响结构性能及其承载能力。

如图2.28所示,现在考虑两端简支的具有初始偏转的柱。初始偏转 w_0 的形式采用半正弦波,近似定义如下:

$$w_0 = \delta_0 \sin \frac{\pi x}{L} \tag{2.85a}$$

式中, δ_0 表示初始偏转的幅度。

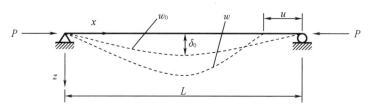

图 2.28　两端简支的初始偏转梁

屈曲后的总挠度 w(包括初始挠度)可能与初始挠度形状类似,如下所示:

$$w = \delta \sin \frac{\pi x}{L} \tag{2.85b}$$

式中, δ 表示总挠度的幅度。

在这种情况下,弯矩平衡由下式给出:

$$EI_e \frac{d^2(w - w_0)}{dx^2} + Pw = 0 \tag{2.86}$$

其中,因为初始挠度不会导致内部弯曲,等式左侧的第一项表示由附加挠度而导致的内部弯矩,而第二项是由总挠度施加的外部弯矩。

通过考虑大挠度效应但忽略大轴向位移效应,具有初始挠度的柱的轴向应变可以与式(2.62)中定义的直柱相似,如下所示:

$$\varepsilon_x = \frac{\partial u}{\partial x} + \frac{1}{2}\left(\frac{\partial^2 w}{\partial x^2}\right)^2 - \frac{1}{2}\left(\frac{\partial^2 w_0}{\partial x^2}\right)^2 \tag{2.87}$$

式中,等式右侧的第一项表示小应变分量,第二项和第三项表示大挠度效应。

为确定式(2.85)中总偏转的幅度,使用基于应变能的方法。考虑应变能是与附加挠度相关的,即 $w - w_0$,初始挠度柱的式(2.69)的弹性应变能 U 重写如下:

$$U = \frac{EI_e}{2}\int_0^L \left(\frac{\partial^2 w}{\partial x^2} - \frac{\partial^2 w_0}{\partial x^2}\right)^2 dx \tag{2.88a}$$

因为

$$\int_0^L \sin^2 \frac{\pi x}{L}dx = \int_0^L \frac{1}{2}\left(1 - \cos \frac{2\pi x}{L}\right)dx = \frac{L}{2}$$

将式(2.85a)和式(2.85b)代入式(2.88a)并沿柱进行积分,得到应变能如下:

$$U = \frac{\pi^4 E I_e}{4L^3}(\delta - \delta_0)^2 \tag{2.88b}$$

另一方面,忽略小应变分量,由式(2.70)、式(2.85a)、式(2.85b)计算了与附加挠度有关的压缩载荷 P 的外势能 W 如下:

$$W = Pu = -\frac{P}{2}\int_0^L \left[\left(\frac{\mathrm{d}w}{\mathrm{d}x}\right)^2 - \left(\frac{\mathrm{d}w_0}{\mathrm{d}x}\right)^2\right]\mathrm{d}x = -\frac{P\pi^2}{4L}(\delta - \delta_0) \tag{2.89}$$

由式(2.71)求得初始偏转柱的总势能 Π,但采用式(2.88)的应变能 U 和式(2.89)的外势能 W。应用最小势能原理,可求出总挠度的幅值如下:

$$\frac{\partial \Pi}{\partial \delta} = 0 = \frac{\pi^4 E I_e}{2L^3}(\delta - \delta_0) - \frac{P\pi^2}{2L}\delta \quad \text{或} \quad \delta = \frac{\delta_0}{1 - P/P_E}\varphi\delta_0 \tag{2.90}$$

式中,P_E 为式(2.77)中定义的欧拉屈曲载荷;φ 为放大系数,$\varphi = 1/(1 - P/P_E)$。

将式(2.90)代入式(2.85b),可得总挠度如下:

$$w = \frac{\delta_0}{1 - P/P_E}\sin\frac{\pi x}{L} = \varphi\delta_0 \sin\frac{\pi x}{L} \tag{2.91}$$

式(2.91)如图 2.29 所示,通过改变初始挠度的大小,分析施加的压缩载荷的柱的总偏转。从图 2.29 中可以明显看出,存在初始挠曲且不存在分岔屈曲点时,挠度从压缩载荷施加开始逐渐增大。同样,随着初始变形量的增大,承载力随之减小。

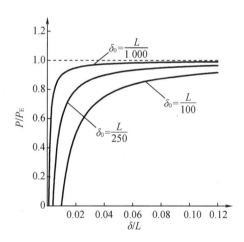

图 2.29 具有初始挠度的梁的表现

任何压缩残余应力的存在都会进一步降低柱的屈曲强度。出于实际设计目的,压缩残余应力对柱屈曲强度的影响有时会通过从计算的屈曲强度中减去相同的残余压缩应力值来计算。

2.9.5 柱的破坏强度

迄今为止,推导出的弹性屈曲强度公式对于保持在弹性区的材料均有效。因此它对于没有初始挠度的细长柱也是有效的。由于欧拉屈曲应力必须小于材料的比例极限 σ_P,即 $\sigma_E \leqslant \sigma_P$,可由式(2.84)给出使用欧拉公式的柱的长细比限值:

$$\frac{L}{r_e} \geqslant \frac{\pi}{a}\left(\frac{E}{\sigma_P}\right)^{1/2} \tag{2.92}$$

例如,如果材料的比例极限取为 $\sigma_P = 200$ MPa, $E = 210$ GPa, $\alpha = 1.0$,则柱的细长比必须满足 $L/r_e \geqslant \pi (210\,000/200)^{1/2} = 101.7$,因此使用欧拉公式计算的结果是有效的。短粗或有缺陷的柱,欧拉应力经常超过弹性比例极限,并且在屈曲开始之前表现出一定程度的塑性。因此,在这种情况下,实际屈曲载荷小于欧拉屈曲载荷。

然而,欧拉屈曲公式不能直接用于短粗或有缺陷的柱,而这两者在实际结构中很常见。然而,由于欧拉公式为柱的屈曲行为提供了非常有用的启示,许多研究人员试图尽可能地拓展它的使用范围,甚至将其用于柱的弹塑性屈曲,对所涉及的一些参数进行了修正。例如,一些经典理论,如双模量理论或切线模量理论,采用类似于原始欧拉公式的形式来处理弹塑性对柱屈曲的影响(Bleich,1952)。

实际上,弹性屈曲强度计算值较高的粗柱不会在弹性状态下屈曲,而是在一定程度的塑性状态下达到极限强度。为了解释这种现象,有时会使用一些基于实验结论的近似公式,例如 Gordon-Rankine 公式、Tetmajer 公式和 Johnson-Ostenfeld 公式,其中 Johnson-Ostenfeld 公式已经成为当今行业实践中使用最广泛的公式。

对于现代实际设计,在轴向受压作用下,板-加强筋组合模型的各种可用极限强度公式通常基于三种常用方法之一,即

- Johnson-Ostenfeld 公式法;
- Perry-Robertson 公式法;
- 经验公式法。

Johnson-Ostenfeld 公式法考虑了塑性对弹性屈曲强度的影响。由此产生的"弹塑性"屈曲强度称为"临界"屈曲强度,也可近似认为是极限强度。

Perry-Robertson 公式法认为,当极限纤维处的最大压应力达到材料的屈服强度时,板-加强筋组合模型就会被破坏。对于板-加强筋组合模型的 Perry-Robertson 公式法,考虑了两种可能的破坏模式,根据受压侧的不同分别为板诱导破坏(PIF)或加强筋诱导破坏(SIF),前者源于板的压缩,后者源于加强筋翼缘侧的压缩。

在纯粹的经验公式方法中,极限强度公式是通过基于机械压溃试验结果和/或数值计算结果的曲线拟合来得到的。这些类型的经验公式可以转换为简单的封闭表达式,在获得第一步估计方面具有一定的优势,而它们的使用可能仅限于指定的尺度范围或受到其他限制。

2.9.5.1 Johnson-Ostenfeld 公式法

基于 Johnson-Ostenfeld 公式的临界屈曲强度如下:

$$\sigma_{cr} = \begin{cases} \sigma_E & \text{当}\,\sigma_E \leqslant \alpha\sigma_F\,\text{时} \\ \sigma_F[1 - \sigma_F/(4\sigma_E)] & \text{当}\,\sigma_E > \alpha\sigma_F\,\text{时} \end{cases} \tag{2.93}$$

式中,σ_E 是弹性屈曲应力;σ_{cr} 是临界(或弹塑性)屈曲应力;σ_F 是参考屈服应力,对于压缩,正应力 $\sigma_F = \sigma_Y$,对于剪切,$\sigma_F = \tau_Y = \sigma_Y/\sqrt{3}$,$\sigma_Y$ 为材料屈服应力;α 是取决于材料比例极限的常数,通常取 $\alpha = 0.5$ 或 0.6。

对于不同材料的板-加强筋组合模型(如带板使用低碳钢,加强筋使用高强度钢),可取

σ_Y 为等效屈服应力,即表 2.1 所定义的 $\sigma_Y = \sigma_{Yeq}$。使用式(2.93)时,取压应力符号为正。同样,式(2.93)也适用于板、加筋板和柱。

2.9.5.2　Perry-Robertson 公式法

在 Perry-Robertson 公式中,假定柱截面距中性轴最远的纤维处的最大压应力达到屈服应力时,柱发生破坏。如图 2.28 所示,对于两端简支的具有初始变形的柱,通过式(2.90)给出的跨中总挠度 δ 可以计算出最大弯矩 M_{max}。

$$M_{max} = P\delta = \frac{P\delta_0}{1 - P/P_E} \tag{2.94}$$

式中,假设不发生局部屈曲或侧向扭转屈曲。

横截面外层纤维处的最大压应力可以通过轴向应力和弯曲应力之和得到,如下所示:

$$\sigma_{max} = \frac{P}{A} + \frac{M_{max}}{I_e}z_c = \frac{P}{A} + \frac{z_c}{I_e}\frac{P\delta_0}{1 - P/P_E} = \sigma + \frac{A\delta_0 z_c}{I_e}\frac{\sigma}{1 - \sigma/\sigma_E} \tag{2.95}$$

式中,$\sigma = P/A$;z_c 是从弹性中性轴到压缩侧外层纤维的距离。

根据 Perry-Robertson 公式法,当 σ_{max} 达到等效屈服应力 σ_{Yeq} 时,用 σ_u 代替 σ,由式(2.95)确定柱的极限强度。

$$\sigma_{max} = \sigma_{Yeq} = \sigma_u\left(1 + \frac{\eta}{1 - \sigma_u/\sigma_E}\right) \tag{2.96}$$

式中,$\eta = A\delta_0 z_c/I_e = \delta_0 z_c/r_e^2$。

实际极限强度 σ_u,取通过式(2.96)获得的两个解的最小值,如下所示:

$$\frac{\sigma_u}{\sigma_{Yeq}} = \frac{1}{2}\left(1 + \frac{1+\eta}{\lambda_e^2}\right) - \left[\frac{1}{4}\left(1 + \frac{1+\eta}{\lambda_e^2}\right)^2 - \frac{1}{\lambda_e^2}\right]^{0.5} \tag{2.97}$$

式中,$\lambda_e = (L/\pi r_e)\sqrt{\sigma_{Yeq}/E} = \sqrt{\sigma_{Yeq}/\sigma_E}$。

对于直柱,即没有初始变形的柱,常数 $\eta = 0$。因此,当 $\lambda_e \geqslant 1$ 时,式(2.97)可简化为欧拉公式,即

$$\frac{\sigma_u}{\sigma_{Yeq}} = \frac{1}{\lambda_e^2} \tag{2.98}$$

如果没有横向载荷作用,柱变形的方向由初始变形的方向决定。由于初始变形的性质存在某种程度上的不确定性,因此板-加强筋组合模型的失效模式可以是板诱导的(PIF)或加强筋诱导的(SIF)。正因为如此,Perry-Robertson 公式法的极限强度可由这两个诱导因素的最小值来确定。

在连续加筋板结构中,SIF 是整个面板破坏的开始。Perry-Robertson 公式法的原始概念假定,如果加强筋端部屈服,则 SIF 发生。这种假设在某些情况下可能对破坏强度的预测过于悲观。相反,只要不发生横向扭转屈曲或加强筋腹板屈曲,塑性就可能增长到加强筋腹板中,因此即使在加强筋的末端纤维处发生初始屈服之后,加强筋也可以抵抗进一步的载荷。在这方面,有时只采用基于 PIF 的 Perry-Robertson 公式,即不包括 SIF,来预测作为连续加筋板代表的板-加强筋组合模型的极限强度。

2.9.5.3　板-加强筋组合模型的 Paik-Thayamballi 经验公式法

尽管已经开发了大量用于框架结构极限强度的经验公式(有时称为柱曲线)(如 Chen

et al.,1976,1977;ECCS,1978 等),但也有相关的经验公式可以用来预测与板结构相关的板-加强筋组合模型的极限强度(Lin,1985;Paik et al.,1997;Zhang et al,2009)。

例如,Paik 和 Thayamballi(1997)开发了一个经验公式来预测轴压作用下的板-加强筋组合模型极限强度与柱和板长细比的关系。通过对轴压和初始缺陷(初始挠度和残余应力)作用下钢板极限强度的机械破坏试验数据库进行曲线拟合,推导出了如下 Paik-Thayamballi 经验公式法:

$$\frac{\sigma_u}{\sigma_{Yeq}} = \frac{1}{\sqrt{0.995+0.936\lambda^2+0.170\beta^2+0.188\lambda^2\beta^2-0.067\lambda^4}} \leqslant \frac{1}{\lambda^2} \qquad (2.99)$$

式中,λ 和 β 分别表示整个截面的柱长细比和板长细比,如表 2.1 中所定义。由于柱的极限强度不能大于弹性屈曲强度,因此如果 $\sigma_u/\sigma_{Yeq} \geqslant 1/\lambda^2$,则应取 $\sigma_u/\sigma_{Yeq} = 1/\lambda^2$。

式(2.99)隐含了局部屈曲或横向扭转屈曲以及初始缺陷(初始挠度和焊接残余应力)可能产生的影响。此外,式(2.99)中所使用的柱长细和板长细比均为全截面计算,即不评估带板的有效宽度。当难以评估板的有效宽度时,这有时可能是有益的。

2.9.5.4 板-加强筋组合模型的 Paik 经验公式法

Paik(2007,2008b)推导了预测板-加强筋组合模型极限抗压强度的经验公式,该经验公式与式(2.99)类似,但对 T 形横截面和扁平横截面有如下两种不同的表达式。

挤制铝型材或组合 T 型钢筋:

$$\frac{\sigma_u}{\sigma_{Yeq}} = \frac{1}{\sqrt{1.318+2.759\lambda^2+0.185\beta^2-0.177\lambda^2\beta^2+1.003\lambda^4}} \leqslant \frac{1}{\lambda^2} \qquad (2.100a)$$

铝扁钢:

$$\frac{\sigma_u}{\sigma_{Yeq}} = \text{Min.} \begin{cases} \dfrac{1}{\sqrt{2.500+0.588\lambda^2+0.084\beta^2+0.069\lambda^2\beta^2+1.217\lambda^4}} \leqslant \dfrac{1}{\lambda^2} \\ \\ \dfrac{1}{\sqrt{-16.297+18.776\lambda+17.716\beta-22.507\lambda\beta}} \end{cases} \qquad (2.100b)$$

图 2.30 通过与实验、非线性有限元解以及式(2.99)的对比,证实了式(2.100a)和式(2.100b)的适用性,其中实验和非线性有限元解均为铝板结构(Paik,2008b;Paik et al.,2012)的解。对于扁钢型加强筋,与钢制加筋板结构相比,铝制加筋板结构在梁长细比较小时局部腹板屈曲达到极限抗压强度。

有趣的是,最初针对钢板-加强筋组合模型推导的 Paik-Thayamballi 经验公式(2.99),当带板长细比较大或带板较薄时,也可应用于铝板-加强筋组合模型中。计算结果表明:式(2.100a)的偏差为 1.032,变异系数为 0.101;式(2.100b)的偏差为 1.020,变异系数为 0.114。图 2.31 比较了 Johnson-Ostenfeld 公式法、Perry-Robertson 公式法和 Paik-Thayamballi 经验公式法,在选定的初始偏心距和板长细比下改变柱长细比,以评估钢板-加强筋组合模型的柱极限强度。为方便比较,假设 $\lambda_e = \lambda$。

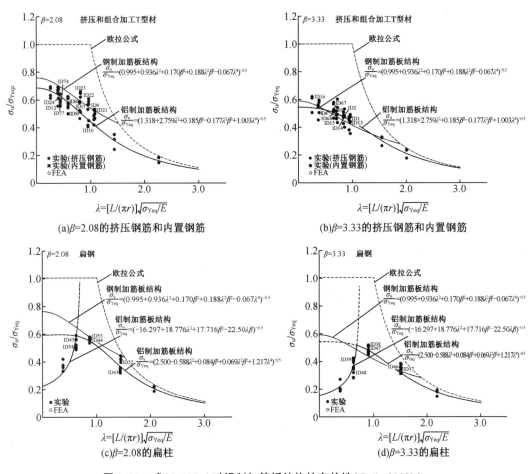

(a)β=2.08的挤压钢筋和内置钢筋   (b)β=3.33的挤压钢筋和内置钢筋

(c)β=2.08的扁柱   (d)β=3.33的扁柱

图2.30 式(2.100a)对铝制加筋板结构的有效性(Paik,2008b)

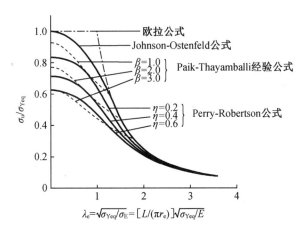

图2.31 轴压作用下钢制板-加强筋组合模型极限强度公式的比较

2.9.6 轴向压缩作用下的局部腹板或翼缘屈曲

在某些情况下,局部屈曲可能发生在加强筋的腹板或翼板中。一旦发生这种屈曲,由于加强筋可能不再用作支撑构件,加筋板很容易陷入整体破坏。如第5章和第6章所述,局部腹板屈曲是加筋板的一种破坏模式,因为一旦加强筋腹板在弹塑性状态下屈曲,板则基本上没有加强,因此可能立即出现全局屈曲。

第6章描述了考虑加强筋腹板局部屈曲的极限强度计算方法,其中局部腹板或翼板屈曲强度公式在第5章中介绍。需要注意的是,板-加强筋组合模型通常不考虑局部腹板或加强筋翼板的屈曲,但部分学者基于实验数据库和/或数值计算,建立了纯粹的经验公式方法,如Paik-Thayamballi经验公式法,这些计算考虑了加强筋的局部腹板或翼板屈曲的影响。

2.9.7　轴向压缩作用下的横向扭转屈曲

在某些情况下,如果加强筋翼板的强度不足以保持笔直,则加强筋腹板可能会向侧面扭曲。这种现象称为横向扭转屈曲(或侧倾),它的突然发生会影响卸载后的支撑构件。如第5章和第6章所述,横向扭转屈曲是对加筋板的一种破坏模式,因为一旦加强筋向侧面扭曲,则板上基本没有加强,因此可能会立即进入全局屈曲模式。

第6章描述了考虑加强筋横向扭转屈曲的极限强度计算方法,第5章介绍了加强筋的横向扭转屈曲强度公式。再次指出,板-加强筋板组合模型通常不考虑加强筋的横向扭转屈曲,而是基于实验数据库和/或考虑横向扭转屈曲影响的数值计算,建立纯粹的经验公式方法,如Paik-Thayamballi经验公式法。

2.10　轴向压缩和弯曲组合下板-加强筋组合模型的极限强度

在本节中,通过考虑初始缺陷的影响,描述了在组合压缩和弯曲作用下板-加强筋组合模型的极限强度公式。在这种情况下,板-加强筋组合模型视为梁柱。

2.10.1　改良的Perry-Robertson公式法

原始的Perry-Robertson公式法仅可用于计算板-加强筋组合模型在轴向压缩载荷下的破坏强度,其中假设不会发生局部屈曲(例如局部腹板或翼板屈曲和加强筋的横向扭转屈曲)。如果横截面外层纤维处的最大压应力达到屈服应力,则认为柱会失效。

对于板-加强筋组合模型,在轴压和弯曲应力共同作用下可作为梁柱,也可以应用原始的Perry-Robertson公式法来计算极限强度,但板-加强筋组合模型横截面外层纤维处的最大压应力现在是弯曲和轴向压缩的函数,其中弯曲是由横向压载引起的。这种方法被称为改良的Perry-Roberson公式法。

对于图2.5中定义的在组合轴向复合压力P和横向线载荷q作用下的板-加强筋组合模型(梁-柱),沿跨度的内部弯矩可通过以下方式获得:

$$M = M_q + Pw \tag{2.101}$$

式中,M_q是由于横向线载荷q引起的弯矩;w是总横向挠度。

使用式(2.72a)和式(2.101),得到了有效截面板-加强筋组合模型的弯曲平衡公式:

$$EI_e \frac{d^2 w}{dx^2} = -M = -M_q - Pw \text{ 或} \frac{d^2 w}{dx^2} + k^2 w = \frac{M_q}{EI_e} \qquad (2.102)$$

式中, k 的定义见式(2.73)。

在给定的边界条件和载荷条件下,通过求解方程(2.102)可以得到板-加强筋组合模型的总横向挠度和弯矩分布。例如,在组合的轴压载荷 P 和横向线载荷 q 作用下,两端简支的板-加强筋组合模型的总横向挠度和弯矩如下表示:

$$w = \frac{q}{Pk^2} \left\{ 1 - \frac{\cos\left[k\left(\frac{L}{2-x}\right)\right]}{\cos\left(\frac{kL}{2}\right)} \right\} + \frac{q}{2P} x(L-x)$$

$$M = \frac{q}{k^2} \left\{ 1 - \frac{\cos\left[k\left(\frac{L}{2-x}\right)\right]}{\cos\left(\frac{kL}{2}\right)} \right\} \qquad (2.103)$$

由于最大横向挠度 w_{max} 或最大弯矩 M_{max} 发生在跨中,即 $x = L/2$ 处,则得到如下值:

$$w_{max} = C_1 w_{qmax}, M_{max} = C_2 M_{qmax} \qquad (2.104)$$

式中

$$C_1 = \frac{384}{5k^4 L^4} \left[\sec\left(\frac{kL}{2}\right) - 1 - \frac{k^2 L^2}{8} \right]$$

$$C_2 = \frac{8}{k^2 L^2} \left[1 - \sec\left(\frac{kL}{2}\right) \right], w_{qmax} = \frac{5qL^4}{384EI_e}, M_{qmax} = \frac{qL^2}{8}$$

w_{qmax} 和 M_{qmax} 分别是仅由横向线载荷 q 引起的最大横向挠度和最大弯矩。系数 C_1 和 C_2 分别表征了横向挠度和弯矩的放大系数。显而易见,放大系数可能因负载应用或端部条件而异。

应用 Perry-Robertson 公式法时,假设当横截面外层纤维处的最大压应力达到屈服应力时,板-加强筋组合模型会失效。根据横向载荷的方向,可以自动确定横截面的受压侧。

出于实际设计目的,特别是当横向载荷的方向未知时,横截面上的最大应力可取为两个极端纤维处应力值中的较大值,即

$$\sigma_{max} = \frac{P}{A} + \frac{M_{max}}{I_e} z_{max} = \sigma_{Yeq} \qquad (2.105)$$

式中, z_{max} 为 z_p 和 $h_w + t + t_f - z_p$ 中的较大值, z_p 在表2.1中定义。

极限轴向压应力 σ_u 是式(2.105)关于 $\sigma = P/A$ 的解。由于 M_{max} 是 P 的非线性函数,需要一个迭代过程来求解关于轴向载荷的式(2.105)。

为了获得板-加强筋组合模型的极限抗压强度的闭式表达式,可以进行简化。假设板-加强筋组合模型的最大弯矩是横向载荷引起的弯矩加上几何偏心引起的弯矩之和,其中可能包括由外部载荷引起的横向挠度以及初始挠度,即

$$M_{max} = M_{qmax} + P\varphi(w_{qmax} + \delta_0) \qquad (2.106)$$

式中, M_{qmax} 为仅由横向载荷引起的最大弯矩; w_{qmax} 为仅由横向载荷引起的最大挠度(挠度幅值); δ_0 为初始挠度; φ 为式(2.90)定义的放大系数。

为检验式(2.106)的准确性,考虑梁柱(板-加强筋组合模型)承受均布横向线载荷 q,

轴压 $P = 0.5 P_E$ 时的例子。我们假设初始挠度不存在,即 $\delta_0 = 0$,因此方程(2.104)的精确解,即 $M_{max} = 2.030 M_{qmax}$,可以直接与式(2.106)进行比较。由于 $w_{qmax} = 5 q L^4 / (384 E I_e)$,$\varphi = 1/(1 - P/P_E) = 2$,由式(2.106)可得最大弯矩,即

$$M_{max} = M_{qmax} + \frac{5 q L^4}{384 E I_e} \frac{\pi^2 E I_e}{L^2} = M_{qmax} \left(1 + \frac{5\pi^2}{48} \right) = 2.028 M_{qmax} \qquad (2.107)$$

显然,因为本例中式(2.104)和式(2.106)之间的差值小于 0.1%,式(2.106)是足够准确的。由于最大应力等于屈服应力时达到极限强度,因此可得出类似式(2.105)的方程,即

$$\sigma_{max} = \frac{P}{A} + \frac{M_{qmax}}{I_e} z_{max} + \frac{P}{1 - P/P_E} (w_{qmax} + \delta_0) \frac{z_{max}}{I_e} = \sigma_{Yeq} \qquad (2.108)$$

通过引入以下无量纲参数:

$$R = \frac{\sigma_u}{\sigma_{Yeq}}, \lambda_e = \sqrt{\frac{\sigma_{Yeq}}{E}} = \frac{L}{\pi r_e} \sqrt{\frac{\sigma_{Yeq}}{E}}, \eta = \frac{A z_{max}}{I_e} (w_{qmax} + \delta_0), \mu = \frac{M_{qmax}}{\sigma_{Yeq}} \frac{z_{max}}{I_e}$$

式(2.108)可以表示为轴向压应力和横向载荷的二次函数,即

$$\eta R - (1 - R - \mu)(1 - \lambda_e^2 R) = 0 \qquad (2.109)$$

将横向载荷视为恒定载荷,得到板-加强筋组合模型在轴压和横向载荷共同作用下的极限抗压强度为式(2.109)关于 R 的两个解中的最小值,即

$$R = \frac{1}{2} \left(1 - \mu + \frac{1+\eta}{\lambda_e^2} \right) - \left[\frac{1}{4} \left(1 - \mu + \frac{1+\eta}{\lambda_e^2} \right)^2 - \frac{1-\mu}{\lambda_e^2} \right]^{0.5} \qquad (2.110)$$

图 2.32 显示了对于选定的 η 和 μ,所得的 R 随柱长细比的变化。为了近似地考虑焊接残余应力的影响,式(2.110)可以通过乘以折减因子 α 来修正,如下:

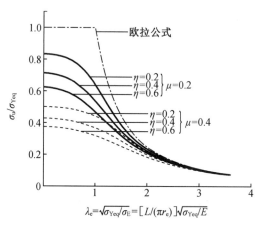

图 2.32　轴压和横向载荷共同作用下板-加强筋组合的 Perry-Robertson 公式法的
　　　　极限抗压强度随柱长细比的变化规律

$$R = \alpha \left\{ \frac{1}{2} \left(1 - \mu + \frac{1+\eta}{\lambda_e^2} \right) - \left[\frac{1}{4} \left(1 - \mu + \frac{1+\eta}{\lambda_e^2} \right)^2 - \frac{1-\mu}{\lambda_e^2} \right]^{0.5} \right\} \qquad (2.111)$$

式中,折减因子 α 取决于压缩残余应力;σ_{rsx} 组合截面型材有时可取为 $\alpha = 1.03 - 0.08$ $|\sigma_{rsx}/\sigma_{Yeq}| \leqslant 1.0$。

2.10.2 轴向压缩和弯曲共同作用下的横向扭转屈曲

在轴向压缩与弯曲组合作用下,板−加强筋组合模型的横向扭转屈曲(也称为侧倾)强度 σ^T 可以按照第 5 章所述计算,其中弯曲是由横向压载引起的。

为了说明板−加强筋组合模型在单独轴向压缩或组合轴向压缩和弯曲下的长度效应,图 2.33 显示了弹性侧倾强度的变化以及使用 Johnson−Ostenfeld 公式法预测非弹性侧扭屈曲强度的公式方法。为了进行比较,还绘制了普通欧拉柱屈曲强度和塑性效应图。

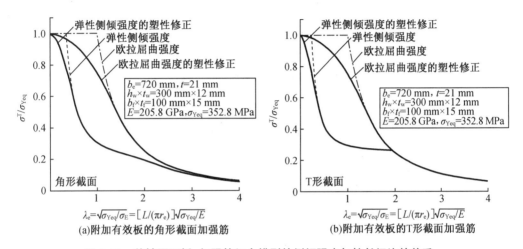

图 2.33 单轴压下板−加强筋组合模型的侧倾强度与柱长细比的关系

从图 2.33 中可以看出,横向扭转屈曲对于相对粗的柱的影响较为显著。一个粗柱的横向屈曲强度远低于普通欧拉柱的屈曲强度,不适用于加强筋的横向扭转变形。然而,对于细长柱来说,至少就这些例子(加强筋翼板宽度相同)而言,横向扭转变形效应的影响可以忽略不计。

研究发现,当柱的长细比较小时或柱长较短时,单侧(非对称)加强筋翼板(如角形截面加强筋)比对称加强筋翼板(如 T 形截面加强筋)具有更理想的性能。相反,当柱长细比较大或柱长较长时,对称加强筋翼板比非对称加强筋翼板具有更理想的性能。如图 2.33(b)所示,当柱长细比较大时,对称截面加强筋的普通弯曲屈曲可能是比横向扭转屈曲更为主导的失效模式。

图 2.34 给出了横向载荷对板−加强筋组合模型横向扭转屈曲强度的影响。可以看出,横向载荷会显著降低板−加强筋组合模型在轴压作用下的横向抗扭强度。

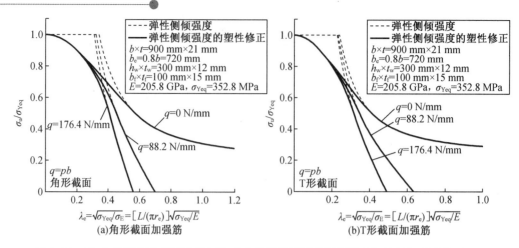

图 2.34 板-加强筋组合模型在轴压和弯曲共同作用下的侧倾强度与柱长细比的关系

参 考 文 献

AISI (1996). Specification for the design of cold formed steel structural members. American Iron and Steel Institute, New York.

Belenkiy, L. & Raskin, Y. (2001). Estimate of the ultimate load on structural members subjected to lateral loads. Marine Technology, 38(3):169-176.

Bleich, F. (1952). Buckling strength of metal structures. McGraw-Hill, New York.

Bortsch, R. (1921). Die mitwirkende Plattenbreite. Der Bauingenieur, 23: 662-667 (in German).

Chen, W. F. & Atsuta, T. (1976). Theory of beam-columns, Vol. 1, In-plane behavior and design. McGraw-Hill, New York.

Chen, W. F. & Atsuta, T. (1977). Theory of beam-columns, Vol. 2, Space behavior and design. McGraw-Hill, New York.

ECCS (1978). European recommendations for steel construction. European Convention for Constructional Steelwork, Brussels.

ENV 1993-1-1 (1992). Eurocode 3: design of steel structures, Part 1.1 general rules and rules for buildings. British Standards Institution, London.

Faulkner, D. (1975). A review of effective plating for use in the analysis of stiffened plating in bending and compression. Journal of Ship Research, 19(1):1-17.

Hodge, P. G. (1959). Plastic analysis of structures. McGraw-Hill, New York. John, W. (1877). On the strains of iron ships. RINA Transactions, 18:98-117.

Lin, Y. T. (1985). Ship longitudinal strength modelling. Ph. D. Dissertation, University of Glasgow, Scotland.

Mansour, A. E. (1977). Gross panel strength under combined loading, SSC-270. Ship Structure Committee, Washington, DC.

Metzer, W. (1929). Die mittragende Breite. Dissertation, der Technischen Hochschule zu

Aache (in German).

Neal, B. C. (1977). The plastic methods of structural analysis. Third Edition, Chapman & Hall, London.

Paik, J. K. (1995). A new concept of the effective shear modulus for a plate buckled in shear. Journal of Ship Research, 39(1):70-75.

Paik, J. K. (2007). Empirical formulations for predicting the ultimate compressive strength of welded aluminum stiffened panels. Thin-Walled Structures, 45:171-184.

Paik, J. K. (2008a). Some recent advances in the concepts of plate-effectiveness evaluation. Thin-Walled Structures, 46:1035-1046.

Paik, J. K. (2008b). Mechanical collapse testing on aluminum stiffened panels for marine applications, SSC-451. Ship Structure Committee, Washington, DC.

Paik, J. K., Kim, B. J., Sohn, J. M., Kim, S. H., Jeong, J. M. & Park, J. S. (2012). On buckling collapse of a fusion-welded aluminum stiffened plate structure: an experimental and numerical study. Journal of Offshore Mechanics and Arctic Engineering, 134:021402. 1 - 021402. 8.

Paik, J. K. & Thayamballi, A. K. (1997). An empirical formulation for predicting the ultimate compressive strength of stiffened panels. Proceedings of International Offshore and Polar Engineering Conference, Honolulu, IV: 328-338.

Rhodes, J. (1982). Effective widths in plate buckling. Chapter 4 in Developments in Thin-Walled Structures, Edited by Rhodes, J. & Walker, A. C., Applied Science Publishers, London, 119-158.

Schuman, L. & Back, G. (1930). Strength of rectangular flat plates under edge compression, NACA Technical Report, 356. National Advisory Committee for Aeronautics, Washington, DC.

Shames, I. H. & Dym, C. L. (1993). Energy and finite element methods in structural mechanics. McGraw-Hill, New York.

Smith, C. S. (1966). Elastic analysis of stiffened plating under lateral loading. Transactions of the Royal Institution of Naval Architects, 108(2):113-131.

Timoshenko, S. P. & Gere, J. M. (1961). Theory of elastic stability. Second Edition, McGraw-Hill, New York.

Timoshenko, S. P. & Goodier, J. N. (1970). Theory of elasticity. Third Edition, McGraw-Hill, New York.

Troitsky, M. S. (1976). Stiffened plates: bending, stability and vibrations. Elsevier, Amsterdam.

Ueda, Y. & Rashed, S. M. H. (1984). The idealized structural unit method and its application to deep girder structures. Computers G Structures, 18(2):277-293.

Ueda, Y., Rashed, S. M. H. & Paik, J. K. (1986). Effective width of rectangular plates subjected to combined loads. Journal of the Society of Naval Architects of Japan, 159:269-281 (in Japanese).

Usami, T. (1993). Effective width of locally buckled plates in compression and bending. ASCE Journal of Structural Engineering, 119(5):1358-1373.

von Karman, T. (1924). Die mittragende Breite. Beitrage zur Technischen Mechanik und Technischen Physik, August Foppl Festschrift. Julius Springer, Berlin, 114 - 127 (in German).

von Karman, T., Sechler, E. E. & Donnell, L. H. (1932). Strength of thin plates in compression.

Transactions of the American Society of Civil Engineers, 54(5):53-57.

Winter, G. (1947). Strength of thin steel compression flanges. Reprint, 32, Engineering Experimental Station, Cornell University, Ithaca, NY.

Yamamoto, Y., Ohtsubo, H., Sumi, Y. & Fujino, M. (1986). Ship structural mechanics. Seisantou Publishing Company, Tokyo (in Japanese).

Zhang, S. & Khan, I. (2009). Buckling and ultimate capability of plates and stiffened panels in axial compression. Marine Structures, 22(4):791-808.

第3章 复杂条件下板的弹性和非弹性屈曲强度

3.1 板屈曲基础

板结构的力学行为通常有三个级别:板单元级别、加筋板级别和整体板结构级别。本章描述了第一个级别,即纵向加强筋和横向框架之间的板的屈曲强度。当板受到以压力主导的载荷达到临界值时,板将会发生屈曲(失稳),板面内刚度显著降低后侧向变形则迅速增加。

依据塑性分级,屈曲现象通常分为三类:弹性屈曲、弹塑性屈曲和塑性屈曲。其中后两类被认为是非弹性屈曲。弹性屈曲只发生在材料弹性范围内;弹塑性屈曲是指屈曲发生时板内局部区域发生了塑性变形;塑性屈曲发生在总体屈服状态,即板大范围屈服之后。薄板通常表现为弹性屈曲,而厚板通常表现为非弹性屈曲。

加强筋间的板屈曲是加筋板的一种基本失效模式,是 SLS 设计的一个好用指标。为了理解 ULS 的设计过程,具备板屈曲的基础知识是必要的。板的屈曲行为通常取决于多种影响因素,包括几何或材料特性、载荷特性、边界条件、初始缺陷和局部损伤(如穿孔)。

本章介绍了简单和复杂条件下板屈曲强度经典的及新近发展的公式,其中重点强调了一些新的或不为众所周知的结论。在本章中最大限度地处理了多载荷成分,不仅讨论了理想的简支和固定边界条件,还讨论了侧向压力、有开孔和残余应力等因素的影响。

本章的内容覆盖比较广泛,可以推测,板单元占据了复杂板结构重量的主要部分。引申开来,板的优化或合理的设计具有显著效益。本章所描述的理论和方法可以普遍适用于钢板和铝板。

3.2 几何与材料属性

为了便于板的屈曲分析,选取坐标系的 x 轴沿矩形板长方向,y 轴沿板宽方向,如图 3.1 所示。板的长度为 a(即 x 方向),宽度为 b(即 y 方向),厚度为 t。不失一般性,假设板的长宽比 a/b 总大于 1(即 $a/b > 1$),材料的弹性模量为 E,泊松比为 ν,弹性剪切模量 $G = E/[2(1+\nu)]$,材料的屈服应力为 σ_Y,$\tau_Y = \sigma_Y/\sqrt{3}$,板的弯曲刚度 $D = Et^3/[12(1-\nu^2)]$,板的柔度(长细比)为 $\beta = (b/t)\sqrt{\sigma_Y/E}$。

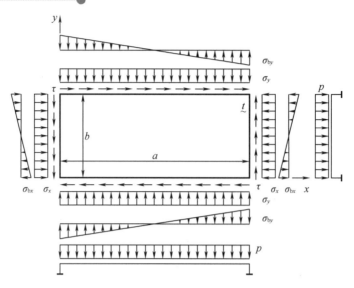

图 3.1　面内压力和侧向压力组合作用下的矩形板

3.3　载荷及载荷效应

在连续的板结构中,板单元容易受到面内载荷与侧向压力载荷的联合作用。对于复杂结构中的板单元,载荷效应(应力)通常采用线弹性有限元分析(FEA)或经典的结构力学理论计算。每种载荷成分既会产生局部结构效应,又会产生整体结构效应。

在计算载荷效应时,结构及其相关的载荷效应通常被分为一级、二级和三级三个水平级别。图 3.2 通过一个典型案例展示了船舶结构中这三个级别的响应(Paulling,1988)。在这个案例中,一级水平为整个船体作为一个梁在弯曲或扭转力矩作用下的响应特征。二级水平与加筋板的载荷效应有关,例如两个相邻的横舱壁之间的双层底的外底板架。二级结构(即加筋板)的边界通常由其他二级结构(如侧壳或舱壁)构成。三级水平表示加强筋之间板的载荷效应。三级结构(即板)的边界是由二级结构(即加筋板)的加强筋构成,加强筋是二级结构的一部分。载荷效应分析必须考虑前面提到的三个响应层级,认识到这一点很重要。

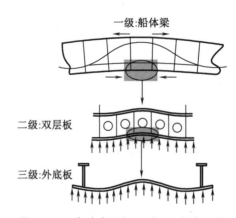

图 3.2　三个响应层级:一级、二级和三级

载荷成分并不总是同时作用,有时是多种共存并相互影响。因此,屈曲强度公式必须考虑载荷组合效应。在屈曲强度设计中,考虑板单元承受平均面内应力($\sigma_x = \sigma_{xav}$,$\sigma_y = \sigma_{yav}$,σ_{bx},σ_{by},$\tau = t_{av}$),以及侧向压力 p 或它们的组合,如图 3.1 所示。

在面内载荷作用下,带孔板即使在未发生屈曲时,膜应力分布也可能是不均匀的,因此带孔板所能承受的应力的平均值可能低于完整的板,即无孔板。为了实际设计目的,通常采用无孔板的平均应力作为所能施加应力的特征基准,针对这种情况,通常采用与载荷效应相关的较小的分项安全系数。

为了方便起见,本章中除非另有规定,轴向压应力用正号表示,轴向张力用负号表示。

3.4 边界条件

板结构中的板单元由沿边界布置的各种构件支撑,与设计时通常假定的理想简支边界条件不同,这些构件具有一定的扭转刚度。

支承构件的扭转刚度在一定程度上抑制了板边界部分的转角。当转动约束为零时,边界条件为简支情况;而当转动约束为无限大时,边界条件为固支情况。

目前,大多数有关板屈曲和极限强度实用的设计准则都基于理想的边界条件,即所有边界(四边)简支或固支。在实际的连续板结构中,由于存在一定的转动约束,这些理想的边界条件很少发生。

因此,为了使板的抗屈曲设计更先进,更好地理解和掌握支撑构件相关的转动约束条件下的板的屈曲强度特性是很重要的。

本章讨论具有各种边界条件的板的屈曲强度,包括简支、固支或部分转动约束。前两种类型的边界条件是理想的,一般足以满足实际设计需要。

3.5 线弹性行为

板在未发生屈曲时或在轴向拉伸载荷主导作用下,即屈曲或总体屈服之前,都可能是线弹性的。无论是在屈曲前的完整板,还是在轴向拉伸载荷主导作用下的带缺陷的板,其线弹性行为通常可以用平面应力状态下的平均应力与应变的关系表示:

$$\left.\begin{array}{l} \varepsilon_{xav} = \dfrac{1}{E}\sigma_{xav} - \dfrac{\nu}{E}\sigma_{yav} \\[3mm] \varepsilon_{yav} = -\dfrac{\nu}{E}\sigma_{xav} + \dfrac{1}{E}\sigma_{yav} \\[3mm] \gamma_{av} = \dfrac{1}{G}\tau_{av} \end{array}\right\} \tag{3.1a}$$

式中,ε_{xav}、ε_{yav} 和 γ_{av} 是分别对应平均应力 σ_{xav}、σ_{yav} 和 τ_{av} 的平均应变分量。式(3.1a)可改写为如下矩阵形式:

$$\left\{\begin{array}{c} \sigma_{xav} \\ \sigma_{yav} \\ \tau_{av} \end{array}\right\} = \left[D_{\mathrm{p}}\right]^{\mathrm{E}} \left\{\begin{array}{c} \varepsilon_{xav} \\ \varepsilon_{yav} \\ \gamma_{av} \end{array}\right\} \tag{3.1b}$$

式中

$$[D_p]^E = \frac{E}{1-\nu^2}\begin{bmatrix} 1 & \nu & 0 \\ \nu & 1 & 0 \\ 0 & 0 & (1-\nu)/2 \end{bmatrix}$$

3.6 简支板在单一载荷作用下的弹性屈曲

在经典的弹性理论著作中,板在单一面内载荷及一般理想边界条件下的弹性屈曲应力解很常见(例如,Bleich,1952;Timoshenko et al.,1982;Hughes et al.,2013)。"$a/b \geqslant 1$"的板的弹性屈曲强度一般形式如下:

$$\sigma_E = k\frac{\pi^2 D}{b^2 t} = K\frac{\pi^2 E}{12(1-\nu^2)}\left(\frac{t}{b}\right)^2 \tag{3.2}$$

式中,σ_E 为单一载荷下的板屈曲强度;k 为载荷对应的屈曲系数。各种单一类型载荷的 σ_E 与 k 值如表 3.1 所示。

表 3.1 简支板在 $a/b \geqslant 1$ 的单一载荷作用下的屈曲系数

负载类型	σ_E	k
σ_x	$\sigma_{xE,1}$	$k_x = [a/(m_0 b) + m_0 b/a]^2$。 式中,$m_0$ 为板在 x 方向上的屈曲半波数,满足 $a/b \leqslant \sqrt{m_0(m_0+1)}$ 的最小整数。 为了实际应用,半波数 m 可以取为: 当 $1 \leqslant a/b \leqslant \sqrt{2}$ 时 $m_0 = 1$; 当 $\sqrt{2} < a/b \leqslant \sqrt{6}$ 时 $m_0 = 2$; 当 $\sqrt{6} < a/b \leqslant 3$ 时 $m_0 = 3$; 当 $a/b > 3$ 时,屈曲系数可近似为 $k_x = 4$
σ_y	$\sigma_{yE,1}$	$k_y = [1+(b/a)^2]^2$
τ	$\tau_{E,1}$	$k_\tau \approx 4\left(\dfrac{b}{a}\right)^2 + 5.34$,当 $a/b \geqslant 1$ 时; $k_\tau \approx 5.34\left(\dfrac{b}{a}\right)^2 + 4.0$,当 $a/b < 1$ 时
σ_{bx}	$\sigma_{bxE,1}$	$k_{bx} \approx 23.9$
σ_{by}	$\sigma_{byE,1}$	$k_{bx} \approx \begin{cases} 23.9 & 当 1 \leqslant a/b \leqslant 1.5 \text{ 时} \\ 15.87 + 1.87(a/b)^2 + 8.6(b/a)^2 & 当 a/b > 1.5 \text{ 时} \end{cases}$

注:下标"1"表示单一载荷作用下的屈曲。

3.7 简支板在双载荷分量作用下的弹性屈曲

3.7.1 双向压缩或拉伸

如第4章所述,简支板在双向载荷作用下的弹性屈曲条件的解析解如下:

$$\frac{m^2}{a^2}\sigma_x + \frac{n^2}{b^2}\sigma_y - \frac{\pi^2 D}{t}\left(\frac{m^2}{a^2} + \frac{n^2}{b^2}\right)^2 = 0 \tag{3.3}$$

式中,m、n 分别为 x、y 方向的屈曲半波数。

通常在短边或轴向拉伸载荷占主导地位的方向取 1 个半波数。对于本章所考虑的长板,即 $a/b \geqslant 1$ 时,通常取 $n=1$。设加载比 $c = \sigma_y/\sigma_x$ 为常数,则式(3.3)可改写为

$$\sigma_x\left(\frac{m^2}{a^2} + \frac{c}{b^2}\right) - \frac{\pi^2 D}{t}\left(\frac{m^2}{a^2} + \frac{1}{b^2}\right)^2 = 0 \tag{3.4}$$

由于满足式(3.4)时发生屈曲,将 σ_x 用 σ_{xE} 替换,得到分岔(屈曲)应力如下:

$$\sigma_{xE} = \frac{\pi^2 D}{b^2 t}\frac{\left(1 + \frac{m^2 b^2}{a^2}\right)^2}{c + \frac{m^2 b^2}{a^2}} = \frac{\pi^2 D}{t}\frac{\left(\frac{m^2}{a^2} + \frac{1}{b^2}\right)^2}{\frac{m^2}{a^2} + \frac{c}{b^2}} \tag{3.5a}$$

式中,σ_{xE} 表示长板在双向组合载荷作用下的纵向屈曲应力分量。

如果板仅在 x 方向受轴压作用,则板的纵向屈曲应力由式(3.3)可得:

$$\sigma_{xE,1} = \frac{\pi^2 D}{b^2 t}\left(\frac{a}{mb} + \frac{mb}{a}\right)^2 \tag{3.5b}$$

因为在屈曲模态转换时屈曲强度值应该相同,双轴载荷作用下板在 x 方向的屈曲半波数可通过式(3.5a)预测,m 为满足以下条件的最小整数:

$$\frac{\left(\frac{m^2}{a^2} + \frac{1}{b^2}\right)^2}{\frac{m^2}{a^2} + \frac{c}{b^2}} \leqslant \frac{\left[\frac{(m+1)^2}{a^2} + \frac{1}{b^2}\right]^2}{\frac{(m+1)^2}{a^2} + \frac{c}{b^2}} \tag{3.6a}$$

从式(3.6a)中显然可见,屈曲半波数受施加载荷比和板长宽比的影响。

当 $c = \sigma_y/\sigma_x = 0$ 时,式(3.6a)可简化为众所周知的判据:

$$\frac{a}{b} \leqslant \sqrt{m(m+1)} \tag{3.6b}$$

由于恒定的加载比 $c = \sigma_y/\sigma_x$,故 y 方向的弹性屈曲轴向应力有

$$\sigma_{yE} = c\sigma_{xE} \tag{3.7a}$$

式中,σ_{yE} 为板在双向组合载荷作用下的弹性横向屈曲应力分量。

仅在 y 方向的轴压作用下,可以取 $m=n=1$,则板的弹性横向屈曲强度由式(3.3)可得

$$\sigma_{yE,1} = \frac{\pi^2 D}{b^2 t}\left[1 + \left(\frac{b}{a}\right)^2\right]^2 \tag{3.7b}$$

将由式(3.6a)和长板 $n=1$ 计算的屈曲半波数 m 代入式(3.5a)式(3.7a),得到双向

载荷作用下简支长板的弹性屈曲相互作用关系。

式(3.5a)的优点是:它适用于任何双向加载组合,如一个方向受压和另一个方向受拉,或者两个方向受压,但受拉伸时必须考虑符号相反。

由式(3.5a)可知,只要 $c = \sigma_y/\sigma_x > -m^2 b^2/a^2$,即使在一个方向施加拉伸载荷,也会发生屈曲现象。

对于长板,即 $a/b \geqslant 1$ 时,以对应单载荷分量作用时的屈曲应力为基准,式(3.3)可改写为无量纲化后的应力分量的函数,即

$$\frac{\left(\dfrac{m^2 b^2}{a^2}\right)\left(\dfrac{m_0 b}{a} + \dfrac{a}{m_0 b}\right)^2}{\left(\dfrac{m^2 b^2}{a^2} + 1\right)^2} \frac{\sigma_x}{\sigma_{xE,1}} + \frac{\left(\dfrac{b^2}{a^2} + 1\right)^2}{\left(\dfrac{m^2 b^2}{a^2} + 1\right)^2} \frac{1}{\sigma_{xE,1}} = 1 \tag{3.8}$$

式中,$\sigma_{xE,1}$ 和 $\sigma_{yE,1}$ 由式(3.2)和表3.1定义,m 由式(3.6a)定义;m_0 为板在 x 方向单轴压缩下的屈曲半波数,由式(3.6b)确定。

图3.3为 $a/b = 3$ 和 5 时双向载荷作用下,简支矩形板弹性屈曲强度相互作用曲线。由图3.3可以看出,长方向的屈曲半波数随加载比和板长宽比的变化而变化。

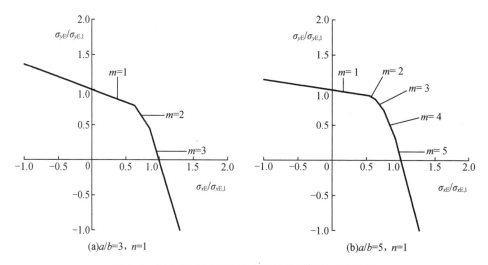

(a)$a/b = 3$, $n = 1$　　　　　　　　(b)$a/b = 5$, $n = 1$

图3.3　双向载荷下四边简支板的弹性屈曲相互关系

在实际中,用式(3.6a)计算半波数 m 可能需要一个数值迭代过程。对所得到的板屈曲相互作用关系有一个近似的闭式表达式是结构设计者所希望的。基于各种纵横比和加载比的一系列计算,可以通过如下曲线拟合得到受双轴压缩载荷的板的屈曲相互作用经验公式(Ueda et al.,1987):

$$\left(\frac{\sigma_{xE}}{\sigma_{xE,1}}\right)^{\alpha_1} + \left(\frac{\sigma_{yE}}{\sigma_{yE,1}}\right)^{\alpha_2} = 1 \tag{3.9a}$$

式中,α_1 和 α_2 是常数,是板长宽比的函数。根据计算结果,可以根据经验确定常数如下:

$$\alpha_1 = \alpha_2 = 1 \quad 当\ 1 \leqslant \frac{a}{b} \leqslant \sqrt{2}\ 时 \tag{3.9b}$$

$$\left.\begin{aligned}\alpha_1 &= 0.029\ 3\left(\frac{a}{b}\right)^3 - 0.336\ 4\left(\frac{a}{b}\right)^2 + 1.585\ 4\left(\frac{a}{b}\right) - 1.059\ 6\\ \alpha_2 &= 0.004\ 9\left(\frac{a}{b}\right)^3 - 0.118\ 3\left(\frac{a}{b}\right)^2 + 0.615\ 3\left(\frac{a}{b}\right) + 0.852\ 2\end{aligned}\right\} \quad \text{当}\frac{a}{b} > \sqrt{2}\ \text{时} \quad (3.9c)$$

图 3.4 为由式(3.9)得到的不同长宽比的双向受压弹性板的屈曲强度相互作用曲线。

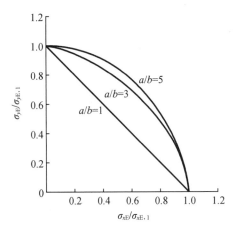

图 3.4 由式(3.9)得到的,四边简支、不同长宽比、双向受压板弹性屈曲相互关系

3.7.2 纵向受压和纵向面内弯曲

简支板在纵向受压和纵向面内弯曲作用下的弹性屈曲相互作用关系如下(Ueda et al.,1987):

$$\frac{\sigma_{xE}}{\sigma_{xE,1}} + \left(\frac{\sigma_{bxE}}{\sigma_{bxE,1}}\right)^c = 1 \tag{3.10}$$

式中,c 为常数,通常取 $c = 2$(JWS,1971)或 $c = 1.75$(Hughes et al.,2013)。

3.7.3 横向受压和纵向面内弯曲

简支板在横向受压和纵向平面内弯曲作用下的弹性屈曲强度相互作用关系如下(Ueda et al.,1987):

$$\left(\frac{\sigma_{yE}}{\sigma_{yE,1}}\right)^{\alpha_3} + \left(\frac{\sigma_{bxE}}{\sigma_{bxE,1}}\right)^{\alpha_4} = 1 \tag{3.11a}$$

式中,α_3 和 α_4 为常数,可估算如下(JWS,1971):

$$\alpha_3 = \alpha_4 = 1.50\left(\frac{a}{b}\right) - 0.30 \quad \text{当}\ 1 \leqslant \frac{a}{b} \leqslant 1.6\ \text{时} \tag{3.11b}$$

$$\left.\begin{aligned}\alpha_3 &= -0.625\left(\frac{a}{b}\right) + 3.10\\ \alpha_4 &= 6.25\left(\frac{a}{b}\right) - 7.90\end{aligned}\right\} \quad \text{当}\ 1.6 \leqslant \frac{a}{b} \leqslant 3.2\ \text{时} \tag{3.11c}$$

$$\left.\begin{array}{l}\alpha_3 = 1.10 \\ \alpha_4 = 12.10\end{array}\right\} \quad 当\ 3.2 \leqslant \frac{a}{b}\ 时 \tag{3.11d}$$

3.7.4 纵向受压和横向面内弯曲

简支板在纵向受压和横向面内弯曲作用下的弹性屈曲强度相互关系如下（Ueda et al., 1987）：

$$\left(\frac{\sigma_{xE}}{\sigma_{xE,1}}\right)^{\alpha_5} + \left(\frac{\sigma_{byE}}{\sigma_{byE,1}}\right)^{\alpha_6} = 1 \tag{3.12a}$$

式中，α_5 和 α_6 为常数，可估算如下（Ueda et al., 1987）：

$$\left.\begin{array}{l}\alpha_5 = 0.930\left(\dfrac{a}{b}\right)^2 - 2.890\left(\dfrac{a}{b}\right) + 3.160 \\ \alpha_6 = 1.20\end{array}\right\} \quad 当\ 1 \leqslant \frac{a}{b} \leqslant 2\ 时 \tag{3.12b}$$

$$\left.\begin{array}{l}\alpha_5 = 1.117\left(\dfrac{a}{b}\right) - 3.837 \\ \alpha_6 = -0.167\left(\dfrac{a}{b}\right) + 2.035\end{array}\right\} \quad 当\ 5 < \frac{a}{b} \leqslant 8\ 时 \tag{3.12c}$$

$$\left.\begin{array}{l}\alpha_5 = 5.10 \\ \alpha_6 = 0.70\end{array}\right\} \quad 当\ 8 < \frac{a}{b}\ 时 \tag{3.12d}$$

3.7.5 横向受压和横向面内弯曲

简支板在横向受压和横向面内弯曲组合作用下的弹性屈曲强度相互关系典型表达形式如下（Ueda et al., 1987）：

$$\left(\frac{\sigma_{yE}}{\sigma_{yE,1}}\right)^{\alpha_7} + \left(\frac{\sigma_{byE}}{\sigma_{byE,1}}\right)^{\alpha_8} = 1 \tag{3.13a}$$

式中，α_7 和 α_8 为常数，可估算如下（Klöppel et al., 1960）：

$$\left.\begin{array}{l}\alpha_7 = 1.0 \\ \alpha_8 = \dfrac{14.0 - \dfrac{a}{b}}{6.5}\end{array}\right\} \quad 当\ 1 \leqslant \frac{a}{b} \leqslant 7.5\ 时 \tag{3.13b}$$

$$\alpha_7 = \alpha_8 = 1.0 \quad 当\ 7.5 < \frac{a}{b}\ 时 \tag{3.13c}$$

3.7.6 双向面内弯曲

简支板在组合双向面内弯曲作用下的弹性屈曲强度相互关系典型表达形式如下（Ueda et al., 1987）：

$$\left(\frac{\sigma_{bxE}}{\sigma_{bxE,1}}\right)^{\alpha_9} + \left(\frac{\sigma_{byE}}{\sigma_{byE,1}}\right)^{\alpha_{10}} = 1 \tag{3.14a}$$

式中，α_9 和 α_{10} 为常数，可估算如下（Ueda et al., 1987）：

$$\left.\begin{array}{l} \alpha_9 = 0.050\left(\dfrac{a}{b}\right) + 1.080 \\[3mm] \alpha_{10} = 0.268\left(\dfrac{a}{b}\right) - 1.248\left(\dfrac{b}{a}\right) + 2.112 \end{array}\right\} \quad \text{当 } 1 \leqslant \dfrac{a}{b} \leqslant 3 \text{ 时} \qquad (3.14b)$$

$$\left.\begin{array}{l} \alpha_9 = 0.146\left(\dfrac{a}{b}\right)^2 - 0.533\left(\dfrac{a}{b}\right) + 1.515 \\[3mm] \alpha_{10} = 0.268\left(\dfrac{a}{b}\right) - 1.248\left(\dfrac{b}{a}\right) + 2.112 \end{array}\right\} \quad \text{当 } 3 < \dfrac{a}{b} \leqslant 5 \text{ 时} \qquad (3.14c)$$

$$\left.\begin{array}{l} \alpha_9 = 3.20\left(\dfrac{a}{b}\right) - 13.50 \\[3mm] \alpha_{10} = -0.70\left(\dfrac{a}{b}\right) + 6.70 \end{array}\right\} \quad \text{当 } 5 < \dfrac{a}{b} \leqslant 8 \text{ 时} \qquad (3.14d)$$

$$\left.\begin{array}{l} \alpha_9 = 12.10 \\[3mm] \alpha_{10} = 1.10 \end{array}\right\} \quad \text{当 } 8 < \dfrac{a}{b} \text{ 时} \qquad (3.14e)$$

3.7.7 纵向受压和边界剪切

板在边界剪切载荷作用下发生屈曲时,其变形方式比轴向压缩载荷作用下的变形方式要复杂得多,因此,一般需要多项傅里叶级数才能更准确地表示板的变形。

Bleich(1952)采用能量法研究了简支矩形板在纵向受压和边界剪切组合作用下的屈曲问题,并编制了板屈曲的设计图。Ueda 等(1987)根据 Bleich 的结果,通过曲线拟合,给出了板在纵向受压和边界剪切组合作用下的经验屈曲强度相互关系公式如下:

$$\frac{\sigma_{xE}}{\sigma_{xE,1}} + \left(\frac{\tau_E}{\tau_{E,1}}\right)^{\alpha_{11}} = 1 \qquad (3.15a)$$

式中,α_{11} 为常数,可以由下式给出:

$$\alpha_{11} = \begin{cases} -0.160\left(\dfrac{a}{b}\right)^2 + 1.080\left(\dfrac{a}{b}\right) + 1.028 & \text{当 } 1 \leqslant \dfrac{a}{b} \leqslant 3.2 \text{ 时} \\[3mm] 2.90 & \text{当 } \dfrac{a}{b} > 3.2 \text{ 时} \end{cases} \qquad (3.15b)$$

图 3.5 为通过式(3.15)获得的,在纵向受压和边界剪切组合作用下,四边简支、不同长宽比的板的弹性屈曲强度相互作用关系曲线。

3.7.8 横向受压和边界剪切

根据 Bleich(1952)、Timoshenko 和 Gere (1982)、Ueda 等(1987) 研究屈曲强度的理论结果,受横向受压和边界剪切组合作用的矩形板,通过曲线拟合得到的屈曲相互关系公式如下:

$$\frac{\sigma_{yE}}{\sigma_{yE,1}} + \left(\frac{\tau_E}{\tau_{E,1}}\right)^{\alpha_{12}} = 1 \qquad (3.16a)$$

式中,α_{12} 为常数,可参考下式:

$$\alpha_{12} = \begin{cases} 0.10\left(\dfrac{a}{b}\right)+1.90 & \text{当 } 1 \leqslant \dfrac{a}{b} \leqslant 2 \text{ 时} \\[2mm] 0.70\left(\dfrac{a}{b}\right)+0.70 & \text{当 } 2 < \dfrac{a}{b} \leqslant 6 \text{ 时} \\[2mm] 4.90 & \text{当 } 6 < \dfrac{a}{b} \text{ 时} \end{cases} \tag{3.16b}$$

图 3.6 为通过式(3.16)获得的,在横向受压和边界剪切组合作用下,四边简支、不同长宽比的板的弹性屈曲相互作用关系曲线。

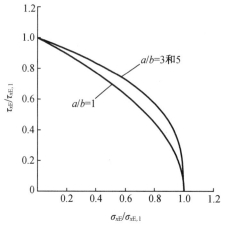
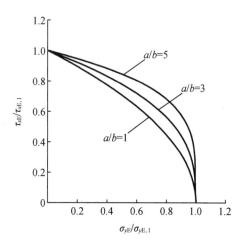

图 3.5　在纵向受压和边界剪切作用下,四边简支、不同长宽比的板的弹性屈曲相互作用关系曲线

图 3.6　在横向受压和边界剪切组合作用下,四边简支、不同长宽比的板的弹性屈曲相互作用关系曲线

3.7.9　纵向面内弯曲和边界剪切

简支板在纵向平面内弯曲和边界剪切作用下的弹性屈曲相互作用关系典型形式由 Ueda 等(1987)给出:

$$\left(\frac{\sigma_{bxE}}{\sigma_{bxE,1}}\right)^c + \left(\frac{\tau_E}{\tau_{E,1}}\right)^c = 1 \tag{3.17}$$

式中,c 为常数,有时取 $c = 2$ (JWS,1971)。

3.7.10　横向面内弯曲和边界剪切

简支板在横向平面内弯曲和边界剪切联合作用下的弹性屈曲相互作用关系通常由 Ueda 等(1987)给出:

$$\left(\frac{\sigma_{byE}}{\sigma_{byE,1}}\right)^c + \left(\frac{\tau_E}{\tau_{E,1}}\right)^c = 1 \tag{3.18}$$

式中,c 为常数,有时取 $c = 2$ (JWS,1971)。

3.8　简支板在三种以上载荷分量作用下的弹性屈曲

在纵向、横向受压和边界剪切三种载荷组合作用下,板的弹性屈曲相互作用关系,可以根据两种载荷分量相互作用关系组合得到,即纵向受压和横向受压、纵向受压和边界剪切以及横向受压和边界剪切三种组合。

图 3.7 给出了三种载荷分量作用下的屈曲相互作用关系推导示意图(Ueda et al.,1987)。任选两组两种载荷分量之间的相互作用关系,则其中必有一种载荷分量是相同的。这两种关系按顺序组合,可以得到三种载荷分量之间的新关系。

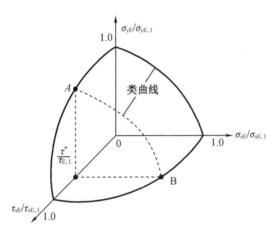

图 3.7　三种载荷分量作用下的屈曲相互作用关系推导示意图

考虑板在三种载荷分量作用下发生屈曲,它们分别表示为 σ_{xE}^*、σ_{yE}^* 和 τ_E^*。当没有施加横向压力时,它们之间的相互作用 σ_{xE}^*、σ_{yE}^* 和 τ_E^* 对应于 $\sigma_{xE,1}$-τ_E 关系,如式(3.15)所示。在这种情况下,由式(3.15)可以得到纵向压力 σ_x 与剪应力 τ_E^* 一起导致屈曲的临界值 σ_{xE}^* 与 τ_E^* 关系如下:

$$\sigma_{xE}^* = \sigma_{xE,1}\left[1-\left(\frac{\tau_E^*}{\tau_{E,1}^*}\right)^{\alpha_{11}}\right] \tag{3.19}$$

同理,当没有纵向压力时,由式(3.16)可得横向压力 σ_y 引起屈曲的临界值 σ_{yE}^*:

$$\sigma_{yE}^* = \sigma_{yE,1}\left[1-\left(\frac{\tau_E^*}{\tau_{E,1}^*}\right)^{\alpha_{12}}\right] \tag{3.20}$$

类似于式(3.9a),在双向压力作用下,在 $\tau^*/\tau_{E,1}=$ 常数的任意平面上,存在 σ_{xE}^* 与 σ_{yE}^* 的关系,即在任意的边界剪应力值下存在 σ_{xE}^* 与 σ_{yE}^* 之间的关系。将式(3.9a)中的 $\sigma_{xE,1}$ 和 $\sigma_{yE,1}$ 分别替换为式(3.19)和式(3.20)中的 σ_{xE}^* 与 σ_{yE}^*,当 $\tau_E=\tau_E^*$ 时,得到 σ_{xE}^*、σ_{yE}^* 和 τ 之间的屈曲相互作用关系如下:

$$\left\{\frac{\sigma_{xE}}{\sigma_{xE,1}\left[1-\left(\frac{\tau_E}{\tau_{E,1}}\right)^{\alpha_{11}}\right]}\right\}^{\alpha_1}+\left\{\frac{\sigma_{yE}}{\sigma_{yE,1}\left[1-\left(\frac{\tau_E}{\tau_{E,1}}\right)^{\alpha_{12}}\right]}\right\}^{\alpha_2}=1 \tag{3.21}$$

当分母中$[1-(\tau_E/\tau_{E,1})^{\alpha_{11}}]$或$[1-(\tau_E/\tau_{E,1})^{\alpha_{12}}]$为零或变为负值时,板可以仅在边界剪切作用下发生屈曲,认识到这一点很重要。

在其他载荷组下的屈曲强度相互作用方程也可以类似于σ_x、σ_y和τ之间的相互作用公式。同时,5种可能的面内载荷分量,即纵向压力、横向压力、边界剪切、纵向面内弯曲和横向面内弯曲,可以用相似的方法得到如下关系:

$$\left\{\frac{\sigma_{xE}}{C_1 C_4 \sigma_{xE,1}\left[1-\left(\dfrac{\tau_E}{C_3 C_6 \tau_{E,1}}\right)^{\alpha_{11}}\right]}\right\}^{\alpha_1}+\left\{\frac{\sigma_{yE}}{C_2 C_5 \sigma_{yE,1}\left[1-\left(\dfrac{\tau_E}{C_3 C_6 \tau_{E,1}}\right)^{\alpha_{12}}\right]}\right\}^{\alpha_2}=1 \quad (3.22)$$

式中

$$C_1=1-\left(\frac{\sigma_{bxE}}{C_7 \sigma_{bxE,1}}\right)^2, C_2=\left[1-\left(\frac{\sigma_{bxE}}{C_7 \sigma_{bxE,1}}\right)^{\alpha_4}\right]^{\frac{1}{\alpha_3}}, C_3=\left[1-\left(\frac{\sigma_{bxE}}{C_7 \sigma_{bxE,1}}\right)^2\right]^{0.5}$$

$$C_4=\left[1-\left(\frac{\sigma_{byE}}{\sigma_{byE,1}}\right)^{\alpha_6}\right]^{1/\alpha_5}, C_5=\left[1-\left(\frac{\sigma_{byE}}{\sigma_{byE,1}}\right)^{\alpha_8}\right]^{1/\alpha_7}, C_6=\left[1-\left(\frac{\sigma_{byE}}{\sigma_{byE,1}}\right)^2\right]^{0.5}$$

$$C_7=\left[1-\left(\frac{\sigma_{byE}}{\sigma_{byE,1}}\right)^{\alpha_{10}}\right]^{1/\alpha_9}$$

在式(3.22)中,式(3.10)、式(3.17)、式(3.18)可取$c=2$。由式(3.22)可知,当分母为零或为负值时,板可以仅因边界剪切而发生屈曲。

3.9　固支板的弹性屈曲

3.9.1　单一载荷

具有固支边界条件和单一载荷作用的板的弹性分岔屈曲应力,也可使用不同的屈曲系数由式(3.2)计算。表3.2表示长宽比$a/b \geqslant 1$的固支板在简单载荷作用下的弹性屈曲系数,其中长边沿x方向取,短边沿y方向取(Bleich,1952)。

表3.2　长宽比$a/b \geqslant 1$的固支板在单一载荷作用下的弹性屈曲系数

负载类型	σ_E	BC	k
x方向上的单轴压缩,σ_x	$\sigma_{xE,1}$	SSLC SCLS AC	$k_x=\begin{cases} 7.39\left(\dfrac{a}{b}\right)^2-19.6\left(\dfrac{a}{b}\right)+20 & 当 1.0 \leqslant a/b \leqslant 1.33 时 \\ 6.98 & 当 1.33 < a/b 时 \end{cases}$ $k_x=\begin{cases} -0.95\left(\dfrac{a}{b}\right)^3+6.4\left(\dfrac{a}{b}\right)^2-14.86\left(\dfrac{a}{b}\right)+16.34 & 当 1.0 \leqslant \dfrac{a}{b} < 2.0 时 \\ 0.2\left(\dfrac{a}{b}\right)^2-1.4\left(\dfrac{a}{b}\right)+6.64 & 当 2.0 \leqslant \dfrac{a}{b} < 3.0 时 \\ -0.05\left(\dfrac{a}{b}\right)+4.4 & 当 3.0 \leqslant \dfrac{a}{b} < 8.0 时 \\ 4.0 & 当 8.0 \leqslant \dfrac{a}{b} 时 \end{cases}$

表 3.2(续)

负载类型	σ_E	BC	k
			$k_x = \begin{cases} -0.95\left(\dfrac{a}{b}\right)^3 + 6.4\left(\dfrac{a}{b}\right)^2 - 14.86\left(\dfrac{a}{b}\right) + 16.34 & \text{当 } 1.0 \leqslant \dfrac{a}{b} < 2.0 \text{ 时} \\ 0.2\left(\dfrac{a}{b}\right)^2 - 1.4\left(\dfrac{a}{b}\right) + 6.64 & \text{当 } 2.0 \leqslant \dfrac{a}{b} < 3.0 \text{ 时} \\ -0.05\left(\dfrac{a}{b}\right) + 4.4 & \text{当 } 3.0 \leqslant \dfrac{a}{b} < 8.0 \text{ 时} \end{cases}$
			$k_x = \begin{cases} -1.23\left(\dfrac{a}{b}\right)^3 + 7.9\left(\dfrac{a}{b}\right)^2 - 17.65\left(\dfrac{a}{b}\right) + 21.35 & \text{当 } 1.0 \leqslant a/b < 2.0 \text{ 时} \\ 0.2\left(\dfrac{a}{b}\right)^2 - 1.62\left(\dfrac{a}{b}\right) + 10.35 & \text{当 } 2.0 \leqslant a/b < 3.0 \text{ 时} \\ -0.062\left(\dfrac{a}{b}\right) + 7.476 & \text{当 } 3.0 \leqslant a/b < 8.0 \text{ 时} \\ 6.98 & \text{当 } 8.0 \leqslant a/b \text{ 时} \end{cases}$
y 方向上的单轴压缩,σ_y	$\sigma_{yE,1}$	SSLC SCLS AC	$k_y = \left[1.0 + \left(\dfrac{b}{a}\right)^2\right]^2 + 3.01 \qquad \text{当 } 0.0 < b/a \leqslant 1.0 \text{ 时}$ $k_y = \begin{cases} \left[1.0 + \left(\dfrac{b}{a}\right)^2\right]^2 + 0.12 & \text{当 } 0.0 < b/a < 0.34 \text{ 时} \\ \left[0.95 + 1.89\left(\dfrac{b}{a}\right)^2\right]^2 & \text{当 } 0.34 \leqslant b/a \leqslant 0.96 \text{ 时} \\ 13.98\left(\dfrac{b}{a}\right) - 6.20 & \text{当 } 0.96 < b/a \leqslant 1.0 \text{ 时} \end{cases}$ $k_y = \begin{cases} \left[1.0 + \left(\dfrac{b}{a}\right)^2\right]^2 + 4.8 & \text{当 } 0.0 < b/a < 0.8 \text{ 时} \\ \left[1.92 + 1.305\left(\dfrac{b}{a}\right)^2\right]^2 & \text{当 } 0.8 \leqslant b/a \leqslant 1.0 \text{ 时} \end{cases}$
均匀边缘剪切,τ	$\tau_{E,1}$	SSLC SCLS AC	$k_\tau = 2.4\left(\dfrac{b}{a}\right)^2 + 1.08\left(\dfrac{b}{a}\right) + 9.0 \quad \text{当 } 0.0 < b/a \leqslant 1.0 \text{ 时}$ $k_\tau = \begin{cases} 2.25\left(\dfrac{b}{a}\right)^2 + 1.95\left(\dfrac{b}{a}\right) + 5.35 & \text{当 } 0.0 < b/a \leqslant 0.4 \text{ 时} \\ 22.92\left(\dfrac{a}{b}\right)^3 - 33.0\left(\dfrac{a}{b}\right)^2 + 20.43\left(\dfrac{a}{b}\right) + 2.13 & \text{当 } 0.4 < b/a \leqslant 1.0 \text{ 时} \end{cases}$ $k_\tau = 5.4\left(\dfrac{b}{a}\right)^2 + 0.6\left(\dfrac{b}{a}\right) + 9.0 \quad \text{当 } 0.0 < b/a \leqslant 1.0 \text{ 时}$

注:AC 为所有边固支; BC 为边界条件; SCLS 为短(y)边固支,长(x)边简支; SSLC 为短(y)边简支和长(x)边固支。

3.9.2 组合载荷

为了实际应用,对部分或全部固支边界条件的板,组合载荷作用的弹性屈曲相互作用关系与简支边界在简单载荷作用下的板的处理方式相同,采用相应简单载荷的屈曲强度分量叠加。

图 3.8 和图 3.9 分别表示了不同边长比、各边固支的矩形板的弹性屈曲相互作用关系，双向受压或单向受压与边界剪切组合载荷作用与采用有限元法进行特征值分析得到的结果一致。图中还给出了如式(3.9)和式(3.15)所示的四边简支板的屈曲相互作用公式。

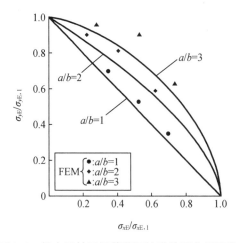
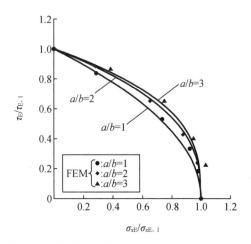

图 3.8　板在双轴压缩载荷下的弹性屈曲相互作用关系曲线[线:各边简支板的式(3.9);符号:各边夹紧的板的特征值有限元解]

图 3.9　板的轴压-边剪弹性屈曲相互作用关系曲线[线:各边简支板的式(3.15);符号:所有边缘夹紧的板的特征值有限元解]

从图 3.8 和图 3.9 可以明显看出，由于边界的转动约束，固支板的屈曲相互作用比简支板的屈曲相互作用变得更加外凸，尽管稍微有些偏差，但简支板的结果看上去能很好替代固支板的结果。

3.10　部分转动约束板的弹性屈曲

在连续的加筋板结构中，板边界的转动在一定程度上受支撑构件(加强筋)扭转刚度的约束。本节讨论闭合形式的弹性板屈曲强度公式，该公式考虑了板边界转动约束的影响，最初由 Paik 和 Thayamballi(2000)提出。

3.10.1　转动约束参数

板单元的支撑构件具有有限的扭转刚度值，因此在一定程度上抑制了板边界的转动，板单元的屈曲强度受这些转动约束的影响。

当支撑构件(加强筋)尺寸如图 5.3 所示时，连续板结构中纵向(x)和横向(y)支撑构件的转动约束参数可确定如下:

$$\xi_L = C_L \frac{GJ_L}{bD}, \xi_S = C_S \frac{GJ_S}{aD} \tag{3.23}$$

式中，ζ_L 和 ζ_S 分别为纵向与横向支撑构件的转动约束参数；$J_L = (h_{wx}t_{wx}^3 + b_{fx}t_{fx}^3)/3$ 为纵向支撑构件的扭转常数；$J_S = (h_{wy}t_{wy}^3 + b_{fy}t_{fy}^3)/3$ 为横向支撑构件的扭转常数；G 和 D 在第 3.2 节中定义；C_L 和 C_S 为常数。

支撑构件可能存在焊接引起的初始变形,或者在某些情况下,由于轴向压缩而发生了屈曲前的侧向变形。所以,它们可能不会完全参与沿板边界的转动约束。式(3.23)中采用 C_L 和 C_S 两个系数来考虑该影响,其取值一般应该小于1.0。然而,为了简单起见,通常取 $C_L = C_S = 1$。否则,它们要通过支撑构件相对于板的扭转刚度来确定,如下所示:

$$C_L = \frac{J_L}{J_{PL}} \leqslant 1.0, \ C_S = \frac{J_S}{J_{PS}} \leqslant 1.0 \tag{3.24}$$

式中

$$J_{PL} = \frac{bt^3}{3}, \ J_{PS} = \frac{at^3}{3}$$

3.10.2 纵向受压

在纵向受压作用下,具有部分转动约束边界条件的板的弹性屈曲应力,也可以使用不同的屈曲系数 k_x,由式(3.2)计算。Paik 和 Thayamballi(2000)提出了屈曲系数 k_x 的经验公式,该公式以板的长宽比和支撑构件的扭转刚度表示。

3.10.2.1 长边部分转动约束和短边简支

$$k_x = \begin{cases} 0.396\zeta_L^3 - 1.974\zeta_L^2 + 3.565\zeta_L + 4.0 & \text{当 } 0 \leqslant \zeta_L \leqslant 2 \text{ 时} \\ 6.951 - \dfrac{0.881}{\zeta_L - 0.4} & \text{当 } 2 \leqslant \zeta_L \leqslant 20 \text{ 时} \\ 7.025 & \text{当 } 20 \leqslant \zeta_L \text{ 时} \end{cases} \tag{3.25a}$$

通过与直接求解特征方程得到的精确理论解对比,式(3.25a)的准确性得到了验证,如图3.10所示。

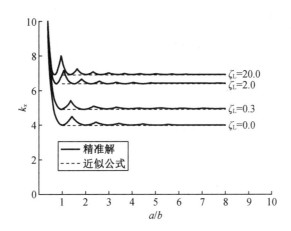

图3.10 纵向受压,长边部分转动约束、短边简支的板,式(3.25a)的准确性验证

3.10.2.2 短边部分转动约束和长边简支

$$k_x = d_1\zeta_S^4 + d_2\zeta_S^3 + d_3\zeta_S^2 + d_4\zeta_S + d_5 \tag{3.25b}$$

式中

$$
d_1 = \begin{cases}
-0.010\left(\dfrac{a}{b}\right)^4 + 12.827\left(\dfrac{a}{b}\right)^3 - 52.553\left(\dfrac{a}{b}\right)^2 + 67.072\left(\dfrac{a}{b}\right) - 27.585 & \text{当 } 0 \leqslant \zeta_S < 0.4 \text{ 时} \\[2mm]
0.047\left(\dfrac{a}{b}\right)^4 - 0.586\left(\dfrac{a}{b}\right)^3 + 2.576\left(\dfrac{a}{b}\right)^2 + 4.410\left(\dfrac{a}{b}\right) + 1.748 & \text{当 } 0.4 \leqslant \zeta_S < 0.8 \text{ 时} \\[2mm]
-0.017\left(\dfrac{a}{b}\right)^2 + 0.99\left(\dfrac{a}{b}\right) - 0.150 & \text{当 } 0.8 \leqslant \zeta_S < 2 \text{ 时} \\[2mm]
0 & \text{当 } 2 \leqslant \zeta_S \text{ 时}
\end{cases}
$$

$$
d_2 = \begin{cases}
0.881\left(\dfrac{a}{b}\right)^4 - 10.851\left(\dfrac{a}{b}\right)^3 + 41.688\left(\dfrac{a}{b}\right)^2 - 43.150\left(\dfrac{a}{b}\right) + 14.615 & \text{当 } 0 \leqslant \zeta_S < 0.4 \text{ 时} \\[2mm]
-0.123\left(\dfrac{a}{b}\right)^4 + 1.549\left(\dfrac{a}{b}\right)^3 + 2.576\left(\dfrac{a}{b}\right)^2 - 6.788\left(\dfrac{a}{b}\right) + 11.299 & \text{当 } 0.4 \leqslant \zeta_S < 0.8 \text{ 时} \\[2mm]
0.138\left(\dfrac{a}{b}\right)^2 - 0.793\left(\dfrac{a}{b}\right) + 1.171 & \text{当 } 0.8 \leqslant \zeta_S < 2 \text{ 时} \\[2mm]
0 & \text{当 } 2 \leqslant \zeta_S \text{ 时}
\end{cases}
$$

$$
d_3 = \begin{cases}
-0.190\left(\dfrac{a}{b}\right)^4 + 2.093\left(\dfrac{a}{b}\right)^3 - 5.891\left(\dfrac{a}{b}\right)^2 - 2.096\left(\dfrac{a}{b}\right) + 1.792 & \text{当 } 0 \leqslant \zeta_S < 0.4 \text{ 时} \\[2mm]
0.114\left(\dfrac{a}{b}\right)^4 - 1.412\left(\dfrac{a}{b}\right)^3 + 5.993\left(\dfrac{a}{b}\right)^2 - 8.638\left(\dfrac{a}{b}\right) + 0.224 & \text{当 } 0.4 \leqslant \zeta_S < 0.8 \text{ 时} \\[2mm]
-0.457\left(\dfrac{a}{b}\right)^2 + 2.571\left(\dfrac{a}{b}\right) - 3.712 & \text{当 } 0.8 \leqslant \zeta_S < 2 \text{ 时} \\[2mm]
0 & \text{当 } 2 \leqslant \zeta_S \text{ 时}
\end{cases}
$$

$$
d_4 = \begin{cases}
0.881\left(\dfrac{a}{b}\right)^4 - 10.851\left(\dfrac{a}{b}\right)^3 + 41.688\left(\dfrac{a}{b}\right)^2 - 43.150\left(\dfrac{a}{b}\right) + 14.615 & \text{当 } 0 \leqslant \zeta_S < 0.4 \text{ 时} \\[2mm]
-0.123\left(\dfrac{a}{b}\right)^4 + 1.549\left(\dfrac{a}{b}\right)^3 + 2.576\left(\dfrac{a}{b}\right)^2 - 6.788\left(\dfrac{a}{b}\right) + 11.299 & \text{当 } 0.4 \leqslant \zeta_S < 0.8 \text{ 时} \\[2mm]
0.138\left(\dfrac{a}{b}\right)^2 - 0.793\left(\dfrac{a}{b}\right) + 1.171 & \text{当 } 0.8 \leqslant \zeta_S < 2 \text{ 时} \\[2mm]
-0.106\left(\dfrac{a}{b}\right) + 0.176 & \text{当 } 2 \leqslant \zeta_S < 20 \text{ 时} \\[2mm]
0 & \text{当 } 20 \leqslant \zeta_S \text{ 时}
\end{cases}
$$

$$
d_5 = \begin{cases}
4.0 & \text{当 } 0 \leqslant \zeta_S < 0.4 \text{ 时} \\[2mm]
-0.001\left(\dfrac{a}{b}\right)^4 + 0.033\left(\dfrac{a}{b}\right)^3 - 0.241\left(\dfrac{a}{b}\right)^2 + 0.684\left(\dfrac{a}{b}\right) + 3.539 & \text{当 } 0.4 \leqslant \zeta_S < 0.8 \text{ 时} \\[2mm]
-0.148\left(\dfrac{a}{b}\right)^2 - 0.596\left(\dfrac{a}{b}\right) + 3.847 & \text{当 } 0.8 \leqslant \zeta_S < 2 \text{ 时} \\[2mm]
-1.822\left(\dfrac{a}{b}\right) + 7.850 & \text{当 } 2 \leqslant \zeta_S < 20 < 20 \text{ 时} \\[2mm]
0.041\left(\dfrac{a}{b}\right)^4 - 0.602\left(\dfrac{a}{b}\right)^3 + 3.303\left(\dfrac{a}{b}\right)^2 - 8.176\left(\dfrac{a}{b}\right) + 12.144 & \text{当 } 20 \leqslant \zeta_S \text{ 时}
\end{cases}
$$

在用式(3.25b)计算 k_x 时,必须满足以下条件才能保持近似值:

(1)如果 $4.0<a/b\leqslant4.5,\zeta_S\geqslant0.2$,则 $\zeta_S=0.2$;

(2)如果 $a/b>4.5,\zeta_S\geqslant0.1$,则 $\zeta_S=0.1$;

(3)如果 $a/b\geqslant2.2,\zeta_S=0.4$,则 $\zeta_S\geqslant0.1$;

(4)如果 $a/b\geqslant1.5,\zeta_S\geqslant1.4$,则 $\zeta_S=1.4$;

(5)如果 $8\leqslant a/b\leqslant20$,则 $\zeta_S=8$;

(6)若 $a/b\geqslant5$,则 $a/b=5$。

图3.11(a)和(b)给出了屈曲系数 k_x 随板长径比和短边支撑构件扭转刚度的变化情况。图3.11(b)通过与特征方程直接解得到的精确理论解对比(Paik et al.,2000),验证了式(3.25b)的准确性。

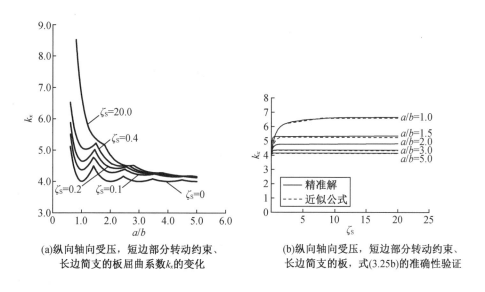

(a)纵向轴向受压,短边部分转动约束、长边简支的板屈曲系数 k_x 的变化　　(b)纵向轴向受压,短边部分转动约束、长边简支的板,式(3.25b)的准确性验证

图3.11　屈曲系数 k_x 的变化及式(3.25b)准确性的验证

3.10.2.3　长边和短边部分转动约束的板

为了实际设计目的,长边和短边的部分转动约束边界条件可以用前两种边界条件和简支边界条件的组合来表示。具体来说,可以认为

$$k_x=k_{x1}+k_{x2}-k_{x0} \tag{3.25c}$$

式中, k_x 为长边和短边同时受到部分转动约束的板的屈曲系数; k_{x1} 为长边部分转动约束、短边简支的板的屈曲系数,定义如式(3.25a); k_{x2} 为短边部分转动约束、长边简支的板的屈曲系数,定义如式(3.25b); k_{x0} 为各边简支板的屈曲系数,定义如表3.1所示。

3.10.3　横向受压

采用不同的屈曲系数 k_y,也可由式(3.2)计算出部分转动约束边界条件下,横向受压板的弹性屈曲应力。接下来,Paik 和 Thayamballi(2000)提出了屈曲系数 k_y 的经验公式,该公式以板的长宽比和支撑构件的扭转刚度表示。

3.10.3.1 长边部分转动约束,短边简支

$$k_y = e_1\zeta_L^2 + e_2\zeta_L + e_3 \tag{3.26a}$$

式中

$$e_1 = \begin{cases} 1.322\left(\dfrac{b}{a}\right)^4 - 1.919\left(\dfrac{b}{a}\right)^3 + 0.021\left(\dfrac{b}{a}\right)^2 + 0.031\left(\dfrac{b}{a}\right) & \text{当 } 0 \leqslant \zeta_L < 2 \text{ 时} \\[2mm] -0.463\left(\dfrac{b}{a}\right)^4 + 1.023\left(\dfrac{b}{a}\right)^3 - 0.649\left(\dfrac{b}{a}\right)^2 + 0.073\left(\dfrac{b}{a}\right) & \text{当 } 2 \leqslant \zeta_L < 8 \text{ 时} \\[2mm] 0 & \text{当 } 8 \leqslant \zeta_L \text{ 时} \end{cases}$$

$$e_2 = \begin{cases} -0.179\left(\dfrac{b}{a}\right)^4 - 3.098\left(\dfrac{b}{a}\right)^3 + 5.648\left(\dfrac{b}{a}\right)^2 - 0.199\left(\dfrac{b}{a}\right) & \text{当 } 0 \leqslant \zeta_L < 2 \text{ 时} \\[2mm] 5.432\left(\dfrac{b}{a}\right)^4 - 11.324\left(\dfrac{b}{a}\right)^3 + 6.189\left(\dfrac{b}{a}\right)^2 - 0.068\left(\dfrac{b}{a}\right) & \text{当 } 2 \leqslant \zeta_L < 8 \text{ 时} \\[2mm] -1.047\left(\dfrac{b}{a}\right)^4 + 2.624\left(\dfrac{b}{a}\right)^3 - 2.215\left(\dfrac{b}{a}\right)^2 + 0.646\left(\dfrac{b}{a}\right) & \text{当 } 2 \leqslant \zeta_L < 20 \text{ 时} \\[2mm] 0 & \text{当 } 20 \leqslant \zeta_L \text{ 时} \end{cases}$$

$$e_3 = \begin{cases} 0.994\left(\dfrac{b}{a}\right)^4 + 0.011\left(\dfrac{b}{a}\right)^3 + 1.991\left(\dfrac{b}{a}\right)^2 + 0.003\left(\dfrac{b}{a}\right) + 1.0 & \text{当 } 0 \leqslant \zeta_L < 2 \text{ 时} \\[2mm] -3.131\left(\dfrac{b}{a}\right)^4 + 4.753\left(\dfrac{b}{a}\right)^3 + 3.587\left(\dfrac{b}{a}\right)^2 - 0.433\left(\dfrac{b}{a}\right) + 1.0 & \text{当 } 2 \leqslant \zeta_L < 8 \text{ 时} \\[2mm] 20.111\left(\dfrac{b}{a}\right)^4 - 43.697\left(\dfrac{b}{a}\right)^3 + 30.941\left(\dfrac{b}{a}\right)^2 - 1.836\left(\dfrac{b}{a}\right) + 1.0 & \text{当 } 2 \leqslant \zeta_L < 20 \text{ 时} \\[2mm] 0.751\left(\dfrac{b}{a}\right)^4 - 0.047\left(\dfrac{b}{a}\right)^3 + 2.053\left(\dfrac{b}{a}\right)^2 - 0.015\left(\dfrac{b}{a}\right) + 4.0 & \text{当 } 20 \leqslant \zeta_L \text{ 时} \end{cases}$$

图 3.12(a)给出了屈曲系数 k_y 随板长赛比和长边支撑构件扭转刚度的变化。图 3.12(b) 通过与特征方程直接求解得到的精确理论解对比,见 Paik 和 Thayamballi(2000),验证了方程(3.26a)的准确性。

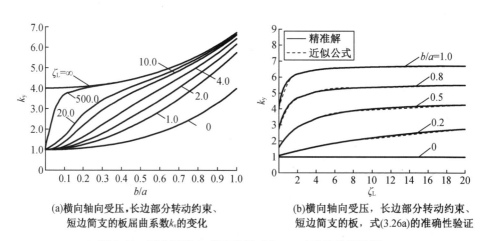

(a)横向轴向受压,长边部分转动约束、
短边简支的板屈曲系数k_x的变化

(b)横向轴向受压,长边部分转动约束、
短边简支的板,式(3.26a)的准确性验证

图 3.12　屈曲系数 k_x 的变化及式(3.26a)准确性的验证

3.10.3.2 短边部分转动约束,长边简支

$$k_y = f_1 \zeta_s^2 + f_2 \zeta_s + f_3 \tag{3.26b}$$

式中

$$f_1 = \begin{cases} 0.543\left(\dfrac{b}{a}\right)^4 - 1.297\left(\dfrac{b}{a}\right)^3 + 0.192\left(\dfrac{b}{a}\right)^2 + 0.016\left(\dfrac{b}{a}\right) & \text{当 } 0 \leq \zeta_s < 2 \text{ 时} \\[2mm] -0.347\left(\dfrac{b}{a}\right)^4 + 0.403\left(\dfrac{b}{a}\right)^3 - 0.147\left(\dfrac{b}{a}\right)^2 + 0.016\left(\dfrac{b}{a}\right) & \text{当 } 2 \leq \zeta_s < 6 \text{ 时} \\[2mm] 0 & \text{当 } 6 \leq \zeta_s \text{ 时} \end{cases}$$

$$f_2 = \begin{cases} -1.094\left(\dfrac{b}{a}\right)^4 + 4.401\left(\dfrac{b}{a}\right)^3 + 0.751\left(\dfrac{b}{a}\right)^2 - 0.068\left(\dfrac{b}{a}\right) & \text{当 } 0 \leq \zeta_s < 2 \text{ 时} \\[2mm] 2.139\left(\dfrac{b}{a}\right)^4 - 1.761\left(\dfrac{b}{a}\right)^3 + 0.419\left(\dfrac{b}{a}\right)^2 - 0.030\left(\dfrac{b}{a}\right) & \text{当 } 2 \leq \zeta_s < 6 \text{ 时} \\[2mm] -0.199\left(\dfrac{b}{a}\right)^4 + 0.308\left(\dfrac{b}{a}\right)^3 - 0.118\left(\dfrac{b}{a}\right)^2 + 0.013\left(\dfrac{b}{a}\right) & \text{当 } 6 \leq \zeta_s < 20 \text{ 时} \\[2mm] 0 & \text{当 } 20 \leq \zeta_s \text{ 时} \end{cases}$$

$$f_3 = \begin{cases} 0.994\left(\dfrac{b}{a}\right)^4 + 0.011\left(\dfrac{b}{a}\right)^3 + 1.991\left(\dfrac{b}{a}\right)^2 + 0.003\left(\dfrac{b}{a}\right) + 1.0 & \text{当 } 0 \leq \zeta_s < 2 \\[2mm] -2.031\left(\dfrac{b}{a}\right)^4 + 5.765\left(\dfrac{b}{a}\right)^3 + 0.870\left(\dfrac{b}{a}\right)^2 - 0.102\left(\dfrac{b}{a}\right) + 1.0 & \text{当 } 2 \leq \zeta_s < 6 \\[2mm] -0.289\left(\dfrac{b}{a}\right)^4 + 7.507\left(\dfrac{b}{a}\right)^3 - 1.029\left(\dfrac{b}{a}\right)^2 + 0.398\left(\dfrac{b}{a}\right) + 1.0 & \text{当 } 2 \leq \zeta_s < 20 \\[2mm] -6.278\left(\dfrac{b}{a}\right)^4 + 17.135\left(\dfrac{b}{a}\right)^3 - 5.026\left(\dfrac{b}{a}\right)^2 + 0.860\left(\dfrac{b}{a}\right) + 1.0 & \text{当 } 20 \leq \zeta_s \text{ 时} \end{cases}$$

图 3.13(a)给出了屈曲系数 k_y 随板长宽比和短边支撑构件的扭转刚度的变化情况。图 3.13(b)通过特征方程直接得到的精确理论解与 Paik 和 Thayamballi(2000)的解对比,验证了式(3.26b)的准确性。

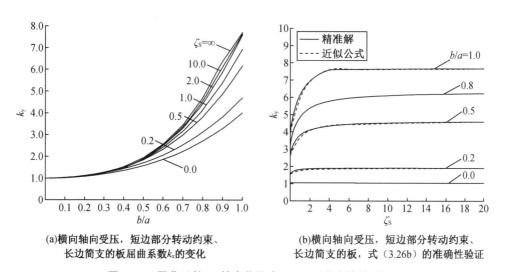

(a)横向轴向受压,短边部分转动约束、长边简支的板屈曲系数k_x的变化

(b)横向轴向受压,短边部分转动约束、长边简支的板,式(3.26b)的准确性验证

图 3.13 屈曲系数 k_x 的变化及式(3.26b)准确性的验证

3.10.3.3 长边和短边部分转动约束

对于在横向受压,长边和短边部分转动约束的板,屈曲系数 k_y 可由前两种边界条件与简支边界条件的组合表示:

$$k_y = k_{y1} + k_{y2} - k_{y0} \tag{3.26c}$$

式中,k_y 为长边和短边同时部分转动约束的板的屈曲系数;k_{y1} 为长边部分转动约束、短边简支的板的屈曲系数,定义如式(3.26a);k_{y2} 为短边部分转动约束、长边简支的板的屈曲系数,定义如式(3.26b);k_{y0} 为各边简支板的屈曲系数,定义如表 3.1 所示。

3.10.4 组合载荷

通常认为,部分转动约束边界的板,在组合载荷作用下的弹性屈曲相互关系与简支板的性质相似。因此,简支板在组合载荷作用下的弹性屈曲相互关系可以用于部分转动约束边界的板,用对应边界条件下的屈曲强度取代单一载荷分量的屈曲强度。

3.11 焊接残余应力的影响

焊接导致的残余应力降低了钢板的屈曲强度。对于加强筋之间的板单元,可以通过考虑有效残余压应力降低屈曲强度,得到弹性屈曲应力。因此,对于在 x 方向上存在焊接残余应力的板,弹性屈曲应力可由式(3.2)计算:

$$\sigma_{xE,1} = k_x \frac{\pi^2 E}{12(1-\nu^2)} \left(\frac{t}{b}\right)^2 - \sigma_{rex} \tag{3.27a}$$

式中,$\sigma_{rex} = \sigma_{rcx}(b-2b_t)/b$ 为 x 方向的有效焊接残余压应力,其中 σ_{rcx} 为实际焊接残余压应力,b_t 为 1.7.3 节 y 方向的热影响区宽度。

同理,考虑焊接残余应力的影响,由式(3.2)可计算板在 y 方向的弹性屈曲应力:

$$\sigma_{yE,1} = k_y \frac{\pi^2 E}{12(1-\nu^2)} \left(\frac{t}{b}\right)^2 - \sigma_{rey} \tag{3.27b}$$

式中,$\sigma_{rey} = \sigma_{rcy}(a-2a_t)/a$ 为 y 方向的有效焊接残余压应力,其中 σ_{rcy} 为实际焊接残余压应力,a_t 为第 1 章所描述的 x 方向的热影响区宽度。

图 3.14 为屈服应力为 352 MPa 的简支板焊接残余应力对受压屈曲应力的影响。在图 3.14 所示的计算中,给出了残余应力水平和板长细比变化情况。从图 3.14 可以看出,在某些情况下,焊接产生的残余应力可以显著降低板的受压屈曲应力。薄板屈曲应力的减小趋势比厚板更明显。

值得注意的是,非常薄的板,比如那些用于建造海上平台上的居住区(上层建筑)的板,即使没有外部载荷,通常也会在双向残余压应力条件下屈曲。如第 1 章所述,这是由纵向和横向支撑构件的焊接残余应力导致的。在这种情况下,为了防止屈曲,利用式(3.9)和第 3.10 节中有关焊接残余应力与部分转动约束边界条件的内容,可以实现板和支撑构件的优化设计,参见 Paik 和 Yi(2016)的文献。

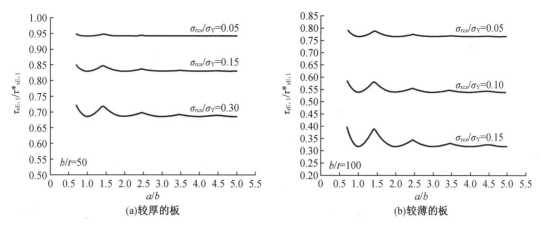

(a)较厚的板 (b)较薄的板

图 3.14 弹性压缩屈曲应力的变化(由无残余应力时的弹性屈曲压应力无量纲化)
和焊接产生的残余应力的变化

3.12 侧向压力载荷的影响

连续的加筋板架中的板有时会受到侧向压力载荷。例如,船舶或船形近海结构的底板,除了在作业时承受面内载荷外,还承受来自货物和/或水的侧向压力载荷。

如图 3.15 所示,在侧压力载荷作用下,板的边界接近固支的条件,这取决于板的厚度和所作用的压力。同时,侧向压力加载也有利于调节板固有的屈曲模式。因此,长板在有侧压力作用下的弹性屈曲强度要大于无侧压力时的情况。

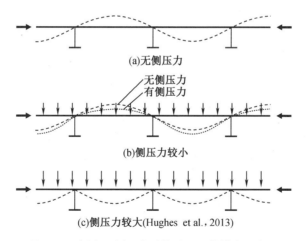

(a)无侧压力

无侧压力
有侧压力

(b)侧压力较小

(c)侧压力较大(Hughes et al.,2013)

图 3.15 板有无侧压力时的受压屈曲模式示意图

为了实际设计的目的,可以用修正因子(系数)来表示侧压力对板屈曲强度的影响,即用无侧压力时板的屈曲强度乘以修正系数计算。对此,Fujikubo 等(1998)基于连续加筋板中长板单元的有限元解,通过曲线拟合,提出了考虑侧压力影响的板抗压屈曲强度修正因子如下:

$$C_{px} = 1 + \frac{1}{576}\left(\frac{pd^4}{Et^4}\right)^{1.6} \quad 当 \frac{a}{b} \geqslant 2 \ 时 \tag{3.28a}$$

$$C_{py} = 1 + \frac{1}{160} \left(\frac{b}{a} \right)^{0.95} \left(\frac{pb^4}{Et^4} \right)^{1.75} \qquad 当 \frac{a}{b} \geq 2 时 \qquad (3.28b)$$

式中，C_{px} 和 C_{py} 分别为考虑侧压力影响的，x、y 方向受压屈曲强度的修正因子；p 为净侧压力载荷的大小。

对于在轴压和侧压共同作用下的近似方形板（即 $a/b \approx 1$），一开始就会出现一个半波形的挠曲，随着轴压载荷的增加，可能不会出现分岔屈曲的现象。在这种情况下，确定符合实际设计目的的等效屈曲强度是有益的。还可以认为，边界转动约束条件引起的屈曲强度增加与侧压半波挠度导致的屈曲强度降低可以相互抵消，因此对于方形板，可以近似取 $C_{px} = C_{py} = 1.0$。

考虑侧向压力和焊接残余应力影响，由式（3.27a）和式（3.27b）乘以式（3.28a）和式（3.28b）的修正因子，弹性板的受压屈曲应力计算如下：

$$\sigma_{xE,1} = C_{px} \left[k_x \frac{\pi^2 E}{12(1-\nu^2)} \left(\frac{t}{b} \right)^2 - \sigma_{rex} \right] \qquad (3.29a)$$

$$\sigma_{yE,1} = C_{py} \left[k_y \frac{\pi^2 E}{12(1-\nu^2)} \left(\frac{t}{b} \right)^2 - \sigma_{rey} \right] \qquad (3.29b)$$

图 3.16 给出了不存在焊接残余应力时，式（3.29a）和式（3.29b）应用于不同板厚和侧向水压的板的修正因子曲线，其中板 $a \times b = 2\ 400\ \text{mm} \times 800\ \text{mm}$，$E = 210\ \text{GPa}$。从图 3.16 可以明显看出，侧压力增大薄板的屈曲强度的趋势大于厚板。需要指出的是，侧压力可能不会影响带孔板的屈曲强度，因为带孔板可能不会受到侧压力载荷。

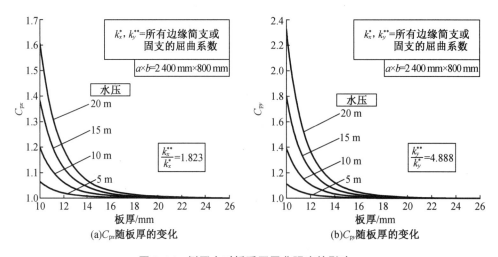

图 3.16 侧压力对板受压屈曲强度的影响

3.13 开 口 效 应

在板结构中，板上有时会开口用作通道或减小结构的重量。这种开口会降低板的屈曲强度。在屈曲强度公式中，必须把开口作为重要的影响参数。

图 3.17 为一个开孔位于中心的板。为了说明开口对板屈曲强度的影响，要用相应的屈曲强度折减系数，其定义为有孔板的屈曲系数与无孔板的屈曲系数之比。针对这种情况，

根据有限元法的特征值分析结果,通过曲线拟合,可以推导出因开口引起的板屈曲强度折减系数的经验公式。

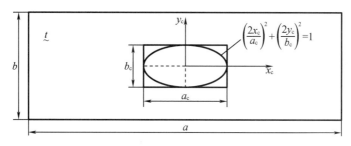

图3.17 开口位于中心的板

在结构分析和设计中,我们注意到尽管板的承载力是通过考虑开口的影响来评估的,但一个板的载荷效应(如应力)通常定义为一个完整的板(即没有开口的板)。在这种情况下,应用式(1.17)时,可以调整分项安全系数,以考虑开孔的影响。在下面部分中,提出了圆孔板弹性屈曲强度的经验公式,即 $a_c = b_c = d_c$。

第4章讨论了带孔板的极限强度。关于带孔板的屈曲和极限强度,感兴趣的读者可以参考 Narayanan 和 der Avanessian(1984)、Brown 等(1987)、Paik (2007a, 2007b, 2008)、Kim 等(2009)、Suneel Kumar 等(2009)和 Wang 等(2009)的文献。

3.13.1 纵向受压

图3.18 给出了在 σ_x 作用下,通过有限元法特征分析得到的,板的屈曲折减系数 R_{xE} 随开口尺寸和板长宽比的变化。在这种情况下,R_{xE} 可由开口尺寸和板长宽比的三次方程定义,如下所示:

$$R_{xE} = \alpha_{E1}\left(\frac{d_c}{b}\right)^3 + \alpha_{E2}\left(\frac{d_c}{b}\right)^2 + \alpha_{E3}\left(\frac{d_c}{b}\right) + 1 \tag{3.30a}$$

式中

$$\alpha_{E1} = \begin{cases} 0.002(a/b)^{8.238} & \text{当 } 1 \leqslant a/b < 2 \text{ 时} \\ -1.542\left(\frac{a}{b}\right)^2 + 7.232a/b - 7.666 & \text{当 } 2 \leqslant a/b < 3 \text{ 时} \\ -0.052\left(\frac{a}{b}\right)^2 + 0.526a/b - 0.964 & \text{当 } 3 \leqslant a/b \leqslant 6 \text{ 时} \end{cases}$$

$$\alpha_{E2} = \begin{cases} 0.655 + 1/\left[4.123\left(\frac{a}{b}\right) - 8.922\right] & \text{当 } 1 \leqslant a/b < 2 \text{ 时} \\ 1.767(a/b)^2 - 7.937a/b + 7.982 & \text{当 } 2 \leqslant a/b < 3 \text{ 时} \\ 0.071(a/b)^2 - 0.732a/b + 1.631 & \text{当 } 3 \leqslant a/b \leqslant 6 \text{ 时} \end{cases}$$

$$\alpha_{E3} = \begin{cases} -0.945 + 1/\left[-5.661\left(\dfrac{a}{b}\right) + 12.342\right] & \text{当 } 1 \leqslant a/b < 2 \text{ 时} \\[2mm] -0.248\left(\dfrac{a}{b}\right)^2 + 0.796a/b - 0.565 & \text{当 } 2 \leqslant a/b < 3 \text{ 时} \\[2mm] -0.020\left(\dfrac{a}{b}\right)^2 + 0.199a/b - 0.826 & \text{当 } 3 \leqslant a/b \leqslant 6 \text{ 时} \end{cases}$$

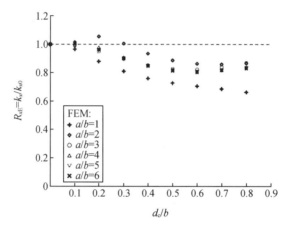

图 3.18 屈曲强度折减系数随开口尺寸和板长宽比的变化

注：k_x、k_{x0} 分别为有开口和无开口板的纵向压缩屈曲系数。

式（3.30a）与特征有限元屈曲解的精度对比如图 3.19 所示。对于中心圆孔板的弹性板屈曲应力计算为

$$\sigma_{xE,1} = R_{xE} k_{x0} \frac{\pi^2 E}{12(1-v^2)}\left(\frac{t}{b}\right)^2 \tag{3.30b}$$

式中，k_{x0} 为无开孔板的纵向压缩屈曲系数。

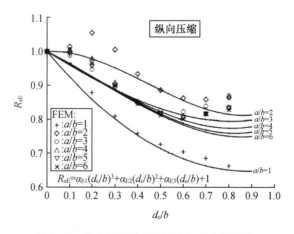

图 3.19 纵向压缩作用下式（3.30a）的精度

3.13.2　横向受压

图 3.20 给出了在 σ_y 作用下,有限元特征分析得到的板的屈曲折减系数 σ_{yE} 随开口尺寸和板宽比的变化。在这种情况下,R_{yE} 可以由一个二次方程来定义,该方程与开口尺寸和平板长宽比有关,如下所示:

$$R_{yE} = \alpha_{E4}\left(\frac{d_c}{b}\right)^2 + \alpha_{E5}\frac{d_c}{b} + 1 \tag{3.31a}$$

式中

$$\alpha_{E4} = \begin{cases} 0.034(a/b)^2 - 0.327a/b + 0.768 & \text{当 } 1 \leqslant a/b < 4 \text{ 时} \\ 0.004 & \text{当 } 4 \leqslant a/b \leqslant 6 \text{ 时} \\ \alpha_{E5} = -0.008 - 1/[0.967(a/b) + 0.302] & \text{当 } 1 \leqslant a/b \leqslant 6 \text{ 时} \end{cases}$$

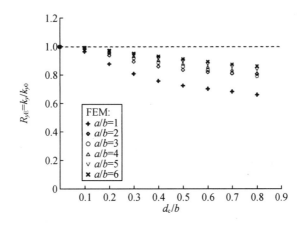

图 3.20　屈曲强度折减系数随开口尺寸和板长宽比的变化

注:k_x、k_{x0} 分别为有开口和无开口板的横向压缩屈曲系数。

式(3.31a)与有限元屈曲特征解比较的精度如图 3.21 所示。计算带孔板的弹性屈曲应力为

$$\sigma_{yE,1} = R_{yE}k_{y0}\frac{\pi^2 E}{12(1-\nu^2)}\left(\frac{t}{b}\right)^2 \tag{3.31b}$$

式中,k_{y0} 为无孔板的横向压缩屈曲系数。

3.13.3　边界剪切

图 3.22 给出了利用有限元法特征分析得到的在 τ 作用下的板屈曲折减因子 $R_{\tau E}$ 随开口尺寸和板长宽比的变化。在这种情况下,$R_{\tau E}$ 可以由一个三次方程定义,该方程与开口尺寸和板长宽比有关,如下所示:

$$R_{\tau E} = \alpha_{E6}\left(\frac{d_c}{b}\right)^3 + \alpha_{E7}\left(\frac{d_c}{b}\right)^2 + \alpha_{E8}\frac{d_c}{b} + 1 \tag{3.32a}$$

式中

$$\alpha_{E6} = \begin{cases} 0.094(a/b)^2 + \dfrac{0.035a}{b} + 1.551 & \text{当 } 1 \leqslant a/b \leqslant 3 \text{ 时} \\[2ex] 2.502 & \text{当 } 3 \leqslant a/b \leqslant 6 \text{ 时} \end{cases}$$

$$\alpha_{E7} = \begin{cases} -0.039\left(\dfrac{a}{b}\right)^2 - \dfrac{0.807a}{b} - 0.405 & \text{当 } 1 \leqslant a/b \leqslant 3 \text{ 时} \\[2ex] -3.177 & \text{当 } 3 \leqslant a/b \leqslant 6 \text{ 时} \end{cases}$$

$$\alpha_{E8} = \begin{cases} -0.053\left(\dfrac{a}{b}\right)^2 + \dfrac{0.785a}{b} - 1.875 & \text{当 } 1 \leqslant a/b \leqslant 3 \text{ 时} \\[2ex] 0.003 & \text{当 } 3 \leqslant a/b \leqslant 6 \text{ 时} \end{cases}$$

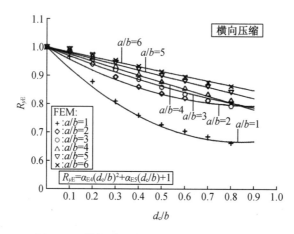

图 3.21　横向受压作用下式(3.31a)的精度

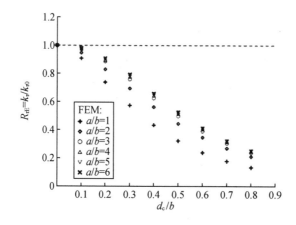

图 3.22　屈曲强度折减系数随开口尺寸和板长宽比的变化

注 k_τ、$k_{\tau0}$ 分别为有开口和无开口板的剪切屈曲系数。

式(3.32a)与特征有限元屈曲解的精度对比如图 3.23 所示。计算带孔板的弹性屈曲应力为

$$\tau_{E,1} = R_{\tau E} k_{\tau0} \frac{\pi^2 E}{12(1-\nu^2)} \left(\frac{t}{b}\right)^2 \tag{3.32b}$$

式中, $k_{\tau 0}$ 为无孔板的剪切屈曲系数。

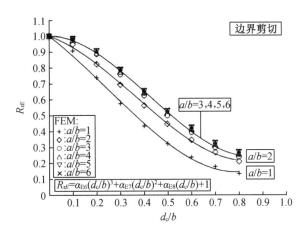

图 3.23　在边界剪切作用下式(3.32a)的精度

3.13.4　组合载荷

为了实际设计的目的,可以假定有孔板与无孔板在组合载荷作用下的弹性屈曲相互作用关系是相同的,但需要采用每一载荷类型对应的屈曲强度分量。图 3.24 给出了选定的部分具有中心圆孔的板在组合载荷作用下的弹性屈曲强度相互作用曲线,同时加入了有限元特征解进行了比较。显然,先前关于屈曲相互作用关系的假设是正确的。

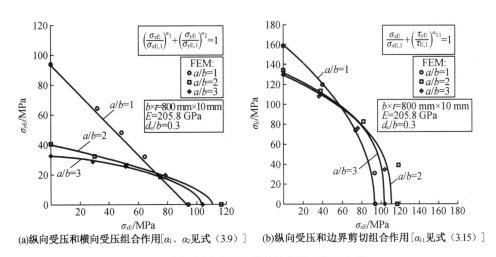

(a)纵向受压和横向受压组合作用[α_1、α_2见式(3.9)]　　(b)纵向受压和边界剪切组合作用[α_{11}见式(3.15)]

图 3.24　中部有圆孔板的弹性屈曲强度相互作用

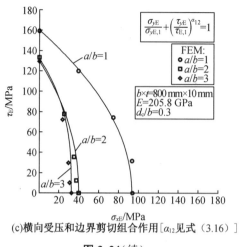

(c)横向受压和边界剪切组合作用[α_{12}见式（3.16）]

图 3.24(续)

3.14 弹塑性屈曲强度

3.14.1 单一载荷

具有较高弹性屈曲强度的厚板在弹性范围内不会发生屈曲,达到极限强度时会有一定程度的塑性发生。在考虑塑性效应时,预测板的抗压屈曲能力的方法因开口的存在而异。

3.14.1.1 无孔板

弹塑性屈曲强度是用第 2 章所述的 Johnson-Ostenfeld 公式法对相应的弹性屈曲应力进行塑性修正得到的,通常称为"临界"屈曲强度。在单一载荷作用下,将计算得到的弹性屈曲应力代入式(2.93),近似得到弹塑性屈曲应力:

$$\sigma_{xcr} = \begin{cases} \sigma_{xE,1} & \text{当 } \sigma_{xE,1} \leqslant \alpha\sigma_Y \text{ 时} \\ \sigma_Y\left[1 - \dfrac{\sigma_Y}{(4\sigma_{xE,1})}\right] & \text{当 } \sigma_{xE,1} > \alpha\sigma_Y \text{ 时} \end{cases} \tag{3.33a}$$

$$\sigma_{ycr} = \begin{cases} \sigma_{yE,1} & \text{当 } \sigma_{yE,1} \leqslant \alpha\sigma_Y \text{ 时} \\ \sigma_Y\left[1 - \dfrac{\sigma_Y}{(4\sigma_{yE,1})}\right] & \text{当 } \sigma_{yE,1} > \alpha\sigma_Y \text{ 时} \end{cases} \tag{3.33b}$$

$$\tau_{cr} = \begin{cases} \tau_{E,1} & \text{当 } \tau_{E,1} \leqslant \alpha\sigma_Y \text{ 时} \\ \tau_Y\left[1 - \dfrac{\tau_Y}{(4\tau_{E,1})}\right] & \text{当 } \tau_{E,1} > \alpha\sigma_Y \text{ 时} \end{cases} \tag{3.33c}$$

式中,$\tau_Y = \sigma_Y/\sqrt{3}$;$a = 0.5$ 或 0.6,取压缩法向应力和切应力为正。在实际设计中,临界屈曲强度通常被认为是相应的极限强度。

图 3.25 显示了不同边界条件下钢板(无开口)的临界屈曲应力与弹性屈曲应力之间的关系(Jun,2002)。同时给出了采用理想弹塑性材料模型、不考虑应变硬化效应的弹塑性大变形有限元解的极限强度结果以供比较。很明显,无论边界条件如何,Johnson-Ostenfeld 公式能用

弹性屈曲强度很好地预测厚板(不开孔)的弹塑性或塑性屈曲强度,尽管稍有误差。

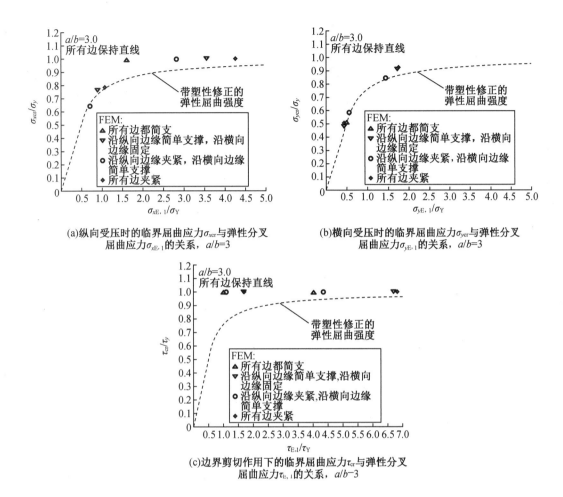

(a)纵向受压时的临界屈曲应力σ_{xcr}与弹性分叉
屈曲应力$\sigma_{xE,1}$的关系,$a/b=3$

(b)横向受压时的临界屈曲应力σ_{ycr}与弹性分叉
屈曲应力$\sigma_{yE,1}$的关系,$a/b=3$

(c)边界剪切作用下的临界屈曲应力τ_{cr}与弹性分叉
屈曲应力$\tau_{E,1}$的关系,$a/b-3$

图3.25 不同边界条件下钢板(无开口)的临界屈曲应力与弹性屈曲应力之间的关系

3.14.1.2 带孔板

对于带孔板,使用 Johnson-Ostenfeld 公式法即式(3.33)会导致不充分的结果,可能高估或低估临界屈曲强度,这取决于板的长细比和/或开口的大小。图3.26比较了由式(3.33)得到的临界屈曲强度与由非线性有限元法得到的具有中心圆孔的板的极限强度(Paik,2008)。对于带孔薄板,其临界屈曲强度与极限强度相比被严重低估。相比之下,厚穿孔板的临界屈曲强度被高估了,特别是当开孔尺寸较大时。

对较厚穿孔板进行临界屈曲强度预测的目的是考虑弹塑性屈曲的影响。重要的是要从这些图中认识到,Johnson-Ostenfeld 公式法不应该用于预测带孔板的临界屈曲强度,而在第4章中描述的极限强度则能提供更好和更一致的结构设计基准。在这种情况下,带孔板的极限强度由式(4.86)确定如下:

$$\left.\begin{array}{l} \sigma_{xcr} = \sigma_{xu} = R_{xu}\sigma_{xuo} \\ \sigma_{ycr} = \sigma_{yu} = R_{yu}\sigma_{yuo} \\ \tau_{cr} = \tau_u = R_{\tau u}\tau_{uo} \end{array}\right\} \tag{3.34}$$

式中，σ_{xu}、σ_{yu} 和 τ_u 是带孔板的极限强度；σ_{xuo}、σ_{yuo} 和 τ_{uo} 是无孔板的极限强度，见 4.10 节；R_{xu}、R_{yu} 和 $R_{\tau u}$ 分别为式(4.87a)、式(4.87b)和式(4.87c)的极限强度折减因子。

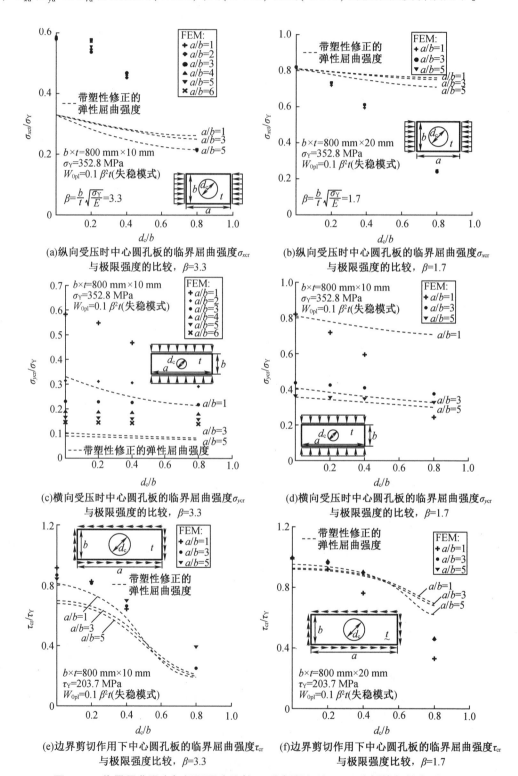

(a)纵向受压时中心圆孔板的临界屈曲强度σ_{xcr}
与极限强度的比较，$\beta=3.3$

(b)纵向受压时中心圆孔板的临界屈曲强度σ_{xcr}
与极限强度的比较，$\beta=1.7$

(c)横向受压时中心圆孔板的临界屈曲强度σ_{ycr}
与极限强度的比较，$\beta=3.3$

(d)横向受压时中心圆孔板的临界屈曲强度σ_{ycr}
与极限强度的比较，$\beta=1.7$

(e)边界剪切作用下中心圆孔板的临界屈曲强度τ_{cr}
与极限强度比较，$\beta=3.3$

(f)边界剪切作用下中心圆孔板的临界屈曲强度τ_{cr}
与极限强度比较，$\beta=1.7$

图 3.26　临界屈曲强度与极限强度比较（β 为板长细比；W_{0pl} 为板块初始变形）

3.14.2 组合载荷

对于纵向拉压 σ_x、横向拉压 σ_y 及边界剪切 τ 组合作用下的板的屈曲强度设计,临界屈曲强度相互作用函数 Γ_B 通常表示为

$$\Gamma_B = \left(\frac{\sigma_x}{\sigma_{xcr}}\right)^2 - \alpha\left(\frac{\sigma_x}{\sigma_{xcr}}\right)\left(\frac{\sigma_y}{\sigma_{ycr}}\right) + \left(\frac{\sigma_y}{\sigma_{ycr}}\right)^2 + \left(\frac{\tau}{\tau_{cr}}\right)^2 - 1 \qquad (3.35)$$

式中,σ_x、σ_y 和 τ 为外加应力分量;σ_{xcr}、σ_{ycr} 和 τ_{cr} 为由式(3.33)或式(3.34)得到的临界屈曲强度分量;当 σ_x、σ_y 均为压力时,$a=0$;当 σ_x、σ_y 二者之一或均为拉力时,$a=1$。

在式(3.35)的使用中,压应力取负号,而拉应力取正号。屈曲前 Γ_B 的值小于零,而 Γ_B 刚好达到零则发生屈曲,$\Gamma_B > 0$ 时则屈曲已发生。

参 考 文 献

Bleich, F. (1952). Buckling strength of metal structures. McGraw-Hill, New York.

Brown, C. J., Yettram, A. L. & Burnett, M. (1987). Stability of plates with rectangular holes. Journal of Structural Engineering, 113(5): 1111-1116.

Fujikubo, M., Yao, T., Varghese, B., Zha, Y. & Yamamura, K. (1998). Elastic local buckling strength of stiffened plates considering plate/stiffener interaction and lateral pressure. Proceedings of the International Offshore and Polar Engineering Conference, Montreal, IV: 292-299.

Hughes, O. F. & Paik, J. K. (2013). Ship structural analysis and design. The Society of Naval Architects and Marine Engineers, Alexandria, VA.

JWS (1971). Handbook of buckling strength of unstiffened and stiffened plates. The Plastic Design Committee, The Japan Welding Society, Tokyo (in Japanese).

Kim, U. N., Choe, I. H. & Paik, J. K. (2009). Buckling and ultimate strength of perforated plate panels subject to axial compression: experimental and numerical investigations with design formulations. Ships and Offshore Structures, 4(4): 337-361.

Klöppel, K. & Sheer, J. (1960). Beulwerte Ausgesteifter Rechteck-platten. Verlag von Wilhelm Ernst & Sohn, Berlin (in German).

Narayanan, R. & der Avanessian, N. G. V. (1984). Elastic buckling of perforated plates under shear. Thin-Walled Structures, 2: 51-73.

Paik, J. K. (2007a). Ultimate strength of steel plates with a single circular hole under axial compressive loading along short edges. Ships and Offshore Structures, 2(4): 355-360.

Paik, J. K. (2007b). Ultimate strength of perforated steel plates under edge shear loading. Thin-Walled Structures, 45: 301-306.

Paik, J. K. (2008). Ultimate strength of perforated steel plates under combined biaxial compression and edge shear loads. Thin-Walled Structures, 46: 207-213.

Paik, J. K. & Thayamballi, A. K. (2000). Buckling strength of steel plating with elastically restrained edges. Thin-Walled Structures, 37: 27-55.

Paik, J. K. & Yi, M. S. (2016). Experimental and numerical investigations of welding-induced distortions and stresses in steel stiffened plate structures. The Korea Ship and Offshore Research Institute, Pusan National University, Busan.

Paulling, J. R. (1988). Strength of ships. Chapter 4 in Principles of Naval Architecture, Vol. I, Stability and Strength. The Society of Naval Architects and Marine Engineers, Alexandria, VA.

Suneel Kumar, M., Alagusundaramoorthy, P. & Sunsaravadivelu, R. (2009). Interaction curves for stiffened panel with circular opening under axial and lateral loads. Ships and Offshore Structures, 4(2): 133-143.

第4章　板的大挠度和极限强度

4.1　板失效的基本原理

主要承受压缩载荷的板的极限强度包括屈曲和塑性失效,在力学分析方面,这比承受拉伸载荷以总体屈服为标准判断失效的板要复杂得多。

图4.1至图4.3给出了钢板或铝板在轴向压缩载荷下,从加载至极限强度临界点后的弹塑性大挠曲行为,考虑了板是否存在初始缺陷。其中,板长为2 400 mm,宽为800 mm,四边简支,边界保持直线。

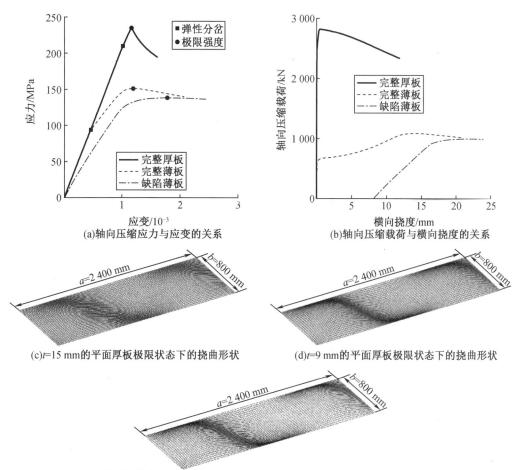

(a)轴向压缩应力与应变的关系

(b)轴向压缩载荷与横向挠度的关系

(c)t=15 mm的平面厚板极限状态下的挠曲形状

(d)t=9 mm的平面厚板极限状态下的挠曲形状

(e)t=9 mm的带初始缺陷(挠度)的薄板极限状态的挠曲形状(初始缺陷形状被放大10倍)

图4.1　钢板在纵向轴向压缩载荷下的极限强度行为

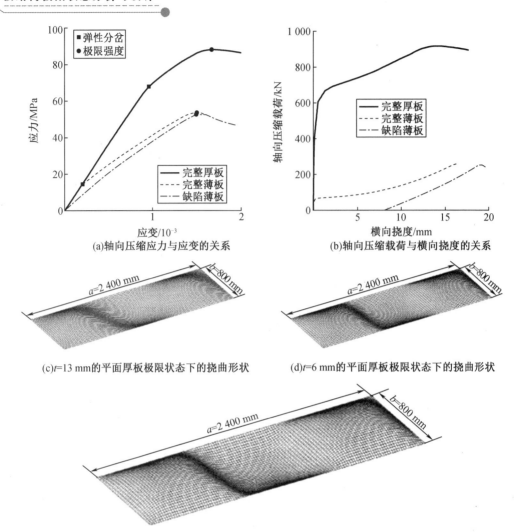

(a)轴向压缩应力与应变的关系

(b)轴向压缩载荷与横向挠度的关系

(c)t=13 mm的平面厚板极限状态下的挠曲形状

(d)t=6 mm的平面厚板极限状态下的挠曲形状

(e)t=6 mm的带初始缺陷(挠度)的板极限状态下的挠曲形状（初始缺陷形状被放大10倍）

图 4.2　铝板在纵向轴向压缩载荷下的极限强度行为

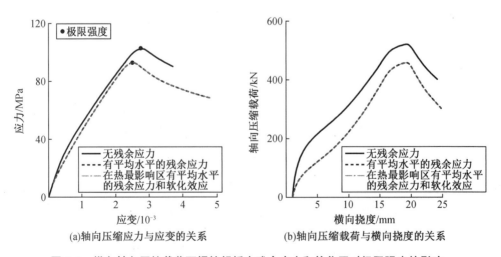

(a)轴向压缩应力与应变的关系

(b)轴向压缩载荷与横向挠度的关系

图 4.3　纵向轴向压缩载荷下焊接铝板中残余应力和软化区对极限强度的影响

分析方法采用了本书第 12 章介绍的非线性有限元法,使用理想塑性材料模型,忽略了应变硬化效应影响。

图 4.1 为低碳钢钢板的极限强度响应,材料屈服强度 $\sigma_Y = 235$ MPa,弹性模量 $E = 205.8$ GPa,泊松比 $\nu = 0.3$。考虑两种板厚和长细比,$t = 15$ mm,$\beta = (b/t)\sqrt{\sigma_Y/E} = 1.80$,$t = 9$ mm,$\beta = 3.0$。

初始缺陷仅考虑薄板,较厚的板被视为理想平板,没有初始挠度。例如 $w_{0pl} = 8.1$ mm 的薄板,w_{0pl} 是板中心的最大初始挠度。从图 4.1 中可以明显看出,厚板的极限强度行为与薄板不同,存在初始缺陷的薄板没有显示分岔屈曲,但总的挠度从加载开始就逐渐增加。

图 4.2 显示了由铝合金 5083-O 制成的铝板的极限强度应力应变响应,屈服强度 $\sigma_Y = 125$ MPa,弹性模量 $E = 72$ GPa,泊松比 $\nu = 0.3$。类似地,考虑两种板厚,$t = 13$ mm 或 $\beta = 2.56$,$t = 6$ mm 或 $\beta = 5.56$。其中,薄板的初始挠度 $w_{0pl} = 8.0$ mm。从图 4.2 可以看出,铝板的极限强度行为与钢板的极限强度行为相似。

人们认识到,在焊接铝板软化区的材料强度是通过一段时间的自然恢复的(Lancaster, 2003),但如果软化区没有恢复,板材的极限强度可能会由于软化现象而降低。如图 4.3 所示,考虑铝板的一个具体案例,来说明纵向轴压载荷下焊接铝板中残余应力和软化区对极限强度的影响。板材采用 5083-H116 铝合金,屈服强度 $\sigma_Y = 215$ MPa。板厚 $t = 9$ mm,$\beta = 4.86$。初始挠度很小,$w_{0pl} = 1$ mm,而板材的平均残余应力水平 $\sigma_{rcx} = -0.15\sigma_Y$(图 1.34)。其中热影响区宽度 $b' = 63.2$ mm(图 1.27),软化区屈服强度为 167 MPa($= 0.777\sigma_Y$)。焊接仅在纵向边缘进行,因此在横向上不会发生残余应力或软化。由图 4.3 可以看出,焊接导致的残余应力显著降低了极限强度,但软化现象的影响在此具体情况下可以忽略不计。

板在载荷作用下的行为可分为 5 种状态:屈曲前、屈曲、后屈曲、极限强度和后极限强度。在屈曲前阶段,结构在载荷与位移之间的响应通常是线性的,构件是稳定的。当主要的压应力达到一个临界值时,就会发生屈曲,如第 3 章所述。

一般柱结构屈曲即意味着失效,而板与此不同,在弹性状态下屈曲后仍可能具有足够的储备裕度保持稳定,可以进一步承受载荷直到极限强度,甚至是在屈曲开始后板平面刚度显著降低的情况下亦如此。基于此,出于结构设计轻量化和经济性的考虑,可以允许加强筋之间板发生弹性屈曲。然而,在非弹性阶段的板发生屈曲后,已对板的剩余强度不再抱有期望,因此非弹性屈曲被视为板的极限状态。

随着施加载荷的增大,由于屈服区域的扩展,板最终达到承载能力的极限状态。在后极限强度阶段,失效板的平面刚度为负值,这种强度余量的不足导致了板的高度不稳定性。具有初始缺陷的板,随着压缩载荷的增加从最初就开始变形,因此不会出现分岔屈曲现象。具有缺陷的板结构的极限强度要低于完好结构的极限强度。

板的极限强度行为取决于各种影响因素,如几何形状、材料性质、载荷特性、初始缺陷(如焊接铝板在热影响区的初始挠度、残余应力或软化)、边界条件以及腐蚀、疲劳裂纹和凹痕等已存在的局部损伤。

在使用式(1.17)的板单元的承载能力的极限状态设计中,需求表示施加应力的极值,承载能力表示极限强度。本章给出了板在平面和侧向压力组合载荷下的极限强度公式,其中考虑了初始缺陷(初始挠度和焊接残余应力)的影响,阐述了开口、腐蚀折减、疲劳裂纹和局部凹陷损伤对板极限强度的影响,同时给出了板达到极限强度前后的平均应力–应变关系。需要注意的是,本章中描述的理论和方法通常适用于钢板和铝板。

4.2　板结构的理想化

4.2.1　几何性质

在连续的板架结构中,截取一个位于纵向加强筋和横向框架之间的矩形加筋板单元,如图 4.4 所示。板的 x 轴可在任何一个参考方向上选取,y 轴在与 x 轴垂直的方向上取。因此,并不必要总是将板的长度定位于其实际的长边。这种选定坐标系的一个优点是,对于由大量板单元组成的大型板结构强度计算,统一化的处理要使问题变得简单得多,其中一些板单元是"宽"的,另一些是"长"的。板的长度和宽度分别用 a 和 b 表示,板厚用 t 表示。

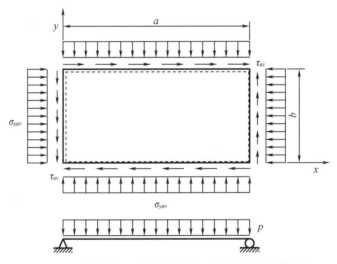

图 4.4　双向载荷、四边剪切和侧向压力作用下的矩形板

4.2.2　材料特性

板结构通常由低碳钢、高强度钢或铝合金制成;屈服强度为 σ_Y;弹性模量和泊松比分别为 E 和 ν;弹性剪切模量 $G=E/[2(1+\nu)]$;板弯曲刚度 $D=Et^3/[12(1-\nu^2)]$;板长细比定义为 $\beta=(b/t)\sqrt{\sigma_Y/E}$。

4.2.3　载荷及载荷效应

当连续的板结构承受外部载荷作用时,可以通过线弹性有限元分析或传统的结构力学理论计算板单元的载荷效应(如应力和变形)。

作用在板单元上可能的载荷成分通常包括 4 种类型(或 6 载荷分量):双轴向载荷

(即压缩或拉伸)、边缘剪切载荷、面内双向弯曲载荷与侧向压力载荷,这些载荷同第3章所述。当纯板的部分相对于整个板结构占比较小时,面内弯曲效应对板极限强度的影响可以忽略不计。相反,当板占比较大时,如第3章所述,往往需要考虑面内弯曲对板屈曲强度的影响。在这方面,本章讨论了3种类型的载荷(或4种载荷分量):纵向压缩或拉伸(σ_{xav})、横向压缩或拉伸(σ_{yav})、边缘剪切($\tau = \tau_{av}$)和侧向压力载荷(p),如图4.4所示。

在船舶和离岸结构物中,侧向压力载荷由水压或货物重量引起。静水压幅值取决于船舶吃水深度,而货物静压力取决于装载货物的数量和密度。这些压力的量值同时因海上波浪作用和船舶运动而变动。通常,较大的面内载荷是由船体梁在静水或波浪中的总纵弯曲引起的。

在本章中,除非另有说明,规定压应力为负,拉应力为正。也就是说,当载荷为压力时,纵向或轴向载荷为负值,反之亦然。

4.2.4 与制造相关的初始缺陷

焊接工艺通常用于制造加工钢板或铝板结构,焊接产生的初始缺陷在某些情况下可能会显著影响(降低)结构承载力。因此,在高标准的结构设计中,板的强度计算应将初始缺陷作为影响参数。焊接引起的初始缺陷的特征具有不确定性,如1.7节所述,通常采用理想化模型来表示这些缺陷。

4.2.5 边界条件

在连续板结构中,板单元的边界由纵向加强筋和横向框架支撑。与板本身刚度相比,边界支撑构件的弯曲刚度通常相当大,这意味着支撑构件的横向变形相对于板本身的变形非常小,甚至在板失效时仍然如此。因此,可以假设板四边的支撑构件能保持在同一平面内。如第3章所述,板边缘的旋转约束条件取决于支撑构件的扭转刚度,这些刚度既不是零也不是无穷大。

当连续支撑的板结构主要受到平面内压缩载荷作用时,板的屈曲模式预计是不对称的。也就是说如果一个板单元屈曲向上变形,而相邻的板单元倾向于挠曲向下。在这种情况下(屈曲后),可以认为板边缘的旋转约束很小。

然而,当板结构承受轴向压缩和横向压力的组合载荷时,结构的屈曲变形方式往往是趋于对称的。至少当横向压力足够大时,相邻的板单元沿压力方向变形。在这种情况下,可以认为边界旋转约束变得非常大,以至于在加载初始阶段可以等效为固定端条件。然而,如果沿边界产生了较大的弯矩,边界区域较早屈服发生了塑性变形,则转动约束随着施加载荷的增加而减少。

事实上,细长加强筋很容易发生扭转屈曲,导致实际的加筋板和加强筋的整体失稳,甚至在低于简支条件的应力水平下发生。本章中的内容基于以下常规假设,即加强筋和其他支撑构件设计合理,在板失效之前不会发生局部失稳。当加强筋较弱时,它们可以与板一起发生所谓的整体屈曲。加筋板的整体屈曲的设计和分析过程将在第5章和第6章中另行介绍。

在某些情况下,特别是在较大的横向压力载荷下,板边缘可能不会保持为直线,这是一种必须单独处理的特殊情况。然而,只要加强筋强度足够,可以防止在板屈曲之前失效,即本章所考虑的前提条件,此时板仅会发生局部失效。在该假设适用的连续板结构中,单个板单元的边界会一直保持为直线(即认为板单元之间的相互影响可以忽略),因为直到达到ULS时才会发生相邻单元比较显著的相互作用。

因此,在本章中,假设板边界是简单支撑的,简支端的挠度和转动约束为零,且所有边界保持直线。这与我们在第3章中对板屈曲的复杂处理不同,其中考虑了支撑构件转动约束的影响。为了数学上处理的方便,固定端或部分转动约束边界条件的影响在本章中单独论述。

图4.5采用非线性有限元法分析了直边条件对简支钢板失效行为的影响。正如预期的那样,空载边界保持直线的板的极限强度大于空载边界在平面内自由时的强度。对于20 mm 的相对厚板来说,直线边界和自由边界的极限强度的差别非常小;然而,对于 10 mm厚的薄板,差别约为 20%。

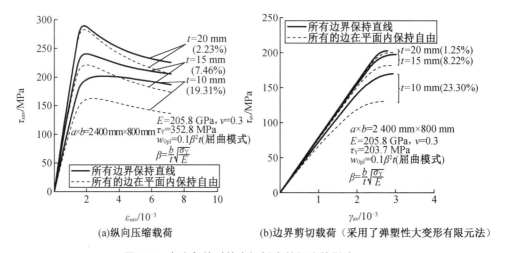

(a)纵向压缩载荷　　　　　　　　(b)边界剪切载荷（采用了弹塑性大变形有限元法）

图 4.5　直边条件对简支钢板失效行为的影响

研究板边界条件对失效行为影响的另一个示例是承受轴向压力和侧向压力的板。采用非线性有限元分析的两种结构理想化模型可能相关:一种是所有边界均为简支的单跨距板,如图4.6(a)所示;另一种是三跨距长度范围的板,如图4.6(b)所示。其中,假设所有板边界都为简支,保持直线。在有限元分析中,沿横向框架的边界应用简支条件,这是由于侧向压力在边界两侧,使邻跨自动发挥了扭转约束的作用。

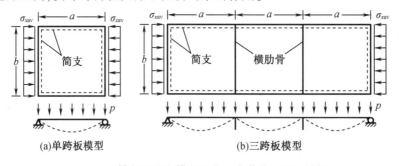

(a)单跨板模型　　　　　　　　　(b)三跨板模型

图 4.6　轴向压缩和横向压力组合载荷作用下的板

图4.7表示通过非线性有限元分析得到的、不同幅度侧向压力作用下的板的极限强度。

从图4.7可以明显看出,三跨板模型的极限强度大于单跨板模型的极限强度。由于侧向压力的作用,横向框架支撑的板边界部分被紧固(两侧弯矩相反,抵抗弯曲的能力提高),强度随着侧向压力的增加而增加,三跨板块模型自动考虑了这一影响。然而,侧向压力引起的转动约束的影响很小,简支板边界条件与施加的侧向压力载荷无关。

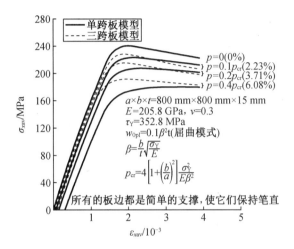

图4.7 板在轴向压缩和侧向压力组合载荷作用下,通过弹塑性大变形有限元分析得到的极限强度响应

4.3 板的非线性控制微分方程

可以通过求解大变形板理论中的两个非线性控制微分方程,即平衡方程和相容方程(或协调方程)(Marguerre,1938;Timoshenko et al.,1981)来分析弹性范围内板的后屈曲或大挠度行为。

$$D\left(\frac{\partial^4 w}{\partial x^4}+2\frac{\partial^4 w}{\partial x^2 \partial y^2}+\frac{\partial^4 w}{\partial y^4}\right)-t\left[\frac{\partial^2 F}{\partial y^2}\frac{\partial^2 (w+w_0)}{\partial x^2}-2\frac{\partial^2 F}{\partial x \partial y}\frac{\partial^2 (w+w_0)}{\partial x \partial y}+\frac{\partial^2 F}{\partial x^2}\frac{\partial^2 (w+w_0)}{\partial y^2}+\frac{p}{t}\right]=0$$
(4.1a)

$$\frac{\partial^4 F}{\partial x^4}+2\frac{\partial^4 F}{\partial x^2 \partial y^2}+\frac{\partial^4 F}{\partial y^4}-E\left[\left(\frac{\partial^2 w}{\partial x \partial y}\right)^2-\frac{\partial^2 w}{\partial x^2}\frac{\partial^2 w}{\partial y^2}+2\frac{\partial^2 w_0}{\partial x \partial y}\frac{\partial^2 w}{\partial x \partial y}-\frac{\partial^2 w_0}{\partial x^2}\frac{\partial^2 w}{\partial y^2}-\frac{\partial^2 w}{\partial x^2}\frac{\partial^2 w_0}{\partial y^2}\right]=0$$
(4.1b)

式中,w 和 w_0 分别为增量变形和初始变形;F 为艾里应力函数。当已知艾里应力函数 F 和增量变形 w 时,板内的应力可以按下式计算:

$$\sigma_x=\frac{\partial^2 F}{\partial y^2}-\frac{Ez}{1-\nu^2}\left(\frac{\partial^2 w}{\partial x^2}+\nu\frac{\partial^2 w}{\partial y^2}\right)$$
(4.2a)

$$\sigma_y=\frac{\partial^2 F}{\partial x^2}-\frac{Ez}{1-\nu^2}\left(\frac{\partial^2 w}{\partial y^2}+\nu\frac{\partial^2 w}{\partial x^2}\right)$$
(4.2b)

$$\tau=-\frac{\partial^2 F}{\partial x \partial y}-\frac{Ez}{2(1+\nu)}\frac{\partial^2 w}{\partial x \partial y}$$
(4.2c)

式中,z 是板厚度方向的坐标,在板中间处 $z=0$。

通过求解指定的边界条件、施加载荷和初始缺陷的板的控制微分方程,可以计算板内的应力分布,从而检验板的弹性大变形行为。板内的正应力在受压时为负,受拉时为正。

为了求解方程(4.1a)和(4.1b),首先假设满足边界条件的初始变形和增量变形函数。采用伽辽金法(Fletcher,1984)等能量方法,可以将变形函数中的未知量作为施加载荷的函数。当然,也可以采用一个能精确表达板在相应的载荷作用下的变形方式的函数,这可能需要在假设的增量变形函数中包含更多未知量。

事实上,求解具有变形函数的板的非线性控制微分方程是比较困难的,因此建议进行一些简化。有如下两个原因:一个是,在解析方法中难以处理带两个以上未知量的增量变形函数,因此建议使用表示板变形模式的单个分量;另一个是,组合载荷通常会导致更复杂的变形模式,因此使用单个变形分量的简化方法并不总是成功的。在这种情况下,载荷条件仅由一种简单载荷或由具有简单变形函数的少数几个载荷组成。

4.4   简支板的弹性大变形行为

为了精确分析4.2节所述的简支板的弹性大变形行为,满足简支边界的初始变形和增量变形函数可以用傅里叶级数表示,如下所示:

$$w_0 = \sum_{m=1}^{i} \sum_{n=1}^{j} A_{0mn} \sin \frac{m\pi x}{a} \sin \frac{n\pi y}{b} \tag{4.3a}$$

$$w = \sum_{m=1}^{i} \sum_{n=1}^{j} A_{mn} \sin \frac{m\pi x}{a} \sin \frac{n\pi y}{b} \tag{4.3b}$$

式中,A_{0mn} 和 A_{mn} 是初始和增量变形幅值;i 和 j 是 x 和 y 方向上变形分量的最大数量,一般应尽可能多地选取。对于板初始挠度的模型,可参考第1.7节。

经验证明,式(4.3a)和式(4.3b)满足板四边的简支边界条件,又因为板边缘平面外弯曲力矩为零(即自由转动),所以

$$w = 0 \qquad \text{当 } x=0, a \text{ 和 } y=0, b \text{ 时} \tag{4.4a}$$

$$\frac{\partial^2 y}{\partial x^2} = 0 \qquad \text{当 } y=0, b \text{ 时} \tag{4.4b}$$

$$\frac{\partial^2 w}{\partial y^2} = 0 \qquad \text{当在 } x=0, a \text{ 时} \tag{4.4c}$$

为了简单起见,假设具有单个变形分量的增量变形函数和相关的初始变形函数,考虑了与4.3节所述载荷相对应的最佳变形模式。平面内载荷引起的变形模式与侧向压力载荷下的变形模式有很大不同,因此,应分别处理这些载荷条件,并近似考虑它们之间的相互作用。此外,由于边界剪切引起的变形模式非常复杂,它不能用任何单个变形分量函数来表示。在这种情况下,数值计算比解析方法更方便。

4.4.1   侧向压力载荷

考虑 x 和 y 方向上各一个半波数,仅在侧向压力作用下简支板的初始变形函数和增量变形函数如式(4.3a)和(4.3b)所示:

$$w_0 = A_{01} \sin \frac{\pi x}{a} \sin \frac{\pi y}{b} \qquad (4.5a)$$

$$w = A_1 \sin \frac{\pi x}{a} \sin \frac{\pi y}{b} \qquad (4.5b)$$

式中，$A_{01}(=A_{011})$ 和 $A_1(=A_{11})$ 是初始和增量变形幅度。将式(4.5a)和式(4.5b)代入式(4.1b)得到

$$\frac{\partial^4 F}{\partial x^4} + 2\frac{\partial^4 F}{\partial x^2 \partial y^2} + \frac{\partial^4 F}{\partial y^4} = -\frac{\pi^4 E A_1(A_1 + 2A_1)}{2a^2 b^2}\left(\cos\frac{2\pi x}{a} + \cos\frac{2\pi y}{b}\right) \qquad (4.6)$$

通过求解方程(4.6)，得到艾里应力函数 F 的特解 F_P 如下所示：

$$F_P = \frac{E A_1(A_1 + 2A_{01})}{32}\left(\frac{a^2}{b^2}\cos\frac{2\pi x}{a} + \frac{b^2}{a^2}\cos\frac{2\pi y}{b}\right) \qquad (4.7)$$

将焊接引起的残余应力视为初始应力参数，给出了满足加载条件的应力函数 F 的通解 F_H，即

$$F_H = \sigma_{rx}\frac{y^2}{2} + \sigma_{ry}\frac{x^2}{2} \qquad (4.8)$$

式中，σ_{rx} 和 σ_{ry} 是焊接引起的残余应力，同第1.7.3节所述。

适用的应力函数 F 可以表示为特解和通解之和，如下所示：

$$F = \sigma_{rx}\frac{y^2}{2} + \sigma_{ry}\frac{x^2}{2} + \frac{E A_1(A_1 + 2A_{01})}{32}\left(\frac{a^2}{b^2}\cos\frac{2\pi x}{a} + \frac{b^2}{a^2}\cos\frac{2\pi y}{b}\right) \qquad (4.9)$$

将式(4.5a)、式(4.5b)和式(4.9)代入式(4.1a)，并应用伽辽金法(Fletcher,1984)可得到

$$\int_0^a \int_0^b \left\{ D\left(\frac{\partial^2 w}{\partial x^4} + 2\frac{\partial^4 w}{\partial x^2 \partial y^2} + \frac{\partial^2 w}{\partial y^4}\right) - t\left[\frac{\partial^2 F}{\partial y^2}\frac{\partial^2(w + w_0)}{\partial x^2} + 2\frac{\partial^2 F}{\partial x \partial y}\frac{\partial^2(w + w_0)}{\partial x \partial y} + \frac{\partial^2 F}{\partial x^2}\frac{\partial^2(w + w_0)}{\partial y^2} + \frac{p}{t}\right]\right\} \cdot$$

$$\sin\frac{\pi x}{a}\sin\frac{\pi y}{b}\mathrm{d}x\mathrm{d}y = 0 \qquad (4.10)$$

把方程(4.10)对整个板进行积分，得到关于未知变量 A_1 的三次方程，如下所示：

$$C_1 A_1^3 + C_2 A_1^2 + C_{31} A_1 + C_4 = 0 \qquad (4.11)$$

式中

$$C_1 = \frac{\pi^2 E}{16}\left(\frac{b}{a^3} + \frac{a}{b^3}\right)$$

$$C_2 = \frac{3\pi^2 E A_{01}}{16}\left(\frac{b}{a^3} + \frac{a}{b^3}\right)$$

$$C_3 = \pi^2 E\frac{A_{01}^2}{8}\left(\frac{b}{a^3} + \frac{a}{b^3}\right) + \frac{b}{a}\sigma_{rex} + \frac{a}{b}\sigma_{rey} + \frac{\pi^2 D}{t}\frac{1}{ab}\left(\frac{b}{a} + \frac{a}{b}\right)^2$$

$$C_4 = A_{01}\left[\frac{b}{a}\sigma_{rex} + \frac{a}{b}\sigma_{rey}\right] - \frac{16ab}{\pi^4 t}p$$

$$\sigma_{rex} = \sigma_{rcx} + \frac{2}{b}(\sigma_{rtx} - \sigma_{rcx})\left(b_t - \frac{b}{2\pi}\sin\frac{2\pi b_t}{b}\right) \approx \frac{b - 2b_t}{b}\sigma_{rcx}$$

$$\sigma_{\text{rey}} = \sigma_{\text{rcy}} + \frac{2}{a}\left(\sigma_{\text{rty}} - \sigma_{\text{rcy}}\right)\left(a_t - \frac{a}{2m\pi}\sin\frac{2m\pi a_t}{a}\right) \approx \frac{a-2a_t}{a}\sigma_{\text{rcy}}$$

方程(4.11)的解可以通过所谓的 Cardano 方法获得,如下所示:

$$A_m = -\frac{C_2}{3C_1} + k_1 + k_2 \tag{4.12}$$

式中

$$k_1 = \left(-\frac{Y}{2} + \sqrt{\frac{Y^2}{4} + \frac{x^3}{27}}\right)^{1/3}$$

$$k_2 = \left(-\frac{Y}{2} - \sqrt{\frac{Y^2}{4} + \frac{x^3}{27}}\right)^{1/3}$$

$$X = \frac{C_3}{C_1} - \frac{C_2^2}{3C_1^2}$$

$$Y = \frac{2C_2^3}{27C_1^3} - \frac{C_2 C_3}{3C_1^2} + \frac{C_4}{C_1}$$

方程(4.12)可以使用本书附录中给出的 FORTRAN 计算机子程序 CARDANO 进行数值处理。一旦 A_1 被确定为侧向压力载荷 p 和初始缺陷的函数,则可以分别用式(4.3b)和(4.2)计算板内的横向挠度和膜应力。板的膜应力分布一定不均匀,在考虑焊接引起的残余应力分布的情况下,得到了板在 x 和 y 方向上的最大和最小膜应力,如图4.8所示,如下所示:

$$\sigma_{x\max} = \frac{\partial^2 F}{\partial y^2}\bigg|_{x=0,y=b_t\text{或}b-b_t} \tag{4.13a}$$

$$\sigma_{x\min} = \frac{\partial^2 F}{\partial y^2}\bigg|_{x=0,y=\frac{b}{2}} \tag{4.13b}$$

$$\sigma_{y\max} = \frac{\partial^2 F}{\partial x^2}\bigg|_{x=a_t\text{或}a-a_t,y=0} \tag{4.13c}$$

$$\sigma_{y\min} = \frac{\partial^2 F}{\partial x^2}\bigg|_{x=\frac{a}{2},y=0} \tag{4.13d}$$

在这种情况下,根据式(4.13)计算最大和最小膜应力,如下所示:

$$\sigma_{x\max} = \sigma_{\text{rtx}} - \frac{E\pi^2 A_1(A_1+2A_{01})}{8a^2}\cos\frac{2\pi b_t}{b} \tag{4.14a}$$

$$\sigma_{x\min} = \sigma_{\text{rcx}} + \frac{E\pi^2 A_1(A_1+2A_{01})}{8a^2}\cos\frac{2\pi a_t}{a} \tag{4.14b}$$

$$\sigma_{y\max} = \sigma_{\text{rcy}} + \frac{E\pi^2 A_1(A_1+2A_{01})}{8b^2}\cos\frac{2\pi a_t}{a} \tag{4.14c}$$

$$\sigma_{y\min} = \sigma_{\text{rcy}} + \frac{E\pi^2 A_1(A_1+2A_{01})}{8b^2} \tag{4.14d}$$

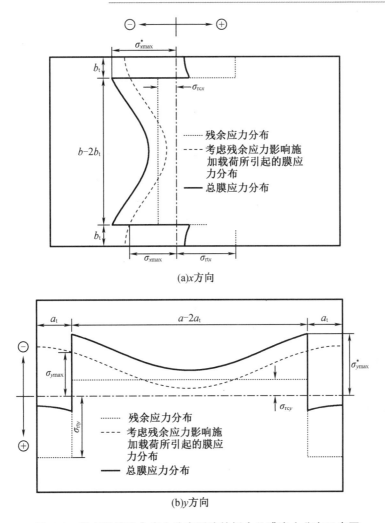

(a)x方向

(b)y方向

图4.8 考虑焊接残余应力分布影响的板内总膜应力分布示意图

4.4.2 双向组合载荷

在这种情况下,板的变形行为由屈曲模式分量表示,由 x 方向的 m 个半波数和 y 方向的 n 个半波数表示。因此,板在双向载荷下的初始和增量变形函数可以表示为

$$w_0 = A_{0mn}\sin\frac{m\pi x}{a}\sin\frac{n\pi y}{b} \tag{4.15a}$$

$$w = A_{mn}\sin\frac{m\pi x}{a}\sin\frac{n\pi y}{b} \tag{4.15b}$$

式中, A_{0mn} 和 A_{mn} 是初始和增量变形幅值; m 和 n 是 x 和 y 方向上的屈曲半波数。对于 $a/b \geqslant 1$ 的板, x 坐标取板长方向, $n=1$, m 确定为满足以下等式的最小整数,如第 3 章所述:

(1)当 σ_{xav} 和 σ_{yav} 均为非零压缩时:

$$\frac{(m^2/a^2+1/b^2)^2}{\dfrac{m^2}{a^2}+\dfrac{c}{b^2}} \leqslant \frac{\left[\dfrac{(m+1)^2}{a^2}+\dfrac{1}{b^2}\right]^2}{\dfrac{(m+1)^2}{a^2}+\dfrac{c}{b^2}} \tag{4.16a}$$

(2)当 σ_{xav} 为拉伸或零时,无论 σ_{yav} 为拉伸、压缩或零:

$$m = 1 \tag{4.16b}$$

(3)当 σ_{xav} 为压缩, σ_{yav} 为拉伸或零时:

$$\frac{a}{b} \leqslant \sqrt{m(m+1)} \tag{4.16c}$$

与式(4.9)类似,艾里应力函数 F 可以表示为

$$F = (\sigma_{xav}+\sigma_{rx})\frac{y^2}{2} + (\sigma_{yav}+\sigma_{ry})\frac{x^2}{2} + \frac{EA_{mn}(A_{mn}+2A_{0mn})}{32}\left(\frac{n^2a^2}{m^2b^2}\cos\frac{2m\pi x}{a} + \frac{m^2b^2}{n^2a^2}\cos\frac{2n\pi y}{b}\right) \tag{4.17}$$

伽辽金法应用于式(4.1a)如下:

$$\int_0^a\int_0^b\left\{D\left(\frac{\partial^4 w}{\partial x^4} + 2\frac{\partial^4 w}{\partial x^2\partial y^2} + \frac{\partial^4 w}{\partial y^4}\right) - t\left[\frac{\partial^2 F}{\partial y^2}\frac{\partial^2(w+w_0)}{\partial x^2} - 2\frac{\partial^2 F}{\partial x\partial y}\frac{\partial^2(w+w_0)}{\partial x\partial y} + \frac{\partial^2 F}{\partial x^2}\frac{\partial^2(w+w_0)}{\partial y^2}\right]\right\} \times$$

$$\sin\frac{m\pi y}{a}\sin\frac{n\pi y}{b}\mathrm{d}x\mathrm{d}y = 0 \tag{4.18}$$

将式(4.15a)、式(4.15b)和式(4.17)代入式(4.18),对整个板进行积分,得到以下关于未知幅值 A_{mn} 的三次方程,如下所示:

$$C_1A_{mn}^3 + C_2A_{mn}^2 + C_3A_{mn} + C_4 = 0 \tag{4.19}$$

式中

$$C_1 = \frac{\pi^2 E}{16}\left(\frac{m^4 b}{a^3} + \frac{n^4 a}{b^3}\right)$$

$$C_2 = \frac{3\pi^2 EA_{0mn}}{16}\left(\frac{m^4 b}{a^3} + \frac{n^4 a}{b^3}\right)$$

$$C_3 = \pi^2 E\frac{A_{0mn}^2}{8}\left(\frac{m^4 b}{a^3} + \frac{n^4 a}{b^3}\right) + \frac{m^2 b}{a}(\sigma_{xav}+\sigma_{rex}) + \frac{n^2 a}{b}(\sigma_{yav}+\sigma_{rey}) + \frac{\pi^2 D}{t}\frac{m^2 n^2}{ab}\left(\frac{mb}{na} + \frac{na}{mb}\right)^2$$

$$C_4 = A_{0mn}\left[\frac{m^2 b}{a}(\sigma_{xav}+\sigma_{rex}) + \frac{n^2 a}{b}(\sigma_{yav}+\sigma_{rey})\right]$$

$$\sigma_{rex} = \sigma_{rcx} + \frac{2}{b}\left(\sigma_{rtx}-\sigma_{rcx}\right)\left(b_t - \frac{b}{2n\pi}\sin\frac{2n\pi b_t}{b}\right) \approx \frac{b-2b_t}{b}\sigma_{rcx}$$

$$\sigma_{rey} = \sigma_{rcy} + \frac{2}{b}\left(\sigma_{rty}-\sigma_{rcy}\right)\left(a_t - \frac{a}{2n\pi}\sin\frac{2n\pi a_t}{a}\right) \approx \frac{a-2a_t}{a}\sigma_{rcy}$$

未知变形分量(幅值) A_{mn} 可以使用 Cardano 方法或本书附录中给出的 FORTRAN 计算机程序 CARDANO 求解方程(4.19)获得。这样,可根据式(4.13)确定板内的最大和最小膜应力,如下所示:

$$\sigma_{xmax} = \sigma_{xav} + \sigma_{rtx} - \frac{E\pi^2 m^2 A_{mn}(A_{mn}+2A_{0mn})}{8a^2}\cos\frac{2n\pi b_t}{b} \tag{4.20a}$$

$$\sigma_{x\min} = \sigma_{xav} + \sigma_{rtx} - \frac{E\pi^2 m^2 A_{mn}(A_{mn} + 2A_{0mn})}{8a^2} \tag{4.20b}$$

$$\sigma_{y\max} = \sigma_{xav} + \sigma_{rty} - \frac{E\pi^2 n^2 A_{mn}(A_{mn} + 2A_{0mn})}{8b^2} \cos\frac{2n\pi a_t}{a} \tag{4.20c}$$

$$\sigma_{y\min} = \sigma_{xav} + \sigma_{rty} - \frac{E\pi^2 n^2 A_{mn}(A_{mn} + 2A_{0mn})}{8b^2} \tag{4.20d}$$

对于没有初始变形但具有焊接引起的残余应力的完整平板,因为 $C_2 = C_4 = 0$,式(4.19)简化如下:

$$A_{mn}(C_1 A_{mn}^2 + C_3) = 0 \tag{4.21}$$

式中

$$C_1 = \frac{\pi^2 E}{16}\left(\frac{m^4 b}{a^3} + \frac{n^4 a}{b^3}\right)$$

$$C_3 = \frac{m^4 b}{a}(\sigma_{xav} + \sigma_{rex}) + \frac{n^2 a}{b}(\sigma_{yav} + \sigma_{rey}) + \frac{\pi^2 D}{t}\frac{m^2 n^2}{ab}\left(\frac{mb}{na} + \frac{na}{mb}\right)^2$$

A_{mn} 的非零解由式(4.21)得到如下:

$$A_{mn} = \sqrt{-\frac{C_3}{C_1}} \tag{4.22}$$

在屈曲之前或之后,没有变形发生。也就是说:

$$A_{mn} = \sqrt{-\frac{C_3}{C_1}} = 0 \text{ 或 } C_3 = 0 \tag{4.23}$$

式(4.23)表明了具有焊接诱导残余应力的双向载荷下完整平板的分岔屈曲条件,即

$$\frac{m^2 b}{a}(\sigma_{xav} + \sigma_{rex}) + \frac{n^2 a}{b}(\sigma_{yav} + \sigma_{rey}) + \frac{\pi^2 D}{t}\frac{m^2 n^2}{ab}\left(\frac{mb}{na} + \frac{na}{mb}\right)^2 = 0 \tag{4.24}$$

由于 $c = \sigma_{yav}/\sigma_{xav}$,双向载荷下板的弹性纵向压缩屈曲强度 σ_{xE} 可根据式(4.24)计算如下:

$$\sigma_{xE} = -\frac{ab}{m^2 b^2 + cn^2 a^2}\left[\frac{\pi^2 D}{t}\frac{m^2 n^2}{ab}\left(\frac{mb}{na} + \frac{na}{mb}\right)^2 + \frac{m^2 b}{a}\sigma_{rex} + \frac{n^2 a}{b}\sigma_{rey}\right] \tag{4.25}$$

对于 $a/b \geqslant 1$ 的板, $n=1$, x 方向上的屈曲半波数 m 由式(4.25)确定,为满足以下条件的最小整数:

$$\frac{ab}{m^2 b^2 + ca^2}\left[\frac{\pi^2 D}{t}\frac{m^2 n^2}{ab}\left(\frac{mb}{na} + \frac{na}{mb}\right)^2 + \frac{m^2 b}{a}\sigma_{rex} + \frac{a}{b}\sigma_{rey}\right] \leqslant$$

$$\frac{ab}{(m+1)^2 b^2 + ca^2}\left[\frac{\pi^2 D}{t}\frac{(m+1)^2}{ab}\left(\frac{(m+1)b}{a} + \frac{a}{(m+1)b}\right)^2 + \frac{(m+1)^2 b}{a}\sigma_{rex} + \frac{a}{b}\sigma_{rey}\right] \tag{4.26a}$$

忽略焊接引起的残余应力对屈曲模式的影响,式(4.26a)可简化为

$$\frac{(m^2 b^2 + a^2)^2}{m^2 a^2 b^4 + ca^4 b^2} \leqslant \frac{[(m+1)^2 b^2 + a^2]^2}{(m+1)^2 a^2 b^4 + ca^4 b^2} \tag{4.26b}$$

式(4.26b)等效于式(4.16a)。对于单向压缩 σ_{xav},因为 $c=0$,方程(4.26b)可进一步简化为

$$\frac{a}{b} \leqslant \sqrt{m(m+1)} \tag{4.26c}$$

在这种情况下，等效式(4.25)可简化为

$$\sigma_{\mathrm{E}} = -\frac{\pi^2 D}{b^2 t}\left(\frac{mb}{a}+\frac{a}{mb}\right)^2 - \sigma_{\mathrm{rex}} - \frac{a^2}{m^2 b^2}\sigma_{\mathrm{rey}} \tag{4.27}$$

对于单向压缩 σ_{yav}，$a/b \geqslant 1$ 的板，弹性横向压缩屈曲强度 σ_{yE} 如下：

$$\sigma_{\mathrm{yE}} = -\frac{\pi^2 D}{b^2 t}\left[1+\left(\frac{b}{t}\right)^2\right]^2 - \frac{b^2}{a^2}\sigma_{\mathrm{rex}} - \sigma_{\mathrm{rey}} \tag{4.28}$$

4.4.3 双向载荷与侧向压力的耦合效应

在双向载荷和侧向压力的组合作用下，在所有因素中，板的弹性大变形行为受侧向压力载荷大小的影响最为显著(Hughes et al.，2013)。事实上，不可能用式(4.5)或式(4.15)的变形函数分析大变形板的行为，因为它们仅具有单个变形分量，在这些函数中只有包含更多的变形分量才有可能。

然而，为了简单起见，侧向压力载荷对板内非线性膜应力的贡献采用近似方式计入，其中膜应力仅由 $m=1$ 和 $n=1$ 的挠度分量产生的膜应力与由双向载荷产生的膜应力线性叠加。在这种情况下，式(4.19)的系数 C_4 重新定义如下(Hughes 和 Paik，2013)：

$$C_4 = A_{0mn}\left[\frac{m^2 b}{a}(\sigma_{\mathrm{xav}}+\sigma_{\mathrm{rex}})+\frac{n^2 a}{b}(\sigma_{\mathrm{yav}}+\sigma_{\mathrm{rey}})\right]-\frac{16ab}{\pi^4 t}p \tag{4.29}$$

通过与更精细的数值计算进行比较，图4.9证实了本方法在分析单向压缩和侧向压力载荷组合，并考虑不同量级的侧向压力载荷变化情况下，简支方板的适用性。从图可以看出，由于存在侧向压力载荷，挠度从轴向压缩载荷开始作用就逐步增加；由于侧向压力载荷的作用，无法定义分岔(屈曲)点。然而，应该注意的是，这一观察结果仅适用于正方形或接近正方形的板。对于长板，分岔点在纵向即使存在侧向压力载荷，只要这些载荷的量值不大，也可能出现压缩。然而，在这种情况下，弹性分岔载荷的值通常大于没有侧向压力载荷时的值。

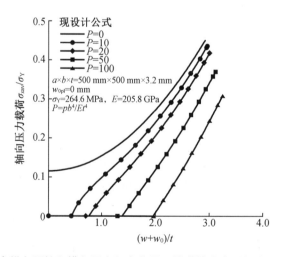

图4.9 简支方板在纵向压缩和横向压力组合作用下的弹性大变形行为(Hughes et al.，2013)

4.4.4 双向和边缘剪切载荷的相互作用效应

边缘剪切载荷下板的挠度模式在几何形状上非常复杂,因此式(4.5)或式(4.15)不能表示边缘剪切以及双向和侧向压力载荷下的板行为。

Ueda 等(1984)提出了一种预测板内最大和最小膜应力的近似方法,其中的经验系数可以通过引入方程(4.13)和方程(4.20)基于数值计算得出:

$$\sigma_{x\max} = \sigma_{xav} + \sigma_{rtx} - \frac{E\pi^2 m^2 A_{mn}(A_{mn}+2A_{0mn})}{8a^2}\cos\frac{2n\pi b_t}{b}\left[1,3\left(\frac{\tau_{av}}{\tau_E}\right)^c + 1\right] + 1.62\sigma_{xE}\left(\frac{\tau_{av}}{\tau_E}\right)^{2.4}$$

(4.30a)

$$\sigma_{x\min} = \sigma_{xav} + \sigma_{rtx} - \frac{E\pi^2 m^2 A_{mn}(A_{mn}+2A_{0mn})}{8a^2}\left(0.3\frac{\tau_{av}}{\tau_E}+1\right) - 1.3\sigma_{xE}\left(\frac{\tau_{av}}{\tau_E}\right)^{2.1} \qquad (4.30b)$$

$$\sigma_{y\max} = \sigma_{yav} + \sigma_{rty} - \frac{E\pi^2 n^2 A_{mn}(A_{mn}+2A_{0mn})}{8b^2}\cos\frac{2m\pi a_t}{a}\left[1,3\left(\frac{\tau_{av}}{\tau_E}\right)^c + 1\right] + 1.62\sigma_{yE}\left(\frac{\tau_{av}}{\tau_E}\right)^{2.4}$$

(4.30c)

$$\sigma_{y\min} = \sigma_{yav} + \sigma_{rty} - \frac{E\pi^2 n^2 A_{mn}(A_{mn}+2A_{0mn})}{8b^2}\left(0.3\frac{\tau_{av}}{\tau_E}+1\right) - 1.3\sigma_{yE}\left(\frac{\tau_{av}}{\tau_E}\right)^{2.1} \qquad (4.30d)$$

式中,σ_{xE} 是 x 方向轴向压缩下的弹性屈曲应力;σ_{yE} 是 y 方向轴向压缩下的弹性屈曲应力;τ_E 是边缘剪切下的弹性屈曲应力。当 $\tau_{av}<\tau_E$ 时,$c=1.5$;当 $\tau_{av}>\tau_E$ 时,$c=1$。

图 4.10 通过与简支板在纵向压缩和边缘剪切组合作用下更精细的数值计算进行比较,证实了该方法的适用性,其中 SPINE 表示通过第 11 章中描述的增量伽辽金方法获得的弹性大变形行为。从该图可以看出,边缘剪切增大了板内的最大和最小膜应力。

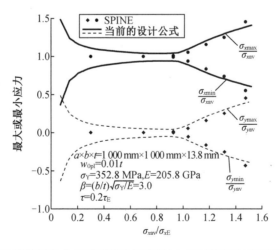

图 4.10 在纵向压缩和边缘剪切组合作用下简支板方程(4.30)的验证(SPINE 表示第 11 章中描述的增量伽辽金法解)

4.5 固支板的弹性大变形行为

如第 3 章所述,与板本身的弯曲刚度相比,支撑构件的扭转刚度非常强,并且当板元件主要承受侧向压力载荷时,板边缘的旋转约束往往会变得很大。在这种情况下,可以假定板边是固支的。固支板的弹性大挠度特性与简支板的弹性大挠度特性完全不同。下面,通过求解非线性控制微分方程(4.1a)和式(4.1b)来描述四边固支板的弹性大挠度行为。其间考虑了初始挠度和焊接残余应力的影响。

4.5.1 侧向压力载荷

在这种情况下,初始变形函数和增量变形函数可设为

$$w_0 = \frac{1}{4}A_{01}\left(1-\cos\frac{2\pi x}{a}\right)\left(1-\cos\frac{2\pi y}{b}\right) \tag{4.31a}$$

$$w = \frac{1}{4}A_1\left(1-\cos\frac{2\pi x}{a}\right)\left(1-\cos\frac{2\pi y}{b}\right) \tag{4.31b}$$

式中,A_{01} 和 A_1 为初始变形幅值和增量变形幅值。

确认式(4.31a)和式(4.31b)满足板边固支条件,因为挠度和转动必须为零,如下所示:

$$w = 0 \quad 在 x = 0, a 和 y = 0, b \tag{4.32}$$

$$\frac{\partial w}{\partial x} = 0 \quad 在 y = 0, b \tag{4.32}$$

$$\frac{\partial w}{\partial y} = 0 \quad 在 x = 0, a \tag{4.32}$$

将式(4.31a)和式(4.31b)代入式(4.1b),得到 Airy 应力函数 F 如下:

$$F = \sigma_{rx}\frac{y^2}{2} + \sigma_{ry}\frac{x^2}{2} + \frac{EA_1(A_1+2A_{01})}{512}\left\{16a^4\cos\frac{2\pi x}{a} - a^4\cos\frac{4\pi x}{a} + b^4\left(16\cos\frac{2\pi y}{b} - \cos\frac{4\pi y}{b}\right) + \right.$$

$$8a^4\left[\frac{\cos\left(\frac{2\pi x}{a} - \frac{4\pi y}{b}\right)}{(b^2+4a^2)^2} - \frac{2\cos\left(\frac{2\pi x}{a} - \frac{2\pi y}{b}\right)}{(b^2+a^2)^2} + \frac{\cos\left(\frac{4\pi x}{a} - \frac{2\pi y}{b}\right)}{(4b^2+a^2)^2} - \frac{2\cos\left(\frac{2\pi x}{a} + \frac{2\pi y}{b}\right)}{(b^2+a^2)^2} + \right.$$

$$\left.\left.\frac{2\cos\left(\frac{4\pi x}{a} - \frac{2\pi y}{b}\right)}{(4b^2+a^2)^2} + \frac{\cos\left(\frac{2\pi x}{a} + \frac{4\pi y}{b}\right)}{(b^2+4a^2)^2}\right]\right\} \tag{4.33}$$

与式(4.10)类似,应用伽辽金法得到

$$\int_0^b\int_0^a\left\{D\left(\frac{\partial^4 w}{\partial x^4} + 2\frac{\partial^4 w}{\partial x^2\partial y^2} + \frac{\partial^4 w}{\partial y^4}\right) - t\left[\frac{\partial^2 F}{\partial y^2}\frac{\partial^2(w+w_0)}{\partial x^2} - 2\frac{\partial^2 F}{\partial x\partial y}\frac{\partial^2(w+w_0)}{\partial x\partial y} + \right.\right.$$

$$\left.\left.\frac{\partial^2 F}{\partial x^2}\frac{\partial^2(w+w_0)}{\partial y^2} + \frac{p}{t}\right]\right\} \times \left(1-\cos\frac{2\pi x}{a}\right)\left(1-\cos\frac{2\pi y}{b}\right)\mathrm{d}x \tag{4.34}$$

将式(4.31a)和式(4.31b)代入式(4.34),对整个板进行积分,对于未知的附加挠度振幅 A_1,有如下关系:

$$C_1A_1^3 + C_2A_1^2 + C_3A_1 + C_4 = 0 \tag{4.35}$$

式中

$$C_1 = \frac{\pi^2 E}{256 a^3 b^3} K$$

$$C_2 = \frac{3\pi^2 E A_{01}}{256 a^3 b^3} K$$

$$C_3 = \frac{\pi^2 E A_{01}}{128 a^3 b^3} K + \frac{3b}{4a}\sigma_{rey} + \frac{3a}{4b}\sigma_{rey} + \frac{\pi^2 D}{t}\left(\frac{3b}{a^3} + \frac{3a}{b^3} + \frac{2}{ab}\right)$$

$$C_4 = \frac{3A_{01}}{4ab}(b^2\sigma_{rey} + a^2\sigma_{rey}) - \frac{ab}{\pi^2 t}p$$

$$\sigma_{rex} = \sigma_{rcx} + \frac{2}{b}(\sigma_{rtx} - \sigma_{rcx})\left(b_t - \frac{b}{2\pi}\sin\frac{2\pi b_t}{b}\right) \approx \frac{b-2b_t}{b}\sigma_{rcx}$$

$$\sigma_{rey} = \sigma_{rcy} + \frac{2}{b}(\sigma_{rty} - \sigma_{rcy})\left(a_t - \frac{a}{2\pi}\sin\frac{2\pi a_t}{a}\right) \approx \frac{a-2a_t}{a}\sigma_{rcy}$$

$$K = \frac{H}{(4a^6 + 21a^4 b^2 + 21a^2 b^4 + 4b^6)^2}$$

$$H = 272a^{16} + 2\,856a^{14}b^2 + 11\,273a^{12}b^4 + 2\,314a^{10}b^6 + 2\,314a^6 b^{10} + 3\,150a^8 b^8 +$$
$$11\,273a^4 b^{12} + 2\,856a^2 b^{14} + 272b^{16}$$

可以用卡尔达诺(CARDANO)方法或本书附录中给出的 FORTRAN 计算机程序 CARDANO 确定 A_1 为侧压力载荷 p 的函数,就可以得到板内的挠度和膜应力。

4.5.2　组合双向载荷

在这种情况下,初始变形函数和增量变形函数可设为

$$w_0 = \frac{1}{4}A_{0mn}\left(1-\cos\frac{2m\pi x}{a}\right)\left(1-\cos\frac{2n\pi y}{b}\right) \tag{4.36a}$$

$$w = \frac{1}{4}A_{mn}\left(1-\cos\frac{2m\pi x}{a}\right)\left(1-\cos\frac{2n\pi y}{b}\right) \tag{4.36b}$$

式中,A_{0mn} 和 A_{mn} 为初始变形幅值和增量变形幅值,m 和 n 为板在 x 或 y 方向上的屈曲半波数。得到 Airy 应力函数 F 如下:

$$F = (\sigma_{xav} + \sigma_{rx})\frac{y^2}{2} + (\sigma_{yav} + \sigma_{rx})\frac{x^2}{2} + \frac{E A_{mn}(A_{mn} + 2A_{0mn})}{512 m^2 n^2 a^2 b^2}\left(16n^4 a^4\cos\frac{2m\pi x}{a} - n^4 a^4\cos\frac{4m\pi x}{a} +\right.$$

$$m^4 b^4\left(16\cos\frac{2n\pi y}{b} - \cos\frac{4n\pi y}{b}\right) + 8n^4 a^4\left(\frac{\cos\left(\frac{2m\pi x}{a} - \frac{4n\pi y}{b}\right)}{(m^2 b^2 + 4n^2 a^2)^2} - \frac{2\cos\left(\frac{2m\pi x}{a} - \frac{2n\pi y}{b}\right)}{(m^2 b^2 + n^2 a^2)^2} +\right.$$

$$\frac{\cos\left(\frac{4m\pi x}{a} - \frac{2n\pi y}{b}\right)}{(4m^2 b^2 + n^2 a^2)^2} - \frac{2\cos\left(\frac{2m\pi x}{a} + \frac{2n\pi y}{b}\right)}{(m^2 b^2 + n^2 a^2)^2} + \frac{2\cos\left(\frac{4m\pi x}{a} - \frac{2n\pi y}{b}\right)}{(4m^2 b^2 + n^2 a^2)^2} + \left.\left.\frac{\cos\left(\frac{2m\pi x}{a} + \frac{4n\pi y}{b}\right)}{(m^2 b^2 + 4n^2 a^2)^2}\right)\right)$$

$$\tag{4.37}$$

将伽辽金法应用于式(4.1a)如下:

$$\int_0^b \int_0^a \left\{ D \left(\frac{\partial^4 w}{\partial x^4} + 2 \frac{\partial^4 w}{\partial x^2 \partial y^2} + \frac{\partial^4 w}{\partial y^4} \right) - t \left[\frac{\partial^2 F}{\partial y^2} \frac{\partial^2 (w + w_0)}{\partial x^2} - 2 \frac{\partial^2 F}{\partial x \partial y} \frac{\partial^2 (w + w_0)}{\partial x \partial y} + \right. \right.$$

$$\left. \left. \frac{\partial^2 F}{\partial x^2} \frac{\partial^2 (w + w_0)}{\partial y^2} \right] \right\} \times \left(1 - \cos \frac{2m\pi x}{a} \right) \left(1 - \cos \frac{2n\pi y}{b} \right) \mathrm{d}x \mathrm{d}y = 0 \qquad (4.38)$$

将式(4.36a)和式(4.36b)代入式(4.38),对整个板进行积分,得到关于未知挠度 A_{mn} 的方程:

$$C_1 A_{mn}^3 + C_2 A_{mn}^2 + C_3 A_{mn} + C_4 = 0 \qquad (4.39)$$

式中

$$C_1 = \frac{\pi^2 E}{256 a^3 b^3} K$$

$$C_2 = \frac{3 \pi^2 E A_{0mn}}{256 a^3 b^3} K$$

$$C_3 = \frac{\pi^2 E A_{0mn}}{128 a^3 b^3} K + \frac{3 m^2 b}{4a} (\sigma_{xav} + \sigma_{rex}) + \frac{3 n^2 a}{4b} (\sigma_{yav} + \sigma_{rey}) + \frac{\pi^2 D}{t} \left(\frac{3 m^4 b}{a^3} + \frac{3 n^4 a}{b^3} + \frac{2 m^2 n^2}{ab} \right)$$

$$C_4 = \frac{3 A_{0mn}}{4ab} \left[m^2 b^2 (\sigma_{xav} + \sigma_{rex}) + n^2 a^2 (\sigma_{yav} + \sigma_{rey}) \right]$$

$$\sigma_{rex} = \sigma_{rcx} + \frac{2}{b} (\sigma_{rtx} - \sigma_{rcx}) \left(b_t - \frac{b}{2n\pi} \sin \frac{2n\pi b_t}{b} \right) \approx \frac{b - 2b_t}{b} \sigma_{rcx}$$

$$\sigma_{rey} = \sigma_{rcy} + \frac{2}{b} (\sigma_{rty} - \sigma_{rcy}) \left(a_t - \frac{a}{2m\pi} \sin \frac{2m\pi a_t}{a} \right) \approx \frac{a - 2a_t}{a} \sigma_{rcy}$$

$$K = \frac{H}{(4 n^6 a^6 + 21 m^2 n^4 a^4 b^2 + 21 m^4 n^2 a^2 b^4 + 4 m^6 b^6)^2}$$

$$H = 272 n^{16} a^{16} + 2\,856 m^2 n^{14} a^{14} b^2 + 11\,273 m^4 n^{12} a^{12} a^4 + 2\,314 m^6 n^{10} a^{10} b^6 + 2\,314 m^{10} n^6 b^{10} +$$

$$3\,150 m^8 n^8 a^8 b^8 + 11\,273 m^{12} n^4 a^4 b^{12} + 2\,856 m^{14} n^2 a^2 b^{14} + 272 m^{16} b^{16}$$

同样,可以用卡尔达诺法或本书附录中给出的 FORTRAN 计算机程序 CARDANO 确定 A_{mn} 为 σ_{xav} 和 σ_{yav} 的函数,就可以得到板内的挠度和膜应力。对于无初始偏转的特殊情况,即 $A_{0mn} = 0$, $C_2 = C_4 = 0$。因此, A_{mn} 由式(4.22)确定,而 C_1 和 C_3 由式(4.39)定义。在这种情况下,因为 $C_3 = 0$,可以使用式(4.23)的相同表达式来确定弹性固支板在双向联合载荷作用下的屈曲强度条件为

$$\frac{3 m^2 b}{4a} (\sigma_{xav} + \sigma_{rex}) + \frac{3 n^2 a}{4b} (\sigma_{yav} + \sigma_{rey}) + \frac{\pi^2 D}{t} \left(\frac{3 m^4 b}{a^3} + \frac{3 n^4 a}{b^3} + \frac{2 m^2 n^2}{ab} \right) \qquad (4.40)$$

当双向加载比 $c = \sigma_{yav} / \sigma_{xav}$ 一定时,得到 x 方向的弹性压缩屈曲强度 σ_{xE}:

$$\sigma_{xE} = -\frac{4ab}{3 m^2 b^2 + 3 c n^2 a^2} \left[\frac{3 m^2 b}{4a} \sigma_{rex} + \frac{3 n^2 a}{4b} \sigma_{rey} + \frac{\pi^2 D}{t} \left(\frac{3 m^4 b}{a^3} + \frac{3 n^4 a}{b^3} + \frac{2 m^2 n^2}{ab} \right) \right] \qquad (4.41)$$

对于 $b \geq 1$ 的长板,可取 $n = 1$。x 方向的屈曲半波数 m 可以确定为满足以下条件的最小整数:

$$\frac{4ab}{3 m^2 b^2 + 3 c a^2} \left[\frac{3 m^2 b}{4a} \sigma_{rex} + \frac{3a}{4b} \sigma_{rey} + \frac{\pi^2 D}{t} \left(\frac{3 m^4 b}{a^3} + \frac{3a}{b^3} + \frac{2 m^2}{ab} \right) \right] \leqslant$$

$$\frac{4ab}{3(m+1)^2b^2+3ca^2}\left[\frac{3(m+1)^2b}{4a}\sigma_{\text{rex}}+\frac{3a}{4b}\sigma_{\text{rey}}+\frac{\pi^2D}{t}\left(\frac{3(m+1)^4b}{a^3}+\frac{3a}{b^3}+\frac{2(m+1)^2}{ab}\right)\right] \tag{4.42a}$$

(4.42a)式可以忽略焊接残余应力的影响简化为:

$$\frac{4ab}{3m^2b^2+3ca^2}\left(\frac{3m^4b}{a^3}+\frac{3a}{b^3}+\frac{2m^2}{ab}\right)\leqslant\frac{4ab}{3(m+1)^2b^2+3ca^2}\left[\frac{3(m+1)^4b}{a^3}+\frac{3a}{b^3}+\frac{2(m+1)^2}{ab}\right] \tag{4.42b}$$

对于单轴压缩 σ_{xav},$\sigma_{yav}=0$ 或 $c=0$,则固支板的弹性屈曲强度 σ_{xE} 由式(4.42)确定如下:

$$\sigma_{xE}=-\frac{4a}{3m^2b}\left[\frac{3m^2b}{4a}\sigma_{\text{rex}}+\frac{3a}{4b}\sigma_{\text{rey}}+\frac{\pi^2D}{t}\left(\frac{3m^4b}{a^3}+\frac{3a}{b^3}+\frac{2m^2}{ab}\right)\right] \tag{4.43a}$$

当不存在焊接残余应力时,式(4.43a)可简化为

$$\sigma_{xE}=-\frac{4\pi^2D}{3t}\frac{3m^4b^4+3a^4+2m^2a^2b^2}{m^2a^2b^4} \tag{4.43b}$$

此时,屈曲半波数 m 可确定为满足以下条件的最小整数:

$$\frac{3m^4b^4+3a^4+2m^2a^2b^2}{m^2a^2b^4}\leqslant\frac{3(m+1)^4b^4+3a^4+2(m+1)^2a^2b^2}{(m+1)^2a^2b^4} \tag{4.44}$$

对于单轴压缩 σ_{yav},当 $\sigma_{xav}=0$ 时,固支板的弹性屈曲强度 σ_{yv} 为:

$$\sigma_{yE}=-\frac{4b}{3a}\left[\frac{3b}{4a}\sigma_{\text{rex}}+\frac{3a}{4b}\sigma_{\text{rey}}+\frac{\pi^2D}{t}\left(\frac{3b}{a^3}+\frac{3a}{b^3}+\frac{2}{ab}\right)\right] \tag{4.45a}$$

式中,当 $a\geqslant1$ 时取 $m=n=1$。

当不存在焊接残余应力时,式(4.45a)可简化为

$$\sigma_{yE}=-\frac{4\pi^2D}{3t}\frac{3b^4+3a^4+2a^2b^2}{a^4b^2} \tag{4.45b}$$

4.5.3　双向载荷与侧向压力的相互作用效应

与式(4.29)相似,侧向压力载荷的影响近似计算如下:

$$C_4=\frac{3A_{0mn}}{4ab}\left[m^2b^2(\sigma_{xav}+\sigma_{\text{rex}})+n^2a^2(\sigma_{yav}+\sigma_{\text{rey}})\right]-\frac{ab}{\pi^2t}p \tag{4.46}$$

在计算面内载荷与侧向压力联合作用下,固支板板面上的变形和膜应力时,采用式(4.46)中的 C_4 代替式(4.39)中的 C_4。

4.6　部分转动约束(有限转动约束)板的弹性大变形行为

由于板边界由纵向加强筋和横向框架支撑,因此板边界的转动约束既不是零约束,也不是无限大的刚性约束。更确切地说,它们取决于支撑构件的扭转刚度,如第3章所述。

这种板的弹性大变形行为显然取决于转动约束的程度。处理这种部分转动约束板的弹性大变形行为较为困难。为简化起见,将式(4.19)中简支板在双向平面压力和侧向压力载荷组合作用下的 C_3 和 C_4 修正如下(Hughes et al.,2013):

$$C_3 = \frac{\pi^2 E A_{0mn}^2}{8}\left(\frac{m^4 b}{a^3}+\frac{n^4 a}{b^3}\right)+\frac{m^2 b}{a}(\sigma_{xav}+\sigma_{rex})+\frac{n^2 a}{b}(\sigma_{yav}+\sigma_{rey})+$$

$$\frac{\pi^2 D}{t}\frac{m^2 n^2}{ab}\left(\frac{mb}{na}+\frac{na}{mb}\right)^2\sqrt{\frac{k_x k_y}{k_{x0} k_{y0}}}\sqrt{C_{px}C_{py}} \qquad (4.47a)$$

$$C_4 = A_{0mn}\left[\frac{m^2 b}{a}(\sigma_{xav}+\sigma_{rex})+\frac{n^2 a}{b}(\sigma_{yav}+\sigma_{rey})\right]-\frac{16ab}{\pi^4 t} \qquad (4.47b)$$

式中,k_{x0} 和 k_{y0} 是第 3 章所述的 x 或 y 方向单向受压简支板的屈曲系数;k_x 和 k_y 是在第 3 章所述的 x 或 y 方向单向受压部分转动约束板的屈曲系数;C_{px} 和 C_{py} 是反映侧向压力载荷对 x 或 y 方向压缩屈曲强度影响的系数,见式(3.28)。板变形幅值 A_{mn} 确定为方程(4.19)的解,但此时 C_3 和 C_4 的表达见式(4.47a)和式(4.47b)。

图 4.11 给出了式(4.47a)所表达的系数 C_3 随转动约束参数 ζ_L 和 ζ_S 的变化,转动约束参数的定义见式(3.23)。从图 4.11 可以明显看出,系数 C_3 随着旋转约束的增加而逐渐增加。在下一节中给出合理精确解答后,这一结论更显而易见。

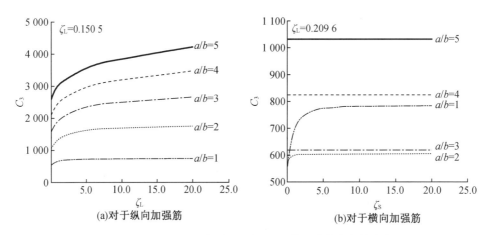

(a)对于纵向加强筋 (b)对于横向加强筋

图 4.11　不同长宽比条件下系数 C_3 随转约动束参数的变化

在下文中,针对单向或双向受压的部分旋转约束板,通过解析方法与更精细的有限元法的结果进行比较,证实了本方法的适用性(Paik 等,2012)。表 4.1 和 4.2 给出了纵向加强筋和横向框架的尺寸以及转动约束参数 ζ_L 和 ζ_S(式 3.23)。在本示例中,板的长宽比、支撑构件的尺寸和双向载荷比是不同的,其中板的宽度 $b=1\,000$ mm,板的厚度 $t=20$ mm,材料杨氏模量 $E=205.8$ GPa,泊松比 $\nu=0.3$。板的最大初始挠度为 $w_{0pl}=b/200$。

表 4.1　板纵向加强筋的尺寸

案例	纵向加强筋的尺寸/mm				ξ_L		
	h_{wx}	t_{wx}	b_{tx}	t_{tx}	$a/b=1$	3	5
Ⅰ	250	12	150	15		0.164 2	
Ⅱ	400	12	150	15		0.209 6	
Ⅲ	500	12	150	15		0.239 8	

表 4.2　板横向框架的尺寸

案例	横向加强筋的尺寸/mm				ξ_S		
	h_{wx}	t_{wx}	b_{tx}	t_{tx}	$a/b=1$	3	5
A	650	12	150	15	0.285 2	0.095 1	0.057 0
B	1 200	12	150	15	0.451 5	0.150 5	0.090 3

表 4.3 和图 4.12 给出了有限元分析的边界条件和网格模型情况。值得注意的是,有限元方法无法直接处理转动约束的参数。取而代之的是,在 x 和 y 方向上采用图 4.12 所示的双跨有限元模型作为分析范围,自动考虑支撑构件位置处部分转动约束边界的影响。

表 4.3　图 4.12 所示的采用双跨/双间距加筋板的有限元模型的边界条件

边界	说明
$A-A'''$ 与 $D-D'''$	对称边界 $R_y=R_z=0$, x 方向均匀位移 ($U_x=$ 常量),与纵向加强筋耦合
$A-D$ 与 $A'''-D'''$	对称边界 $R_x=R_z=0$, y 方向均匀位移 ($U_y=$ 常量),与横向框架梁耦合
$A'-D'$, $A''-D''$, $B-B'$ 与 $C-C'$,	$U_z=0$

注:U_x、U_y 和 U_z 表示 x、y 和 z 方向上的平移自由度,R_x、R_y 和 R_z 表示 x、y 和 z 方向上的转动自由度。

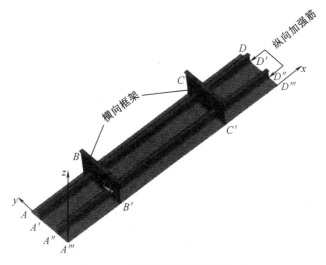

图 4.12　有限元模型的边界条件

图 4.13(a)给出了网格模型。在板的 y 方向纵向加强筋之间划分了 14 个矩形板壳单元,纵向加强筋腹板在高度方向上划分了 6 个矩形板壳单元。在 T 型材加强筋翼板宽度方向上划分了两个矩形板壳单元。在板格的 x 方向上,依据长宽比统一的原则分配板壳单元。图 4.13(b)和图 4.13(c)给出了板初始挠度模式应用的演示示例,其中在有限元分析中考虑了板初始挠度的屈曲振型。根据板的长宽比和载荷比等条件,可以从方程(4.16)确定板的屈曲模式。图 4.14 说明了所考虑的三种载荷条件,即双向受压,其纵向和横向压缩载荷比值不同。

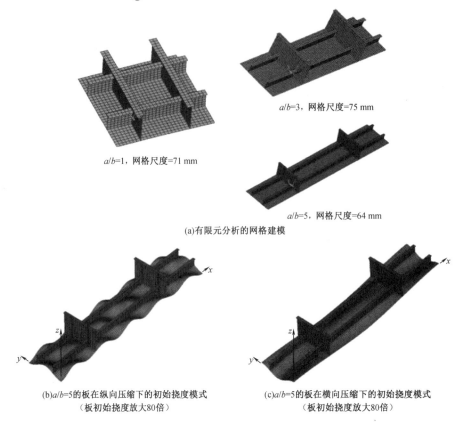

$a/b=3$，网格尺度=75 mm

$a/b=1$，网格尺度=71 mm

$a/b=5$，网格尺度=64 mm

(a)有限元分析的网格建模

(b)$a/b=5$的板在纵向压缩下的初始挠度模式
（板初始挠度放大80倍）

(c)$a/b=5$的板在横向压缩下的初始挠度模式
（板初始挠度放大80倍）

图 4.13　网格模型及不同条件下的初始挠度模式

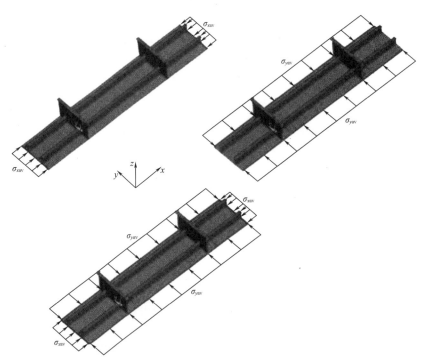

图 4.14　有限元分析中考虑的三种载荷条件(纵向压缩σ_{xav}、横向压缩σ_{yav}、双向压缩σ_{xav} 和σ_{yav})。

4.6.1 纵向压缩

图 4.15 至图 4.17 显示了在板的弹性大挠度行为方面,不同尺寸支撑构件的纵向轴向压缩下的板的理论解和 FEA 解的比较,其中垂直轴表示施加的平均纵向压缩应力 σ_{xav},由相应的弹性屈曲应力 σ_{xE} 归一化,水平轴表示板的最大总挠度,包括初始挠度和附加挠度。从这些图中可以明显看出,具有部分转动约束边界的板的行为介于具有简支和固支边缘的板之间。结论是,用该理论获得的解与非线性有限元的解具有良好相关性。

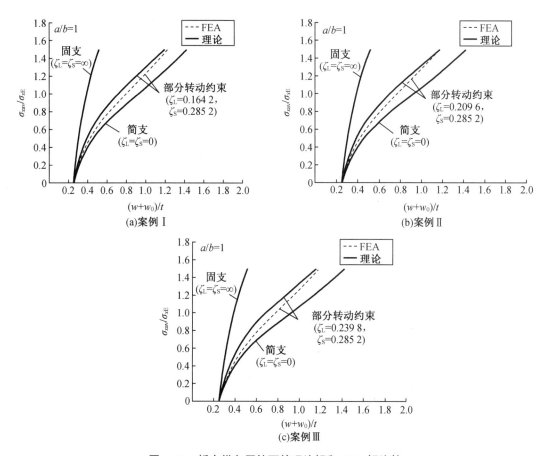

图 4.15 板在纵向压缩下的理论解和 FEA 解比较

注:其中 $a/b=1$,横向框架参见案例 A(表 4.2),纵向加强筋参见案例 I、案例 II 和案例 III(表 4.1)。

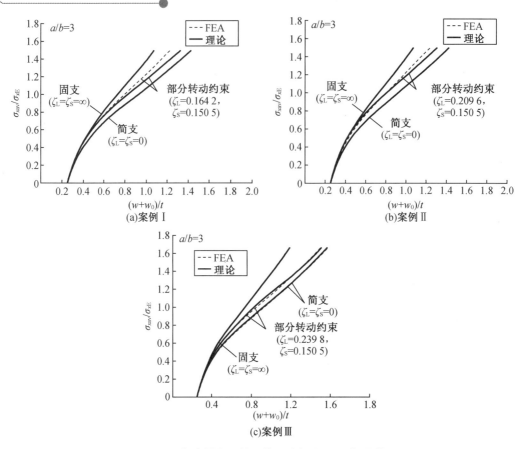

图4.16 板在纵向压缩下的理论解和 FEA 解比较

注:其中 $a/b=3$,横向框架参见案例 B(表4.2),纵向加强筋参见案例Ⅰ、案例Ⅱ和案例Ⅲ(表4.1)。

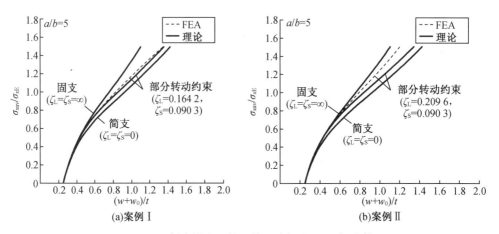

图4.17 板在纵向压缩下的理论解和 FEA 解比较

注:其中 $a/b=5$,横向框架参见案例 B(表4.2),纵向加强筋参见案例Ⅰ、案例Ⅱ和案例Ⅲ(表4.1)。

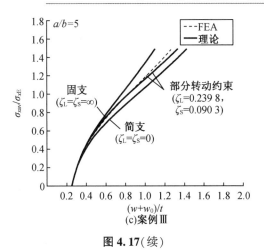

(c)案例Ⅲ

图 4.17(续)

4.6.2 横向压缩

图 4.18 至图 4.20 给出了板在弹性大变形范围内,不同尺寸支撑构件,横向压缩下板的理论解和有限元分析解的比较。其中纵轴表示施加的平均横向压应力 σ_{yav},被相应的弹性屈曲应力 σ_{yE} 无量纲化,横轴表示板的最大总挠度,包括初始挠度和增量挠度。从这些图中可以明显看出,具有部分转动约束边界的板的行为介于具有简支边界和固支边界的板之间。再次表明,该理论解与非线性有限元解有很好的相关性。

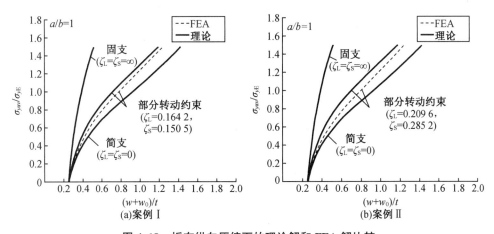

图 4.18 板在纵向压缩下的理论解和 FEA 解比较

注:其中 $a/b=1$,横向框架参见案例 B(表 4.2),纵向加强筋参见案例Ⅰ、案例Ⅱ和案例Ⅲ(表 4.1)。

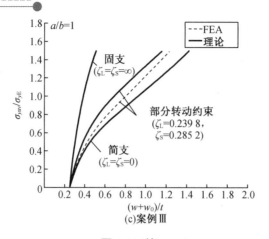

图 4.18(续)

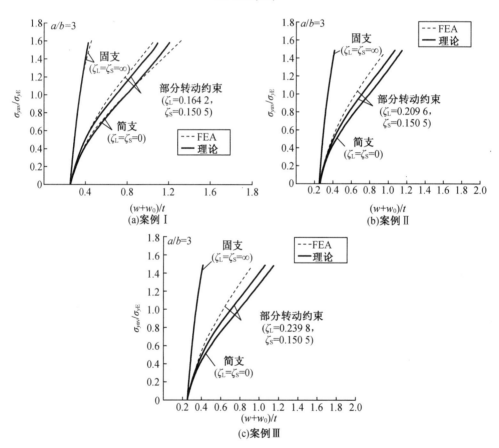

图 4.19 板在横向压缩下的理论解和 FEA 解比较

注:其中 $a/b=3$,横向框架参见案例 B(表 4.2),纵向加强筋参见案例 I、案例 II 和案例 III(表 4.1)。

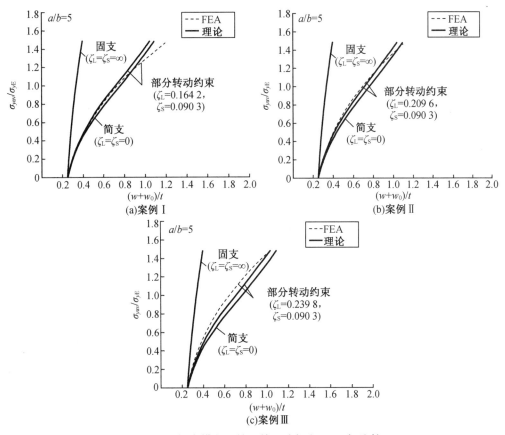

图 4.20 板在横向压缩下的理论解和 FEA 解比较
其中 $a/b=5$，横向框架参见案例 B(表4.2)，纵向加强筋参见案例 Ⅰ、案例 Ⅱ 和案例 Ⅲ(表4.1)。

4.6.3 双向压缩

图 4.21 至图 4.23 给出了不同尺寸支撑构件在双向载荷比的条件下，板的理论解和有限元分析解的比较。在这些图中，纵轴表示施加的平均纵向压应力 σ_{xav}，被简支板的对应弹性屈曲应力 σ_{xE} 无量纲化。板实际上承受纵向和横向压缩载荷，保持比值恒定。同上，该理论解与非线性有限元解具有相当好的相关性。

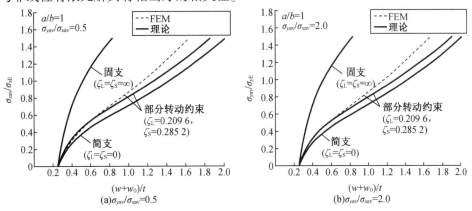

图 4.21 板在双向受压下的理论解与 FEA 解比较
注:其中 $a/b=1$，横向框架参见案例 A(表4.2)，板边界的纵向加强筋参见案例 Ⅱ(表4.1)。

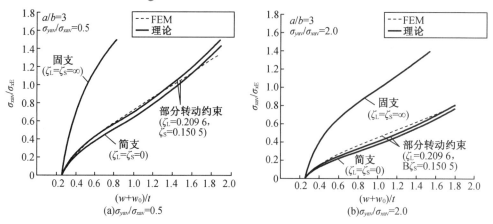

图 4.22　板在双向受压下的理论解与 FEA 解比较

注:其中 $a/b=3$,横向框架参见案例 B(表 4.2),板边界的纵向加强筋参见案例Ⅱ(表 4.1)。

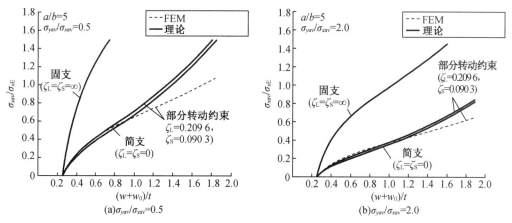

图 4.23　板在双向受压下的理论解与 FEA 解比较

注:其中 $a/b=5$,,横向框架参见案例 B(表 4.2),板边界的纵向加强筋参见案例Ⅱ(表 4.1)。

4.7 "浴盆"变形形状的影响

对于方板或长方形板,板的变形通常与正弦曲线方式非常相似。然而,对于主要承受横向压缩载荷的长板,板的挠度可能与正弦模式有所不同。它通常在板块边缘周围呈现所谓的"浴盆"(或灯泡)形状,而板块中部的变形形状几乎是平的,如图 4.24 所示。由于浴盆形变形,板边缘周围的转动和挠曲通常大于正弦模式,导致膜应力值较大。

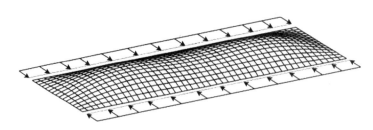

图 4.24　"浴盆"形状的板挠曲面

这意味着,对于沿短边压缩的板,假设具有一个模态项的变形函数可能不再有效,因此可能需要更精细的变形函数,即变形模式项数至少大于2。在这种情况下,通过解析方式求解非线性控制微分方程较为困难。

作为一种更简单的替代方法,在变形函数保持单项分量的同时,通过引入系数 ρ 来近似修正横向压缩载荷作用边界上的最大和最小膜应力,以反映浴盆形状变形效应,如下所示(Ueda 等,1984):

$$\rho = \frac{1}{\sqrt{2}}\left(\frac{b}{a} - \sqrt{2}\right) + 2 \tag{4.48}$$

然后,将式(4.48)的修正系数 ρ 应用于式(4.20)中的最大和最小膜应力,对于承受双向载荷的简支板,如下所示:

$$\sigma_{x\max} = \sigma_{xav} + \sigma_{rtx} - \rho\,\frac{E\pi^2 m^2 A_{mn}(A_{mn} + 2A_{0mn})}{8a^2}\cos\frac{2n\pi b_t}{b} \tag{4.49a}$$

$$\sigma_{x\min} = \sigma_{xav} + \sigma_{rcx} - \rho\,\frac{E\pi^2 m^2 A_{mn}(A_{mn} + 2A_{0mn})}{8a^2} \tag{4.49b}$$

$$\sigma_{y\max} = \sigma_{yav} + \sigma_{rty} - \rho\,\frac{E\pi^2 n^2 A_{mn}(A_{mn} + 2A_{0mn})}{8b^2}\cos\frac{2n\pi a_t}{a} \tag{4.49c}$$

$$\sigma_{y\min} = \sigma_{yav} + \sigma_{rcy} - \rho\,\frac{E\pi^2 n^2 A_{mn}(A_{mn} + 2A_{0mn})}{8b^2} \tag{4.49d}$$

对于其他类型的载荷,采用类似式(4.48)的修正系数 ρ 对最大和最小膜应力进行近似修正。

4.8　挠曲变形导致的面内刚度降低评估

一旦发生屈曲或挠曲,板内的膜应力分布不再均匀。图4.25 为主要承受纵向压缩载荷的板,在屈曲前后膜应力分布示意图。

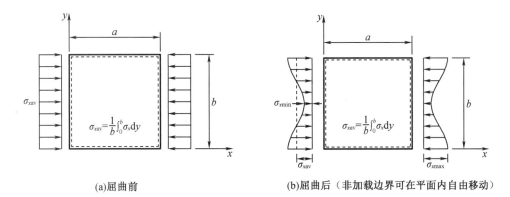

(a)屈曲前　　　　　(b)屈曲后（非加载边界可在平面内自由移动）

图 4.25　纵向压缩载荷作用下板面的模应力分布载荷

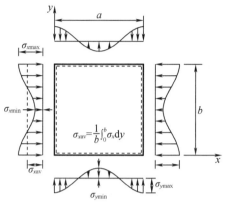

(c)屈曲后（非加载的边界保持直线）

图 4.25(续)

屈曲、初始挠度和横向压力载荷等很多因素,会导致载荷方向(x方向)上的膜应力分布因板的变形而变得不均匀。如果非加载边界保持直线,y方向上的膜应力分布也变得不均匀;而当非加载边界可在平面内自由移动时,则在y方向上不会产生膜应力。

从图 4.25 中可以明显看出,最大压缩膜应力在保持平直的板边缘周围形成,而最小压缩膜应力出现在板的中间,由于板边缘保持平直,板的挠曲形成膜张力场。最大压应力的位置取决于残余应力。如果没有残余应力,最大压应力则沿边缘出现。相反,当残余应力确实存在时,最大压应力出现在板内部,位于板边缘至拉伸残余应力区宽度范围内的应力极值处,如图 4.8 所示。

为了模拟因屈曲和/或侧向压力载荷而变形的板的大挠度行为,有两个相关概念(Paik,2008a):

- 有效宽度或长度概念;
- 有效剪切模量概念。

挠曲的板内部的膜应力分布是不均匀的,而未变形的板内部的膜应力分布均匀。前面提到的两个概念背后的基本思想是将变形的板视为一个面内刚度降低的未变形板。这种近似的好处在线性结构力学理论中仍然适用。在下一节中,将详细推导这两个概念的公式。

4.8.1　有效宽度

有效宽度是两个纵向加强筋之间板等效折减后的宽度。在平面压力和侧向压力载荷组合作用下,具有初始缺陷的板的有效宽度定义为平均应力与最大应力的比值,如下所示:

$$\frac{b_e}{b} = \frac{\sigma_{xav}}{\sigma_{xmax}} \tag{4.50}$$

式中,σ_{xmax}是最大压应力,表示为面内载荷和侧向压力载荷以及初始缺陷的函数,如果存在侧向压力p,则也可以称为有效宽度(effective breadth),因为在这种情况下,还会产生剪力滞效应。

计算板极限强度的极限有效宽度b_{eu}很有意义,当$\sigma_{xav}=\sigma_{xu}$时,可以从方程(4.50)中获得,如下所示:

$$\frac{b_{eu}}{b} = \frac{\sigma_{xu}}{\sigma_{xmax}^u} \tag{4.51a}$$

式中,在$\sigma_{xav} = \sigma_{xu}$时,$\sigma^u_{xmax} = \sigma_{xmax}$,$\sigma_{xu}$是第4.9节中所述的板极限强度。

式(4.50)或(4.51a)明确说明了初始缺陷和横向压力的影响。相比之下,Faulkner(1975)在这方面的处理方法更具典型性,如式(2.19a)所示,他提出了一个计算有效宽度的经验公式,用于仅受纵向压缩下简支板,即没有侧向压力,如下所示:

$$\frac{b_{eu}}{b}\begin{cases} 1.0 & \text{当}\beta \leqslant 1\text{时} \\ \dfrac{2}{\beta} - \dfrac{1}{\beta^2} & \text{当}\beta > 1\text{时} \end{cases} \tag{4.51b}$$

式(4.51b)隐含地涉及平均水平的初始缺陷的影响。在一些设计规范中,$\beta > 1$对应的公式中的2和1分别更改为1.8和0.9。

图4.26绘制了方程(4.50)和方程(4.51a)随σ_{xav}增加、板长细比(柔度)、初始挠度、残余应力和侧向压力的变化。Faulkner公式[式(4.51b)]也在图中体现用于比较。此外,还绘制了从第4.9节得到的板极限强度σ_{xu}。福克纳公式对具有平均水平的初始缺陷的相对厚板的有效宽度吻合较好。从图4.26可以明显看出,板的有效宽度随初始缺陷水平和施加的载荷而变化,因此式(4.50)或(4.51a)更好地体现了板的有效宽度的性质。从图4.26(c)可以明显看出,正如预期的那样,侧向压力也是影响(减少)板有效宽度的一个重要因素。

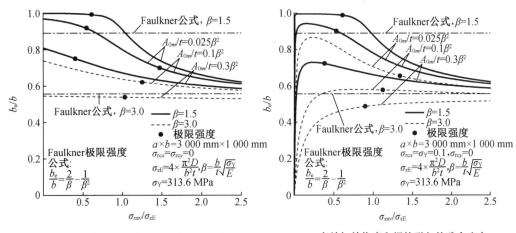

(a)初始挠度对焊接残余应力的影响　　　(b)有效初始挠度和焊接引起的残余应力

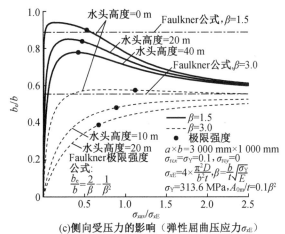

(c)侧向受压力的影响（弹性屈曲压应力σ_{xE}）

图4.26　单向受压简支板有效宽度变化

为了表示屈曲板在平面内的有效性,推导缩减(切向)有效宽度的闭合表达式通常是有用的,即

$$\frac{b_e^*}{b} = \left(\frac{\partial \sigma_{xmax}}{\partial \sigma_{xav}}\right)^{-1}$$

(4.52)

式中,b_e^* 是减缩的(切线)有效宽度。

对于在 x 方向受压的,没有初始缺陷的简支板,最大和最小膜应力的方程(4.20)可以进一步简化为

$$\sigma_{xmax} = a_1\sigma_{xav} + a_2, \sigma_{xmin} = b_1\sigma_{xav} + b_2, \sigma_{ymax}$$
$$= c_1\sigma_{xav} + c_2, \sigma_{ymin} = d_1\sigma_{xav} + d_2$$

(4.53)

式中

$$a_1 = 1 + \rho \frac{2m^4}{a^4\left(\frac{m^4}{a^4} + \frac{1}{b^4}\right)}, a_2 = \rho_x \frac{2m^2}{a^2\left(\frac{m^4}{a^4} + \frac{1}{b^4}\right)} \frac{\pi^2 D}{t}\left(\frac{m^2}{a^2} + \frac{1}{b^2}\right)^2$$

$$b_1 = 1 - \rho \frac{2m^4}{a^4\left(\frac{m^4}{a^4} + \frac{1}{b^4}\right)}, b_2 = -\rho_x \frac{2m^2}{a^2\left(\frac{m^4}{a^4} + \frac{1}{b^4}\right)} \frac{\pi^2 D}{t}\left(\frac{m^2}{a^2} + \frac{1}{b^2}\right)^2$$

$$c_1 = \rho \frac{2m^2}{a^2 b^2\left(\frac{m^4}{a^4} + \frac{1}{b^4}\right)}, c_2 = \rho \frac{2}{b^2\left(\frac{m^4}{a^4} + \frac{1}{b^4}\right)} \frac{\pi^2 D}{t}\left(\frac{m^2}{a^2} + \frac{1}{b^2}\right)^2$$

$$d_1 = -\rho \frac{2m^2}{a^2 b^2\left(\frac{m^4}{a^4} + \frac{1}{b^4}\right)}, d_2 = -\rho \frac{2}{b^2\left(\frac{m^4}{a^4} + \frac{1}{b^4}\right)} \frac{\pi^2 D}{t}\left(\frac{m^2}{a^2} + \frac{1}{b^2}\right)^2$$

又因为 $\sigma_{xmax} = a_1\sigma_{xav} + a_2$ 来自公式(4.53),当没有初始缺陷也没有横向压力时,简支板在单向(x 方向)受压下的有效宽度公式可以根据式(4.50)表示为平均应力的函数,如下所示:

$$\frac{b_e}{b} = \frac{\sigma_{xav}}{a_1\sigma_{xav} + a_2}$$

(4.54a)

又因为 $\sigma_{xmax} = a_1\sigma_{xav} + a_2 = E\varepsilon_{xav}$,也可以作为平均应变的函数如下:

$$\frac{b_e}{b} = \frac{1}{a_1}\left(1 - \frac{a_2}{E} \frac{1}{\varepsilon_{xav}}\right)$$

(4.54b)

当既没有初始缺陷也没有横向压力时,从式(4.52)中可得单向(x 方向)受压简支板的减缩有效宽度函数如下:

$$\frac{b_e^*}{b} = \frac{1}{a_1}$$

(4.55)

4.8.2 有效长度

有效长度实际上是两个横向框架之间的板减缩后的长度。与式(4.50)的有效宽度类似,y 方向受压为 σ_{yav} 的板的有效长度定义如下:

$$\frac{a_{\mathrm{e}}}{a}=\frac{\sigma_{y\mathrm{av}}}{\sigma_{y\mathrm{max}}} \tag{4.56}$$

式中，$\sigma_{y\mathrm{max}}$ 是最大压应力，可以通过板面内载荷、侧向压力载荷并考虑初始缺陷得到。

当 $\sigma_{y\mathrm{av}}=\sigma_{y\mathrm{u}}$ 时，计算板的极限有效长度 a_{eu} 也是有意义的，由式(4.56)可得：

$$\frac{a_{\mathrm{eu}}}{a}=\frac{\sigma_{y\mathrm{u}}}{\sigma_{y\mathrm{max}}^{\mathrm{u}}} \tag{4.57a}$$

式中，当 $\sigma_{y\mathrm{av}}=\sigma_{y\mathrm{u}}$ 时，$\sigma_{y\mathrm{max}}^{\mathrm{u}}=\sigma_{y\mathrm{max}}$，如第4.9节所述，$\sigma_{y\mathrm{u}}$ 是板的极限强度。

尽管式(4.57a)已明确给出了初始缺陷和侧向压力的影响，但更典型的方法是 Faulkner 等(1973)的典型例证。他们提出了一个经验公式，用于计算仅受横向压力作用的简支板的有效长度。也就是说，在不考虑侧向压力的情况下，单向受压板的极限状态的有效长度如下：

$$\frac{a_{\mathrm{eu}}}{a}=\frac{0.9}{\beta^2}+\frac{b}{a}\frac{1.9}{\beta}\left(1-\frac{0.9}{\beta^2}\right)\quad \text{当}\ \frac{a}{b}\geqslant1.9\ \text{时} \tag{4.57b}$$

式 (4.57b) 隐含了平均水平的初始缺陷的影响。

表示由于屈曲或其他原因的挠曲导致的板平面有效度降低的切向有效长度由下式给出：

$$\frac{a_{\mathrm{e}}^{*}}{a}=\left(\frac{\partial\sigma_{y\mathrm{max}}}{\partial\sigma_{y\mathrm{av}}}\right)^{-1} \tag{4.58}$$

式中，a_{e}^{*} 是减小的(切线)有效长度。

对于没有初始缺陷和侧向压力的简支板，沿 y 轴单向受压作用下，式(4.20)表示的最大和最小膜应力可以进一步简化为

$$\sigma_{x\mathrm{max}}=e_1\sigma_{y\mathrm{av}}+e_2,\sigma_{x\mathrm{min}}=f_1\sigma_{y\mathrm{av}}+f_2$$
$$\sigma_{y\mathrm{max}}=g_1\sigma_{y\mathrm{av}}+g_2,\sigma_{y\mathrm{min}}=h_1\sigma_{y\mathrm{av}}+h_2 \tag{4.59}$$

式中

$$e_1=\rho\frac{2n^2}{a^2b^2(1/a^4+n^4/b^4)},e_2=\rho\frac{2}{a^2(1/a^4+n^4/b^4)}\frac{\pi^2D}{t}\left(\frac{1}{a^2}+\frac{n^2}{b^2}\right)^2$$

$$f_1=-\rho\frac{2n^2}{a^2b^2\left(\dfrac{1}{a^4}+\dfrac{n^4}{b^4}\right)},f_2=-\rho\frac{2}{a^2(1/a^4+n^4/b^4)}\frac{\pi^2D}{t}\left(\frac{1}{a^2}+\frac{n^2}{b^2}\right)^2$$

$$g_1=1+\rho\frac{2n^4}{b^4(1/a^4+n^4/b^4)},g_2=\rho\frac{2n^2}{b^4(1/a^4+n^4/b^4)}\frac{\pi^2D}{t}\left(\frac{1}{a^2}+\frac{n^2}{b^2}\right)^2$$

$$h_1=1-\rho\frac{2n^4}{b^4\left(\dfrac{1}{a^4}+\dfrac{n^4}{b^4}\right)},h_2=-\rho\frac{2n^2}{b^4(1/a^4+n^4/b^4)}\frac{\pi^2D}{t}\left(\frac{1}{a^2}+\frac{n^2}{b^2}\right)^2$$

对于没有初始缺陷和横向压力载荷的简支板，式 (4.56) 可以通过式 (4.59) 中的 $\sigma_{y\mathrm{max}}=g_1\sigma_{y\mathrm{av}}+g_2$ 给出：

$$\frac{a_{\mathrm{e}}}{a}=\frac{\sigma_{y\mathrm{av}}}{g_1\sigma_{y\mathrm{av}}+g_2} \tag{4.60a}$$

因为 $\sigma_{y\mathrm{max}}=g_1\sigma_{y\mathrm{av}}+g_2=E\varepsilon_{y\mathrm{av}}$，我们可以将式(4.60a)重新转换为膜应变的函数如下：

$$\frac{a_e}{a} = \frac{1}{g_1}\left(1 - \frac{g_2}{E}\frac{1}{\varepsilon_{yav}}\right) \tag{4.60b}$$

在 y 轴单向压缩载荷作用下的简支板,当既无初始缺陷也无侧向压力时,由于屈曲导致的板平面内折减的有效长度可由式 (4.58) 给出如下:

$$\frac{a_e^*}{a} = \frac{1}{g_1} \tag{4.61}$$

4.8.3　有效剪切模量

尽管有效宽度被认为是评估板在轴向压缩载荷下的大挠度行为的有效方法,但最初由 Paik (1995) 提出的有效剪切模量的概念,也有助于表示板在边界剪切作用下的屈曲行为。

边界剪切作用下发生屈曲的板的有效剪切模量的基本概念介绍如下。在平面应力问题中,膜剪应力 τ 和剪应变 γ 之间的关系由下式给出:

$$\tau = G\gamma \tag{4.62}$$

式中,$G = E/[2(1+\gamma)]$ 是剪切模量。

虽然屈曲前板内的剪切应变分布是均匀的,但发生剪切屈曲后就不再均匀了。考虑大变形效应,屈曲板内任意点的剪应变计算如下:

$$\gamma = \left(\frac{\partial u}{\partial y} + \frac{\partial v}{\partial x}\right) + \left(\frac{\partial w}{\partial x}\frac{\partial w}{\partial y} + \frac{\partial w}{\partial x}\frac{\partial w_0}{\partial y} + \frac{\partial w_0}{\partial x}\frac{\partial w}{\partial y}\right) \tag{4.63}$$

式中,u 和 v 分别是 x 和 y 方向的轴向位移;上式右侧括号中的第一项表示膜剪应变分量;第二项表示由于大挠度效应引起的附加剪应变分量。

有效宽度或有效剪切模量概念的基本思想是将变形(屈曲)板视为等效的平板(未变形)板,但具有减小的(有效)面内刚度。因此,在这种情况下,屈曲板的膜剪切应变分量 γ_m 必须按如下方式计算:

$$\gamma_m = \frac{\partial u}{\partial y} + \frac{\partial v}{\partial x} = \frac{\tau}{G} - \left(\frac{\partial w}{\partial x}\frac{\partial w}{\partial y} + \frac{\partial w}{\partial x}\frac{\partial w_0}{\partial y} + \frac{\partial w_0}{\partial x}\frac{\partial w}{\partial y}\right) \tag{4.64}$$

在实际情况下,板内任意点的膜剪切应变可以使用数值方法计算,例如第 12 章中描述的有限元方法或第 11 章中描述的增量 Galerkin 方法。平均膜剪切应变 γ_{av} 可以定义为在整个板上计算的剪切应变的平均值,如下所示:

$$\gamma_{av} = \frac{1}{ab}\int_0^a\int_0^b \gamma_m \mathrm{d}x\mathrm{d}y \tag{4.65}$$

因为板边缘处的剪应力可能等于平均剪应力,即 $\tau = \tau_{av}$,表示板在边缘剪切屈曲时有效性的有效剪切模量 G_e 可以定义为

$$G_e = \frac{\tau_{av}}{\gamma_{av}} \tag{4.66}$$

有效剪切模量的经验表达式可以通过数值计算结果的曲线拟合方式得到,并可以考虑如板长宽比和初始缺陷等各种影响因素。例如,可以基于第 11 章 (Paik, 1995) 中的增量 Galerkin 方法的结果,给出具有初始缺陷的简支矩形板的有效剪切模量的经验公式:

$$\frac{G_e}{G} = \begin{cases} c_1 V^3 + c_2 V^2 + c_3 V + c_4 & \text{当 } V \leqslant 1.0 \text{ 时} \\ d_1 V^2 + d_2 V + d_3 & \text{当 } V > 1.0 \text{ 时} \end{cases} \tag{4.67}$$

式中

$$c_1 = -0.309W_0^3 + 0.590W_0^2 - 0.286W_0$$
$$c_2 = 0.353W_0^3 - 0.644W_0^2 + 0.270W_0$$
$$c_3 = -0.072W_0^3 + 0.134W_0^2 - 0.059W_0$$
$$c_4 = 0.005W_0^3 - 0.033W_0^2 + 0.001W_0 + 1.0$$
$$d_1 = -0.007W_0^3 + 0.015W_0^2 - 0.018W_0 + 0.015$$
$$d_2 = -0.022W_0^3 + 0.006W_0^2 + 0.075W_0 - 0.118$$
$$d_3 = 0.008W_0^3 + 0.025W_0^2 - 0.130W_0 + 1.103$$

式中，$V = \tau_{av}/\tau_E$；$W_0 = w_{0pl}/t$；τ_E 为板的弹性屈曲剪应力，定义见第 3 章。

当不考虑初始缺陷时，式(4.67)可简化为

$$\frac{G_e}{G} = \begin{cases} 1.0 & \text{当} \frac{\tau_{av}}{\tau_E} \leqslant 1 \text{ 时} \\ 0.015\left(\frac{\tau_{av}}{\tau_E}\right)^2 - \frac{0.118\tau_{av}}{\tau_E} + 1.103 & \text{当} \frac{\tau_{av}}{\tau_E} > 1 \text{ 时} \end{cases} \tag{4.68}$$

图 4.27 绘制了式 (4.67)的曲线。从图 4.27 可以明显看出，屈曲后板的有效剪切模量随着边缘剪切应力的增加而降低。与预期一致，初始挠度也降低了有效剪切模量。

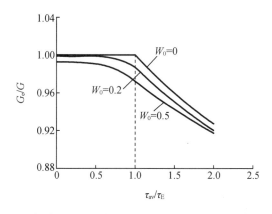

图 4.27 板的有效剪切模量随边缘剪切力的增加而变化情况

4.9 极限强度

现有的计算板极限强度的分析方法可以分为两种：
- 刚塑性理论方法；
- 基于膜应力的方法；

本节描述了板单元在组合双向载荷、边缘剪切或横向压力下的极限强度公式，其中考虑了初始缺陷的影响。开口或结构损伤对板极限强度的影响将单独阐述。

4.9.1 总体屈服极限强度

对于主要承受轴向拉伸载荷和或具有大厚度或低长细比的板单元，极限强度受总体的

屈服强度控制。在这种情况下,极限强度准则通常由 von Mises 屈服条件给出,见公式(1.31c),它可以用作板极限强度的上限,如下所示:

$$\left(\frac{\sigma_{xav}}{\sigma_Y}\right)^2 - \left(\frac{\sigma_{xav}}{\sigma_Y}\right)\left(\frac{\sigma_{yav}}{\sigma_Y}\right) + \left(\frac{\sigma_{yav}}{\sigma_Y}\right)^2 + \left(\frac{\tau_{av}}{\tau_Y}\right)^2 = 1 \tag{4.69}$$

4.9.2 刚塑性理论方法

在经典刚塑性理论方法(Wood,1961)中,假定了板在极限强度下的运动学容许失效机理,应用经典能量原理,使内部应变能与外部势能处于平衡状态,由此确定极限强度。为了考虑大变形效应,刚塑性方法必须与板的弹性大变形理论相结合。这种方法常用于表示极限强度的上限或下限解。

4.9.2.1 横向压力载荷

Jones(1975)在不考虑大变形的情况下,使用刚塑性理论方法推导出了矩形板在横向压力载荷下的失效强度:

$$\frac{8M_p}{b^2}(1+\alpha+\alpha^2) \leqslant p_u \leqslant \frac{24M_p}{b^2}\frac{1}{(\sqrt{3+\alpha^2}-\alpha)^2} \quad \text{对于简支板} \tag{4.70a}$$

$$\frac{16M_p}{b^2}(1+\alpha^2) \leqslant p_u \leqslant \frac{48M_p}{b^2}\frac{1}{(\sqrt{3+\alpha^2}-\alpha)^2} \quad \text{对于固支板} \tag{4.70b}$$

式中,p_u 是失效强度临界压力;$M_p = \sigma_Y t^2/4$ 是全塑性弯矩,$\alpha = b/a$。

对于 $\alpha = 1$ 的方形板,式(4.70a)和式(4.70b)可以简化为

$$\frac{24M_p}{b^2} \leqslant p_u \leqslant \frac{24M_p}{b^2} \quad \text{对于简支方板} \tag{4.71a}$$

$$\frac{32M_p}{b^2} \leqslant p_u \leqslant \frac{48M_p}{b^2} \quad \text{对于固支方板} \tag{4.71b}$$

从方程(4.71a)可以看出,简支板的失效临界压力的下限和上限一致,而固支板的下限和上限有显著差异,比值为 2 : 3。针对该案例,Fox(1974)分析表明失效载荷等于 $42.85M_p/b^2$。对此问题,简支板的极限横向压力载荷的上限 p_{cr} 给出如下:

$$p_{cr} = \frac{6t^2\sigma_Y}{b^2}\frac{1}{(\sqrt{3+\alpha^2}-\alpha)^2} \tag{4.72}$$

极限横向压力载荷 p_{uo} 不应大于上限 p_{cr}。值得注意的是,前面提到的刚塑性理论公式没有考虑膜应力影响,因此,只要假设的失效机理允许,可以粗略地预测临界横向压力。有趣的是,板在横向压力载荷下的所谓永久变形可以定义为极限横向压力下的最大变形。

4.9.2.2 轴向压缩载荷

Paik 和 Pedersen(1996)采用刚塑性理论方法,考虑大变形效应,推导了板在轴向压缩载荷下的极限强度公式,也考虑了焊接引起的残余应力和复杂形状的初始变形的影响。图 4.28 给出了 Paik-Pedersen 方法的示意图。

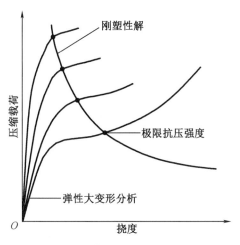

图 4.28 **Paik-Pedersen** 方法示意图,用于计算板在轴向压缩下的极限强度,具有复杂形状的初始挠度和焊接引起的残余应力

在该方法中,假设板的初始挠度和载荷作用下的增量挠度与式(4.15)类似,如下所示:

$$w_0 = A_{0i} \sin \frac{i\pi x}{a} \sin \frac{\pi y}{b} \tag{4.73a}$$

$$w = A_i \sin \frac{i\pi x}{a} \sin \frac{\pi y}{b} \tag{4.73b}$$

式中,A_{0i} 和 A_i 是半波模式 i 的初始和增量变形幅度,在板失效强度计算中被认为是从 1 到 $2m$,其中 m 是屈曲半波数,其取值为一个满足 $a/b \leqslant \sqrt{m(m+1)}$ 的整数。未知幅度 A_i 可以作为 σ_{xav} 的函数从方程 (4.19) 确定,σ_{xav} 是平均(施加)压应力,取为 $P_x/(bt)$,其中 P_x 是 x 方向上的轴向压缩载荷。根据刚塑性理论,对于假定的塑性失效机理(Jones,2012),必须满足以下与虚力、应力和应变相关的外部功和内能之间的平衡条件,即

$$\sigma_{xav} bt\delta u = -\sum_{n=1}^{r} \int_{L_n} N\delta U \mathrm{d}L_n + \sum_{n=1}^{s} (M + wN)\delta\theta \mathrm{d}L_n \tag{4.74}$$

式中,L_n 为第 n 个塑性铰线的长度;M 为沿塑性铰线的单位长度弯矩;N 为沿塑性铰线单位长度的轴向力;r 为倾斜铰线的条数;s 为水平或垂直铰线的数量;U 是沿塑性铰线的轴向位移;u 是板沿 x 方向的轴向位移;w 是板的横向挠度;θ 是沿塑性铰线的转角。

在式(4.74)中,前缀 δ 表示虚变量。式(4.74)的左边项和右边项分别代表外力虚功和内部虚位能耗散。右侧的第一项和第二项分别表示沿塑性铰线的轴向虚位移和虚转角的能量贡献。在 Paik-Pedersen 方法中,认为板具有三种不同类型的失效机理,具体取决于板的长宽比和挠曲形状及其他因素,如图 4.29 所示。

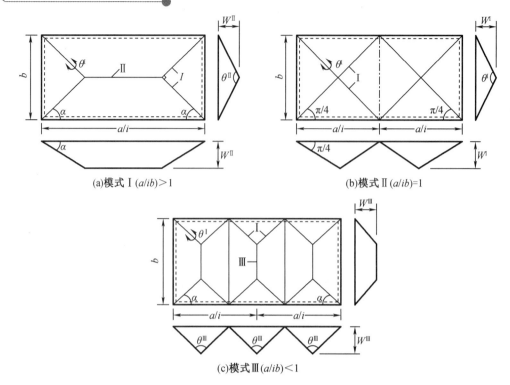

(a)模式Ⅰ(a/ib)>1 　　　　(b)模式Ⅱ(a/ib)=1

(c)模式Ⅲ(a/ib)<1

图4.29　板在轴向压缩载荷作用下的失效机理

对于图4.29中所假定的三种失效机理中,每一种板的挠度可以由公式(4.74)确定,如下所示。

（1）模式Ⅰ$\left(\dfrac{a}{ib}>1\right)$

如图4.29(a)所示,在这种模式下,沿塑性铰线Ⅰ和Ⅱ的虚挠度 w、虚转角 $\delta\theta$ 和轴向虚位移 δu 确定如下:

$$w^{\,\mathrm{I}}=A_i\left(1-\frac{2\sin\alpha}{b}L_n\right),\;w^{\,\mathrm{II}}=A_i,\;\delta\theta^{\,\mathrm{I}}=\frac{4A_i\sin^2\alpha}{b\cos\alpha},\;\delta\theta^{\,\mathrm{II}}=\frac{4A_i}{b},\;\delta U^{\,\mathrm{I}}=\delta u\sin\alpha,\;\delta U^{\,\mathrm{II}}=0$$

$$(4.75\mathrm{a})$$

式中,α 是塑性铰线Ⅰ和Ⅱ之间的角度;上标Ⅰ和Ⅱ表示塑性铰线Ⅰ和Ⅱ。沿塑性铰线的单位长度的轴力和弯矩计算如下:

$$N^{\,\mathrm{I}}=\frac{\sigma_{x\mathrm{av}}t}{2}(\cos 2\alpha-1),\;N^{\,\mathrm{II}}=0,$$

$$M^{\,\mathrm{I}}=\frac{4(1-p_x^2)M_\mathrm{p}}{\sqrt{16-3p_x^2(\cos 2\alpha+1)^2-12p_x^2\sin^2\alpha}},M^{\,\mathrm{II}}=\frac{2(1-p_x^2)M_\mathrm{p}}{\sqrt{4-3p_x^2}}\qquad(4.75\mathrm{b})$$

式中,$p_x=\sigma_{x\mathrm{av}}/\sigma_\mathrm{Y}$,$M_\mathrm{p}=\sigma_\mathrm{Y}t^2/4$ 为沿塑性铰线的塑性弯矩,σ_Y 是材料屈服应力。

将式 (4.75a) 和式(4.75b) 代入式 (4.74) 得到

$$\sigma_{x\mathrm{av}}bt\delta u=-4\int_0^{\frac{b}{2\sin\alpha}}(N^{\,\mathrm{I}}\delta U^{\,\mathrm{I}}-M^{\,\mathrm{I}}\delta\theta^{\,\mathrm{I}}-w^{\,\mathrm{I}}N^{\,\mathrm{I}}\delta\theta^{\,\mathrm{I}})\mathrm{d}L_n$$

$$=-\int_0^{\frac{a}{i}-b\cot\alpha}(N^{\,\mathrm{II}}\delta U^{\,\mathrm{II}}-M^{\,\mathrm{II}}\delta\theta^{\,\mathrm{II}}-w^{\,\mathrm{II}}N^{\,\mathrm{II}}\delta\theta^{\,\mathrm{II}})\mathrm{d}L_n$$

$$= -\sigma_{xav}bt\delta u(\cos 2\alpha - 1) + 8A_iM^{\mathrm{I}}\tan\alpha + 4A_iM^{\mathrm{II}}\frac{1}{b}\left(\frac{a}{i} - b\cot\alpha\right) +$$

$$2A_i^2\sigma_{xav}t(\cos 2\alpha - 1)\tan\alpha \tag{4.75c}$$

角度 α 可以通过最小化总势能来确定,但为了简单起见,对于所有三种失效模式,假设 $\alpha = \pi/4$。在这种情况下,式(4.75c) 给出了模式 I 失效机理的最大挠度 W_i,如下所示:

$$w_i = \frac{A_i}{i} = \frac{1-p_x^2}{p_x}\left[\frac{4}{\sqrt{16-15p_x^2}} + \frac{1}{\sqrt{4-3p_x^2}}\left(\frac{a}{ib}-1\right)\right] \tag{4.75d}$$

(2)模式 II ($\frac{a}{ib} = 1$)

与模式 I 类似,并且 $\alpha = \pi/4$,如图 4.29(b)所示,沿铰链线 I 的虚位移、虚转角和平面内虚位移确定如下:

$$w^{\mathrm{I}} = A_i\left(1 - \frac{\sqrt{2}L_n}{b}\right), \delta\theta^{\mathrm{I}} = \frac{2\sqrt{2}A_i}{b}, \delta U^{\mathrm{I}} = \frac{\sqrt{2}\delta u}{2} \tag{4.76a}$$

沿塑性铰线 I 的轴向力和弯矩确定如下:

$$N^{\mathrm{I}} = -\frac{\sigma_{xav}t}{2}, M^{\mathrm{I}} = \frac{4(1-p_x^2)M_p}{\sqrt{16-15p_x^2}} \tag{4.76b}$$

将式 (4.76a)和式(4.76b) 代入式(4.74) 得到以下结果:

$$\sigma_{xav}bt\delta u = -4\int_0^{\frac{\sqrt{2}b}{2}}(N^{\mathrm{I}}\delta U^{\mathrm{I}} - M^{\mathrm{I}}\delta\theta^{\mathrm{I}} - w^{\mathrm{I}}\delta\theta^{\mathrm{I}})\mathrm{d}L_n$$

$$= \sigma_{xav}bt\delta u + 8A_iM^{\mathrm{I}} - 2\sigma_{xav}tA_i^2 \tag{4.76c}$$

式(4.76c) 给出了模式 II 失效机理的最大挠度 W_i,如下所示:

$$W_i = \frac{A_i}{t} = \frac{4(1-p_x^2)}{p_x\sqrt{16-15p_x^2}} \tag{4.76d}$$

(3)模式 III ($\frac{a}{ib} < 1$)

在这种模式下,如图 4.29(c)所示,沿铰链线的虚位移、虚转角和平面内虚位移确定如下:

$$w^{\mathrm{I}} = A_i\left(1 - \frac{2i\cos\alpha}{a}L_n\right), w^{\mathrm{III}} = A_i, \delta\theta^{\mathrm{I}} = \frac{4iA_i\cos^2\alpha}{a\sin\alpha}, \delta\theta^{\mathrm{III}} = \frac{4i}{a}A_i, U^{\mathrm{I}} = \delta u\sin\alpha, U^{\mathrm{III}} = \delta u$$

$$\tag{4.77a}$$

沿塑性铰线 I 和 III 的轴向力和弯矩确定如下:

$$N^{\mathrm{I}} = \frac{\sigma_{xav}t}{2}(\cos 2\alpha - 1)$$

$$N^{\mathrm{III}} = -\sigma_{xav}t$$

$$M^{\mathrm{I}} = \frac{4(1-p_x^2)M_p}{\sqrt{16-3p_x^2(\cos 2\alpha+1)^2 - 12p_x^2\sin^2\alpha}}$$

$$M^{\mathrm{III}} = (1-p_x^2)M_p \tag{4.77b}$$

将式 (4.77a)和式(4.77b) 代入式(4.74) 得到以下结果:

$$\sigma_{xav} bt\delta u = -4\int_0^{\frac{a}{2i\cos\alpha}} (N^{\mathrm{I}} \delta U^{\mathrm{I}} - M^{\mathrm{I}} \delta\theta^{\mathrm{I}} - w^{\mathrm{I}} N^{\mathrm{I}} \delta\theta^{\mathrm{I}})\,\mathrm{d}L_n -$$

$$\int_0^{b-\frac{a}{i\tan\alpha}} (N^{\mathrm{III}} \delta U^{\mathrm{III}} - M^{\mathrm{III}} \delta\theta^{\mathrm{III}} - w^{\mathrm{III}} N^{\mathrm{III}} \delta\theta^{\mathrm{III}})\,\mathrm{d}L_n$$

$$=\sigma_{xav} bt\delta u - \frac{\sigma_{xav} at\delta u}{i}\tan\alpha\cos 2\alpha + 8A_i M^{\mathrm{I}}\cot\alpha + 4A_i M^{\mathrm{III}}\left(\frac{ib}{a}-\tan\alpha\right)+$$

$$2A_i^2 \sigma_{xav} t\left[(\cos 2\alpha - 1)\cot\alpha + 2\tan\alpha - \frac{2ib}{a}\right] \tag{4.77c}$$

式(4.77c)给出了模式 Ⅲ 失效机理的最大挠度 W_i,如下所示:

$$W_i = \frac{A_i}{t} = \frac{a}{2ib-a}\cdot 1-\frac{p_x^2}{p_x}\left(\frac{4}{\sqrt{16-15p_x^2}}+\frac{ib}{2a}-\frac{1}{2}\right) \tag{4.77d}$$

板的极限强度确定为 A_i 和 W_i 的交点,变量 i 可以取 $1-2m$(屈曲半波数的两倍),如图 4.28 所示。实际板材极限强度最小值取三个极限强度值中的最小者。

4.9.3 膜应力基础方法

在基于膜应力的方法中,板内部膜应力的计算是通过求解弹性大变形微分方程实现的。该方法认为,如果膜应力达到临界值(例如屈服应力)或满足膜应力方面的一些相关准则,则认为板将失效。

随着板挠度的增加,板中部上层和或下层纤维将首先因为弯曲作用屈服。但是,如果能通过膜应力作用将施加的载荷重新分配到板的直边界,板就不会失效。当边界应力最大位置屈服时失效发生,因为板不能再保持直线边界,导致横向板挠度迅速增加。

4.9.3.1 极限强度条件

如图 4.30 所示,由于 x 和 y 方向上轴向模应力的组合性质,边界处的三个可能位置——角隅处、纵向边缘和横向边缘,通常会考虑最先发生屈服。在每个纵向或横向边缘轴向应力均匀施加,没有平面内弯曲,两个边缘位置的应力状态认为是相似的。根据长边方向上的主要半波模式(半波数),塑性发生的位置在长边可能会有所不同,由于最小膜应力的位置不同,短边方向最小膜应力始终位于中部。

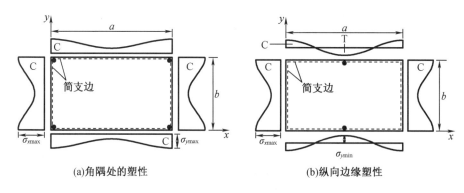

(a)角隅处的塑性　　　　　　　　(b)纵向边缘塑性

●—预期屈服位置;C—压缩;T—拉伸。

图 4.30　组合载荷下板边缘处初始塑性屈服的三个可能位置

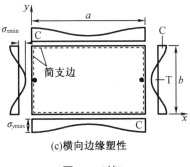

(c)横向边缘塑性

图 **4.30**(续)

屈服的发生可以使用 von Mises 屈服准则来评估。三个最可能发生屈服位置的极限强度衡准如下:

(1)角隅屈服:

$$\left(\frac{\sigma_{xmax}}{\sigma_Y}\right)^2 - \left(\frac{\sigma_{xmax}}{\sigma_Y}\right)\left(\frac{\sigma_{ymax}}{\sigma_Y}\right) + \left(\frac{\sigma_{ymax}}{\sigma_Y}\right)^2 + \left(\frac{\tau_{av}}{\tau_Y}\right)^2 = 1 \tag{4.78a}$$

(2)纵向边缘屈服:

$$\left(\frac{\sigma_{xmax}}{\sigma_Y}\right)^2 - \left(\frac{\sigma_{xmax}}{\sigma_Y}\right)\left(\frac{\sigma_{ymin}}{\sigma_Y}\right) + \left(\frac{\sigma_{ymin}}{\sigma_Y}\right)^2 + \left(\frac{\tau_{av}}{\tau_Y}\right)^2 = 1 \tag{4.78b}$$

(3)横向边缘屈服:

$$\left(\frac{\sigma_{xmin}}{\sigma_Y}\right)^2 - \left(\frac{\sigma_{xmin}}{\sigma_Y}\right)\left(\frac{\sigma_{ymax}}{\sigma_Y}\right) + \left(\frac{\sigma_{ymax}}{\sigma_Y}\right)^2 + \left(\frac{\tau_{av}}{\tau_Y}\right)^2 = 1 \tag{4.78c}$$

尽管在简单载荷作用下,如轴向压缩作用或轴向压缩与横向压力的组合作用,板变形后的最大或最小膜应力可以按照第 4.4 至 4.7 节中的描述计算,但承受更复杂载荷作用,如双轴向载荷、边缘剪切和横向压力组合作用的板,最大或最小膜应力的计算并不是简明直接的。

作为一种简单的替代方法,式(4.78)可作为开发简单载荷作用下的板极限强度公式,通过简单载荷强度公式的组合来推导所有潜在载荷作用下的强度公式。

4.9.3.2 横向压力载荷

当 $\sigma_{xav} = \sigma_{yav} = \tau_{av} = 0$ 时,板仅在横压作用下的极限强度 p_{uo} 可以取三个横向压力中的最小值,通过满足式(4.78)的三个条件获得。

针对轴向压缩和横向压力组合载荷作用下,$a/b = 3$ 的板,图 4.31 将膜应力方法[由 ALPS/ULSAP(2017)表示]与 Yamamoto 等(1970)的失效测试结果及第 11 章中描述的增量 Galerkin 方法(用 SPINE 表示)进行了比较。

4.9.3.3 纵向轴向载荷与横向压力

在本例中,通过 σ_{xav} 和 p 连同初始缺陷一起考虑计算最大和最小膜应力。在当前类型的载荷作用下,板边缘处的初始屈服位置可能是纵向边缘,这取决于 von Mises 屈服条件的性质,即式 (1.31c)。

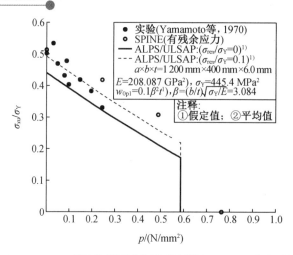

图 4.31 ALPS/ULSAP 与 Yamamoto 等的失效测试结果以及增量 Galerkin 方法(用 SPINE 表示)的比较

将最大和最小膜应力代入式(4.78b),将 p 作为次要定常载荷,求解关于 σ_{xav} 的方程的解,得到纵向极限强度 σ_{xu}。

$$\left(\frac{\sigma_{xmax}}{\sigma_{Y}}\right)^2 - \left(\frac{\sigma_{xmax}}{\sigma_{Y}}\right)\left(\frac{\sigma_{ymin}}{\sigma_{Y}}\right) + \left(\frac{\sigma_{ymin}}{\sigma_{Y}}\right)^2 = 1 \tag{4.79a}$$

式中,σ_{xmax} 和 σ_{ymin} 是 x 和 y 方向上的最大和最小膜应力。

当不包括横向压力时,通过令 $p=0$ 计算极限强度 σ_{xu}。当无载荷边界可在平面内自由移动时,在 y 方向上不会产生膜应力,如图 4.25(b)所示。在这种情况下,极限强度公式(4.79a)可以简化为

$$\sigma_{xmax} = \sigma_{Y} \tag{4.79b}$$

或者,使用有效宽度方法,σ_{xu} 简单地由下式给出:

$$\sigma_{xu} = \sigma_{Y}\frac{b_{eu}}{b} \tag{4.79c}$$

式中,b_{eu} 是极限强度下的有效宽度。

当板件主要承受轴向拉伸载荷时,板极限强度可近似取为 $\sigma_{xu} = \sigma_{Y}$,而板在纵向轴向拉伸和侧向压力联合载荷作用下的极限强度也可由式(4.79a)计算。

针对纵向压缩载荷下不同长宽比的简支长板,图 4.32 比较了采用式(4.79a)的理论结果(用 ALPS/ULSAP 表示)与失效试验和非线性有限元分析结果。式(4.79a) 将初始缺陷作为直接影响参数处理,失效试验测试考虑了初始变形和残余应力的各种不确定性水平。有关测试数据的更多详细信息,读者应参考 Ellinas 等(1984)的文献。FEA 有两种类型的空载板边界条件:①空载板边缘在平面内自由移动;②空载板边缘保持为直线。对于有限元分析,考虑了"平均"水平的初始变形,不包括焊接引起的残余应力。正如预期的那样,边界条件①的有限元方法结果小于边界条件②的结果。

4.9.3.4 横向轴向载荷与横向压力的组合作用

在本例中,通过 σ_{yav} 和 p 连同初始缺陷一起考虑计算最大和最小膜应力。在当前类型的载荷作用下,板边缘处的初始屈服位置可能是横向边缘,这取决于 von Mises 屈服条件的性质,即式 (1.31c)。

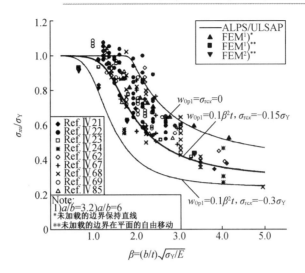

图 4.32　当前方法(ALPS/ULSAP)与测试数据的比较[测试数据源自 Ellinas 等(1984)]

将最大和最小膜应力代入式(4.78c),将 p 作为次要定常载荷,求解关于 σ_{yav} 的方程,得到横向极限强度 σ_{yu} 。

$$\left(\frac{\sigma_{x\min}}{\sigma_Y}\right)^2 - \left(\frac{\sigma_{x\min}}{\sigma_Y}\right)\left(\frac{\sigma_{y\max}}{\sigma_Y}\right) + \left(\frac{\sigma_{y\max}}{\sigma_Y}\right)^2 = 1 \qquad (4.80a)$$

式中,$\sigma_{x\min}$ 和 $\sigma_{y\max}$ 分别在 x、y 方向上的最小膜应力和最大膜应力。

当不包括横压力时,通过令 $p=0$ 计算极限强度 σ_{yu} 。当无载荷边界可在平面内自由移动时,在 x 方向上不会产生膜应力。因此,在这种情况下,式(4.80a)可以简化为

$$\sigma_{y\max} = \sigma_Y \qquad (4.80b)$$

除此之外,利用有效宽度法,σ_{yu} 可表示为

$$\sigma_{yu} = \sigma_Y \frac{a_{eu}}{a} \qquad (4.80c)$$

式中,a_{eu} 是极限强度时的有效长度。

当板主要承受轴向拉力时,板件的极限强度可近似取为 $\sigma_{yu} = \sigma_Y$,板件在横向轴向拉力和横压压力联合作用下的极限强度也可由式(4.80a)计算。图 4.33 针对简支板比较了式(4.80a)(用 ALPS/ULSAP 表示)计算的结果与非线性有限元法计算的结果。

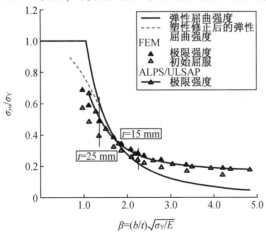

图 4.33　长板的极限横向抗压强度随减缩的长细比的变化($a/b=3$)

4.9.3.5 边缘剪切

由于板在边缘剪切载荷主导作用下屈曲后的变形相当复杂,因此通过求解非线性控制微分方程的解析方法不能直接计算内部的膜应力分布。在这种情况下,非线性数值方法更方便。

在这种情况下,Paik 等(2001)通过改变板长细比、板长宽比、边界条件和板边保持直线时初始挠度的大小,对仅受边缘剪切作用的板进行了一系列弹塑性大变形有限元分析。将计算结果进行曲线拟合,得到板在仅受边界剪切载荷作用下的极限强度 τ_{u0} 的经验公式如下:

$$\frac{\tau_{u0}}{\tau_Y} = \begin{cases} 1.324\left(\dfrac{\tau_E}{\tau_Y}\right) & 0 \leqslant \dfrac{\tau_E}{\tau_Y} \leqslant 0.5 \\ 0.039\,(\tau_E/\tau_Y)^3 - 0.274\left(\dfrac{\tau_E}{\tau_Y}\right)^2 + 0.676\left(\dfrac{\tau_E}{\tau_Y}\right) + 0.388 & 0.5 < \dfrac{\tau_E}{\tau_Y} \leqslant 2.0 \\ 0.956 & \dfrac{\tau_E}{\tau_Y} > 2.0 \end{cases} \quad (4.81)$$

式中,τ_E 为板的弹性剪切屈曲应力。

图 4.34 为不同长宽比的简支板的极限边缘剪切强度与弹性剪切屈曲应力之间的关系变化。

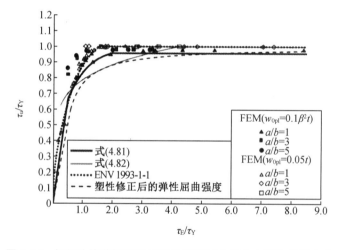

图 4.34　极限边缘剪切强度与弹性剪切屈曲应力之间的关系变化

虚线表示弹性剪切屈曲应力,采用第 2 章所述的 Johnson-Ostenfeld 公式方法进行塑性修正。

将式(4.81)细分为三个方程,分别表示薄板、中厚板和厚板的极限边缘抗剪强度。由图 4.34 可以看出,式(4.81)在合理的精度范围内涵盖了较广的板长细比范围。通过比较表明,对不同长宽比和初始挠度的板,式(4.81)与非线性有限元解相比,模型误差的平均偏差为 0.931,变异系数为 0.075。

图 4.35 显示了板长宽比对板极限抗剪强度的影响。随着长宽比的增大,板的极限抗剪强度有减小的趋势。然而,从图 4.35 可以明显看出,极限抗剪强度对长宽比的依赖程度较小,尤其是对于厚板。

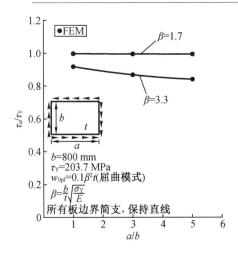

图4.35 长宽比对板极限抗剪强度的影响

此处处理时,加筋板在边缘剪切时的极限强度近似为加强筋之间板四边剪切时的极限强度。相邻的加强筋会产生对角张力,由于张力场作用而产生的任何强度储备不包括在内,因此这种方法有些粗略。此外,该方法隐含的(通常是合理的)假设是,加强筋通常设计为能在板屈曲之前保持直线。如果情况并非如此,则需要纠正,相关内容见第7章。

另外,欧洲规范3(Eurocode 3)的ENV 1993-1-1 (1992)也提出了板的极限剪切强度的经验公式,如第7章所述。此外,板的极限边缘剪切强度通常采用Johnson-Ostenfeld公式修正弹性剪切的屈曲强度,如第2章所述。Nara等(1988)通过非线性有限元法解的曲线拟合提出了板的极限抗剪强度的经验闭合形式表达式如下:

$$\frac{\tau_{\text{u}}}{\tau_{\text{Y}}} = \left(\frac{0.486}{\lambda}\right)^{0.333} \leqslant 1.0 \quad \text{当 } 0.486 \leqslant \lambda \leqslant 2.0 \text{ 时} \tag{4.82}$$

式中,$\lambda = \sqrt{\tau_{\text{Y}}/\tau_{\text{E}}}$,$\tau_{\text{E}}$是弹性剪切屈曲应力。在图4.34中,将式(4.82)、式(4.81)与更精细的非线性有限元法解进行了比较。

4.9.3.6 边界剪切与横向压力的组合作用

虽然在当前的板结构设计过程中通常忽视横向压力载荷对边界剪切极限强度的影响,但实际上横向压力在某些情况下也会影响(降低)板的极限剪切强度。

图4.36为基于第11章介绍的增量伽辽金法(由SPINE表示)得到的板在边界剪切和横向压力联合作用下的极限强度相互关系。

从有限的结果中,还观察到它们的相互作用效应随着板长宽比的增加而趋于缓和。作为一种粗略预测,可以根据方形板(即$a/b=1$)的相互作用曲线,通过曲线拟合推导出边缘剪切与侧向压力的板极限强度相互作用方程如下:

$$\left(\frac{\tau}{\tau_{\text{u0}}}\right)^{1.5} + \left(\frac{p}{p_{\text{u0}}}\right)^{1.2} = 1 \tag{4.83a}$$

式中,τ_{u0}为仅剪切作用下的板极限强度,如式(4.81)所定义;p_{u0}为仅横向压力载荷作用下的板极限强度。

在τ_{av}和p的组合作用下,板的极限边缘剪切强度τ_{u}作为方程(4.83a)关于τ_{av}的解,将p作为次要常量载荷参数,如下所示:

$$\tau_{u} = \tau_{u0}\left[1 - \left(\frac{p}{p_{u0}}\right)^{1.2}\right]^{\frac{1}{1.5}}$$ （4.83b）

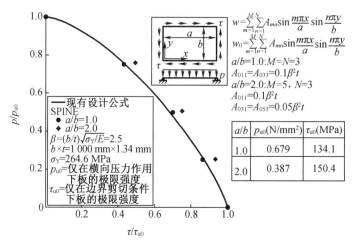

图4.36 简支板在边剪和侧压载荷作用下的极限强度相互作用关系

4.9.3.7 双轴向载荷、边界剪切与横向压力的组合

现在可以导出一个涉及所有载荷成分组合情况下的极限强度公式。虽然文献中提出了各种类型的板双向压缩的极限强度与相互作用关系，但大多数可以概括为以下形式：

$$\left(\frac{\sigma_{xav}}{\sigma_{xu}}\right)^{c_1} + \alpha\left(\frac{\sigma_{xav}}{\sigma_{xu}}\right)\left(\frac{\sigma_{yav}}{\sigma_{yu}}\right) + \left(\frac{\sigma_{yav}}{\sigma_{yu}}\right)^{c_2} = 1$$ （4.84）

式中，σ_{xu}、σ_{yu} 为 σ_{xav}、σ_{yav} 下的极限强度；α、c_1、c_2 为系数。

不同研究者在式（4.84）中使用的常数的一些例子见表4.4。图4.37将式（4.84）与表4.4所示的各项常数绘制在图中。图4.38对比了采用 Paik 等（2001）常数的简支板在双向受压或受拉作用下的极限强度相互作用曲线与非线性有限元法结果，式（4.84）用 ALPS/ULSAP（2017）表示。

表4.4 式（4.84）中用于双向压缩载荷的常数示例

参考	式（4.84）所用常数
BS 5400（2000）	$c_1 = c_2 = 2$，$\alpha = 0$；σ_{xav} 和 σ_{yav} 都是压缩的
Valsgård（1980）	$c_1 = 1$，$c_2 = 2$，$\alpha = -0.25$；当 $a/b = 3$ 时 σ_{xav} 和 σ_{yav} 都是压缩的
Dier 和 Dowling（1980）	$c_1 = c_2 = 2$，$\alpha = 0.45$；σ_{xav} 和 σ_{yav} 都是压缩的
Stonor 等（1983）	$c_1 = c_2 = 1.5$，$\alpha = 0$（下界）
	$c_1 = c_2 = 2$，$\alpha = -1$（上界）
	σ_{xav} 和 σ_{yav} 都是压缩的
Paik 等（2001）	$c_1 = c_2 = 2$，$\alpha = 0$；σ_{xav} 和 σ_{yav} 都是压缩的（负）
	$c_1 = c_2 = 2$，$\alpha = -1$；σ_{xav} 和 σ_{yav} 都是拉伸的（正）

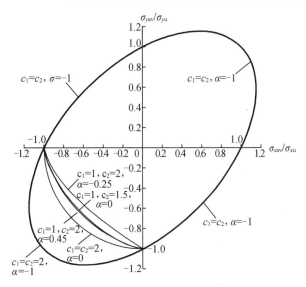

图 4.37 双向载荷作用下各类型板极限强度相互作用曲线

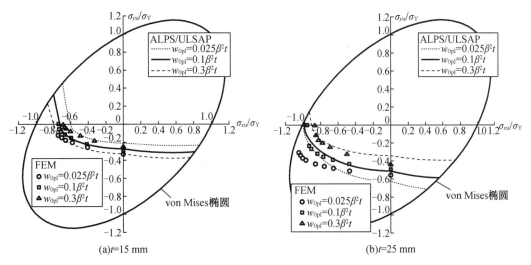

(a)$t=15$ mm   (b)$t=25$ mm

图 4.38 薄板双向受压或拉伸的极限强度相互作用关系($a/b=3$, $b=1\,000$ mm, $E=205.8$ GPa, $\sigma_Y=235.2$ MPa)

一般来说,组成板结构的板单元有时会在一个方向上受到拉伸,而在另一个方向上受到压缩。根据冯米塞斯 von Mises 屈服条件的性质式(1.31c),双向压缩加载条件并不总是最关键的,在某些情况下,一个方向的拉伸和另一个方向压缩的加载条件可能更重要。这意味着,板的极限强度相互作用关系原则上应考虑轴向载荷(拉伸或压缩)与边缘剪切载荷的任何可能组合。

根据载荷比和长宽比变化的一系列非线性数值解的洞察分析,可以提出以下双向压缩或拉伸、边缘剪切和侧向压力之间的极限强度相互作用关系:

$$\left(\frac{\sigma_{xav}}{\sigma_{xu}}\right)^{c_1}+\alpha\left(\frac{\sigma_{xav}}{\sigma_{xu}}\right)\left(\frac{\sigma_{yav}}{\sigma_{yu}}\right)+\left(\frac{\sigma_{yav}}{\sigma_{yu}}\right)^{c_2}+\left(\frac{\tau_{av}}{\tau_u}\right)^{c_3}=1 \tag{4.85}$$

式中,σ_{xu}、σ_{yu}、τ_u 为考虑侧压载荷影响的 σ_{xav}、σ_{yav}、τ_{av} 下的极限强度。式(4.85)的系数可取 $c_1 = c_2 = c_3 = 2$,σ_{xav} 和 σ_{yav} 均为压缩(负)时 $\alpha = 0$,σ_{xav} 或 σ_{yav} 两者均为拉伸(正)时 $\alpha = -1$。

图 4.39 比较了式(4.85)和更精细的方法得到的纵向压缩和边剪联合作用下板的极限强度相互作用曲线,其中 SPINE 表示第 11 章中描述的增量伽勒金方法的解。

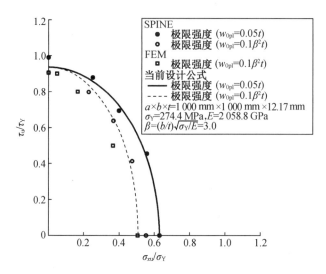

图 4.39　方板纵向压缩与边界剪切条件下的极限强度相互作用关系

4.10　开口效应

板上的开口会降低其极限强度和屈曲强度。如第 3 章所述,需要注意的是,Johnson-Ostearfeld 公式不足以预测穿孔板的"临界"屈曲强度,该临界值被认为是最大承载能力。因为它可能会高估带开口的相对厚板的强度。极限强度是评价穿孔板承载能力的较好依据。

本节介绍预测具有中心开孔板极限强度的经验公式。如图 3.17 所示,其中 x 方向开孔长度用 a_c 表示,y 方向开孔宽度用 b_c 表示。第 3 章对带孔板的弹性屈曲强度进行了研究。关于穿孔板板架极限强度的详细内容可参考第 10 章。感兴趣的读者还可以参考 Narayanan 和 der Avanessian(1984)、Brown 等(1987)、Paik(2007a,2007b,2008b)、Kim 等(2009)、Suneel Kumar 等(2009)和 Wang 等(2009b)的文献。

4.10.1　单一载荷类型

通过强度折减系数可以预测开孔板的极限强度:

$$\sigma_{xu} = R_{xu}\sigma_{xu0} \tag{4.86a}$$

$$\sigma_{yu} = R_{yu}\sigma_{yu0} \tag{4.86b}$$

$$\tau_u = R_{\tau u}\tau_{u0} \tag{4.86c}$$

式中,σ_{xu}、σ_{yu} 和 τ_u 为带孔板的极限强度;σ_{xu0}、σ_{yu0} 和 τ_{u0} 为未开孔板的极限强度;R_{xu}、R_{yu}、$R_{\tau u}$ 为强度折减因子。

式(4.86)的极限强度折减系数定义如下:

$$R_{xu} = c_1 \left(\frac{b_c}{b} \right)^2 + c_2 \left(\frac{b_c}{b} \right) + 1.0 \tag{4.87a}$$

$$R_{yu} = c_3 \left(\frac{a_c}{b} \right)^2 + c_4 \left(\frac{a_c}{b} \right) + 1.0 \tag{4.87b}$$

$$R_{\tau u} = c_5 \left(\frac{d_c}{b} \right)^2 + c_6 \left(\frac{d_c}{b} \right) + 1.0 \tag{4.87c}$$

式中

$$c_1 = -0.700, \; c_2 = -0.365$$

$$c_3 = \begin{cases} -0.177 \left(\dfrac{a}{b} \right)^2 + 1.088 a/b - 1.671 & \text{当 } 1 \leqslant a/b < 3 \text{ 时} \\ 0.0 & \text{当 } 3 \leqslant a/b \leqslant 6 \text{ 时} \end{cases}$$

$$c_4 = \begin{cases} -0.048 \left(\dfrac{a}{b} \right)^2 + 0.252 a/b - 0.386 & \text{当 } 1 \leqslant a/b < 3 \text{ 时} \\ -0.062 & \text{当 } 3 \leqslant a/b \leqslant 6 \text{ 时} \end{cases}$$

$$c_5 = -0.009 \left(\frac{a}{b} \right)^2 - 0.068 \left(\frac{a}{b} \right) - 0.415$$

$$c_6 = -0.025 \left(\frac{a}{b} \right)^2 + 0.309 \left(\frac{a}{b} \right) - 0.787$$

$$d_c = \frac{a_c + b_c}{2}$$

在前面的方程中,椭圆孔和矩形孔都近似地表示为等效的圆形孔,等效孔的直径在纵向受压时由原孔的横向宽度 b_c 表示,横向受压时由原孔的纵向长度 a_c 表示,边界剪切作用时由孔的平均尺寸 $d_c = (a_c + b_c)/2$ 表示。图 4.40 通过与带有开口的简支板的非线性有限元解(Paik,2008b)的比较,证实了式(4.86)和式(4.87)的准确性。

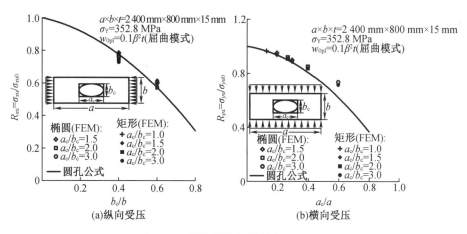

图 4.40 带孔板的极限强度

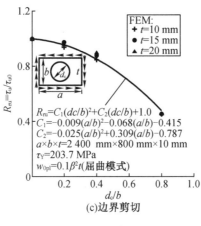

$R_{\tau u} = C_1(dc/b)^2 + C_2(dc/b) + 1.0$
$C_1 = -0.009(a/b)^2 - 0.068(a/b) - 0.415$
$C_2 = -0.025(a/b)^2 + 0.309(a/b) - 0.787$
$a \times b \times t = 2\,400\ \text{mm} \times 800\ \text{mm} \times 10\ \text{mm}$
$\tau_Y = 203.7\ \text{MPa}$
$w_{0\text{pl}} = 0.1\beta^2 t$(屈曲模式)

(c)边界剪切

图 4.40(续)

4.10.2 双向压缩

图 4.41 是一个带孔板,板的中心有一个直径为 d_c 的圆孔。加筋板在焊接制造过程中经常产生初始缺陷。考虑到板有屈曲模态形状的、平均水平的初始挠度 $w_{0\text{pl}} = 0.1\beta^2 t$。图 4.42 是长宽比 $a/b = 3$ 的带孔板的有限元网格模型示例。图 4.43 给出了带孔板在双向压缩作用下的极限强度行为(Paik,2008b)。由计算结果可知,带孔板的极限强度相互作用关系可由下式表示:

$$\left(\frac{\sigma_{x\text{av}}}{\sigma_{xu}}\right)^{c_1} + \left(\frac{\sigma_{y\text{av}}}{\sigma_{yu}}\right)^{c_2} = 1 \tag{4.88}$$

式中,σ_{xu} 和 σ_{yu} 是由式(4.86a)或式(4.86b)单独确定的带孔板在 $\sigma_{x\text{av}}$ 或 $\sigma_{y\text{av}}$ 下的极限强度;c_1 和 c_2 是常数,可取 $c_1 = 1$,$c_2 = 7$。在图 4.43 中还与式(4.88)做了比较,其中 $c_1 = c_2 = 2$,较适用于无孔板。带孔板在双向压缩作用下的极限强度相互作用关系与无孔板的极限强度相互作用关系不同。

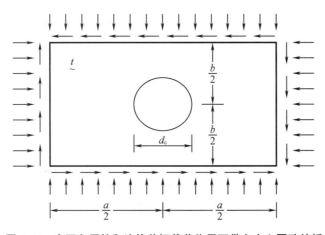

图 4.41 在双向压缩和边缘剪切载荷作用下带有中心圆孔的板

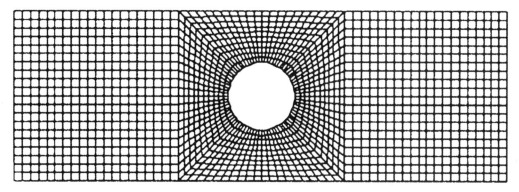

图 4.42 带有中心圆孔板的有限元网格模型示例($a/b = 3$)

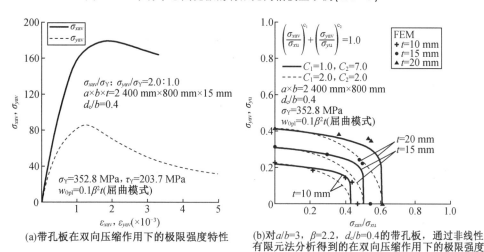

(a)带孔板在双向压缩作用下的极限强度特性　　(b)对 $a/b = 3$, $\beta = 2.2$, $d_c/b = 0.4$ 的带孔板,通过非线性
有限元法分析得到的在双向压缩作用下的极限强度
相互作用关系

图 4.43 带孔板在双向压缩下的极限强度行为

4.10.3 纵向压缩和边缘剪切组合

图 4.44 给出了一个中心带圆孔板在纵向压缩和边缘剪切作用下的极限强度行为
(Paik,2008b)。从图中可以看出,带孔板在纵向压缩和边缘剪切联合作用下的极限强度相
互作用关系可以表示为

$$\left(\frac{\sigma_{yav}}{\sigma_{yu}}\right)^2 + \left(\frac{\tau_{av}}{\tau_u}\right)^2 = 1 \tag{4.89}$$

式中, σ_{xu} 和 τ_u 为由式(4.86a)或式(4.86c)确定的带孔板在 σ_{xav} 或 τ_{av} 下的极限强度。

4.10.4 横向压缩和边缘剪切组合

图 4.45 显示了一个中心圆孔板在横向压缩和边缘剪切作用下的极限强度行为(Paik,
2008b)。从图中可以看出,带孔板在横向压缩和边缘剪切联合作用下的极限强度相互作用
关系可以表示为

$$\left(\frac{\sigma_{yav}}{\sigma_{yu}}\right)^2 + \left(\frac{\tau_{av}}{\tau_u}\right)^2 = 1 \tag{4.90}$$

式中,σ_{xu} 和 τ_u 为由式(4.86b)或式(4.86c)确定的带孔板在 σ_{xav} 或 τ_{av} 下的极限强度。

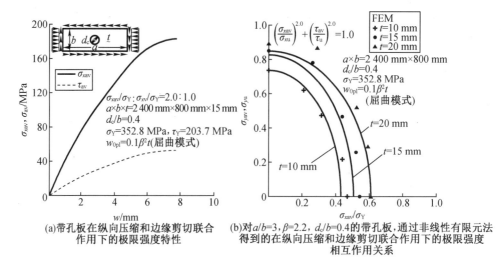

(a)带孔板在纵向压缩和边缘剪切联合作用下的极限强度特性

(b)对$a/b=3$,$\beta=2.2$,$d_c/b=0.4$的带孔板,通过非线性有限元法得到的在纵向压缩和边缘剪切联合作用下的极限强度相互作用关系

图 4.44　带孔板在纵向压缩和边缘剪切联合作用下的极限强度行为

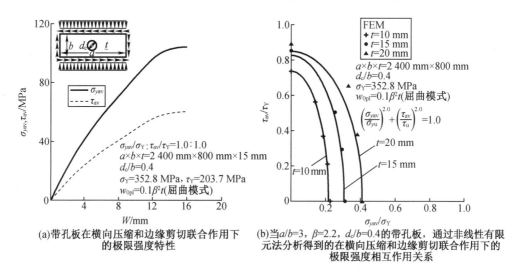

(a)带孔板在横向压缩和边缘剪切联合作用下的极限强度特性

(b)当$a/b=3$,$\beta=2.2$,$d_c/b=0.4$的带孔板,通过非线性有限元法分析得到的在横向压缩和边缘剪切联合作用下的极限强度相互作用关系

图 4.45　带孔板在横向压缩和边缘剪切联合作用下的极限强度

4.11　老龄结构的退化效应

老龄结构退化的两个主要因素是腐蚀和疲劳裂纹(Paik et al.,2008)。由于腐蚀损伤或疲劳裂纹会降低板的极限强度,因此式(1.17)相关的能力评估需要把老龄化损伤作为影响参数考虑在内。

4.11.1　腐蚀损伤

对于一般(均匀)腐蚀使板厚均匀减小的情况,可以扣除因腐蚀而损失的厚度进行板的极限强度计算。对于局部腐蚀,如点蚀或开槽,强度计算程序可能更复杂(Paik et al.,

2003a，2004）。腐蚀板也可以采用等效的简化处理方式。腐蚀损伤板的极限强度由式（4.86）确定，但强度折减系数定义为

$$R_{xu} = \frac{A_{xo} - A_{xw}}{A_{xo}} \tag{4.91a}$$

$$R_{yu} = \frac{A_{yo} - A_{yw}}{A_{yo}} \tag{4.91b}$$

$$R_{\tau u} = \begin{cases} 1.0 & \text{当 } \alpha \leqslant 1.0 \text{ 时} \\ 1.0 - 0.18\ln(a) & \text{当 } \alpha > 1.0 \text{ 时} \end{cases} \tag{4.91c}$$

式中，A_{xw} 和 A_{yw} 为板在 x 和 y 方向上凹坑数量最多的截面上所有凹坑（腐蚀磨损）相关的总横截面积；A_{xo} 和 A_{yo} 是在 x 和 y 方向上没有凹坑的原始（完整）板的总截面积；$\alpha = \left[\sum_{i=1}^{n} V_{pi} \times 100\right] / (abt)$ （%）为凹坑的体积度；V_{pi} 为第 i 个坑的体积，可以确定为 $V_{pi} = \pi d_{wi} d_{di}^2 / 4$；$d_{di}$ 为第 i 个坑的深度；d_{wi} 为第 i 个坑的直径；n 是坑的总数。

4.11.2　疲劳裂纹损伤

由于裂纹损伤会降低板结构的极限强度，因此用式（1.17）评估承载力时应考虑裂纹损伤的影响。具有开裂损伤的板的极限强度也可以由式（4.86）预测，但在这种情况下，强度折减系数已经给出，如9.7节所述：

$$R_{xu} = \frac{A_{xo} - A_{xc}}{A_{xo}} \tag{4.92a}$$

$$R_{yu} = \frac{A_{yo} - A_{yc}}{A_{yo}} \tag{4.92b}$$

$$R_{\tau u} = \frac{1}{2}\left(\frac{A_{xo} - A_{xc}}{A_{xo}} + \frac{A_{yo} - A_{yc}}{A_{yo}}\right) \tag{4.92c}$$

式中，A_{xc} 和 A_{yc} 为与裂纹损伤相关的，投影在 x 或 y 方向上的横截面积，A_{xo} 和 A_{yo} 为完整（未裂纹）板在 x 或 y 方向上的横截面积。

关于裂纹板极限强度的详细描述可参考第9章。感兴趣的读者也可以参考 Paik 等（2005）、Paik（2008c，2008d，2009）、Wang 等（2009a，2015）、Shi 和 Wang（2012）、Rahbar-Ranji 和 Zarookian（2014）、Underwood 等（2015）、Cui 等（2016，2017）和 Shi 等（2017）的文献。

4.12　局部凹陷损伤效应

由于局部凹陷损伤会降低板结构的极限强度，使用式（1.17）进行承载力评估应考虑局部凹陷损伤的影响。如图 10.33 所示，具有局部凹痕损伤的板的极限强度也可以由公式（4.86）预测，但在这种情况下强度折减因子由 Paik 等（2003b）和 Paik（2005）给出。

$$R_{xu} = \left[c_1\ln\left(\frac{D_d}{t}\right) + c_2\right]c_3 \tag{4.93a}$$

$$R_{yu} = \left[c_4 \ln\left(\frac{D_d}{t}\right) + c_5 \right] c_6 \tag{4.93b}$$

$$R_{\tau u} = \begin{cases} \left[1.0 + c_7\left(\frac{D_d}{t}\right)^2 - c_8\,\frac{D_d}{t} \right] & \text{当}\ 1 < \dfrac{D_d}{t} \leqslant 10\ \text{时} \\[4mm] 1.0 + 100c_7 - 10c_8 & \text{当}\ \dfrac{D_d}{t} > 10\ \text{时} \end{cases} \tag{4.93c}$$

式中

$$c_1 = -0.042\left(\frac{d_d}{b}\right)^2 - 0.105\,\frac{d_d}{b} + 0.015$$

$$c_2 = -0.138\left(\frac{d_d}{b}\right)^2 - 0.302\,\frac{d_d}{b} + 1.042$$

$$c_3 = \begin{cases} -1.44\left(\dfrac{h}{b}\right)^2 + 1.74\,\dfrac{h}{b} + 0.49 & \text{当}\ h \leqslant \dfrac{b}{2}\ \text{时} \\[4mm] -1.44\left(\dfrac{b-h}{b}\right)^2 + 1.74\,\dfrac{b-h}{b} + 0.49 & \text{当}\ h > \dfrac{b}{2}\ \text{时} \end{cases}$$

$$c_4 = -0.042\left(\frac{d_d}{a}\right)^2 - 0.105\,\frac{d_d}{a} + 0.015$$

$$c_5 = -0.138\left(\frac{d_d}{a}\right)^2 - 0.302\,\frac{d_d}{a} + 1.042$$

$$c_6 = \begin{cases} -1.44\left(\dfrac{s}{a}\right)^2 + 1.74\,\dfrac{s}{a} + 0.49 & \text{当}\ s \leqslant \dfrac{a}{2}\ \text{时} \\[4mm] -1.44\left(\dfrac{a-s}{a}\right)^2 + 1.74\,\dfrac{a-s}{a} + 0.49 & \text{当}\ s > \dfrac{a}{2}\ \text{时} \end{cases}$$

$$c_7 = 0.0129\left(\frac{d_d}{b}\right)^{0.26} - 0.0076$$

$$c_8 = 0.1888\left(\frac{d_d}{b}\right)^{0.49} - 0.07$$

式中,D_d、d_d、h、s 的定义如图 10.33 所示。

关于凹陷板极限强度的详细内容可参考第 10 章。感兴趣的读者也可以参考 Saad-Eldeen 等(2015,2016)、Raviprakash 等(2012)、Xu 和 Guedes Soares(2013,2015)、Li 等(2014,2015)的文献。

4.13 板的平均应力-平均应变关系

在本节中,通过解析方式推导了含初始缺陷板单元的平均应力与平均应变之间的关系。

4.13.1 屈曲前或未变形状态

板在线弹性范围内,没有侧向变形的平面应力状态下,平均应力与平均应变之间的关系如第3.5节所示：

$$\left. \begin{array}{l} \varepsilon_{xav} = \dfrac{1}{E}\sigma_{xav} - \dfrac{\nu}{E}\sigma_{yav} \\[3mm] \varepsilon_{yav} = -\dfrac{\nu}{E}\sigma_{xav} - \dfrac{1}{E}\sigma_{yav} \\[3mm] \gamma_{av} = \dfrac{1}{G}\tau_{av} \end{array} \right\} \tag{4.94a}$$

式中，ε_{xav}、ε_{yav} 和 γ_{av} 是分别对应 σ_{xav}、σ_{yav} 和 τ_{av} 的平均应变分量，式(4.94a)采用矩阵形式改写如下：

$$\begin{Bmatrix} \sigma_{xav} \\ \sigma_{yav} \\ \tau_{av} \end{Bmatrix} = [D_{\mathrm{P}}]^{\mathrm{E}} \begin{Bmatrix} \varepsilon_{xav} \\ \varepsilon_{yav} \\ \gamma_{av} \end{Bmatrix} \tag{4.94b}$$

式中

$$[D_{\mathrm{P}}]^{\mathrm{E}} = \frac{E}{1-v^2}\begin{bmatrix} 1 & v & 0 \\ v & 1 & 0 \\ 0 & 0 & (1-v)/2 \end{bmatrix}$$

4.13.2 后屈曲或挠曲变形状态

带缺陷的板单元在板面内双向压力和面外侧向压力联合作用下，只要无载荷边界保持平直，就可以推导出平均应力-应变关系如下：

$$\varepsilon_{xav} = \frac{1}{E}\sigma_{x\max} = \frac{1}{E}\frac{b}{b_{\mathrm{e}}}\sigma_{xav} \ \text{或} \ \sigma_{xav} = \frac{b_{\mathrm{e}}}{b}E\varepsilon_{xav} \tag{4.95a}$$

$$\varepsilon_{yav} = \frac{1}{E}\sigma_{y\max} = \frac{1}{E}\frac{a}{a_{\mathrm{e}}}\sigma_{yav} \ \text{或} \ \sigma_{yav} = \frac{a_{\mathrm{e}}}{a}E\varepsilon_{yav} \tag{4.95b}$$

式(4.95)的增量形式为：

$$\Delta\varepsilon_{xav} = \frac{1}{E}\left(\frac{\partial\sigma_{x\max}}{\partial\sigma_{xav}}\right)\Delta\sigma_{xav} \ \text{或} \ \Delta\sigma_{xav} = \left(\frac{\partial\sigma_{x\max}}{\partial\sigma_{xav}}\right)^{-1} E\Delta\varepsilon_{xav} \tag{4.96a}$$

$$\Delta\varepsilon_{yav} = \frac{1}{E}\left(\frac{\partial\sigma_{y\max}}{\partial\sigma_{yav}}\right)\Delta\sigma_{yav} \ \text{或} \ \Delta\sigma_{yav} = \left(\frac{\partial\sigma_{y\max}}{\partial\sigma_{yav}}\right)^{-1} E\Delta\varepsilon_{yav} \tag{4.96b}$$

式中，前缀 Δ 表示变量的增量(贯穿本章)。偏导数的计算更适合采用数值方法，如在 σ_{xav} 附近具有极小的应力变化量时计算 $\partial\sigma_{x\max}/\partial\sigma_{xav}$，或者在 σ_{yav} 附近具有极小的应力变化量时计算 $\partial\sigma_{y\max}/\partial\sigma_{yav}$。

对于没有初始缺陷和侧压力载荷的简支板，在单向载荷作用下，式(4.95a)和式(4.95b)可简化为

$$\varepsilon_{xav} = \frac{1}{E}(a_1\sigma_{xav} + a_2) \ \text{或} \ \sigma_{xav} = \frac{1}{a_1}(E\varepsilon_{xav} - a_2) \tag{4.97a}$$

$$\varepsilon_{yav} = \frac{1}{E}(g_1\sigma_{yav} + g_2) \ \text{或} \ \sigma_{yav} = \frac{1}{g_1}(E\varepsilon_{yav} - g_2) \tag{4.97b}$$

式(4.97a)和式(4.97b)的增量形式为

$$\Delta\sigma_{xav} = \frac{E}{a_1}\Delta\varepsilon_{xav} \qquad (4.98a)$$

$$\Delta\sigma_{yav} = \frac{E}{g_1}\Delta\varepsilon_{yav} \qquad (4.98b)$$

式(4.98)中,E/a_1 或 E/g_1 为理想平板在 x 或 y 单向压缩载荷作用下屈曲后的有效杨氏模量(切线模量),即

$$E_x = \frac{E}{a_1} = \frac{E}{\left(1+\rho\,\dfrac{2m^4}{m^4+\dfrac{a^4}{b^4}}\right)} \qquad (4.99a)$$

$$E_y = \frac{E}{g_1} = \frac{E}{\left(1+\rho\,\dfrac{2n^4}{n^4+\dfrac{b^4}{a^4}}\right)} \qquad (4.99b)$$

式(4.99a)或式(4.99b)表示屈曲板的切线模量不随外加载荷的变化而变化,它仅是板长宽比的函数。图 4.46 给出了无初始缺陷简支板在 x 方向单向压缩载荷作用下的平均应力和平均应变关系。图 4.47 显示了屈曲板的切线模量随板长宽比的变化,其中 $E^* = E_x$。有趣的是,当平均值为 $E^*/E = 0.5$ 时,有效切线模量以循环方式变化,并且对于较短的板,长宽比的影响更为显著。

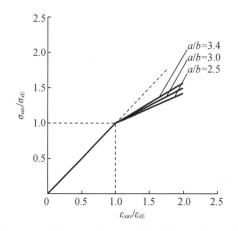

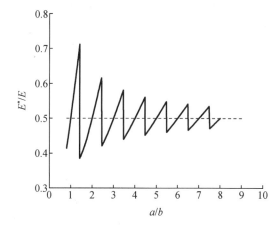

图 4.46 单向受压的理想弹性板的平均应力–应变曲线(ε_{xE} 为 $\sigma_{xav} = \sigma_{xE}$ 时的平均轴向压缩应变)

图 4.47 理想板屈曲后切线模量随板长宽比的变化

弯曲或屈曲板单元在双向载荷、边缘剪切和侧向压力联合作用下的膜应变分量如下:

$$\varepsilon_{xav} = \frac{1}{E}(\sigma_{xmax} - \nu\sigma_{yav}) \qquad (4.100a)$$

$$\varepsilon_{yav} = \frac{1}{E}(-\nu\sigma_{xav} + \sigma_{ymax}) \qquad (4.100b)$$

$$\gamma_{\mathrm{av}} = \frac{\tau_{\mathrm{av}}}{G_{\mathrm{e}}} \tag{4.100c}$$

式中，$\sigma_{x\max}$ 和 $\sigma_{y\max}$ 为第 4.4 至第 4.7 节所述的 x 和 y 方向上的最大膜应力，G_{e} 为第 4.8.3 节所述的有效剪切模量。

由于 $\sigma_{x\max}$、$\sigma_{y\max}$ 和 G_{e} 是对应的平均应力分量的非线性函数，式(4.100)表示了膜应力与应变之间的一组非线性关系。膜应力应变关系的增量形式可通过式(4.100)对相应平均应力分量的微分得到：

$$\Delta \varepsilon_{x\mathrm{av}} = \frac{1}{E} \left[\frac{\partial \sigma_{x\max}}{\partial \sigma_{x\mathrm{av}}} \Delta \sigma_{x\mathrm{av}} + \left(\frac{\partial \sigma_{x\max}}{\partial \sigma_{y\mathrm{av}}} - \nu \right) \Delta \sigma_{y\mathrm{av}} \right] \tag{4.101a}$$

$$\Delta \varepsilon_{y\mathrm{av}} = \frac{1}{E} \left[\left(\frac{\partial \sigma_{y\max}}{\partial \sigma_{x\mathrm{av}}} - \nu \right) \Delta \sigma_{x\mathrm{av}} + \frac{\partial \sigma_{y\max}}{\partial \sigma_{y\mathrm{av}}} \Delta \sigma_{y\mathrm{av}} \right] \tag{4.101b}$$

$$\Delta \gamma_{\mathrm{av}} = \frac{1}{G_{\mathrm{e}}} \left(1 - \frac{\tau_{\mathrm{av}}}{G_{\mathrm{e}}} \frac{\partial G_{\mathrm{e}}}{\partial \tau_{\mathrm{av}}} \right) \Delta \tau_{\mathrm{av}} \tag{4.101c}$$

最大膜应力的微分通常用数值方法，即在对应的平均应力附近设置无穷小的应力变化。可以将式(4.101)改写为如下矩阵形式：

$$\begin{Bmatrix} \Delta \sigma_{x\mathrm{av}} \\ \Delta \sigma_{y\mathrm{av}} \\ \Delta \tau_{\mathrm{av}} \end{Bmatrix} = \left[D_{\mathrm{P}} \right]^{\mathrm{B}} \begin{Bmatrix} \Delta \varepsilon_{x\mathrm{av}} \\ \Delta \varepsilon_{y\mathrm{av}} \\ \Delta \gamma_{\mathrm{av}} \end{Bmatrix} \tag{4.102}$$

式中

$$\left[D_{\mathrm{P}} \right]^{\mathrm{B}} = \frac{1}{A_1 B_2 - A_2 B_1} \begin{bmatrix} B_2 & -A_2 & 0 \\ -B_1 & A_1 & 0 \\ 0 & 0 & 1/G_1 \end{bmatrix}$$

是板在后屈曲或挠曲状态时的应力-应变矩阵，其中：

$$A_1 = \frac{1}{E} \frac{\partial \sigma_{x\max}}{\partial \sigma_{x\mathrm{av}}}, \quad A_2 = \frac{1}{E} \left(\frac{\partial \sigma_{x\max}}{\partial \sigma_{y\mathrm{av}}} - v \right)$$

$$B_1 = \frac{1}{E} \left(\frac{\partial \sigma_{y\max}}{\partial \sigma_{x\mathrm{av}}} - \nu \right), \quad B_2 = \frac{1}{E} \frac{\partial \sigma_{y\max}}{\partial \sigma_{y\mathrm{av}}}$$

$$G_1 = \frac{1}{G_{\mathrm{e}}} \left(1 - \frac{\tau_{\mathrm{av}}}{G_{\mathrm{e}}} \frac{\partial G_{\mathrm{e}}}{\partial \tau_{\mathrm{av}}} \right)$$

当没有发生侧向变形或在双向拉伸载荷下，式(4.102)的微分形式简化如下：

$$\frac{\partial \sigma_{x\max}}{\partial \sigma_{x\mathrm{av}}} = \frac{\partial \sigma_{y\max}}{\partial \sigma_{y\mathrm{av}}} = 1 \text{ 和} \frac{\partial \sigma_{x\max}}{\partial \sigma_{y\mathrm{av}}} = \frac{\partial \sigma_{y\max}}{\partial \sigma_{x\mathrm{av}}} = \frac{\partial G_{\mathrm{e}}}{\partial \tau_{\mathrm{av}}} = 0 \tag{4.103}$$

在这种情况下，式(4.103)在线弹性范围内变为式(4.94b)。

4.13.3 后极限强度状态

在后极限强度状态下，随着轴向压缩位移继续增加，内应力会下降。在这种情况下，平均膜应力分量可以根据板的有效宽度或长度计算如下：

189

$$\sigma_{xav} = \frac{b_e}{b}\sigma_{xmax}^{u} \tag{4.104a}$$

$$\sigma_{yav} = \frac{a_e}{a}\sigma_{ymax}^{u} \tag{4.104b}$$

式中，σ_{xmax}^{u} 和 σ_{ymax}^{u} 为板达到极限强度时，在 x 或 y 方向上的最大应力，即在 $\sigma_{xav} = \sigma_{xu}$ 时 $\sigma_{xmax}^{u} = \sigma_{xmax}$，在 $\sigma_{yav} = \sigma_{yu}$ 时 $\sigma_{ymax}^{u} = \sigma_{ymax}$。

在后极限强度状态下，板的有效宽度或长度可定义如下：

$$\frac{b_e}{b} = \frac{\sigma_{xav}^{*}}{\sigma_{xmax}^{*}} \tag{4.105a}$$

$$\frac{a_e}{a} = \frac{\sigma_{yav}^{*}}{\sigma_{ymax}^{*}} \tag{4.105b}$$

其中，星号表示板在后极限强度状态。对于没有初始缺陷的平板，σ_{xmax}^{*} 或 σ_{ymax}^{*} 可以采用下列更简单的公式得到：

$$\sigma_{xmax}^{*} = E\varepsilon_{xav} = 2\sigma_{xav}^{*} - \sigma_{xE} \tag{4.106a}$$

$$\sigma_{ymax}^{*} = E\varepsilon_{yav} = 2\sigma_{yav}^{*} - \sigma_{yE} \tag{4.106b}$$

式中，σ_{xE} 和 σ_{yE} 为 x 和 y 方向的弹性压缩屈曲应力。

将式(4.106)代入式(4.105)，板的有效宽度或长度可以用应变分量表示为

$$\frac{b_e}{b} = \frac{1}{2}\left(1 + \frac{\sigma_{xE}}{E\varepsilon_{xav}}\right) \tag{4.107a}$$

$$\frac{a_e}{a} = \frac{1}{2}\left(1 + \frac{\sigma_{yE}}{E\varepsilon_{yav}}\right) \tag{4.107b}$$

当在后极限强度状态中忽略初始缺陷的影响时，将式(4.107)代入式(4.104)可得平均应力-平均应变关系：

$$\sigma_{xav} = \frac{1}{2}\left(1 + \frac{\sigma_{xE}}{E\varepsilon_{xav}}\right)\sigma_{xmax}^{u} \tag{4.108a}$$

$$\sigma_{yav} = \frac{1}{2}\left(1 + \frac{\sigma_{yE}}{E\varepsilon_{yav}}\right)\sigma_{ymax}^{u} \tag{4.108b}$$

式(4.108)的增量形式为

$$\Delta\sigma_{xav} = -\frac{\sigma_{xmax}^{u}}{2}\frac{\sigma_{xE}}{E\varepsilon_{xav}^{2}}\Delta\sigma_{xav} \tag{4.109a}$$

$$\Delta\sigma_{yav} = -\frac{\sigma_{ymax}^{u}}{2}\frac{\sigma_{yE}}{E\varepsilon_{yav}^{2}}\Delta\sigma_{yav} \tag{4.109b}$$

在后极限强度状态下，平均剪切应力-平均剪切应变关系为

$$\Delta\tau_{av} = G_{e}^{*}\Delta\gamma_{av} \tag{4.109c}$$

式中，G_{e}^{*} 是结构处于后极限强度状态的切线剪切模量，当剪切引起的减载行为不是很显著时，常假定 $G_{e}^{*} = 0$。

在组合载荷情况下，板在后极限强度状态下的平均应力-平均应变关系由前面推导的所有应力-应变关系组合得到如下：

$$\begin{Bmatrix} \Delta\sigma_{xav} \\ \Delta\sigma_{yav} \\ \Delta\tau_{av} \end{Bmatrix} = [D_P]^U \begin{Bmatrix} \Delta\varepsilon_{xav} \\ \Delta\varepsilon_{yav} \\ \Delta\gamma_{av} \end{Bmatrix} \tag{4.110}$$

式中

$$[D_P]^U = \begin{bmatrix} A_1 & 0 & 0 \\ 0 & A_2 & 0 \\ 0 & 0 & A_3 \end{bmatrix}$$

是板在后极限强度状态下的应力-应变矩阵,其中:

$$A_1 = -\frac{\sigma_{xmax}^u}{2}\frac{\sigma_{xE}}{E\varepsilon_{xav}^2}, A_2 = -\frac{\sigma_{ymax}^u}{2}\frac{\sigma_{yE}}{E\varepsilon_{yav}^2}, A_3 = G_e^*$$

参 考 文 献

ALPS/ULSAP (2017). A computer program for the ultimate strength analysis of plates and stiffened panels. MAESTRO Marine LLC, Stevensville, MD.

Brown, C. J., Yettram, A. L. & Burnett, M. (1987). Stability of plates with rectangular holes. Journal of Structural Engineering, 113(5): 1111-1116.

BS 5400 (2000). Steel, concrete and composite bridges. Part 3 code of practice for design of steel bridges. British Standards Institution, London.

Cui, C., Yang, P., Li, C. & Xia, T. (2017). Ultimate strength characteristics of cracked stiffened plates subjected to uniaxial compression. Thin-Walled Structures, 113: 27-39.

Cui, C., Yang, P., Xia, T. & Du, J. (2016). Assessment of residual ultimate strength of cracked steel plates under longitudinal compression. Ocean Engineering, 121: 174-183.

Dier, A. F. & Dowling, P. J. (1980). Strength of ship's plating-plates under combined lateral loading and biaxial compression. CESLIC Report SP8, Imperial College, London.

Ellinas, C. P., Supple, W. J. & Walker, A. C. (1984). Buckling of offshore structures: a state-of-the-art review. Gulf Publishing, Houston.

ENV 1993-1-1 (1992). Eurocode 3: design of steel structures, part 1.1 general rules and rules for buildings. British Standards Institution, London.

Faulkner, D. (1975). A review of effective plating for use in the analysis of stiffened plating in bending and compression. Journal of Ship Research, 19(1): 1-17.

Faulkner, D., Adamchak, J. C., Snyder, G. J. & Vetter, M. F. (1973). Synthesis of welded grillages to withstand compression and normal loads. Computers & Structures, 3: 221-246.

Fletcher, C. A. J. (1984). Computational Galerkin method. Springer-Verlag, New York.

Fox, E. N. (1974). Limit analysis for plates: the exact solution for a clamped square plate of isotropic homogeneous material obeying the square yield criterion and loaded by a uniform pressure. Philosophical Transactions of the Royal Society of London Series A (Mathematical and Physical Sciences), 277: 121-155.

Hughes, O. F. & Paik, J. K. (2013). Ship structural analysis and design. The Society of Naval Architects and Marine Engineers, Alexandria, VA.

Jones, N. (1975). Plastic behavior of beams and plates. Chapter 23 in Ship structural design concepts, Edited by Harvey Evans, J., Cornell Maritime Press, Cambridge, MD, 747−778.

Jones, N. (2012). Structural impact. Second Edition, Cambridge University Press, Cambridge.

Kim, U. N., Choe, I. H. & Paik, J. K. (2009). Buckling and ultimate strength of perforated plate panels subject to axial compression: experimental and numerical investigations with design formulations. Ships and Offshore Structures, 4(4): 337−361.

Lancaster, J. (2003). Handbook of structural welding: processes, materials and methods used in the welding of major structures, pipelines and process plant. Abington Publishing, Cambridge.

Li, Z. G., Zhang, M. Y., Liu, F., Ma, C. S., Zhang, J. H., Hu, Z. M., Zhang, J. Z. & Zhao, Y. N. (2014). Influence of dent on residual ultimate strength of 2024−T3 aluminum alloy plate under axial compression. Transactions of Nonferrous Metals Society of China, 24(10): 3084−3094.

Li, Z. G., Zhang, D. N., Peng, C. L., Ma, C. S., Zhang, J. H., Hu, Z. M., Zhang, J. Z. & Zhao, Y. N. (2015). The effect of local dents on the residual ultimate strength of 2024−T3 aluminum alloy plate used in aircraft under axial tension tests. Engineering Failure Analysis, 48: 21−29.

Marguerre, K. (1938). Zur Theorie der gekreummter Platte grosser Formaenderung. Proceedings of the 5th International Congress for Applied Mechanics, Cambridge.

Nara, S., Deguchi, Y. & Fukumoto, Y. (1988). Ultimate strength of steel plate panels with initial imperfections under uniform shearing stress. Proceedings of the Japan Society of Civil Engineers, 392/I−9: 265−271 (in Japanese).

Narayanan, R. & der Avanessian, N. G. V. (1984). Elastic buckling of perforated plates under shear. Thin−Walled Structures, 2: 51−73.

Paik, J. K. (1995). A new concept of the effective shear modulus for a plate buckled in shear. Journal of Ship Research, 39(1): 70−75.

Paik, J. K. (2005). Ultimate strength of dented steel plates under edge shear loads. Thin−Walled Structures, 43: 1475−1492.

Paik, J. K. (2007a). Ultimate strength of steel plates with a single circular hole under axial compressive loading along short edges. Ships and Offshore Structures, 2(4): 355−360.

Paik, J. K. (2007b). Ultimate strength of perforated steel plates under edge shear loading. Thin−Walled Structures, 45: 301−306.

Paik, J. K. (2008a). Some recent advances in the concepts of plate−effectiveness evaluation. Thin−Walled Structures, 46: 1035−1046.

Paik, J. K. (2008b). Ultimate strength of perforated steel plates under combined biaxial compression and edge shear loads. Thin−Walled Structures, 46: 207−213.

Paik, J. K. (2008c). Residual ultimate strength of steel plates with longitudinal cracks under axial compression: experiments. Ocean Engineering, 35: 1775-1783.

Paik, J. K. (2008d). Residual ultimate strength of steel plates with longitudinal cracks under axial compression: nonlinear finite element method investigations. Ocean Engineering, 36: 266-276.

Paik, J. K. (2009). Residual ultimate strength of steel plates with longitudinal cracks under axial compression: nonlinear finite element method investigations. Ocean Engineering, 36(3-4): 266-276.

Paik, J. K., Kim, D. K., Lee, H. & Shim, Y. L. (2012). A method for analyzing elastic large deflection behavior of perfect and imperfect plates with partially rotation restrained edges. Journal of Offshore Mechanics and Arctic Engineering, 134: 021603.1-021603.12.

Paik, J. K., Lee, J. M. & Ko, M. J. (2003a). Ultimate compressive strength of plate elements with pit corrosion wastage. Journal of Engineering for the Maritime Environment, 217(M4): 185-200.

Paik, J. K., Lee, J. M. & Ko, M. J. (2004). Ultimate shear strength of plate elements with pit corrosion wastage. Thin-Walled Structures, 42(8): 1161-1176.

Paik, J. K., Lee, J. M. & Lee, D. H. (2003b). Ultimate strength of dented steel plates under axial compressive loads. International Journal of Mechanical Sciences, 45: 433-448.

Paik, J. K. & Melchers, R. E. (2008). Condition assessment of aged structures. CRC Press, New York.

Paik, J. K. & Pedersen, P. T. (1996). A simplified method for predicting the ultimate compressive strength of ship panels. International Shipbuilding Progress, 43(434): 139-157.

Paik, J. K., Satish Kumar, Y. V. & Lee, J. M. (2005). Ultimate strength of cracked plate elements under axial compression or tension. Thin-Walled Structures, 43: 237-272.

Paik, J. K., Thayamballi, A. K. & Kim, B. J. (2001). Advanced ultimate strength formulations for ship plating under combined biaxial compression/tension, edge shear and lateral pressure loads. Marine Technolog y, 38(1): 9-25.

Rahbar-Ranji, A. & Zarookian, A. (2014). Ultimate strength of stiffened plates with a transverse crack under uniaxial compression. Ships and Offshore Structures, 10(4): 416-425.

Raviprakash, A. V., Prabu, B. & Alagumurthi, N. (2012). Residual ultimate compressive strength of dented square plates. Thin-Walled Structures, 58: 32-39.

Saad-Eldeen, S., Garbatov, Y. & Guedes Soares, C. (2015). Stress-strain analysis of dented rectangular plates subjected to uni-axial compressive loading. Engineering Structures, 99: 78-91.

Saad-Eldeen, S., Garbatov, Y. & Guedes Soares, C. (2016). Ultimate strength analysis of highly damaged plates. Marine Structures, 45: 63-85.

Shi, G. J. & Wang, D. Y. (2012). Residual ultimate strength of open box girders with cracked damage. Ocean Engineering, 43: 90-101.

Shi, X. H., Zhang, J. & Guedes Soares, C. (2017). Experimental study on collapse of cracked stiffened plate with initial imperfections under compression. Thin-Walled Structures, 114: 39-51.

Stonor, R. W. P. , Bradfield, C. D. , Moxham, K. E. & Dwight, J. B. (1983). Tests on plates under biaxial compression. Report CUED/D - Struct/TR98, Engineering Department, Cambridge University, Cambridge.

Suneel Kumar, M. , Alagusundaramoorthy, P. & Sunsaravadivelu, R. (2009). Interaction curves for stiffened panel with circular opening under axial and lateral loads. Ships and Offshore Structures, 4(2): 133-143.

Timoshenko, S. P. & Woinowsky-Krieger, S. (1981). Theory of plates and shells. Second Edition, McGraw-Hill, London.

Ueda, Y. , Rashed, S. M. H. & Paik, J. K. (1984). Buckling and ultimate strength interactions of plates and stiffened plates under combined loads (1st report): in-plane biaxial and shearing forces. Journal of the Society of Naval Architects of Japan, 156: 377-387 (in Japanese).

Underwood, J. M. , Sobey, A. J. , Blake, J. I. R. & Shenoi, R. A. (2015). Ultimate collapse strength assessment of damaged steel plated grillages. Engineering Structures, 99: 517-535.

Valsgård, S. (1980). Numerical design prediction of the capacity of plates in in-plane compression. Computers & Structures, 12: 729-739.

Wang, F. , Cui, W. C. & Paik, J. K. (2009a). Residual ultimate strength of structural members with multiple crack damage. Thin-Walled Structures, 47: 1439-1446.

Wang, F. , Paik, J. K. , Kim, B. J. , Cui, W. C. , Hayat, T. & Ahmad, B. (2015). Ultimate shear strength of intact and cracked stiffened panels. Thin-Walled Structures, 88: 48-57.

Wang, G. , Sun, H. H. , Peng, H. & Uemori, R. (2009b). Buckling and ultimate strength of plates with openings. Ships and Offshore Structures, 4(1): 43-53.

Wood, R. H. (1961). Plastic and elastic design of slabs and plates. Ronald Press, New York.

Xu, M. C. & Guedes Soares, C. (2013). Assessment of residual ultimate strength for side dented stiffened panels subjected to compressive loads. Engineering Structures, 49: 316-328.

Xu, M. C. & Guedes Soares, C. (2015). Effect of a central dent on the ultimate strength of narrow stiffened panels under axial compression. International Journal of Mechanical Sciences, 100: 68-79.

Yamamoto, Y. , Matsubara, N. & Murakami, T. (1970). Buckling strength of rectangular plates subjected to edge thrusts and lateral pressure (2nd report). Journal of the Society of Naval Architects of Japan, 127: 171-179 (in Japanese).

第5章 板架结构的弹性和非弹性屈曲强度

5.1 加筋板屈曲的基本原理

当由板和加强筋组成的加筋板受压缩或边缘剪切载荷作用时,如果施加的载荷(或应力)达到一个临界值,加筋板就会发生屈曲。加筋板的屈曲形式通常可分为两大类:整体屈曲和局部屈曲,其中局部屈曲与板或加筋的屈曲有关。图5.1为加筋板在轴向压缩载荷作用下的典型屈曲形态。如第7章所述,当张力场作用形成时,就会出现剪切屈曲模式。

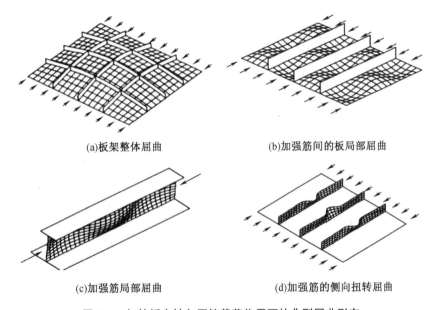

(a)板架整体屈曲　　　　　　　　　　(b)加强筋间的板局部屈曲

(c)加强筋局部屈曲　　　　　　　　　(d)加强筋的侧向扭转屈曲

图5.1 加筋板在轴向压缩载荷作用下的典型屈曲形态

当加强筋相对较弱时,加强筋可以与板一起屈曲,这个模式称为整体屈曲,如图5.1(a)所示;相反,当加强筋相对较强时,加强筋保持直线状态,直到它们之间的板局部屈曲,如图5.1(b)所示;如果加强筋腹板高度较大或腹板厚度较小,则加强筋腹板会发生局部屈曲,就像板一样,如图5.1(c)所示;当加强筋的扭转刚度不够强时,加强筋会发生侧向扭转,这种模式称为侧向扭转屈曲(也称为侧倾),如图5.1(d)所示。图5.1分别说明了每个屈曲模式,但在某些情况下,这些屈曲模式可能相互作用,并且可以同时发生。

柱的屈曲意味着崩溃失效,而加筋板通常可以在局部屈曲发生后还能继续承受载荷。加筋板的极限强度最终是通过板的过度塑性变形以及(或)加强筋的失效达到的。然而,任何整体弹性屈曲的发生都会导致整个结构的严重失稳。因此,在结构设计中,需要控制加筋板或板架(交叉加筋板)的屈曲模态顺序,在加强筋之间的钢板局部屈曲之前,防止整体屈曲模态的发生。

弹性屈曲是加筋板结构基于正常使用极限状态(SLS)设计时对板强度要求的一个很好示例。为了更好地理解极限状态(ULS)的设计过程,必须具备加筋板屈曲强度的基本知识。

在利用式(1.17)进行加筋板的 SLS 或 ULS 设计时,采用结构力学经典理论或者用线弹性有限元分析计算设计载荷效应(即应力),而设计能力可以由相关的屈曲强度公式确定。

本章介绍加筋板在组合载荷和单一载荷作用下的一些基本原理和相关的弹性屈曲强度设计公式。这种情况下,通常可以使用 Johnson-Ostenfeld 公式法(式 2.93)对弹性屈曲强度进行修正,从而近似地考虑塑性的影响。本章中描述的理论和方法可以应用于钢制和铝制加筋板。

5.2　加筋板的近似

5.2.1　几何性质

图 5.2(中间的虚线框)显示了在一个由大型纵梁和横向框架包围的典型的连续加筋板结构。加筋板通常在一个方向上,即纵向或横向,有若干个加强筋。在某些情况下,加筋板在两个方向上都有加强筋,这被称为交叉加筋板或板架。

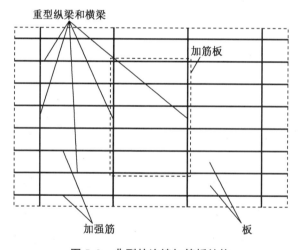

图 5.2　典型的连续加筋板结构

加筋板的长度和宽度分别用 L 和 B 表示,板的厚度用 t 表示,x、y 方向上的加强筋数分别为 n_{sx}、n_{sy}。假定加强筋在给定方向上的间距相同,y 方向的加强筋间距用 a 表示,即 $a = L/(n_{sy}+1)$;x 方向的加强筋间距用 b 表示,即 $b = B/(n_{sx}+1)$。

图 5.3 给出了加强筋的典型截面类型。加强筋放置在板的一侧,即 z 正方向的一侧。板的每个方向上加强筋的几何形状是相同的。

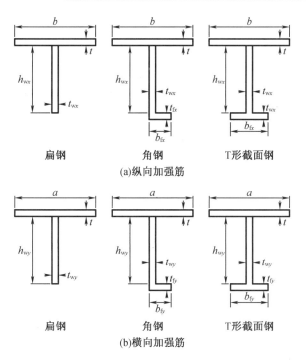

图 **5.3**　加强筋的典型截面类型

5.2.2　材料特性

板和加强筋的弹性模量为 E,泊松比为 ν,弹性剪切模量 $G=E/[2(1+\nu)]$,加强筋之间板的弯曲刚度用 $D=Et^3/[12(1-\nu^2)]$ 表示,板的屈服应力为 σ_{Yp},加强筋的屈服应力为 σ_{Ys}。当加强筋翼板或腹板的材料与板的材料不同时,等效屈服应力按表 2.1 确定。纵向加强筋间板的细长比用 $\beta=(b/t)/\sqrt{\sigma_{Yp}/E}$ 表示。

对于可能发生整体屈曲模态通过板的过度塑性达到极限强度的加筋板,可将其理想化为"正交各向异性板"。在这种情况下,整个加筋板的等效屈服应力 σ_{Yeq} 可以近似定义为

$$\sigma_{Yeq}=\begin{cases}\sigma_{Yx} & 用于纵向加筋板\\ \sigma_{Yy} & 用于横向加筋板\\ \dfrac{\sigma_{Yx}+\sigma_{Yy}}{2} & 用于交叉加筋板\end{cases} \tag{5.1}$$

式中

$$\sigma_{Yx}=\frac{Bt\sigma_{Yp}+n_{sx}A_{sx}\sigma_{Ys}}{Bt+n_{sx}A_{sx}}$$

$$\sigma_{Yy}=\frac{Lt\sigma_{Yp}+n_{sy}A_{sy}\sigma_{Ys}}{Lt+n_{sy}A_{sy}}$$

$$A_{sx}=h_{wx}t_{wx}+b_{fx}t_{fx}$$

$$A_{sy}=h_{wy}t_{wy}+b_{fy}t_{fy}$$

197

5.2.3　载荷和载荷效应

连续加筋板结构受到外界载荷作用时,其载荷效应(如应力、变形等)可采用线弹性有限元法或结构力学经典理论进行分析。如第3.3节所述,在确定加筋板的载荷效应时,必须考虑结构的一级、二级和三级结构响应。

图5.4给出了作用在加筋板上的可能的应力,一般有以下六种类型:

- 纵向应力;
- 横向应力;
- 边缘剪切应力;
- 纵向面内弯曲应力;
- 横向面内弯曲应力;
- 侧向压力相关应力。

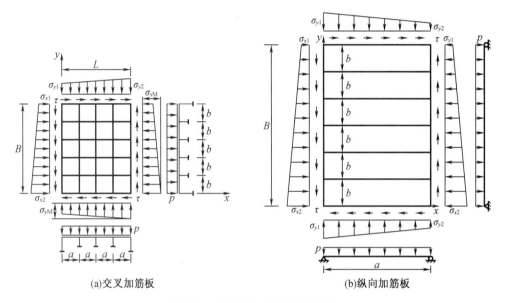

(a)交叉加筋板　　　　　(b)纵向加筋板

图5.4　加筋板上的载荷效应类型

在本章(和第6章)中,除非另有说明,假定压应力为负,拉应力为正。当加筋板同时承受面内载荷和侧向压力时,通常认为是先施加侧向压力,然后再施加其他面内载荷分量。

在整体屈曲模式中,板通常与加强筋一起发生弯曲。在这种情况下,常以施加应力的平均值作为载荷效应,从而忽略了面内弯曲的影响,具体如下:

$$\sigma_{xav} = \frac{\sigma_{x1}+\sigma_{x2}}{2}, \quad \sigma_{yav} = \frac{\sigma_{y1}+\sigma_{y2}}{2} \tag{5.2}$$

式中 σ_{x1}、σ_{x2}、σ_{y1}、σ_{y2} 的定义见图5.4。

在局部屈曲模态下,应力最高的加强筋位置的轴向压应力可作为加强筋或板局部屈曲分析的应力参数。x 和 y 方向的最大外加应力分别用 σ_{xM} 和 σ_{yM} 表示,边缘剪应力和均布侧压载荷分别用 τ_{av} 和 p 表示。

5.2.4 边界条件

加筋板的边缘通常由坚固的梁构件(如梁或框架)支撑。边界支承构件的弯曲刚度通常比板本身的弯曲刚度大,这意味着直到板失效,支承构件在板挠度方向上的位移都非常小。沿面板边缘的转动约束取决于纵梁或横向框架的扭转刚度,它们既不是零也不是无穷大。

当主要的面内压缩载荷施加到支撑构件包围的板结构上时,可以预见板的屈曲模式是不对称的;也就是说,一块板倾向于向上屈曲,而相邻的板倾向于向下变形。在这种情况下,沿板边缘的转动约束可以被认为是较小的。

当板结构主要受到侧压力载荷时,结构的屈曲模式会趋于对称。在足够大的压力作用下,每个相邻板可能会向侧压力载荷的方向偏转。在这种情况下,板边缘转动约束最终可以变得足够大,在某些情况下,它们对应于从加载开始的一个固支约束条件。然而,如果塑性在板边缘较早发生,则屈服的边缘转动约束将随着外加载荷的增加而降低。

在一个连续板结构中,单个加筋板的边缘被认为几乎保持直线,因为即使加筋板发生偏转,结构响应也是相对于相邻加筋板的,所以可以将其认为是一种理想化的条件,即沿板边无转动约束,该理论现已被广泛用于实际分析中。

在本章(和第6章)中,假定加筋板边缘是简支的,四个边缘的挠度和转动约束为零,并且所有边缘都保持直线。在大多数实际情况下,这种近似得到的结果是合理的。相反,如第3章和第4章所述,在计算加强筋之间的板或加强筋腹板的局部屈曲时,可能需要考虑板-加强筋或加强筋腹板-面板结合处旋转约束的影响。

5.2.5 与加工相关的初始缺陷

虽然在第1.7节中描述了加筋板与制造相关的初始缺陷,但在本章中假定初始变形不存在。这主要是因为具有初始变形或曲率的板可能不会出现分岔屈曲现象,需要考虑焊接所致残余应力的影响。然而,如第6章所述,初始缺陷对加筋板极限强度的影响也需要考虑。

5.3 整体屈曲与局部屈曲

由于任何整体弹性屈曲的发生都会导致整个结构的显著失稳,因此通常要对板屈曲模态的顺序进行控制,以便在加强筋之间的板局部屈曲之前防止加筋板整体屈曲。

在多轴压缩加载条件下,必须满足以下准则,才能使加强筋间的板在局部屈曲前不发生加筋板整体屈曲,即

$$K_{OB} \leqslant K_{LB} \qquad (5.3a)$$

式中,K_{LB} 和 K_{OB} 分别表示板的局部屈曲和整体屈曲的特征量,可以用施加的应力和相应的屈曲强度分量表示。例如,对于受双轴压缩载荷的加筋板,K_{OB} 和 K_{LB} 可以给定如下:

$$K_{OB} = \sqrt{\left(\frac{\sigma_{xav}}{\sigma_{xEO}}\right)^2 + \left(\frac{\sigma_{yav}}{\sigma_{yEO}}\right)^2}, \quad K_{LB} = \sqrt{\left(\frac{\sigma_{xM}}{\sigma_{xEL}}\right)^2 + \left(\frac{\sigma_{yM}}{\sigma_{yEL}}\right)^2} \qquad (5.3b)$$

式中，σ_{xav}、σ_{yav} 为 x、y 方向的平均压应力；σ_{xM}、σ_{yM} 为 x、y 方向的最高压应力；σ_{xEO}、σ_{yEO} 为 x、y 方向的整体弹性屈曲压应力；σ_{xEL}、σ_{yEL} 为加强筋之间板在 x、y 方向上的弹性屈曲压应力。

对于单轴压缩，可由式(5.3a)和式(5.3b)容易得到判据，只要满足以下条件，就不会在加强筋之间板局部屈曲之前发生整体屈曲：

$$\frac{\sigma_{xav}}{\sigma_{xEO}} \leqslant \frac{\sigma_{xM}}{\sigma_{xEL}} \leqslant \frac{\sigma_{xM}}{\sigma_{xEL}} \tag{5.3c}$$

因此，在已知局部和整体模态弹性屈曲强度分量时，式(5.3a)、式(5.3b)和式(5.3c)可用于控制加筋板屈曲模态的顺序。

5.4　整体弹性屈曲强度

本节将给出加筋板在组合载荷和单一载荷作用下的整体弹性屈曲强度公式。

5.4.1　纵向压缩

5.4.1.1　纵向加筋板

如第2章所述，在纵向压缩条件下，仅含纵向加强筋的加筋板整体屈曲可以用板–加强筋组合模型的柱形屈曲近似表示。在这种情况下，代表加筋板的板–加强筋组合模型假定两端简支。

5.4.1.2　横向加筋板

如第3章所述，对于两个加强筋之间的宽板，由相应的板屈曲强度公式可以近似地推测只有横向加强筋且受纵向压缩的加筋板的整体屈曲强度。需要注意的是，必须旋转板的坐标系，以使用第3章中描述的屈曲强度公式，该公式只适用于长板，即 $L/B \geqslant 1$。

5.4.1.3　交叉加筋板(板架)

当面板在 x、y 方向均有加强筋，且发生整体屈曲时，可以通过求解弹性大挠度正交各向异性板理论，推导出非线性控制的微分方程，以此来计算整体弹性屈曲强度，如第6章所述。本书给出了简支正交各向异性板在 x 方向单轴压缩载荷作用下整体弹性屈曲的解析解如下：

$$\sigma_{xEO,1} = -\frac{\pi^2}{B^2 t}\left(D_x \frac{m^2 B^2}{L^2} + 2Hn^2 + D_y \frac{n^4 L^2}{m^2 B^2}\right) = -k_{xO}\frac{\pi^2 D}{B^2 t} \tag{5.4}$$

式中

$$k_{xO} = \frac{1}{D}\left(D_x \frac{m^2 B^2}{L^2} + 2Hn^2 + D_y \frac{n^4 L^2}{m^2 B^2}\right)$$

为纵向轴压整体弹性屈曲强度系数，D_x、D_y、H 在第6章中进行了定义。下标"1"表示加载分量个数为1。m 和 n 分别为加筋板在 x、y 方向的整体屈曲半波数。只要施加纵向压缩载荷，正交各向异性板在短边方向的屈曲半波数可取为1，与各向同性板的屈曲半波数相似，即

$$n=1 \quad \text{对于长正交各向异性板,即} \frac{L}{B} \geqslant 1 \tag{5.5a}$$

$$m=1 \quad \text{对于宽正交各向异性板,即} \frac{L}{B} < 1 \tag{5.5b}$$

因此,当由大型纵梁和横向框架包围的交叉加筋板较宽时,可采用 $m=1$。在这种情况下,y 方向的屈曲半波数也可以取 $n=1$,因为在 y 方向上没有施加轴向压缩载荷。相反,对于长正交各向异性板,m 必须确定为满足以下条件的最小整数,因为 $n=1$,即

$$\left(\frac{L}{B}\right)^4 \leqslant \frac{D_x}{D_y} m^2 (m+1)^2 \tag{5.6a}$$

由此可见,正交各向异性板的屈曲半波数受结构正交各向异性和长宽的影响。对于各向同性板,由于 $D_x = D_y$,式(5.6a)可简化为

$$\frac{L}{B} \leqslant \sqrt{m(m+1)} \tag{5.6b}$$

5.4.2 横向压缩

5.4.2.1 纵向加筋板

如第 3 章所述,对于两个加强筋之间的宽板,由相应的板屈曲强度公式可以近似地预测只有纵向加强筋且受横向压缩的加筋板的整体屈曲强度。需要注意的是,必须旋转板的坐标系才能使用第 3 章的板屈曲公式,因为第 3 章中描述的板屈曲强度公式只考虑长板,即 $L/B \geqslant 1$ 的情况。

5.4.2.2 横向加筋板

在横向压缩条件下,只有横向加强筋的加筋板整体屈曲可以近似地用简支条件下板–加强筋组合模型的柱形屈曲来表示,如第 2 章所述。

5.4.2.3 交叉加筋板(板架)

大挠度正交各向异性板理论可用于计算横向加筋板在 y 方向轴压作用下的整体弹性屈曲,如第 6 章所述。

在这种情况下,求解各边简支的边界条件下的大挠度正交各向异性板理论非线性控制微分方程,可得到加筋板在 y 方向单轴压缩载荷作用下的整体弹性屈曲强度如下:

$$\sigma_{yEO,1} = -\frac{\pi^2}{B^2 t}\left(D_x \frac{m^4 B^4}{n^2 L^4} + 2H \frac{m^2 B^2}{L^2} + D_y n^2\right) = -k_{yO} \frac{\pi^2 D}{B^2 t} \tag{5.7}$$

式中

$$k_{yO} = \frac{1}{D}\left(D_x \frac{m^4 B^4}{n^2 L^4} + 2H \frac{m^2 B^2}{L^2} + D_y n^2\right)$$

为横向轴压整体弹性屈曲强度系数,D_x、D_y、H 在第 6 章中进行了定义。m 和 n 分别为加筋板在 x、y 方向的整体屈曲半波数。一个长正交异性板(即 $L/B \geqslant 1$)可以取 $m=n=1$,因为在 x 方向上没有施加轴向压缩载荷。对于宽正交各向异性板(即 $L/B < 1$),由于 $m=1$,可以确定 y 方向的屈曲半波数为满足以下条件的最小整数:

$$\left(\frac{B}{L}\right)^4 \leqslant \frac{D_y}{D_x} n^2 (n+1)^2 \tag{5.8a}$$

对于各向同性板,由于 $D_x = D_y$,式(5.8a)可简化为

$$\frac{B}{L} \leqslant \sqrt{n(n+1)} \tag{5.8b}$$

5.4.3 边缘剪切

在边剪作用下,加筋板的整体弹性屈曲可以用正交各向异性板理论确定。简支正交各向异性板在边剪作用下的整体弹性屈曲强度由 Seydel(1933)得到,并有

$$\tau_{\text{EO},1} = k_\tau \frac{\pi^2}{B^2 t} D_x^{\frac{1}{4}} D_y^{\frac{3}{4}} \tag{5.9}$$

式中,k_τ 为剪切屈曲系数,是加筋板长宽比和各结构正交各向异性参数的函数,可以由图 5.5 确定。由图 5.5 可知,当 $D_x = D_y = H = D$,$L/B = 1$ 时,$k_\tau \approx 9.34$,对应各向同性方板的弹性剪切屈曲系数。

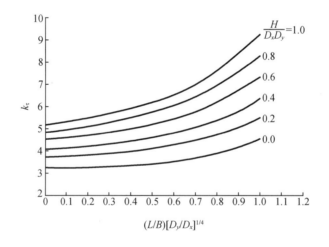

图 5.5 边剪作用下加筋板整体屈曲系数(Allen et al.,1980)

只要加强筋强度足够保持直线,即膜张力场没有显著发展的情况下,加筋板的整体弹性剪切屈曲强度可以近似地取 k_τ 为加强筋间简支板的弹性剪切屈曲强度,如第 3 章所述,即

$$\tau_{\text{EO},1} = k_\tau \frac{\pi^2}{12(1-\nu^2)} \left(\frac{t}{b}\right)^2 \tag{5.10}$$

5.4.4 双轴压缩或拉伸组合

如第 6 章所述,通过大挠度正交各向异性板理论的非线性控制微分方程的解析解,可以计算加筋板在双轴压缩或拉伸组合作用下的整体弹性后屈曲行为。在分岔屈曲发生之前,板的横向挠度必须为零。根据这一要求,得到双向载荷作用下面板整体屈曲判据如下:

$$\frac{m^2 B}{L}\sigma_{xav} + \frac{n^2 L}{B}\sigma_{yav} + \frac{\pi^2}{t}\left(D_x\frac{m^4 B}{L^3} + 2H\frac{m^2 n^2}{LB} + D_y\frac{n^4 L}{B^3}\right) = 0 \tag{5.11}$$

式中，σ_{xav}、σ_{yav} 为 x、y 方向的轴向施加应力；m、n 为 x、y 方向的屈曲半波数。

由式(5.11)可知，将其他应力分量设为零，可得到适用于相应单轴压缩载荷情况的式(5.4)或式(5.7)。在保持加载比 $c = \sigma_{yav}/\sigma_{xav}$ 恒定的情况下，由式(5.11)求解整体弹性屈曲强度分量 σ_{xEO}、σ_{yEO} 如下：

$$\sigma_{xEO} = -\frac{\pi^2}{t\left(\dfrac{m^2 B}{L} + \dfrac{cn^2 L}{B}\right)}\left(D_x\frac{m^4 B^2}{n^2 L^4} + 2H\frac{m^2}{L^2} + D_y\frac{n^2}{B^2}\right) \tag{5.12a}$$

$$\sigma_{xEO} = \begin{cases} -\dfrac{\pi^2}{t\left[\dfrac{m^2 B}{cL} + \dfrac{n^2 L}{B}\right]}\left(D_x\dfrac{m^4 B^2}{n^2 L^4} + 2H\dfrac{m^2}{L^2} + D_y\dfrac{n^2}{B^2}\right) & \text{当} \sigma_{xav} \neq 0 \text{ 时} \\[4mm] -\dfrac{\pi^2 B}{tn^2 Lt}\left(D_x\dfrac{m^4 B^2}{n^2 L^4} + 2H\dfrac{m^2}{L^2} + D_y\dfrac{n^2}{B^2}\right) & \text{当} \sigma_{xav} = 0 \text{ 时} \end{cases} \tag{5.12b}$$

对于长板，即 $L/B \geqslant 1$ 时，由于短边方向 $n = 1$，可以确定 x 方向的屈曲半波数 m 为满足以下条件的最小整数：

$$\frac{D_x\left(\dfrac{m^4 B^4}{L^4}\right) + 2H\left(\dfrac{m^2}{L^2}\right) + D_y\left(\dfrac{1}{B^2}\right)}{\dfrac{m^2 B}{L} + \dfrac{cL}{B}} \leqslant \frac{D_x\left[\dfrac{(m+1)^4 B^2}{L^4}\right] + 2H\left[\dfrac{(m+1)^2}{L^2}\right] + D_y\left(\dfrac{1}{B^2}\right)}{\dfrac{(m+1)^2 B}{L} + \dfrac{cL}{B}} \tag{5.13}$$

式中，双轴载荷作用下板的屈曲半波数，明显受双轴载荷比、结构正交各向异性和长宽比的影响。

对于宽板，即 $L/B < 1$ 时，由于短边方向 $m = 1$，可以确定 y 方向的屈曲半波数 n 为满足以下条件的最小整数：

$$\frac{D_x\left(\dfrac{B^2}{n^2 L^4}\right) + 2H\left(\dfrac{1}{L^2}\right) + D_y\left(\dfrac{n^2}{B^2}\right)}{\dfrac{B}{L} + \dfrac{cn^2 L}{B}} \leqslant \frac{D_x\left[\dfrac{B^2}{(n+1)^2 L^4}\right] + 2H\left[\dfrac{1}{L^2}\right] + D_y\left[\dfrac{(n+1)^2}{B^2}\right]}{\dfrac{B}{L} + \dfrac{c(n+1)^2 L}{B}} \tag{5.14}$$

5.4.5 单轴压缩与边缘剪切组合

根据第3章所述的各向同性屈曲强度相互作用关系，可将加筋板在单轴压缩和边剪联合作用下的整体弹性屈曲强度的相互作用方程用于实际设计如下：

$$\frac{\sigma_{xav}}{\sigma_{xEO,1}} + \left(\frac{\tau_{av}}{\tau_{EO,1}}\right)^2 = 1 \tag{5.15a}$$

$$\frac{\sigma_{yav}}{\sigma_{yEO,1}} + \left(\frac{\tau_{av}}{\tau_{EO,1}}\right)^2 = 1 \tag{5.15b}$$

5.5　加强筋间板局部弹性屈曲强度

如果加强筋非常强,它们可以保持直线,直到它们之间的板局部屈曲。在这种情况下,板的局部屈曲强度可以用加强筋间板单元的方法计算,并考虑各种参数的影响,如第 3 章所述。

5.6　加强筋腹板局部弹性屈曲强度

加筋板中加强筋腹板可能发生局部屈曲,对于组合截面通常要考虑这种可能性。这种失效模式被称为加强筋腹板屈曲,有时会突然发生,导致加筋板卸载,特别是当使用深腹板或扁钢加强筋时。在这种情况下,一旦发生这种加强筋腹板屈曲,屈曲或失效的板基本上没有刚度,因此随着载荷的少量增加,可能会发生整个加筋板的压溃。

加强筋腹板的局部屈曲和加强筋之间板的屈曲或压溃通常相互作用,可以以任何顺序发生,这取决于板和加强筋的尺寸。显然,在加强筋之间板的屈曲开始之前,不希望出现加强筋腹板屈曲。

在设计中,加强筋腹板必须抵抗屈曲,直到加强筋之间的板发生屈曲或压溃。然而,加强腹板的局部屈曲强度在很大程度上取决于它们所连接的相邻构件的扭转刚度,以及其他因素。因为板-加强筋相交处的转动约束会由于板的压溃而降低,加强筋腹板屈曲强度计算应考虑此影响因素。以下 Paik 等(1998)的研究描述了一个加强筋腹板屈曲的精确解。

5.6.1　控制微分方程

图 5.6 是轴压下连续加筋板结构中相邻两横向框架间附加有效宽度的板-加强筋组合模型的加载和边界条件示意图。在这种情况下,可以通过求解控制微分方程来分析加强筋腹板的弹性屈曲强度(Bleich,1952)。

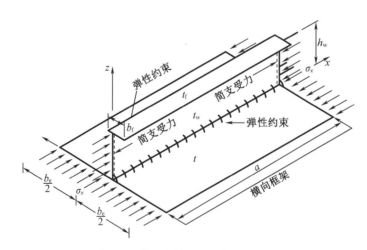

图 5.6　板-加强筋组合模型的加载和边界条件示意图

在适当的边界条件下,将加强筋腹板视为很长的板(条),其弹性屈曲强度可以用特征值问题来求解。扁钢加强筋一侧边缘的边界条件是自由的,但对于角钢或 T 形加强筋,可以假定加强筋翼板在腹板开始局部屈曲之前不会屈曲,而加强筋的附着板本身可以屈曲。这将意味着在腹板和翼板连接处的转动约束是完全有效的,直到加强筋腹板屈曲,而在腹板和板连接处的转动约束将取从有效截面推得的一个值。

假定加强筋腹板挠度相对于加强筋腹板厚度较小,可推导出轴向压缩载荷下初始挠度为零的加强筋腹板面外挠度(即侧向挠度)的基本微分方程。Bleich(1952)给出了适用于加强筋腹板方程为

$$D_w\left(\frac{\partial^4 v}{\partial x^4}+2\frac{\partial^4 v}{\partial x\partial^2 z}+\frac{\partial^4 v}{\partial z^4}\right)+t_w\sigma_x\frac{\partial^2 v}{\partial x^2}=0 \tag{5.16}$$

式中,v 为加强筋腹板的侧向挠度;$D_w=Et_w^3/[12(1-\nu^2)]$ 为加强筋腹板的弯曲刚度;t_w 为加强筋腹板厚度。

通过上述方程中 v 的解可以得到加筋腹板在 σ_x 压缩作用下的变形形式,当承受平面内弯曲时 $\sigma_x=\sigma_{xM}$,当承受均匀压缩时 $\sigma_x=\sigma_{xav}$,表示平衡但不稳定的状态。屈曲强度由分岔点的载荷定义,在分岔点除了发生 $v=0$ 的平面平衡外,还会发生偏转但不稳定的平衡形式。

5.6.2　准确的腹板屈曲特征方程

为求解式(5.16),应规定与加强筋腹板支撑特性一致的边界条件。在 $x=0$ 和 a 处加强筋腹板的加载边缘通常由横向框架支撑,可以假定为简单支撑如下:

$$在 x=0 和 a 处 v=0 \tag{5.17a}$$
$$在 x=0 和 a 处 M_z=0 \tag{5.17b}$$

式中,M_z 为加强筋腹板单位长度绕 z 轴的弯矩。

在实际情况中,由于 $x-y$ 平面上板的弯曲刚度通常相对很大,因此可以假定加强筋腹板沿下缘,即 $z=0$ 的挠度(侧向运动)相对于横向框架为零,因此

$$在 z=0 处 v=0 \tag{5.18}$$

沿 $z=0$ 的加强筋腹板边缘不能假定在屈曲过程中自由转动。因此,我们认为加强筋腹板的下缘是受转动约束的,约束的大小取决于钢板的扭转刚度。在 $z=0$ 处,加强筋腹板屈曲过程中出现的弯矩必须与板扭矩变化率大小相等且方向相反,即

$$在 z=0 处 M_x=-\frac{\partial m_x}{\partial x} \tag{5.19}$$

式中,M_x 为加强筋腹板单位长度绕 x 轴的弯矩,取值如下:

$$M_x=-D_w\left(\frac{\partial^2 v}{\partial z^2}+\nu\frac{\partial^2 v}{\partial x^2}\right) \tag{5.20}$$

m_x 为板单位长度绕 x 轴的扭力矩,可以忽略板的翘曲刚度近似为

$$m_x=-GJ_p\frac{\partial^2 v}{\partial x\partial z} \tag{5.21}$$

式中,$J_p=b_e t^3/3$,为附着有效宽度的扭转常数,b_e 为附着板的有效宽度,t 为附着板的厚度。

$z=h_w$ 处加强筋腹板的边界条件取决于加强筋翼板的弯曲刚度和扭转刚度,其中 h_w 为加强筋腹板的高度。对于没有加强筋翼板的扁钢加强筋,在 $z=h_w$ 处沿边缘的挠度和转动自由发生。相反,对于角钢或 T 形截面加强筋,加强筋腹板的部分旋转受到加强筋翼板的约束。因此,沿此边的挠度(侧向运动)不是零,而是等于加强筋翼板的挠度。$z=h_w$ 边缘挠度的一般条件可以表示为

$$在 z=h_w 处, EI_f\frac{\partial^4 \upsilon}{\partial x^4}=D_w\left[\frac{\partial^3 \upsilon}{\partial z^3}+(2-\nu)\frac{\partial^3 \upsilon}{\partial x^2 \partial z}\right] \tag{5.22}$$

式中,I_f 为 $z=h_w$ 处加强筋翼板对 z 轴的惯性矩,对于角钢截面设 $I_f=b_f^3 t_f/3$,对于 T 形截面设 $I_f=b_f^3 t_f/12$。

在 $z=h_w$ 处,由于加强筋翼板扭转刚度的作用,沿边缘的转动受到约束,加强筋腹板的弯矩等于翼板扭转力矩的变化率,即

$$在 z=h_w 处, M_x=-\frac{\partial m_x}{\partial x} \tag{5.23}$$

式中,m_x 为

$$m_x=-GJ_f\frac{\partial^2 \upsilon}{\partial x \partial z} \tag{5.24}$$

式中,$J_f=b_f t_f^3/3$ 为加强筋翼板扭转常数,b_f 为加强筋翼板宽度,t_f 为加强筋翼板厚度。

对于扁钢加强筋,即 $I_f=0$ 或 $J_f=0$ 时,式(5.23)对应于 $z=h_w$ 处自由转动的条件,没有力矩产生。

式(5.16)的通解在 $x=0$ 和 a 处满足简支条件,如式(5.17)所示,可设有如下形式:

$$\upsilon=Z(z)\sin\frac{m\pi x}{a} \tag{5.25}$$

式中,$Z(z)$ 为 z 的函数;m 为加筋腹板沿 x 方向的屈曲半波数。

将式(5.25)代入式(5.16),用 σ_E^W 替换 σ_x 得到四阶常微分方程如下:

$$\frac{\partial^4 Z}{\partial Z^4}-2\left(\frac{m\pi}{a}\right)^2\frac{\partial^2 Z}{\partial Z^2}+\left(\frac{m\pi}{a}\right)^4(1-\mu^2)Z \tag{5.26}$$

式中,$\mu=\frac{a}{mh_w}\sqrt{k_w}$,$k_w=\sigma_E^W\frac{h_w^2 t_w}{\pi^2 D_w}$,$\sigma_E^W$ 为加筋腹板的局部弹性屈曲应力。

式(5.26)的通解为

$$Z(z)=C_1 e^{-\alpha_1 z}+C_2 e^{\alpha_1 z}+C_3\cos\alpha_2 z+C_4\sin\alpha_2 z \tag{5.27}$$

式中,$\alpha_1=\frac{m\pi}{a}\sqrt{\mu+1}$,$\alpha_2=\frac{m\pi}{a}\sqrt{\mu-1}$。

由式(5.18)和式(5.19)可得式(5.27)中各常数之间的关系如下:

$$\begin{gathered}C_1=\frac{C_3(\alpha_1^2+\alpha_2^2-\alpha_1\alpha_3)}{2\alpha_1\alpha_3}+\frac{C_4\alpha_2}{2\alpha_1}\\C_2=-\frac{C_3(\alpha_1^2+\alpha_2^2-\alpha_1\alpha_3)}{2\alpha_1\alpha_3}-\frac{C_4\alpha_2}{2\alpha_1}\end{gathered} \tag{5.28}$$

式中,$\alpha_3=\frac{GJ_p}{D_w}\left(\frac{m\pi}{a}\right)^2=h_w\zeta_p\left(\frac{m\pi}{a}\right)^2$,$\zeta_p=\frac{GJ_p}{h_w D_w}$。

将式(5.28)代入式(5.27),得到

$$Z(z) = C_3 \left(\cos \alpha_2 z - \cosh \alpha_1 z - \frac{\alpha_1^2 + \alpha_2^2}{\alpha_1 \alpha_3} \sinh \alpha_1 z \right) + C_4 \left(\sin \alpha_2 z - \frac{\alpha_2}{\alpha_1} \sinh \alpha_1 z \right) \tag{5.29}$$

将式(5.29)代入式(5.25),得到

$$v = \left[C_3 \left(\cos \alpha_2 z - \cosh \alpha_1 z - \frac{\alpha_1^2 + \alpha_2^2}{\alpha_1 \alpha_3} \sinh \alpha_1 z \right) + C_4 \left(\sin \alpha_2 z - \frac{\alpha_2}{\alpha_1} \sinh \alpha_1 z \right) \right] \sin \frac{m\pi x}{a} \tag{5.30}$$

利用边界条件,即方程(5.23)和(5.24),沿 $z = h_w$ 处加强筋腹板边缘,未知常数 C_3 和 C_4 有

$$\begin{bmatrix} A_{11} & A_{12} \\ A_{21} & A_{22} \end{bmatrix} \begin{pmatrix} C_3 \\ C_4 \end{pmatrix} = 0 \tag{5.31}$$

式中

$$A_{11} = h_w \gamma_f \left(\frac{m\pi}{a} \right)^4 (\cos \alpha_2 h_w - \cos h\alpha_1 h_w - S\sin \alpha_1 h_w) - $$

$$(\alpha_2^3 \sin h\alpha_2 h_w - \alpha_1^3 \sin h\alpha_1 h_w - S\alpha_1^3 \cos h\alpha_1 h_w) - (2-\nu) \left(\frac{m\pi}{a} \right)^2 \cdot$$

$$(\alpha_2 \sin h\alpha_2 h_w + \alpha_1 \sin \alpha_1 h_w + S\alpha_1 \cos h\alpha_1 h_w)$$

$$A_{12} = h_w \gamma_f \left(\frac{m\pi}{a} \right)^4 (\sin \alpha_2 h_w - \frac{\alpha_2}{\alpha_1} \sinh \alpha_1 h_w) + (\alpha_2^3 \cos \alpha_2 h_w + \alpha_1^2 \alpha_2 \cosh \alpha_1 h_w) + $$

$$(2-\nu) \left(\frac{m\pi}{a} \right)^2 (\alpha_2 \cos \alpha_2 h_w + \alpha_2 \cosh \alpha_1 h_w)$$

$$A_{21} = h_w \zeta_f \left(\frac{m\pi}{a} \right)^2 (\alpha_2 \sin \alpha_2 h_w + \alpha_1 \sinh \alpha_1 h_w + S\alpha_1 \cosh \alpha_1 h_w) + $$

$$(\alpha_2^2 \cos \alpha_2 h_w + \alpha_1^2 \cosh \alpha_1 h_w + S\alpha_1^2 \sinh \alpha_1 h_w) + \nu \left(\frac{m\pi}{a} \right)^2 \cdot$$

$$(\cos \alpha_2 h_w - \cosh \alpha_1 h_w - S\sinh \alpha_1 h_w)$$

$$A_{22} = -h_w \zeta_f \left(\frac{m\pi}{a} \right)^2 (\alpha_2 \cos \alpha_2 h_w - \alpha_2 \cosh \alpha_1 h_w) + (\alpha_2^2 \sin \alpha_2 h_w + \alpha_1 \alpha_2 \sinh \alpha_1 h_w) + $$

$$\nu \left(\frac{m\pi}{a} \right)^2 (\sin \alpha_2 h_w - \frac{\alpha_2}{\alpha_1} \sinh \alpha_1 h_w)$$

$$S = \frac{\alpha_1^2 + \alpha_2^2}{\alpha_1 \alpha_3}$$

$$\gamma_f = \frac{EI_f}{h_w D_w}$$

$$\zeta_f = \frac{GJ_f}{h_w D_w}$$

只有当系数矩阵的行列式 $\Delta = 0$ 时,式(5.31)才有非零解。由式(5.31)的行列式 $\Delta = 0$ 的条件得到

$$\Delta = \begin{vmatrix} A_{11} & A_{12} \\ A_{21} & A_{22} \end{vmatrix} = 0 \ \text{或} \ \Delta = A_{11} A_{22} - A_{12} A_{21} = 0 \tag{5.32}$$

式(5.32)为有或无翼板的加强筋腹板的弹性屈曲特征方程。式(5.32)的解可得到加强筋腹板屈曲的屈曲系数 k_w 的值。通过求解特征方程,可得到加强筋腹板的局部弹性屈曲强度如下,负号代表压缩应力。

$$\sigma_E^W = -k_w \frac{\pi^2 E}{12(1-v^2)}\left(\frac{t_w}{h_w}\right)^2 \tag{5.33}$$

式中,σ_E^W 为加筋板腹板弹性屈曲强度;k_w 为加筋板腹板弹性屈曲强度系数。

为了考虑焊接残余应力的影响,由式(5.33)计算的腹板屈曲应力应减去加强筋腹板内的残余压应力。

5.6.3 加强筋腹板屈曲强度的闭式表达式

在任何具体情况下求解式(5.32)都不算简单,因此设计者最希望的是有一个封闭形式的表达式来更容易地预测加强筋腹板的局部屈曲强度。

经验表达式对于根据板和翼板的扭转刚度来预测加强筋腹板的屈曲强度特别有用。式(5.33)中的屈曲系数 k_w 由 Paik 等(1998)给出如下表达式:

$$k_w = \begin{cases} C_1\zeta_p + C_2 & \text{当 } 0 \leqslant \zeta_p \leqslant \eta_w \text{ 时} \\ C_3 - \dfrac{1}{C_4\zeta_p + C_5} & \text{当 } \eta_w \leqslant \zeta_p \leqslant 60 \text{ 时} \\ C_3 - \dfrac{1}{60C_4 + C_5} & \text{当 } 60 < \zeta_p \text{ 时} \end{cases} \tag{5.34}$$

式中

$$\eta_w = -0.444\zeta_f^2 + 3.333\zeta_f + 1.0$$
$$C_1 = -0.001\zeta_f + 0.303$$
$$C_2 = 0.308\zeta_f + 0.427$$

$$C_3 = \begin{cases} -4.350\zeta_f^2 + 3.965\zeta_f + 1.277 & \text{当 } 0 \leqslant \zeta_f \leqslant 0.2 \text{ 时} \\ -0.427\zeta_f^2 + 2.267\zeta_f + 1.460 & \text{当 } 0.2 < \zeta_f \leqslant 1.5 \text{ 时} \\ -0.133\zeta_f^2 + 1.567\zeta_f + 1.850 & \text{当 } 1.5 < \zeta_f \leqslant 3.0 \text{ 时} \\ 5.354 & \text{当 } 3.0 < \zeta_f \text{ 时} \end{cases}$$

$$C_4 = \begin{cases} -6.70\zeta_f^2 + 1.40 & \text{当 } 0 \leqslant \zeta_f \leqslant 0.1 \text{ 时} \\ 1/(5.10\zeta_f + 0.860) & \text{当 } 0.1 < \zeta_f \leqslant 1.0 \text{ 时} \\ 1/(4.0\zeta_f + 1.814) & \text{当 } 1.0 < \zeta_f \leqslant 3.0 \text{ 时} \\ 0.0724 & \text{当 } 3.0 < \zeta_f \text{ 时} \end{cases}$$

$$C_5 = \begin{cases} -1.135\zeta_f + 0.428 & \text{当 } 0 \leqslant \zeta_f \leqslant 0.2 \text{ 时} \\ -0.299\zeta_f^3 + 0.803\zeta_f^2 - 0.783\zeta_f + 0.328 & \text{当 } 0.2 < \zeta_f \leqslant 1.0 \text{ 时} \\ -0.016\zeta_f^3 + 0.117\zeta_f^2 - 0.285\zeta_f + 0.235 & \text{当 } 1.0 < \zeta_f \leqslant 3.0 \text{ 时} \\ 0.001 & \text{当 } 3.0 < \zeta_f \text{ 时} \end{cases}$$

对于扁钢加强筋,由于 $\zeta_f = 0$,式(5.34)将变得简单得多,计算结果可以表示为

$$k_w = \begin{cases} 0.303\zeta_p + 0.427 & \text{当 } 0 \leqslant \zeta_p \leqslant 1 \text{ 时} \\ 1.277 - \dfrac{1}{1.40\zeta_p + 0.428} & \text{当 } 1 < \zeta_p \leqslant 60 \text{ 时} \\ 1.2652 & \text{当 } 60 < \zeta_p \text{ 时} \end{cases} \tag{5.35}$$

图 5.7(a) 显示了扁钢加强筋腹板的弹性屈曲系数随腹板长宽比 a/h_w 和板扭转刚度的变化情况。从图中可以看出,板扭转刚度的增加会导致腹板屈曲系数的显著增加。因此,考虑这些影响是很重要的,特别是在可能出现腹板屈曲的情况下。在大多数实际情况下,腹板长宽比对腹板屈曲强度的影响可以忽略不计。

图 5.7(b) 和图 5.7(c) 显示了角钢或 T 形截面加强筋腹板的弹性屈曲强度系数随三个参数的变化情况:加强筋腹板长宽比、附着板扭转刚度和加强筋翼板扭转刚度。

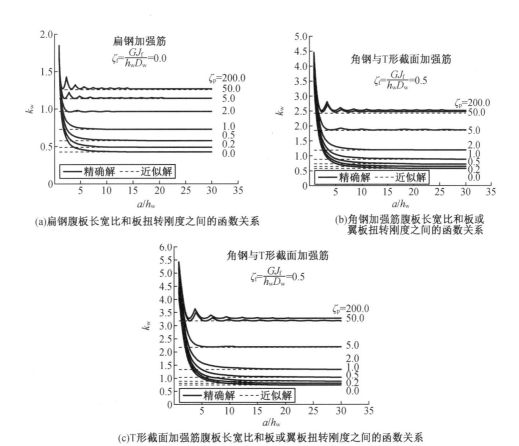

(a)扁钢腹板长宽比和板扭转刚度之间的函数关系

(b)角钢加强筋腹板长宽比和板或翼板扭转刚度之间的函数关系

(c)T形截面加强筋腹板长宽比和板或翼板扭转刚度之间的函数关系

图 5.7 弹性屈曲强度系数的变化

显示结果的参数范围符合商船加筋板的实际范围。随着加强筋翼板或板扭转刚度的增加,腹板的弹性屈曲强度显著增加,而腹板长宽比对腹板屈曲强度的影响在大多数实际情况下可以忽略。

图 5.7 中的虚线表示腹板屈曲强度系数的近似解,如式(5.34)或式(5.35)所示。图中实线表示直接求解特征屈曲方程(5.32)得到的结果。结合式(5.33)和式(5.34)或式(5.35),无论有无加强筋翼板均可以合理准确地预测加强筋腹板的弹性屈曲强度。

5.7　加强筋翼板局部弹性屈曲强度

在加强筋之间的板屈曲之前,加强筋翼板的局部屈曲是一种不利的失效模式。在设计中,必须防止其屈曲,直到加筋板达到极限强度。

在实际评估中,采用三边简支、一边自由的理想化方式,可估算翼板局部弹性屈曲强度 $\sigma_{\mathrm{E}}^{\mathrm{F}}$,如图 5.8 所示,结果如下:

$$\sigma_{\mathrm{E}}^{\mathrm{F}} = k_{\mathrm{f}} \frac{\pi^2 E}{12(1-\nu^2)} \left(\frac{t_{\mathrm{f}}}{b_{\mathrm{f}}^*}\right)^2 \tag{5.36}$$

式中,$k_{\mathrm{f}} = 0.425 + (b_{\mathrm{f}}^*/a)^2$,$b_{\mathrm{f}}^* = b_{\mathrm{f}}$ 用于非对称的角钢加强筋,$b_{\mathrm{f}}^* = 0.5 b_{\mathrm{f}}$ 用于对称的 T 形加强筋。

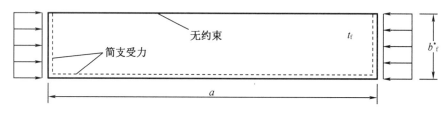

图 5.8　有三个简支边和一个自由边的加强筋翼板

5.8　加强筋的侧向扭转屈曲强度

5.8.1　侧向扭转屈曲的基本原理

加强筋的侧向扭转屈曲也称侧倾,加强筋沿着腹板下边缘向一侧扭转后,加筋板发生失效。当加强筋扭转刚度较低或加强筋翼板较弱时,更容易发生这种现象。

与加强筋腹板屈曲一样,侧向扭转屈曲可能发生的比较突然,导致加筋板迅速卸载。一旦发生侧倾,屈曲或压溃的板的刚度会大大降低,可能会发生整体失效。在轴压和侧向线载荷的共同作用下,如果加强筋之间的板失效后发生侧向扭转屈曲,通常认为如第 2 章所述的板-加强筋组合模型一样被压溃。

在连续加筋板中,侧向扭转屈曲通常为加筋板腹板的侧向、垂向和旋转变形与所附着板板的局部屈曲的耦合,如图 5.9(a)所示。与框架结构中普通的梁-柱不同,板-加强筋组合模型的附着板不允许侧向偏转,而梁(加强筋)翼板可以相对自由地侧向和垂直偏转。

对于非对称截面(如角钢截面),垂向弯曲、侧向弯曲和扭转通常是耦合的,而对称截面(如 T 形截面)通常只有侧向弯曲和扭转是耦合的,这意味着板-加强筋组合模型整体的欧拉屈曲和侧向扭转屈曲有时可以紧密耦合。

许多研究人员对加强筋的侧扭屈曲进行了理论、数值和实验研究。早期研究使用了经典薄壁杆件理论,Bleich(1952)进行了总结;在 20 世纪七八十年代,Faulkner 等（1973）、Smith(1976)、Adamchak(1979)和 Faulkner(1975,1987)等进行了进一步的研究,Hughes 和

Paik(2013)对其中一些研究进行了回顾和总结;在九十年代,除了轴压作用下的侧向扭转屈曲问题(Danielson et al.,1990;Danielson,1995;Hu et al.,1997)外,Hughes 和 Ma (1996a,1996b)以及 Hu(2000)等还研究了轴压和侧向载荷联合作用的影响。

　　尽管非线性有限元法可以准确地分析任何特定情况下的侧向扭转屈曲行为,但考虑图5.9(a)所示的一般截面变形,要推导出如第2章所述的板-加强筋组合模型的侧向扭转屈曲强度的理论解并不容易。然而,在实际设计中,更希望采用基于相应解析解的表达式。

　　关于此问题,侧倾变形的不同理想化形式可以近似于最一般的侧倾变形情况,如图5.9(a)所示,它们都可考虑弯曲的柱形屈曲和侧向扭转屈曲之间的耦合效应。以下是三种可能的理想化情况:

- 无板转动约束的柔性腹板[图5.9(b)];
- 刚性腹板与板的转动约束;
- 无板转动约束的刚性腹板[图5.9(c)]。

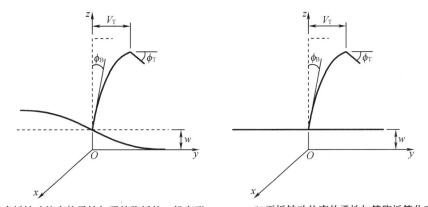

(a)考虑板转动约束的柔性加强筋腹板的一般变形　　　　(b)无板转动约束的柔性加筋腹板简化变形

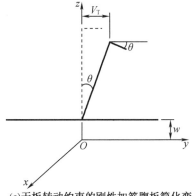

(c)无板转动约束的刚性加筋腹板简化变形

图5.9　板-加强筋组合模型的一般和理想侧倾变形

　　虽然一般情况下加强筋腹板与附着板之间的转动约束对侧向扭转屈曲行为或腹板的局部屈曲具有重要作用,但如果加强筋之间的板在发生侧向扭转屈曲前发生屈曲,则附着板的转动约束作用可以忽略不计,这表明附着板对加强筋腹板的旋转约束作用较小。因此,可以认为加强筋和附着板是铰接的。

由于附着板的转动约束在一定程度上始终存在,这一假设可能会推导出侧向扭转屈曲强度的下界解。板屈曲的影响可以近似地由板-加强筋组合模型的有效板宽考虑,不需要改变转动轴。当加强筋腹板高度与腹板厚度之比(h_w/t_w)小于 20 时,通常可以使用 Hughes 和 Ma(1996a)的方法。

相反,随着腹板高度的增加,腹板有可能向一侧偏转,在某些情况下会出现腹板局部屈曲。由于 5.6 节原则上考虑了这种类型的失效,因此本文的侧向扭转屈曲分析假设加强筋腹板截面局部不发生偏转,这与普通梁柱理论的假设类似,但可以侧向扭转。这一假设可能导致一个乐观的强度预测,特别是当加强筋腹板高度与腹板厚度之比非常大,会发生腹板局部屈曲时。如第 5.6 节所述,可以认为扁钢加强筋的侧向扭转屈曲强度等于加强筋的腹板局部屈曲强度。

5.8.2 侧向扭转屈曲强度闭式表达式

为了推导侧向扭转屈曲强度的解析解,可采用无转动约束的刚性腹板,如图 5.9(c)所示。

利用最小势能原理,可以计算出角钢或 T 形加强筋在轴压 σ_x($=\sigma_{xM}$ 或 σ_{xav})和侧向均布线压力 $q=pb$(由均布侧压 p 与加强筋间宽度 b 相乘得到的线性分布力,如图 2.5 所示)组合作用下的弹性侧向扭转屈曲强度。

在此情况下,由式(2.68)定义的板-加强筋组合模型的应变能 U 可分别取 $v_W=z\theta$(腹板侧向挠度),$v_T=h_w\theta$(v_w 的最大值),$\varphi_B=\varphi_T=\theta$,则

$$U = \frac{E}{2}\int_0^a I_e\left(\frac{\partial^2 w}{\partial x^2}\right)^2 \mathrm{d}x + \frac{E}{2}\int_0^a I_z\left(\frac{\partial^2 \theta}{\partial x^2}\right)^2 \mathrm{d}x + \frac{E}{2}\int_0^a 2I_{zy}h_w\frac{\partial^2 w}{\partial x^2}\frac{\partial^2 \theta}{\partial x^2}\mathrm{d}x + \frac{G}{2}\int_0^a (J_w+J_f)\left(\frac{\partial \theta}{\partial x}\right)^2 \mathrm{d}x$$

$$(5.37)$$

式中,I 是加强筋的惯性矩。考虑附着板有效宽度关于 y 轴的惯性矩为

$$I_e = b_e\int_{-\frac{t}{2}}^{\frac{t}{2}}(z_p-z)^2\mathrm{d}z + t_w\int_{\frac{t}{2}}^{\frac{h_w}{2}}\left(z_p-\frac{t}{2}-\frac{h_w}{2}-z\right)^2\mathrm{d}z + b_f\int_{-\frac{t_f}{2}}^{\frac{t_f}{2}}\left(z_p-\frac{t}{2}-h_w-\frac{t_f}{2}-z\right)^2\mathrm{d}z$$

$$(5.38a)$$

式中 I_z 是相对于 z 轴的惯性矩,即

$$I_z = t\int_0^{b_e}y_0^2\mathrm{d}y + h_w\int_0^{t_w}y_0^2\mathrm{d}z + t_f\int_0^{b_f}(y_0-y)^2\mathrm{d}z$$

$$(5.38b)$$

I_{zy} 是关于 yz 平面的惯性积,即

$$I_{zy} = \int_0^{b_e}\int_{-\frac{t}{2}}^{\frac{t}{2}}(z_p-z)y_0\mathrm{d}z\mathrm{d}y + \int_0^{t_w}\int_{\frac{t}{2}}^{\frac{h_w}{2}}\left(z_p-\frac{t}{2}-\frac{h_w}{2}-z\right)y_0\mathrm{d}z\mathrm{d}y +$$

$$\int_0^{b_f}\int_{-\frac{t_f}{2}}^{\frac{t_f}{2}}\left(z_p-\frac{t}{2}-h_w-\frac{t_f}{2}-z\right)(y_0-y)\mathrm{d}z\mathrm{d}y$$

$$(5.38c)$$

J_w 是腹板的扭转常数,即

$$J_w = \frac{1}{3}t_w^3 h_w\left(1 - \frac{192}{\pi^5}\frac{t_w}{h_w}\sum_{n=1,3,5}^{\infty}\frac{1}{n^5}\tanh\frac{n\pi h_w}{2t_w}\right)$$

$$(5.38d)$$

J_f 为翼板的扭转常数,即

$$J_f = \frac{1}{3}t_f^3 b_f \left(1 - \frac{192}{\pi^5}\frac{t_f}{b_f}\sum_{n=1,3,5}^{\infty}\frac{1}{n^5}\tan h\,\frac{n\pi b_f}{2t_f}\right) \tag{5.38e}$$

z_p 为附板的中面到计及有效宽度的加筋板弹性水平中性轴的距离;y_0 为腹板中面到计及有效宽度的加筋板弹性垂直中性轴的距离。

式(5.37)中,w 为加强筋在 z 方向上的挠度;θ 为加强筋相对于 x 轴的旋转角。式(5.37)中的惯性矩和其他几何参数的计算考虑了附着板的有效宽度,使其近似考虑了附着板屈曲的影响。

侧向扭转屈曲过程中产生的外部势能为

$$W = -\frac{1}{2}\int_{A_p}\sigma_p\int_0^a\left(\frac{\partial w}{\partial x}\right)^2 \mathrm{d}x\mathrm{d}A - \frac{1}{2}\int_{A_w}\sigma_w\int_0^a\left[\left(\frac{\partial w}{\partial x}\right)^2 + z^2\left(\frac{\partial\theta}{\partial x}\right)^2\right]\mathrm{d}x\mathrm{d}A -$$
$$\frac{1}{2}\int_{A_f}\sigma_f\int_0^a\left[h_w^2\left(\frac{\partial\theta}{\partial x}\right)^2 + \left(\frac{\partial w}{\partial x}\right)^2 - 2y\frac{\partial w}{\partial x}\frac{\partial\theta}{\partial x} + y^2\left(\frac{\partial\theta}{\partial x}\right)^2\right]\mathrm{d}x\mathrm{d}A \tag{5.39}$$

式中,σ_p、σ_w、σ_f 分别为板、腹板、翼板中的轴向应力。$\int_{A_p}(\ )\mathrm{d}A$、$\int_{A_w}(\ )\mathrm{d}A$、$\int_{A_f}(\ )\mathrm{d}A$ 分别表示有效附板($A_p = b_e t$)、腹板($A_w = h_w t_w$)、翼板($A_f = b_f t_f$)对应截面面积的积分。

总势能 Π 由式(5.37)中的 U 和式(5.39)中的 W 之和得到,即

$$\Pi = U + W \tag{5.40}$$

第2章中板–加强筋组合模型假设两端简支,当承受组合轴向压应力 σ_x 和均布侧线载荷 $q = pb$ 时,加强筋的附着板(即 σ_p)、腹板(即 σ_w)和翼板(即 σ_f)处的轴向应力可计算如下:

$$\sigma_p = \sigma_x - \frac{q}{I_e}z_p\frac{x(L-x)}{2}$$
$$\sigma_w = \sigma_x - \frac{q}{I_e}(z_p - z)\frac{x(a-x)}{2} \tag{5.41}$$
$$\sigma_f = \sigma_x - \frac{q}{I_e}(z_p - h_w)\frac{x(a-x)}{2}$$

假定加强筋由于侧倾而产生的位移函数(因为加强筋腹板没有局部变形,且端部是简支约束)如下:

$$w = \sum_{m=1}A_m\sin\frac{m\pi x}{a}$$
$$\theta = \sum_{m=1}B_m\sin\frac{m\pi x}{a} \tag{5.42}$$

式中,A_m 和 B_m 为未知常数。

加筋板通常是由横向框架或肘板支撑的多跨结构。因此,式(5.42)可以进一步简化,只取两横向框架或肘板间加强筋侧倾起主导作用的半波数来计算钢板的后屈曲行为。通常情况下,初始的侧倾屈曲半波数是未知的,但可以确定,由此得到的侧倾屈曲强度必须是潜在半波数中最低的。

将式(5.42)代入总势能方程 Π 和式(5.40)中,应用最小势能原理,可确定未知常数 A_m

和 B_m。

$$\frac{\partial \Pi}{\partial A_m} = 0, \frac{\partial \Pi}{\partial B_m} = 0 \tag{5.43}$$

从加强筋弹性侧向扭转屈曲的特征方程可以看出是分岔屈曲。板-加强筋组合模型的弹性屈曲应力 σ_E^T 是由轴向压应力的特征方程求解得到的,而侧向压力则视为给定的恒定载荷。有兴趣的读者可以参考 Hughes 和 Ma(1996a,1996b)的文献。

5.8.2.1 非对称角钢加强筋弹性侧向扭转屈曲强度

当压应力取负值时,可得到非对称角钢加强筋弹性侧向扭转屈曲强度的表达式如下:

$$\sigma_E^T = (-1) \min_{m=1,2,3\cdots} \left| \frac{C_2 + \sqrt{C_2^2 - 4C_1 C_3}}{2C_1} \right| \tag{5.44}$$

式中

$$C_1 = (b_e t + h_w t_w + b_f t_f) I_p - S_f^2$$

$$C_2 = -I_p \left[EI \left(\frac{m\pi}{a}\right)^2 - \frac{qa^2 S_1}{12 I_e} \left(1 - \frac{3}{m^2 \pi^2}\right) \right] - (b_e t + h_w t_w + b_f t_f) \times \left[G(J_w + J_f) + EI_z h_w^2 \left(\frac{m\pi}{a}\right)^2 - \frac{qa^2 S_2}{12 I_e} \left(1 - \frac{3}{m^2 \pi^2}\right) \right] + 2 S_f \left[EI_{zy} h_w \left(\frac{m\pi}{a}\right)^2 - \frac{qa^2 S_3}{12 I_e} \left(1 - \frac{3}{m^2 \pi^2}\right) \right]$$

$$C_3 = \left[EI \left(\frac{m\pi}{a}\right)^2 - \frac{qa^2 S_1}{12 I_e} \left(1 - \frac{3}{m^2 \pi^2}\right) \right] \times \left[G(J_w + J_f) + EI_z h_w^2 \left(\frac{m\pi}{a}\right)^2 - \frac{qa^2 S_2}{12 I_e} \left(1 - \frac{3}{m^2 \pi^2}\right) \right] - \left[EI_{zy} h_w \left(\frac{m\pi}{a}\right)^2 - \frac{qa^2 S_3}{12 I_e} \left(1 - \frac{3}{m^2 \pi^2}\right) \right]^2$$

$$S_f = -\frac{t_f b_f^2}{2}$$

$$S_1 = -(z_p - h_w) b_f t_f - b_e t z_p - h_w t_w \left(z_p - \frac{h_w}{2}\right)$$

$$S_2 = -(z_p - h_w) t_f \left(h_w^2 b_f + \frac{b_f^3}{3}\right) - h_w^3 t_w \left(\frac{1}{3} z_p - \frac{h_w}{4}\right)$$

$$S_3 = (z_p - h_w) \frac{b_f^2 t_f}{3}$$

$$I_e = \frac{b_e t^3}{12} + A_p z_p^2 + \frac{t_w h_w^2}{12} + A_w \left(z_p - \frac{t}{2} - \frac{h_w}{2}\right)^2 + \frac{b_f t_f^3}{12} + A_f \left(z_p - \frac{t}{2} - h_w - \frac{t_f}{2}\right)^2$$

$$I_z = A_p y_0^2 + A_w y_0^2 + A_f \left(y_0^2 - b_f y_0 + \frac{b_f^2}{3}\right)$$

$$I_{zy} = A_p z_p y_0 + A_w \left(z_p - \frac{t}{2} - \frac{h_w}{2}\right) y_0 + A_f \left(z_p - \frac{t}{2} - h_w - \frac{t_f}{2}\right) \left(y_0 - \frac{b_f}{2}\right)$$

I_p 是加筋板关于端部的极惯性矩,即

$$I_p = \frac{t_w h_w^3}{3} + \frac{t_w^3 h_w}{3} + \frac{b_f^3 t_f}{3} + \frac{b_f t_f^3}{3} + A_f h_w^2$$

$$z_p = \frac{0.5 A_w (t + h_w) + A_f (0.5t + h_w + 0.5t_f)}{b_e t + h_w t_w + b_f t_f}$$

$$y_0 = \frac{b_f^2 t_f}{2(b_e t + h_w t_w + b_f t_f)}$$

q 为等效线压力 $(q = pb)$；m 为加强筋侧倾半波数。

5.8.2.2 对称 T 形加强筋弹性屈曲-扭转屈曲强度

当压应力取负值时，可以得到对称 T 形加强筋弹性侧向扭转屈曲强度的闭式表达式为

$$\sigma_E^T = (-1) \min_{m=1,2,3\cdots} \left| \frac{-a^2 G(J_w + J_f) + EI_f h_w^2 m^2 \pi^2}{I_p a^2} + \frac{qa^2 S_4}{12 I_e I_p}\left(1 - \frac{3}{m^2 \pi^2}\right) \right| \tag{5.45}$$

式中

$$S_4 = -(z_p - h_w) t_f \left(\frac{h_w^2 b_f + b_f^3}{12}\right) - h_w^3 t_w \left(\frac{1}{3} z_p - \frac{h_w}{4}\right)$$

$$I_p = \frac{t_w h_w^3}{3} + \frac{t_w^3 h_w}{12} + \frac{b_f t_f^3}{3} + \frac{b_f^3 t_f}{12} + A_f h_w^2$$

$$I_f = \frac{b_f^3 t_f}{12}$$

5.8.2.3 扁钢加强筋的弹性侧向扭转屈曲强度

如前文所述，采用式(5.33)和式(5.35)定义的扁钢加强筋弹性侧向扭转屈曲强度近似等于加筋腹板的局部屈曲强度 σ_E^W，即 $\sigma_E^T = \sigma_E^W$。

5.8.2.4 焊接引起的残余应力的影响

为了考虑焊接残余应力的影响，先前计算的侧向扭转屈曲应力需扣除有效的残余压应力 σ_{rs}^*。Danielson(1995)提出了 σ_{rs}^* 的经验公式如下：

$$\sigma_{rs}^* = \sigma_{rc}\left(1 + \frac{2\pi^2 I}{b^3 t}\right) \tag{5.46}$$

式中，σ_{rc} 为加强筋腹板残余压应力，I 为板-加强筋组合模型全截面惯性矩。

图 5.10 通过与非线性有限元法解的对比，验证了侧向扭转屈曲强度公式的有效性。图中示出了 h_w / t_w 对特定板-加强筋组合模型侧向扭转屈曲强度的影响。考虑了两种类型的理想化，一种是 Hughes 和 Ma (1996a) 用简化数值方法给出的柔性腹板，另一种是方程(5.44)和方程(5.45)所预测的刚性腹板，两者都没有板转动约束，此外还考虑了更精确的特征值有限元方法解。从图 5.10 可以看出，当 h_w / t_w 比较低时，腹板挠度的影响可以忽略，但刚腹板近似忽略了加强筋腹板挠度的影响，在高 h_w / t_w 时，会导致对弹性屈曲强度的高估。如果再考虑腹板和板相交位置的转动约束效应，弹性侧向扭转屈曲强度会进一步增加(Hu, 2000)。

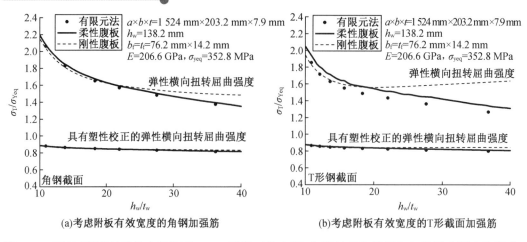

(a)考虑附板有效宽度的角钢加强筋　　　　(b)考虑附板有效宽度的T形截面加强筋

图 5.10　不考虑板的转动约束条件下, $h_\mathrm{w}/t_\mathrm{w}$ 比值对特定板–加强筋组合的侧向扭转屈曲强度的影响 (σ_Yeq 为板–加强筋组合的等效屈服强度)

5.9　弹塑性屈曲强度

　　坚固的加筋板会发生非弹性状态下的屈曲,具有一定的塑性。虽然非线性有限元法可以准确地处理这种情况,但计算费时费力。在实际设计中,考虑塑性影响的一种较简单的方法是采用 Johnson–Ostenfeld 公式法对弹性屈曲强度进行塑性修正,如式(2.93)所示。

　　图 5.10 证实了 Johnson–Ostenfeld 公式法在预测非弹性侧向扭转屈曲强度方面的适用性。有趣的是,从图中可以注意到,非弹性屈曲强度可能不会明显受到加强筋腹板挠度的影响,Johnson–Ostenfeld 公式法可以用于近似预测非弹性侧向扭转屈曲强度,可以应用于实际极限强度设计(Adamchak,1979;Hughes et al. ,2013)。

参 考 文 献

Adamchak, J.C. (1979). Design equations for tripping of stiffeners under in–plane and lateral loads. DTNSRDC–79/064, Naval Surface Warfare Center, Washington, DC, October.

Allen, H.G. & Bulson, P.S. (1980). Background to buckling. McGraw–Hill, London.

Bleich, F. (1952). Buckling strength of metal structures. McGraw–Hill, New York.

Danielson, D.A. (1995). Analytical tripping loads for stiffened plates. International Journal of Solids and Structures, 32(8/9): 1317–1328.

Danielson, D.A. , Kihl, D.P. & Hodges, D.H. (1990). Tripping of thin–walled plating stiffeners in axial compression. Thin–Walled Structures, 10(2): 121–142.

Faulkner, D. (1975). Compression strength of welded grillages. Chapter 21 in Ship structuraldesign concepts, Edited by Harvey Evans, J. , Cornell Maritime Press, Cambridge, MD, 633–712.

Faulkner, D. (1987). Toward a better understanding of compression induced tripping. In Steel and aluminium structures, Edited by Narayanan, R., Elsevier Applied Science, Barking, 159-175.

Faulkner, D., Adamchak, J. C., Snyder, G. J. & Vetter, M. R. (1973). Synthesis of welded grillages to withstand compression and normal loads. Computers & Structures, 3: 221-246.

Hu, S. Z., Chen, Q., Pegg, N. & Zimmerman, T. J. E. (1997). Ultimate collapse tests of stiffened plate ship structural units. Marine Structures, 10: 587-610.

Hu, Y., Chen, B. & Sun, J. (2000). Tripping of thin-walled stiffeners in the axially compressed stiffened panel with lateral pressure. Thin-Walled Structures, 37: 1-26.

Hughes, O. F. & Ma, M. (1996a). Elastic tripping analysis of asymmetrical stiffeners. Computers & Structures, 60(3): 369-389.

Hughes, O. F. & Ma, M. (1996b). Inelastic analysis of panel collapse by stiffener buckling. Computers & Structures, 61(1): 107-117.

Hughes, O. F. & Paik, J. K. (2013). Ship structural analysis and design. The Society of Naval Architects and Marine Engineers, Alexandria, VA.

Paik, J. K., Thayamballi, A. K. & Park, Y. I. (1998). Local buckling of stiffeners in ship plating. Journal of Ship Research, 42(1): 56-67.

Seydel, E. (1933). Uber das Ausbeulen von rechteckigen Isotropen oder orthogonal-anisotropen Platten bei Schubbeanspruchung. Ingenieur-Archiv, 4: 169 (in German).

Smith, C. S. (1976). Compressive strength of welded steel ship grillages. Transactions of the Royal Institution of Naval Architects, 118: 325-359.

第6章 加筋板和板架结构的大变形与极限强度行为

6.1 加筋板极限强度行为的基本理论

加筋板是由钢板和加强筋(支撑构件)组成的。即使加筋板或其部件最初在弹性甚至非弹性状态下发生屈曲,但通常还是能够继续承受施加的载荷。加筋板的极限强度最终是因为过度塑性或加强筋失效导致的。

不同预测加筋板极限强度的方法具有不同的精度。造成这种差异的主要原因除了结构属性和失效现象的内在不确定性和建模不确定性外,还有以下四个方面:

- 涉及不同失效模式,考虑它们时理想化的方式,以及必须考虑失效模式之间相互作用的影响;
- 加强筋之间板的面内刚度失效的评估存在差异;
- 考虑焊接引起的初始缺陷和其他已存在的结构损伤;
- 考虑板和加强筋之间或加强筋腹板和翼板之间的转动约束。

首先,在任何以设计为导向的预测强度的具体方法的发展过程中,通常不会考虑所有理论上可能的失效模式。其次,准确评估板或加强筋在局部屈曲或大变形后的失效是很重要的。根据定义,随着载荷的增加,屈曲或挠曲板的有效宽度将随外加应力的作用而变化。然而,大多数简化的方法都假定板的有效宽度不依赖于所施加的载荷,而将板的极限有效宽度作为一个方便的"常数"。再次,在方法的发展过程中,并没有把制造相关的初始变形和残余应力视为影响参数。虽然大多数方法都考虑了加强筋间板初始缺陷的影响,但只有部分方法考虑了加强筋的初始缺陷效应。最后,加强筋在其连接到板或沿加强筋腹板翼板的交叉处存在一定程度的转动限制,这种约束会影响加强筋的失效,但大多数方法忽略了这一影响。

在用式(1.17)进行加筋板极限强度状态设计时,承载力代表极限强度,极限强度由相关公式确定,其中需求代表载荷效应(应力)的极值。在已知整体载荷后,载荷效应(应力)由经典结构力学理论或线弹性有限元分析确定。

本章阐述加筋板和板架的极限强度公式,所提出的公式比以前基于理论的简化方法更为复杂。值得注意的是,本章中描述的理论和方法可以普遍应用于钢和铝加筋板。

6.2 板架压溃模式分类

当受到较大的轴向拉伸载荷时,加筋板可能因大范围屈服而失效。相比之下,在较大的压缩载荷下,加筋板可能会呈现出多种失效模式,直到达到极限强度,如图6.1凸出显示了轴向压缩载荷引起的压溃形貌。加筋板整体失效的主要模式分为以下六类：

- 模式Ⅰ：板和加强筋作为一个整体失效。
  - ——模式Ⅰ-1：单向加筋板的模式Ⅰ[（图6.1(a)]；
  - ——模式Ⅰ-2：交叉加筋板(板架)的模式Ⅰ[（图6.1(b)]。
- 模式Ⅱ：板失效,加强筋失效不明显[（图6.1(c)]
- 模式Ⅲ：梁柱失效[图6.1(d)]
- 模式Ⅳ：加强筋腹板局部屈曲失效[图6.1(e)]
- 模式Ⅴ：加强筋侧向扭转屈曲失效[图6.1(f)]
- 模式Ⅵ：大范围屈服

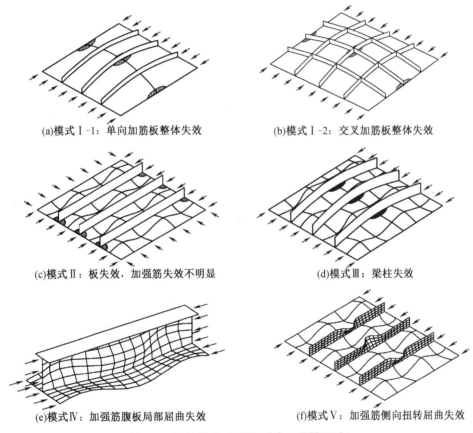

(a)模式Ⅰ-1：单向加筋板整体失效　　(b)模式Ⅰ-2：交叉加筋板整体失效

(c)模式Ⅱ：板失效,加强筋失效不明显　　(d)模式Ⅲ：梁柱失效

(e)模式Ⅳ：加强筋腹板局部屈曲失效　　(f)模式Ⅴ：加强筋侧向扭转屈曲失效

图6.1　失效模式(阴影区域表示屈服区域)

　　模式Ⅰ示意了加强筋相对较弱时的典型失效模式。在这种情况下,加强筋可以作为一个整体与板一起屈曲,整体屈曲行为最初是弹性的。通常情况下,加筋板在弹性状态下发生整体屈曲后仍能进一步承受载荷,最终因为板内或沿板边形成一个较大的屈服区达到极限强度。在模式Ⅰ中,单向加筋板的失效行为称为模式Ⅰ-1,这与交叉加筋板的失效行为即模式Ⅰ-2略有不同。前者实际上是由梁柱失效引起的,而后者的失效类似于正交各向异性板的失效。

　　模式Ⅱ表示因加筋板边缘的板-加强筋交点附近屈服而失效,且没有加强筋失效。在加筋板承受较大双向压缩载荷的情况下,这种失效模式是很重要的。

模式Ⅲ是指板筋组合在跨中屈服达到极限强度的失效模式。该失效模式通常发生在加强筋的尺寸适中,即不弱也不是很强时。

模式Ⅳ和模式Ⅴ通常出现在加强筋腹板高度与腹板厚度比较大时,或当加强筋翼板不能保持直线,从而使加强筋腹板屈曲或侧扭时由加强筋引起的失效。模式Ⅳ代表了一种加强筋腹板局部压缩屈曲引起加筋板失效的模式,而模式Ⅴ则是加筋板在加强筋侧向扭转屈曲(也称为侧倾)后达到极限强度。

模式Ⅵ通常发生在加筋板长细比很低(即加筋板非常结实)或当受到较大轴向拉伸载荷时,在板截面大面积或全部屈服之前不会发生局部或整体屈曲。

虽然图 6.1 分别说明了每种失效模式,但某些失效模式在某些情况下可能会同时发生并相互作用。需要强调的是,前面所示的加筋板的行为划分是:①人为的;②不一定完整的描述实际行为。基于经验,这样的划分对设计来说是合适的。此外,即使接受这些理想化的,由于几何和材料性能、载荷、边界条件、焊接引起的初始缺陷和已存在的结构损伤等各种因素的相互作用,加筋板在组合载荷下的极限强度的计算也并不简单直接。

因此,为了实际设计的目的,通常认为加筋板的失效发生在各种极限强度计算的最低值,需分别考虑前面提到的六种失效模式。

6.3　加筋板结构理想化

第 5.2 节描述了加筋板结构的理想化。与制造相关的初始缺陷特性的理想化如第 1.7 节所述。

加筋板的周围一般布置的是坚固的支撑构件,如纵向桁材和横向框架,在 x 和 y 方向上均有加强筋。加强筋附在板的一侧,即 z 轴正向,如图 5.3 所示。交叉加筋板(或板架)的长度和宽度分别用 L 和 B 表示,如图 5.4(a)所示。加强筋在几何形状和材料方面是相同的,具有相同的间距。设 x、y 方向加强筋数量为 n_{sx}、n_{sy},则 x、y 方向加强筋间距为 $a = L/(n_{sy} + 1)$ 或 $b = B/(n_{sx} + 1)$。在许多情况下,加筋板中只有一个方向的加强筋。在这种情况下,加筋板长度用 a 表示,使加强筋位于 x 方向,如图 5.4(b)所示。

加强筋之间的板厚度为 t。在某些结构中,加强筋之间各板格的厚度可能不相同。在这种情况下,板的极限强度公式中所使用的板厚 t 用等效板厚表示,其近似表达式如下:

$$t = \frac{b}{B} \sum_{i=1}^{n_{sx}+1} t_i \tag{6.1}$$

式中,t_i 为第 i 块板的厚度。

加强筋在 x 或 y 方向的尺寸定义见图 5.3。板和加强筋的杨氏模量和泊松比均相同,分别由 E 和 ν 定义,弹性剪切模量由 $G = E/[2(1+\nu)]$ 定义,板的材料屈服应力为 σ_{Yp}。采用 $\beta = (b/t)\sqrt{\sigma_{Yp}/E}$ 和 $D = Et^3/[12(1-\nu^2)]$ 分别给出了加强筋之间板的长细比和弯曲刚度。

在某些加筋板中,板的材料屈服应力与加强筋的材料屈服应力不同。例如,在钢制加筋板中,板可以由低碳钢制成,而加强筋则由高强度钢制成。在铝制加筋板中,加强筋的材料屈服应力有时大于板的屈服应力,表 1.3 和表 1.4 分别给出了不同的铝合金材料类型。

加强筋腹板的屈服应力为 σ_{Yw}，加强筋翼板的屈服应力为 σ_{Yf}。在这种情况下，可以通过定义等效屈服应力 σ_{Yeq} 来表示整个加筋板的屈服应力。

用于单向加筋板：

$$\sigma_{Yeq} = \frac{Bt\sigma_{Yp} + n_{sx}(h_{wx}t_{wx}\sigma_{Yw} + b_{fx}t_{fx}\sigma_{Yf})}{Bt + n_{sx}(h_{wx}t_{wx} + b_{fx}t_{fx})} \tag{6.2a}$$

用于交叉加筋板：

$$\sigma_{Yeq} = \frac{1}{2}\left[\frac{Bt\sigma_{Yp} + n_{sx}(h_{wx}t_{wx}\sigma_{Yw} + b_{fx}t_{fx}\sigma_{Yf})}{Bt + n_{sx}(h_{wx}t_{wx} + b_{fx}t_{fx})} + \frac{Lt\sigma_{Yp} + n_{sy}(h_{wy}t_{wy}\sigma_{Yw} + b_{fy}t_{fy}\sigma_{Yf})}{Lt + n_{sy}(h_{wy}t_{wy} + b_{fy}t_{fy})}\right] \tag{6.2b}$$

如表2.1所示，板–加强筋组合模型的等效屈服应力定义如下：

$$\sigma_{Yeq} = \frac{bt\sigma_{Yp} + h_{wx}t_{wx}\sigma_{Yw} + b_{fx}t_{fx}\sigma_{Yf}}{bt + h_{wx}t_{wx} + b_{fx}t_{fx}} \qquad \text{当板–加强筋组合模型在 } x \text{ 方向} \tag{6.2c}$$

$$\sigma_{Yeq} = \frac{at\sigma_{Yp} + h_{wy}t_{wy}\sigma_{Yw} + b_{fy}t_{fy}\sigma_{Yf}}{at + h_{wy}t_{wy} + b_{fy}t_{fy}} \qquad \text{当板–加强筋组合模型在 } y \text{ 方向} \tag{6.2d}$$

由于加筋板被强构件支撑，边缘的转动约束取决于支撑构件的扭转刚度与加筋板刚度的相对值，这些值既不是零也不是无穷。为了简单起见，通常假定加筋板边缘是简支的，沿四个边缘的挠度和转动约束为零，并且所有边缘保持平直。在工程实践中，这种近似是合适的。如第3章、第4章和第5章所述，在计算加强筋之间板或加强筋腹板的局部屈曲和极限强度时，考虑了四个边缘以及板与加强筋连接处或加强筋腹板翼板连接处转动约束的影响。加强筋腹板的局部屈曲与失效模式Ⅳ和Ⅴ有关。

加筋板作用有六个可能的应力分量，即纵向应力、横向应力、边缘剪切、纵向平面内弯曲、横向平面内弯曲和侧向压力，如第5.2.3节所述。为建立加筋板的极限强度公式，本章简化了一些与失效模式有关的载荷分量：σ_{xav} 为 x 方向的平均轴向应力；σ_{yav} 为 y 方向的平均轴向应力；τ_{av} 为平均边缘剪应力；p 为侧压力。

对加筋板的平均应力分量定义如下：在 x 方向上 σ_{x2} 始终大于 σ_{x1}，在 y 方向上 σ_{y2} 始终大于 σ_{y1}。

6.3.1 失效模式Ⅰ、Ⅵ

在加筋板上，忽略面内弯矩的影响，定义了以下四个载荷分量：

$$\sigma_{xav} = \frac{\sigma_{x1} + \sigma_{x2}}{2}, \ \sigma_{yav} = \frac{\sigma_{y1} + \sigma_{y2}}{2}, \ \tau_{av}, \ p \tag{6.3a}$$

6.3.2 失效模式Ⅱ、Ⅲ、Ⅳ、Ⅴ

加强筋之间承受最高应力的板决定加筋板的极限强度。

$$\sigma_{xM} = \sigma_{x2} - \frac{b}{2B}(\sigma_{x2} - \sigma_{x1}), \ \sigma_{yM} = \sigma_{y2} - \frac{a}{2L}(\sigma_{y2} - \sigma_{y1}), \ \tau_{av}, \ p \tag{6.3b}$$

规定压应力为负，拉应力为正。即当相应的载荷为压缩时，轴向载荷为负值，反之亦然。

6.4 加筋板的非线性控制微分方程

根据屈曲模态的不同,加筋板的非线性控制微分方程可分为两类:板的整体屈曲和板的局部屈曲。前者用大挠度正交各向异性板理论分析后屈曲行为,后者用大挠度各向同性板理论分析后屈曲行为。

6.4.1 大挠度正交各向异性板理论

当加筋板有多个小加筋时,其在压缩载荷作用下可能发生整体板架屈曲,如图 5.1(a)所示。在这种情况下,加筋板可以理想化为一个正交各向异性板,其中加强筋在某种意义上是平铺板上的。

正交各向异性板方法意味着加强筋相对多且小,它们和板一起变形,加强筋保持稳定。人们认识到正交各向异性板理论在交叉加筋板上的应用仅限于在每个方向有三个以上的加筋,并且在给定方向上的加筋必须是相似的(Smith,1966;Troitsky,1976;Mansour,1977)。但是,作为一种近似,在一个方向上有较多小加强筋的板的后屈曲行为也可以用正交各向异性板理论进行分析。

通过求解大挠度正交各向异性板理论的两个非线性控制微分方程:平衡方程和协调方程(Troitsky,1976)来分析加筋板的整体屈曲行为。考虑初始挠度的影响,可以得到交叉加筋板(即在 x 和 y 方向同时加筋)的两个控制微分方程如下:

$$D_x \frac{\partial^4 w}{\partial x^4} + 2H \frac{\partial^4 w}{\partial x^2 \partial y^2} + D_y \frac{\partial^4 w}{\partial y^4} - t \left[\frac{\partial^2 F}{\partial y^2} \frac{\partial^2 (w+w_0)}{\partial x^2} - 2 \frac{\partial^2 F}{\partial x \partial y} \frac{\partial^2 (w+w_0)}{\partial x \partial y} + \frac{\partial^2 F}{\partial x^2} \frac{\partial^2 (w+w_0)}{\partial y^2} + \frac{p}{t} \right] = 0$$

$$(6.4a)$$

$$\frac{1}{E_y} \frac{\partial^4 F}{\partial x^4} + \left(\frac{1}{G_{xy}} - 2 \frac{v_x}{E_x} \right) \frac{\partial^4 F}{\partial x^2 \partial y^2} + \frac{1}{E_x} \frac{\partial^4 w}{\partial y^4} - \left[\left(\frac{\partial^2 w}{\partial x \partial y} \right)^2 - \frac{\partial^2 w}{\partial x^2} \frac{\partial^2 w}{\partial y^2} + 2 \frac{\partial^2 w_0}{\partial x \partial y} \frac{\partial^2 w}{\partial x \partial y} - \frac{\partial^2 w_0}{\partial y^2} \frac{\partial^2 w}{\partial x^2} - \frac{\partial^2 w_0}{\partial x^2} \frac{\partial^2 w_0}{\partial y^2} \right] = 0$$

$$(6.4b)$$

式中,w_0 和 w 分别为正交各向异性板的初始挠度函数和增量挠度函数;F 为 Airy 应力函数;E_x、E_y 分别为正交各向异性板在 x、y 方向上的弹性模量;G_{xy} 为各向异性板的弹性剪切模量;D_x、D_y 分别为正交各向异性板在 x、y 方向上的弯曲刚度;H 为正交各向异性板的有效扭转刚度。

只要知道了 Airy 应力函数 F 和增量挠度 w,面板内部的应力可以计算如下:

$$\sigma_x = \frac{\partial^2 F}{\partial y^2} - \frac{E_x z}{1 - \nu_x \nu_y} \left(\frac{\partial^2 w}{\partial x^2} + \upsilon_y \frac{\partial^2 w}{\partial y^2} \right) \qquad (6.5a)$$

$$\sigma_y = \frac{\partial^2 F}{\partial x^2} - \frac{E_y z}{1 - \nu_x \nu_y} \left(\frac{\partial^2 w}{\partial y^2} + \upsilon_x \frac{\partial^2 w}{\partial x^2} \right) \qquad (6.5b)$$

$$\tau = -\frac{\partial^2 F}{\partial x \partial y} - 2 G_{xy} z \frac{\partial^2 w}{\partial x \partial y} \qquad (6.5c)$$

式中,σ_x、σ_y 分别为 x、y 方向的正应力;τ 为剪应力;z 轴沿板厚方向,厚度中心处 $z=0$。

正交各向异性板理论分析的可靠性在很大程度上取决于——用等效正交各向异性板

代替加筋板时必须确定的各种弹性常数。下面介绍 Paik 等(2001)提出的大挠度正交各向异性板理论常数。

各向同性板有两个独立的弹性常数:弹性模量 E 和泊松比 ν。对于正交各向异性板,需要四个弹性常数(E_x、E_y、ν_x 和 ν_y)来描述板的正交各向异性应力-应变关系。在真正的加筋板中,两个相互垂直的方向上的各向异性来自几何特性的不同,而不是来自材料本身,材料属性是各向同性的。在这种情况下,相应的正交各向异性弹性模量常数可以近似地由下式表示:

$$E_x = E\left(1 + \frac{n_{sx}A_{sx}}{Bt}\right) \tag{6.6a}$$

$$E_y = E\left(1 + \frac{n_{sy}A_{sy}}{Lt}\right) \tag{6.6b}$$

$$G_{xy} = \frac{E_x E_y}{E_x + (1 + 2\sqrt{\nu_x \nu_y})E_y} \approx \frac{\sqrt{E_x E_y}}{2(1 + \sqrt{\nu_x \nu_y})} \tag{6.6c}$$

正交各向异性板的弯曲刚度和扭转刚度的确定如下:

$$D_x = \frac{Et^3}{12(1 - \nu_x \nu_y)} + \frac{Etz_{0x}^2}{1 - \nu_x \nu_y} + \frac{EI_x}{b} \tag{6.7a}$$

$$D_y = \frac{Et^3}{12(1 - \nu_x \nu_y)} + \frac{Etz_{0y}^2}{1 - \nu_x \nu_y} + \frac{EI_y}{a} \tag{6.7b}$$

$$H = \frac{1}{2}\left(\nu_y D_x + \nu_x D_y + G_{xy}\frac{t^3}{3}\right) \tag{6.7c}$$

式中

$$I_x = \frac{t_{wx}h_{wx}^3}{12} + t_{wx}h_{wx}\left(\frac{h_{wx}}{2} + \frac{t}{2} - z_{0x}\right)^2 + \frac{b_{fx}t_{fx}^3}{12} + b_{fx}t_{fx}\left(\frac{t_{fx}}{2} + h_{wx} + \frac{t}{2} - z_{0x}\right)^2$$

$$I_y = \frac{t_{wy}h_{wy}^3}{12} + t_{wy}h_{wy}\left(\frac{h_{wy}}{2} + \frac{t}{2} - z_{0y}\right)^2 + \frac{b_{fy}t_{fy}^3}{12} + b_{fy}t_{fy}\left(\frac{t_{fy}}{2} + h_{wy} + \frac{t}{2} - z_{0y}\right)^2$$

$$z_{0x} = \frac{h_{wx}t_{wx}(h_{wx}/2 + t/2) + b_{fx}t_{fx}(t_{fx}/2 + h_{wx} + t/2)}{bt + h_{wx}t_{wx} + b_{fx}t_{fx}}$$

$$z_{0y} = \frac{h_{wy}t_{wy}(h_{wy}/2 + t/2) + b_{fy}t_{fy}(t_{fy}/2 + h_{wy} + t/2)}{at + h_{wy}t_{wy} + b_{fy}t_{fy}}$$

对于各向同性板,其弯曲刚度可以简化为以下常见的表达式:

$$D_x = D_y = H = D = \frac{Et^3}{12(1 - \nu^2)} \tag{6.8}$$

为了确定前面所指出的各种弹性常数,泊松比 ν_x 和 ν_y 应该事先知道,这不是材料性质,而是与给定几何构型相对应的弹性常数。根据 Betti 互易定理,下面两个条件是相关的:

$$\nu_x E_y = \nu_y E_x, \quad \nu_x D_y = \nu_y D_x \tag{6.9}$$

将式(6.6)、式(6.7)代入式(6.9)可得

$$\left[\frac{EI_x}{b}\left(\frac{E_y}{E_x}\right)^2 - \frac{EI_y}{a}\left(\frac{E_y}{E_x}\right)\right]\nu_x^3 - \left[\frac{E_y}{E_x}\left(\frac{Et^3}{12} + Etz_{0x}^2 + \frac{EI_x}{b}\right) - \frac{Et^3}{12} - Etz_{0y}^2 - \frac{EI_y}{a}\right]\nu_x = 0 \tag{6.10}$$

由式(6.10)与式(6.9)解出 x、y 方向上的有效泊松比,即

$$\nu_x = c \left[\frac{\left(\frac{E_y}{E_x}\right)\left(\frac{Et^3}{12} + Etz_{0x}^2 + \frac{EI_x}{b}\right) - \frac{Et^3}{12} - Etz_{0y}^2 - \frac{EI_y}{a}}{\left(\frac{EI_x}{b}\right)\left(\frac{E_y}{E_x}\right)^2 - \left(\frac{EI_y}{a}\right)\left(\frac{E_y}{E_x}\right)} \right]^{0.5} \tag{6.11a}$$

$$\nu_y = \frac{E_y}{E_x}\nu_x = c\frac{E_y}{E_x} \left[\frac{\left(\frac{E_y}{E_x}\right)\left(\frac{Et^3}{12} + Etz_{0x}^2 + \frac{EI_x}{b}\right) - \frac{Et^3}{12} - Etz_{0y}^2 - \frac{EI_y}{a}}{\left(\frac{EI_x}{b}\right)\left(\frac{E_y}{E_x}\right)^2 - \left(\frac{EI_y}{a}\right)\left(\frac{E_y}{E_x}\right)} \right]^{0.5} \tag{6.11b}$$

式中,c 为修正因子,与各向同性板的泊松比 $\nu_x = \nu_y = \nu$ 联系起来,可近似取 $c = \nu/0.86$。还要注意,当

$$\frac{EI_x}{b}\left(\frac{E_y}{E_x}\right)^2 = \frac{EI_y}{a}\left(\frac{E_y}{E_x}\right) \quad \text{或} \quad \frac{E_x}{E_y} = \frac{aI_x}{bI_y} \tag{6.11c}$$

时 $\nu_x = \nu_y = \nu$。

正交各向异性板理论应用时,由于残余拉应力和残余压应力在板的整体变形中可能会被抵消,因此可以忽略焊接引起的残余应力的影响。对于以压缩载荷为主的正交各向异性板,膜应力在板内的分布并不均匀,如图 6.2 所示。在这种情况下,在 $z = 0$ 处板平面最大和最小应力确定如下:

$$\sigma_{x\max} = \sigma_x |_{x=0, y=0} \tag{6.12a}$$

$$\sigma_{x\min} = \sigma_x |_{x=0, y=B/2} \tag{6.12b}$$

$$\sigma_{y\max} = \sigma_y |_{x=0, y=0} \tag{6.12c}$$

$$\sigma_{y\min} = \sigma_y |_{x=L/2, B=0} \tag{6.12d}$$

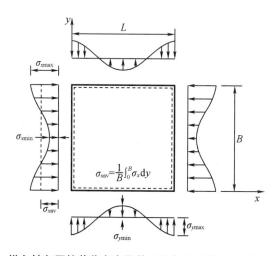

图 6.2　纵向轴向压缩载荷占主导的正交各向异性板中膜的应力分布

6.4.2　大挠度各向同性板理论

当加强筋有足够强度时,它们不会在板屈曲前失效。在这种情况下,加强筋之间板的

大挠度行为(包括屈曲)是主要关注的问题,可以通过求解大挠度各向同性板理论的非线性控制微分方程进行分析,如第4章所述。

6.5 板架整体屈曲后的弹性大挠度变形

与第4章所述的各向同性板理论方法类似,正交各向异性板的控制微分方程(6.4a)和方程(6.4b)可以用伽辽金法求解。在这种情况下,边界处满足简支条件的初始挠度函数和增量挠度函数可以假定为:

$$w_0 = A_{0mn} \sin \frac{m\pi x}{L} \sin \frac{n\pi y}{B} \tag{6.13a}$$

$$w = A_{mn} \sin \frac{m\pi x}{L} \sin \frac{n\pi y}{B} \tag{6.13b}$$

式中,A_{0mn}、A_{mn} 分别为初始挠度函数和增量挠度函数的幅值,m、n 分别为 x、y 方向的屈曲半波数。对于板初始挠度的建模,可以参考第1.7节内容。

6.5.1 侧压力载荷

对于单独受侧向压力作用的正交各向异性板,假定初始挠度函数和增量挠度函数为式(6.13),且 $m=n=1$。在这种情况下,当 $A_{01}=A_{011}$ 时,未知振幅 $A_1=A_{11}$ 可以确定为以下方程的解:

$$C_1 A_1^3 + C_2 A_1^2 + C_3 A_1 + C_4 = 0 \tag{6.14}$$

式中

$$C_1 = \frac{\pi^2}{16}\left(E_x \frac{B}{a^3} + E_y \frac{L}{B^3}\right)$$

$$C_2 = \frac{3\pi^2 A_{01}}{16}\left(E_x \frac{B}{a^3} + E_y \frac{L}{B^3}\right)$$

$$C_3 = \frac{\pi^2 A_{01}^2}{8}\left(E_x \frac{B}{a^3} + E_y \frac{L}{B^3}\right) + \frac{\pi^2}{t}\left(D_x \frac{B}{a^3} + 2H \frac{1}{aB} + D_y \frac{L}{B^3}\right)$$

$$C_4 = -\frac{16aB}{\pi^4 t} p$$

方程(6.14)的解可以用本书附录中给出的 Cardano 方法或计算机 FORTRAN 程序 CARDANO 得到。由式(6.12)可得各向异性板内部膜最大和最小应力:

$$\sigma_{x\max} = -\frac{\pi^2 E_x A_1 (A_1 + 2A_{01})}{8L^2} \tag{6.15a}$$

$$\sigma_{x\min} = \frac{\pi^2 E_x A_1 (A_1 + 2A_{01})}{8L^2} \tag{6.15b}$$

$$\sigma_{y\max} = -\frac{\pi^2 E_y A_1 (A_1 + 2A_{01})}{8B^2} \tag{6.15c}$$

$$\sigma_{y\min} = \frac{\pi^2 E_y A_1 (A_1 + 2A_{01})}{8B^2} \tag{6.15d}$$

6.5.2 双向组合载荷

在这种情况下,假设初始挠度函数和增量挠度函数分别为式(6.13a)和式(6.13b),未知幅值 A_{mn} 可通过求解下式确定:

$$C_1 A_{mn}^3 + C_2 A_{mn}^2 + C_3 A_{mn} + C_4 = 0 \qquad (6.16)$$

式中

$$C_1 = \frac{\pi^2}{16}\left(E_x \frac{m^4 B}{L^3} + E_y \frac{n^4 L}{B^3}\right)$$

$$C_2 = \frac{3\pi^2 A_{0mn}}{16}\left(E_x \frac{m^4 B}{L^3} + E_y \frac{n^4 L}{B^3}\right)$$

$$C_3 = \frac{\pi^2 A_{0mn}^2}{8}\left(E_x \frac{m^4 B}{L^3} + E_y \frac{n^4 L}{B^3}\right) + \frac{m^2 B}{L}\sigma_{xav} + \frac{n^2 L}{B}\sigma_{yav} + \frac{\pi^2}{t}\left(D_x \frac{m^4 B}{L^3} + 2H \frac{m^2 n^2}{LB} + D_y \frac{n^4 L}{B^3}\right)$$

$$C_4 = A_{0mn}\left(\frac{m^2 B}{L}\sigma_{xav} + \frac{n^2 L}{B}\sigma_{yav}\right)$$

方程(6.16)的解可以用本书附录中给出的 Cardano 方法或计算机 FORTRAN 程序 CARDANO 得到。可以类似于第4章中各向同性板的方式,确定无初始挠度和双向压缩载荷下的各向异性板的弹性分岔屈曲强度。对于 $L/B \geqslant 1$ 的正交各向异性板,可以采用 $n=1$。在这种情况下,当 $A_{0mn}=0$ 时,在屈曲之前或之后必须满足以下条件:

$$A_{m1} = \sqrt{-\frac{C_3}{C_1}} = 0 \qquad (6.17)$$

式中

$$C_1 = \frac{\pi^2}{16}\left(E_x \frac{m^4 B}{L^3} + E_y \frac{L}{B^3}\right)$$

$$C_3 = \frac{m^2 B}{L}\sigma_{xav} + \frac{L}{B}\sigma_{yav} + \frac{\pi^2}{t}\left(D_x \frac{m^4 B}{L^3} + 2H \frac{m^2}{LB} + D_y \frac{L}{B^3}\right)$$

式(6.17)的解可以得到 $C_3=0$ 或下式:

$$\frac{m^2 B}{L}\sigma_{xav} + \frac{L}{B}\sigma_{yav} + \frac{\pi^2}{t}\left(D_x \frac{m^4 B}{L^3} + 2H \frac{m^2}{LB} + D_y \frac{L}{B^3}\right) = 0 \qquad (6.18)$$

式(6.18)为双向压缩载荷作用下正交各向异性板的弹性分岔屈曲条件。当定义双向压缩加载比为 $c=\sigma_{yav}/\sigma_{xav}$ 时,在纵向压缩载荷 σ_{xav} 下各向异性板整体弹性屈曲强度 σ_{xEO} 由式(6.18)确定如下:

$$\sigma_{xEO} = -\frac{LB}{m^2 B^2 + cL^2} \frac{\pi^2}{t}\left(D_x \frac{m^2}{L^2} + 2H \frac{1}{B^2} + D_y \frac{L^2}{m^2 B^4}\right) \qquad (6.19)$$

在这种情况下,屈曲半波数 m 可以确定为一个满足以下条件的最小整数:

$$\frac{LB}{m^2 B^2 + cL^2}\left(D_x \frac{m^2}{L^2} + 2H \frac{1}{B^2} + D_y \frac{L^2}{m^2 B^4}\right) \leqslant \frac{LB}{(m+1)^2 B^2 + cL^2}\left[D_x \frac{(m+1)^2}{L^2} + 2H \frac{1}{B^2} + D_y \frac{L^2}{(m+1)^2 B^4}\right]$$

$$(6.20)$$

对于 x 方向的单向压缩,当 $c=\sigma_{yav}/\sigma_{xav}=0$ 时,将式(6.19)简化为

$$\sigma_{xEO} = -\frac{\pi^2}{t}\left(D_x\frac{m^2}{L^2} + 2H\frac{1}{B^2} + D_y\frac{L^2}{m^2 B^4}\right) \tag{6.21}$$

在这种情况下,屈曲半波数 m 可以确定为一个满足以下条件的最小整数:

$$D_x\frac{m^2}{L^2} + 2H\frac{1}{B^2} + D_y\frac{L^2}{m^2 B^4} \leqslant D_x\frac{(m+1)^2}{L^2} + 2H\frac{1}{B^2} + D_y\frac{L^2}{(m+1)^2 B^4} \tag{6.22a}$$

或者更简单的:

$$\left(\frac{L}{B}\right)^4 \leqslant \frac{D_x}{D_y}m^2(m+1)^2 \tag{6.22b}$$

由式(6.22b)可知,屈曲模态与板长宽比和结构正交各向异性均有关。对于承受 σ_{xav} 压缩的各向同性板,由于 $D_x = D_y$,式(6.22b)可以简化为众所周知的条件,如下:

$$\frac{L}{B} \leqslant \sqrt{m(m+1)} \tag{6.22c}$$

对于 $L/B \geqslant 1$ 的正交各向异性板,由于 $\sigma_{xav} = 0$,根据式(6.18)得到横向压缩载荷 σ_{yav} 下的弹性分岔屈曲强度为

$$\sigma_{yEO} = -\frac{\pi^2}{t}\left(D_x\frac{B^2}{L^4} + 2H\frac{1}{L^2} + D_y\frac{1}{B^2}\right) \tag{6.23}$$

对给定的 σ_{xav} 和 σ_{yav},确定 A_m 为式(6.16)的解,则可由式(6.12)求出在 x、y 方向上的最大或最小膜应力如下:

$$\sigma_{x\max} = \sigma_{xav} - \frac{m^2\,\pi^2 E_x A_m(A_m + 2A_{0mn})}{8L^2} \tag{6.24a}$$

$$\sigma_{x\min} = \sigma_{xav} + \frac{m^2\,\pi^2 E_x A_{mn}(A_{mn} + 2A_{0mn})}{8L^2} \tag{6.24b}$$

$$\sigma_{y\max} = \sigma_{yav} - \frac{\pi^2 E_y A_{mn}(A_{mn} + 2A_{0mn})}{8B^2} \tag{6.24c}$$

$$\sigma_{y\min} = \sigma_{yav} + \frac{\pi^2 E_y A_{mn}(A_{mn} + 2A_{0mn})}{8B^2} \tag{6.24d}$$

6.5.3　浴盆形状挠度的影响

与第4章中描述的与浴盆形挠度相关的各向同性板理论方法类似,通过乘以一个修正因子(Paik et al.,2001)来放大式(6.24)中的最大和最小膜应力,如下所示:

$$\sigma_{x\max} = \sigma_{xav} - \rho\,\frac{m^2\,\pi^2 E_x A_{mn}(A_{mn} + 2A_{0mn})}{8L^2} \tag{6.25a}$$

$$\sigma_{x\min} = \sigma_{xav} + \rho\,\frac{m^2\,\pi^2 E_x A_{mn}(A_{mn} + 2A_{0mn})}{8L^2} \tag{6.25b}$$

$$\sigma_{y\max} = \sigma_{yav} - \rho\,\frac{\pi^2 E_y A_{mn}(A_{mn} + 2A_{0mn})}{8B^2} \tag{6.25c}$$

$$\sigma_{y\min} = \sigma_{yav} + \rho\,\frac{\pi^2 E_y A_{mn}(A_{mn} + 2A_{0mn})}{8B^2} \tag{6.25d}$$

式(6.25)中的修正系数 ρ 可由下式给出：

$$\rho = \begin{cases} \rho_c & \text{当} \left(\dfrac{L}{B}\right)^4 \geqslant \dfrac{D_y}{4D_x} \text{时} \\[4mm] 2\rho_c & \text{当} \left(\dfrac{L}{B}\right)^4 < \dfrac{D_y}{4D_x} \text{时} \end{cases} \tag{6.26}$$

式中

$$\rho_c = \begin{cases} 1.0 & \text{当 } H/D < 1.3569 \\ 0.0894(H/D - 1.3569) + 1.0 & \text{当 } H/D \geqslant 1.3569 \end{cases}$$

因为 ρ_c 总是大于 1.0，且因为浴盆形挠度，大挠度相关的最大和最小膜应力项被放大。当施加拉伸载荷时，使用 $\rho = 1$。

6.5.4 双向载荷与侧压力的相互作用效应

与第 4 章各向同性板理论方法类似，对式(6.16)中的 C_4 进行修正，将侧压力载荷 p 的影响叠加如下：

$$C_4 = A_{0mn}\left(\frac{m^2 B}{L}\sigma_{xav} + \frac{n^2 L}{B}\sigma_{yav}\right) - \frac{16LB}{\pi^4 t}p \tag{6.27}$$

6.6 极 限 强 度

对于第 6.2 节中提到的所有潜在失效模式，现给出加筋板在面内和侧压力载荷的联合作用下的极限强度公式。计算得到 6 种失效模式极限强度的最小值作为实际极限强度。

6.6.1 模式 I：全面失效

在失效模式 I 中，将加筋板理想化为 σ_{xav}、σ_{yav}、τ_{av} 和 p 组合作用下的正交各向异性板，在这种情况下，加筋板的极限强度相互作用关系为：

$$\left(\frac{\sigma_{xav}}{\sigma_{xu}^{\mathrm{I}}}\right)^{c_1} - \alpha\left(\frac{\sigma_{xav}}{\sigma_{xu}^{\mathrm{I}}}\right)\left(\frac{\sigma_{yav}}{\sigma_{yu}^{\mathrm{I}}}\right) + \left(\frac{\sigma_{yav}}{\sigma_{yu}^{\mathrm{I}}}\right)^{c_2} + \left(\frac{\tau_{av}}{\tau_{u}^{\mathrm{I}}}\right)^{c_3} = 1 \tag{6.28}$$

式中，σ_{xu}^{I}、σ_{yu}^{I}、τ_{u}^{I} 为加筋板分别在 σ_{xav}、σ_{yav} 和 τ_{av} 作用下对应失效模式 I 的极限强度，其中考虑了侧压载荷 p 的影响；$c_1 \sim c_3$ 为系数，由式(4.85)定义，可取值 $c_1 = c_2 = c_3 = 2$；当 σ_{xav}、σ_{yav} 均为压缩（负）时 $\alpha = 0$，当 σ_{xav}、σ_{yav} 均为拉伸（正）时 $\alpha = -1$。下面介绍 σ_{xu}^{I}，σ_{yu}^{I} 和 τ_{u}^{I} 的计算公式。

6.6.1.1 σ_{xu}^{I} 的计算

σ_{xu}^{I} 为加筋板在承受 σ_{xav} 和 p 组合作用时的最大纵向承载力。针对这种情况，加筋板在最大应力边界位置发生屈服时被压溃，因为纵向边界不能再保持直线，导致侧向挠度迅速增大，如图 6.3 所示。因此，σ_{xu}^{I} 可以确定为以下方程对 σ_{xav} 的解：

$$\left(\frac{\sigma_{xmax}}{\sigma_{Yeq}}\right)^2 - \left(\frac{\sigma_{xmax}}{\sigma_{Yeq}}\right)\left(\frac{\sigma_{ymin}}{\sigma_{Yeq}}\right) + \left(\frac{\sigma_{ymin}}{\sigma_{Yeq}}\right)^2 = 1 \tag{6.29}$$

式中，$\sigma_{x\max}$ 和 $\sigma_{y\min}$ 分别为在 x、y 方向上的最大和最小膜应力，是 σ_{xav} 和 p 的函数。

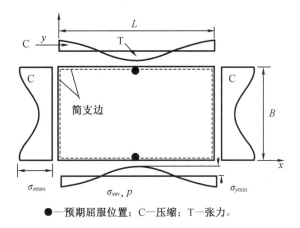

●—预期屈服位置；C—压缩；T—张力。

图 6.3　σ_{xav} 与 p 组合板纵向边缘塑性

6.6.1.2　σ_{yu}^{I} 的计算

σ_{yu}^{I} 为加筋板在承受 σ_{yav} 和 p 组合作用时的最大横向承载力。针对这种情况，加筋板的最大应力边界位置发生屈服时被压溃，因为横向边界不能再保持直线，导致横向挠度迅速增加，如图 6.4 所示。因此，σ_{yu}^{I} 可以确定为以下方程对 σ_{yav} 的解：

$$\left(\frac{\sigma_{x\min}}{\sigma_{Yeq}}\right)^2 - \left(\frac{\sigma_{x\min}}{\sigma_{Yeq}}\right)\left(\frac{\sigma_{y\max}}{\sigma_{Yeq}}\right) + \left(\frac{\sigma_{y\max}}{\sigma_{Yeq}}\right)^2 = 1 \tag{6.30}$$

式中，$\sigma_{x\min}$ 和 $\sigma_{y\max}$ 分别为在 x 和 y 方向上的最小和最大膜应力，是 σ_{yav} 和 p 的函数。

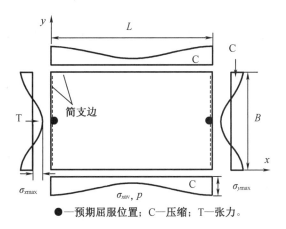

●—预期屈服位置；C—压缩；T—张力。

图 6.4　σ_{yav} 与 p 组合板横向边缘塑性

6.6.1.3　τ_u^{I} 的计算

τ_u^{I} 为加筋板在 τ_{av} 和 p 共同作用下的最大边剪承载力。此时，式(4.83b)可做如下运算：

$$\tau_u^{\mathrm{I}} = \tau_{u0}\left[1 - \left(\frac{p}{p_{u0}}\right)^{1.2}\right]^{\frac{1}{1.5}} \tag{6.31}$$

式中,p_{u0} 为极限侧压力载荷,为由式(4.78)确定的三个解中的最小值,膜应力的最大值或最小值由式(6.25)确定。τ_{u0} 为边剪作用下交叉加筋板的极限强度。Mikami 等(1989)提出了原本用于板梁腹板受剪力设计的交叉加筋板的经验极限抗剪强度公式如下:

$$\frac{\tau_{u0}}{\tau_Y} = \begin{cases} 1.0 & \text{当 } \lambda \leqslant 0.6 \text{ 时} \\ 1.0 - 0.614(\lambda - 0.6) & \text{当 } 0.6 < \lambda \leqslant \sqrt{2} \text{ 时} \\ \dfrac{1}{\lambda^2} & \text{当 } \lambda > \sqrt{2} \text{ 时} \end{cases} \tag{6.32}$$

式中,$\lambda = \sqrt{(\tau_E/\tau_Y)}$,$\tau_E$ 为弹性剪切屈曲应力,$\tau_Y = \sigma_{Yeq}/\sqrt{3}$。

6.6.2 模式Ⅱ:板失效,加强筋失效不明显

在失效模式Ⅱ中,在 σ_{xM}、σ_{yM}、τ_{av} 和 p 作用下,加筋板通过加强筋之间板的失效达到极限强度。在应力最大的角部屈服时,板发生失效,加筋板的极限强度相互作用关系有:

$$\left(\frac{\sigma_{xM}}{\sigma_{xu}^{\text{Ⅱ}}}\right)^{c_1} - \alpha\left(\frac{\sigma_{xM}}{\sigma_{xu}^{\text{Ⅱ}}}\right)\left(\frac{\sigma_{yM}}{\sigma_{yu}^{\text{Ⅱ}}}\right) + \left(\frac{\sigma_{yM}}{\sigma_{yu}^{\text{Ⅱ}}}\right)^{c_2} + \left(\frac{\tau_{av}}{\tau_u^{\text{Ⅱ}}}\right)^{c_3} = 1 \tag{6.33}$$

式中,$\sigma_{xu}^{\text{Ⅱ}}$、$\sigma_{yu}^{\text{Ⅱ}}$ 和 $\tau_u^{\text{Ⅱ}}$ 为加筋板分别在 σ_{xM}、σ_{yM} 和 τ_{av} 作用下对应失效模态Ⅱ的极限强度,考虑了侧压载荷 p;$c_1 \sim c_3$ 为系数,由式(6.28)所定义。下面介绍 $\sigma_{xu}^{\text{Ⅱ}}$、$\sigma_{yu}^{\text{Ⅱ}}$ 和 $\tau_u^{\text{Ⅱ}}$ 的计算公式。

6.6.2.1 $\sigma_{xu}^{\text{Ⅱ}}$ 的计算

当 $\sigma_{yM} = \tau = 0$ 时,计算 σ_{xM} 和 p 同时作用下加强筋间应力最大的板的纵向极限强度 $\sigma_{xu}^{\text{Ⅱ}}$。如第 4 章所述,通过求解大挠度各向同性板理论的非线性控制微分方程,可以计算出板的最大和最小膜应力分量。如果板角发生屈服,则加筋板在模式Ⅱ下失效,其结果如式(4.78a)所示。在这种情况下,$\sigma_{x\max}$ 和 $\sigma_{y\max}$ 是 σ_{xM}、p 以及初始缺陷的函数。

用 σ_{xM} 代替 σ_{xav},由公式(4.78a)求出板基于模态Ⅱ的纵向极限强度 $\sigma_{xu}^{\text{Ⅱ}}$。所采用的方法与基于板边界初始屈服的模态Ⅰ非常相似,除了包含了焊接引起的残余应力和初始挠度,还考虑了板角的屈服。

6.6.2.2 $\sigma_{yu}^{\text{Ⅱ}}$ 的计算

当 σ_{yM} 和 p 组合作用时,将最大和最小膜应力分量代入(4.78a)式,对 $\sigma_{yu}^{\text{Ⅱ}}$ 求解。如前所述,这些膜应力分量是通过求解大挠度各向同性板理论的非线性控制微分方程得到的,如第 4 章所述。在这种情况下,$\sigma_{x\max}$ 和 $\sigma_{y\max}$ 是 σ_{yM},p 以及初始缺陷的函数。

6.6.2.3 $\tau_u^{\text{Ⅱ}}$ 的计算

当加强筋相对较强时(或板在加强筋之前失效),$\tau_u^{\text{Ⅱ}}$ 由式(6.31)确定,但在这种情况下,τ_{u0} 和 p_{u0} 应考虑为纵向和横向加强筋之间的板,如第 4.9.3.6 节所述。

6.6.3 模式Ⅲ:梁柱失效

在失效模式Ⅲ中,在 4 个应力分量(σ_{xM}、σ_{yM}、τ_{av} 和 p)的作用下,x 或 y 方向上应力最大的加筋板以梁柱形式失效,此时认为加筋板达到极限强度,这可以用第 2 章中所描述的板-加强筋组合模型理想化。在这种情况下,加筋板的极限强度相互作用关系有:

$$\left(\frac{\sigma_{xM}}{\sigma_{xu}^{\mathrm{III}}}\right)^{c_1} - \alpha\left(\frac{\sigma_{xM}}{\sigma_{xu}^{\mathrm{III}}}\right)\left(\frac{\sigma_{yM}}{\sigma_{yu}^{\mathrm{III}}}\right) + \left(\frac{\sigma_{yM}}{\sigma_{yu}^{\mathrm{III}}}\right)^{c_2} + \left(\frac{\tau_u}{\tau_u^{\mathrm{III}}}\right)^{c_3} = 1 \tag{6.34}$$

式中，$\sigma_{xu}^{\mathrm{III}}$、$\sigma_{yu}^{\mathrm{III}}$ 和 τ_u^{III} 为加筋板在 σ_{xM}、σ_{yM} 和 τ_{av} 作用下对应失效模式Ⅲ的极限强度，考虑了侧压载荷 p 的影响；$c_1 \sim c_3$ 为系数，如式(6.28)所定义。下面介绍 $\sigma_{xu}^{\mathrm{III}}$、$\sigma_{yu}^{\mathrm{III}}$ 和 τ_u^{III} 的计算公式。

6.6.3.1　$\sigma_{xu}^{\mathrm{III}}$ 的计算

$\sigma_{xu}^{\mathrm{III}}$ 是加筋板在 σ_{xM} 和 p 组合作用下的最大纵向承载力。当加筋板单独承受纵向压缩载荷时，$\sigma_{xu}^{\mathrm{III}}$ 可以用 Johnson-Ostenfeld 公式法、Perry-Robertson 公式法或其他经验公式法确定，见 2.9.5 节。当加筋板同时承受纵向轴向载荷和侧压力时，$\sigma_{xu}^{\mathrm{III}}$ 可以用改进的 Perry-Robertson 公式法确定。在使用板-加筋板组合模型时，应考虑加强筋所附板的有效宽度，如第 4.8 节所述。

在原始或改进的 Perry-Robertson 公式法中，当截面(简支情况下的跨中)某处发生屈服时，即截面最外侧加强筋或板的轴向应力达到屈服应力时，认为达到极限强度，其中前者称为"加强筋诱导失效"，后者称为"板诱导失效"。在加强筋相对较小的情况下，与实际试验数据或非线性有限元解相比，加强筋引起的失效模式预测过于悲观。

虽然 Perry-Robertson 公式法假设当加强筋尖端屈服时，发生加强筋诱导失效，但只要不发生侧向扭转屈曲或加强筋腹板屈曲，塑性可能会增长到加强筋腹板。因此，即使在加强筋的尖端纤维发生第一次屈服后，它仍可能会进一步抵抗载荷。在这种情况下，可以从模型的极限强度计算中排除加强筋诱导失效（即在加强筋的尖端屈服）。本书分别在模式Ⅳ和模式Ⅴ中分析了加强筋腹板侧向扭转屈曲引起加强筋失效。

6.6.3.2　$\sigma_{yu}^{\mathrm{III}}$ 的计算

$\sigma_{yu}^{\mathrm{III}}$ 为组合 σ_{yM} 和 p 作用下加筋板的最大横向承载力，可按与 σ_{xM} 和 p 作用下相似的方式使用板-加强筋组合模型计算。在不存在横向加强筋的情况下，$\sigma_{yu}^{\mathrm{III}}$ 为两纵向加强筋间板的极限强度。

6.6.3.3　τ_u^{III} 的计算

$\tau_u^{\mathrm{III}} = \tau_u^{\mathrm{II}}$，其中极限侧向载荷 p_{u0} 和极限剪切强度 τ_{u0} 的定义与模态Ⅱ相同。

6.6.4　模式Ⅳ：加强筋腹板局部屈曲失效

如果加筋腹板的高度比其厚度增加，则加筋腹板很可能发生变形，在某些情况下会发生局部屈曲。腹板一旦发生屈曲，在板架整体失效后，屈曲或失效的板可能只剩下很少的刚度。加强筋之间的板上焊接引起的初始缺陷将作为影响参数。

在模式Ⅳ中，在 σ_{xM}、σ_{yM}、τ_{av} 和 p 作用下，当加筋板腹板在应力最高的位置发生局部屈曲时，加筋板达到了极限强度。在这种情况下，加筋板的极限强度相互作用关系有：

$$\left(\frac{\sigma_{xM}}{\sigma_{xu}^{\mathrm{IV}}}\right)^{c_1} - \alpha\left(\frac{\sigma_{xM}}{\sigma_{xu}^{\mathrm{IV}}}\right)\left(\frac{\sigma_{yM}}{\sigma_{yu}^{\mathrm{IV}}}\right) + \left(\frac{\sigma_{yM}}{\sigma_{yu}^{\mathrm{IV}}}\right)^{c_2} + \left(\frac{\tau_{av}}{\tau_u^{\mathrm{IV}}}\right)^{c_3} = 1 \tag{6.35}$$

式中，$\sigma_{xu}^{\mathrm{IV}}$、$\sigma_{yu}^{\mathrm{IV}}$ 和 τ_u^{IV} 为加筋板在 σ_{xM}、σ_{yM} 和 τ_{av} 作用下对应失效模式Ⅳ的极限强度，考虑了侧压载荷 p；$c_1 \sim c_3$ 为系数，如式(6.28)所定义。下面介绍 $\sigma_{xu}^{\mathrm{IV}}$、$\sigma_{yu}^{\mathrm{IV}}$ 和 τ_u^{IV} 的计算公式。

6.6.4.1　σ_{xu}^{IV} 的计算

σ_{xu}^{IV} 为纵向加筋腹板屈曲时,在 σ_{xM} 和 p 作用下加筋板的最大纵向承载力。在这种情况下,加筋板的极限强度近似为加筋板和相关板的极限强度的加权平均值。平均的原因是为了避免对加筋板极限强度的估计过于悲观,如下所示:

$$\sigma_{xu}^{IV}=\frac{bt\sigma_{xu}^{p}+h_{wx}t_{wx}\sigma_{xu}^{w}-b_{fx}t_{fx}\sigma_{Yf}}{bt+h_{wx}t_{wx}+b_{fx}t_{fx}} \tag{6.36}$$

式中,σ_{xu}^{p} 为在 σ_{xM} 和 p 作用下纵向加强筋之间板的极限强度,可由 4.9 节确定;σ_{xu}^{w} 为纵向加强筋的极限强度,可由 5.6 节中描述加强筋腹板弹性屈曲强度的 Johnson-Ostenfeld 公式法近似确定。式(6.36)分子上的负号表示与加强筋翼板贡献相关的压应力。

6.6.4.2　σ_{yu}^{IV} 的计算

与 σ_{xu}^{IV} 类似,σ_{yu}^{IV} 为横向加筋腹板屈曲时,在 σ_{yM} 和 p 下加筋板的最大承载力。在这种情况下,σ_{yu}^{IV} 可以确定为

$$\sigma_{yu}^{IV}=\frac{at\sigma_{yu}^{p}+h_{wy}t_{wy}\sigma_{yu}^{w}-b_{fy}t_{fy}\sigma_{Yf}}{at+h_{wy}t_{wy}+b_{fy}t_{fy}} \tag{6.37a}$$

式中,σ_{yu}^{p} 为在 σ_{yM} 和 p 作用下横向加强筋之间板的极限强度,可由第 4.9 节确定;σ_{yu}^{w} 为横向加强筋的极限强度,可由 5.6 节中描述加强筋腹板弹性屈曲强度的 Johnson-Ostenfeld 公式法近似确定。对于纵向加筋板,式(6.37a)简化为

$$\sigma_{yu}^{IV}=\sigma_{yu}^{p} \tag{6.37b}$$

6.6.4.3　τ_{u}^{IV} 的计算

$\tau_{u}^{IV}=\tau_{u}^{III}=\tau_{u}^{II}$,其中极限侧向载荷 p_{u0} 和极限剪切强度 τ_{u0} 的定义与模态 II 相同。

6.6.5　模式 V:加强筋侧向扭转屈曲失效

加强筋的侧向扭转屈曲也称为侧倾,当加强筋相对于加强筋腹板下边缘向一侧扭转后,加筋板发生失效。当加强筋扭转刚度较低或加强筋翼板较弱时,更容易发生这种现象。

像先前描述的加强筋腹板屈曲一样,侧向扭转屈曲是一个相对突然的现象,导致加筋板的卸载。一旦发生侧向扭转屈曲,屈曲或失效的板几乎没有刚度,从而可能发生整体的失效。在模式 V 中,如果发生侧向扭转屈曲,则认为加筋板发生失效。

加强筋腹板的局部屈曲按第 IV 模式处理,因此为了达到第 V 模式,我们考虑一种加强筋腹板截面不发生局部变形的侧倾,这与普通梁柱理论中使用的类似假设相一致。由此可知,扁钢加强筋的侧向扭转屈曲强度等于加强筋腹板的局部屈曲,将这种情况视为第 IV 模式,而非第 V 模式。

与第 IV 模式类似,需要分析的高应力加强筋承受 σ_{xM}、σ_{yM}、τ_{av} 和 p 的组合作用,将加强筋之间的板的焊接初始缺陷作为影响参数。在这种情况下,加筋板的极限强度相互作用关系为

$$\left(\frac{\sigma_{xM}}{\sigma_{xu}^{V}}\right)^{c_1}-\alpha\left(\frac{\sigma_{xM}}{\sigma_{xu}^{V}}\right)\left(\frac{\sigma_{yM}}{\sigma_{yu}^{V}}\right)+\left(\frac{\sigma_{yM}}{\sigma_{yu}^{V}}\right)^{c_2}+\left(\frac{\tau_{av}}{\tau_{u}^{V}}\right)^{c_3}=1 \tag{6.38}$$

式中，σ_{xu}^{V}、σ_{yu}^{V} 和 τ_u^{V} 为加筋板在 σ_{xM}、σ_{yM} 和 τ_{av} 作用下对应失效模式 V 的极限强度，考虑了侧压载荷 p；$c_1 \sim c_3$ 为系数，如式（6.28）所定义。下面介绍 σ_{xu}^{V}、σ_{yu}^{V} 和 τ_u^{V} 的计算公式。

6.6.5.1 σ_{xu}^{V} 的计算

σ_{xu}^{V} 为纵向加筋板在 σ_{xM} 和 p 作用下纵向加强筋侧向扭转屈曲失效时的最大承载力。与模式 IV 的加强筋腹板屈曲类似，加筋板的极限强度近似为加筋板和相关板极限强度的加权平均值，如下所示：

$$\sigma_{xu}^{\mathrm{V}} = \frac{bt\sigma_{xu}^p + h_{wx}t_{wx}\sigma_{xu}^w - b_{fx}t_{fx}\sigma_{Yf}}{bt + h_{wx}t_{wx} + b_{fx}t_{fx}} \tag{6.39}$$

式中，σ_{xu}^p 为纵向加强筋在 σ_{xM} 和 p 作用下的板极限强度，由 4.9 节确定；σ_{xu}^w 为纵向加强筋的极限强度，由 Johnson-Ostenfeld 公式法结合 5.8 节中弹性侧向扭转屈曲强度近似确定。式（6.39）分子上的负号表示与加强筋翼板贡献相关的压应力。

6.6.5.2 σ_{yu}^{V} 的计算

与 σ_{xu}^{V} 类似，σ_{yu}^{V} 为加筋板在 σ_{yM} 和 p 作用下横向加强筋侧向扭转屈曲失效时最大横向承载力。在这种情况下，σ_{yu}^{V} 可以通过以下方法确定：

$$\sigma_{yu}^{\mathrm{V}} = \frac{at\sigma_{yu}^p + h_{wy}t_{wy}\sigma_{yu}^w - b_{fy}t_{fy}\sigma_{Yf}}{at + h_{wy}t_{wy} + b_{fy}t_{fy}} \tag{6.40a}$$

式中，σ_{yu}^p 为横向加强筋之间的钢板在 σ_{yM} 和 p 下的极限强度，由第 4.9 节确定；σ_{yu}^w 为横向加强筋的极限强度，由 Johnson-Ostenfeld 公式法结合 5.8 节中弹性侧向扭转屈曲强度近似确定。对于纵向加筋板，式（6.40a）简化为

$$\sigma_{yu}^{\mathrm{V}} = \sigma_{yu}^p \tag{6.40b}$$

6.6.5.3 τ_u^{V} 的计算

$\tau_u^{\mathrm{V}} = \tau_u^{\mathrm{IV}} = \tau_u^{\mathrm{III}} = \tau_u^{\mathrm{II}}$，其中极限横向载荷 p_{u0} 和极限剪切强度 τ_{u0} 的定义与模态 II 相同。

6.6.6　模式 VI：总屈服

在模式 VI 下，加筋板通过截面大范围屈服达到极限强度，既没有局部屈曲，也没有整体（板架）屈曲。在这种情况下，加筋板在组合载荷作用下的极限强度相互作用关系与 von Mises 屈服条件的形式类似，即

$$\left(\frac{\sigma_{xM}}{\sigma_{xu}^{\mathrm{VI}}}\right)^{c_1} - \alpha\left(\frac{\sigma_{xM}}{\sigma_{xu}^{\mathrm{VI}}}\right)\left(\frac{\sigma_{yM}}{\sigma_{yu}^{\mathrm{VI}}}\right) + \left(\frac{\sigma_{yM}}{\sigma_{yu}^{\mathrm{VI}}}\right)^{c_2} + \left(\frac{\tau_{av}}{\tau_u^{\mathrm{VI}}}\right)^{c_3} = 1 \tag{6.41}$$

式中，$\sigma_{xu}^{\mathrm{VI}} = \pm\sigma_{Yeq}$（$\sigma_{xM}$ 拉伸时为 +，σ_{xM} 压缩时为 −）；$\sigma_{yu}^{\mathrm{VI}} = \pm\sigma_{Yeq}$（$\sigma_{yM}$ 拉伸时为 +，σ_{yM} 压缩时为 −）；$\tau_u^{\mathrm{VI}} = \sigma_{Yeq}/\sqrt{3}$，$\sigma_{Yeq}$ 为等效屈服应力，由式（6.2）定义。$c_1 \sim c_3$ 为系数，由式（6.28）所定义。

6.6.7　实际极限强度的确定

上文分别考虑了加筋板失效的六种模式，但有些模式可能会相互作用并同时发生。为了简单起见，我们认为在六种失效模式中，如果主导失效模式首先出现，加筋板就会到达极

限强度状态。

因此分别计算了 6 种失效模式下加筋板的极限强度,并取计算中最小的值作为加筋板的实际极限强度。从自动化计算的角度考虑,随着外加载荷的增加,6 个极限强度特征条件——式(6.28)、式(6.33)、式(6.34)、式(6.35)、式(6.38)和式(6.41)中的任意一个条件首先满足,则认为加筋板达到极限强度状态。这种方法的另一个好处是,可以清楚地识别加筋板的主要失效模式,从而更有效地进行安全设计,以防止计算的失效模式发生。

6.7　老化和事故导致的损伤影响

老化和事故损伤会显著降低加筋板的极限强度,应将其作为影响参数进行。对于均匀减小板厚度的均匀腐蚀,可以通过扣除腐蚀尺寸(厚度减小)来评估加筋板的极限强度或有效性。对于有裂纹损伤的加筋板,可以采用第 4 章和第 9 章所述的强度折减系数法。对于带有局部凹陷等事故导致损伤的加筋板,其屈曲和极限强度可以按照第 4 章和第 10 章的描述进行评估。

6.8　基　准　研　究

本章中描述的加筋板极限强度公式由计算机程序 ALPS/ULSAP(2017)自动完成。在本节中,ALPS/ULSAP 将与其他方法进行对比,包括非线性有限元法(Paik et al.,2011;ISSC,2012)。

表 6.1 列出了基准研究使用的候选方法。基准研究的目标结构选择纵梁和横向框架所围加筋板,如图 6.5 所示。考虑了两种类型的加筋板,一种来自散货船的底部和一种来自超大型双壳油轮的甲板,加筋板只有纵向加筋,加强筋的种类和尺寸如表 6.2 所示。加强筋腹板、翼板和板的屈服应力是相同的,非线性有限元分析的建模技术将在第 12 章中描述。

表 6.1　基准研究使用的候选方法(Paik et al.,2011;ISSC,2012)

方法/工具	标志	工作组织
ALPS/ULSAP	ALPS/ULSAP(PNU)	国立釜山大学
BV Advanced Bucking(BV 2011)	BV Advanced Buckling(BV)	法国船级社
DNV/PULS	DNV/PULS(DNV)	挪威船级社
ABAQUS	ABAQUS(NTUA)	雅典国立技术大学
	ABAQUS(DNV)	挪威船级社
ANSYS	ANSYS(ULG)	列日大学
	ANSYS(IRS)	印度船级社
MSC/MARC	MSC/MARC(OU)	大阪大学

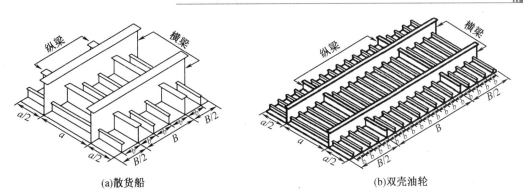

(a)散货船 (b)双壳油轮

图6.5 散货船和双壳油轮上选择的目标加筋板

注:①板的屈服应力:G_{Yp}=313.6 MPa;加强筋屈服应力:G_{Ys}=313.6 MPa;弹性模量:E=205 800 MPa;泊松比:ν=0.3;板的长度:a=2 550 mm;板的宽度:b=850 mm;板的厚度:t_p=9.5 mm,11 mm,13 mm,16 mm,22 mm,33 mm;加强筋数量:每个面板上2根加强筋。

②板的屈服应力:G_{Yp}=313.6 MPa;加强筋屈服应力:G_{Ys}=313.6 MPa;弹性模量:E=205 800 MPa;泊松比:ν=0.3;板的长度:a=2 550 mm;板的宽度:b=850 mm;板的厚度:t_p=9.5 mm,11 mm,13 mm,16 mm,22 mm,33 mm;加强筋数量:每个面板上8根加强筋。

表6.2 加强筋的种类和尺寸 单位:mm

尺寸	条钢($h_w \times t_w$)	角钢($h_w \times b_f \times t_w/t_f$)	T型钢($h_w \times b_f \times t_w/t_f$)
尺寸1	150×17	138×90×9/12	138×90×9/12
尺寸2	250×25	235×90×10/15	235×90×10/15
尺寸3	350×35	383×100×12/17	383×100×12/17
尺寸4	550×35	580×150×15/20	580×150×15/20

虽然没有考虑焊接引起的残余应力的影响,但考虑了三种初始变形:板的初始变形、加强筋的柱式初始变形和加强筋的侧向初始变形,其表达式如1.7节所述。

● 板的初始变形:

$$w_{0pl} = A_{0m} \sin\frac{m\pi x}{a} \sin\frac{\pi y}{b}$$

● 加强筋的柱式初始变形:

$$w_{0c} = B_0 \sin\frac{\pi x}{a} \sin\frac{\pi y}{B}$$

● 加强筋的侧向初始变形:

$$w_{0s} = C_0 \frac{z}{h_w} \sin\frac{\pi x}{a}$$

式中,其中m为板的屈曲模态;A_{0m}、B_0和C_0为初始变形系数,其假定如表6.3所示,$\beta = (b/t_p)\sqrt{\sigma_{Yp}/E}$,$t_p$为板的厚度,$\sigma_{Yp}$为板的屈服应力,$E$为弹性模量;$a$为板长或横向框架间距;$b$为板宽或纵向加强筋间距;$h_w$为加强筋腹板高度。

表 6.3　板的初始挠度和加筋变形系数

方法/工具	A_{0m}	B_0	C_0
ALPS/ULSAP	$0.1\beta^2 t_p$	0.0015α	0.0015α
DNV/PULS	$b/200$	0.001α	0.001α
ABAQUS	$0.1\beta^2 t_p$	0.0015α	0.0015α
ANSYS	$0.1\beta^2 t_p$	0.0015α	0.0015α
MSC/MARC	$0.1\beta^2 t_p$	0.0015α	0.0015α

　　图 6.6 给出了不同类型或尺寸加筋板在纵向或轴向即单轴压缩下的极限强度。图 6.7 给出了双轴压缩加筋板的极限强度相互作用关系。图 6.8 为加筋板在轴压和侧压联合载荷作用下的极限强度相互作用关系。正如预期的那样,候选方法提供了不同的结果,这意味着涉及与极限强度计算相关的许多模型不确定性。本章中所描述的加筋板的极限强度公式可以与更精细的方法(如非线性有限元法)相媲美。

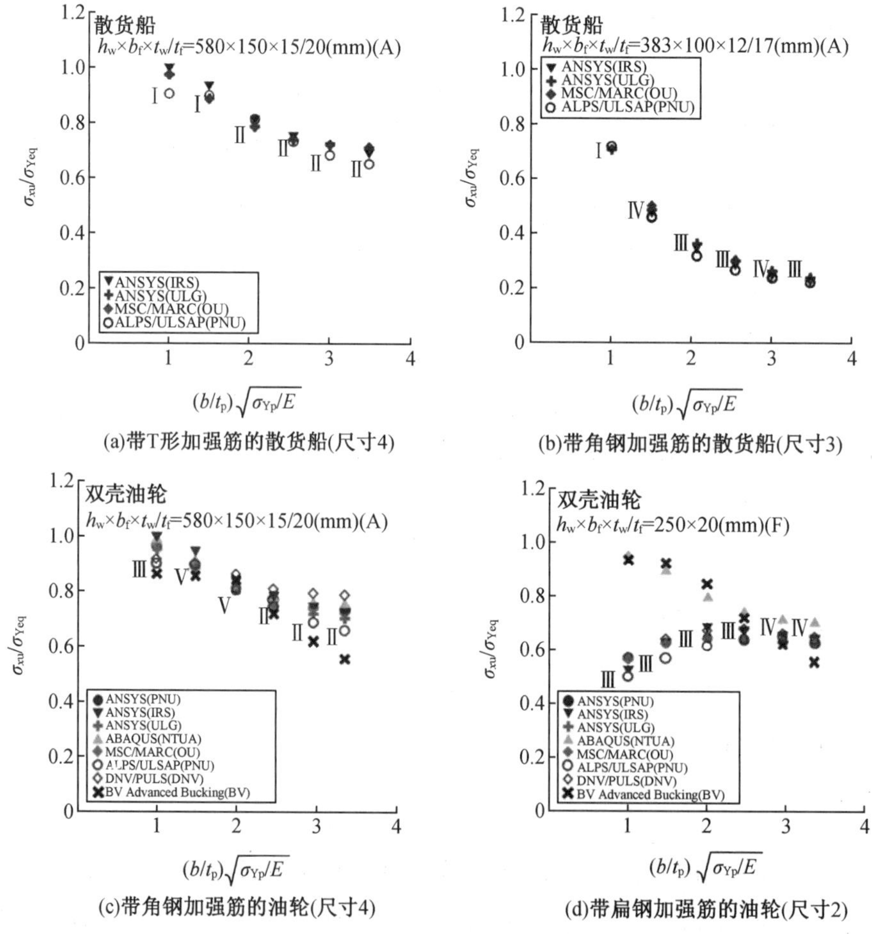

(a)带T形加强筋的散货船(尺寸4)

(b)带角钢加强筋的散货船(尺寸3)

(c)带角钢加强筋的油轮(尺寸4)

(d)带扁钢加强筋的油轮(尺寸2)

图 6.6　加筋板在单轴压缩下的极限强度

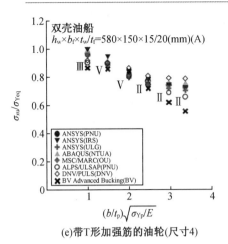

(e)带T形加强筋的油轮(尺寸4)

图 6.6(续)

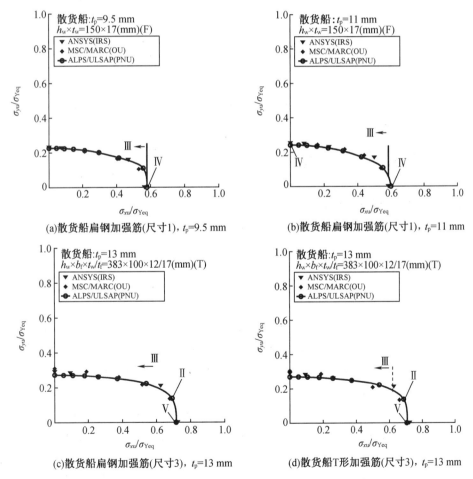

(a)散货船扁钢加强筋(尺寸1), t_p=9.5 mm

(b)散货船扁钢加强筋(尺寸1), t_p=11 mm

(c)散货船扁钢加强筋(尺寸3), t_p=13 mm

(d)散货船T形加强筋(尺寸3), t_p=13 mm

图 6.7　双轴压缩加筋板的极限强度相互作用关系

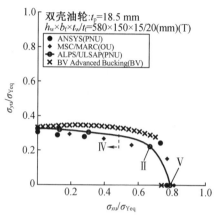

(e)散货船T形加强筋(尺寸4)，t_p=18.5 mm

图 6.7(续)

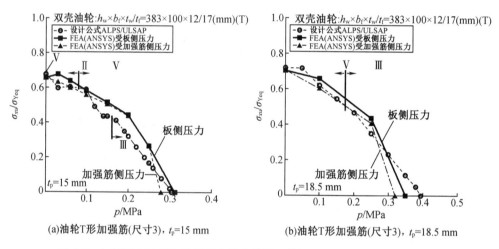

(a)油轮T形加强筋(尺寸3)，t_p=15 mm   (b)油轮T形加强筋(尺寸3)，t_p=18.5 mm

图 6.8 加筋板在轴压和侧压联合载荷作用下的极限强度相互作用关系

参 考 文 献

ALPS/ULSAP（2017）. A computer program for the ultimate strength analysis of plates and stiffened panels. MAESTRO Marine LLC, Stevensville, MD.

BV（2011）. Rules for the classification of steel ships. NR 467. B2 DT R05 E, Bureau Veritas, Paris.

ISSC（2012）. Ultimate strength. In Report of technical committee Ⅲ.1, 18th international ship and offshore structures congress, Edited by Fricke, W. & Bronsart, R., Schiffbautechnische Gesellschaft, Hamburg.

Mansour, A. E.（1977）. Gross panel strength under combined loading, SSC-270, Ship Structure Committee, Washington, DC.

Mikami, I., Kimura, T. & Yamazato, Y.（1989）. Prediction of ultimate strength of plate girders for design. Journal of Structural Engineering, 35A: 511-522（in Japanese）.

Paik, J. K. , Kim, S. J. , Kim, D. H. , Kim, D. C. , Frieze, P. A. , Abbattista, M. , Vallascas, M. & Hughes, O. F. (2011). Benchmark study on use of ALPS/ULSAP method to determine plate and stiffened panel ultimate strength. Proceedings of MARSTRUCT 2011 Conference, Hamburg.

Paik, J. K. , Thayamballi, A. K. & Kim, B. J. (2001). Large deflection orthotropic plate approach to develop ultimate strength formulations for stiffened panels under combined biaxial compression/tension and lateral pressure. Thin-Walled Structures, 39: 215-246.

Smith, C. S. (1966). Elastic analysis of stiffened plating under lateral loading. Transactions of the Royal Institution of Naval Architects, 108(2): 113-131.

Troitsky, M. S. (1976). Stiffened panels: bending, stability and vibrations. Elsevier Scientific Publishing Company, Amsterdam.

第7章 板件的屈曲和极限强度
（槽型板、板梁、箱柱和箱梁）

7.1 引　言

　　板件往往是板结构中的主要强度构件，包括槽型板、板梁、箱柱和箱梁。本章基于第一性原则来处理屈曲和板组件的极限强度。在通常的设计实践中，此类构件的设计在很大程度上依赖于结构规范和船级社规则，其中包含处理这些构件强度的各种方法。其中，一些基于经典理论，另一些基于数值计算和结构模型试验的结果。

　　槽型板通常出现在运输铁矿石或煤炭等散装货物商船的横向舱壁上。在土木工程结构中，板梁的腹板有时采用槽型板。在商船的横向舱壁中，槽型板容易受到侧向压力和轴向载荷的作用；而在土木工程结构中，槽型板通常受到轴向载荷和剪力的作用。

　　焊接板梁是一种主要的板件装配类型，用作工业建筑、桥梁、船舶和海上平台的主要强度构件，通常用于抵抗绕强轴的弯曲。板梁的翼板设计主要考虑能有效地承受弯曲应力，而腹板设计主要考虑能抵抗剪切引起的应力。

　　在建筑物设计中，特别对于竞争激烈的行业，除了在支座或在载荷作用的位置，板梁的腹板一般不加筋。但细长的腹板在弹性状态下会发生屈曲，因此，为了提高板梁的承载能力，腹板可在纵向或横向加筋以满足设计需求，纵向加强筋位于腹板的压缩区。

　　在过去，当板屈曲的线性理论用于大型板梁设计时，总是使用纵向加强筋，但在许多情况下，非加筋腹板可能比加筋腹板更经济（Maquoi，1992）。在建筑领域，没有加强筋的板梁腹板并不一定粗壮。例如，许多用作仓库的工业建筑现在使用无加筋细长腹板的深梁，长细比（即梁深度与腹板厚度的比值）有时高达300。

　　板梁的腹板通常用单面对接焊与翼板连接。当腹板在纵向和横向都有加强筋时，纵向加强筋可以焊接在腹板的一侧，横向加强筋位于另一侧。在板梁制造过程中进行了大量的焊接，通常会引起初始缺陷包括初始变形和残余应力或焊接铝结构的热影响区的软化，可能影响结构的极限强度。

　　焊接组合箱柱或较大尺寸的箱梁通常用于海上结构、建筑框架和其他土木工程结构。箱柱主要承受轴向压缩载荷，而箱梁主要承受弯矩。箱梁可以有多种横截面形状，从深窄箱到宽浅箱。箱梁的翼板通常比板梁的翼板更宽、更细长，而箱梁腹板的细长程度与板梁相当。当然，这些一般性结论在特定的情况下可能并不适用。材料在板梁或箱柱中的分布通常需要考虑成本和排列方式。

　　本章讨论指定类型的板组件的极限强度公式。采用常用的线弹性有限元法或经典结构力学理论计算载荷效应，进行此类板组件的极限状态设计，使式（1.17）满足。值得注意的是，本章所描述的理论和方法可以应用于钢和铝结构。

7.2 槽型板的极限强度

本节给出了槽型板在某些典型载荷作用下的极限强度公式。图7.1是所考虑的槽型板的示意图。

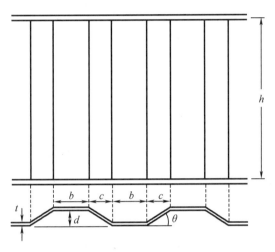

图7.1 槽型板的示意图

7.2.1 单向受压极限强度

槽型板在单向压缩载荷作用下的极限强度可以用槽型板各壁(即翼板和腹板)的极限抗压强度之和来表示。在这种情况下,可以假定每个板的所有四条边都是简支的,应用第4章中提出的各板单元的极限强度公式;也可以采用更简单的方法,即采用式(2.93)所述的Johnson-Ostenfeld公式法对板弹性屈曲强度进行塑性修正。

7.2.2 剪切极限强度

由于槽的存在,槽型板的抗剪强度要大于相同厚度和外形尺寸的类似平板。在剪切力作用下,两种不同的屈曲模态通常是相关的(Maquoi,1992):①剪切屈曲发生在槽型的最大平面壁面单元的局部,并且仅限于该区域;②整体剪切屈曲,通常包括几个槽型,这些槽型可能会发生失稳突跳,导致屈服线穿过,从而导致槽型板构型的变化。

与平面腹板相比,槽型腹板在剪切屈曲后通常不会表现出显著的强度储备。因此,如果槽型板发生屈曲,则可以认为槽型板达到了极限强度。在这种情况下,可以计算槽型翼板(板)在四边均为简支的情况下的局部弹性剪切屈曲强度。如图7.1所示,板的长度、宽度、厚度分别用 h、b、t 表示。根据式(2.93)中的 Johnson-Ostenfeld 公式,对相应的弹性屈曲应力进行塑性修正,可求得临界局部剪切屈曲强度 τ_L。

槽型板的整体弹性剪切屈曲强度 τ_G^* 可由下式给出(Maquoi,1992):

$$\tau_G^* = \frac{36}{h^2 t} \sqrt[4]{D_x D_y^3} \tag{7.1}$$

式中

$$D_x = \frac{Et^3}{12(1-\nu^2)} \frac{b+c}{b+c/\cos\theta}$$

$$D_y = \frac{Ed^2t}{12(1-\nu^2)} \frac{3b+c/\cos\theta}{b+c}$$

式中，E 是杨氏模量，ν 是泊松比。

然后利用 Johnson-Ostenfeld 公式法对 τ_G^* 进行塑性修正来估计临界整体剪切屈曲强度 τ_G。槽型板的失效可能涉及两种屈曲模式。在这种情况下，Maquoi(1992)提出了槽型板的极限剪切强度 τ_u 的简单表达式，该表达式考虑了屈曲模态之间的相互作用，即

$$\tau_u = 1.3 \frac{\tau_L\tau_G}{\tau_L+\tau_G} \tag{7.2}$$

式中，τ_u 不应大于 τ_L 或 τ_G。

式(7.2)没有物理意义，只是用来对局部屈曲强度和整体屈曲强度进行插值。

7.2.3　侧压极限强度

商船如散货船的槽型横舱壁通常是为了有效地承受更大的侧向压力载荷而布置的。由于这些位置对运输高密度散货船只的完整性非常重要，许多学者(Caldwell,1955;Paik,1997;Ji,2001;等等)研究了槽型板在侧向压力载荷下的极限强度。

从这些实验中得到的一个重要的认识(Caldwell,1955;Paik,1997)是槽型板的每个槽在相似的压力分布下变形相似(或通常可以设计成相似的变形)，这意味着单个中心槽的行为几乎可以代表整个槽型板。

图 7.2 是实验得到的槽型板在均匀侧压力作用下的典型失效模式(Paik,1997)。在此情况下，可以估算出槽型板在侧压力载荷 p 作用下的极限强度，即一个等效梁在线载荷 $q = p(b+c)$ 作用下的极限强度，线分布载荷由 p 乘以梁的宽度(即 $b+c$)得到。

如图 2.17(c)所示，对于两端简支的单个槽型梁，在三角形侧线载荷作用下，将该图中的塑性弯矩替换成极限弯矩，给出极限强度如下：

$$q_u = \frac{9\sqrt{3}}{h^2} M_u \tag{7.3}$$

式中，M_u 为单个槽型梁的极限弯矩。

对于其他类型的边界条件或线载荷，可以采用类似的方法，用相关的极限弯曲能力替换塑性弯曲能力，如第 2.8 节所述。

当单个槽型梁受到侧向压力载荷时，如图 7.3 所示，在塑性铰条件下，通过考虑相应的弯曲应力分布，可以估计出式(7.3)中的 M_u 在极限时的情况，表示受压部分均达到极限压应力，拉伸部分均达到屈服应力，如图 7.4 所示，这就可以考虑槽型被压缩部分的局部屈曲。在本例中，M_u 由 Paik(1997)给出如下：

$$M_u = \sigma_Y\left(A_{fg}+A_w\frac{g^2}{d}\sin\theta\right)+\sigma_u(d-g)\left(A_f+A_w\frac{d-g}{d}\sin\theta\right) \tag{7.4}$$

式中，$A_w = ct/\cos\theta$；$A_f = bt$，$g = d[2\sigma_u A_w\sin\theta - (\sigma_Y-\sigma_u)A_f]/[2(\sigma_u+\sigma_Y)A_w\sin\theta]$；$\sigma_Y$ 为屈服应

力;t、d由图7.1定义;σ_u为考虑屈曲影响的槽型翼板极限压应力。

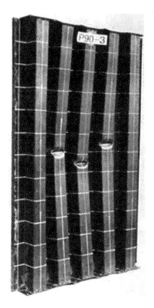

图7.2 侧压作用下槽型板的典型失效模式(Paik,1997)

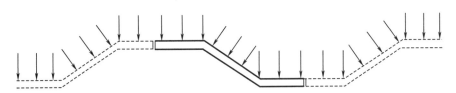

图7.3 侧向压力载荷下的单一槽型梁

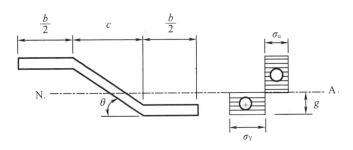

图7.4 单个槽型截面塑性铰处的理想应力分布

7.3 板梁的极限强度

图7.5显示了受弯矩和剪力联合作用的横向加筋板梁。本节介绍此类板梁在弯矩、剪力、局部载荷及其组合作用下的极限强度公式。关于板梁的极限状态设计,有兴趣的读者可以参考Maquoi(1992)、Kitada和Dogaki(1997)等的文献。对于单向受压和弯矩作用的腹板穿孔板梁,可参考Zhao(2015)等的文献。

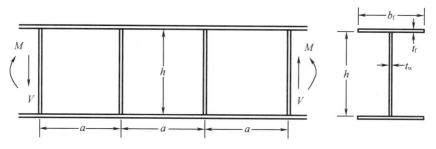

图 7.5 受弯矩和剪力联合作用的横向加筋板梁

7.3.1 剪切极限强度

剪切作用下粗壮的板梁腹板在达到以下承载能力上限时才会失效,即

$$V_p = ht_w\tau_Y \tag{7.5}$$

式中,$\tau_Y = \sigma_{Yw}/\sqrt{3}$,为剪切屈服应力,$\sigma_{Yw}$ 为腹板屈服应力;V_p 为塑性剪切强度。

然而,细长的腹板在达到极限强度之前就会屈曲。如果满足以下标准,则认为发生剪切屈曲(ENV 1993-1-992):

$$\frac{h}{t_w} = 69\varepsilon \quad 用于未加筋的腹板 \tag{7.6a}$$

$$\frac{h}{t_w} = 30\varepsilon\sqrt{k_s} \quad 用于加筋的腹板 \tag{7.6b}$$

式中,$\varepsilon = \sqrt{(235/\sigma_{Yw})}$,$\sigma_{Yw}$ 为腹板屈服应力(N/mm²);k_s 为腹板剪切屈曲系数(对于支座处有横向加强筋但中间无横向加强筋的腹板,该系数为 5.34),$k_s = 4.0 + 5.34(h/a)^2$ 用于在支撑处和中间均有横向加强筋的腹板且 $a/h < 1$ 时,$k_s = 5.34 + 4.0(h/a)^2$ 用于在支撑处和中间均有横向加强筋的腹板且 $a/h \geq 1$ 时。

式(7.6a)意味着所有 $h/t_w > 69\varepsilon$ 的腹板都可以设计为在支撑处有横向加强筋。腹板的剪切屈曲强度取决于 h/t_w 和中间腹板加强筋的间距 a。剪力屈曲强度还可能受到与端部加强筋或翼板相关的张力场的锚固影响。由翼板提供的锚固通常会因弯矩和轴向载荷造成的纵向应力而减少。

对于没有中间横向加强筋的腹板或只有横向加强筋的腹板的剪切屈曲强度估计,以下两种方法是有用的(ENV1993-1-1992):

(1)简单的后弹性临界屈曲强度法,可用于板梁腹板,只要腹板在支撑处有横向加强筋,有或没有中间横向加强筋均可,但仅适用于 $a/h \geq 3.0$ 的腹板。研究发现,当 $a/h < 3.0$ 时,简单的后临界法往往会低估强度。

(2)张力场法,可用于在支撑处和中间带有横向加强筋的腹板,只要相邻板或端部提供张力场的锚固,但仅用于 $a/h < 3.0$ 的腹板。研究发现,当 $a/h \geq 3.0$ 时,张力场法往往会低估强度。

对于这两种方法,横向加强筋需要具有足够的刚度,它们将保持笔直,直到腹板屈曲。在这方面,欧洲规范 3 的 ENV 1993-1-1(1992)建议必须满足以下横向加强筋的刚度准则:

$$I_s \geqslant \begin{cases} \dfrac{1.5h^3 t_w^3}{a^2} & \text{当} \dfrac{a}{h} < \sqrt{2} \text{ 时} \\[3mm] 0.75 h t_w^3 & \text{当} \dfrac{a}{h} \geqslant \sqrt{2} \text{ 时} \end{cases} \tag{7.7}$$

式中，I_s 为横向加强筋的惯性矩。

7.3.1.1 简单后临界屈曲法

在此方法中，腹板的极限剪切载荷计算如下：

$$V_u = h t_w \tau_u \tag{7.8}$$

式中，τ_u 为简单的后临界剪切强度，取式(4.81)或 ENV 1993-1-1(1992)式，即

$$\tau_u = \begin{cases} \tau_Y & \text{当} \lambda \leqslant 0.8 \text{ 时} \\[2mm] [1 - 0.625(\lambda - 0.8)] \tau_Y & \text{当} 0.8 < \lambda < 1.2 \text{ 时} \\[2mm] \dfrac{0.9}{\lambda} \tau_Y & \text{当} \lambda \geqslant 1.2 \text{ 时} \end{cases} \tag{7.9}$$

式中

$$\lambda = \sqrt{\dfrac{\tau_Y}{\tau_E}} = \dfrac{h}{t_w} \dfrac{1}{37.4 \varepsilon \sqrt{k_s}}$$

式中，τ_E 为弹性腹板剪切屈曲应力；k_s 和 ε 由式(7.6)定义。

7.3.1.2 张力场法

中间横向加筋板梁在腹板受剪屈曲后，由于腹板出现所谓的张力场效应，通常具有较大的储备强度，如图 7.6(a)所示。随着载荷的增加，腹板内部的应力发生重新分布，斜向拉应力随着剪切的增加而继续增加，而斜向压应力基本保持不变。因此，腹板极限剪切载荷 V_u 一般为三种载荷作用之和，即

$$V_u = V_{cr} + V_t + V_f \tag{7.10}$$

式中，V_{cr} 为梁作用强度；V_t 为张力场强度；V_f 为框架作用强度。

在实际应用中，常忽略框架作用强度，即 $V_f = 0$。梁作用强度 V_{cr} 有

$$V_{cr} = h t_w \tau_{cr} \tag{7.11}$$

式中，τ_{cr} 为临界剪切屈曲应力，用 Johnson-Ostenfeld 公式法对弹性剪切屈曲应力 τ_E 进行塑性修正得到临界值，如式(2.93)所示。

在估计 τ_E 时，通常假设所有四个腹板边缘都是简支的，即

$$\tau_E = k_s \dfrac{\pi^2 E}{12(1-\nu^2)} \left(\dfrac{t_w}{h}\right)^2 \tag{7.12a}$$

式中，E 为杨氏模量；ν 为泊松比，k_s 为中间横向加筋腹板的弹性剪切屈曲系数，定义如式(7.6)或

$$k_s = \begin{cases} 5.34 + 4.0\left(\dfrac{h}{a}\right)^2 & \text{当} \dfrac{a}{h} \geqslant 1 \text{ 时} \\[3mm] 4.0 + 5.34\left(\dfrac{h}{a}\right)^2 & \text{当} \dfrac{a}{h} < 1 \text{ 时} \end{cases} \tag{7.12b}$$

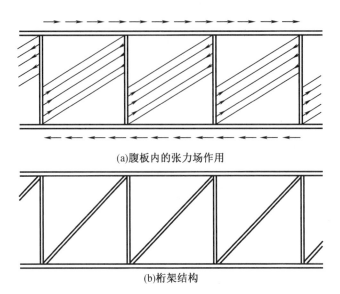

(a)腹板内的张力场作用

(b)桁架结构

图 7.6　剪切作用下板梁腹板内的张力场作用

通常采用两种模型来预测与张力场作用有关的强度:Basler 模型(Basler,1961)和 Cardiff 模型(Porter,1975)。在 Basler 模型中,假定翼板过于灵活,无法支撑由张力场引起的任何侧向载荷,决定张力场强度的屈服带由横向加强筋单独抵抗。拉伸带的宽度取决于为使抗剪强度最大化而选择的斜率,Basler 模型可以为腹板极限抗剪强度提供一个下界。

考虑受张力场作用的板梁作为桁架结构,与翼板和竖向加强筋一起传递附加剪力,如图 7.6(b)所示。但板梁在张力场材料屈服的情况下,可能无法承受进一步的剪切增加。张力场作用对承载能力的贡献有

$$V_\mathrm{t} = h t_\mathrm{w} \tau_\mathrm{tf} \tag{7.13}$$

式中,τ_tf 为张力场贡献引起的剪切强度。

利用 Basler 模型,在类桁架结构模型的基础上近似计算 τ_tf,忽略了翼板抗弯能力的贡献,结果如下:

$$\tau_\mathrm{tf} = \frac{\sigma_\mathrm{Yw}}{2} \frac{1 - \dfrac{\tau_\mathrm{cr}}{\tau_\mathrm{Y}}}{\sqrt{1 + \left(\dfrac{a}{h}\right)^2}} \tag{7.14}$$

式中,τ_cr 的定义见式(7.11)。

值得注意的是,在设计中使用张力场时,横向加强筋应该足够强,它们能够维持和传递由张力场作用在腹板中引起的力。要做到这一点,需要满足以下标准:

$$A_\mathrm{s} \geqslant \frac{P_\mathrm{s}}{\sigma_\mathrm{Yw}}, I_\mathrm{s} \geqslant \frac{P_\mathrm{s} h^2}{\pi^2 E} \tag{7.15a}$$

式中,A_s、I_s 分别为横向加强筋的截面积和惯性矩,与式(7.7)相似;P_s 为张力场作用下的加强筋力,由 Trahair 和 Bradford(1988)表示如下:

$$P_s = \frac{\sigma_{Yw} h t_w}{2}\left(1-\frac{\tau_{cr}}{\tau_Y}\right)\left[\frac{a}{h}-\frac{\left(\frac{a}{h}\right)^2}{\sqrt{1+\left(\frac{a}{h}\right)^2}}\right] \tag{7.15b}$$

Rocke 和他在 Cardiff 大学学院的同事对 Basler 模型进行了一些有价值的改进(Porter, 1975),其结果通常被称为 Cardiff 模型。Cardiff 模型解释了翼板的弯曲刚度对斜张力带宽度的影响。虽然斜向张拉带由三部分组成,如图 7.6(a)所示,但中间部分锚固在横向加强筋上,其余两部分锚固在上下翼板上。因此,与张力场作用相关的强度由失效时带内的力的垂直分量决定。如果翼板在腹板平面上具有无限的弯曲刚度,则会形成一个纯张力场,在这种情况下,翼板上的锚固长度等于中间横向加强筋的间距 a(或腹板长度)。对于非常灵活的翼板,张力场仅锚定在相邻的腹板上。在实践中,由于翼板具有有限的抗弯刚度,锚固长度将只跨越部分腹板长度。关于 Basler 和 Cardiff 模型的详细描述,有兴趣的读者可以参考 Maquoi(1992)的文献。

7.3.2 弯矩作用下的极限强度

板梁在弯曲作用下的失效行为受腹板和受压翼板的屈曲控制。考虑板梁腹板四个边均简支,板梁腹板在纵向弯曲作用下的弹性屈曲应力 σ_{bE} 可由式(3.2)计算如下:

$$\sigma_{bE} = k_b \frac{\pi^2 E}{12(1-\nu^2)}\left(\frac{t_w}{h}\right)^2 \tag{7.16}$$

式中

$$k_b = \begin{cases} 2.39 & \text{当 } a/h \geqslant 2/3 \text{ 时} \\ 15.9+1.87(h/a)^2+8.6(a/h)^2 & \text{当 } a/h < 2/3 \text{ 时} \end{cases}$$

然后采用式(2.93)中的 Johnson-Ostenfeld 公式法对腹板的弹性屈曲强度进行塑性修正,得到腹板在弯曲作用下的非弹性(或临界)屈曲强度 σ_{bcr}。当腹板弯曲屈曲时,板梁对应的临界弯矩 M_{wcr} 为

$$M_{wcr} = \frac{2I}{h}\sigma_{bcr} \tag{7.17}$$

式中,I 为板梁截面的惯性矩。

在纵向弯曲 M 下,受压翼板受到轴向压应力 σ_f 为

$$\sigma_f = -\frac{M}{2I}(h+t_f) \tag{7.18}$$

受压翼板在腹板失效前或失效后可能发生屈曲,而前者的失效形式,即受压翼板在腹板失效前屈曲,是非常不可取的。压缩翼板屈曲可由式(5.36)估算,考虑半翼板三边简支,一边自由的边界条件,如图 5.8 所示。然后采用式(2.93)中的 Johnson-Ostenfeld 公式法对相应的弹性屈曲强度进行塑性修正,近似计算出压缩翼板的临界屈曲强度 σ_{fcr}。

为防止受压翼板在板梁腹板平面屈曲的可能性,需满足以下判据(ENV 1993-1-1 1992):

$$\frac{h}{t_w} \leqslant 0.55\frac{E}{\sigma_{Yf}}\sqrt{\frac{A_w}{A_{fc}}} \tag{7.19}$$

式中，A_w 为腹板面积；A_{fc} 为受压翼板面积；σ_{Yf} 为受压翼板屈服应力。

受压翼板失稳的临界弯矩为

$$M_{fer} = \frac{2I\sigma_{fer}}{h+t_f} \tag{7.20}$$

对于具有不同翼板的板梁，可以对较弱的翼板进行屈曲校核。

无局部屈曲板梁的塑性弯矩为

$$M_p = M_{pw} + M_{pf} \tag{7.21}$$

式中，$M_{pf} = hb_f t_f \sigma_{Yf}$ 为翼板塑性弯矩；$M_{pw} = (h^2 t_w/4)\sigma_{Yf}$ 为腹板塑性弯矩。

在实践中，通常设计翼板使其在板梁达到极限强度之前不发生屈曲。在这种情况下，板梁的极限强度行为主要由腹板的屈曲控制。因此，计算极限强度时应考虑两种类型的失效模式，具体取决于腹板屈曲前或屈曲后翼板的失效情况。

7.3.2.1　模式 I

如果 $M_{wcr} > M_Y$，腹板可能在翼板失效或屈服前不发生屈曲。这种情况下，当受压翼板屈服时，认为板梁达到极限强度，即

$$M_u = M_Y \tag{7.22}$$

式中，M_u 为板梁极限弯矩；$M_Y = (2I/h)\sigma_{Yf}$，为受压翼板屈服时的临界弯矩。

7.3.2.2　模式 II

腹板屈曲后，板梁截面上的轴向应力分布可理想化，如图7.7所示。板梁可能会承受进一步增加的弯曲，但在受压区只有翼板和腹板具有有效截面，而在受拉侧的所有截面仍然完全有效，如图7.8所示。计算得到了压缩翼板的轴向应力 σ_{fc} 如下：

$$\sigma_{fc} = -\frac{h+t_f}{2}\left[\frac{M_{wcr}}{I} + \frac{M-M_{wcr}}{I_e}(1+2e)\right] \tag{7.23}$$

式中

$$I_e = \left(\frac{1}{2}+2e^2\right)h^2 b_f t_f + \frac{1}{3}h^3 t_w\left[\frac{1}{4}+3e^2-\left(\frac{1}{2}+e-c\right)^3\right]$$

为板梁截面的有效惯矩，其中

$$e = \left(\frac{1}{2}+c+2\frac{b_f t_f}{ht_w}\right) - \sqrt{2\left(1+2\frac{b_f t_f}{ht_w}\right)\left(c+\frac{b_f t_f}{ht_w}\right)}$$

当板梁受压翼板轴向应力达到屈服应力 $\sigma_{fc} = -\sigma_{Yf}$ 时，认为板梁失效，这将导致

$$M_u = M_{wcr} + (M_Y - M_{wcr})\frac{I_e}{I}\frac{1}{1+2e} \tag{7.24}$$

极限抗弯强度通常采用与压缩构件的有效宽度相关联的有效截面的概念来预测。然后按照第2章所述的程序计算塑性弯曲能力，需使用有效截面，如图7.8所示。值得注意的是，即使是单轴压缩载荷，中性轴位移引起的附加弯矩也会在有效截面中产生，因此在强度计算中必须考虑。

如果翼板宽度小于内部构件零力矩点之间长度的10%，或者如果翼板宽度小于突出构件零力矩点之间长度的5%，则可以忽略翼板中的剪力滞效应。当超过这些极限时，剪力滞

效应不可忽视,应使用有效的翼板宽度。在第 2 章中描述了剪力滞和板屈曲之间可能的相互作用。

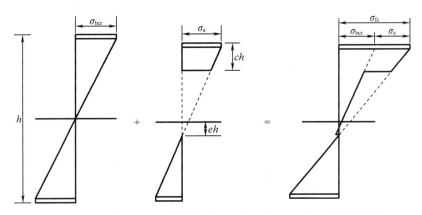

图 7.7 腹板屈曲后弯曲下板梁截面理想应力分布(c 为有效截面系数)

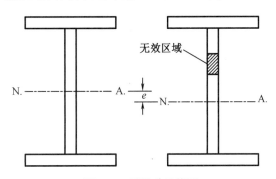

图 7.8 板梁有效截面

关于其他类型的加筋腹板梁的极限抗弯强度设计公式,有兴趣的读者可以参考 Kitada 和 Dogaki(1997)的文献。

7.3.3 剪力与弯矩联合作用下的极限强度

板梁容易受到弯剪联合作用。对于细长腹板的板梁,其极限强度可在腹板屈曲后达到。这种板梁在弯剪联合作用下,其极限强度的相互作用关系通常用分段线性曲线表示,如图 7.9（ENV 1993-1-1992)所示。

对于弯剪联合作用下板梁的极限强度相互作用关系,采用固定表达式更为方便。为此目的,可以使用下列公式:

$$\left(\frac{M}{M_u}\right)^4 + \left(\frac{V}{V_u}\right)^4 = 1 \tag{7.25}$$

式中,V_u 为极限剪力,定义见第 7.3.1 节;M_u 为极限弯矩,定义见第 7.3.2 节。通过与板梁在弯剪联合作用下的试验结果比较,证实了式(7.25)的有效性(Fukumoto,1985;Mikami,1991)。公式(7.25)与试验结果的下限吻合较好,$\sigma_{uf} \leq \sigma_{uw}$ 的建模误差均值为 0.856,变异系数为 0.08,$\sigma_{uf} > \sigma_{uw}$ 的建模误差均值为 0.926,变异系数为 0.05,其中 σ_{uf} 为受压翼板的极限强度,σ_{uw} 为腹板的极限强度。

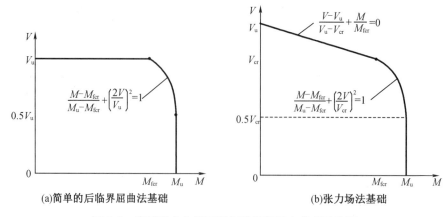

(a)简单的后临界屈曲法基础   (b)张力场法基础

图 7.9　弯剪联合作用下板梁的极限强度关系示意图

7.3.4　局部载荷下的极限强度

在土木工程领域中使用的板梁有时会受到局部载荷,如图 7.10 所示。受通过板梁翼板施加的局部(横向)载荷影响的非加筋腹板的失效强度受以下三种失效模式之一控制(ENV 1993-1-1992):

- 腹板靠近翼板位置的压溃,伴随着翼板的塑性变形;
- 以局部屈曲的形式导致的腹板损坏和靠近翼板的腹板压溃,并伴有翼板塑性变形;
- 板梁大部分腹板深度的屈曲。

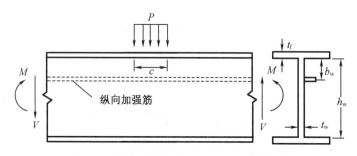

图 7.10　局部载荷作用下腹板无加筋的板梁

通常考虑两种类型的载荷作用:①施加在一个翼板上的力,并由腹板中的剪切力抵抗;②施加在一个翼板上的力,通过腹板直接传递到另一个翼板上。对于第一种载荷类型,由于压溃和受损,腹板抵抗力可以确定为两个强度中较小的值。对于另一种载荷类型,由于压溃和屈曲,腹板的承载力可以确定为两个强度中较小的值。带中间横向加强筋的腹板的失效强度与无加强筋腹板的失效强度相似,但由于加强筋的存在而增大。

Dogaki 等(1992a)研究了局部载荷下纵向加筋板梁的极限强度,得出局部载荷下靠近板梁翼板的纵向加筋最优位置约为 $b_w = 0.15 h_w$(图 7.10)。Dogaki 等(1992b)根据自己的试验结果,通过曲线拟合,提出了(集中)局部载荷下板梁极限强度 P_u 的经验表达式如下:

$$\frac{P_u}{2V_p} = \frac{0.594}{\lambda} + 0.069 \tag{7.26}$$

式中,V_p 定义为式(7.5);$\lambda = \sqrt{(2V_p/P_E)}$,为屈曲参数;$P_E$ 为板梁腹板在局部载荷作用下的弹性屈曲强度,考虑了翼板的弯曲和扭转刚度影响。

对于局部载荷下无纵向加筋板梁,Takimoto(1994)提出了极限强度的固定表达式 P_u:

$$P_u = (25t_w^2\sigma_{Yw} + 4t_w t_f \sigma_{Yf})\left(1 + \frac{c+2t_f}{2h_w}\right) \tag{7.27}$$

式(7.27)的精度与143个板梁试件在局部载荷作用下的试验结果比较的均值和变异系数分别为 0.984 和 0.15。关于板梁腹板局部载荷的强度极限设计的更多细节,可参考 Granath 等(2000)的文献或 ENV 1993-1-1(1992)。

7.3.5 局部载荷、剪力、弯矩联合作用下的极限强度

Takimoto(1994)提出了板梁在局部载荷、弯矩和剪力共同作用下的极限强度相互作用关系,即

$$\left(\frac{P}{P_u}\right)^2 + \left(\frac{M}{M_u}\right)^4 + \left(\frac{V}{V_u}\right)^4 = 1 \tag{7.28}$$

式中,V_u 的定义见第 7.3.1 节,M_u 的定义见第 7.3.2 节,P_u 的定义见第 7.3.4 节。

7.4 箱柱的极限强度

具有箱形截面的板结构通常在海洋和陆地应用,这样的结构设计承受轴压、弯矩、剪力或它们的组合,如图 7.11 所示。当主要受轴向压缩时,这种结构称为箱柱。本节描述了箱柱在轴压下的极限强度公式,包括有或没有隔板(或横向舱壁)。

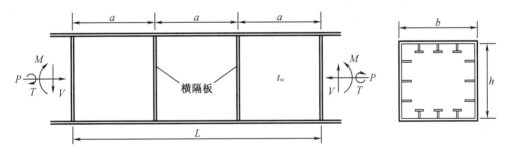

图 7.11 轴向压缩、剪切、弯曲、扭转或其组合作用下具有箱形截面的板结构

箱柱的极限强度可以用各个翼板或腹板的强度之和表示,在这种情况下,腹板和翼板之间的交互作用可以忽略不计,它们的边缘被认为是简支的。对于短箱柱,其极限强度受翼板或腹板的局部屈曲控制,而对于细长箱柱,其极限强度同时受箱柱整体屈曲和构件局部屈曲的影响。因此,考虑构件局部屈曲和失效的短箱柱的轴压极限强度 σ_{uL} 可由下式确定:

$$\sigma_{uL} = \frac{1}{A_t}\sum_{i=1}^{4}A_i\sigma_{upi} \tag{7.29}$$

式中,A_i 和 σ_{upi} 分别为第 i 块板(即翼板或腹板)的截面积和极限抗压强度;A_t 为总截面积。

采用式(2.93)中的 Johnson-Ostenfeld 公式法对欧拉屈曲强度 σ_{EG} 进行塑性修正,可得到不考虑局部屈曲的长箱柱的极限强度 σ_{uG}。若不考虑初始缺陷的影响,两端简支箱柱的欧拉整体屈曲应力 σ_{EG} 为

$$\sigma_{EG} = \frac{\pi^2 EI}{A_t a^2} \tag{7.30}$$

式中,I 为截面相对于弱轴的惯性矩;E 为杨氏模量。

对于"中等"长度的箱柱,其局部屈曲与整体屈曲的交互作用可能起重要作用。在这种情况下,箱柱的极限强度 σ_u 可由 Johnson-Ostenfeld 公式法计算,但需修正屈服应力 σ_Y,其公式如下(AISC 1969):

$$\sigma_u = \begin{cases} \sigma_{EG} & \text{当} \sigma_{EG} \leq 0.5 c\sigma_Y \text{ 时} \\ c\sigma_Y \left(1 - \frac{c\sigma_Y}{4\sigma_{EG}}\right) & \text{当} \sigma_{EG} > 0.5 c\sigma_Y \text{ 时} \end{cases} \tag{7.31a}$$

式中,c 为施加于屈服应力的折减因子,定义如下:

$$c = \frac{\sigma_{uL}}{\sigma_Y} \tag{7.31b}$$

另外,考虑局部屈曲影响的箱柱的极限强度可以使用与板单元的有效宽度相关的折减截面来计算(ENV1993-1-1992)。值得注意的是,当单个板单元的弹性屈曲应力 σ_{EL} 大于箱柱的整体弹性屈曲应力 σ_{EG} 时,"均匀"的箱柱一般会发生整体屈曲,反之则为局部屈曲。当 $\sigma_{EL} = \sigma_{EG}$ 时,可以发生从局部屈曲到整体屈曲的转变,即

$$\sigma_{EL} = \sigma_{EG} \tag{7.32}$$

对于两端简支无加强筋的方形截面均匀箱柱,则有

$$\sigma_{EL} = \frac{4\pi^2 E}{12(1-\nu^2)} \left(\frac{t}{b}\right)^2, \quad \sigma_{EG} = \frac{\pi^2 EI}{A_t L^2}, \quad A_t = 4bt, \quad I = \frac{2}{3} b^3 t \tag{7.33}$$

式中,ν 为泊松比。

将式(7.33)代入式(7.32)可得

$$\frac{L}{b} = \sqrt{\frac{1-\nu^2}{2}} \frac{b}{t} \tag{7.34a}$$

由式(7.34a)可知,两端简支的方形截面均布箱柱(无加强筋)在满足以下条件时,可发生整体屈曲模态:

$$\frac{L}{b} > \sqrt{\frac{1-\nu^2}{2}} \frac{b}{t} \tag{7.34b}$$

初始缺陷对箱柱极限强度的影响可参见第 1 章和第 4 章。对于考虑初始缺陷影响的焊接箱柱的极限强度,感兴趣的读者可以参考 Schafer 和 Pekoz(1998)、AASHTO(2010)和 Susanti 等(2014)的文献。

7.5 箱梁的极限强度

当具有如图7.11所示的箱形截面的板结构受弯矩主导作用时,称为箱梁。本节描述带隔板(或横向舱壁)的箱梁在弯矩、剪力、扭转矩或它们的组合作用下的极限强度公式。

7.5.1 简单梁理论方法

由于箱梁在弯矩作用下可以当作梁来处理,因此简单梁理论方法对分析梁的强度是有用的。在简单梁理论中,采用了以下假设(称为伯努利-欧拉假设)(Hughes et al.,2013):

- 平面截面保持平面。
- 梁本质上是棱柱形的,没有开口或不连续。
- 其他类型的载荷效应,例如由剪切和/或扭转引起的横向和纵向挠度与变形,不影响弯曲响应,它们可以单独处理。
- 该材料均匀且有弹性。

在上述假设下,如图7.12所示,受弯矩作用发生偏转的梁的纵向应变 ε_x 可确定如下:

$$\varepsilon_x = \frac{(R+z)\,\mathrm{d}\theta - R\mathrm{d}\theta}{R\mathrm{d}\theta} = \frac{z}{R} \tag{7.35}$$

式中,R 和 $\mathrm{d}\theta$ 分别为偏转梁单元的半径和微分转角,如图7.12所示。由于在梁截面的水平中性轴上 z 坐标为零,很明显 ε_x 随 z 在垂直方向上呈线性变化。

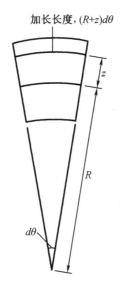

加长长度,$(R+z)d\theta$

图7.12 偏转梁的无穷小单元纵向应变示意图

梁截面水平中性轴的纵向(弯曲)应力 σ_x 在线弹性状态下可确定如下:

$$\sigma_x = E\varepsilon_x = E\,\frac{z}{R} \tag{7.36}$$

由于施加纯弯矩而未施加轴力,在梁截面上应满足以下平衡条件:

$$\int \sigma_x \mathrm{d}A = 0 \text{ 或} \int z\mathrm{d}A = 0 \qquad (7.37)$$

垂向弯矩由梁截面纵向应力相关的第一弯矩积分计算,如下所示:

$$M_y = \int z\sigma_x \mathrm{d}A = \frac{EI}{R} \qquad (7.38)$$

式中,M_y 为关于水平中性轴的垂向弯矩;$I = \int z^2 \mathrm{d}A$,为梁截面的惯性矩。

式(7.38)中,利用式(7.36)消去半径 R,计算出梁在距离水平中性轴 z 高度处的弯曲应力如下:

$$\sigma_x = \frac{M_y}{I}z \qquad (7.39)$$

7.5.1.1 最大弯曲应力

根据简单梁理论,在弯矩作用下箱梁截面的弯曲应力由式(7.39)计算如下:

$$\sigma = \frac{M}{I}z \qquad (7.40)$$

式中,σ 为弯曲应力;M 为施加的弯矩;I 为惯性矩;z 为梁截面中性轴到计算弯曲应力位置的垂向距离。

最大弯曲应力发生在箱梁截面最外侧纤维处,如图 7.13(a)所示,由式(7.40)可得:

$$\sigma_\mathrm{D} = \frac{M}{Z_\mathrm{D}} \text{面板(上翼板)} \qquad (7.41a)$$

$$\sigma_\mathrm{B} = \frac{M}{Z_\mathrm{B}} \text{底板(下翼板)} \qquad (7.41b)$$

式中,σ_D、σ_B 分别为甲板(上翼板)、底板(下翼板)的弯曲应力;Z_D、Z_B 分别为面板、底板截面模量。

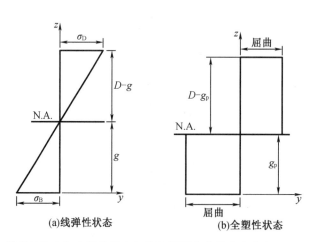

(a)线弹性状态　　　　　(b)全塑性状态

图 7.13　线弹性状态和全塑性状态下箱梁截面弯曲的应力分布(N. A. 为中性轴)

7.5.1.2 剖面模量

式(7.41)中,截面模量的两个分量定义如下:

$$Z_\mathrm{D} = \frac{I}{z_\mathrm{D}} \qquad (7.42a)$$

$$Z_B = \frac{I}{z_B} \tag{7.42b}$$

式中,z_D、z_B 分别为横截面中性轴位置到甲板、底板的距离。

式(7.42)中,可得 z_D、z_B 如下:

$$z_D = D - g - \frac{t_D}{2} \tag{7.43a}$$

$$z_B = g - \frac{t_B}{2} \tag{7.43b}$$

式中,D 为箱梁深度(图7.11中 h);t_D 为面板典型(等效)厚度;t_B 为底板典型(等效)厚度;g 为箱梁基线到中性轴位置的距离。$t_D/2$ 或 $t_B/2$ 表示在面板或底板中厚处的弯曲应力 σ_D 或 σ_B。

式(7.43)中 g 的计算公式为

$$g = \frac{\sum\limits_{i=1}^{n} a_i z_i}{\sum\limits_{i=1}^{n} a_i} \tag{7.44}$$

式中,a_i 为第 i 个结构单元(部分)的截面积;z_i 为第 i 个结构单元(部分)从基线到中性轴的距离;n 为截面属性计算中包含的构件总数。通常认为基线位于底部(下翼板)板的外层纤维处。为了使式(7.44)的计算自动化,箱梁截面可以理想化为纯板单元(段)模型的组合,如图2.2(d)所示,但加筋翼板只有一个板单元。

由式(7.44)求出 g,即可计算式(7.42)中箱梁截面的惯性矩 I 如下:

$$I = \sum_{i=1}^{n} (a_i z_i^2 + i_i) - A g^2 \tag{7.45}$$

式中,$A = \sum\limits_{i=1}^{n} a_i$ 为箱梁截面总面积;a_i、z_i、g、n 在式(7.44)中有定义;i_i 为第 i 个结构单元(部分)绕自身中性轴的惯性矩。

有时采用如图7.14所示的斜板或弯板,例如箱梁的角部。在这种情况下,中性轴的位置和关于自身中性轴的惯性矩近似有如下关系:

$$i = \frac{1}{12} a d^2, \quad z_0 = \frac{d}{2} \text{用于斜板} \tag{7.46a}$$

$$i = \left(\frac{1}{2} - \frac{4}{\pi^2}\right) a r^2, \quad z_0 = \frac{(\pi-2)r}{\pi} \text{用于弯板} \tag{7.46b}$$

式中,z_0 为底板到中性轴位置的距离;i 为其自身中性轴的惯性矩;a 为斜板或弯板的截面积;d 为斜板的投影高度;r 为弯板的曲率半径,定义如图7.14所示。

7.5.1.3 首次屈服弯矩

在不考虑局部屈曲的情况下,箱梁的首次屈服弯矩可以很好地反映结构的承载力(强度)。当式(7.41)中的最大弯曲应力首次达到材料屈服应力时,首次屈服弯矩确定如下:

$$M_{YD} = Z_D \sigma_{YeqD} \quad \text{面板(上翼板)} \tag{7.47a}$$

$$M_{YB} = Z_B \sigma_{YeqB} \quad \text{底板(下翼板)} \tag{7.47b}$$

式中，M_{YD} 和 M_{YB} 分别为面板和底板的首次屈服弯矩；σ_{YeqD} 和 σ_{YeqB} 分别为面板和底板的代表性(等效)屈服应力。

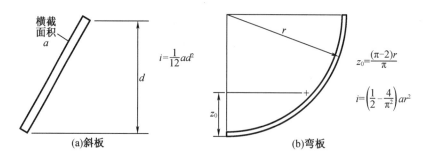

图 7.14   箱梁的斜板和弯板

7.5.1.4   首次压溃弯矩

结构承载力的另一个标志是受压翼板，即甲板处于中垂弯矩或底板处于中拱弯矩，轴压达到极限强度时的首次失效弯矩如下：

$$M_{fD} = Z_D \sigma_{uD} \tag{7.48a}$$

$$M_{fB} = Z_B \sigma_{uB} \tag{7.48b}$$

式中，M_{fD} 和 M_{fB} 分别为面板和底板的首次压溃弯矩，σ_{uD} 和 σ_{uB} 分别为面板和底板的轴压极限强度。需要注意的是，式(7.48)中不考虑除受压翼板外结构构件的屈服或失效。

通过式(7.48)可以预测箱梁在中垂和中拱状态下的首次失效弯矩如下：

$$M_{fs} = M_{fD} = Z_D \sigma_{uD} \tag{7.49a}$$

$$M_{fh} = M_{fB} = Z_B \sigma_{uB} \tag{7.49b}$$

式中，M_{fs} 和 M_{fh} 分别为在中垂和中拱状态下的首次失效弯矩。

值得注意的是，箱梁即使在到达首次屈服或首次压溃状态后，通常也能承受进一步的载荷，因为结构失效是在垂向结构中逐渐深入的，如侧壳结构或纵向舱壁，直到箱梁达到其极限承载力。

7.5.1.5   全塑性弯矩

有时了解箱梁截面的全塑性抗弯能力是有意义的，它可以用作极限强度的上限，如第2章所述，可确定基线以上全塑性截面的中性轴，如图7.13(b)所示，表达式如下：

$$g_p = \frac{\sum_{i=1}^{n} a_i \sigma_{Yi} z_i}{\sum_{i=1}^{n} a_i \sigma_{Yi}} \tag{7.50}$$

式中，g_p 为从基线到全塑性截面中性轴位置的距离；σ_{Yi} 为第 i 个结构单元的材料屈服应力。

则全塑性弯矩 M_p 的确定如下：

$$M_p = \sum_{i=1}^{n} a_i \sigma_{Yi} |z_i - g_p| \tag{7.51}$$

7.5.1.6 截面性质计算练习

本书讨论了用简单梁理论方法计算截面特性和首次屈服或首次压溃弯矩的方法。图 7.15 为深 4.5 m、宽 7.5 m 的箱梁实例。横舱壁(或隔板)之间的间距为 8 m。该结构采用低碳钢材料,屈服应力 $\sigma_Y = 235$ MPa,弹性模量 $E = 205.8$ GPa。

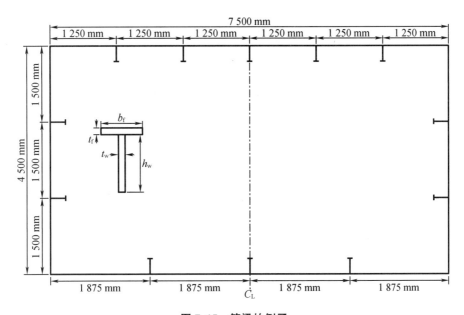

图 7.15 箱梁的例子

图 7.16 显示了箱梁截面的建模技术,其中加强筋与腹板或加强筋翼板之间的钢板被视为矩形板单元(分段)。箱梁截面性能计算结果见表 7.1 和表 7.2。这种情况下,箱梁截面的中性轴、惯性矩、截面模量、全塑性弯矩的计算方法如下。

中轴距基线高度:

$$g = \frac{\sum a_i z_i}{\sum a_i} = \frac{1.805\ 9}{0.767\ 6} = 2.353\ \text{m}$$

总横截面积:

$$A = 0.768\ \text{m}^2$$

惯性矩:

$$I = \sum_{i=1}^{n} (a_i z_i^2 + i_i) - A g^2 = 6.325\ 8 + 0.303\ 9 - 4.248\ 9 = 2.381\ \text{m}^4$$

中性轴到甲板的距离:

$$z_D = D - g - \frac{t_D}{2} = 4.5 - 2.353 - 0.01 = 2.137\ \text{m}$$

中性轴到底板的距离:

$$z_B = g - \frac{t_B}{2} = 2.353 - 0.01 = 2.343\ \text{m}$$

甲板截面模数:

$$Z_D = \frac{I}{z_D} = \frac{2.380\,9}{2.137\,2} = 1.114 \text{ m}^3$$

底板截面模数：

$$Z_B = \frac{I}{z_B} = \frac{2.380\,9}{2.342\,8} = 1.016 \text{ m}^3$$

基线到全塑性截面中性轴的距离：

$$g_p = \frac{\sum\limits_{i=1}^{n} a_i \sigma_{Yi} z_i}{\sum\limits_{i=1}^{n} a_i \sigma_{Yi}} = \frac{424.383\,8}{180.374\,7} = 2.353 \text{ m}$$

全塑性弯矩

$$M_p = \sum_{i=1}^{n} a_i \sigma_{Yi} |z_i - g_p| = 294.758 \text{ MN} \cdot \text{m}$$

需要注意的是，任何内部有完整塑性中性轴的单元(段)应进一步分成两段。表 7.2 中显示的 2 号构件就是这样一个例子。

箱梁的首次屈服弯矩计算如下。

面板：

$$M_{YD} = Z_D \sigma_{YeqD} = 1.114 \text{ m}^3 \times 235 \text{ N/mm}^2 = 261\,790 \times 10^6 \text{N} \cdot \text{mm}$$

底板：

$$M_{YB} = Z_B \sigma_{YeqB} = 1.016 \text{ m}^3 \times 235 \text{ N/mm}^2 = 238\,818 \times 10^6 \text{N} \cdot \text{mm}$$

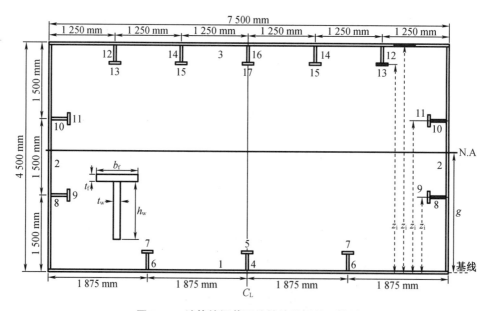

图 7.16 计算箱梁截面特性的纯板单元模型

表 7.1 某箱梁截面模量截面特性计算简表

序号	类型	段数	构件尺寸/mm 宽度/高度	构件尺寸/mm 厚度	a_i /m²	z_i /m	$a_i z_i$ /m³	$a_i z_i^2$ /m⁴	i_i /m⁴
1	板	1	7 500	20	0.150	0.010	0.002	0.000	0.000
2	板	2	4 460	20	0.089	2.250	0.201	0.452	0.148
3	板	1	7 500	20	0.150	4.490	0.674	3.024	0.000
4	腹板	1	872	18	0.016	0.456	0.007	0.003	0.001
5	翼板	1	300	28	0.008	0.906	0.008	0.007	0.000
6	腹板	2	872	18	0.016	0.456	0.007	0.003	0.001
7	翼板	2	300	28	0.008	0.906	0.008	0.007	0.000
6	腹板	2	872	18	0.016	1.500	0.024	0.035	0.000
9	翼板	2	300	28	0.008	1.500	0.013	0.019	0.000
10	腹板	2	872	18	0.016	3.000	0.047	0.141	0.000
11	翼板	2	300	28	0.008	3.000	0.025	0.076	0.000
12	腹板	2	872	18	0.016	4.044	0.063	0.257	0.001
13	翼板	2	300	28	0.008	3.594	0.030	0.109	0.000
14	腹板	2	872	18	0.016	4.044	0.063	0.257	0.001
15	翼板	2	300	28	0.008	3.594	0.030	0.109	0.000
16	腹板	1	872	18	0.016	4.044	0.063	0.257	0.001
17	翼板	1	300	28	0.008	3.594	0.030	0.109	0.000
总和	—	—	—	—	0.768	—	1.806	6.326	0.304

表 7.2 全塑性抗弯承载力下箱梁截面特性计算简表

序号	类型	段数	a_i /m²	z_i /m	$a_i z_i$ /m³	$a_i \sigma_{Yi}$ /MN	$a_i \sigma_{Yi} z_i$ /(MN·m)	$a_i \sigma_{Yi} \lvert z_i - g_p \rvert$ /(MN·m)
1	板	1	0.150	0.010	0.002	35.250	0.353	82.583
2	板	2	0.047	1.197	0.056	11.059	13.232	12.788
			0.042	3.427	0.144	9.903	33.932	10.632
3	板	1	0.150	4.490	0.674	35.250	158.273	75.337
4	腹板	1	0.016	0.456	0.007	3.689	1.682	6.996
5	翼板	1	0.008	0.906	0.008	1.974	1.788	2.856
6	腹板	2	0.016	0.456	0.007	3.689	1.682	6.996
7	翼板	2	0.008	0.906	0.008	1.974	1.788	2.856
8	腹板	2	0.016	1.500	0.024	3.689	5.533	3.146
9	翼板	2	0.008	1.500	0.013	1.974	2.961	1.683
10	腹板	2	0.016	3.000	0.047	3.689	11.066	2.387

表 7.2(续)

序号	类型	段数	a_i /m²	z_i /m	$a_i z_i$ /m³	$a_i \sigma_{Yi}$ /MN	$a_i \sigma_{Yi} z_i$ /(MN·m)	$a_i \sigma_{Yi}\|z_i - g_p\|$ /(MN·m)
11	翼板	2	0.008	3.000	0.025	1.974	5.922	1.278
12	腹板	2	0.016	4.044	0.063	3.689	14.917	6.238
13	翼板	2	0.008	3.594	0.030	1.974	7.095	2.450
14	腹板	2	0.016	4.044	0.063	3.689	14.917	6.238
15	翼板	2	0.008	3.594	0.030	1.974	7.095	2.450
16	腹板	1	0.016	4.044	0.063	3.689	14.917	6.238
17	翼板	1	0.008	3.594	0.030	1.974	7.095	2.450
总和	—		0.768	—	1.806	180.375	424.384	294.758

在计算箱梁首次压溃弯矩时,应计算受压翼板的极限压应力。在第 6 章中描述的极限强度公式将用于此目的。或者,更简单的方法是使用 Paik-Thayamballi 公式,如式(2.99)所示。图 7.17 显示了具有完全有效截面的箱梁甲板和底板的代表性板筋组合模型。然后,甲板或底板的极限压应力由箱梁截面中板细长比 β 和柱细长比 λ 的函数得到,定义见表 2.1,如下。

甲板:

$$\beta = 2.112, \lambda = 0.235, \sigma_{uD} = 172.712 \text{ MPa}$$

底板:

$$\beta = 3.168, \lambda = 0.248, \sigma_{uD} = 138.619 \text{ MPa}$$

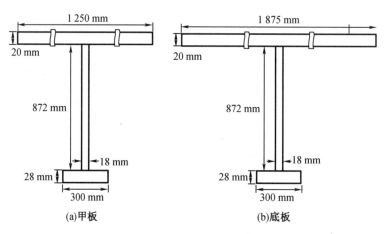

图 7.17 典型板筋组合模型

然后确定在中垂或中拱状态下的首次压溃弯矩。

中垂状态:

$$M_{fs} = Z_D \sigma_{uD} = 1.114 \text{ m}^3 \times 172.712 \text{ N/mm}^2 = 175\,518 \text{ MN·mm}$$

中拱状态:

$$M_{\mathrm{fh}} = Z_B \sigma_{\mathrm{uB}} = 1.016 \text{ m}^3 \times 138.619 \text{ N/mm}^2 = 140\ 871 \text{ MN} \cdot \text{mm}$$

7.5.2 Caldwell 法

除箱梁翼板外纤维处,简单梁理论方法不能考虑结构单元的局部失效。反之,如果能在极限状态识别出箱梁截面上的弯曲应力分布,则可将假定的应力在截面上积分,计算出相应的极限弯矩。这种方法称为基于假定应力的方法,比简单梁理论方法更能准确地解释结构局部失效的影响。

以假定应力分布为基础的方法计算箱梁的极限弯矩的先驱是 Caldwell(1965)。他假设在弯矩作用下,在极限状态的截面上有一个弯曲应力分布,如图 7.18 所示。在这个分布中,所有的压缩材料都达到了其屈曲的极限强度,并且所有的拉伸材料也都屈服了。然后,他通过将船体横截面上的假定弯曲应力积分,计算出了极限弯矩。然而,Caldwell 法所使用的应力分布过于乐观,导致了极限弯矩计算被高估。

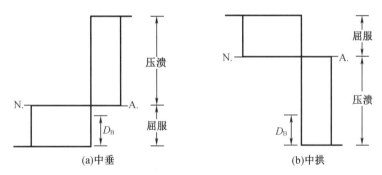

(a)中垂 (b)中拱

图 7.18 船体简化横截面在下垂或拱曲状态下(N. A. 为中性轴)的弯曲应力分布的考德威尔假设(Caldwell,1965)

7.5.3 原始的 Paik-Mansour 法

大型船体梁模型的实验研究[如 Dow(1991)]和全尺寸船舶的数值研究(如 Rutherford et al. ,1990, Paik et al. ,1996)表明,船体梁在垂向弯矩作用下的整体失效受压缩翼板的失效控制,尽管压缩翼板失效后仍保留一定的储备强度。

这是因为在压缩翼板屈曲后,船体横截面的中性轴向受拉翼板移动,施加的弯矩进一步增加,直到受拉翼板屈服。在这一过程的后期阶段,压缩和张拉翼板周围的垂向结构(例如纵向舱壁或侧壳结构)也可能失效。然而,最终在中性轴位置附近,垂向结构通常保持线性弹性状态,直到船体梁的整体失效。根据船体横截面的几何和材料特性,这些部分当然可能会失效,这与 Caldwell(1965)的假设相符。

图 7.19 是极限状态下一艘单壳油轮船体梁横截面在中拱弯矩作用下的典型弯曲应力示例,这是通过数值研究获得的(Paik,1996)。从这个图中可以明显看出,压缩翼板(底板)失效和张拉翼板(甲板)屈服,直到达到极限强度,而在中性轴位置附近的垂直结构保持完整(线弹性)。因此,基于 Caldwell 弯曲应力分布假设的方法可能会导致船体强度被高估。

Paik 和 Mansour(1995)随后提出了如图 7.20 所示的极限状态下船体横截面上的弯曲

应力分布。在中垂状态下,区域1和2处于拉伸状态,区域3和4处于压缩状态。区域1为外底板,产生屈服应力 σ_x^Y;区域4为上甲板及上部垂向结构,发生屈曲失效,产生极限应力 σ_x^U。区域2和区域3处于线弹性或未失效状态,达到弹性应力 σ_x^E。

在中拱状态下,区域1和2处于压缩状态,区域3和4处于拉伸状态。区域1为外底板及下部垂向结构,发生屈曲失效,产生极限应力 σ_x^U;区域4为上甲板,产生屈服应力 σ_x^Y。区域2和区域3处于线弹性状态,达到弹性应力 σ_x^E。

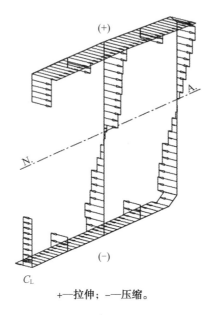

+—拉伸; —压缩。

图7.19 通过数值研究获得的在中垂或中拱弯矩作用下的船体梁横截面极限状态典型的弯曲应力分布算例(**Paik,1996**)

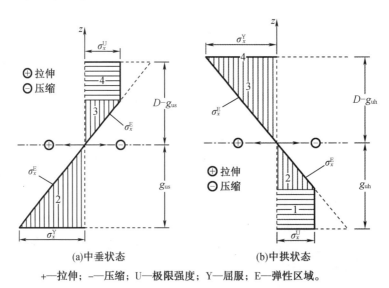

(a)中垂状态　　　　　　(b)中拱状态

+—拉伸; —压缩;U—极限强度;Y—屈服;E—弹性区域。

图7.20 **Paik** 和 **Mansour** 关于船体横截面在中垂或中拱状态下的极限状态弯曲应力分布的原始假设(**Paik et al.,1995**)

根据船体结构的几何和材料特性,确定中垂状态下区域4(垂向结构上部)和中拱状态下区域1(垂向结构下部)屈曲失效后的高度。在垂向弯矩作用下,船体整个横截面上的轴向力之和为零,即

$$\int \sigma_x \mathrm{d}A = 0 \tag{7.52}$$

式中,$\int (\ ) \mathrm{d}A$ 是整个船体横截面的积分。

通过求解式(7.52),可确定中垂状态下区域4的高度或中拱状态下区域1的高度。从船舶基线(参考位置)到船体横截面水平中性轴在极限状态的距离 g_u 为

$$g_u = \frac{\sum_{i=1}^{n} |\sigma_{xi}| a_i z_i}{\sum_{i=1}^{n} |\sigma_{xi}| a_i} \tag{7.53}$$

式中,z_i 为从基线(参考位置)到第 i 个结构构件的水平中性轴的距离;σ_{xi} 为假定应力分布后第 i 个结构构件的纵向应力;a_i 为第 i 个结构构件的横截面积;n 为结构构件总数。中垂状态下 g_u 用 g_{us} 表示,中拱状态下 g_u 用 g_{uh} 表示。

然后计算极限弯矩,即弯曲应力关于中性轴位置的弯矩如下:

$$M_{us} = \sum_{i=1}^{n} \sigma_{xi} a_i (z_i - g_{us}) \tag{7.54a}$$

$$M_{uh} = \sum_{i=1}^{n} \sigma_{xi} a_i (z_i - g_{uh}) \tag{7.54b}$$

式中,n 为结构构件总数,M_{us}(负值)和 M_{uh}(正值)分别为中垂或中拱时的极限垂向弯矩。

7.5.4　改进的 Paik-Mansour 法

第7.5.3节中描述的原始 Paik-Mansour 法,不允许在拉伸载荷作用下屈服面积扩大到垂向构件,尽管该方法假定受拉翼板,即处于中拱状态的甲板和处于中垂状态的外底板,在受垂向弯矩影响的船体梁达到极限承载力时发生屈服。

然而,根据船体横截面的几何或材料特性,靠近张力翼板的垂向可能会屈服,直到船体梁到达极限状态。因此,将原始的 Paik-Mansour 法中假定的极限状态处的弯曲应力分布修改为如图 7.21 所示,其中 h_Y 为轴向拉伸下屈服区高度,h_C 为轴向压缩下压溃区高度。

为了确定屈服区和压溃区高度,由于有两个未知量 h_Y 和 h_C,所以式(7.52)是不够的。因此,确定 h_Y 和 h_C 需要经过如下迭代过程:

(1)采用板-加强筋单元或板单元建立截面上有节点的结构模型。

(2)计算各单元的极限轴向压应力。

(3)将深度划分为若干段(部分)。

(4)从 $h_Y = 0$ 开始保持 h_Y 为恒定值,从 $h_C = 0$ 开始增加 h_C。

(5)对区域2和3中各单元的线性弹性应力进行赋值,在压溃区域(即中垂区域4或中拱区域1)的极限应力平均值与屈服区域(即下垂区域1或中拱区域4)的屈服应力之间线性变化。

(6)计算整个截面在张力状态的总纵向力(+)和压缩状态的总纵向力(−)。

(7)重复步骤(4)到(6),使 h_Y 和 h_C 同时变化,直到这些轴向力的数值之间的差异小到可以接受。

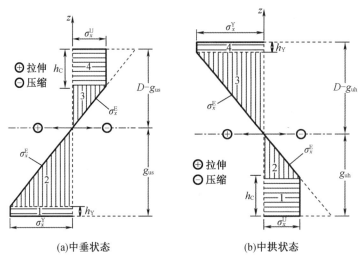

(a)中垂状态   (b)中拱状态

+—拉伸;-—压缩;U—极限强度;Y—屈服;E—弹性区域。

图 7.21 关于船体横截面在中垂或中拱状态下的极限状态弯曲应力分布的改进假设(**Paik et al. ,2013**)

由于已经假定了应力分布,并确定了屈服和压溃区域的高度,因此从基线(参考位置)到极限状态处箱梁截面水平中性轴的距离 g_u 可由式(7.53)得到,垂向弯矩作用下箱梁的极限强度由式(7.54)确定。

7.5.5 垂向和水平弯曲的相互作用关系

垂向和水平弯曲之间的极限相互作用关系考虑如下(Hughes et al. ,2013):

$$\left(\frac{M_V}{M_{Vu}}\right)^{c_1} + \left(\frac{M_H}{M_{Hu}}\right)^{c_2} = 1 \tag{7.55}$$

式中,M_V、M_H 分别为施加的垂向弯矩和水平弯矩;M_{Vu} 和 M_{Hu} 分别为垂向和水平极限弯矩;其中 c_1 和 c_2 为系数,取 $c_1 = 1.85$,$c_2 = 1.0$。当弯矩施加在水平方向时,水平极限弯矩的确定方法与垂直极限弯矩的确定方法类似,见第 7.5.3 节。

7.5.6 垂向或水平弯曲与剪力的相互作用关系

垂向弯曲与剪力或水平弯曲与剪力的极限相互作用关系考虑如下(Hughes et al. ,2013):

$$\left(\frac{M_V}{M_{Vu}}\right)^{c_3} + \left(\frac{F}{F_u}\right)^{c_4} = 1 \tag{7.56a}$$

$$\left(\frac{M_H}{M_{Hu}}\right)^{c_5} + \left(\frac{F}{F_u}\right)^{c_6} = 1 \tag{7.56b}$$

式中,M_V、F 分别为所施加的垂向弯矩、剪力;M_{Vu}、F_u 分别为极限垂向弯矩、极限剪力;c_3、c_4、c_5、c_6 为系数,可以取 $c_3 = 2.0$、$c_4 = 5.0$、$c_5 = 2.5$、$c_6 = 5.5$。极限剪力计算公式如下:

$$F_u = \sum_{i=1}^{n} a_i \tau_{ui} \tag{7.56c}$$

式中,a_i 为第 i 个结构单元的截面积;τ_{ui} 为第 i 个结构单元的极限剪应力;n 为结构单元总数。

7.5.7 垂向弯曲、水平弯曲和剪力组合的相互作用关系

采用与第 3.8 节类似的方法,可以推导出垂向弯矩 M_V、水平弯矩 M_H 和剪力 F 之间的极限相互作用关系,并结合式(7.55)和式(7.56)(Hughes et al.,2013):

$$\left(\frac{M_V}{M_{Vu}F_1}\right)^{c_1} + \left(\frac{M_H}{M_{Hu}F_2}\right)^{c_2} = 1 \tag{7.57}$$

式中

$$F_1 = \left[1 - \left(\frac{F}{F_u}\right)^{c_4}\right]^{1/c_3}$$

$$F_2 = \left[1 - \left(\frac{F}{F_u}\right)^{c_6}\right]^{1/c_5}$$

7.5.8 扭转力矩的影响

对于具有大开口的箱梁,翘曲应力和开口变形分析是结构响应分析的重要组成部分。对于开口截面的薄壁梁,其扭转刚度远小于封闭截面的薄壁梁。这意味着,对于给定的扭转水平,由于其较低的扭转刚度,开口部分可能扭得更厉害。

与实体梁的均匀扭转(即圣维南)和一种相当特殊的无翘曲薄壁梁相比,非均匀轴向变形(即翘曲)通常发生在具有开口截面的薄壁梁的情况下,使最初的平面截面不再保持平面。这将意味着当翘曲位移被约束时,扭转将发展轴向(翘曲)应力以及剪应力,如图7.22所示。

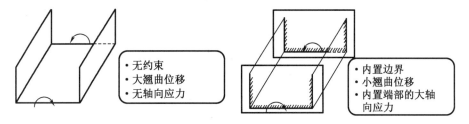

图7.22 开口截面薄壁梁在末端约束作用下的翘曲位移和应力

在实际结构中,翘曲位移通常只受到部分约束,因此对翘曲应力和舱口开口变形的分析原则上是结构响应分析的一个重要部分。当截面可以自由翘曲时,垂直于截面的翘曲应力将不会引入。然而,当截面不连续,如在两个相邻区域之间的隔板(或横向舱壁)的过渡,以及在重型交叉甲板梁,翘曲变形将受到不同程度的限制。在这些位置的约束会引起翘曲应力,对于甲板开口较大的集装箱船舶来说,翘曲应力是非常重要的,因此在设计中必须考虑翘曲应力和相关的变形(例如舱口变形)。

已有研究表明,只要扭转的大小不占主导地位,扭转并不是影响箱梁垂向极限弯矩的非常重要的载荷分量(Paik,2001)。但也需要注意的是,当扭转载荷较大时,低扭转刚度的箱梁的极限抗弯强度会显著降低。Paik 等(2001)提出了甲板开口箱梁在联合扭转 M_T 和垂

向弯矩 M_V 作用下的船体极限强度相互作用关系,如下:

$$\left(\frac{M_V}{M_{Vu}}\right)^{c_7} + \left(\frac{M_T}{M_{Tu}}\right)^{c_8} = 1 \qquad (7.58)$$

式中,M_{Vu} 为极限垂向弯矩;M_{Tu} 为极限扭转力矩;c_7 和 c_8 是系数,中垂状态取 $c_7 = c_8 = 3.1$,中拱状态取 $c_7 = c_8 = 3.7$。

7.6　结构老龄退化的影响

随着时间的推移,老化的板材组件可能会发生结构退化,如腐蚀和疲劳裂纹。对于一般腐蚀会均匀地降低构件壁厚的情况,可以通过扣除腐蚀量(厚度减小)来评估主要强度构件的极限强度或有效性。对于有疲劳裂纹的结构构件,在强度计算中可以减少与裂纹损伤相关的截面面积,如第 4 章和第 9 章所述。对于与老龄退化箱梁的应用实例,感兴趣的读者可以参考 Sharifi 和 Paik(2009,2011,2014)等的文献。

7.7　事故引起的结构损伤的影响

需要考虑事故相关的结构损伤(如局部凹陷)对板构件极限强度的影响,其中受损板的屈曲和极限强度可以按照第 4 章和第 10 章的描述进行评估。当损伤的尺寸或程度足够显著时,可将受损部分排除在有效板宽和个别构件极限强度的计算之外。只要它们遭受了严重的结构损伤,相似的排除也可适用于受张力的结构构件。

为了便于事故后对结构物的打捞和救援行动的快速规划,必须快速准确地评估受损结构物的剩余极限强度,以及受损的位置和程度。Paik 等(2012)提出了一种基于损伤指数的方法,用于评估因事故而遭受结构损伤的结构的安全性,其中建立了剩余极限强度性能与损伤指数之间的关系图,在结构受损后,这张图可以作为结构安全的初步评估。图 7.23 显示了 Paik 等(2012)提出的确定剩余强度与损伤指数图(R-D 图)的流程。

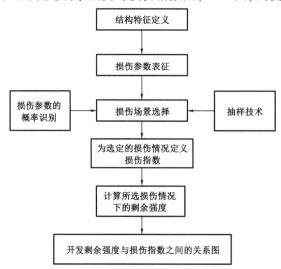

图 7.23　Paik 等(2012)提出的确定剩余强度与损伤指数图(R-D 图)的流程

参 考 文 献

AASHTO（2010）. LRFD bridge design specifications. American Association of State and Highway Transportation Officials, Washington DC.

AISC（1969）. Specification for the design, fabrication and erection of structural steel for buildings. American Institute of Steel Construction, Chicago.

Basler, K.（1961）. Strength of plate girders in shear. ASCE Journal of the Structural Division, 87(ST7): 151-180.

Caldwell, J. B.（1955）. The strength of corrugated plating for ships' bulkheads. Transactions of the Royal Institution of Naval Architects, 97: 495-522.

Caldwell, J. B.（1965）. Ultimate longitudinal strength. Transactions of the Royal Institution of Naval Architects, 107: 411-430.

Dogaki, M., Nishijima, Y. & Yonezawa, H.（1992a）. Nonlinear behaviour of longitudinally stiffened webs in combined patch loading and bending. In Constructional steel design: world developments, Edited by Dowling, P. J., Harding, J. E., Bjorhovde, R. & Martinez-Romero, E., Elsevier Applied Science, London, 141-150.

Dogaki, M., Yonezawa, H. & Tanabe, T.（1992b）. Ultimate strength of plate girders with longitudinal stiffeners under patch loading. Proceedings of the 3rd Pacific Structural Steel Conference, The Japan Society of Steel Construction, Tokyo, October 26-28: 507-514.

Dow, R. S.（1991）. Testing and analysis of 1/3-scale welded steel frigate model. Proceedings of the International Conference on Advances in Marine Structures, Dunfermline, Scotland: 749-773.

ENV 1993-1-1（1992）. Eurocode 3: design of steel structures, part 1. 1 general rules and rules for buildings. British Standards Institution, London.

Fukumoto, Y., Maegawa, K., Itoh, Y. & Asari, Y.（1985）. Lateral-torsional buckling tests of welded I-girders under moment gradient. Proceedings of the Japan Society of Civil Engineers, 362: 323-332（in Japanese）.

Granath, P., Thorsson, A. & Edlund, B.（2000）. I-shaped steel girders subjected to bending moment and travelling patch loading. Journal of Constructional Steel Research, 54: 409-421.

Hughes, O. F. & Paik, J. K.（2013）. Ship structural analysis and design. The Society of Naval Architects and Marine Engineers, Alexandria, VA.

Ji, H. D., Cui, W. C. & Zhang, S. K.（2001）. Ultimate strength analysis of corrugated bulkheads considering influence of shear force and adjoining structures. Journal of Constructional Steel Research, 57: 525-545.

Kitada, T. & Dogaki, M.（1997）. Plate and box girders. Chapter 6 in Structural stability design: steel and composite structures, Edited by Fukumoto, Y., Pergamon Press, Oxford, 185-228.

Maquoi, R.（1992）. Plate girders. Chapter 2. 6 in Constructional steel design: an international guide, Edited by Dowling, P. J. , Harding, J. E. , Bjorhovde, R. & Martinez-Romero, E. , Elsevier Applied Science, London, 133–173.

Mikami, I. , Harimoto, S. , Yamasato, Y. & Yoshimura, F. (1991). Ultimate strength tests of steel plate girders under repetitive shear. Technical Report of the Kansai University, Japan, 33: 145–164.

Paik, J. K. , Kim, D. H. , Park, D. H. & Kim, M. S. (2012). A new method for assessing the safety of ships damaged by grounding. Transactions of the Royal Institution of Naval Architects, 154 (A1): 1–20.

Paik, J. K. , Kim, D. K. , Park, D. H. , Kim, H. B. Mansour, A. E. & Caldwell, J. B. (2013). Modified Paik–Mansour formula for ultimate strength calculations of ship hulls. Ships and Offshore Structures, 8(3–4): 245–260.

Paik, J. K. & Mansour, A. E. (1995). A simple formulation for predicting the ultimate strength of ships. Journal of Marine Science and Technology, 1(1): 52–62.

Paik, J. K. , Thayamballi, A. K. & Che, J. S. (1996). Ultimate strength of ship hulls under combined vertical bending, horizontal bending, and shearing forces. Transactions of the Society of Naval Architects and Marine Engineers, 104: 31–59.

Paik, J. K. , Thayamballi, A. K. & Chun, M. S. (1997). Theoretical and experimental study on the ultimate strength of corrugated bulkheads. Journal of Ship Research, 41 (4): 301–317.

Paik, J. K. , Thayamballi, A. K. , Pedersen, P. T. & Park, Y. I. (2001). Ultimate strength of ship hulls under torsion. Ocean Engineering, 28: 1097–1133.

Porter, D. M. , Evans, H. R. & Rockey, K. C. (1975). The collapse behavior of plate girders loaded in shear. The Structural Engineer, 53: 313–325.

Rutherford, S. E. & Caldwell, J. B. (1990). Ultimate longitudinal strength of ships: a case study. Transactions of the Society of Naval Architects and Marine Engineers, 98: 441–471.

Schafer, B. W. & Pekoz, T. (1998). Computational modeling of cold – formed steel: characterizing geometric imperfections and residual stresses. Journal of Constructional Steel Research, 47: 193–210.

Sharifi, Y. & Paik, J. K. (2009). Environmental effects on ultimate strength reliability of corroded steel box girder bridges. Structural Longevity, 2(2): 81–101.

Sharifi, Y. & Paik, J. K. (2011). Ultimate strength reliability analysis of corroded steel–box girder bridges. Thin-Walled Structures, 49(1): 157–166.

Sharifi, Y. & Paik, J. K. (2014). Maintenance and repair scheme for corroded stiffened steel box girder bridges based on ultimate strength reliability and risk assessments. Journal of Engineering Structures and Technologies, 6(3): 95–105.

Susanti, L. , Kasai, A. & Miyamoto, Y. (2014). Ultimate strength of box section steel bridge compression members in comparison with specifications. Case Studies in Structural Engineering, 2: 16–23.

Takimoto, T. (1994). Plate girders under patch loading. In Ultimate strength and design of steel structures. The Japan Society of Civil Engineers, Tokyo, 122–127 (in Japanese).

Trahair, N. S. & Bradford, M. A. (1988). The behaviour and design of steel structures. Chapman and Hall, London and New York.

Zhao, Y. J. , Yan, R. J. & Wang, H. X. (2015). Experimental and numerical investigations on plate girder with perforated web under axial compression and bending moment. Thin-Walled Structures, 97: 199–206.

第8章 船体结构的极限强度

8.1 引 言

与第 7 章所述的其他类型的板件相比,船体梁的几何结构要复杂得多,尺寸也要大得多。船体梁的极限强度特性是非常独特的,因此本章不仅描述船体梁的极限强度,而且描述船体梁载荷的特性。需要指出的是,本章所描述的理论和方法可以普遍应用于钢制和铝制船体结构。

8.2 船体结构特征

图 8.1 显示了典型商船或海上设施的船舯横剖面。表 8.1 列出了 10 艘典型商船或海上设施的船体横截面特性。研究发现,船舶的结构特征会因货物类型、任务等因素而显著变化。

为了了解商船船体的结构特性,本节将以散货船为例,进一步研究现有散货船结构的一些重要特性(Paik et al.,1998)。这些结构参数的研究在判断、描述和概括结构失效行为的性质方面具有价值,这些破坏行为是在给定的运行、极端和事故载荷水平下发生的。

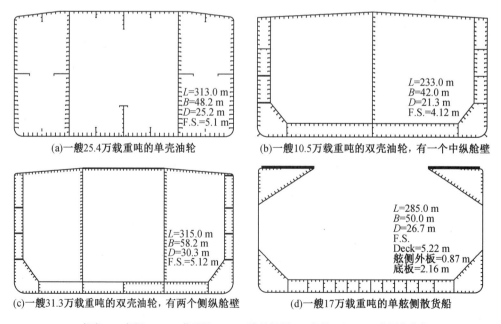

(a)一般25.4万载重吨的单壳油轮
L=313.0 m
B=48.2 m
D=25.2 m
F.S.=5.1 m

(b)一般10.5万载重吨的双壳油轮,有一个中纵舱壁
L=233.0 m
B=42.0 m
D=21.3 m
F.S.=4.12 m

(c)一般31.3万载重吨的双壳油轮,有两个侧纵舱壁
L=315.0 m
B=58.2 m
D=30.3 m
F.S.=5.12 m

(d)一艘17万载重吨的单舷侧散货船
L=285.0 m
B=50.0 m
D=26.7 m
F.S.
Deck=5.22 m
舷侧外板=0.87 m
底板=2.16 m

B—船宽;D—船深;DWT—载重量;F. S. —肋骨间距;L—船长;TEU—20 英尺集装箱。

图 8.1 典型商船海上设施的船舯横剖面示意图

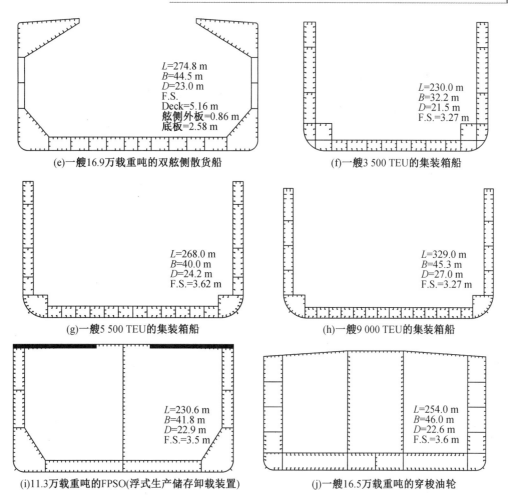

(e)一艘16.9万载重吨的双舷侧散货船   (f)一艘3 500 TEU的集装箱船

(g)一艘5 500 TEU的集装箱船   (h)一艘9 000 TEU的集装箱船

(i)11.3万载重吨的FPSO(浮式生产储存卸载装置)   (j)一艘16.5万载重吨的穿梭油轮

图 8.1(续)

表 8.1　10 艘典型商船或海上设施的船体横截面特性

项目	SHT	DHT#1	DHT#2	Bulk#1	Bulk#2	Cont#1	Cont#2	Cont#3	FPSO	Shuttle
船长 L/m	313.0	233.0	315.0	282.0	273.0	230.0	258.0	305.0	230.6	254.0
船宽 B/m	48.2	42.0	58.0	50.0	44.5	32.2	40.0	45.3	41.8	46.0
船深 D/m	25.2	21.3	30.3	26.7	23.0	21.5	24.2	27.0	22.9	22.6
吃水 d/m	19.0	12.2	22.0	19.3	15.0	12.5	12.7	13.5	14.15	15.0
方形系数/C_b	0.833	0.833	0.823	0.826	0.837 4	0.683 9	0.610 7	0.650 3	0.830 5	0.831
设计速度/kn	15.0	16.25	15.5	15.15	15.9	24.9	26.3	26.6	15.4	15.7
DWT 或 TEU	254 000 DWT	105 000 DWT	313 000 DWT	170 000 DWT	169 000 DWT	3 500 TEU	5 500 TEU	9 000 TEU	113 000 DWT	165 000 DWT
横截面积/m²	7.858	5.318	9.637	5.652	5.786	3.844	4.933	6.190	4.884	6.832
从基线到中性轴的高度/m	12.173	9.188	12.972	11.188	10.057	8.724	9.270	11.614	10.219	10.568

表 8.1(续)

项目		SHT	DHT#1	DHT#2	Bulk#1	Bulk#2	Cont#1	Cont#2	Cont#3	FPSO	Shuttle
I	垂直/m⁴	863.693	359.480	1 346.097	694.307	508.317	237.539	397.647	682.756	393.625	519.674
	水平/m⁴	2 050.44	1 152.515	3 855.641	1 787.590	1 530.954	648.522	1 274.602	2 120.311	1 038.705	1 651.479
Z	甲板/m³	66.301	29.679	77.236	44.354	39.274	18.334	26.635	44.376	31.040	43.191
	底板/m³	70.950	39.126	103.773	62.058	50.544	27.228	42.894	58.785	38.520	49.175
σ_Y	甲板	HT32	HT32	HT32	HT40	HT36	HT36	HT36	HT36	HT32	HT32
	底板	HT32	HT32	HT32	HT32	HT32	HT32	HT32	HT2	HT32	HT32
M_p	垂直力矩 /(GN·m)	22.615	11.930	32.481	20.650	15.857	8.881	12.179	18.976	12.451	15.669
	水平力矩 /(GN·m)	31.202	19.138	54.465	31.867	26.714	14.967	21.763	33.229	19.030	25.105

注:σ_Y,屈服应力;Bulk#1,单舷侧散货船;Bulk#2,双舷侧散货船;Cont#1,3 500 TEU 集装箱船;Cont#2,5 500 TEU 集装箱船;Cont#3,9 000 TEU 集装箱船;DHT#1,双壳油轮,有一个中纵舱壁;DHT#2,双壳双纵舱壁油轮;FPSO,浮式、生产、存储和卸载系统;HT32,屈服应力为 315 MPa 的高强度钢;HT36,屈服应力为 355 MPa 的高强度钢;I,惯性矩;M_p,全塑性弯矩;SHT,单壳油轮;Shuttle,穿梭油轮;Z,剖面模数。

图 8.2(a)显示了数量占比较大的常规散货船船长和载重之间的关系。显然,上述关系是存在的且确定的,并具有一定的分散程度。通常情况下,巴拿马型货舱的数量为 7 个,好望角型货仓的数量为 9 个,且存在一定的变化。这种船就其结构而言,基本上有三种船舱,即矿砂舱、轻载舱和压载舱。当运送像铁矿石这样密度较大的货物时,通常会出现隔舱装载的情况,而轻载舱空着。

图 8.2(b)显示了船舶长度与最大货舱长度的关系。从图中可以看出,随着船舶长度的增加,最大货舱长度有减小的趋势。有趣的是,巴拿马型货舱的长度与好望角型货舱的长度相当,但好望角型货舱的面积和体积通常比巴拿马型货舱的大(例如,在一组指定船只中,好望角型最前方的 1 号货舱的面积约为巴拿马型的 1.5 倍,其他货舱面积约为 1.25 倍)。因此,通常情况下,好望角 1 号货舱进水比巴拿马 1 号货舱进水造成的负荷后果更严重。

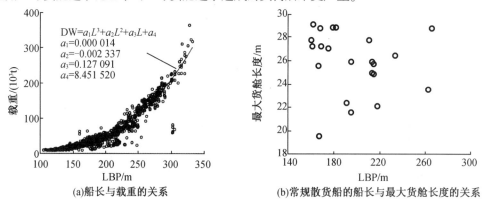

(a)船长与载重的关系　　(b)常规散货船的船长与最大货舱长度的关系

图 8.2　船长与载重量和货舱长度之间的关系

注:DW 为载重量;LBP 为垂线间长;圆圈符号为实船数据。

　　图 8.3 显示了 Handymax 级或更大的常规散货船船体结构的一些重要特性。散货船双层底高(内底扁平部分宽度)随船舶体积增大而显著增大[图 8.3(a)]。如图 8.3(b)所示,随着船舶尺寸的增大,外底板长细比减小(如底板厚度增大)。实际船体剖面模量与规范要求的剖面模量之比随着船舶变大而减小[图 8.3(c)],这意味着有些船舶是为了满足规则要求而建造的,几乎没有额外的余量。图 8.3(d)显示了高强度钢在传统散货船船体结构中的使用情况。在某些情况下,巴拿马型和好望角型散货船 70% 以上的船体结构可以采用高强度钢。所有的统计数据都是针对指定的船舶横剖面。

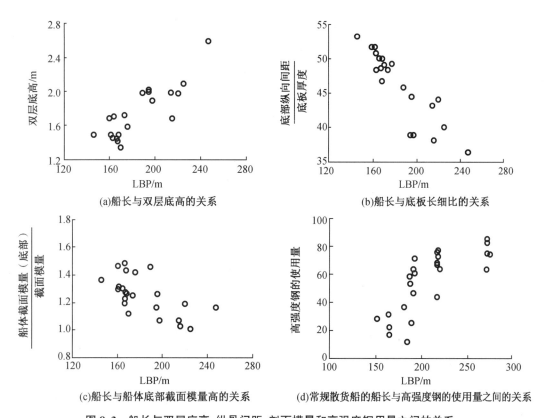

(a)船长与双层底高的关系

(b)船长与底板长细比的关系

(c)船长与船体底部截面模量高的关系

(d)常规散货船的船长与高强度钢的使用量之间的关系

图 8.3　船长与双层底高、纵骨间距、剖面模量和高强度钢用量之间的关系

注:LBP 为垂线间长;圆圈符号为实船数据。

　　表 8.2 为选定的现有散货船加强筋之间的板结构特征。纵骨架式底部和舷侧的长宽比约为 3.0(横框架间的板的长宽比约为 30~40),而甲板处长宽比约为 6.0。由表 8.2 还可以看出,纵向板长细比小于 2.0,说明散货船的纵向板在屈曲意义上通常是粗壮的。需要指出的是,对于受压缩的长板,当板长细比小于 1.9 时,屈曲通常发生在弹塑性或塑性状态,在这种状态下,板在首次屈曲后几乎没有剩余强度余量;而当板长细比大于 2.5 时,薄板单元通常在弹性状态下首次屈曲,并有相当大的屈曲后强度储备,直到达到极限状态。

　　散货船加强筋与支撑构件的弯曲刚度和扭转刚度也是重要的方面,横向构件的刚度通常大于纵向构件。支承构件的抗弯刚度比板单元大,因此在计算板的屈曲强度时可以忽略板单元沿边缘的相对侧向变形。而支撑构件的归一化抗扭刚度,即支撑构件抗扭刚度与支撑构件间钢板抗弯刚度之比,纵向加强筋小于 1.0 左右,横向框架小于 2.0 左右。这表明,尽管船舶钢板沿边缘有有限的旋转约束,但理想的边界条件,即简支或固支,永远不会发生,特别是在需要通过设计控制的纵向方向,仍然存在加强筋弯曲-扭转破坏的可能性。

表 8.2　选定的现有散货船加强筋之间的板结构特征

结构	a/b		$(b/t)\sqrt{\sigma_Y/E}$	
	范围	平均值	范围	平均值
外底板	2.9~3.4	3.2	1.6~2.1	1.9
内底板	2.9~3.4	3.2	1.3~1.8	1.6
底层	2.0~2.9	2.6	2.3~3.0	2.4
底梁	3.2~4.0	3.6	1.8~2.8	2.3
舷侧外板	3.2~3.3	3.3	2.0~2.2	1.6
甲板板	4.7~6.7	5.7	1.0~2.0	1.6
纵向舱壁	3.2~3.3	3.3	2.2~2.4	2.3
顶部机翼油箱底板	4.9~7.5	6.3	1.9~2.7	2.3
顶部机翼油箱腹板	1.0~1.6	1.3	2,2~2.9	2.5
料斗底板	1.9~3.7	2.8	1.6~2.5	1.9
料斗腹板	1.0~1.6	1.3	2.0~2.7	2.5

注:σ_Y,屈服强度;a,板长度;b,板宽度;E,杨氏模量;t,板厚度。

　　这一节的各种明显的概括均与强度有关,因此也只是间接地表示考虑载荷的结构性能。此外,值得注意的是,传统散货船的部分舷侧结构是横向框架,其有限的刚度和细长比将与之前指出的不同。在常规散货船中,舷侧框架可能不会形成一个连续环形的一部分,也就是说,上层舱的横向框架间距可能与货舱的横向框架间距不同,货舱的横向框架间距又可能与双层底部的框架间距不同。前文提到的双壳散货船设计是一个明显的例外。

8.3　从事故中吸取的教训

　　在过去,有几艘船的伤亡,包括全部损失即船体的整体失效,图 8.4(a)是船舶发生此类事故的一个例子。在这起事件中,一艘好望角型散货船在卸载 12.6 万 t 铁矿石货物时,由于人为失误而发生失效。据悉,这艘 23 年历史的 139 800 t 重的船虽然没有断成两半,但船体中间底部触到了海床,船体梁实际上已经失效。在清空 5 个货舱中的前后货舱后,船的甲板发生了弯曲失效,而中央货舱仍然是满的。很明显,这一事件主要是由于船上卸货不当造成的。但它确实表明,船舶和其他结构一样具有有限的强度,无论是常规设计、损伤调查还是确定与结构老龄退化的持续影响,准确计算强度的相关程序都是必要的。

　　海上船体梁失效造成的损失如图 8.4(b)所示。例如,M. V. 德比郡号(M. V. Derbyshire)的沉没,该船是一艘长 281.94 m 的双壳散货船,船宽 44.2 m,型深 25 m(Faulkner,1998;Paik et al.,2003;Paik et al.,2008;Hughes et al.,2013)。它的最大载重量是 173 218 t,事故发生时,该船仅被建造服役 5 年,当时几乎没有发生结构老龄退化,如腐蚀损耗等。这艘船的另一个显著特点是有一个双舷侧壳板的船体布置,旨在防止由于侧面结构失效而导致的货舱进水。1980 年 9 月 9 日,该船从加拿大前往日本,遭遇台风"兰花(Orchid)",在日本四国岛以南约 400 mile[①] 的西北太平洋沉没。该船在从加拿大圣岛到日本横滨的最后一次航行中,携带了大约 15.8 t 吨细矿砂,分布在 9 个货舱中的 7 个货舱。其在接近日本时的排水量估计约为 19.4 万 t,平均吃水约为 17 m。就在下沉前,它处于台风"兰花"最危险的范围内。据报道,下沉前不久的有义浪高为 14 m。没有求救信号,几天后,只有两次看到石油上涌,这表明了沉船的位置。船上的一艘受损的救生艇被看到,但随后沉没了,再加上没有遇险信号,推测认为这艘船沉得很快。

(a)港口卸货时

(b)在海上时

图 8.4　船体梁失效

　　根据事故的经验教训,造成船舶全部损失的可能原因可以分为三种,即储备浮力(或浮力)损失、船体梁断裂,以及稳定性损失,其全部或部分可能由意外进水到货舱引起。图 8.5 显示了 Paik 和 Thayamballi(1998)提出的一艘船完全损失的情形预测。

　　以散货船为例,报告的大部分船舶事故是载有铁矿石或煤炭,前者是一种密度较大的货物,后者是一种腐蚀性较强的货物。据指出,大多数相关船舶的使用年限超过 15 年,因此可能存在与腐蚀和疲劳有关的重大缺陷。在进水事故中,剩余强度的降低或作用在船体梁载荷的增加可能导致船体梁断裂(Paik,1994;Faulkner,1998;Paik et al.,2003;Paik et al.,2008)。另外,还可能有多种情况的结合,例如,过度的腐蚀和开裂损伤,以及由于恶劣天气造成的固体货物移动,导致了舷侧前部部分损坏。这将导致海水进入货舱,而舱口盖失效也可能导致水进入前舱。

---

① 1 mile = 1.609 344 km。

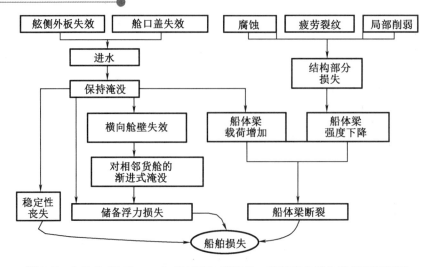

图 8.5　由 Paik 和 Thayamballi(1998)提出的一艘船完全损失的情形预测图

在图 8.5 所假设的事故场景中,即使船舶最初在一个舱室被水淹没的情况下能够幸存,但海水进入货舱可能会放大施加的载荷,还可能导致船舶因逐渐被水淹没而损失(特别是当水密横向舱壁不足以承受增加的静态和动态压力时)。船舶纵摇运动可能会增加相关的浸水载荷,纵摇运动的严重程度取决于货物密度和船舶的其他特性。槽型舱壁在浸水状态下失效后逐渐进水被认为是导致一些散货船受损的原因之一。此外,随着持续的货舱进水,船只在某些情况下可能会在波涛汹涌的海面上失去稳性,有可能导致倾覆(Turan et al.,1994)。

从船舶结构设计的角度来看,重要的教训包括:一是结构设计中意想不到的异常波会发生,导致船体梁的最大载荷增大,使其达到甚至超过相应的设计值;二是由于舱口盖失效,可能会发生非预期的水进入货舱,会进一步增大船体梁的载荷;三是船体结构设计中采用的许用工作应力设计方法不能解决这一问题,因此需要采用极限状态设计方法来防止船体梁失效事故的发生。

8.4　船体梁失效的基本原理

完好无损的船体承受的载荷小于设计载荷,在正常航行和经批准的货物装载条件下,船体不会遭受任何结构损伤,如屈曲和失效。然而,作用在船体上的载荷是不确定的,这既是由于海浪波涛汹涌的性质,也可能是由于不寻常的装卸货物,后者属于人为错误。在极少数情况下,施加的载荷超过设计载荷,船体可能会全面失效。由于老化船舶可能会由于腐蚀和疲劳而造成结构的劣化,其结构抗力的相关弱化也造成了一定的影响。

图 8.6 是图 8.1 和表 8.1 所示的典型商船或海上设施在垂向弯矩作用下船体梁的渐进失效行为的示例,它们初始缺陷的水平是不同的(Paik et al.,2002)。

当施加的载荷超过设计载荷时,船体梁的结构构件在压缩中屈曲和拉伸中屈服。当有限个构件屈曲或屈服时,船体梁通常可以进一步承受载荷,但这样结构有效性会明显下降,其单个刚度甚至可能变成"负",其内应力被重新分配到相邻的完好构件。最大受压的构件会最先失效,整个船体梁的刚度逐渐减小。随着载荷的持续增加,更多结构构件的屈曲和失效逐渐发生,直至船体梁整体达到极限状态。

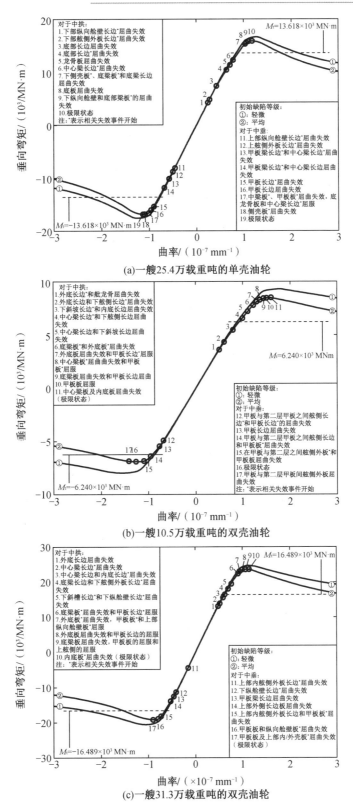

(a)一艘25.4万载重吨的单壳油轮

(b)一艘10.5万载重吨的双壳油轮

(c)一艘31.3万载重吨的双壳油轮

图8.6 在不同初始缺陷水平下,典型商船或海上设施在垂向弯矩作用下船体梁的渐进失效行为(**Paik et al. ,2002**)

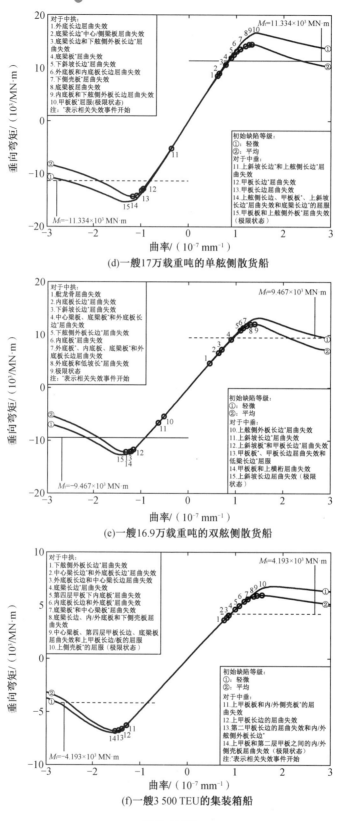

(d)一艘17万载重吨的单舷侧散货船

(e)一艘16.9万载重吨的双舷侧散货船

(f)一艘3 500 TEU的集装箱船

图 **8.6**(续)

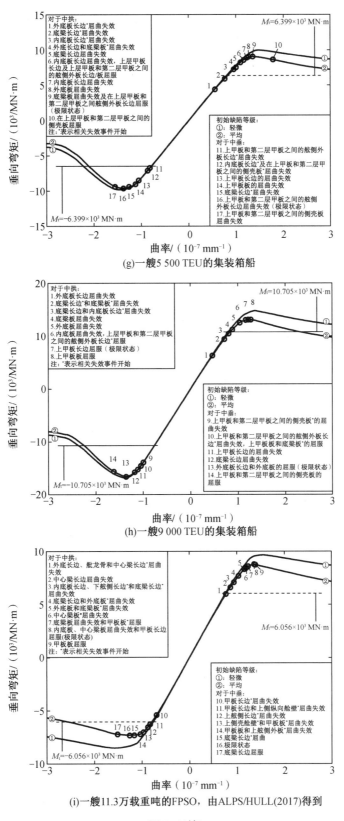

(g)一艘5 500 TEU的集装箱船

(h)一艘9 000 TEU的集装箱船

(i)一艘11.3万载重吨的FPSO，由ALPS/HULL(2017)得到

图 8.6(续)

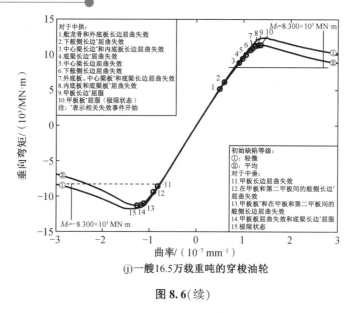

(j)一艘16.5万载重吨的穿梭油轮

图 **8.6**(续)

图 8.7 显示了单壳油轮船体梁的中性轴位置随弯矩增加的变化情况。从图中也可以明显看出,受压翼板屈曲失效后仍有一定的剩余强度。这是由于中性轴向受拉翼板的偏移,导致失效的压缩翼板失去作用。有趣的是,随着弯矩的增加,中性轴位置迅速变化并变得稳定,如图 8.7 所示。这是因为中性轴是由在施加弯矩后船体部分的有效截面计算,而在加载前是由截面完全有效估计的。这意味着按船体截面完全有效计算的截面模量可能并不总是船体截面抗载特性的真实指标。通常情况下,油轮船体的极限中拱力矩大于极限中垂力矩。

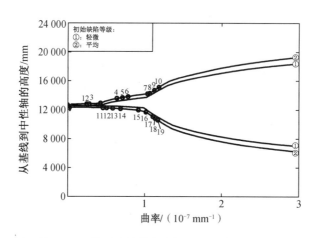

图 8.7　一艘 25.4 万载重吨的单壳油轮因结构破坏导致的中性轴变化

在考虑船结构安全性时,必须准确地评估船体梁的极限强度。在这方面,如果能推导出计算船体极限强度的简单表达式,将有助于可靠度分析和早期阶段的结构设计。

大多数船级社的船体结构设计标准和程序都是基于船体结构的首次屈服以及结构构件的屈曲(即不基于整个船体结构)。这些方法已被证明在正常海域和装载条件下对完好无损的船舶是有效的。然而,在评估船舶受损或事故情况下的生存能力时,即由于腐蚀、疲劳、碰撞、搁浅或超载而结构退化时,它们的适用性还不十分确定。在这些情况下,有必要更精确地考虑局部构件的屈服、屈曲,有时还有压溃和断裂之间的相互作用,以及对结构系统整体性能的相关影响。

虽然实践证明,传统的设计准则和相关的线性弹性应力计算不一定能定义真正的极限状态,也就是说,超过此极限状态,船体将不能发挥其功能。这样的计算也无助于理解在达到极限状态之前局部失效的可能顺序。当然,如果要获得一个一致的安全性衡准,比较不同大小、不同类型的船舶,确定真正的极限强度是很重要的。而更好地评估真实安全裕量的能力也必然会导致法规和设计要求的改进。

现行设计程序的一个结果是,在某些船舶中,即使船底处剖面模量大于甲板处剖面模量,其极限中拱弯矩并不总是大于极限中垂弯矩。这是由于一些散货船的甲板板比底部板更坚固。人们当然可以(错误地)假定,只要底部的剖面模量大于甲板的剖面模量,船体梁在中拱时的极限强度将大于在中垂时的极限强度,但这并不总是正确的。而如果采用以极限强度为基础的设计,这种差异将会得到更好的检测和纠正。

这表明了传统的以许用应力为基础的船体结构设计方法的弊端,极限状态设计程序可以避免这种缺陷,便于确定结构的实际安全裕度。在采用式(1-17)进行船体极限状态设计时,能力为相关极限强度,而需求则以船体梁载荷来给出,船体梁载荷可由船级社设计规范或直接方法计算。本章给出了船体梁载荷和极限强度的计算方法。

8.5　船舶结构载荷特性

船舶结构承受着各种类型的载荷,根据其在时间上的特点可分为静载荷、低频动载荷、高频动载荷和冲击载荷(Hughes et al.,2013)。

静载荷是指由船舶的重量和浮力产生的载荷。低频动态载荷发生在与船体(及其部件,视情况而定)的振动响应频率相比足够低的频率上,因此产生的动力效应对结构的影响相对较小。这种载荷包括波浪或船舶振荡运动引起的船体压力变化,以及船舶质量体和货物或压载水加速度产生的惯性反作用力。高频动载荷的频率接近或超过船体梁的最低固有频率,一个典型的例子是波浪引起的"弹振"(船体梁的弯曲振动),当船体梁的自然周期接近所遇到波浪中短波的周期时,可能会发生这种振动。由于稳态弹振发生的频率高于普通波浪导致的弯曲,增加了船舶全寿命期的应力循环次数,从而可能增加船体梁的疲劳损伤。冲击载荷是指持续时间比高频动载荷周期更短的动力载荷。冲击载荷的例子有砰击和甲板上浪的冲击。砰击引起船首的加速度和变形突然上升,激发船体梁前 2~3 阶模态的弯曲振动,周期一般在 0.5~2 s,这种瞬态的撞击引起的振动被称为"鞭击"。

在船舶结构分析和设计中,最常见的载荷是静载荷和低频动载荷;后者通常被视为静态或准静态载荷。高频动载荷在特定的设计情况下是很重要的,例如细长的船舶。通常必须以某种方式考虑冲击载荷,特别是压力的局部影响。

由于船舶结构载荷的特性随载荷、操作条件和海况的变化而显著不同,因此在分析和设计船舶结构时必须考虑船舶生命周期内的所有可能条件,进水和损伤情况也应考虑在内。

8.6 船体梁载荷计算

船体梁载荷的重要组成部分为垂向弯矩、水平弯矩、剖面剪力和扭转力矩,如图 8.8 所示。这是由于局部压力的分布造成的,包括浮力和重力。计算船体梁载荷的基本理论可以在教科书中找到(Hughes et al. ,2013)。对于商船设计船体梁载荷的计算,船级社提供了简化的公式或指南,其中直接计算船体梁载荷的原则通常是在涉及特殊结构、加载模式或操作条件的情况下推荐的。

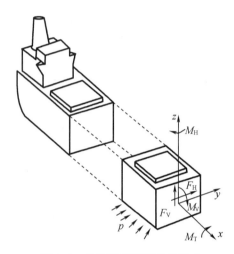

图8.8 船体梁截面载荷的组成

船体总垂向弯矩 M_t 作为船体梁最重要的载荷分量,定义为静水弯矩 M_{sw} 与波浪弯矩 M_w 的极值代数和,如下:

$$M_t = M_{sw} + M_w \tag{8.1}$$

式中,M_{sw} 取船舶静水弯矩在最不利载荷工况下的最大值,同时考虑了中拱和中垂两种情况。对商船来说,M_{sw} 的设计值可以取船级社认可的最大允许静水弯矩。M_w 是船舶在其生命周期中可能遇到的极限波浪弯矩。

为了评估受损船舶结构的安全性和可靠性,可以使用水动力"切片"理论(之所以这样说,是因为船体被理想化地看成是一系列短棱形截面,或周长"切片")来确定 M_w。对于波浪载荷的长期预测,考虑了船舶设计寿命中可能只超过一次的载荷,包括可能遇到的所有海况,而短期预测是根据船舶遇到特定持续时间(如 3 h)的风暴进行的。

按照惯例,对于新建船舶的设计,通常使用长期分析来确定 M_w,而在特定的海洋条件下,如损坏的船舶,预测船舶的 M_w 通常需要短期分析。在计算 M_w 时,可以采用二维切片理论,其中需要区分波浪引起的中垂弯矩和中拱弯矩。

为了近似地说明静水和波浪引起的弯矩之间的相关性,可以使用以下类型的方程来计算总弯矩:

$$M_t = k_{sw} M_{sw} + k_w M_w \tag{8.2}$$

式中,k_{sw} 和 k_w 分别为静水和波浪弯矩的载荷组合因子,考虑了极端静水载荷和波浪载荷并非同时发生。

考虑动载荷的影响,总弯矩为

$$M_t = k_{sw}M_{sw} + k_w(M_w + k_dM_d) \tag{8.3}$$

式中,k_d 为与动弯矩有关的载荷组合因子;M_d 由砰击或鞭击产生,将 M_d 作为在与波浪弯矩相同的波浪条件(如海况)下的极限动弯矩,而在计算 M_d 时考虑了船体柔度的影响。在非常高的海况下,通常忽略动力弯矩 M_d,因为产生鞭击的可能性通常较低。为了考虑远洋商船砰击对船体梁的影响,有人建议在油轮中垂时使用 $M_d = 0.15M_w$,而在油轮中拱时使用 $M_d = 0$(Mansour et al., 1994)。

虽然在海上施加在船体上的外部压力载荷可以用海水水头来计算,但必须确定每个满载货舱和压载舱的内部压力载荷,因为这是由船舶的主要运动(俯仰和横摇)和由此产生的加速度引起的。所有这些动态载荷的相对相位对于确定总载荷是很重要的。

8.6.1 静水载荷

静水力矩沿船体长度的详细分布可以通过对重量和浮力差的双重积分使用简支梁理论来计算。

位置 x_1 处的剖面剪力 $F(x_1)$ 由载荷曲线积分估计,它代表了重量曲线和浮力曲线的差值,即

$$F(x_1) = \int_0^{x_1} f(x)\,dx \tag{8.4}$$

式中,$f(x) = b(x) - w(x)$ 为静水中单位长度净载荷;$b(x)$ 为单位长度浮力;$w(x)$ 为单位长度质量。

位置 x_1 弯矩 $M(x_1)$ 为式(8.4)所示剪力曲线的积分,如下:

$$M(x_1) = \int_0^{x_1} F(x)\,dx \tag{8.5}$$

8.6.2 长期静水和波浪载荷:IACS 统一公式

随着时代的发展,船级社根据自己的研究和经验建立了自己的设计指南,这就产生了对船体梁结构设计的各种不同要求。IACS 现已统一了船体梁纵向强度的要求。

这种统一是很重要的,因为船舶的纵向强度支配着主要构件的基本尺寸,如强力甲板、舷侧、底部结构和纵向舱壁,因此对船体重量、载重量和船舶价格有很大的影响。统一的船舶纵向强度标准于 1989 年 5 月获得 IACS 批准,并作为大多数船级社的船舶纵向强度要求实施。

在 IACS 统一要求(IACS 2012)中,设计静水垂向弯矩按常规计算,考虑了所有合适的加载条件,给出如下公式作为指导:

$$M_{sw} = \begin{cases} +0.015C_1L^2B(8.167 - C_b)\,\mathrm{kN \cdot m} & \text{当中拱时} \\ -0.065C_1L^2B(C_b + 0.7)\,\mathrm{kN \cdot m} & \text{当中垂时} \end{cases} \tag{8.6}$$

式中,L 为船长,单位为 m;B 为船宽,单位为 m;C_b 为方形系数。

在北大西洋波浪条件下,25 年一遇的设计波浪垂向弯矩 M_w 用统一公式表示。将中拱弯矩视为正力矩,将中垂弯矩视为负力矩,适用公式如下:

$$M_w = \begin{cases} +0.19C_1C_2L^2BC_b \text{kN} \cdot \text{m} & \text{当中拱时} \\ -0.11C_1C_2L^2B(C_b+0.7)\text{kN} \cdot \text{m} & \text{当中垂时} \end{cases} \tag{8.7}$$

式(8.6)和式(8.7)中的系数 C_1 作为船体长度(m)的函数确定如下:

$$C_1 = \begin{cases} 0.0792L & \text{当 } L \leqslant 90 \text{ 时} \\ 10.75 - \left[\dfrac{300-L}{100}\right]^{1.5} & \text{当 } 90 < L \leqslant 300 \text{ 时} \\ 10.75 & \text{当 } 300 < L \leqslant 350 \text{ 时} \\ 10.75 - \left[\dfrac{L-350}{150}\right]^{1.5} & \text{当 } 350 < L \leqslant 500 \text{ 时} \end{cases} \tag{8.8}$$

式(8.7)中关于船中位置的系数 C_2 取 1.0,即从船尾垂线开始的 $0.4 \sim 0.65L$ 之间;小于 1.0 的值用于表示其他位置。

8.6.3 长期波浪载荷:直接计算

使用直接计算方法,如切片理论或面元方法,可以估计出沿船舶长度的长期波浪载荷的值和分布的详细信息。

波浪作用下船体梁载荷的计算需要船体湿表面流体力时变分布和惯性力分布的相关信息,时变流体力取决于波浪引起的水的运动和相应的船舶运动。用船体局部质量乘以加速度的极值来估计惯性力的分布。

然后,通过计算每单位长度截面力沿船体长度分布的一重积分和双重积分,分别得到任意时刻的剪力和弯矩。在 x_1 位置的波浪引起的截面剪切力 $F_w(x_1)$ 有

$$F_w(x_1) = \int_0^{x_1} f_w(x)\,\mathrm{d}x \tag{8.9}$$

式中,$f_w(x) = d_f(x) - d_i(x)$ 为波中单位长度的净载荷,$d_f(x)$ 为单位长度时变流体力,$d_i(x)$ 为单位长度惯性力。

然后对波浪剪力进行积分得到波浪弯矩:

$$M_w(x_1) = \int_0^{x_1} F_w(x)\,\mathrm{d}x \tag{8.10}$$

为了获得部分时变流体力和惯性力,应在分析船舶载荷本身之前对船舶的波浪运动进行分析,这些船舶运动及其产生的力的解通常是用切片理论得到的。相关程序可以在大多数船级社指南和标准教科书中找到(Jensen 2001;Hughes et al.,2013)。如上所述,总船体梁载荷由静水载荷和波浪载荷相加得到。

8.6.4 短期波浪载荷:使用参数耐波表简化直接计算

船舶在短期海况下的波浪极限载荷也可以用直接法计算。在许多情况下,在预定义的有效范围内,可以通过使用考虑船舶尺寸、有义波高和船舶速度变化的参数耐波表来节省这方面的时间,例如 Loukakis 和 Chryssostomidis(1975)所开发的表。Loukakis - Chryssostomidis 耐波表设计的目的是在给定有义波高(H_s)、B/T(其中 B 是船宽,T 是船舶的吃水)、L/B(其中 L 是船舶的长度)、船舶工作速度(V)、方形系数(C_b)和海况持续时间的情况下,有效地确定波浪弯矩的均方根(RMS)值。

M_w 是波浪载荷的最可能极值,为方便起见,我们将其称为平均值,其标准差 σ_w 可由上传率分析计算如下:

$$M_w = \left[\sqrt{2\lambda_0 \ln N} + \frac{0.5772}{\sqrt{2\lambda_0 \ln N}} \right] \rho g L \times 10^{4-16} \, (\text{GN} \cdot \text{m}) \tag{8.11a}$$

$$\sigma_w = \frac{\pi}{\sqrt{6}} \sqrt{\frac{\lambda_0}{2\ln N}} \rho g L \times 10^{4-16} \, (\text{GN} \cdot \text{m}) \tag{8.11b}$$

式中,$\sqrt{\lambda_0}$ 为短期波浪弯矩过程的 RMS 值;ρ 是密度;g 是重力加速度;N 是波浪弯矩峰值的预期数量,通常估计为 $N = S/\sqrt{13H_s} \times 3600$,其中 H_s 是有义波高(m)、S 是风暴持续时间(h)。另一种情况是,在 3 h 的风暴中,波浪峰值通常每 6~10 s 出现一次,例如 $N = 3 \times 60 \times 60/10 \approx 1000$。

图 8.9 和 8.10 显示了指定船只在风暴中 3 h(短期)持续时间内的波浪弯矩变化,这是用简化直接法在不同有义波高或船速下得到的,并对 IACS 设计的波浪弯矩值进行了比较。从图 8.9 可以明显看出,如果持续增加有义波高,保持船舶的高航速,理论上可以迫使波浪弯矩超过 IACS 设计值,当然这是不现实的场景。从图 8.10 可以看出,随着船舶航速的增加,波浪弯矩几乎呈线性增加。此外,这些数字表明,对于目前的假设,在合理的船速和有义波高下,波浪弯矩不应超过 IACS 的设计值。

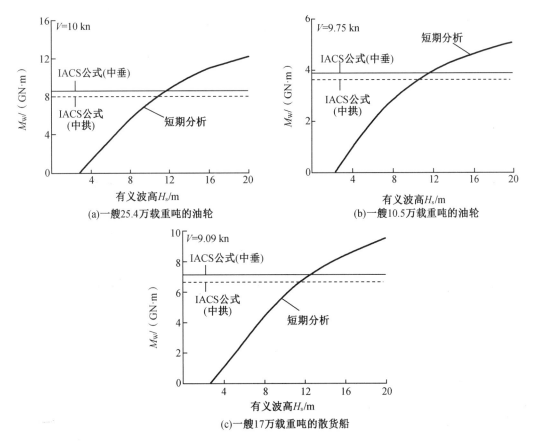

图 8.9　根据 Loukakis-Chryssostomidis 耐波表法得到的波浪弯矩随有义波高的变化

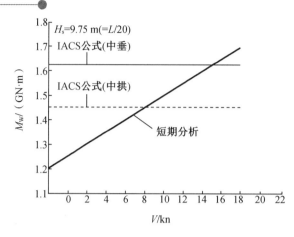

图 8.10 根据 Loukakis-Chryssostomidis 耐波表法绘制的 25.4 万载重吨油轮波浪弯矩随航速的变化

8.7 最小截面模量要求

由于船舶的剖面模量是船舶纵向强度的指标,因此各船级社都制定了剖面模量大于规定值的相关要求。

用简单梁理论法和式(1.16)所示的许用工作应力法建立最小剖面模量的要求:

$$\sigma = \frac{M}{Z} < \sigma_a \tag{8.12}$$

式中,M 为施加弯矩;Z 为剖面模量;σ_a 为许用应力。

由于设计弯矩定义为静水弯矩和波浪弯矩之和,且假定许用应力,式(8.12)给出了钢船结构需要满足的条件如下:

$$Z_{min} > \frac{k}{\sigma_a \times 10^6} | M_{sw} + M_w | \ (m^3) \tag{8.13}$$

式中,Z_{min} 为最小截面模量;k 为高强钢因子,其定义如表 8.3 所示。式(8.12)或(8.13)中,无腐蚀余量的净厚度容许应力 σ_a 为 190 MPa,有腐蚀余量的总厚度容许应力 σ_a 为 175 MPa(Hughes et al. ,2013)。

表 8.3 含腐蚀余量的总尺寸的高抗拉钢系数

钢材类型	屈服应力 σ_Y/MPa	k	许用应力 $\sigma_a = \dfrac{175}{k}$/MPa	σ_a/σ_Y
AH24	235	1.00	175.0	0.745
AH27	265	0.93	188.17	0.710
AH32	315	0.78	224.36	0.713
AH36	355	0.74	236.49	0.666
AH40	390	0.72	243.06	0.623

8.8　船体梁极限强度的确定

第7.5节中描述的用于箱梁的方法同样可用于计算船体梁的极限强度。为了计算截面模量等截面特性,加强筋翼板可以使用一个板单元建模,可以将船体梁理想化为纯板单元(段)模型的组合,如图2.2(d)所示。第7.5.4节中描述的修正的 Paik-Mansour 方法可用于计算船体梁的极限强度,其中结构可以通过图2.2(a)所示的板-加强筋组合模型理想化。当初始缺陷不显著时,板-加强筋组合模型的极限抗压强度可通过第2.9.5.1节所述的 Johnson-Ostelfeld 公式法进行塑性修正,或通过第2.9.5.2节所述的 Perry-Robertson 公式法、第2.9.5.3节所述的 Paik-Thayamballi 经验公式法进行预测;当初始缺陷显著时,板-加强筋组合模型的极限抗压强度可通过第2.9.5.1节所述的 Perry-Robertson 公式法进行预测。

图8.11(a)显示了作为板-加强筋组合模型的散货船船体梁截面模型的示例。图8.11(b)、图8.11(c)显示了散货船受垂向弯矩或中拱弯矩影响的船体梁极限强度性能对比结果,对比结果包括第12章描述的非线性有限元法、第13章描述的 ALPS/ HULL(2017)智能超大尺度有限元法和 IACS 通用结构规范方法(IACS 2012)。表8.4给出了失效和屈服部分的高度,这是由第7.5.3和7.5.4节中描述的原始和修正的 Paik-Mansour 法确定的。

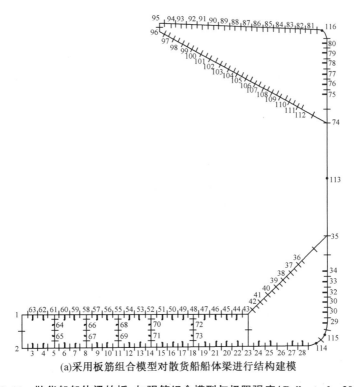

(a)采用板筋组合模型对散货船船体梁进行结构建模

图8.11　散货船船体梁的板-加强筋组合模型与极限强度(Paik et al. ,2013)

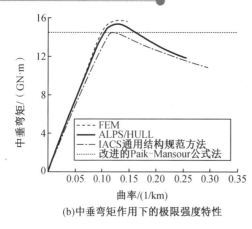
(b)中垂弯矩作用下的极限强度特性

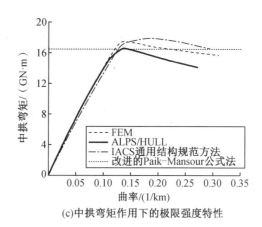
(c)中拱弯矩作用下的极限强度特性

图 8.11(续)

表 8.4 用第 7.5.3 节或第 7.5.4 节中描述的原始或改进的 **Paik-Mansour** 法得到的在垂向弯矩作用下散货船船体梁失效和屈服部分的高度

方法	中拱/mm		中垂/mm	
	h_C	h_Y	h_C	h_Y
原始的 P-M	—	—	17 935.0	0.0
改进的 P-M	1 654.1	13.7	17 935.0	0.0

从这些结果可以明显看出,在这种情况下,使用原始的 Paik-Mansour 法无法实现纯中拱弯矩条件,因为它不允许除了受拉翼板之外其余屈服部分的扩展。当 $h_Y = 137$ mm 时,由于拉伸翼板允许扩张,改进的 Paik-Mansour 法能够实现这一条件。然而,考虑到原始的 Paik-Mansour 法给出了固定形式的极限强度公式,不需要如第 7.5.3 节所述的迭代过程,因此认为原始的 Paik-Mansour 法对于拉伸屈服区域扩展并不显著的情况也是有用的。

8.9 船舶安全评估

表 8.5 列出了第 8.2 节和表 8.1 中描述的 10 艘典型商船或海上设施,其仅在初始缺陷平均但没有结构失效的垂向弯矩下的安全措施计算。当 $k_{sw} = k_w = 1.0$ 时,总弯矩由式(8.2)计算,M_{sw} 和 M_w 由 IACS 统一公式确定,Z_{min} 由式(8.13)计算得到。M_u 是初始缺陷平均水平下的船舶极限垂向弯矩,由第 13 章描述的 ALPS/HULL 智能超大尺度有限元法计算。

表 8.5 10 艘典型商船或海上设施的安全措施计算

项目		SHT	DHT#1	DHT#2	Bulk#1	Bulk#2	Cont#1	Cont#2	Cont#3	FPSO	Shuttle
Z/m^3	甲板	66.301	29.679	77.236	44.354	39.274	18.334	26.635	44.376	31.040	43.191
	底板	70.950	39.126	103.773	62.058	50.544	27.228	42.894	58.785	38.520	49.175
Z_{min}	甲板	60.699	27.814	73.494	44.040	38.950	17.252	26.327	44.042	26.991	36.992
$/m^3$	底板	60.699	27.814	73.494	50.516	42.196	18.689	28.521	47.712	26.991	36.992

表8.5(续)

项目		SHT	DHT#1	DHT#2	Bulk#1	Bulk#2	Cont#1	Cont#2	Cont#3	FPSO	Shuttle
$\dfrac{Z}{Z_{\min}}$	甲板	1.092	1.067	1.051	1.007	1.008	1.063	1.012	1.008	1.150	1.168
	底板	1.169	1.407	1.412	1.228	1.198	1.457	1.504	1.232	1.427	1.329
$M_{sw}/$	中垂	−5.058	−2.318	−6.125	−4.210	−3.516	−1.557	−2.377	−3.976	−2.249	−3.083
$(\mathrm{GN \cdot m})$	中拱	5.584	2.559	6.815	4.673	3.868	1.943	3.162	5.107	2.488	3.409
$M_{w}/$	中垂	−8.560	−3.923	10.365	−7.124	−5.951	−2.636	−4.022	−6.729	−3.806	−5.217
$(\mathrm{GN \cdot m})$	中拱	8.034	3.682	9.674	6.661	5.599	2.250	3.237	5.597	3.568	4.891
$M_{t}/$	中垂	−13.618	−6.240	−16.489	−11.334	−9.467	−4.193	−6.399	−10.705	−6.056	−8.300
$(\mathrm{GN \cdot m})$	中拱	13.618	6.240	16.489	11.334	9.467	4.193	6.399	10.705	6.056	8.300
$M_{u}/$	中垂	−16.767	−6.899	19.136	−14.281	−12.165	−6.800	−9.571	−16.599	−7.282	−11.280
$(\mathrm{GN \cdot m})$	中拱	15.826	8.485	23.566	14.434	12.027	5.953	9.049	13.075	8.760	11.404
$\dfrac{M_{u}}{M_{t}}$	中垂	1.231	1.106	1.161	1.260	1.285	1.622	1.496	1.551	1.202	1.359
	中拱	1.162	1.360	1.429	1.274	1.270	1.420	1.414	1.221	1.446	1.374

注:$Z_{\min}$=最小所需截面模量,$M_t = M_{sw} + M_w$;用 ALPS/HULL 智能超大尺度有限元法计算出初始缺陷平均、结构未损伤的船体极限垂向弯矩。

基于极限强度的安全措施计算,采用分项安全系数 1.0。从表 8.5 中可以明显看出,基于截面模量(许用应力设计方法)的安全措施,在所有考虑的船舶中,在底板上比在甲板上有更大的裕量。然而,在散货船和集装箱船等船舶中,基于船体极限强度的安全措施(极限状态设计法),在中拱情况下的裕度小于在中垂情况下的裕度。

8.10 侧向压力载荷的影响

考虑横向压力载荷对船体梁极限强度的影响是十分必要的。Kim 等(2013b)研究了一艘苏伊士型(Suezmax)双壳油轮在垂向弯矩作用下的船体逐渐失效行为,该油轮的长度 $L =$ 264 m,宽度 $B = 48$ m,型深 $D = 23.2$ m,吃水 $d = 16$ m,方形系数 $C_b = 0.843$,重点研究了侧向压力载荷的影响。以 CSR(IACS 2012)为基础,考虑满载和压载两种典型的加载工况,锚定(静侧向压力)和运行(静+动侧向压力)两种船舶工况,如图 8.12 和图 8.13 所示。

图 8.14 显示了非线性有限元法得到的满载和压载状态下的船体渐近失效行为,如第 12 章所述。由图 8.14 可以看出,侧向动压力载荷对船体梁极限强度行为的影响大于静侧向压力作用。在此具体情况下,无论是在满载状态下还是在压载状态下,再加上侧向压力,船体梁的极限强度降幅均小于 10%。

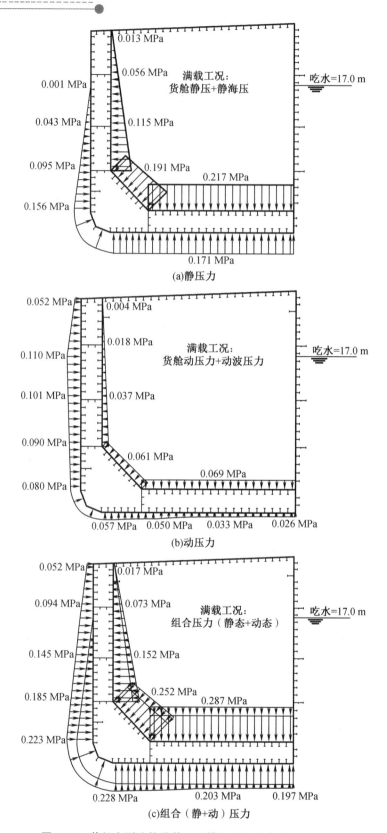

图8.12 苏伊士型油轮满载工况横向压力分布（IACS 2012）

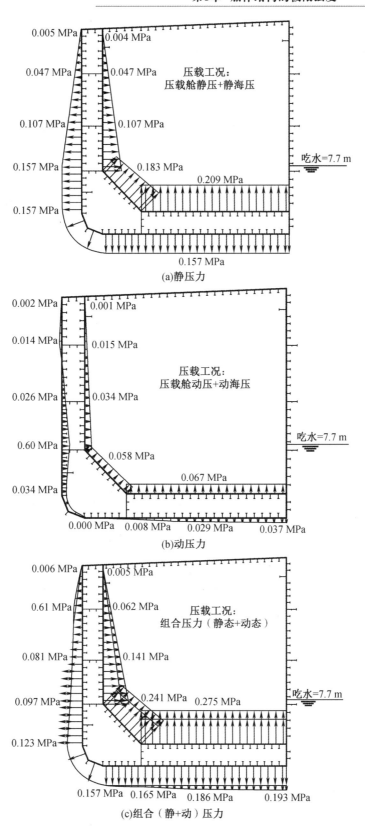

图 8.13 苏伊士型油轮压载工况横向压力分布(IACS 2012)

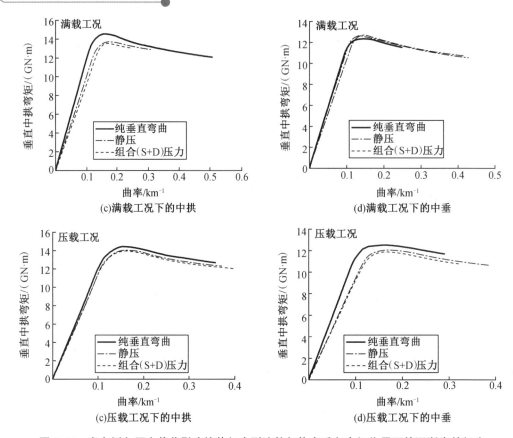

图 8.14　考虑侧向压力载荷影响的苏伊士型油轮船体在垂向弯矩作用下的逐渐失效行为

8.11　船体梁组合载荷之间的极限强度与耦合关系

8.11.1　垂向和水平组合弯曲

　　在海上的一些以垂向弯矩为主的船舶中,水平弯矩的影响非常显著,因此评估水平弯矩对船体梁极限垂向弯矩的影响具有重要意义。

　　图 8.15 显示了一些指定的船体梁的渐近失效行为,如第 8.2 节中描述的一艘 31.3 万载重吨的双壳油轮,一艘 17 万载重吨的单壳散货船,以及一艘 9 000 TEU 的集装箱船。图 8.16 示出了第 8.2 节所述的典型商船或海上设施的船体梁极限相互作用关系,这是由第 13 章所述的 ALPS/HULL 智能超大尺度有限元法得到的,其中考虑了初始缺陷的影响。可见,水平弯矩对船体梁极限强度的影响显著,式(7.55)可用于预测船体梁在双向弯矩联合作用下的极限强度。需要注意的是,当垂向弯矩最大时,水平弯矩通常不是最大的,因此在使用图 8.16 的结果进行设计校核时,有必要考虑载荷组合。

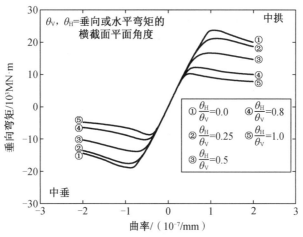

(a)31.3万载重吨的双壳油轮,具有两个纵向舱壁

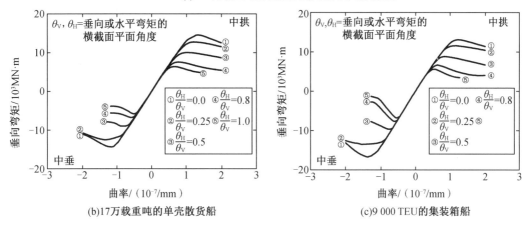

(b)17万载重吨的单壳散货船　　　　　　　(c)9 000 TEU的集装箱船

图8.15　ALPS/HULL 智能超大尺度有限元法计算船体梁在纵横弯矩联合作用下的逐渐失效行为

8.11.2　垂向弯矩和剪力

船体梁在垂向弯矩和剪力的联合作用下的失效可由式(7.56a)计算。图8.17显示了第8.2节所述的典型商船或海上设施在垂向弯矩和剪力共同作用下,船体梁极限强度的相互作用关系。将式(7.56a)预测的船体梁极限强度与第13章中描述的 ALPS/HULL 智能超大尺度有限元法的解进行比较可知,式(7.56a)与更精确的方法解具有相当好的一致性。

8.11.3　水平弯曲和剪力

船体梁在水平弯矩和剪力的联合作用下的失效可由式(7.56b)计算。图8.18显示了8.2节所述的典型商船或海上设施在水平弯矩和剪力联合作用下,船体梁极限强度的相互作用关系。将式(7.56b)预测的船体梁极限强度与 ALPS/HULL 智能超大尺度有限元法的解决方案进行比较,考虑了初始缺陷的影响,如第13章所述,可以认为式(7.56b)与更精细的方法解具有相当好的一致性。

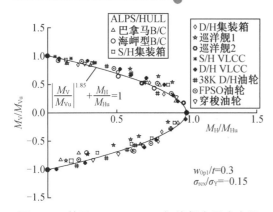

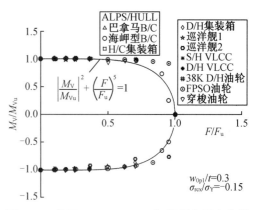

图 8.16　基于 ALPS/HULL 智能超大尺度有限元法得到的船体梁垂向与水平弯矩相互作用关系

图 8.17　基于 ALPS/HULL 智能超大尺度有限元法得到的船体梁垂向弯矩与剪力极限强度的相互作用关系

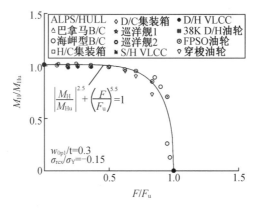

图 8.18　基于 ALPS/HULL 智能超大尺度有限元法得到的船体梁水平弯矩与剪力极限强度的相互作用关系

8.11.4　垂向弯曲、水平弯曲和剪力的组合

采用与第 3.8 节类似的方法，可以根据两个载荷分量之间的三组相互关系，即 M_V-M_H 关系、M_V-F 关系和 M_H-F 关系，推导出包含垂向弯曲、水平弯曲和剪力三个载荷分量的相互关系。图 8.19 为三个载荷分量相互作用关系的推导过程示意图，由此得到的相互作用方程如下：

$$\Gamma_{\mathrm{u}} = \left(\frac{M_V}{M_{Vu} F_{VR}}\right)^{c_1} + \left(\frac{M_H}{M_{Hu} F_{HR}}\right)^{c_2} - 1 = 0 \tag{8.14}$$

式中，$F_{VR} = \{1 - (F/F_{\mathrm{u}})^{c_4}\}^{1/c_3}$；$F_{HR} = \{1 - (F/F_{\mathrm{u}})^{c_6}\}^{1/c_5}$；$c_1$ 和 c_2 为式（7.55）中定义的系数；$c_3 \sim c_6$ 为式（7.56）中定义的系数。因此 Γ_{u} 表示船体失效函数，其中，F_{VR} 和 F_{HR} 表示剪力导致的折减系数。如果 Γ_{u} 的值小于 0，即 $\Gamma_{\mathrm{u}} < 0$，则认为船体处于无失效状态，但如果 $\Gamma_{\mathrm{u}} \geqslant 0$，则认为船体可能会失效。

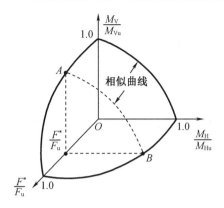

图 8.19 三个载荷分量相互作用关系的推导示意图

8.11.5 扭矩的影响

在船体结构中,翘曲位移通常只受到部分抑制,因此对翘曲应力和舱口变形的分析原则上是船舶结构响应分析的重要组成部分。对于扭转对弯曲承载力的影响,只要扭转的大小不占主导,它不会给船体的极限垂向弯矩带来敏感的影响(Paik et al.,2001)。但需要注意的是,当扭矩较大时,具有较低扭转刚度的船体的极限抗弯强度会显著降低。图 8.20 为第 13 章利用 ALPS/HULL 智能超大尺度有限元法得到的集装箱船舶在垂向弯矩和扭矩联合作用下的船体梁极限强度的相互作用关系。由此可见,式(7.58)可以用于该情况下船体梁的极限强度预测。

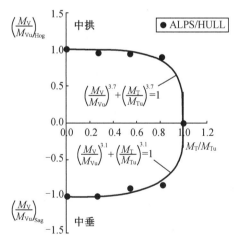

图 8.20 基于 ALPS/HULL 智能超大尺度有限元法得到的集装箱船在垂向弯矩和扭矩联合作用下的极限强度的相互作用关系

8.12 船体梁失效相关的安定极限状态

8 000 TEU 集装箱船"MOL COMFORT"号于 2013 年 6 月 17 日发生了船体梁失效事故。相关组织和人员对该事故原因进行了广泛的调查(ClassNK,2014),但仍存在一些不确定性因素(Koh et al. ,2016)。现有的船体梁极限强度计算方法假定船体梁载荷是单调施加的,然而,船体梁载荷会随着波浪作用循环发生,并且部分船体梁载荷可能是极端的,虽然它们可能不会导致船体梁失效,在这种情况下,局部区域的载荷效应可能远远超过屈服应力,从而导致塑性行为。

当结构经过一个或几个循环加载后,在适当范围内的循环加载下响应稳定时,就会发生安定。提出安定性定理是为了研究连续体和结构在相对大范围循环载荷作用下的塑性行为。弹性安定是指结构在循环加载早期经过初始塑性流动后始终具有弹性响应,弹性安定极限可以用来评估结构循环载荷的安全范围。Gruning 在 1929 年创造了"shakedown"这个词,而 Melan(1938)描述了一个更普遍适用的定理,称为静态安定定理,随后 Koiter(1956)提出了一个运动学安定定理。Williams(2005)将这些定理总结如下。

• Melan 的静态安定定理(下界)指出:

如果能找到任何自平衡的残余应力系统,并且结合循环载荷产生的应力在任何时候都不超过屈服,那么就会发生弹性安定。

• Koiter 的运动学安定定理(上界)指出:

如果能找到任何一种运动学上可接受的递增塑性失效机制,其中由于载荷导致的弹性应力所做的功的速率超过塑性耗散的速率,那么就会发生递增塑性失效。

Jones(1975)指出,这些定理可以用来预测安定载荷的大小,但它们不能提供任何关于达到安定状态所需的载荷循环次数的信息。一般情况下,安定定理可以直接确定结构中是否存在安定状态,如果存在则可确定安定载荷范围。

图 8.21 给出了不同范围循环载荷作用下结构响应的不同形式。如果载荷低于结构的第一屈服载荷,则响应为完全弹性,如图 8.21(a)所示。在这种情况下,由于高周疲劳,结构在经过大量的载荷循环后最终可能会失效,这对结构的设计使用寿命是有意义的。当循环载荷落在首次屈服和静极限载荷之间时,会出现如图 8.21(b)、(c)、(d)所示的三种弹塑性行为。在弹性安定情况[图 8.21(b)]下,塑性流动发生在最开始或最初的几个循环中,在结构中产生自平衡的残余应力或残余应变,这样之后结构只表现出弹性响应。在较高的载荷工况[图 8.21(c)]下,每个加载周期都会导致结构的弹塑性变形,非累积循环塑性的稳定状态可以称为塑性安定。由于低周疲劳,存在塑性安定的结构将在有限次加载循环后失效(Abdel-Karim,2005)。在更大的载荷工况[图 8.21(d)]下,每个载荷循环产生净塑性变形增量,并不断累积,直至结构发生失效。

相关文献描述了梁弹性安定状态的卸载和重新加载过程,以及残余应力分布(Hodge,1959;Konig,1971;Sawczuk,1974;Jones,1975;Borkowske et al. ,1980;Williams,2005)。可以看出,在循环加载下,除了如图 8.21(a)所示的使用寿命耗尽导致的高周疲劳外,结构在低于极限单调载荷[图 8.21(d)中的黑点所示]时也可能发生失效。因此,在一般实践中,若载荷小于弹性安定极限,结构在其整个寿命周期内理论上是安全的。也就是说,相应的弹性安定极限可以看作是结构的一种循环承载能力。

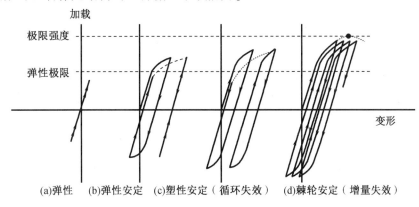

图 8.21　不同范围循环载荷作用下结构响应

Jones(1975)第一个将安定定理应用到船体梁上,他在没有考虑屈曲限制的情况下将船舶建模为一根梁。他的结果表明,与弹性安定极限相关的垂向弯矩总是较低,或最多等于静态极限垂向弯矩。他建议使用安定极限作为失效评估的基础,而不是第 8.8 节所述的极限强度。

Jones(1976)对无穷小位移的安定现象做了进一步的讨论。Jones(1973)对一个在重复的动态脉冲压力作用下的刚性理想塑性的矩形板引入了伪安定现象。伪安定只可能发生在受相同重复载荷的刚塑性结构中,该结构产生稳定的有限挠度(例如,轴向约束梁,圆形、矩形和任意形状的板,以及轴向约束圆柱壳)。这一现象已在受重复波浪冲击的船头被观察到(Yuhara,1975),并使用伪安定理论进行了成功的分析(Jones,1977)。关于伪安定现象的更多细节可以在 Jones(1997)的书中找到。

Jones(1975)应用这些理论,将船舶理想化为自由端梁,在不考虑任何残余弯矩的情况下,计算了船体梁的弹性安定极限。Zhang 等(2016)推广了这些理论,考虑了局部屈曲效应,计算了船体梁弹性安定。

8.13　老龄结构退化的影响

随着船龄的增长,老化的船体结构可能遭受结构退化,如腐蚀和疲劳裂纹。由于一般腐蚀会均匀地降低结构构件的壁厚,因此可以通过腐蚀折减(即厚度减少)来评估初级强度构件的极限强度或有效性。对于有疲劳裂纹的结构构件,与裂纹损伤相关的截面面积可以在强度计算中折减,如第 4 章和第 9 章所述。

与老化相关的损伤本质上是与时间相关的,因此考虑老化损伤的船体梁极限强度也与时间相关,Paik 等(2003)研究了所选船舶随时间变化的船体梁极限强度。图 8.22 显示了一艘 10.5 万载重吨的双壳油轮与老化相关的损伤对船体梁极限强度的影响。从图中可以明显看出,随着船体老化,腐蚀深度和裂纹尺寸(长度)随时间而增长,船体梁的极限强度降低。

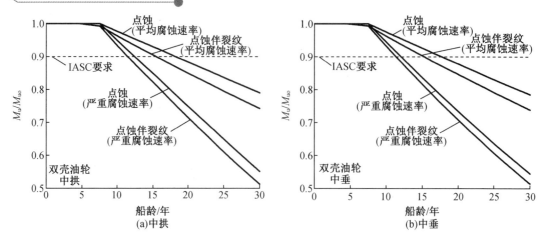

图 8.22　一艘 10.5 万载重吨的双壳油轮随时间变化的船体梁极限强度

为了有效地使船舶的安全性和可靠性高于临界水平,必须建立合理的、具有成本效益的维护方案,并考虑严重受损构件的维修策略。船级社规范通常要求老化船舶的纵向强度保持在新船舶初始状态的 90% 以上的水平。虽然该规则的要求实际上是基于船舶的截面模量,但也可以应用于制定修复方案,使老化船舶的船体梁极限强度必须大于原船舶的 90%。

任何结构构件的更新准则都是基于构件的极限强度而不是板的厚度。这是因为后者基于构件厚度损失的百分比,不能体现疲劳开裂或局部凹陷损伤甚至点蚀的影响,但可以较好地处理均匀腐蚀导致的厚度减小。前者基于构件极限强度的方法能够较好地表征受损结构的强度降低。因此,在前一种方法中,如果由于老化相关的退化或机械凹陷造成的极限强度损失超过一个临界值,需对任何结构构件类别进行修复。

图 8.23 为一艘 10.5 万载重吨的双壳油轮在修复严重损坏的构件后,船体梁极限强度随时间的变化。根据船级社要求,船体梁极限强度必须始终大于原始状态的 90%。从图 8.23 可以看出,通过适当的维修保养策略可以控制老化船舶的结构安全,构件极限强度可以得到较好的控制。

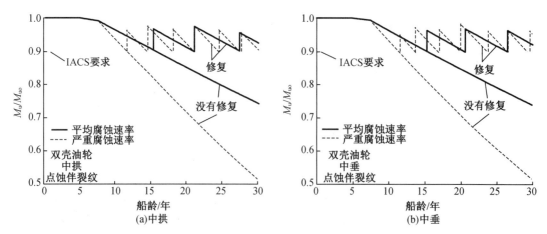

图 8.23　一艘 10.5 万载重吨的双壳油轮的修复和由此产生的随时间变化的船体梁极限强度随老化的变化

对于与老化相关的船体损伤的更多应用实例,感兴趣的读者可以参考 Paik(1994)、Paik 等(1998a, 2003)和 Kim 等(2012,2015a)的文献。

8.14 事故引起的结构损伤的影响

第 7 章中描述的板组件的各种方法也可以用于考虑事故相关的结构损伤（如局部凹痕）对船体结构极限强度的影响，其中受损板单元的屈曲和极限强度可以按照第 4 章和第 10 章的阐述进行评估。当损伤在尺寸或程度上足够显著时，在计算有效板宽和极限强度时，可将受损部分排除在外。即使是受张力影响的结构构件，只要它们遭受了严重的结构破坏，也可以采用类似的排除措施。

图 8.24 是一艘 30.7 万载重吨双壳油轮船体横截面发生碰撞或搁浅的船体截面示例。图 8.25 为搁浅损伤的双壳油轮船体渐进失效非线性有限元分析模型。与底部结构存在搁浅损伤不同，碰撞损伤通常发生在上舷侧。无论受拉或受压的损伤构件，在分析船体剩余强度时都将被排除在外。剩余强度比定义为基于剖面模量或船体主梁极限强度的受损船舶与完好船舶的强度量值之比。图 8.26 给出了剩余强度比随搁浅或碰撞损伤量的变化情况。采用第 13 章所述的 ALPS/ HULL 智能超大尺度有限元法计算了受搁浅或碰撞损伤的船体梁的极限强度。这些结果是在假定受损的中性轴平行于原始轴的前提下获得的，因此应该被视为是概念性的，特别是对于重大的损伤量。从图 8.26 可以明显看出，事故损伤会显著降低船体的安全性。

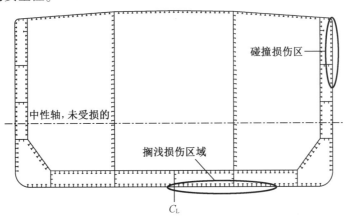

图 8.24 一艘 30.7 万载重吨的双壳油轮发生碰撞或搁浅损伤的船体截面示例

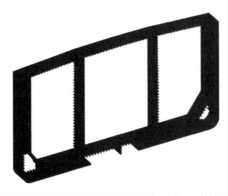

图 8.25 搁浅损伤的双壳油轮船体渐进失效非线性有限元分析模型

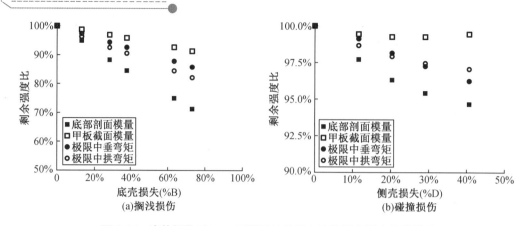

图 8.26　事故损伤对 30.7 万载重吨的双壳油轮剩余强度比的影响

如第 7.7 节所述,快速准确地评估受损船舶结构的剩余极限强度是非常有用的。这在事故发生后,在损坏的位置和程度已知的情况下,便于立即快速规划打捞和救援行动。Paik 等(2012)提出了一种利用事先建立的剩余强度–损伤指数图(R–D 图)的方法。图 8.27 展示了 Paik 等(2012)建立的不同尺度双壳油轮船体梁剩余极限强度与搁浅损伤相关的 R–D 图。Youssef 等(2017)建立了船舶碰撞损坏的 R–D 图。

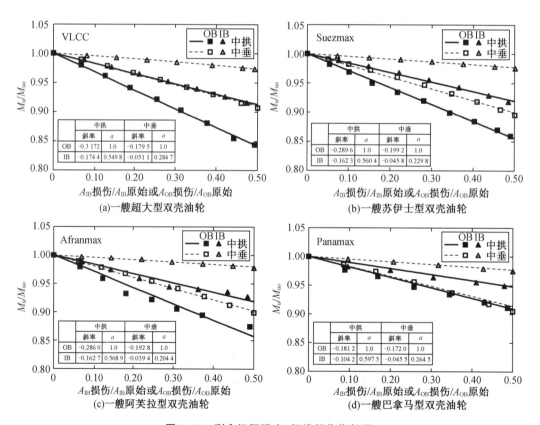

图 8.27　剩余极限强度–搁浅损伤指数图

对于船舶事故相关损伤的更多案例,感兴趣的读者可以参考 Paik 等(1998b, 2012), Kim 等(2013a, 2013c, 2014a, 2014b, 2015b),Youssef 等(2014,2016,2017)以及其他相关文献。

参 考 文 献

Abdel-Karim, M. D. (2005). Shakedown of complex structures according to various hardening rules. International Journal of Pressure Vessels and Piping, 82(6): 427-458.

ALPS/HULL (2017). A computer program for the progressive collapse analysis of ship's hull structures. MAESTRO Marine LLC, Stevensville, MD.

Borkowske, A. & Kleiber, M. (1980). On a numerical approach to shakedown analysis of structures. Computer Methods in Applied Mechanics and Engineering, 22(1): 101-119.

ClassNK (2014). Investigation report on structural safety of large container ships: the Investigative Panel on Large Container Ship Safety. ClassNK, Tokyo.

Faulkner, D. (1998). An independent assessment of the sinking of the M. V. Derbyshire. Transactions of the Society of Naval Architects and Marine Engineers, 106: 59-103.

Hodge, P. G. (1959). Plastic analysis of structures. McGraw-Hill Series in Engineering Sciences, New York.

Hughes, O. F. & Paik, J. K. (2013). Ship structural analysis and design. The Society of Naval Architects and Marine Engineers, Alexandria, VA.

IACS (2012). Common structural rules. International Association of Classification Societies, London.

Jensen, J. J. (2001). Load and global response of ships. Elsevier, London.

Jones, N. (1973). Slamming damage. Journal of Ship Research, 17(2): 80-86.

Jones, N. (1975). On the shakedown limit of a ship's hull girder. Journal of Ship Research, 19(2): 118-121.

Jones, N. (1976). Plastic behavior of ship structures. Transactions of the Society of Naval Architects and Marine Engineers, 84: 115-145.

Jones, N. (1977). Damage estimates for plating of ships and marine vehicles. Proceedings of International Symposium on Practical Design in Shipbuilding, Tokyo: 121-128.

Jones, N. (1997). Dynamic plastic behaviour of ship and ocean structures. Transactions of the Royal Institution of Naval Architects, 139(Part A): 65-97.

Kim, D. K., Kim, H. B., Hairil Mohd, M. & Paik, J. K. (2013a). Comparison of residual strength-grounding damage index diagrams for tankers produced by the ALPS/HULL ISFEM. International Journal of Naval Architect and Ocean Engineering, 5(1): 47-61.

Kim, D. K., Kim, S. J., Kim, H. B., Zhang, X. M., Li, C. G. & Paik, J. K. (2015a). Ultimate strength performance of bulk carriers with various corrosion additions. Ships and Offshore Structures, 10(1): 59-78.

Kim, D. K., Kim, B. J., Seo, J. K., Kim, H. B., Zhang, X. M. & Paik, J. K. (2014a). Time-dependent residual ultimate longitudinal strength-grounding damage index (R-D) diagram. Ocean Engineering, 76: 163-171.

Kim, D. K., Liew, M. S., Youssef, S. A. M., Hairil Mohd, M., Kim, H. B. & Paik, J. K. (2014b). Time-dependent ultimate strength performance of corroded FPSOs. Arabian Journal of Science and Engineering, 39(11): 7673-7690.

Kim, D. K., Park, D. K., Kim, J. H., Kim, S. J., Seo, J. K. & Paik, J. K. (2012). Effect of corrosion on the ultimate strength of double hull oil tankers-part Ⅱ: hull girders. Structural Engineering and Mechanics, 42(4): 531-549.

Kim, D. K., Park, D. H., Kim, H. B., Kim, B. J., Seo, J. K. & Paik, J. K. (2013b). Lateral pressure effects on the progressive hull collapse behavior of a Suezmax-class tanker under vertical bending moments. Ocean Engineering, 63: 112-121.

Kim, D. K., Pedersen, P. T., Paik, J. K., Kim, H. B., Zhang, X. M. & Kim, M. S. (2013c). Safety guidelines of ultimate hull girder strength for grounded container ships. Safety Science, 59: 46-54.

Kim, Y. S., Youssef, S. A. M., Ince, S. T., Kim, S. J., Seo, J. K., Kim, B. J., Ha, Y. C. & Paik, J. K. (2015b). Environmental consequences associated with collisions involving double hull oil tankers. Ships and Offshore Structures, 10(5): 479-487.

Koiter, W. T. (1956). A new general theorem on shakedown of elastic-plastic structures. Proceedings of the Koninklijke Nederlandse Akademie Van Wetenschappen, B59: 24-32.

Koh, T. J. & Paik, J. K. (2016). Structural failure assessment of a post-Panamax class containership: lessons learned from the MSC Napoli accident. Ships and Offshore Structures, 11(8): 847-859.

Konig, J. A. (1971). A method of shakedown analysis of frames and arches. International Journal of Solids Structures, 7(4): 327-344.

Loukakis, T. A. & Chryssostomidis, C. (1975). Seakeeping standard series for cruiser-stern ships. Transactions of the Society of Naval Architects and Marine Engineers, 83: 67-127.

Mansour, A. E. & Thayamballi, A. K. (1994). Probability based ship design: loads and load combination. SSC-373, Ship Structure Committee, Washington, DC.

Melan, E. (1938). Der spannungsgudstand eines Henky-Mises schen kontinuums bei verlandicher bealstung. Wissenschaften Wien, Series 2A, 147: 73.

Paik, J. K. (1994). Hull collapse of an aging bulk carrier under combined longitudinal bending and shearing force. Transactions of the Royal Institution of Naval Architects, 136: 217-228.

Paik, J. K. & Faulkner, D. (2003). Reassessment of the M. V. Derbyshire sinking with the focus on hull-girder collapse. Marine Technology, 40(4): 258-269.

Paik, J. K., Kim, D. H., Park, D. H. & Kim, M. S. (2012). A new method for assessing the safety of ships damaged by grounding. Transactions of the Royal Institution of Naval Architects, 154 (A1): 1-20.

Paik, J. K., Kim, D. K., Park, D. H., Kim, H. B. Mansour, A. E. & Caldwell, J. B. (2013). Modified Paik-Mansour formula for ultimate strength calculations of ship hulls. Ships and Offshore Structures, 8(3-4): 245-260.

Paik, J. K., Kim, S. K., Yang, S. H. & Thayamballi, A. K. (1998a). Ultimate strength reliability of corroded ship hulls. Transactions of the Royal Institution of Naval Architects, 140: 1-18.

Paik, J. K., Seo, J. K. & Kim, B. J. (2008). Ultimate limit state assessment of the M. V. Derbyshire hull structure. Journal of Offshore Mechanics and Arctic Engineering, 130(2): 021002-1-021002-9.

Paik, J. K. & Thayamballi, A. K. (1998). The strength and reliability of bulk carrier structures subject to age and accidental flooding. Transactions of the Society of Naval Architects and Marine Engineers, 106: 1-40.

Paik, J. K., Thayamballi, A. K., Pedersen, P. T. & Park, Y. I. (2001). Ultimate strength of ship hulls under torsion. Ocean Engineering, 28: 1097-1133.

Paik, J. K., Thayamballi, A. K. & Yang, S. H. (1998b). Residual strength assessment of ships after collision and grounding. Marine Technolog y, 35(1): 38-54.

Paik, J. K., Wang, G., Kim, B. J. & Thayamballi, A. K. (2002). Ultimate limit state design of ship hulls. Transactions of the Society of Naval Architects and Marine Engineers, 110: 173-198.

Paik, J. K., Wang, G., Thayamballi, A. K., Lee, J. M. & Park, Y. I. (2003). Time-dependent risk assessment of aging ships accounting for general/pit corrosion, fatigue cracking and local denting damage. Transactions of the Society of Naval Architects and Marine Engineers, 111: 159-197.

Sawczuk, A. (1974). Shakedown analysis of elastic-plastic structures. Nuclear Engineering and Design, 28(1): 121-136.

Turan, O. and Vassalos, D. (1994). Dynamic stability assessment of damaged passenger ships. Transactions of the Royal Institution of Naval Architects, 136: 79-104.

Williams, J. A. (2005). The influence of repeated loading, residual stresses and shakedown on the behaviour of tribolog ical contacts. Tribology International, 38(9): 786-797.

Youssef, S. A. M., Faisal, M., Seo, J. K., Kim, B. J., Ha, Y. C., Paik, J. K., Cheng, F. & Kim, M. S. (2016). Assessing the risk of ship hull collapse due to collision. Ships and Offshore Structures, 11(4): 335-350.

Youssef, S. A. M., Ince, S. T., Kim, Y. S., Paik, J. K., Cheng, F. & Kim, M. S. (2014). Quantitative risk assessment for collisions involving double hull oil tankers. Transactions of the Royal Institution of Naval Architects, 156(A2): 157-174.

Youssef, S. A. M., Noh, S. H. & Paik, J. K. (2017). A new method for assessing the safety of ships damaged by collisions. Ships and Offshore Structures, 12(6): 862-872.

Yuhara, T. (1975). Fundamental study of wave impact loads on ship bow. Journal Society Naval Architects of Japan, 137: 240-245.

Zhang, X., Paik, J. K. & Jones, N. (2016). A new method for assessing the shakedown limit state associated with the breakage of a ship's hull girder. Ships and Offshore Structures, 11(1): 92-104.

第9章 结构断裂力学

9.1 结构断裂力学基础

在循环载荷的作用下,结构的应力集中区域可能会形成疲劳裂纹。在结构加工制造过程中可能会产生初始缺陷,缺陷可能长时间不会被发现,随着时间的增长,在缺陷位置可能会萌生裂纹并扩展。除了在循环载荷下的裂纹扩展外,在单调增加的极端载荷下,裂纹尺度也可能以不稳定的方式增加,这种情况可导致结构发生灾难性破坏。但是,这些可能性会因为材料的延展性和复杂结构中可阻止裂纹增长的低应力区域的存在而降低,甚至在简单结构中亦如此。

对于极限载荷作用下老龄结构的剩余强度评估,往往考虑已知的裂纹(现存的或假设的)作为影响参数。本章主要讨论了在单调极限载荷作用下,存在裂纹损伤的板结构的极限状态评估问题,也简单地讨论了循环载荷作用下裂纹的扩展问题。从已知的初始裂纹尺寸开始,在任何给定的时间点,预测受循环载荷作用的裂纹的大小。

与裂纹相关的结构断裂方式可分为三组:脆性断裂、韧性断裂和破裂(Machida,1984)。当材料断裂的应变很低时,称为脆性断裂。然而,在由具有足够断裂韧性的材料制成的结构中,断裂应变比较大。当材料由于大塑性流动的颈缩而破坏时,称为破裂。韧性断裂是介于脆性断裂和破裂之间的一种中间破坏模式。

有尖锐裂纹的韧性断裂过程分为四个阶段:初始尖锐裂纹尖端的钝化、初始裂纹扩展、稳定裂纹扩展和不稳定裂纹扩展(Shih,1977)。韧性断裂特征一般取决于材料的韧性,但也会受到加载速率、腐蚀和温度等环境因素的影响。对于高韧性材料,裂纹尖端会显著钝化,在断裂前稳定的裂纹扩展阶段会比较长。而对于低韧性材料,裂纹尖端钝化相对较少,没有稳定的裂纹扩展阶段,发生不稳定的裂纹扩展。

在罕见的情况下,结构被大裂纹或与裂纹相关的大范围塑性削弱,导致结构刚度下降,可能会发生大变形。图9.1为单调加载下带裂纹结构的非线性行为。需要注意的是,有裂纹时结构的刚度和极限强度均低于无裂纹时的情况。

韧性材料的断裂行为与脆性材料有很大不同。韧性材料通常表现出缓慢而稳定的裂纹扩展,伴随有相当大的塑性变形。换言之,它们在裂纹扩展过程中发挥抵抗作用。对材料、构件和结构断裂行为的研究被称为结构断裂力学。因此,结构断裂力学是一门工程学科,可用于量化承载结构因裂纹扩大而失效的条件。

人们普遍认为,现代结构断裂力学起源于格里菲斯(Griffith,1920)的工作,他解决了对裂纹结构采用弹性理论时固有的无限大裂纹尖端应力困境。然而,在一段时间内,人们对裂纹的研究仅存学术方面的兴趣,其中一个原因是Griffith的理论明显不适用于工程材料(如金属),其断裂抗力值通常比脆性材料(如玻璃)的断裂抗力值大几个数量级。

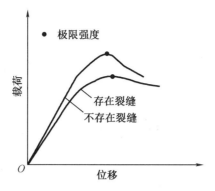

图 9.1 裂纹损伤对板结构极限强度行为影响的示意图

Irwin(1948)和 Orowan(1948)分别对这一问题做出了重要贡献,他们将 Griffith 的方法拓展到金属,包括了局部塑性耗散的能量。在同一时期,Mott(1948)将 Griffith 的理论用于快速扩展的裂纹。

Irwin(1956)提出了能量释放率的概念,并将其与 Griffith 的理论联系起来。他使用 Westergaard(1939)的方法,开发了一种分析尖锐裂纹前应力和位移的方法。Irwin(1957)表明,裂纹尖端附近的应力和位移可以用一个与能量释放率有关的参数来描述。该裂纹尖端特征参数为应力强度因子。在同一时期,Williams(1957)也计算了裂纹尖端的应力分布,不过使用了与 Irwin 略有不同的技术,但两个结果基本上是一致的。

线弹性断裂力学(LEFM)通常适用于脆性材料,将 LEFM 直接应用于韧性材料会导致过于保守的预测。在 20 世纪 60 年代,人们认识到在裂纹尖端发生大规模屈服破坏时,LEFM 是不适用的。为了适应裂纹尖端屈服的影响,一些研究人员提出了近似方法,主要是通过对 LEFM 进行修正和扩展(Dugdale, 1960; Wells, 1961, 1963; Barenblatt, 1962)。Dugdale(1960)提出了一个理想模型,假设裂纹尖端狭长带中材料屈服;Wells(1961, 1963)提出当裂纹尖端发生大规模塑性时,裂纹面的位移可以作为替代断裂准则,Wells 参数被称为裂纹尖端张开位移(CTOD)。

Rice(1968)引入了另一个参数来表征裂纹尖端的非线性材料行为,他将塑性变形理想化为非线性弹性,将能量释放率推广到非线性材料,得到的参数就是 J 积分。在同一时期,Hutchinson(1968)、Rice 和 Rosengren(1968)表明 J 积分可以用来表示材料在非线性弹性范围内裂纹尖端应力场的特征。

为了将断裂力学应用于结构设计,必须建立材料韧性、应力和缺陷尺寸之间的数学关系。虽然对线性弹性问题,这些关系已经存在了一段时间,Shih 和 Hutchinson(1976)却是第一个提供理论框架针对非线性问题建立这些关系。Shih(1981)还建立了 J 积分与 CTOD 之间的关系。

关于 1913—1965 年结构断裂力学早期研究的详细总结,读者可以参考 Barsom(1987)的文献。Anderson(1995)对 1960—1980 年的结构断裂力学研究进行了全面的综述。结构断裂力学的详细论述可以参阅 Machida(1984)、Kanninen 和 Popelar(1985)、Broek(1986)、Anderson(1995)、Lotsberg(2016)等的书籍。另外,在结构断裂力学方面也有许多实践应用的参考手册(例如,Sih,1973;Tada et al.,1973;Rooke et al.,1976;Murakami,1987)。

本章描述结构断裂力学的基本原理,其最终目的是应用于韧性材料结构,提出一种分析单调极限载荷作用下带裂纹板结构的极限状态承载力的简化方法。承载能力的极限状态(ULS)判据仍为式(1.17)。而在这种情况下,"能力"表示单调极限载荷作用下裂纹结构的极限强度,"需求"表示极限工作应力或载荷。本章中省略的数学细节可以在前面提到的参考资料中找到。

9.2 结构断裂力学分析的基本概念

将材料断裂韧性作为指标,图9.2示出了对裂纹结构进行断裂分析的适用方法。由图9.2可以看出,对于低韧性材料,脆性断裂占主导地位,LEFM是有效的。然而,对于高韧性的材料,破裂是主导,因为大范围的塑性先于结构失效,在这种情况下,极限载荷的分析与之更为相关。介于脆性断裂和破裂之间存在一个过渡,有中等断裂韧性,称为韧性断裂模式。在这种情况下,非线性断裂力学的概念,现在通常称为弹塑性断裂力学(EPFM),将更适用于评估结构的破坏特征。在本节中,阐述了结构断裂力学的这些基本概念。

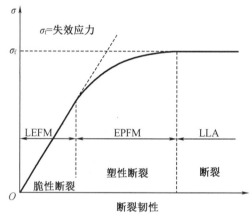

图9.2 作为材料断裂韧性函数的适用分析方法示意图

注:LEFM,线弹性断裂力学;弹塑性断裂力学 EPFM;LLA,极限载荷分析。

9.2.1 能量概念

在 Griffith 能量概念中,如果裂纹扩展相关的能量超过材料的抗断裂能力,就会发生断裂。在数学上,要发生断裂,必须满足以下准则:

$$G \geqslant G_C \tag{9.1}$$

式中,G 为应变能释放速率,或者称为裂纹驱动力;G_C 为材料对裂纹扩展的阻力。

对于无限大裂纹板,如图9.3所示,在拉伸应力 σ 下,G 和 G_C 为

$$G = \frac{\pi \sigma^2 a}{E} \tag{9.2a}$$

$$G_C = \frac{\pi \sigma_f^2 a}{E} \tag{9.2b}$$

式中,E 为杨氏模量;a 为半裂纹长度;σ_f 为失效应力。

由式(9.2)可知,失效应力 σ_f 在 G_C 一定时与 $1/\sqrt{a}$ 成正比,这说明随着裂纹的增大,失效应力呈一定的减小趋势。

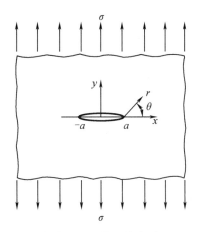

图9.3　拉伸应力 σ 加载下的含裂纹无限大板

9.2.2　应力强度因子概念

如图9.4所示为具有线弹性材料的裂纹体,在 xy 平面中裂纹尖端附近的应力分量可以表示为

$$\sigma_x = \frac{K_I}{\sqrt{2\pi r}}\cos\left(\frac{\theta}{2}\right)\left[1-\sin\left(\frac{\theta}{2}\right)\sin\left(\frac{3\theta}{2}\right)\right] \tag{9.3a}$$

$$\sigma_y = \frac{K_I}{\sqrt{2\pi r}}\cos\left(\frac{\theta}{2}\right)\left[1+\sin\left(\frac{\theta}{2}\right)\sin\left(\frac{3\theta}{2}\right)\right] \tag{9.3b}$$

$$\tau_{xy} = \frac{K_I}{\sqrt{2\pi r}}\cos\left(\frac{\theta}{2}\right)\sin\left(\frac{\theta}{2}\right)\cos\left(\frac{3\theta}{2}\right) \tag{9.3c}$$

式中,K_I 为 I 型应力强度因子。其中 I 为张开裂纹模式,裂纹模式稍后讨论。

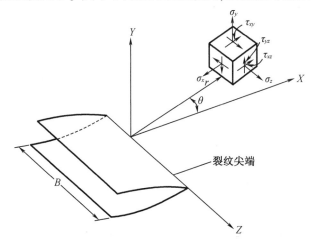

图9.4　裂纹体局部坐标系及其产生的应力分量(B=板厚)

应力强度因子的单位为[应力]×[长度]$^{1/2}$=[力]×[长度]$^{-3/2}$（如 kgf/mm$^{3/2}$，MN/m$^{3/2}$）。由式(9.3)可知,各应力分量与应力强度因子成正比。

对于图 9.3 所示的裂纹板,I 型应力强度因子为

$$K_I = \sigma\sqrt{\pi a} \tag{9.4}$$

根据式(9.2a)和(9.4),必要时可以得到 K_I 和 G 之间的关系。在 LEFM 中,认为在满足以下条件时断裂发生：

$$K \geqslant K_C \tag{9.5}$$

式中,K 为应力强度因子；K_C 为临界应力强度因子,表示材料抗力的度量。由下式可以看出,应力强度因子的临界值与裂纹驱动力的临界值有关。

$$K_C = \sqrt{EG_C} \quad \text{对于平面应力} \tag{9.6a}$$

$$K_C = \sqrt{(1-\nu^2)EG_C} \quad \text{对于平面应变} \tag{9.6b}$$

已建立获得 I 型平面应变断裂韧性的标准试验程序,表 9.1 给出了 Broek(1986)收集的马氏体时效钢的有限断裂韧性数据。由表 9.1 可以看出,高屈服强度材料的 K_{IC} 值在 50~350 kg/mm$^{3/2}$ 之间,而低屈服强度材料的断裂韧性在 500 kg/mm$^{3/2}$ 以上。根据材料的屈服应力,所需的试样厚度可能在 2~20 mm 量级,但由于屈曲,厚度小于 10 mm 的试样通常无法使用。在任何情况下,高韧性和低屈服应力的组合会导致极高的$(K_{IC}/\sigma_Y)^2$ 值,其中 σ_Y 为材料屈服应力,标准试验所需的试样厚度可能达到 1 m 量级,如表 9.1 所示。

表 9.1　马氏体时效钢的有限断裂韧性数据（Broek,1986）

材料	条件	$\sigma_Y/(\text{kg}\cdot\text{mm}^{-2})$	$k_{IC}/(\text{kg}\cdot\text{mm}^{-3/2})$	B_{min}/mm
300	900℉,3 h	200	182	2.1
300	850℉,3 h	170	300	7.8
250	900℉,3 h	181	238	4.3
D6AC 钢	热处理	152	210	4.8
	热处理	150	311	10.7
	锻造	150	178~280	——
4340 钢	硬化	185	150	1.7
A533B	再结晶钢	35	≌630	810
碳钢	低强度	24	>700	2 150

注：$B_{min}=K_{IC}$ 试样所需的最小厚度。

在实践中,如果在静态试验中要保证裂纹尖端的平面应变条件,通常要求在厚度为 B 的板上有一条贯穿板厚的裂纹,满足下列方程：

$$B \geqslant 2.5\left(\frac{K_{IC}}{\sigma_Y}\right)^2 \tag{9.7}$$

对大多数韧性材料进行有效的 K_{IC} 测试是不现实的,并且对厚度在 1 m 以下的材料进行 K_{IC} 测试也没有作用。这表明了 LEFM 的局限性之一,即它适用于室温下模量与屈服应

力之比大约低于 200~250 的材料。当然,LEFM 也可用于温度较低或加载速率较高的低强度钢,在这种情况下,相同的材料可能表现出明显的脆性行为。在适用时,一旦知道了裂纹情况(如无限大板中的贯穿裂纹)、断裂韧性和施加的载荷细节,就可以用 LEFM 计算破坏时的临界裂纹尺寸。

9.3 LEFM 和裂纹扩展模式的补充

在前几节中,我们已经讨论了无限大板中的 I 型(直接张开型)贯穿裂纹。本节进一步阐述应力强度因子作为 LEFM 的代表参数的概念和应用,并考虑 I 型裂纹以外的裂纹模式。

应力强度因子 K 是裂纹尺寸、几何性质和加载条件的函数。研究裂纹尖端的应力场和位移场及其与 K 的关系是很重要的,因为这些场通常控制裂纹尖端断裂过程。

现在考虑如图 9.4 所示的裂纹体,裂纹平面位于 xz 平面,裂纹前缘平行于 y 轴。在这种情况下,有三种裂纹模式,如图 9.5 所示。模式 I 是张开或拉伸模式,在这种模式下,裂纹面相对于 xy 和 xz 面对称分离。在 II 模式,即滑动或面内剪切模式,裂纹面相对 xy 平面对称滑动,而相对 xz 平面不对称滑动。在撕裂、反平面或面外剪切模式中,即模式 III 中,裂纹面也相对滑动,但相对于 xy 和 xz 面不对称。

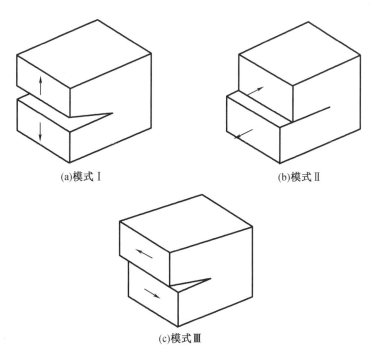

(a)模式 I   (b)模式 II

(c)模式 III

图 9.5 裂纹体的三种基本加载模式

对于均质、各向同性、线弹性材料的平面问题,三种模式对应的应力强度因子由下式给出(Kanninen et al. ,1985):

$$K_{I} = \lim_{r \to 0} \sigma_y \big|_{\theta=0} \sqrt{2\pi r} \tag{9.8a}$$

$$K_{II} = \lim_{r \to 0} \tau_{xy} \big|_{\theta=0} \sqrt{2\pi r} \tag{9.8b}$$

$$K_{\text{III}} = \lim_{r \to 0} \tau_{yz}\big|_{\theta=0} \sqrt{2\pi r} \tag{9.8c}$$

式中，r 和 θ 的定义如图 9.4；σ_y、τ_{xy} 和 τ_{yz} 为图 9.4 中定义的应力分量。

考虑含裂纹长度为 $2a$ 且处于均匀拉应力 σ 作用下的弹性体，式(9.9)至式(9.12)可适用于任意加载类型和裂纹几何形状。在如图 9.4 所示的局部坐标系中，裂纹尖端的应力和位移如下(Machida,1984)：

$$\begin{Bmatrix} \sigma_x \\ \sigma_y \\ \tau_{xy} \end{Bmatrix} = \frac{K_{\text{I}}}{\sqrt{2\pi r}} \cos\frac{\theta}{2} \begin{Bmatrix} 1 - \sin\left(\dfrac{\theta}{2}\right)\sin\left(\dfrac{3\theta}{2}\right) \\ 1 + \sin\left(\dfrac{\theta}{2}\right)\sin\left(\dfrac{3\theta}{2}\right) \\ \sin\left(\dfrac{\theta}{2}\right)\sin\left(\dfrac{3\theta}{2}\right) \end{Bmatrix} \tag{9.9a}$$

$$\tau_{xz} = \tau_{yz} = 0 \tag{9.9b}$$

$$\sigma_z = \begin{cases} \nu(\sigma_x + \sigma_y) & \text{平面应变状态} \\ 0 & \text{平面应力状态} \end{cases} \tag{9.9c}$$

$$\begin{Bmatrix} u \\ v \\ w \end{Bmatrix} = \frac{K_{\text{I}}}{2\mu}\sqrt{\frac{r}{2\pi}} \begin{Bmatrix} \cos\left(\dfrac{\theta}{2}\right)\left[\kappa - 1 + 2\sin^2\left(\dfrac{\theta}{2}\right)\right] \\ \sin\left(\dfrac{\theta}{2}\right)\left[\kappa + 1 - 2\cos^2\left(\dfrac{\theta}{2}\right)\right] \\ 0 \end{Bmatrix} \tag{9.9d}$$

式中，平面应变状态 $\kappa = 3 - 4\nu$，平面应力状态 $\kappa = (3-\nu)/(1+\nu)$；$K_{\text{I}} = \sigma\sqrt{\pi a}$，$a$ 为裂纹长度，$\mu = E/[2(1+\nu)]$，E 为弹性模量，ν 为泊松比；u、v、w 分别为 x、y、z 方向的平动位移。

由式(9.9)可知，裂纹尖端的应力或位移分量包含一个共同的参数 K_{I}，所使用的相对位移表示两个裂纹表面之间的距离。这种类型的位移称为模式 I 或张开模式，如图 9.5(a) 所示。

现在考虑剪切应力 τ 作用下的裂纹体。在这种情况下，应力和位移分量如下：

$$\begin{Bmatrix} \sigma_x \\ \sigma_y \\ \tau_{xy} \end{Bmatrix} = \frac{K_{\text{I}}}{\sqrt{2\pi r}} \begin{Bmatrix} -\sin\left(\dfrac{\theta}{2}\right)\left[2 + \cos\left(\dfrac{\theta}{2}\right)\cos\left(\dfrac{3\theta}{2}\right)\right] \\ \sin\left(\dfrac{\theta}{2}\right)\cos\left(\dfrac{\theta}{2}\right)\cos\left(\dfrac{3\theta}{2}\right) \\ \cos\left(\dfrac{\theta}{2}\right)\left[1 - \sin\left(\dfrac{\theta}{2}\right)\cos\left(\dfrac{3\theta}{2}\right)\right] \end{Bmatrix} \tag{9.10a}$$

$$\tau_{xz} = \tau_{yz} = 0 \tag{9.10b}$$

$$\sigma_z = \begin{cases} \nu(\sigma_x + \sigma_y) & \text{对于平面应变状态} \\ 0 & \text{对于平面应力状态} \end{cases} \tag{9.10c}$$

$$\begin{Bmatrix} u \\ v \\ w \end{Bmatrix} = \frac{K_{\text{I}}}{2\mu}\sqrt{\frac{r}{2\pi}} \begin{Bmatrix} \sin\left(\dfrac{\theta}{2}\right)\left[\dfrac{3-\nu}{1+\nu} + 1 + 2\cos^2\left(\dfrac{\theta}{2}\right)\right] \\ -\cos\left(\dfrac{\theta}{2}\right)\left[\dfrac{3-\nu}{1+\nu} - 1 - 2\sin^2\left(\dfrac{\theta}{2}\right)\right] \\ 0 \end{Bmatrix} \tag{9.10d}$$

式中,$K_{\mathrm{I}}=\tau\sqrt{\pi a}$。在这种情况下,位移遵循模式 II,或平面内剪切模式,如图 9.5(b)所示。

当物体受到垂直于 xy 平面方向的均匀剪应力 s 时,应力和位移分量有

$$\begin{Bmatrix} \tau_{xz} \\ \tau_{yz} \end{Bmatrix} = \frac{K_{\mathrm{I}}}{\sqrt{2\pi r}} \begin{Bmatrix} -\sin\left(\dfrac{\theta}{2}\right) \\ \cos\left(\dfrac{\theta}{2}\right) \end{Bmatrix} \tag{9.11a}$$

$$\sigma_x = \sigma_y = \sigma_z = \tau_{xy} = 0 \tag{9.11b}$$

$$w = \frac{2K_{\mathrm{III}}}{\mu} \sqrt{\frac{r}{2\pi}} \sin\frac{\theta}{2} \tag{9.11c}$$

$$u = v = 0 \tag{9.11d}$$

式中,$K_{\mathrm{III}}=s\sqrt{\pi a}$。在这种情况下,位移遵循模式 III,即反平面(或面外)剪切模式,如图 9.5(c)所示。

对于倾斜裂纹,可以得到类似的应力和位移表达式(Anderson,1995)。当前面提到的三种模式组合在一起时,应力或位移分量可以用每种模式的应力或位移分量之和表示,如下所示(Machida,1984):

$$\sigma_{ij}(r,\theta) = \frac{1}{\sqrt{2\pi r}} \left\{ K_{\mathrm{I}} f_{ij}^{\mathrm{I}} + K_{\mathrm{II}} f_{ij}^{\mathrm{II}} + K_{\mathrm{III}} f_{ij}^{\mathrm{III}} \right\} \tag{9.12a}$$

$$u_i(r,\theta) = \frac{1}{2\mu} \sqrt{\frac{r}{2\pi}} \left\{ K_{\mathrm{I}} g_i^{\mathrm{I}} + K_{\mathrm{II}} g_i^{\mathrm{II}} + 4K_{\mathrm{III}} g_i^{\mathrm{III}} \right\} \tag{9.12b}$$

式中 f_{ij}^{I}、f_{ij}^{II}、f_{ij}^{III} 分别为 I、II 和 III 阶模式 θ 的应力函数,定义见式(9.9)至式(9.11);g_i^{I}、g_i^{II}、g_i^{III} 分别为 I、II 和 III 阶模式 θ 的位移函数,定义见式(9.9)至式(9.11)。

显然,K 参数与坐标系无关,但受几何性质和加载条件(如裂纹尺寸、结构尺寸)的影响。因此,只要结构保持在线弹性状态,它们就可以作为裂纹尖端扩展驱动力。

9.3.1 K 参数的实用方案

对于 LEFM,应力强度因子的计算是最主要的工作。一般来说,可以用解析方法和数值方法来确定应力强度因子,许多方法本质上即是利用 K 与前面描述的裂纹尖端应力场之间的关系,下面介绍一些有用的 K 解。

对于图 9.6 所示的典型裂纹类型的板,模式 I 的 K 值近似如下(Broek 1986)。

(1)中心裂纹[图 9.6(a)]

$$K_{\mathrm{I}} = F\sigma\sqrt{\pi a} \tag{9.13a}$$

式中

$$F = \sec\left(\frac{\pi a}{b}\right)^{1/2}$$

(2)单侧裂纹[图 9.6(b)]

$$K_{\mathrm{I}} = F\sigma\sqrt{\pi a} \tag{9.13b}$$

式中

$$F = 30.38\left(\frac{a}{b}\right)^4 - 21.71\left(\frac{a}{b}\right)^3 + 10.55\left(\frac{a}{b}\right)^2 - 0.23\left(\frac{a}{b}\right) + 1.12$$

（3）双侧裂纹［图9.6(c)］

$$K_{\mathrm{I}} = F\sigma\sqrt{\pi a} \tag{9.13c}$$

式中

$$F = 15.44\left(\frac{a}{b}\right)^3 - 4.78\left(\frac{a}{b}\right)^2 + 0.43\left(\frac{a}{b}\right) + 1.12$$

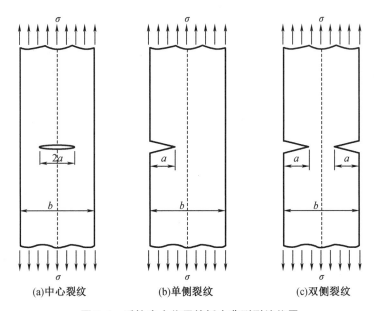

图9.6　受拉应力作用的板中典型裂纹位置

如果板宽是无限大的，上述三种情况中的第一种将恢复为经典的精确解，即 $K_{\mathrm{I}} = \sigma\sqrt{\pi a}$，因为在这种情况下 $F=1$。

9.3.2　断裂韧性测试

当结构的 K 值达到临界值 K_{C} 时发生断裂，即：

$$K \geqslant K_{\mathrm{C}} \tag{9.14}$$

式中，K_{C} 有时被称为断裂韧性，它通常是由给定材料、裂纹和加载情况的实验确定的。在平面应变条件下，采用 K_{IC} 符号，断裂韧性参数 K_{C} 或 K_{IC} 必须通过试验获得。K_{IC} 有很多能使用的测试方法，如第9.2.2节所述。

在这种试验中，一旦获得已知应力强度因子的试样的极限断裂载荷（或破坏载荷）和裂纹尺寸，就可以确定 K_{C}。一般来说，断裂韧性 K_{C} 受应变速率、温度和板厚的影响。由于裂纹尖端应力状态接近于平面应力状态，随着板厚的减小，K_{C} 值显著增加。与单纯的 Ⅰ 型断裂相比，更容易发生基于剪切断裂的 Ⅱ 型或 Ⅲ 型断裂，以及它们与 Ⅰ 型的混合断裂。

对于较厚的板,更容易出现与平面应变状态相关的 Ⅰ 型断裂。在这种情况下,断裂韧性 K_C 不再是板厚的函数,图9.7为裂纹尖端临界 K 值与板厚的关系示意图。与贯穿厚度裂纹不同的是,对于给定的板厚,由于裂纹尖端的相关条件,表面裂纹有时会表现出平面应变行为。

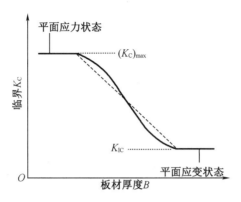

图 9.7 临界 $K_{\text{Ⅰ}}$ 值与板厚 B 的关系示意图

需要指出的是,本节给出的临界应力强度因子值作为定义断裂韧性的材料参数时,由于它涉及静态载荷下的断裂,所以严格意义上应称为静态断裂韧性。其他情况下有用断裂韧度度量的,例如动态断裂韧度和裂纹抑制韧度相关内容,超出了本书的范围,感兴趣的读者可以参考 Broek(1986)的文献。

9.4 弹塑性断裂力学

从 LEFM 中的方程(9.13)可知,当裂纹尺寸 a 趋近于零时,裂纹尖端的破坏应力 $\sigma_f = K_{\text{Ⅰ}C}/F\sqrt{\pi a}$ 为无穷大,这是不现实的,因为在具有延性的真实结构中,裂纹尖端很可能屈服,严格地说,LEFM 是无效的。对于缺陷较大的物体,只要裂纹尖端塑性区很小,可以在一定程度上近似地使用 K 值来处理 LEFM。在这方面,较好的替代办法是使用 EPFM 的概念,正如现在所介绍的,CTOD 或 J 积分的概念以更严格的方式解决裂纹尖端屈服的影响。除了 EPFM,此类方法也被称为非线性断裂力学或屈服后断裂力学。

9.4.1 裂纹尖端张开位移

在一般屈服条件之外,裂纹尖端还可能发生塑性变形,当裂纹尖端塑性应变超过临界值时,裂纹会扩展。当忽略应变硬化的影响时,屈服裂纹尖端的应力变化可能很小,裂纹尖端发生大塑性变形后就会发生断裂。Dugdale(1960),Wells(1961,1963)和 Barenblatt(1962)为了解释有限的裂纹尖端屈服,拓展了 LEFM,分别引入了从裂纹尖端延伸的屈服带,以解释该区域真实材料的非弹性响应。

现在使用的 CTOD 概念源自这些早期的研究。裂纹尖端的塑性变形可以用 CTOD 来测量,Wells(1961,1963)认为 CTOD 超过临界值就会出现裂纹,在 LEFM 中,裂纹张开位移(COD)为(图9.8)

$$\text{COD} = 2\nu = \frac{4\sigma}{E}\sqrt{a^2 - x^2} \qquad (9.15a)$$

COD 最大值出现在裂纹的中心,即 $x = 0$ 处,如下式所示:

$$\text{COD}_{\text{max}} = \frac{4\sigma a}{E} \qquad (9.15b)$$

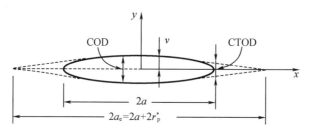

图 9.8 裂纹张开位移和 CTOD

9.4.1.1 欧文法

式(9.15)是裂纹问题的弹性解,而大多数工程材料是塑性变形的。严格来说,式(9.15)不适用于涉及裂纹尖端塑性变形的问题,尖端塑性区的大小(距离)可以用下式近似计算:

$$\frac{K_{\text{I}}}{\sqrt{2\pi r_{\text{p}}^*}} = \sigma_{\text{Y}} \text{ 或 } r_{\text{p}}^* = \frac{K_{\text{I}}^2}{2\pi \sigma_{\text{Y}}^2} = \frac{\sigma^2 a}{2\sigma_{\text{Y}}^2} \qquad (9.16a)$$

式中,σ_{Y} 为材料屈服应力;r_{p}^* 为裂纹尖端塑性区大小,如图 9.9 所示。

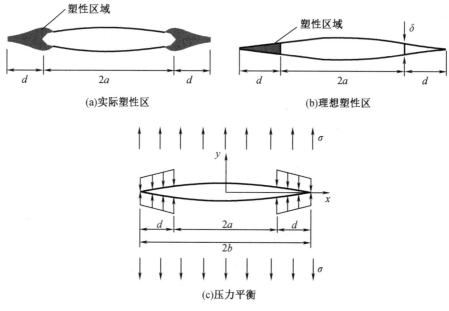

图 9.9 Dugdale 法示意图

Irwin(1956)假设由于塑性的发生,等效裂纹尺寸与物理尺寸相比变长。对此,采用塑性区校正得到 COD 如下:

$$COD = \frac{4\sigma}{E}\sqrt{(a+r_p^*)^2 - x^2} \qquad (9.16b)$$

当 $x=a$ 时,CTOD 如下:

$$CTOD = \delta = \frac{4\sigma}{E}\sqrt{(a+r_p^*)^2 - a^2} \approx \frac{4\sigma}{E}\sqrt{2ar_p^*} = \frac{4K_I^2}{\pi E \sigma_Y} \qquad (9.16c)$$

CTOD 不易测量,但可以通过 K 值从式(9.16c)中得到。将式(9.16c)代入式(9.16b)中,以 $(r_p^*)^2$ 为无穷小近似得到 COD 与 CTOD 的关系如下:

$$COD = \frac{4\sigma}{E}\sqrt{a^2 - x^2 + \left(\frac{E}{4\sigma}\right)^2 \delta^2} \qquad (9.16d)$$

在测试中,COD 很容易测定,CTOD 由式(9.16d)根据 COD 最大值确定,即当 $x=0$ 时。

9.4.1.2 Dugdale 法

Dugdale(1960)用等效弹性(未屈服)裂纹模型代替屈服区域来处理裂纹尖端的屈服。

如图 9.9(a)所示,裂纹尖端有可能发生屈服,并且屈服会在裂纹尖端周围扩展。在 Dugdale 法中,假定屈服被限制在沿裂纹直线的区域内,如图 9.9(b)所示。将这种情况等效为裂纹长度 $2b = 2a + 2d$ 的虚拟弹性结构,屈服区在裂纹面上受到与屈服应力 σ_Y 相等的"负"内压力("拉"应力),由外界应力引起的虚拟裂纹屈服区开口趋向于"闭合",如图 9.9(c)所示。在这种情况下,虚拟弹性裂纹尖端的 K 值必须为零,因此适用于以下情况:

$$K_\sigma + K_Y = 0 \qquad (9.17a)$$

式中,K_σ 为外加应力 σ 的 K 值;K_Y 为闭合屈服应力的 K 值,取 $K_Y = -\sigma_Y$。

塑性区范围 d 可由式(9.17a)计算如下:

$$d = b - a = a\left[\sec\left(\frac{\pi\sigma}{2\sigma_Y}\right) - 1\right] \qquad (9.17b)$$

式中,σ_Y 为材料屈服应力。

$x=a$ 处的 CTOD 值 δ 可以近似认为是真实结构的 CTOD,即

$$\delta = \frac{8a\sigma_Y}{\pi E}\ln\left[\sec\left(\frac{\pi\sigma}{2\sigma_Y}\right)\right] \qquad (9.17c)$$

当 $\sigma \ll \sigma_Y$,即发生小尺度屈服时,式(9.17c)可简化为

$$\delta = \frac{\pi\sigma^2 a}{E\sigma_Y} = \frac{G_I}{\sigma_Y} = \frac{K_I^2}{E\sigma_Y} = \frac{J}{\sigma_Y} \qquad (9.17d)$$

式中,G 为式(9.2a)中的定义,J 为第 9.4.2 节中定义的 J 积分值。

采用有限元模型进行 EPFM 分析,获得结构的 CTOD 时,通常近似取裂纹尖端的 COD 值作为外推值,如图 9.10(Machida,1984)所示。

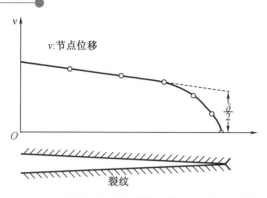

图 9.10 有限元分析中裂纹尖端 COD 值的外推

9.4.1.3 CTOD 设计曲线

目前,CTOD 的概念越来越多地应用于控制结构材料的断裂,同时也被用于海洋工程的质量控制措施。在应用 CTOD 概念时,认为当 CTOD 值 δ 达到临界 COD 值 δ_C 时,在有限的裂纹尖端塑性条件下发生韧性断裂。所涉及的临界值可以由已建立的试验程序确定,它是材料特性、板厚和裂纹类型等因素的函数。

用 EPFM 分析来模拟裂纹尖端的行为是十分必要的。CTOD 作为一种质量控制辅助工具具有更大的吸引力。可以说,一种材料的 CTOD 越大,它的韧性就越大。我们根据成功的经验,推荐了一些实用的 CTOD 值。

无量纲化的临界 CTOD 值 Φ 定义为

$$\Phi = \frac{\delta_C}{2\pi\varepsilon_Y a} \tag{9.18}$$

式中,δ_C 为 CTOD 临界值;ε_Y 为弹性屈服应变;a 为半裂纹长度。

为了满足 CTOD 在实际钢结构设计中的适用性,Burdekin、Dawes(1971)和 Dawes(1974)提出了标准化的 CTOD 临界值与破坏应变 ε_f 的半经验表达式,如下:

$$\Phi = \begin{cases} \left(\dfrac{\varepsilon_f}{\varepsilon_Y}\right)^2 & \text{当} \dfrac{\varepsilon_f}{\varepsilon_Y} \leqslant 0.5 \text{ 时} \\[3mm] \left(\dfrac{\varepsilon_f}{\varepsilon_Y}\right) - 0.25 & \text{当} \dfrac{\varepsilon_f}{\varepsilon_Y} > 0.5 \text{ 时} \end{cases} \tag{9.19}$$

虽然式(9.19)主要是基于受拉钢板的相关试验数据,但它通常被称为 CTOD 设计曲线,实际上它对数据进行了拟合,得到了断裂行为的"下界"或悲观预测,图 9.11 中给出了式(9.19)的曲线。在 CTOD 设计曲线法中,可以在图中绘制出与结构中的应变和裂纹大小对应的点,以及材料的临界 CTOD 值。若该点位于设计曲线上方,则认为结构是安全的;否则,预测断裂发生。

为了将 CTOD 设计曲线法应用于复杂结构,英国标准文件(BS, 1980)提出 CTOD 的度量应基于结构截面上的最大总应变 ε_{max},即

$$\varepsilon_{max} = \frac{1}{E}\left[K_t(S_m + S_b) + S_s\right] \tag{9.20}$$

式中,K_t 为弹性应力集中系数;S_m 为膜主应力;S_b 为主弯曲应力;S_s 为包括热应力或残余应

力在内的次应力;E 为杨氏模量。

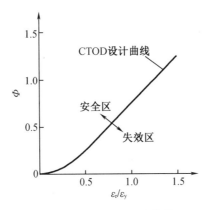

图 9.11　CTOD 设计曲线

9.4.2　其他 EPFM 度量:J 积分和裂纹扩展阻力曲线

9.4.2.1　J 积分

J 积分的概念在有关裂纹尖端小范围塑性的韧性断裂力学分析中是有用的,J 积分的有关工作主要源自 Rice(1968)和 Hutchinson(1968)从理论角度做出的贡献。他们设想了一个与路径无关的积分,称为 J 积分,沿着裂纹尖端附近的轮廓计算,作为表征裂纹尖端断裂行为的参数。积分的路径无关遵循能量守恒的原则,积分在理论上是一个非线性但有弹性的概念。Rice 表明,在裂纹尖端附近取 J 积分也等价于虚拟裂纹扩展时的势能变化。

无须详细说明,在 LEFM 中,应力强度因子与 J 积分之间存在如下关系:

$$J = G \tag{9.21}$$

因此,在 LEFM 的有效性范围内,目前引入的四个裂纹参数都是相互关联的。例如,对于开放模式(即 I 型)的平面应变条件,可以表示为

$$G = J = \frac{1-\nu^2}{E} K_{\mathrm{I}}^2 = \delta \sigma_{\mathrm{Y}} \tag{9.22}$$

由式(9.22)可知,LEFM 所涉及的四个基本参数中,哪一个是"最基本"的并不重要。然而,当需要为弹塑性条件选择非线性断裂力学的参数时,J 可能是一个更好的参数,这是相当重要的。

Begley 和 Landes (1972)在寻找一种可以预测小尺度与大尺度塑性的断裂准则时,认识到 J 积分有三个独特的性质:①对于线弹性行为,它与 G 是相同的;②对于弹塑性行为,它表征了裂纹尖端区域,因此在非线性条件下同样有效;③可以用一种方便的方式进行实验评估。最后一个特征源于 J 积分的路径无关性质及其作为能量释放率的解释。

在涉及裂纹尖端塑性的情况中,J 积分的成功应用表现在两方面:①可以对结构中特定裂纹情况计算积分的能力,这在一定程度上可以从其路径独立的特性中得到明显的证明,尽管可能需要进行具体的详细分析;②可以使用适当方法测量 J 积分临界值,这将涉及裂纹尖端塑性。关于第二个因素,不再像 LEFM 中那样,在 J 和 K 之间有一个简单的关系。简而

言之,由于受塑性变形理论的限制,在特定情况下,可以从裂纹扩展的载荷-位移图中确定 J,这有利于第二个方面的研究。关于详细的解释,感兴趣的读者可以参考 Broek(1986)的文献。

举个考虑裂纹尖端塑性的 J 积分计算的例子,已知在拉伸载荷下含裂纹板的实验结果如图 9.12(a)所示,弹塑性情况下的 J 积分值可用下式来近似表示:

$$J = G + \frac{2}{bB}\left(\int_0^u P\mathrm{d}u - \frac{1}{2}Pu\right) \tag{9.23}$$

式中,G 为应变能释放速率;B 为板厚;$\int_0^u P\mathrm{d}u - \frac{1}{2}Pu$ 由图 9.12(b)所示的力-位移曲线的阴影区域表示。

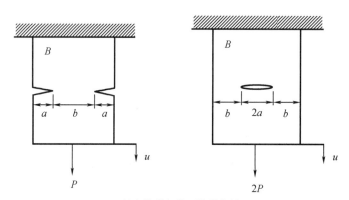

(a)轴向拉伸加载下的裂纹板

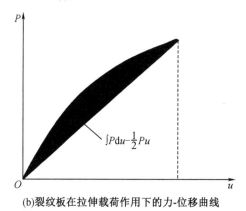

(b)裂纹板在拉伸载荷作用下的力-位移曲线

图 9.12　拉伸载荷作用下含裂纹板的力-位移关系

式(9.23)中,G 通常是参数 K 的函数。对于 Ⅰ 型断裂,应变能释放率 G_I 有

$$G_\mathrm{I} = \frac{\kappa+1}{8\mu}K_\mathrm{I}^2 \tag{9.24}$$

式中,κ 和 μ 的定义见式(9.9)。

对于组合断裂模式的 G 有

$$G = \frac{\kappa+1}{8\mu}(K_\mathrm{I}^2 + K_\mathrm{II}^2) + \frac{1}{2\mu}K_\mathrm{III}^2 = \frac{1}{E^*}(K_\mathrm{I}^2 + K_\mathrm{II}^2) + \frac{1}{2\mu}K_\mathrm{III}^2 \tag{9.25}$$

式中,$E^* = E/(1-\nu^2)$ 表示平面应变状态;$E^* = E$ 表示平面应力状态;μ 的定义见式(9.9)。

将 J 积分准则应用于 EPFM 时,则认为结构的 J 积分值达到其临界值 J_C 时发生断裂,即

$$J \geqslant J_C \tag{9.26}$$

9.4.2.2 裂纹扩展阻力曲线

前面几节所描述的概念引出了裂纹尖端不扩展的断裂指数。然而,对于高韧性材料,在满足前几节提到的断裂准则后,结构可能不会立即达到极限状态。这意味着,即使在初始裂纹扩展之后,在达到裂纹扩展极限之前,由于不稳定裂纹扩展,还可能发生进一步较长的稳定裂纹扩展。即使在裂纹尖端的平面应变条件下,这也可能是正确的。裂纹扩展阻力 R 的概念与裂纹扩展所需的势能有关,有助于评估稳定裂纹扩展的特征和预测失效的情况。将 R 随裂纹扩展增量变化的曲线称为裂纹扩展阻力曲线(或称 R 曲线)。

在 J 积分作为弹塑性断裂参数后不久,Begley 和 Landes(1972)就提出了在阻力曲线方法中使用 J 积分作为裂纹驱动力参数。Paris 和他的同事(1979)的工作使这一概念被接受。他们将裂纹扩展阻力曲线概念简化为 $J_R = J_R(\Delta a)$,其中 Δa 表示裂纹稳定扩展的程度。当 $\mathrm{d}J/\mathrm{d}a$ 超过 $\mathrm{d}J_R/\mathrm{d}a$ 时,则发生不稳定断裂。Paris 等通过参数定义将这一概念公式化,即

$$T \equiv \frac{E}{\sigma_0^2}\frac{\mathrm{d}J}{\mathrm{d}a} \tag{9.27a}$$

$$T_R \equiv \frac{E}{\sigma_0^2}\frac{\mathrm{d}J_R}{\mathrm{d}a} \tag{9.27b}$$

式中,σ_0 为材料的流动应力。无量纲参数 T 被称为撕裂模量,其临界值 $T_R = T_R(\Delta a)$ 被认为是材料的一个特性。

Paris 等的概念如图 9.13 所示,图 9.13a 显示了典型的 J 阻力曲线。所有这些关系的适用性都是有限的,其极限由值 $(\Delta a)_{\lim}$ 表示,由 Hutchinson 和 Paris(1979)引入的 ω 参数估计,其定义为

$$\omega = \frac{b\mathrm{d}J}{J\mathrm{d}a} \tag{9.28}$$

式中,b 为裂纹尖端到裂纹构件边界的最小相关尺寸。

Hutchinson 和 Paris 对 $\omega \gg 1$ 的证明是有效的,因此 $(\Delta a)_{\lim}$ 的某个值将指定裂纹扩展的最大量(和 J 积分值)也是有效的。假设不稳定断裂点发生在达到 $(\Delta a)_{\lim}$ 之前,该点可以通过图 9.13(b)所示的 $J\text{-}T$ 图很容易地确定。显然,要使用这种方法,我们需要 J 阻力曲线(以及一些精确确定其斜率的方法),并对相关的裂纹、结构、载荷条件的 J 和 T 进行估计。

只有在有限的稳定裂纹扩展时,J 阻力曲线才会是唯一的;否则,曲线将表现出几何相关性。为了克服这一缺陷,必须采用能正确反映裂纹尖端塑性约束程度的 J 阻力曲线。当剩余韧带的主载荷从拉伸到弯曲时,表征塑性约束程度的三轴度会发生显著变化。因此,对于裂纹扩展量,原则上至少需要两个断裂参数来表征变形程度和三轴度。

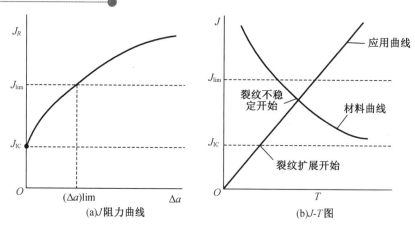

(a)J阻力曲线　　　(b)J-T图

图 9.13　断裂不稳定性撕裂模量的预测示意图

有关更详细的解释,感兴趣的读者可以参考 Machida（1984）、Broek（1986）和 Anderson（1995）等的文献。

9.5　疲劳裂纹扩展速率及其与应力强度因子的关系

与迄今描述的稳定裂纹扩展或增长不同,Ⅰ 型(直接拉伸张开型)疲劳裂纹的循环扩展速率还与断裂力学参数(如应力强度因子或能量释放率)相关。这对于预测已知初始裂纹在循环载荷作用下的扩展是有用的。

在循环加载(疲劳)情况下,可以由式(9.29)的积分得到裂纹尺寸随时间变化的示意图,如图 9.14。初始裂纹尺寸 a_0 可以通过无损检测或有任何确定性的现场测量来得到;临界裂纹尺寸 a_c 通常是在拉伸最大应力下失效,可以用 LEFM 概念或通过其他方法估计,并且需要避免切断重要的结构构件韧带;最大允许裂纹尺寸 a_a 可以用临界裂纹尺寸除以安全系数来定义。因此,结构的使用寿命可以统一定义为裂纹尺寸从初始尺寸增长到最大允许尺寸的时间。

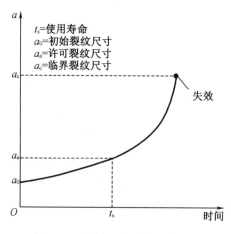

图 9.14　裂纹尺寸随时间变化图

在 LEFM 方法中,人们已经认识到疲劳裂纹扩展速率与在低到中等水平的循环应力下的长裂纹尖端的循环弹性应力场有关(Paris et al. ,1961 年)。后来,研究人员发现,在双对数尺度上,对于 ΔK 的所有范围,裂纹扩展速率曲线不一定是线性的。金属中 Ⅰ 型裂纹的一般裂纹扩展速率行为通常如图 9.15 所示。

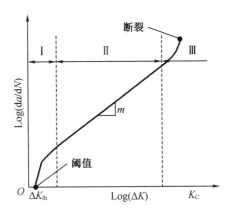

图 9.15　裂纹扩展速率曲线的三个区域

图 9.15 中裂纹扩展曲线呈 S 形,表明裂纹被细分为三个区域。在区域 Ⅰ,随着 ΔK 接近阈值 K_{th},裂纹扩展速率逐渐趋近于零。这意味着对于 K_{th} 以下的应力强度,不发生裂纹扩展,即存在疲劳极限。

Donahue 等(1972)提出阈值区域的裂纹扩展关系如下:

$$\frac{\mathrm{d}a}{\mathrm{d}N} = C(\Delta K - \Delta K_{th})^m \tag{9.29}$$

图 9.15 中双对数坐标图(即区域 Ⅱ)的线性区域遵循幂律(Paris et al. ,1960),即

$$\frac{\mathrm{d}a}{\mathrm{d}N} = C(\Delta K)^m \tag{9.30}$$

式中,$\mathrm{d}a/\mathrm{d}N$ 为每个循环裂纹扩展量,ΔK 为考虑裂纹尖端的应力强度因子范围,C 和 m 为根据试验数据得到的材料常数。由式(9.30)可知,疲劳裂纹扩展速率 $\mathrm{d}a/\mathrm{d}N$ 仅依赖于 ΔK,与式(9.31)定义的区域 Ⅱ 的比率 R 无关,式(9.30)通常被称为 Paris-Erdogan 公式(或 Paris 公式)。

随着裂纹尺寸的增大,Ⅲ 区裂纹扩展呈现出向"无限"方向快速增长的扩展速率,表现为韧性撕裂和/或脆性断裂。这种行为引出了 Forman 等(1967)提出的关系,即

$$\frac{\mathrm{d}a}{\mathrm{d}N} = \frac{C(\Delta K)^m}{(1-R)K_C - \Delta K} \tag{9.31}$$

式中,K_C 为材料的断裂韧性,R 为由 $R = K_{min}/K_{max}$ 定义的 K 比。

我们试图结合在 ΔK 值高、中、低时的这些裂纹扩展行为,裂纹扩展速率关系是存在的,表 9.2 包含了这些关系的示例集合。给定初始裂纹尺寸,在已知裂纹扩展速率和疲劳加载历史的情况下,可通过积分法计算结构寿命任意时刻的裂纹长度。要了解更多的细节,读者可以参考 Broek(1986)等的文献。然后,对于给定裂纹尺寸和其他相关细节,我们可以研究疲劳裂纹对极限强度的影响,如下面的部分所述。

表 9.2　覆盖各区域的裂纹扩展关系

裂纹拓展关系	作者
$\dfrac{\mathrm{d}a}{\mathrm{d}N}=C\left(\dfrac{\Delta K-\Delta K_{\mathrm{th}}}{K_{\mathrm{C}}-K_{\mathrm{max}}}\right)^{m}$，$\Delta K_{\mathrm{th}}=A(1-R)^{\gamma}$，$0.5<\gamma<1.0$	Priddle(1976)，Schijve(1979)
$\dfrac{\mathrm{d}a}{\mathrm{d}N}=C\left(\dfrac{\Delta K}{(1-R)^{n}}\right)^{m}$，$m=4$，$n=0.5$	Walker(1970)
$\dfrac{\mathrm{d}a}{\mathrm{d}N}=\dfrac{A}{E\sigma_{\mathrm{Y}}}(\Delta K-\Delta K_{\mathrm{th}})^{2}\left(1+\dfrac{\Delta K}{K_{\mathrm{IC}}-K_{\mathrm{max}}}\right)$ $\Delta K_{\mathrm{th}}=\left(\dfrac{1-R}{1+R}\right)^{2}(\Delta K)_{0}$	McEvily 和 Groeger(1977)
$\dfrac{\mathrm{d}a}{\mathrm{d}N}=\dfrac{C(1+\beta)^{m}(\Delta K-\Delta K_{\mathrm{th}})^{n}}{K_{\mathrm{C}}-(1-\beta)\Delta K}$，$\beta=\dfrac{K_{\mathrm{max}}+K_{\mathrm{min}}}{K_{\mathrm{max}}-K_{\mathrm{min}}}$	Erdogan(1963)

9.6　裂纹板的屈曲强度

9.6.1　基本原理

已有文献研究了裂纹板的屈曲行为(如 Stahl et al.,1972;Roy et al.,1990;Shaw et al.,1990;Riks et al.,1992;Lui,2001;Satish Kumar et al.,2004 等)。已知弹性屈曲应力后,临界屈曲应力可以采用 Johnson-Ostenfeld 公式进行塑性修正来确定,如第 2.9.5.1 节所述。

Satish Kumar 和 Paik(2004)利用 Beslin 和 Nicolas(1997)提出的层次化三角函数计算了裂纹板的弹性屈曲载荷。板存在边缘裂纹或中心裂纹,裂纹大小不同,在 $2c/b=0.1\sim0.5$ 范围内,其中 $2c$ 为裂纹长度,b 为板宽。板分别承受单向压缩载荷、双向压缩载荷或面内剪切载荷。

将板材根据裂纹位置离散为若干个单元(每个单元的尺寸为 a_i、b_i、h_i),如图 9.16(a)所示。每个单元用无量纲坐标系($\xi-\eta$)表示,如图 9.16(b)所示,单元的位置对应于 $-1\leqslant\xi\leqslant1$ 和 $-1\leqslant\eta\leqslant1$。

第 i 单元在 $x-y$ 坐标系中的平衡方程如下:

$$\frac{\partial^{4}w^{i}}{\partial x^{4}}+2\frac{\partial^{4}w^{i}}{\partial x^{2}\partial y^{2}}+\frac{\partial^{4}w^{i}}{\partial y^{4}}+\frac{N_{x}}{D}\frac{\partial^{2}w^{i}}{\partial x^{2}}+\frac{N_{y}}{D}\frac{\partial^{2}w^{i}}{\partial y^{2}}+\frac{N_{xy}}{D}\frac{\partial^{2}w^{i}}{\partial x\partial y}=0 \tag{9.32}$$

式中,w 为板的侧向挠度;D 为板的抗弯刚度,定义为 $Et^{3}/[12(1-\nu^{2})]$,其中 E 为弹性模量,t 为板厚,ν 为泊松比;N_{x}、N_{y}、N_{xy} 分别为 x、y 方向的轴向载荷和剪切载荷。

式(9.32)在 $\xi-\eta$ 坐标系中对第 i 单元进行变换如下:

$$\frac{2Db}{a^{3}}\int_{-1}^{1}\int_{-1}^{1}\left[w_{,\xi\xi}^{2}+\left(\frac{a}{b}\right)^{4}w_{,\eta\eta}^{i2}+2w_{,\xi\xi}^{i}w_{,\eta\eta}^{i}+2(1-\nu)w_{,\xi\eta}^{i2}\right]\mathrm{d}\xi\mathrm{d}\eta+$$

$$\left[\int_{-1}^{1}\int_{-1}^{1}\frac{b}{2a}N_{x}w_{,\xi}^{i2}+\frac{b}{2a}N_{y}w_{,\eta}^{i2}+N_{xy}w_{,\xi\eta}^{i}\right]\mathrm{d}\xi\mathrm{d}\eta=0 \tag{9.33}$$

式中,a 为板长;b 为板宽。

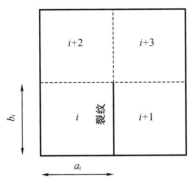
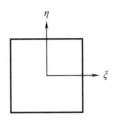

(a)带有垂直边缘裂纹的板离散化为四个单元　　(b)$(\xi-\eta)$坐标系中的第i个板单元

图9.16　含裂纹板的单元离散

第i单元的局部位移用层次化三角函数表示如下：

$$w^i(\xi^i,\eta^i)=\sum_{m=1}^{M_i}\sum_{n=1}^{N_i}q_{mn}^i\varphi_m(\xi^i)\varphi_n(\eta^i) \tag{9.34}$$

式中，$\varphi_m(\xi^i)$和$\varphi_n(\eta^i)$为试探函数；q_{mn}为位移幅值；M_i和N_i分别为x、y方向函数的个数。

三角集合$\{\varphi_m(\xi^i)\}$的定义如下：

$$\varphi_m(\xi)=\sin(a_m\xi+b_m)\sin(c_m\xi+d_m) \tag{9.35}$$

式中，系数a_m、b_m、c_m和d_m如表9.3所示。

表9.3　a_m、b_m、c_m和d_m相对于三角集合$\varphi_m(\xi)=\sin(a_m\xi+b_m)\sin(c_m\xi+d_m)$的系数

m	a_m	b_m	c_m	d_m
1	$\pi/4$	$3\pi/4$	$\pi/4$	$3\pi/4$
2	$\pi/4$	$3\pi/4$	$\pi/2$	$3\pi/2$
3	$\pi/4$	$-3\pi/4$	$\pi/4$	$-3\pi/4$
4	$\pi/4$	$-3\pi/4$	$\pi/2$	$-3\pi/2$
>4	$\pi/2(m-4)$	$\pi/2(m-4)$	$\pi/2$	$\pi/2(m-4)$

给定的函数允许在连接单元的边界上使用位移和斜率相容性组装单元。有兴趣的读者可以参考 Barrette(2000)等的文献，可以选择性地取前四个三角函数来满足板的各种边界条件(Beslin et al.,1997)。

利用 Rayleigh-Ritz 法，得到第i单元的单元刚度矩阵如下：

$$K_p^i=\left[K_{pmnrs}^i\right]$$

$$=\frac{4D^i b^i}{a^3}\left[I_{mr}^{22}I_{ns}^{00}+\left(\frac{a^i}{b^i}\right)^4 I_{mr}^{00}I_{ns}^{22}+v^i\left(\frac{a^i}{b^i}\right)^2+(I_{mr}^{20}I_{ns}^{02}+I_{mr}^{02}I_{ns}^{20})+2(1-v^i)\left(\frac{a^i}{b^i}\right)^2 I_{mr}^{11}I_{ns}^{11}\right] \tag{9.36}$$

第i单元的几何刚度矩阵如下：

$$K_{Gp}^i=\left[K_{Gpmnrs}^i\right]$$

$$=\left[N_x\left(\frac{b^i}{a^i}\right)I_{mr}^{11}I_{ns}^{00}+N_y\left(\frac{a^i}{b^i}\right)I_{mr}^{00}I_{ns}^{11}+N_{xy}(I_{mr}^{10}I_{ns}^{01}+I_{mr}^{01}I_{ns}^{10})\right] \tag{9.37a}$$

式中,$I_{mr}^{\alpha\beta}$ 由积分定义如下:

$$I_{mr}^{\alpha\beta} = \int_{-1}^{+1} \frac{-d^{\alpha}\varphi_m(\xi)}{d\xi^{\alpha}} \frac{-d^{\beta}\varphi_r(\xi)}{d\xi^{\beta}} d\xi \tag{9.37b}$$

单元刚度矩阵和几何刚度矩阵的组合使用位移与斜率的相容性条件(Barrette et al., 2000)。对整个板应用变分原理,得到特征值问题如下:

$$[K] - \lambda_k [K_G] = \{0\} \tag{9.38}$$

式中,$[K]$ 和 $[K_G]$ 分别是裂纹板的总刚度矩阵和总几何刚度矩阵;λ_k 是屈曲载荷。

利用式(9.38)可以确定裂纹板的屈曲载荷,采用离散 Kirchhoff – Mindlin 三角形(DKMT)单元(Satish Kumar et al.,2000)得到有限元解,以验证解析解。由于消除了薄板中横向剪切的影响,DKMT 单元具有数值灵活性,能够同时分析薄板和厚板。

待分析板的尺寸为方形板 $a \times b \times t = 1\,000\ \text{mm} \times 1\,000\ \text{mm} \times 10\ \text{mm}$,长宽比为 2 的矩形板 $a \times b \times t = 2\,000\ \text{mm} \times 1\,000\ \text{mm} \times 10\ \text{mm}$。材料性质为 $E = 205.8\ \text{GPa}$,$\nu = 0.3$,板的四边为简支约束。屈曲载荷以无量纲化形式的屈曲参数表示,轴向压缩参数 $\lambda = N_x b/(\pi D^{22})$,边缘剪切参数 $\lambda = N_{xy} b^2/(\pi^2 D)$。

9.6.2 单向压缩边缘裂纹板

本节研究了单向压缩载荷作用下存在垂直边裂纹或水平边裂纹的简支板的弹性屈曲问题。板分为 2×2 单元,图 9.17(a)和 9.17(b)分别为 $a/b = 1$ 的方板在竖向和水平边缘裂纹作用下的屈曲载荷变化,图 9.17(c)显示了裂纹大小不同的矩形板($a/b = 2$)的屈曲行为。

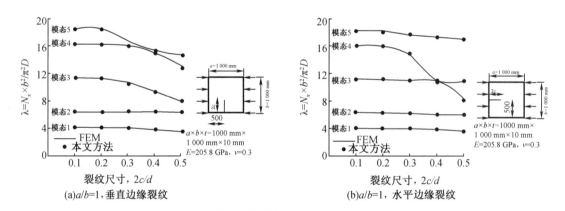

图 9.17　单向压缩载荷作用下板屈曲参数变化

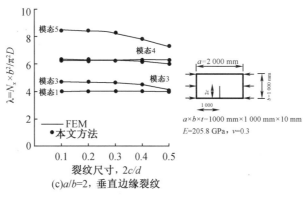

(c)$a/b=2$，垂直边缘裂纹

图 9.17（续）

在目前的计算中使用了 12 个三角函数（分别在 x 和 y 方向），结果表明，该方法与有限元法计算结果比较吻合。表 9.4 给出了具有垂直裂纹的方形板的前五个模态的无量纲屈曲因子，分别用了 8 个三角函数和 12 个三角函数。当裂纹尺寸很小（即 $2c/b \leqslant 0.2$）时，板的屈曲强度与完整（未开裂）板的屈曲强度相同；当裂纹尺寸为 $2c/b > 0.3$ 时，板的屈曲强度降低，在高阶模态下，这种下降是显著的。

表 9.4　单向压缩载荷下垂直边缘裂纹的板（$a/b=1$）的无量纲屈曲载荷 λ

裂缝尺寸 $2c/b$	模态	有限元方法	理论值（8×8）	理论值（12×12）
0.1	1	4.01	4.04	4.01
	2	6.26	6.26	6.25
	3	11.15	11.11	11.11
	4	16.01	16.00	15.94
	5	18.21	18.09	18.06
0.2	1	4.00	4.01	3.99
	2	6.26	6.25	6.25
	3	11.07	11.02	11.03
	4	15.99	15.99	15.98
	5	18.20	18.09	18.07
0.3	1	3.94	3.95	3.91
	2	6.26	6.25	6.25
	3	10.53	10.57	10.24
	4	15.84	15.83	15.69
	5	16.42	16.55	15.84

表 9.4(续)

裂缝尺寸 2c/b	模态	有限元方法	理论值(8×8)	理论值(12×12)
0.4	1	3.76	3.79	3.75
	2	6.26	6.25	6.25
	3	9.14	9.27	9.11
	4	14.74	14.74	14.66
	5	15.06	14.98	14.92
0.5	1	3.44	3.50	3.45
	2	6.25	6.24	6.24
	3	7.82	7.97	7.84
	4	12.77	12.63	12.53
	5	14.49	14.40	14.39

用 8 个三角函数对屈曲载荷进行了准确的估计,随着三角函数数目的增加,结果并没有明显的变化。本文采用 2×2 网格进行分析,且不考虑板的尺寸。在传统的有限元方法的分析中,需要根据板的尺寸变化单元数,因此,本方法提供了一种有效的求解方法,只需少量的单元和方程,消除了对裂纹板进行建模的严格要求。

9.6.3　单向压缩中心裂纹板

图 9.18(a)和 9.18(b)为含水平中心裂纹和垂直中心裂纹的板在单向压缩载荷作用下的屈曲参数变化。由于板中心裂纹的存在,将板分为 2×3 单元,用 12 个三角函数计算了屈曲因子。

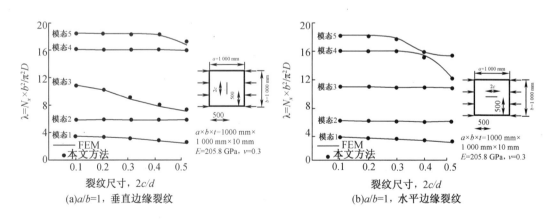

图 9.18　单向压缩载荷作用下板屈曲参数变化

弹性屈曲载荷随裂纹尺寸的增大而减小,在高阶模态下,当板有水平中心裂纹时,这种减小是显著的。该方法的计算结果与有限元计算结果吻合较好,表 9.5 给出了带有垂直中心裂纹的板的屈曲载荷,采用 8 和 12 个三角函数分别计算所得。结果表明,选择 8 个三角函数即可收敛。

表 9.5　单向压缩载荷下垂直中心裂纹的板($a/b=1$)的无量纲屈曲载荷 λ

裂缝尺寸 $2c/b$	模态	有限元方法	理论值(8×8)	理论值(12×12)
0.1	1	3.99	4.01	3.99
	2	6.26	6.24	6.23
	3	11.02	11.04	11.00
	4	16.01	16.04	16.01
	5	18.21	18.13	18.11
0.3	1	3.64	3.71	3.63
	2	6.26	6.25	6.25
	3	9.14	9.37	9.07
	4	16.00	16.01	16.00
	5	18.20	18.09	18.06
0.5	1	2.98	3.15	3.03
	2	6.24	6.24	6.23
	3	7.35	7.62	7.45
	4	15.90	15.89	15.86
	5	16.60	17.16	16.66

9.6.4　四边剪切作用下边缘或中心有裂纹的板

图 9.19(a)和 9.19(b)为矩形板($a/b=1$)在垂直边或中心有裂纹时的弹性剪切屈曲参数变化。将平板划分为 2×2 单元来计算屈曲载荷,采用每个单元在 x、y 方向上的 12 个三角函数计算屈曲参数。该方法的计算结果与有限元计算结果有较好的对比,且三角函数个数的增加对收敛性没有影响。图 9.19(c)为含垂直边缘裂纹的矩形板($a/b=2$)在面内剪切载荷作用下的屈曲参数变化。

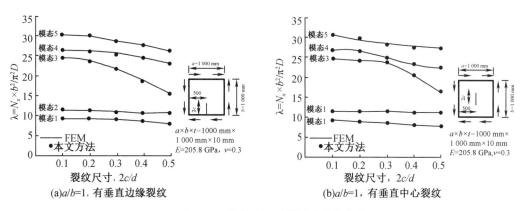

图 9.19　边剪作用下板屈曲参数变化

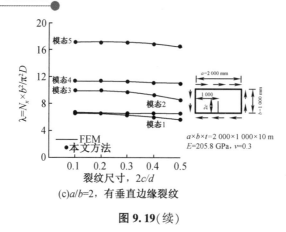

(c)$a/b=2$，有垂直边缘裂纹

图 9.19（续）

9.6.5　双向压缩垂直边缘裂纹板

以图 9.20 所示的带有垂直边缘裂纹的简支方形板为例,在双向压缩载荷作用下,裂纹大小 $2c/b$ 在 0.3~0.5 变化。将平板分为 2×2 单元,用 8 个三角函数和 12 个三角函数分别进行分析。表 9.6 给出了解析解和有限元解的比较。用 8 个三角函数与用 12 个三角函数测得的结果无显著差异,屈曲载荷随裂纹尺寸的增大而减小。

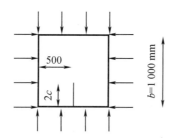

图 9.20　在双向压缩载荷作用下,有垂直边缘裂纹的方形板

表 9.6　双向压缩载荷下有垂直中心裂纹的板（$a/b=1$）的无量纲屈曲载荷 λ

裂缝尺寸 $2c/b$	模态	有限元方法	理论值(8×8)	理论值(12×12)
	1	1.97	1.98	1.96
	2	4.89	4.89	4.83
0.3	3	5.01	5.00	5.00
	4	7.99	7.97	7.97
	5	9.20	9.22	9.63
	1	1.77	1.79	1.77
	2	4.56	4.56	4.54
0.5	3	4.97	4.96	4.95
	4	6.35	6.28	6.22
	5	7.20	7.31	7.22

9.7 裂纹板的极限强度

9.7.1 基本理论

众所周知,板结构可能会遭受与时间有关的退化,例如随着时间的推移产生疲劳开裂损伤。前文描述的理论和方法主要集中在如何表征重复加载导致的疲劳裂纹的萌生和扩展,如图9.1所示,开裂损伤也会降低结构在单调极限载荷作用下的极限强度,因此在式(1.17)的开裂结构剩余极限强度计算中,应将其作为影响参数处理。

在加筋板结构中,沿钢板与加强筋之间的焊缝处经常能观察到疲劳裂纹。这种裂纹的方向可分为三种情况,即垂直型、水平型和角型,如图9.21(a)所示。结构可以承受如图9.21(a)所示的轴压或边剪引起的压缩极限载荷,也可以承受如图9.21(b)所示的拉伸"极限"载荷。

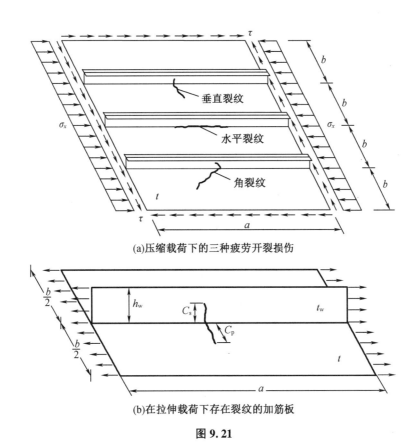

(a)压缩载荷下的三种疲劳开裂损伤

(b)在拉伸载荷下存在裂纹的加筋板

图 9.21

在单调拉伸加载中,裂纹尺寸(长度)可能会以稳定或不稳定的方式进一步增加(扩展),直到结构达到极限强度,因此开裂结构的极限抗拉强度必然小于未开裂(完整)结构。单调压缩载荷作用下的板上裂纹在开始时闭合,但在发生侧向屈曲变形后打开。由于制造相关的初始挠度或附加的局部面外加载(侧向压力)也可能发生一些侧向变形,在侧向变形的情况下,随着平面外变形的增加,裂缝会张开并降低板的抗压强度。因此,可以认为开裂损伤对板极限抗压强度的影响与对板极限抗拉强度的影响相似。

与前几节所述的方法相反,如果假定材料非常柔韧,则可以假定一个更简单直观的模型来预测有裂纹结构的剩余极限强度。对于如图9.22所示的有裂纹板,可以根据减小的截面积来预测极限强度,同时要考虑裂纹损伤对承载材料的损失。此时,在单调的极限轴向载荷下,存在裂纹的面板的极限强度可以近似地表示为(Paik et al,2005;Paik et al.,2006;Paik,2008,2009)

$$\sigma_{\mathrm{u}} = \frac{A_{\mathrm{o}} - A_{\mathrm{c}}}{A_{\mathrm{o}}} \sigma_{\mathrm{uo}} \tag{9.39}$$

式中,σ_{u} 和 σ_{uo} 为开裂和完整(未开裂)板的极限强度;A_{o} 为完整(未开裂)板截面面积;A_{c} 为开裂板截面面积,投影于加载方向。

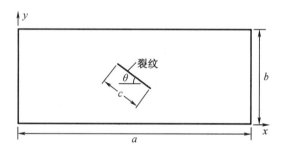

图9.22 存在裂纹的板示意图

此时,裂纹板的极限强度计算如下:

$$\sigma_{x\mathrm{u}} = \frac{A_{x\mathrm{o}} - A_{x\mathrm{c}}}{A_{x\mathrm{o}}} \sigma_{x\mathrm{uo}} \tag{9.40a}$$

$$\sigma_{y\mathrm{u}} = \frac{A_{y\mathrm{o}} - A_{y\mathrm{c}}}{A_{y\mathrm{o}}} \sigma_{y\mathrm{uo}} \tag{9.40b}$$

式中,$A_{x\mathrm{o}} = bt$;$A_{x\mathrm{c}} = tc\sin\theta$;$A_{y\mathrm{o}} = at$;$A_{y\mathrm{c}} = tc\cos\theta$;$t$ 为板厚。

对于边缘剪切载荷,裂纹板的极限剪切强度可由下式表示(Paik et al.,2003):

$$\tau_{\mathrm{u}} = \frac{1}{2}\left(\frac{A_{x\mathrm{o}} - A_{x\mathrm{c}}}{A_{x\mathrm{o}}} + \frac{A_{y\mathrm{o}} - A_{y\mathrm{c}}}{A_{y\mathrm{o}}}\right)\tau_{\mathrm{uo}} \tag{9.40c}$$

式中,τ_{u} 和 τ_{uo} 为裂纹板和无裂板的极限剪切强度。

将式(9.39)的裂纹损伤模型应用于轴向拉伸开裂损伤加筋板极限强度计算,如图9.21(b)所示,则

$$\sigma_{\mathrm{u}} = \frac{(b - c_{\mathrm{p}})t\sigma_{\mathrm{Yp}} + (h_{\mathrm{w}} - c_{\mathrm{s}})t_{\mathrm{w}}\sigma_{\mathrm{Ys}}}{bt + h_{\mathrm{w}}t_{\mathrm{w}}} \tag{9.41}$$

式中,c_{p} 为板的投影裂纹长度;c_{s} 为加强筋的投影裂纹长度;$\sigma_{\mathrm{Yp}} = \sigma_{\mathrm{Y}}$,为板的屈服强度;$\sigma_{\mathrm{Ys}}$ 为加强筋的屈服强度。

9.7.2 轴向拉伸时的裂纹板

式(9.39)的适用性可以通过与轴向拉伸载荷作用下带裂纹板的实验比较来验证(Paik

et al.,2005)。在与剩余强度有关的结构试验中,首先需要在板的中心或边缘机械地制造一个小孔,然后在板的平面施加轴向疲劳载荷,直到达成所需尺寸的裂纹,这一过程的目的是体现板的疲劳裂纹损伤。最后,施加与不同水平单调轴向拉伸载荷相对应的控制位移,并在准静态条件下逐步增加,直至裂纹板裂为两块,如图9.23所示。由于涉及薄板与准静态加载速率,在位移控制条件下进行的这些室温试验中,测试板的整体行为基本上保持了延性。

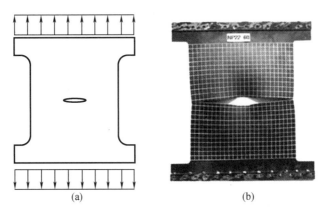

图9.23 在板因轴向拉伸裂成两块之前,裂纹瞬时急速扩展的典型案例

图9.24给出了实验和前面提到的简化模型得到的板的极限抗拉强度随裂纹长度的变化,即通过减小截面面积来考虑裂纹损伤。显然,简化模型提供了保守的结果,实验数据点有明显高于简化模型预测的趋势,并且这种偏离程度随着板厚的增加而增大,这可能是撕裂或应变硬化的表现。

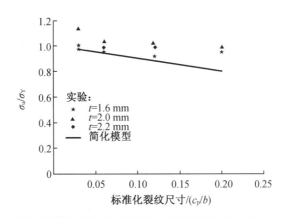

图9.24 由实验和简化模型得到的极限抗拉强度随裂纹长度的变化(σ_Y为实测屈服应力)

在单调增加拉伸载荷的试验中,人工裂纹的大小和位置以及板厚都是不同的。由此可得相关结论如下:

(1)随着裂纹长度的增加,板的极限抗拉强度和破坏延伸率显著降低,这是由于裂纹减少了截面面积,且初始裂纹随着拉伸载荷的增加而增加,即发生一定程度的撕裂。

(2)随着板材厚度的增加,延伸率略有增加。虽然将薄板的结果推广到相对较厚的板可能需要更多的数据,但板的强度的影响大致上应该与板厚成正比。

(3)在控制位移条件下,裂缝位置对试件整体抗拉强度影响不显著。

9.7.3　轴向拉伸时的裂纹加筋板

为了验证简化模型对轴向拉伸作用下裂纹加筋板的适用性,将非线性有限元解与式(9.41)的预测结果进行了比较。加筋板尺寸如图 9.21(b)所示,$a = 1\ 600$ mm,$b = 400$ mm,$t = 15$ mm,$h_{\mathrm{w}} = 150$ mm,$t_{\mathrm{w}} = 12$ mm,$\sigma_{\mathrm{Yp}} = \sigma_{\mathrm{Ys}} = 249.7$ MPa,$E = 202.2$ GPa,$\nu = 0.3$。考虑两组裂纹长度,即在面板处 $2c_{\mathrm{p}} = 50$ mm 或 150 mm(即在加强筋两侧 $c_{\mathrm{p}} = 25$ mm 或 75 mm),在加强筋处 $c_{\mathrm{s}} = 25$ mm 或 75 mm。

在位移控制下的非线性有限元分析中,采用了两种材料模型:①采用拉伸试验得到的材料应力-应变关系,即尽可能考虑应变硬化、缩颈和韧性断裂的影响;②忽略应变硬化的影响,考虑韧性断裂的影响,采用弹性-理想塑性材料模型。由于外部拉伸载荷单调增加,所有的分析都考虑了撕裂对裂纹扩展的影响。

图 9.25 为面板完全断裂之前的典型变形形状,图 9.26 给出了加筋板在单调轴向拉伸载荷作用下采用平均应力-应变关系的非线性有限元解,直至板被分成两半。

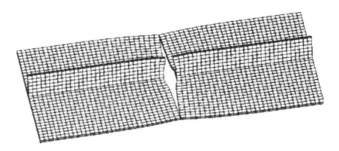

图 9.25　非线性有限元法得到的加筋板在单向拉伸载荷作用下整个断裂前的变形形状

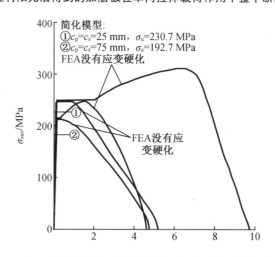

图 9.26　在一定裂纹条件下单调拉伸载荷下加筋板的弹塑性行为

采用式(9.41)所示的简化模型,可以预测加筋板的极限抗拉强度,当 $c_{\mathrm{p}} = c_{\mathrm{s}} = 25$ mm 时,$P_{\mathrm{u}} = (b - 2c_{\mathrm{p}}) t\sigma_{\mathrm{Yp}} + (h_{\mathrm{w}} - c_{\mathrm{s}}) t_{\mathrm{w}} \sigma_{\mathrm{Ys}} = 3\ 183.7$ kN 或 $\sigma_{\mathrm{u}} = 230.7$ MPa;当 $c_{\mathrm{p}} = c_{\mathrm{s}} = 75$ mm 时,

$P_u = 2\,659.3\ \text{kN}$ 或 $\sigma_u = 192.7\ \text{MPa}$。表 9.7 比较了简化模型的解与非线性有限元法的解,虽然简化模型预测的极限强度是前面提到的材料模型①的非线性有限元法解的 74%~78%,但它们是材料模型②的非线性有限元法解的 91%~94%。式(9.41)简化模型的保守性是因为忽略了应变硬化的影响,可能还有部分原因是稳定的裂纹扩展。结果表明,简化的裂纹模型可用于预测存在裂纹损伤的加筋板的极限抗拉强度,但其预测结果较差。

表 9.7 简化模型的解与非限性有限元法的解比较

c_p/mm	c_s/mm	σ_u/MPa		$\dfrac{(A)}{(B)}$	应变硬化效应
		(A)	(B)		
25	25	230.7	311.4	0.741	包含
			246.8	0.935	不包含
75	75	192.7	247.8	0.778	包含
			212.9	0.905	不包含

注:(A)为简化模型;(B)为非线性有限元法。简化模型没有考虑应变硬化的影响。

9.7.4 轴向压缩裂纹板

通过 Paik 等(2005)的实验,验证了式(9.39)对轴向压缩载荷下裂纹板的适用性。试验采用带有裂纹的箱形柱模型,如图 9.27 所示。试验结构是由四张相似的钢板组装焊接而成,且在试验结构的四块板上分别人工产生一组相同的贯穿裂缝。

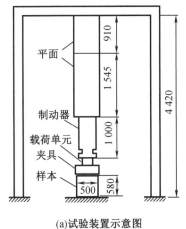
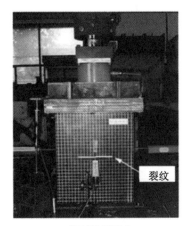

(a)试验装置示意图 (b)测试装置照片

图 9.27 裂纹箱型柱结构在轴向压缩载荷作用下的极限强度试验装置

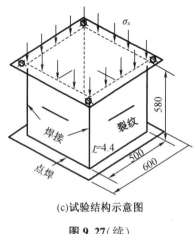

(c)试验结构示意图

图 9.27(续)

图 9.28 为带裂纹板在轴向压缩载荷作用下的试验结构示意图,其中标注了结构尺寸,并考虑垂直裂纹-中心(VC-Center)、垂直裂纹-边缘(1)[VC-Edge(1)]和垂直裂纹-边缘(2)[VC-Edge(2)]三种类型的裂纹位置。VC-Center 表示裂纹位于板的中心,VC-Edge(1)和VC-Edge(2)表示裂纹位于板的边缘,其中 VC-Edge(1)表示在板的一侧有裂缝,VC-Edge(2)表示在板的每一侧都有裂缝。考虑到裂纹板的极限强度行为也会受到裂纹面的间隙大小(G)的影响,因此,试验中考虑了 0.3 mm 和 3.0 mm 两种类型的裂缝间隙。间隙较小(0.3 mm)的裂纹采用线切割法,而间隙为 3.0 mm 的裂纹采用等离子切割法,试验结构所用的材料是低碳钢。图 9.29 为拉伸试验得到的材料的工程应力-工程应变曲线,表 9.8 表示测试结构中四块板的最大初始挠度,表 9.9 列出了测试模型标识号。

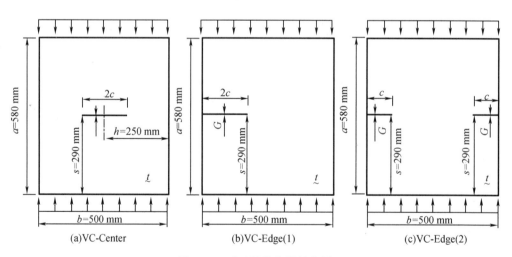

(a)VC-Center   (b)VC-Edge(1)   (c)VC-Edge(2)

图 9.28 试验结构各裂纹位置

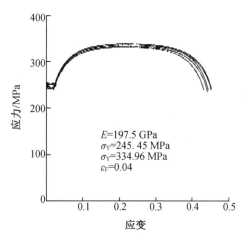

ε_F—断裂应变;σ_T—极限拉应力;σ_Y—屈服应力;E—弹性模量。

图9.29 拉伸试验得到的材料工程应力-工程应变曲线

表9.8 测试结构中四块板的最大初始挠度

裂纹形态	A1/mm	A2/mm	A3/mm	A4/mm	平均值
Intact-1	1.15	1.88	2.81	1.26	1.78
Intact-1	1.10	0.80	0.96	1.80	1.17
VC-Center-0.3-15-1	1.71	2.73	0.68	1.93	1.76
VC-Center-0.3-15-2	2.10	1.50	1.50	1.52	1.66
VC-Center-0.3-30-1	0.50	1.15	0.95	0.79	0.85
VC-Center-0.3-30-2	1.41	1.05	0.90	0.65	1.00
VC-Center-3.0-50	1.95	0.34	0.90	0.53	0.93
VC-Edge(1)-3.0-15	1.06	2.03	1.20	2.21	1.63
VC-Edge(1)-3.0-30	0.58	1.59	1.60	3.28	1.79
VC-Edge(1)-3.0-50	2.40	1.70	0.58	1.76	1.61
VC-Edge(2)-0.3-30	2.10	1.75	3.10	2.28	2.31
VC-Edge(2)-3.0-30	0.83	0.35	1.38	1.10	0.92
VC-Edge(2)-3.0-50	0.80	1.68	0.70	0.80	1.00

注:A1,板1的最大初始挠度;A2,板2的最大初始挠度;A3,板3的最大初始挠度;A4,板4的最大初始挠度。

表9.9 测试模型标识号

裂纹位置	裂纹间隙 (G/mm)	裂纹尺寸		
		0.15b	0.3b	0.5b
中心	0.3	VC-Center-0.3-15	VC-Center-0.3-30	—
	3.0	—	—	VC-Center-3.0-50

表 9.9(续)

裂纹位置	裂纹间隙 (G/mm)	裂纹尺寸		
		0.15b	0.3b	0.5b
边缘(一侧)	0.3	—	—	—
	3.0	VC-Edge(1)-3.0-15	VC-Edge(1)-3.0-30	VC-Edge(1)-3.0-50
边缘(两侧)	0.3	—	VC-Edge(2)-0.3-30	—
	3.0	—	VC-Edge(2)-3.0-30	VE-Edge-3.0-50

图 9.30 为试验得到的不同裂纹尺寸和裂纹位置的平均轴向压缩应力-应变曲线。组成测试结构的四个独立板的极限抗压强度的平均值通过应用载荷除以结构的总横截面面积来计算。表 9.10 总结了试验得到的不同裂纹尺寸和位置的板的极限强度。

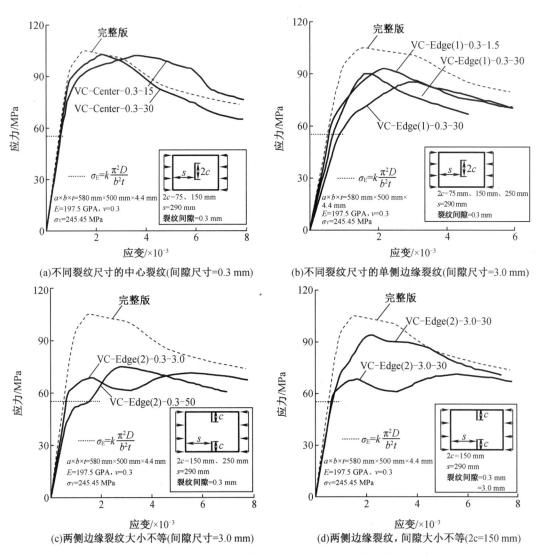

(a)不同裂纹尺寸的中心裂纹(间隙尺寸=0.3 mm)

(b)不同裂纹尺寸的单侧边缘裂纹(间隙尺寸=3.0 mm)

(c)两侧边缘裂纹大小不等(间隙尺寸=3.0 mm)

(d)两侧边缘裂纹，间隙大小不等(2c=150 mm)

图 9.30 试验结构的平均轴向压缩应力-应变曲线

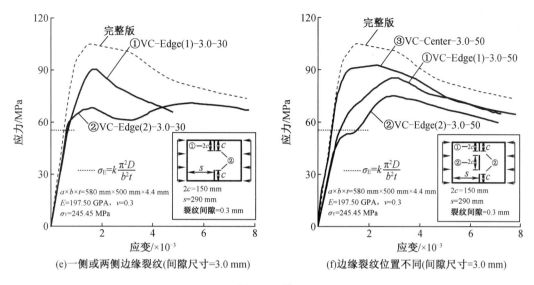

(e) 一侧或两侧边缘裂纹(间隙尺寸=3.0 mm)　　(f) 边缘裂纹位置不同(间隙尺寸=3.0 mm)

图 9.30(续)

表 9.10　试验得到的裂纹板极限强度

裂纹形态	σ_{xu}/MPa	σ_{xu}/σ_Y	σ_{xu}/σ_{xuo}
Intact	105.3	0.429	1.0
VC-Center-0.3-15	102.27	0.417	0.971
VC-Center-0.3-30	102.89	0.419	0.977
VC-Center-3.0-50	92.65	0.377	0.880
VC-Edge(1)-3.0-15	93.38	0.380	0.887
VC-Edge(1)-3.0-30	90.55	0.369	0.860
VC-Edge(1)-3.0-50	84.40	0.344	0.802
VC-Edge(2)-0.3-30	94.11	0.383	0.894
VC-Edge(2)-3.0-30	68.60	0.279	0.651
VC-Edge(2)-3.0-50	53.64	0.219	0.509

注:σ_{xuo} 和 σ_{xu} 为完整或裂纹结构的极限抗压强度。

试验结构的极限强度预测采用式(9.39)。图 9.31(a) 为实验得到的板随裂纹大小变化的极限抗压强度折减特性;在图 9.31(b)中,将试验结果与式(9.39)的简化公式进行了对比。图 9.32 显示了一侧有边缘裂纹且承受轴向压缩载荷的板的有限元模型样本。图 9.33 将式(9.39)的预测结果与带有单裂纹或多裂纹板的试验结果和非线性有限元法解进行对比。显然,式(9.39)较好地预测了裂纹板的极限抗压强度,但偏危险。

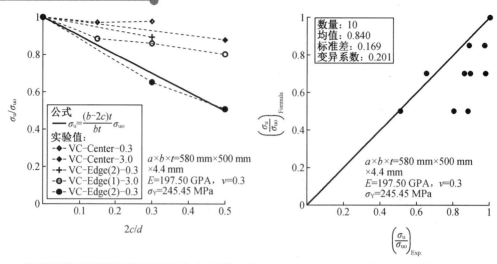

(a)钢板极限抗压强度折减特性随裂纹大小变化的函数　　(b)试验与式(9.39)的比较

图 9.31　含裂纹板极限压缩强度与裂纹大小的关系

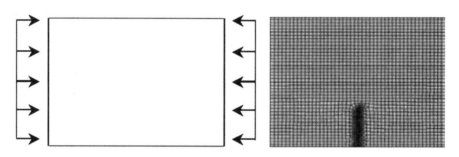

图 9.32　轴压边裂纹板的有限元网格样例

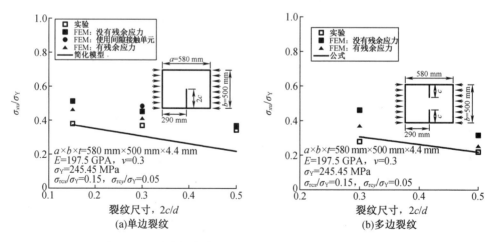

(a)单边裂纹　　　　　　　　　　　(b)多边裂纹

图 9.33　裂纹板的极限抗压强度变化与裂纹大小的关系

有兴趣的读者也可以参考 Paik(2008,2009),Wang 等(2009),Shi 和 Wang(2012),
Rahbar-Ranji 和 Zarookian(2014),Underwood 等(2015),Wang 等(2015),Cui 等(2016,
2017)和 Shi 等(2017)等的文献。

9.7.5　边缘剪切时的裂纹板

为验证简化模型的适用性,将非线性有限元解与式(9.40c)的预测结果进行了比较。图9.34给出了非线性有限元解和式(9.40c)简化计算得到的裂纹板极限抗剪强度随裂纹长度的变化情况,即通过减小截面面积来考虑裂纹损伤。从图9.34可以明显看出,虽然非线性有限元法的解有明显高于简化模型预测的趋势,但简化模型提供了足够保守的结果。

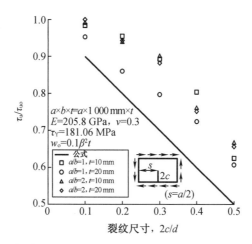

图9.34　裂纹板的极限抗剪强度随裂纹尺寸、板厚和长宽比的变化

注:实线为式(9.40c)的解,符号为非线性有限元法的解,$\beta=(b/t)\sqrt{\sigma_Y/E}$,裂纹总长度用$2c$表示。

对于多裂纹加筋板的极限抗剪强度,有兴趣的读者可以参考Wang(2015)等的文献。

参 考 文 献

Anderson, T. L. (1995). Fracture mechanics: fundamentals and applications. Second Edition, CRC Press, London.

Barenblatt, G. I. (1962). The mathematical theory of equilibrium cracks in brittle fracture. Advances in Applied Mechanics, 7: 55-129.

Barrette, M., Berry, A. & Beslin, O. (2000). Vibration of stiffened plates using hierarchical trigonometric functions. Journal of Sound and Vibration, 235(8): 727-747.

Barsom, J. M. (ed.) (1987). Fracture mechanics retrospective: early classic papers (1913—1965), The American Society of Testing and Materials (RPS), 1. ASTM, Philadelphia, PA.

Begley, J. A. & Landes, J. D. (1972). The J-integral as a fracture criterion, ASTM STP, 514. The American Society for Testing and Materials, Philadelphia, PA, 1-20.

Beslin, O. & Nicolas, J. (1997). A hierarchical functions set for predicting very high order plate bending modes with any boundary conditions. Journal of Sound and Vibration, 202(5): 633-655.

Broek, D. (1986). Elementary engineering fracture mechanics. Martinus Nijhoff, Dordrecht/

Boston/Lancaster.

BS (British Standards Institution) (1980). Guidance on some methods for the derivation of acceptance levels for defects in fusion welded joints, PD, 6493. British Standards Institution, London.

Burdekin, F. M. & Dawes, M. G. (1971). Practical use of linear elastic and yielding fracture mechanics with particular reference to pressure vessels. Proceedings of the Institute of Mechanical Engineers Conference, London, May: 28-37.

Cui, C., Yang, P., Li, C. & Xia, T. (2017). Ultimate strength characteristics of cracked stiffened plates subjected to uniaxial compression. Thin-Walled Structures, 113: 27-39.

Cui, C., Yang, P., Xia, T. & Du, J. (2016). Assessment of residual ultimate strength of cracked steel plates under longitudinal compression. Ocean Engineering, 121: 174-183.

Dawes, M. G. (1974). Fracture control in high yield strength weldments. Welding Journal, 53: 369-380.

Donahue, R. J., Clark, H. M., Atanmo, P., Kumble, R. & McEvily, A. J. (1972). Crack opening displacement and the rate of fatigue crack growth. International Journal of Fracture Mechanics, 8: 209-219.

Dugdale, D. S. (1960). Yielding of steel sheets containing slits. Journal of the Mechanics and Physics of Solids, 8: 100-108.

Erdogan, F. (1963). Stress intensity factors. Journal of Applied Mechanics, 50: 992-1002.

Forman, R. G., Kearney, V. E. & Engle, R. M. (1967). Numerical analysis of crack propagation in cyclic-loaded structures. Journal of Basic Engineering, 89: 459-464.

Griffith, A. A. (1920). The phenomena of rupture and flow in solids. Philosophical Transactions, Series A, 221: 163-198.

Hutchinson, J. W. (1968). Singular behavior at the end of a tensile crack in a hardening material. Journal of the Mechanics and Physics of Solids, 16:13-31.

Hutchinson, J. W. & Paris, P. C. (1979). Stability analysis of J-controlled crack growth, ASTM STP, 668. The American Society for Testing and Materials, Philadelphia, PA, 37-64.

Irwin, G. R. (1948). Fracture dynamics: fracturing of metals. The American Society for Metals, Cleveland, OH, 147-166.

Irwin, G. R. (1956). Onset of fast crack propagation in high strength steel and aluminum alloys. Singapore Research Conference Proceedings, 2: 289-305.

Irwin, G. R. (1957). Analysis of stresses and strains near the end of a crack traversing a plate. Journal of Applied Mechanics, 24: 361-364.

Kanninen, M. F. & Popelar, C. H. (1985). Advanced fracture mechanics. Oxford University Press, New York.

Lotsberg, I. (2016). Fatigue design of marine structures. Cambridge University Press, Cambridge.

Lui, F. L. (2001). Differential quadrature element method for buckling analysis of rectangular

Mindlin plates having discontinuities. International Journal of Solids and Structures, 38: 2305-2321.

Machida, S. (1984). Ductile Fracture Mechanics. Nikkan Kogyo Shimbunsha (Daily Engineering Newspaper Company), Tokyo (in Japanese).

McEvily, A. J. & Groeger, J. (1977). On the threshold for fatigue-crack growth. The Fourth International Conference on Fracture, University of Waterloo Press, Waterloo, Ontario, 2: 1293-1298.

Mott, N. F. (1948). Fracture of metals: theoretical considerations. Journal of Engineering, 165: 16-18.

Murakami, Y. (ed.) (1987). Stress intensity factors handbook. Pergamon Press, New York.

Orowan, E. (1948). Fracture and strength of solids. Reports on Progress in Physics, XII: 185-232.

Paik, J. K. (2008). Residual ultimate strength of steel plates with longitudinal cracks under axial compression: experiments. Ocean Engineering, 35(17-18): 1775-1783.

Paik, J. K. (2009). Residual ultimate strength of steel plates with longitudinal cracks under axial compression: nonlinear finite element method investigations. Ocean Engineering, 36(3-4): 266-276.

Paik, J. K. & Satish Kumar, Y. V. (2006). Ultimate strength of stiffened panels with cracking damage under axial compression or tension. Journal of Ship Research, 50(3): 231-238.

Paik, J. K., Satish Kumar, Y. V. & Lee, J. M. (2005). Ultimate strength of cracked plate elements under axial compression or tension. Thin-Walled Structures, 43: 237-272.

Paik, J. K., Wang, G., Thayamballi, A. K., Lee, J. M. & Park, Y. I. (2003). Time-dependent risk assessment of aging ships accounting for general/pit corrosion, fatigue cracking and local denting damage. Transactions of the Society of Naval Architects and Marine Engineers, 111: 159-197.

Paris, P. C. & Erdogan, F. (1960). A critical analysis of crack propagation law. Journal of Basic Engineering, 85(4): 528-534.

Paris, P. C., Gomez, M. P. & Anderson, W. P. (1961). A rational analytical theory of fatigue. The Trend in Engineering, 13: 9-14.

Paris, P. C., Tada, H., Zahoor, A. & Ernst, H. A. (1979). Instability of the tearing mode of elastic-plastic crack growth, ASTM STP, 668. The American Society for Testing and Materials, Philadelphia, PA, 5-36 and 251-265.

Priddle, E. K. (1976). High cycle fatigue crack propagation under random and constant amplitude loadings. International Journal of Pressure Vessels and Piping, 4: 89-117.

Rahbar-Ranji, A. & Zarookian, A. (2014). Ultimate strength of stiffened plates with a transverse crack under uniaxial compression. Ships and Offshore Structures, 10(4): 416-425.

Rice, J. R. (1968). A path independent integral and the approximate analysis of strain concentrations by notches and cracks. Journal of Applied Mechanics, 35: 379-386.

Rice, J. R. & Rosengren, G. F. (1968). Plane strain deformation near a crack tip in a power-law hardening material. Journal of the Mechanics and Physics of Solids, 16: 1-12.

Riks, E., Rankin, C. C. & Bargon, F. A. (1992). Buckling behavior of a central crack in a plate under tension. Engineering Fracture Mechanics, 43: 529-548.

Rooke, D. R. & Cartwright, D. J. (1976). Compendium of stress intensity factors. Hillington, Uxbridge.

Roy, Y. A., Shastry, B. P. & Rao, G. V. (1990). Stability of square plates with through transverse cracks. Computers & Structures, 36: 387-388.

Satish Kumar, Y. V. & Mukhopadhyay, M. (2000). A new triangular stiffened plate element for laminate analysis. Composites Science and Technology, 60(6): 935-943.

Satish Kumar, Y. V. & Paik, J. K. (2004). Buckling analysis of cracked plates using hierarchical trigonometric functions. Thin-Walled Structures, 42: 687-700.

Schijve, J. (1979). Four lectures on fatigue crack growth. Engineering Fracture Mechanics, 11: 167-221.

Shaw, D. & Huang, Y. H. (1990). Buckling behavior of a central cracked thin plate under tension. Engineering Fracture Mechanics, 35: 1019-1027.

Shi, G. J. & Wang, D. Y. (2012). Residual ultimate strength of open box girders with cracked damage. Ocean Engineering, 43: 90-101.

Shi, X. H., Zhang, J. & Guedes Soares, C. (2017). Experimental study on collapse of cracked stiffened plate with initial imperfections under compression. Thin-Walled Structures, 114: 39-51.

Shih, C. F. (1981). Relationship between the J-integral and the crack opening displacement for stationary and extending cracks. Journal of the Mechanics and Physics of Solids, 29: 305-326.

Shih, C. F., deLorenzi, H. G. & Andrews, W. R. (1977). Studies on crack initiation and stable crack growth. Proceedings of the International Symposium on Elastic-plastic Fracture, The American Society for Testing and Materials, Atlanta, GA, November: 64-120.

Shih, C. F. & Hutchinson, J. W. (1976). Fully plastic solutions and large scale yielding estimates for plane stress crack problems. Journal of Engineering Materials and Technology, 98: 289-295.

Sih, G. C. (1973). Handbook of stress intensity factors. Lehigh University, Bethlehem, PA.

Stahl, B. & Keer, M. (1972). Vibration and stability of cracked rectangular plates. Internal Journal of Solids and Structures, 8: 69-92.

Tada, H., Paris, P. C. & Irwin, G. R. (1973). Stress analysis of cracks handbook. Del Research Corporation, Hellertown, PA.

Underwood, J. M., Sobey, A. J., Blake, J. I. R. & Shenoi, R. A. (2015). Ultimate collapse strength assessment of damaged steel plated grillages. Engineering Structures, 99: 517-535.

Walker, K. (1970). The effect of stress ratio during crack propagation and fatigue for 2024-T3 and 7075-T6 aluminum, ASTM STP, 462. The American Society for Testing and Materials, Philadelphia, PA, 1-14.

Wang, F., Cui, W. C. & Paik, J. K. (2009). Residual ultimate strength of structural members with multiple crack damage. Thin-Walled Structures, 47: 1439-1446.

Wang, F., Paik, J. K., Kim, B. J., Cui, W. C., Hayat, T. & Ahmad, B. (2015). Ultimate shear strength of intact and cracked stiffened panels. Thin-Walled Structures, 88: 48-57.

Wells, A. A. (1961). Unstable crack propagation in metals: cleavage and fast fracture. Proceedings of the Crack Propagation Symposium, Cranfield, UK, Paper No. 84: 210-230.

Wells, A. A. (1963). Application of fracture mechanics at and beyond general yield. British Welding Research Association, Report No. M13/63.

Westergaard, H. M. (1939). Bearing pressures and cracks. Journal of Applied Mechanics, 6: 49-53.

Williams, M. L. (1957). On the stress distribution at the base of a stationary crack. Journal of Applied Mechanics, 24: 109-114.

第10章 结构冲击力学

10.1 结构冲击力学基础

结构在使用过程中可能承受动态或冲击载荷。在本章中,任何导致时历结构响应的载荷都被称为动态载荷或冲击载荷。通常考虑三种类型的动态载荷:冲击、动态压力和脉冲载荷(Jones,2012)。

例如,起重机坠物到海上平台甲板。撞击物从高度 h 落下,质量通常较大,速度相对较低,即 $V_0 = \sqrt{2gh}$ 大约在 10~15 m/s 左右。其他情况如陆基结构物或海上平台发生气体爆炸,质量为 W 的冲击物可能以高速冲击。这类载荷通常称为冲击载荷。初速度为 V_0,质量为 W 的物体总冲击能量是初始动能($WV_0^2/2$)加上冲击质量通过被冲击结构永久位移的附加势能之和。水冲击和爆炸事件(爆炸)——结构外露区域的时历压力称为动态压力。当动态压力的幅度很大且持续时间很短时,可以将动态压力理想化为脉冲载荷。

钢或铝合金的力学性能受到加载速度或应变率 $\dot{\varepsilon}$ 的显著影响,$\dot{\varepsilon}$ 是指加载速度与两个参考点之间测量的结构位移的相对比率,即 $\dot{\varepsilon} = d\varepsilon/dt$,其中 ε 是应变,t 是时间。表 10.1 给出了以应变率为标准的动态或冲击加载模式的分类。

表 10.1　载荷与应变率的动态模式(Hayashi et al. ,1988)

应变率 $\dot{\varepsilon}/s^{-1}$	$<10^{-5}$	$10^{-5} \sim 10^{-1}$	$10^{-1} \sim 10^{1.5}$	$10^{1.5} \sim 10^4$	$>10^4$
动态加载模式	蠕变	静态或准静态	动态	冲击	超高速冲击
举例	恒载机	船体梁上的静载荷或活载荷	冲击压力对高速船、波浪破碎载荷的影响	爆炸、船舶碰撞	轰炸

静态/准静态和动态冲击载荷情况之间有三个主要差异。第一个差异与应力场有关,在冲击载荷情况下,即使在远场压缩载荷下也可能出现拉应力,没有切口也可能出现应力集中。第二个差异是,动态/冲击结构行为随应变率而变化。第一个和第二个不同总是相互影响的。第三个差异是关于失效模式。原来在静态/准静态载荷下以韧性为主的钢或铝合金,在冲击载荷下发生脆性断裂的可能性更大,因为在屈服强度增加但断裂应变降低后,材料韧性屈服的能量吸收能力在高应变率下会降低。

当外部施加的动态(例如动能)能量很大时,基于"等效"静态载荷并考虑动态放大系数的准静态分析方法,无法充分解决结构的动力塑性问题。在这种情况下,分析结构动力塑性行为的一般步骤与静态行为类似,只是在动态问题中应考虑代表结构运动的运动学容许速度场,而不是静态容许变形场。在此基础上,对静态平衡项和惯性项的动态控制微分方程进行求解,使其满足初始条件和边界条件。静态失效模式的特征通常有助于建立运动容许速度场。在假定的速度场条件下,求出满足屈服条件的解。

可以合理肯定地说,当外部动态能量(例如动能)显著大于完全以弹性方式吸收的最大应变能时,弹性效应可以被忽略,前提是冲击载荷脉冲的持续时间与结构的自然弹性周期相比足够短。这意味着可以使用理想刚性塑性材料近似(而不是理想弹塑性材料或包括应变硬化和颈缩的弹塑性材料)来检查动态塑性响应(Johnson,1972;Jones,1997,2012)。

板层结构在冲击载荷作用下的极限状态设计也可按式(1.17)进行。在这种情况下,可以根据能量相关参数更好地制定设计过程,这与基于载荷效应和相应承载能力的静态或准静态载荷结构设计不同。例如,式(1.17)中的需求可以定义为动能的设计损失,而能力可以是冲击载荷下结构极限状态设计中的应变能吸收能力。本章介绍了结构冲击力学的基本原理。值得注意的是,本章中描述的理论和方法可以普遍应用于钢板结构和铝板结构。

10.2　冲击引起的载荷效应

静态或准静态载荷下结构的载荷效应(即应力)通常用结构力学的经典理论或线弹性有限元分析法计算。然而,在冲击载荷下载荷效应的分析方法与静态载荷的分析方法完全不同。

本节介绍了结构冲击问题的一些相关考虑。从本质上讲,在动态载荷下结构不仅会变形,而且还会振动,这意味着载荷效应与时间有关,并且载荷效应可能被动态放大。在许多情况下响应是瞬态的,因此许多结构可以承受的动态载荷远远超过同等的静载荷。在动载荷作用下,结构响应的计算既有简化的方法,也有复杂的方法。考虑材料和几何非线性,包括塑性和屈曲,有限元法可用于计算动态结构响应。在使用简化方法时,局部强度方面往往采用基于塑性理论的方法来表征。

如图 10.1 所示,现在考虑一质量为 W 的刚体冲击的例子。刚体自由下落,导致弹性杆承受轴向冲击载荷。由下式得到下落物体损失的动能:

$$E_k = Wg(h+\delta) \tag{10.1a}$$

式中,g 是重力加速度;h 是坠落物体的初始高度;δ 是位移。

弹性杆吸收的应变能 E_s 通过以下公式计算:

$$E_s = \frac{EA}{2}\left(\frac{\delta}{L}\right)^2 \tag{10.1b}$$

式中,A 是横截面积;L 是弹性杆的初始长度;E 是杨氏模量。

根据能量守恒原理,$E_k = E_s$,从而确定位移 δ。因此,获得的冲击应力 σ 如下:

$$\sigma = \frac{E\delta}{L} = \frac{Wg}{A}\left(1 + \sqrt{1 + \frac{2EAh}{WgL}}\right) \tag{10.2}$$

冲击应力本质上是时变的。在落物与底板接触期间,落物将受到杆的反作用力和重力。忽略杆质量的影响,建立下落物体运动的控制微分方程如下:

$$W\frac{d^2x}{dt^2} = Wg - A\sigma = Wg - \frac{EAx}{L} \tag{10.3}$$

式中,x 表示杆的位移。如果时间起点 t 被视为坠落物体刚接触底板的时刻,则冲击的初始条件由下式给出:

$$x = 0, \frac{\mathrm{d}x}{\mathrm{d}t} = V_0, t = 0 \qquad (10.4)$$

式中,$V_0 = \sqrt{2gh}$,是自由落体的速度。

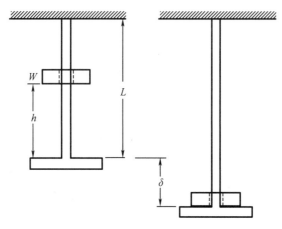

图 10.1　自由落体的影响

考虑式(10.4)的初始条件,方程(10.3)的解如下:

$$x = \frac{WgL}{EA}\left(1 - \cos\varphi + \sqrt{\frac{2EAh}{WgL}}\sin\varphi\right) \qquad (10.5)$$

式中,$\varphi = [EA/WL]^{1/2}t$

因此,由式(10.5)可以得出随时间变化的冲击应力 σ 如下:

$$\sigma = \frac{Ex}{L} = \frac{Wg}{A}\left\{1 + \sqrt{1 + \frac{2EAh}{WgL}}\sin\left[\sqrt{\frac{EA}{WL}}(t-T)\right]\right\} \qquad (10.6)$$

式中,$T = \sqrt{\dfrac{WL}{EA}}\arctan\sqrt{\dfrac{WgL}{2EAh}}$

由式(10.6)可以看出,冲击应力随时间呈正弦形式发展,在时刻 t_0 时取式(10.2)所示的最大值。t_0 定义如下:

$$t_0 = \frac{\pi}{2}\sqrt{\frac{WL}{EA}} + T \qquad (10.7)$$

这里假设,落物撞击底板后,冲击载荷可能立即被传递到杆的固定端,然后杆沿长度发生均匀变形。同时,忽略应力波传播的影响。然而,对于高速冲击载荷,后一种假设可能不适合板结构的极限状态分析和设计,因为应力波的传播、反射、折射和干扰可能发挥重要作用。

关于应力波传播的影响,Hayashi 和 Tanaka(1988)研究了一个简单的例子。当速度为 V_0 的刚体沿长度方向撞击立柱时,如图 10.2 所示,要考虑应力波传播影响,估算导致的时变冲击应力。用 V_p 和 V_m 分别表示应力波的传播速度和被碰撞体内物质质点的速度。应

力波从点 B 传播到点 C,而点 B 在时间 $t=t^*$ 时变形到点 B'。在这种情况下,$t=t^*$ 时柱的应变 ε 可以给出,压缩应变取正值,如下所示:

$$\varepsilon=\frac{BB'}{BC}=\frac{V_m}{V_p} \tag{10.8}$$

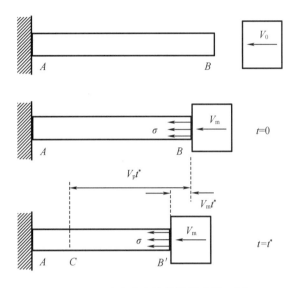

图 10.2 冲击应力波传播影响的示例

在撞击过程中,传递给被撞击物体的动量由 $\rho_0 A V_p t^* V_m$ 给出,因为横截面积为 A 的柱的 $B'C$ 部分在 t^* 期间以速度 V_m 移动,在同一时间内作用于柱上的外力冲量为 $A\sigma t^*$。因为两个量是相等的,即 $\rho_0 A V_p t^* V_m = A\sigma t^*$,冲击应力 σ 给出如下:

$$\sigma=\rho_0 V_m V_p \tag{10.9a}$$

式中,ρ_0 是立柱撞击前的密度。利用式(10.8)给出的应变,冲击应力也可由下式得出:

$$\sigma=E\varepsilon=E\frac{V_m}{V_p} \tag{10.9b}$$

应力波的传播速度可以由式(10.9a)和(10.9b)得到

$$V_p=\left(\frac{E}{\rho_0}\right)^{\frac{1}{2}} \tag{10.10}$$

将式(10.10)代入式(10.9b)得到

$$\sigma=(E\rho_0)^{\frac{1}{2}}V_m \tag{10.11}$$

前述已提及,需要注意的是物质速度 V_m 不一定等于撞击体的初始速度 V_0。显然,式(10.11)的表达形式与式(10.6)的表达式完全不同,因为式(10.11)表示撞击后冲击应力的即刻传播,而式(10.6)表示应力波停止后的应力。

有关冲击载荷下结构构件中应力波效应的更详细处理,感兴趣的读者可参考 Karagiozova 和 Jones(1998)、Kolsky(1963)或 Hayashi 和 Tanaka(1988)等的文献。

由于应力波的传播起着重要的作用,计算冲击载荷作用下结构的载荷效应并不总是直截了当的。因此,在式(1.17)的背景下,比较容易的替代方法是用动能损失代替载荷效应作为"需求"的量度,而用能量吸收作为"能力"的量度。

10.3 冲击载荷下结构材料的本构方程

在弹塑性状态给定冲击载荷幅值下,结构材料中的应力随着应变率的增加而增加。在这种情况下,冲击载荷下的塑性变形机制可分为四个区域,如图 10.3 所示(Perzyna, 1974; Rosenfield et al. ,1974)。在区域Ⅰ中,屈服(或流动)应力不受应变率或温度的影响。在区域Ⅱ中,屈服(或流动)应力随着应变率的增加而增加。在区域Ⅲ,即低温下,应变速率对屈服(或流动)应力的影响趋于缓和。区域Ⅲ与区域Ⅱ的区别在于,由于温度较低,区域Ⅲ的边界被称为塑性变形机制的孪晶模式。在区域Ⅳ,屈服(或流动)应力对应变速率极为敏感。

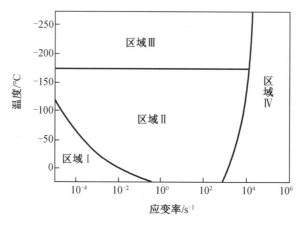

图 10.3 作为应变率和温度函数的塑性变形机制分类

图 10.4 给出了样本中低碳钢的动态剪切屈服应力和剪切应变率之间的关系,随应变率和温度的变化而变化(Campbell et al. ,1970)。

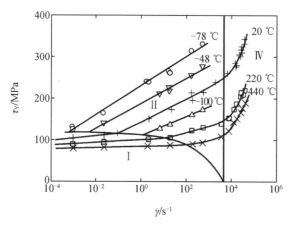

图 10.4 低碳钢的动态剪切屈服应力随剪切应变率和温度的变化

注:标记符号表示 Campbell 和 Ferguson (1970)的文献之后的实验结果。

10.3.1 马尔文本构方程

一维冲击载荷下结构钢的应力–应变关系,通常应用于区域Ⅱ,可能由(Malvern,1969)得出

$$\sigma = f(\varepsilon) + c_1 \ln(1 + c_2 \dot{\varepsilon}_p) \tag{10.12}$$

式中,$f(\varepsilon)$ 是静态载荷下材料的应力–应变关系;$\dot{\varepsilon}_p$ 是塑性应变率;c_1 和 c_2 是材料常数。

由式(10.12)可得塑性应变率如下:

$$\dot{\varepsilon}_p = \frac{1}{c_2} \left\{ \exp\left[\frac{\sigma - f(\varepsilon)}{c_1} \right] - 1 \right\} \tag{10.13}$$

从式(10.13)可以看出,塑性应变率表示动态应力 σ 和静态应力 $f(\varepsilon)$ 之间的超出应力部分的影响。采用最简单的表达方式,超出应力有时可以用线性函数表示如下:

$$E\dot{\varepsilon}_p = c_3 [\sigma - f(\varepsilon)] \tag{10.14}$$

式中,E 为弹性模量;c_3 为材料常数。

由于应变率的弹性分量 $\dot{\varepsilon}_e$ 与对应的应力 $\dot{\sigma}$ 呈线性关系,即 $E\dot{\varepsilon}_e = \dot{\sigma}$,总应变为弹性分量和塑性分量之和,则得到

$$E\dot{\varepsilon} = E(\dot{\varepsilon}_e + \dot{\varepsilon}_p) = \dot{\sigma} + c_3 [\sigma - f(\varepsilon)] \tag{10.15}$$

方程(10.15)被称为马尔文本构方程,广泛用于结构在冲击载荷下的响应分析,主要反映在图10.3中的区域Ⅱ。因此,动态屈服强度和断裂应变是影响结构在冲击载荷下耐撞性分析中的两个主要影响参数。如前所述,材料特性的动态影响与应变率有关。

10.3.2 动态屈服强度:Cowper–Symonds 方程

材料的动态屈服强度可表示如下(Karagiozova et al.,1997):

$$\frac{\sigma_{Yd}}{\sigma_Y} = f(\dot{\varepsilon}) g(\varepsilon) \tag{10.16}$$

式中,σ_Y 和 σ_{Yd} 分别为静态和动态屈服应力;$f(\dot{\varepsilon})$ 为应变率敏感性效应的函数;$g(\varepsilon)$ 为材料应变硬化函数;$\dot{\varepsilon}$ 为应变率。如果忽略应变硬化的影响,可以假定 $g(\varepsilon) = 1$。应变率敏感性参数 $f(\dot{\varepsilon})$ 通常用 Cowper–Symonds 方程 (Cowper et al.,1957)表示,即

$$\frac{\sigma_{Yd}}{\sigma_Y} = 1.0 + \left(\frac{\dot{\varepsilon}}{C} \right)^{\frac{1}{q}} \tag{10.17}$$

式中,C 和 q 是根据试验数据确定的系数,如表10.2所示。

表 10.2 与动态屈服应力相关的 Cowper–Symonds 本构方程的材料样本系数

材料	C/s^{-1}	q	参考
低碳钢	50.4	5	Cowper 和 Symonds (1957)
高强度钢	3 200	5	Paik 和 Chung (1999)

表 10.2(续)

材料	C/s^{-1}	q	参考
铝合金	6 500	4	Bodner 和 Symonds（1962）
	10.39×10^{10}	10.55	Hsu 和 Jones（2004）
	610.4	3.6	Paik 等（2017）
α-钛（钛 50A）	120	9	Symonds 和 Chon（1974）
不锈钢	100	10	Forrestal 和 Sagartz（1978）
	3 000	2.8	Paik 等（2017），室温
	35.9	1.5	Paik 等（2017），低温

图 10.5 给出了当 $g(\varepsilon)=1$ 时,低碳钢或高强度钢的 Cowper-Symonds 方程及其相关系数。图 10.6 给出了应变率和温度对高强度钢屈服强度的影响。从图中可以明显地看出,材料屈服强度随应变率的增加、温度的降低而增大。高强度钢的 σ_{Yd}/σ_{Y} 增幅小于低碳钢。图 10.7 给出了应变率和低温对低碳钢、高强度钢、铝合金和不锈钢对动态屈服应力的影响（Paik et al.，2017）;图所示的参考文献列在 Paik 等（2017）之后。

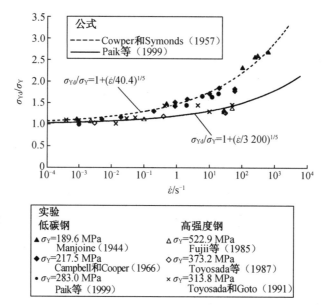

图 10.5 低碳钢和高强度钢的动态屈服强度（通过静态屈服强度归一化）与应变率的关系

注:图中所示为 Paik 等 1999 年之后的参考文献。

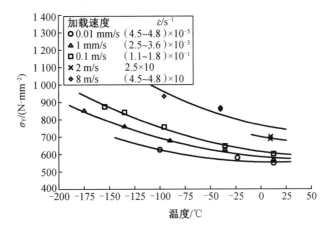

图10.6 应变率和温度对高强度钢屈服强度的影响(Toyosada et al.,1987)

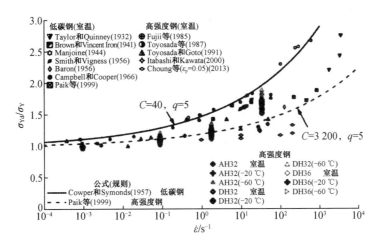

(a)低碳钢和高强度钢

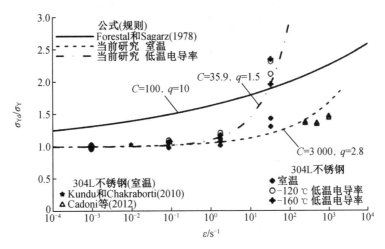

(b)304L不锈钢（Paik et al., 2017）

图10.7 应变率和室温或低温对动态屈服应力的影响

10.3.3 动态断裂应变

随着加载速度的增加,压溃效应和屈服强度都会增加,而结构中钢(及焊接区域)的任何断裂或撕裂往往会提前。下面的近似公式是动态屈服应力的 Cowper-Symonds 方程的倒数,可用于估计作为应变率函数的动态断裂应变(Jones,1989),即

$$\frac{\varepsilon_{Fd}}{\varepsilon_F}=\left[1+\left(\frac{\dot{\varepsilon}}{C}\right)^{\frac{1}{q}}\right]^{-1} \tag{10.18}$$

式中,ε_F 和 ε_{Fd} 分别是静态和动态断裂应变;ξ 是动态和静态单轴载荷下断裂总能量的比率。

如果假定失效能量不变,即与 ε 无关,则可以认为 $\xi=1$。在图 10.8 中绘制了式(10.18),其中包含三组系数以及 $\xi=1$ 时低碳钢的实验结果。式(10.18)表示动态断裂应变随应变率的增加而减少,但动态断裂应变的系数不同于动态屈服强度的系数。再次明显地证实了应变率是影响冲击力学的主要参数。

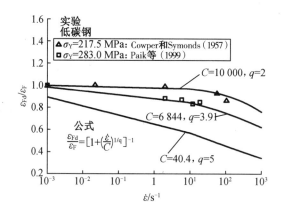

图 10.8 低碳钢的动态断裂应变(通过静态断裂应变归一化)与应变率

图 10.9 显示了应变率和低温对低碳钢、高强度钢、铝合金和不锈钢动态断裂应变的影响(Paik et al.,2017);所示参考文献在 Paik 等(2017)之后的图中。图 10.8 和图 10.9 还显示了与动态断裂应变相关的不同材料的 Cowper-Symonds 方程的最佳系数。很明显,动态断裂应变的系数不同于动态屈服应力的系数。

10.3.4 应变硬化效应

应变硬化现象有两种数学描述,即 Hollomon 方程(1945)和 Ludwik 方程(1909)。Hollomon 方程是真实应力和真实塑性应变之间的幂律关系,由下式得出:

$$\sigma=K\varepsilon_p^n \tag{10.19}$$

式中,σ 为真实应力;ε_p 为真实塑性应变;K 为材料系数;n 为应变硬化指数。Ludwik 方程与 Hollomon 方程相似,但它包含屈服强度如下:

$$\sigma=\sigma_Y+K\sigma_p^n \tag{10.20}$$

式中,σ_Y 是材料的屈服强度。应变硬化指数 n 通常在 0.2~0.5 范围内,它也可以表示为

$$n = \frac{\mathrm{dlog}\,(\sigma)}{\mathrm{dlog}\,(\varepsilon)} = \frac{\varepsilon \mathrm{d}\sigma}{\sigma \mathrm{d}\varepsilon} \tag{10.21}$$

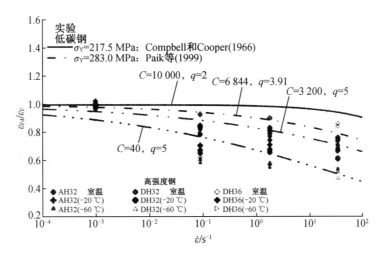

(a)低碳钢和高强度钢

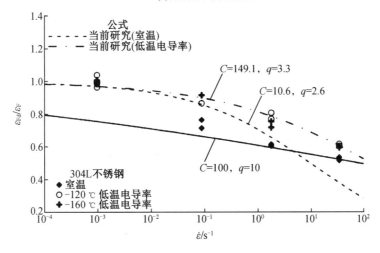

(b)304L不锈钢（Paik et al., 2017）

图 10.9 应变率和室温或低温对动态断裂应变的影响

式（10.21）可以从 log（σ）-log（ε）图的斜率进行评估,它由给定(真实)应力和(真实)应变下的应变硬化速率确定,如下所示:

$$\frac{\mathrm{d}\sigma}{\mathrm{d}\varepsilon} = n\frac{\sigma}{\varepsilon} \tag{10.22}$$

图 10.10 为碳素钢（E 级）在低温下与材料系数 K 和应变硬化指数 n 相关的试验结果,其中拉伸样品中试件厚度为 16 mm（Park,2015）。

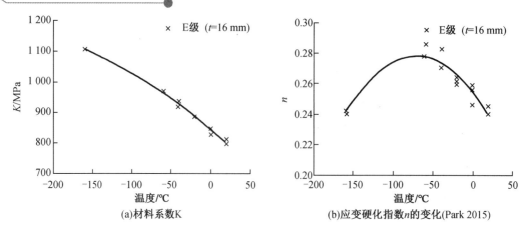

图 10.10　低温下碳钢(E 级)的 Hollomon 方程低温变化特征

注:符号×表示测试数据;直线表示趋势线。

10.3.5　惯性效应

对于板结构的冲击响应,有时必须考虑惯性效应(Reid et al. ,1983;Harrigan et al. ,1999;Paik et al. ,1999;Karagiozova et al. ,2000)。在冲击加载过程中,由于惯性效应和应力波在结构内部的传播现象,使结构在任何时刻的应变分布(或变形模式)都是非均匀的。通常认为,当应变率大于 0.1/s 时,惯性效应变得很重要。

为了研究惯性效应的特性,Paik 和 Chung(1999)对方钢管进行了一系列压溃实验,观察到随着最大压溃压痕的增加(表明冲击体的质量和/或冲击速度的增加,从而增加了所包含的初始动能),惯性效应也会增加,但应变率小于 50/s 时,这些影响可以忽略。

10.3.6　摩擦效应

在冲击加载过程中,当被撞物体与压头(或撞击物体)之间存在相对速度时,摩擦的影响通常较大。这种情况经常出现在船舶搁浅事故中,如船舶以前进速度撞上岩石尖峰。在结构工程问题中,当物体在一个表面上滑动时,摩擦力可以定义为两种材料的摩擦常数和法向力的乘积。摩擦系数取决于各种因素,如冲击速度、接触面积、表面颗粒特征、湿度(湿润或干燥)和温度。

10.4　横向冲击载荷下梁的极限强度

在准静态情况下,如第 2.8 节所述,在 $q=q_c$ 处形成塑性铰机制,则认为梁在横向载荷 q 的作用下发生失效;由刚性理想塑性材料制成的梁,只要外部横向载荷小于静态失效横向载荷 q_c,即认为梁保持刚性。因此,如果忽略应变硬化或大变形的影响,在失效梁中无法实现静态平衡。

反之,当大于 q_c 的外部载荷突然或脉冲式地作用时,梁会发生塑性变形并产生惯性力。如果外部载荷脉冲持续足够长的时间,梁的横向挠度将变得过大。然而,如果外部载荷脉冲很快消失或在一定时间后减低到很小值,则部分动能将在梁发生永久塑性变形后被吸收。

动态横向载荷 q 作用下板梁组合的控制微分方程可以表示为(Jones,2012)

$$EI_e \frac{\partial^4 w}{\partial x^4} = q - m \frac{\partial^2 w}{\partial t^2} \tag{10.23}$$

式中,$m = \rho A$ 是单位长度梁的质量;ρ 是材料密度;t 是时间;EI_e 是梁的有效截面弯曲刚度;A 是梁的横截面积。

梁中的弹性应变能可由式(2.68)得出,如下所示:

$$U = \int_{\text{Vol}} \frac{\sigma_x^2}{2E} \mathrm{dVol} \tag{10.24a}$$

当在整个梁体中 σ_x 达到等效屈服应力 σ_{Yep} 时,梁可以吸收的最大可能弹性应变能为

$$U_{\max} = \frac{\sigma_{\text{Yep}}^2 LA}{2E} \tag{10.24b}$$

式中,σ_{Yep} 考虑了板和加强筋不同屈服应力的影响,如表 2.1 所示;L 为梁的跨度。由于局部塑性变形发生在弹性应变能较小时,式(10.24b)表示吸收的应变能上限。在均匀分布的脉冲速度 V_0 下,梁吸收的初始动能可以近似为

$$E_k = \frac{1}{2} \rho L A V_0^2 \tag{10.25a}$$

总质量为 W、初始速度为 V_0 的物体撞击梁时,初始动能由下式给出:

$$E_k = \frac{1}{2} W V_0^2 \tag{10.25b}$$

当初始动能与最大应变能之比约大于 10 时(Jones,1989),刚性–理想塑性材料方法才可能适用,即。

$$\frac{E_k}{U_{\max}} > 10 \tag{10.26}$$

图 10.11 展示了矩形载荷脉冲的示意图。在开始时施加动态侧向压力 p_0(对于板–梁组合模型,$p_0 = \frac{q_0}{b}$),并在持续时间 τ 内保持恒定,之后移除载荷。当 $\frac{p_0}{p_c} \gg 1$(对于板梁组合,$p_c = \frac{q_c}{b}$)(即 $\eta = \frac{p_0}{p_c} \rightarrow \infty$)和 $\tau \neq 0$ 时,矩形压力脉冲通常被称为"冲击载荷"。在这种情况下,$t \neq 0$ 时的线性动量守恒必须满足以下条件:

$$I = \int_0^{\tau} p(t) \mathrm{d}t = p_0 \tau = \mu V_0 \tag{10.27}$$

式中,I 是脉冲,μ 是单位面积的质量。已经注意到,当持续时间短于相应的弹性固有周期时,弹性效应并不重要,即

$$\frac{\tau}{T} \ll 1 \tag{10.28a}$$

式中,T 是弹性振动的基本周期,可以取为

$$T = \frac{2L^2}{\pi} \left(\frac{m}{EI_e} \right)^{\frac{1}{2}} \qquad \text{对于两端简支的梁} \qquad (10.28\text{b})$$

$$T = \frac{2\pi L^2}{4.73^2} \left(\frac{m}{EI_e} \right)^{\frac{1}{2}} \qquad \text{对于两端固定的梁} \qquad (10.28\text{c})$$

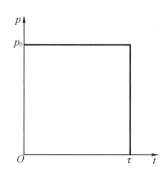

图 10.11 矩形载荷脉冲的示意图

在初始冲击速度为 V_0 的动态横向载荷下,两端固支、宽度为 B、厚度为 H 的矩形截面梁的最大永久横向挠度 w_p 如下式所示(Jones,1997):

$$\frac{w_p}{H} = \frac{1}{2} \left[\left(1 + \frac{\lambda}{2\alpha} \right)^{\frac{1}{2}} - 1 \right] \qquad \text{对于冲击载荷}(\alpha \ll 1) \qquad (10.29\text{a})$$

$$\frac{w_p}{H} = \frac{1}{2} \left[\left(1 + \frac{3\lambda}{4} \right)^{\frac{1}{2}} - 1 \right] \qquad \text{对于冲击载荷} \qquad (10.29\text{b})$$

式中,$\lambda = \dfrac{\mu V_0^2 L^2}{(16 M_p H)}$;$\alpha = \dfrac{\mu L}{(2W)}$;$M_p = \dfrac{\sigma_0 B H^2}{4}$;$W$ 是冲击质量,σ_0 是流变应力(参考第 10.8.1 节)。

对于动态加载下的板筋组合截面,感兴趣的读者可以参考 Schubak 等(1989)、Nurick 等(1994)及 Nurick 和 Jones(1995)的文献。

10.5 轴向冲击压缩载荷下柱的极限强度

具有初始挠度的柱,在轴向压缩冲击载荷 P 作用下,小变形理论的控制微分方程可以表示为(Jones,2012)

$$EI \frac{\partial^4 w}{\partial x^4} + P \frac{\partial^2 (w + w_0)}{\partial x^2} = -m \frac{\partial^2 w}{\partial t^2} \qquad (10.30)$$

对于两端简支的柱,横向挠度可假设如下:

$$w_0 = \delta_0 \sin \frac{\pi x}{L}, \quad w = \delta(t) \sin \frac{\pi x}{L} \qquad (10.31)$$

式中,w_0 为初始挠度;w 为载荷引起的附加挠度,δ_0 和 δ 分别为初始挠度和附加挠度幅值。将式(10.31)代入式(10.30)得到

$$\frac{d^2 \delta(t)}{dt^2} + C_1 \delta(t) = C_2 \qquad (10.32)$$

式中 $C_1 = \left(\dfrac{\pi}{L}\right)^2 \left(\dfrac{P_E}{m}\right)\left(1-\dfrac{P}{P_E}\right)$；$C_2 = \left(\dfrac{\pi}{L}\right)^2 \dfrac{P}{m}\delta_0$；$P_E = \dfrac{\pi^2 EI_e}{L^2}$ 是欧拉屈曲载荷。

很明显，二阶微分方程式（10.32）根据系数 C_1 的符号具有不同的解形式：如果 $P<P_E$，则 $C_1>0$；如果 $P>P_E$，则 $C_1<0$。

10.5.1 振荡响应

当 $P<P_E$ 时，系数 C_1 为正，则方程（10.32）的解为

$$\delta(t) = \frac{C_2}{C_1}\left[1-\cos(\sqrt{C_1}\,t)\right] \tag{10.33}$$

将式（10.33）代入式（10.31），考虑到初始横向速度为零（即 $t=0$ 时的 $\dfrac{\mathrm{d}\delta}{\mathrm{d}t}=0$），$t=0$ 时的附加挠度为零（即 $\delta=0$），得到柱的附加挠度为

$$w = B_1(\tau)\delta_0 \sin\frac{\pi x}{L} \tag{10.34}$$

式中，$B_1(\tau) = \dfrac{\dfrac{P}{P_E}}{1-\dfrac{P}{P_E}}\left\{1-\cos\left[\left(1-\dfrac{P}{P_E}\right)^{\frac{1}{2}}\tau\right]\right\}$；$\tau = \dfrac{2\pi t}{T} = \left[\dfrac{\pi^4 EI_e}{(mL^4)}\right]^{\frac{1}{2}}$，$t$ 为无量纲时间，T 在式（10.28）中定义。

图 10.12 绘制了 $x=\dfrac{L}{2}$ 时方程（10.34）的解，显示了柱的最大附加挠度随无量纲时间的变化。从图 10.12 可以看出，当动态轴向压缩载荷 P 小于 P_E 时，柱的附加挠度随时间循环变化，但不会发生动态屈曲现象。随着 P 接近 P_E，附加挠度显著增加，并且在 $P=P_E$ 时振荡周期趋于无穷大。

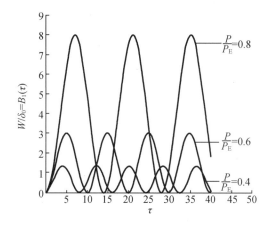

图 10.12　根据式（9.30），当动态轴向压缩载荷 P 小于 P_E 时，$x=\dfrac{L}{2}$ 位置挠度随时间的振荡

10.5.2 动态屈曲响应

如果 $P > P_E$，则 $C_1 < 0$。在这种情况下，二阶微分方程(10.32)涉及双曲函数。为方便起见，式(10.32)可改写为

$$\frac{\mathrm{d}^2\delta(t)}{\mathrm{d}t^2} - C_1^* \delta(t) = C_2 \tag{10.35}$$

式中，$C_1^* = \left(\frac{\pi}{L}\right)^2 \left(\frac{P_E}{m}\right)\left(\frac{P}{P_E} - 1\right)$。

微分方程(10.31)的解由下式得出：

$$\delta(t) = \frac{C_2}{C_1}\left[\cosh\left(\sqrt{C_1^*}\, t\right) - 1\right] \tag{10.36}$$

将式(10.36)代入式(10.31)得到柱的附加挠度，如下所示：

$$w = B_2(\tau)\delta_0 \sin\frac{\pi x}{L} \tag{10.37}$$

式中，$B_2(\tau) = \dfrac{\dfrac{P}{P_E}}{\dfrac{P}{P_E} - 1}\left\{\cosh\left[\left(\frac{P}{P_E} - 1\right)^{\frac{1}{2}}\tau\right] - 1\right\}$。

图 10.13 为式(10.37)在 $x = \dfrac{L}{2}$ 处的结果。从图 10.13 中可以明显看出，柱增加的挠度随时间显著增加，并在某一时刻变得非常大。这种现象有时被称为动力屈曲。

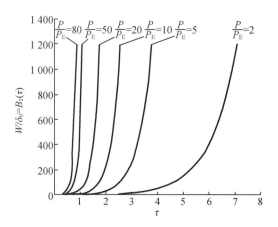

图 10.13　根据式(10.37)，当动态轴向压缩载荷 P 大于 P_E 时，柱在 $x = \dfrac{L}{2}$ 处动态屈曲挠度

10.6 侧向冲击压力载荷下板的极限强度

10.6.1 解析公式:小挠度理论

在准静态载荷条件下,如果施加的压力大于第 4 章所述的失效压力载荷 p_c,则处于侧向压力作用下的板会发生失效。当板受到短时间的冲击压力脉冲时,即使初始峰值压力大于 p_c,它仍可以继续承载。

在这种压力脉冲下,板开始变形。但当压力消除时,板具有一定的动能。这种动能随后被结构吸收,结构随之变形。当所有动能都以应变能的形式耗散时,板的运动停止。在此过程中,板的响应与时间有关,惯性力可能在平衡方程中起重要作用。

考虑到惯性力的影响,矩形板单元动力学行为的控制微分方程如下(对于所使用的符号,除非后面另有说明,否则可参考图 10.14):

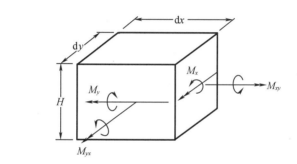

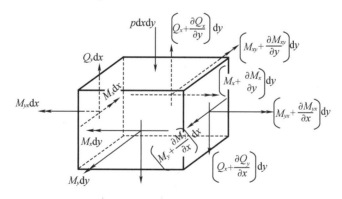

图 10.14 矩形板的无穷小单元 **dx**,**dy**(H 是板厚度)

$$\frac{\partial Q_x}{\partial x} + \frac{\partial Q_y}{\partial y} + p = \mu \frac{\partial^2 w}{\partial t^2} \tag{10.38a}$$

$$\frac{\partial M_{yx}}{\partial y} + \frac{\partial M_x}{\partial x} - Q_x = 0 \tag{10.38b}$$

$$\frac{\partial M_{xy}}{\partial x} + \frac{\partial M_y}{\partial y} + Q_y = 0 \tag{10.38c}$$

式中，p 是作用压力，是时间 t 的函数；Q_x 和 Q_y 是横向剪切力；$\mu = \rho H$ 是单位面积上板的质量；H 是板厚度；ρ 是材料密度。单位长度的弯矩 M_x 和 M_y，以及单位长度的扭矩 $M_{xy}(=-M_{yx})$ 由以下公式给出：

$$M_x = -D\left(\frac{\partial^2 w}{\partial x^2} + \nu \frac{\partial^2 w}{\partial y^2}\right) \tag{10.38d}$$

$$M_y = -D\left(\frac{\partial^2 w}{\partial y^2} + \nu \frac{\partial^2 w}{\partial x^2}\right) \tag{10.38e}$$

$$M_{xy} = -M_{yx} = D(1-\nu)\frac{\partial^2 w}{\partial x \partial y} \tag{10.38f}$$

式中，$D = EH^3/[12(1-\nu^2)]$ 是板弯曲刚度；E 是杨氏模量；ν 是泊松比。

从式（10.38a）至式（10.38c）中去掉 Q_x 和 Q_y，并考虑式（10.38f），我们得到

$$\frac{\partial^2 M_x}{\partial x^2} - 2\frac{\partial^2 M_{xy}}{\partial x \partial y} + \frac{\partial^2 M_y}{\partial y^2} = -p + \mu\frac{\partial^2 w}{\partial t^2} \tag{10.38g}$$

将式（10.38d）至式（10.38f）代入式（10.38g），得到

$$\frac{\partial^4 w}{\partial x^4} + 2\frac{\partial^4 w}{\partial x^2 \partial y^2} + \frac{\partial^4 w}{\partial y^4} = \frac{1}{D}\left(p - \mu\frac{\partial^2 w}{\partial t^2}\right) \tag{10.38h}$$

当在持续时间 τ 内施加初始值为 p_0 的均匀分布压力脉冲时，Jones（2012）求解了 $a/b=1$ 的简支板的控制微分方程，即方程（10.38g）。脉冲初始值为 p_0，持续时间为 τ，脉冲形状如图 10.11 所示。当 p_0 小于静态失效压力的两倍（即 $24\frac{M_p}{b^2}$）时，响应分为两个阶段：第一阶段与施加压力的周期一致；第二阶段在压力消失时开始，在板的动能为零时结束。在这种情况下，板中心的最大挠度 w_p 由以下公式得出：

$$w_p = \frac{p_c \tau^2}{\mu}\eta(\eta-1), \quad p_c \le p_0 \le 2p_c \tag{10.39}$$

式中，$\eta = \frac{p}{p_0}$；$p_c = 24\frac{M_p}{b^2}$；$M_p = \frac{\sigma_0 H^2}{4}$；$\sigma_0$ 是流变应力。

如前所述，考虑图 10.11 所示的动态压力分布，推导出了式（10.39）。已经证明，产生的横截面力（即弯矩 M_x、M_y）是"相容的"，即不违反 Tresca 型屈服准则，如式（1.31b）所示，并且保持静止。然而，当初始峰值压力 p_0（图 10.11）大于静态失效压力的两倍时，两阶段响应不是稳定相容的，因为假设的速度剖面会违反假定的屈服准则。在这种情况下，假设响应有三个阶段：第一阶段与压力脉冲的作用相一致；第二阶段以铰链线的移动为特征；第三阶段是塑性铰变为静止。在第三阶段结束时，方板的最大横向挠度为

$$w_p = \frac{p_c \tau^2}{4\mu}\eta(3\eta-2), \quad p_0 > 2p_c \tag{10.40}$$

对于前面提到的两阶段响应和三阶段响应，响应时间 T 等于 $\eta\tau$。

10.6.2　解析公式：大挠度理论

式（10.39）和式（10.40）是在如下假设中推导出来的：横向挠度不够大，不足以引起板

的几何形状发生变化,并且支撑不会对板边缘的轴向移动提供任何阻力。然而,当挠度相对较大且支撑抵抗板边缘的轴向移动时,会产生膜应力,结构会进一步抵抗施加的压力。无论施加的压力是静态还是动态,都会遇到阻力。

Jones(2012)在考虑大挠度效应的情况下,提出了利用刚塑性方法计算梁和矩形板在压力脉冲 $p(t)$ 作用下的永久挠度。根据琼斯方法,如果由于支撑的轴向约束,在板内产生弯矩和膜力,则横向挠度 w 遵循以下方程:

$$\int_A (p - \mu \ddot{w}) \dot{w} \mathrm{d}A = \sum_{m=1}^{r} \int_{l_m} (M + Nw) \dot{\theta}_m \mathrm{d}l_m \tag{10.41}$$

式中,μ 是每单位面积板的质量;r 是铰链线的数量;l_m 是铰线的长度;θ_m 是穿过铰线的相对转角;N 和 M 分别是沿铰线作用的膜力和弯曲力。假设材料为刚性理想塑性,加载板被直线铰分成若干刚性区。

如果进一步假设:①板的四个边缘固支;②材料符合 Tresca 型屈服准则;③剪切力不影响屈服。则板的最大永久挠度 w_p 为

$$w_p = H \frac{(3-\xi_0) \left[\sqrt{1+2\eta(\eta-1)(1-\cos \gamma\tau)} - 1 \right]}{2 \left[1+(\xi_0-2)(\xi_0-1) \right]} \tag{10.42}$$

式中,$\xi_0 = \alpha(\sqrt{3+\alpha^2} - \alpha)$;$\gamma^2 = \dfrac{96M_p}{\mu b^2 H(3-2\xi_0)} \left(1-\xi_0+\dfrac{1}{2-\xi_0} \right)$;$\eta$ 在式(10.39)中被定义。其中,

$\alpha = \dfrac{b}{a}$,a 是板的长度,b 是板的宽度;$M_p = \dfrac{\sigma_0 H^2}{4}$,$\sigma_0$ 是流变应力,H 是板的厚度。

如果载荷是冲击载荷,即 $p \to \infty$,$\tau \to 0$,式(10.42)可以改写为

$$w_p = H \frac{(3-\xi_0) \left\{ \sqrt{1+\left(\dfrac{\lambda\alpha^2}{6}\right)(3-2\xi_0)\left[1-\xi_0+\dfrac{1}{(2-\xi_0)}\right]} - 1 \right\}}{2 \left[1+(\xi_0-2)(\xi_0-1) \right]} \tag{10.43}$$

式中,$\lambda = \dfrac{\rho V_0^2 a^2}{(\sigma_0 H^2)}$。速度 V_0 通过方程 $p_0\tau = \mu V_0 = I$ 计算,这里 I 是冲量,参考式(10.27)。

使用相同的方法,可以推导出简支板的类似方程。在这种情况下,最大永久挠度为

$$w_p = H \frac{(3-\xi_0) \left[\sqrt{1+2\eta(\eta-1)(1-\cos \gamma\tau)} - 1 \right]}{4 \left[1+(\xi_0-2)(\xi_0-1) \right]} \tag{10.44}$$

为了说明应变率对屈服应力的影响,Symonds 和 Jones(1972)提出了修正系数 f,该因子与式(10.43)或式(10.44)中的流变应力 σ_0 相乘,即

$$f = 1 + \left(\frac{H^2 \lambda^{\frac{3}{2}}}{6Ca^3} \sqrt{\frac{\sigma_0}{\mu}} \right)^{\frac{1}{q}} \tag{10.45}$$

式中,C 和 q 的定义见式(10.17)或表10.2。

Yu 和 Chen(1992)表明,在强烈冲击的情况下,必须考虑移动铰的影响,即在响应期间更新假设的失效机制的模式。Shen(1997)提出了一种类似的方法,用于楔形物横向(横向)撞击矩形薄板的动态响应。Chen(1993)应用刚塑性理论推导出封闭形式的表达式,以预测冲击载荷下矩形板的永久挠度,使用了两种类型的挠度模式:屋顶形和正弦型。结果表明,

正弦形函数比屋顶形变形函数产生了更大的永久挠度。前面提到的见解是基于这样的假设,即材料是理想刚塑性的,既不发生弹性变形,也不发生应变硬化效应。这可能会导致永久挠度的高估,而应变率敏感性的影响往往会降低永久变形,这可以用 Cowper-Symonds 公式(10.17)来解释。

10.6.3　经验公式

基于现有的板在侧向压力载荷冲击作用下的实验数据,通过曲线拟合得出了许多经验公式,用于预测固支矩形板的永久侧向挠度,如下所示。

Nurick 和 Martin(1989):

$$\frac{w_{\mathrm{p}}}{H} = 0.471\varphi_{\mathrm{r}} + 0.001 \tag{10.46a}$$

Saitoh 等(1995):

$$\frac{w_{\mathrm{p}}}{H} = 0.593\varphi_{\mathrm{r}} + 1.38 \tag{10.46b}$$

式中,$\varphi_{\mathrm{r}} = I/(2H^2\sqrt{ba\rho\sigma_0})$;$\rho$ 是材料的密度;I 是脉冲。

10.7　横向冲击载荷下加筋板的极限强度

由于结构响应现象的复杂性,关于受到横向冲击载荷的加筋板的失效行为的文献非常少。然而,有一些封闭式公式或解析方法可能有助于预测横向冲击载荷下加筋板的应力水平或挠度(Schubak et al.,1989;Nurick et al.,1994,1995;Nurick et al.,1995)。冲击载荷对弹塑性加筋板结构响应的影响主要通过实验研究(Jones et al.,1991;Saitoh et al.,1995)或数值研究(Smith,1989;Rudrapatna et al.,2000)。

Woisin(1979)推导了一个简单的公式,用于预测横向冲击载荷下加筋板的损伤。他提出,在船舶碰撞的情况下,受到冲击和损坏的钢板吸收的能量等于 $0.5\sum_i h_i t_i^2$,其中 h_i(m)是破损或严重变形的舷侧外板或恒定厚度 t_i(cm)的纵舱壁高度。Woisin 公式是在他自己的试验结果的基础上推导出来的,该试验结果使用了相对大比例的碰撞试验模型。Woisin(1990)后来修改了他的公式,并提出受损板在冲击下吸收的能量最好用 $0.2\sum_i h_i t_i d_i$ 来表示,其中 d_i(m)是水平结构构件(如甲板或纵梁)之间的距离。

Jones 等(1991 年)对钢和铝格栅(或交叉加筋板)进行了一系列冲击试验。冲击器的质量为 3 kg,冲击速度在 3~7 m/s。他们还使用准静态分析预测了变形,预测情况与测试结果取得了一致。Jones 等(1991)研究得出的结论加强了以下观点:只要考虑应变硬化效应,相对低速冲击可以以准静态方式处理。

10.8 板件的抗压强度

10.8.1 压溃行为的基础

如图 10.15 所示,考虑一个在压缩主导载荷下的板结构。图 10.16 表示由此产生的载荷–位移曲线的典型历程。随着压缩载荷的增加,结构最终达到极限强度,出现如图 10.16 中的第一个峰值。如果位移继续增加,结构内力将迅速减小。在卸载过程中,结构的某些部分可能会出现弯曲或拉伸的情况。当有凸起部分出现,板壁开始折叠。随着变形的继续,叠壁相互接触,从而结束第一次褶皱并开始新的褶皱。随着内部载荷增加,直到相邻壁面发生屈曲。该结构开始以类似于前述变形的方式折叠。这一过程不断重复,直到整个结构完全被压溃。完全折叠的结构表现类似刚体,直到因压缩而产生总屈服。图 10.16 中的每对波谷–波峰都与一个褶皱的形成相关。

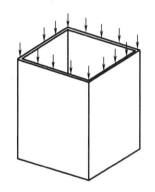

图 10.15 轴向压缩载荷下的板结构

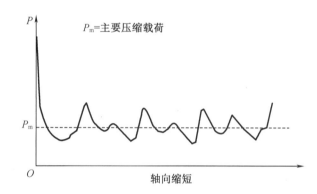

图 10.16 压缩载荷下薄壁结构的压溃响应

图 10.17 显示了切割一半后的压缩管。很明显,在压溃过程中形成了许多褶皱。这些褶皱的形成导致了较大的轴向压缩位移。褶皱通常从管的一端开始依次发展,因此这种现象被称为渐进式压溃。船头可能被设计为可压溃,以在碰撞事故中实现高能量吸收能力。

图 10.17 在轴向压缩载荷下压溃并在其中部切割的板结构

通常在变形相对较小的载荷工况下,设计人员主要考虑的是结构的极限强度,即图 10.16 中的初始峰值载荷。而在事故加载条件下,更可能关注能量吸收能力。结构的峰值载荷并不总是最重要的,详细的压溃行为分析也不是一件容易的事。

如果首要考虑能量吸收能力,一种方便的替代方法是预测结构的平均压溃载荷,它代表波动载荷的平均值,如图 10.16 所示。在该平均压溃载荷和压溃位移已知的情况下,可以通过将这两个值相乘来计算所吸收的能量,近似等于相应载荷-位移曲线下方面积。

根据压溃薄壁结构的实验中获得的启发,形成了一种广泛应用于平均压溃强度计算的理论近似方法:一次形成一个结构褶皱(Alexander,1960),这样就可以逐个褶皱独立分析。因此,相邻结构的影响可以忽略。利用刚塑性理论,根据运动容许折叠机理估计结构单元的平均压溃强度。然后把这些独立单元的计算集成得到复杂板结构的响应。

对于薄壁结构压溃问题的解决方案,可以假设平面应力状态,将材料视为具有明确流动应力 σ_0 的理想塑性材料,常用到经典的塑性上限定理。在此定理下,如果结构体系在任意运动容许压溃过程中,其在载荷做功率与相应的内部耗能率相等,则该体系在载荷作用下处于压溃点。

计算压溃强度的解析方法通常是在基本结构单元中引入刚塑性破坏机制。关于建模技术目前存在两种思路(Paik et al.,1997):一种技术是相交单元法(Amdahl,1983;Wierzbicki,1983;Pedersen et al.,1993),旨在将结构建模为典型交叉单元的组合,例如 L、T、Y 和 X(或十字形)截面。另一种技术是单个板单元法(Murray,1983;Paik et al.,1995),旨在将结构建模为单个板单元的集合。相交单元法允许多种可能的压溃机制,压溃发生在产生最低压溃强度的模式下。

对于在事故压溃载荷作用下的复杂板结构,通过计算撞击体进入被撞击体内的平均压溃载荷和距离,就可得到反作用力与压溃位移的关系。平均压溃强度可以用单个单元的平均压溃强度之和表示。然后通过积分计算反作用力与压溃位移曲线下方的面积来计算结构的能量吸收能力。在接下来的两节中,我们提供独立板单元和交叉单元的平均破碎强度特性一些有用的分析表达式。

尽管后面提到的所有平均抗压强度公式的推导都是在静态载荷条件下进行的,但冲击载荷的影响可以通过使用动态屈服应力来近似考虑,它可以用式(10.16)代替静态屈服应力来适应应变率敏感性的影响。应变硬化效应也可以通过使用所谓的流变应力 σ_0 来近似考虑,该流变应力 σ_0 定义为屈服应力 σ_Y 和极限拉伸应力 σ_T 的平均值,即 $\sigma_0 = \dfrac{(\sigma_Y + \sigma_T)}{2}$。

10.8.2　板

板结构可以被看作是单个板单元件的组合,如图 10.18 所示。当由这种单元组成的薄壁结构在板的一个方向承受压缩载荷时,如图 10.15 所示,板单元的其他(未加载)边通常与周围结构连接。当至少两个这样的板块边缘相遇时,它们可以相互约束,甚至可能保持直线。根据板边的条件,结构可能有两种不同的折叠模式,如图 10.19 和图 10.20 所示(Murray,1983;Paik et al.,1995):模式 I,其中一条未加载的边保持直线,另一条可以自由变形;模式 II,其中两条未加载的边都保持直线,或边缘的弯曲变形很小。

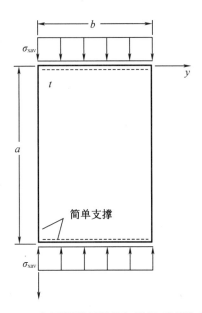

图 10.18　矩形板单元的几何形状、边界和载荷

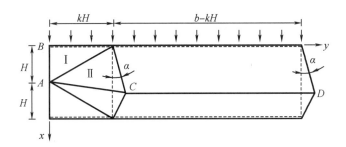

图 10.19　"一边直／一边自由"折叠机理的示意图(模式 I)

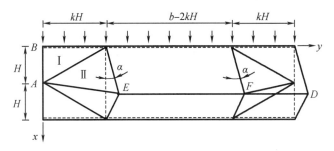

图 10.20　"两边直"折叠机理的示意图(模式 II)

对于如图 10.19 和 10.20 所示的折叠机理,塑性能主要由三角形区域的面内变形和水平／垂直铰线耗散。塑性铰中的塑性弯曲和这些三角形区域中膜拉伸的贡献可以相加,然后除以有效压溃长度,得到平均抗压溃强度。针对这种基于刚塑性理论的方法,Paik 和Pedersen(1995)推导出非加筋板单元的平均抗压强度公式如下:

$$\frac{\sigma_{xm}}{\sigma_0} = \frac{1}{\eta_x}\left(1.0046\sqrt{\frac{t}{b}} + 0.133\ 2\ \frac{t}{b}\right) \quad \text{对于模式 I} \tag{10.47a}$$

$$\frac{\sigma_{xm}}{\sigma_0} = \frac{1}{\eta_x}\left(1.4206\sqrt{\frac{t}{b}} + 0.2665\frac{t}{b}\right) \quad \text{对于模式 II} \tag{10.47b}$$

式中，σ_{xm} 是 x 方向上的平均压溃强度(应力)；σ_0 是流动应力(忽略应变硬化效应时取 $\sigma_0 = \sigma_y$)；t 是板厚；b 是沿加载边缘的板宽；η_x 是无量纲化有效压溃长度，取 0.728。

对于连续板结构，使用模态 II 的平均抗压溃强度公式，即公式(10.47b)可能更相关，因为在这种情况下，未加载的板边可能保持直线。

10.8.3 加筋板

许多工程结构使用加筋板。就能量吸收能力而言，在平行于压缩加载方向，纵向加筋的加筋板可以近似地用等效壁厚的非加筋板代替(Paik et al.，1997)。等效壁厚是指用增加后的板厚等效原来板和加强筋的横截面积，如下所示：

$$t_{xeq} = t + \frac{A_{sx}}{b} \tag{10.48}$$

式中，t_{xeq} 是加筋板在 x 方向上的等效壁厚；A_{sx} 是加强筋在 x 方向上的横截面积；b 是纵向加强筋的间距。

在这种情况下，横向加强筋的贡献可以忽略不计。压缩载荷方向的纵向加强筋的存在通常会对有效压溃长度产生显著影响(即减少)。因为加强筋会抵抗折叠，从而影响折叠过程。基于带加强筋的薄壁结构的压溃试验数据，Paik 等(1996)通过曲线拟合得出了预测有效压溃长度的经验公式，如下所示：

$$\eta_x = \begin{cases} 0.728 & 0 < \dfrac{t_{xeq}}{b} \leq 0.0336 \\ 704.49\left(\dfrac{t_{xeq}}{b}\right)^2 - \dfrac{81.22t_{xeq}}{b} + 2.66 & 0.0336 < \dfrac{t_{xeq}}{b} < 0.055 \\ 0.324 & 0.055 \leq \dfrac{t_{xeq}}{b} \end{cases} \tag{10.49}$$

由于式(10.49)基于加筋方管的压溃试验数据，因此它可能适用于空载边界简支的加筋板。纵向加筋的板的平均压溃强度 σ_{xm} 可根据式(10.47)计算，但利用了适用的有效压溃长度和加筋板的等效壁厚。

$$\frac{\sigma_{xm}}{\sigma_0} = \frac{1}{\eta_x}\left(1.0046\sqrt{\frac{t_{xeq}}{b}} + 0.1332\frac{t_{xeq}}{b}\right) \quad \text{对于模式 I} \tag{10.50a}$$

$$\frac{\sigma_{xm}}{\sigma_0} = \frac{1}{\eta_x}\left(1.4206\sqrt{\frac{t_{xeq}}{b}} + 0.2665\frac{t_{xeq}}{b}\right) \quad \text{对于模式 II} \tag{10.50b}$$

类似的表达式可用于预测加筋板的横向平均抗压强度 σ_{ym}，如下所示：

$$\frac{\sigma_{ym}}{\sigma_0} = \frac{1}{\eta_y}\left(1.0046\sqrt{\frac{t_{yeq}}{a}} + 0.1332\frac{t_{yeq}}{a}\right) \quad \text{对于模式 I} \tag{10.51a}$$

$$\frac{\sigma_{ym}}{\sigma_0} = \frac{1}{\eta_y}\left(1.4206\sqrt{\frac{t_{yeq}}{a}} + 0.2665\frac{t_{yeq}}{a}\right) \quad \text{对于模式 II} \tag{10.51b}$$

式中

$$
\eta_y = \begin{cases}
0.728 & 0 < \dfrac{t_{yeq}}{a} \leq 0.033\,6 \\[2mm]
704.49\left(\dfrac{t_{yeq}}{a}\right)^2 - 81.22\dfrac{t_{yeq}}{a} + 2.66 & 0.033\,6 < \dfrac{t_{yeq}}{a} < 0.055 \\[2mm]
0.324 & 0.055 \leq \dfrac{t_{yeq}}{a}
\end{cases}
$$

$t_{yeq} = t + \dfrac{A_{sy}}{a}$ 是加筋板在 y 方向上的等效壁厚;A_{sy} 是加筋肋在 y 方向上的横截面积;a 是横向加强筋的间距。在剪切力作用下,板单元可能会压溃。在这种情况下,假设未加筋或加筋板的平均抗压强度 τ_m 等于剪切流应力,如下所示:

$$
\tau_m = \tau_0 = \frac{\sigma_0}{\sqrt{3}} \tag{10.52}
$$

在组合载荷中,建议如下的压溃交互关系作为在板单元上的一种平均应力函数(Paik et al.,1996):

$$
f_c = \left(\frac{\sigma_{xav}}{\sigma_{xm}}\right)^2 + \left(\frac{\sigma_{yav}}{\sigma_{ym}}\right)^2 + \left(\frac{\tau_{av}}{\tau_m}\right)^2 - 1 = 0 \tag{10.53}
$$

式中,f_c 是压溃函数;σ_{xav}、σ_{yav} 和 τ_{av} 是平均应力分量。

10.8.4 倾斜板

当斜边薄壁结构承受如图 10.21 所示的轴向压缩载荷时,平均抗压强度可近似地由式(10.47)或式(10.50)计算,但考虑倾斜的影响如下:

$$
\sigma_{xm}^* = \frac{1}{\cos\theta}\sigma_{xm} \tag{10.54}
$$

式中,σ_{xm}^* 是倾斜加载的平均抗压强度;θ 是结构与加载方向之间的角度。如前所述,动态加载效应可以通过式(10.16)或式(10.17)确定的动态流动应力或屈服应力来代替静态流动或屈服应力进行考虑。

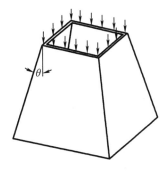

图 10.21 在垂直方向的轴向压缩载荷下板结构,侧面以一定角度倾斜

10.8.5 L形、T形和 X 形板件

与第 10.8.2 节中提出的模型相反,薄壁结构也可以建模为交叉单元的集合,如 L形、T形或 X 形单元(Paik et al.,1997),如图 10.22 所示。

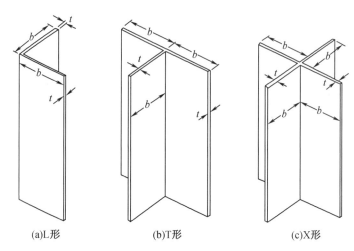

(a)L形   (b)T形   (c)X形

图 10.22 交叉板结构单元建模

对于 L 型相交单元,有两种基本的折叠模式,即所谓的准无拉伸模式和拉伸模式,如图 10.23 所示(Abramowicz et al.,1989)。前者由四个梯形单元组成,这些单元经历刚体运动并由塑性铰分开。水平塑性铰是静止的,垂向的塑性铰在板块中移动。这些铰链是在材料弯曲再弯曲的区域形成的。

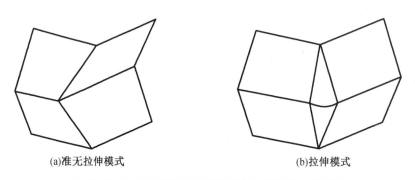

(a)准无拉伸模式   (b)拉伸模式

图 10.23 L 形交叉板组件的两种基本折叠模式示意图

尽管结构可能倾向于遵循无拉伸变形模式,但板的某些区域不可避免地存在拉伸,如图 10.23(b)所示。在这种特定情况下,周围的拉伸变形适应于垂向铰链的局部区域。拉伸折叠模式仍为四个梯形单元围绕水平塑性铰弯曲。随着垂向塑性铰的移动,四个单元发生变形,材料在垂向连接处拉伸。

尽管承受压载荷的 L形结构涉及准拉伸或拉伸模式,但具有 T 形或 X 形的复杂相交单元表现出更多的折叠模式。这些复杂的对称、不对称和混合折叠模式可能是之前两种基本折叠模式组合的结果。任何一种这样的特定组合通常由结构的几何形状、初始屈曲模态的

形状和初始缺陷触发的。

Ohtsubo 和 Suzuki(1994)等推导了 L 形、T 形和 X 形相交单元的平均抗压强度公式,如下所示:

$$\frac{\sigma_m}{\sigma_0} = \frac{1.5165}{\eta}\left(\frac{t}{b}\right)^{\frac{2}{3}} \quad \text{对于 L 形元件} \tag{10.55a}$$

$$\frac{\sigma_m}{\sigma_0} = \frac{1.1573}{\eta}\left(\frac{t}{b}\right)^{\frac{2}{3}} \quad \text{对于 T 形元件} \tag{10.55b}$$

$$\frac{\sigma_m}{\sigma_0} = \frac{1}{\eta}\left(1.2499\sqrt{\frac{t}{b}}+0.2493\,\frac{t}{b}\right) \quad \text{对于 X 形元件} \tag{10.55c}$$

式中,σ_m 是平均抗压强度;η 是无量纲化有效压溃长度,对于非加筋构件,可以取 $\eta = 0.728$。

如第 10.8.2 节所述,可以近似考虑加强筋、动态载荷或倾斜载荷的影响。

10.9 板和加筋板的撕裂强度

10.9.1 撕裂行为的基本原理

当一艘前进的船在岩石上搁浅时,它的底部可能会因初始的撞击而撕裂。如果在初始的撞击过程中动能没有完全消耗,船将在岩石上滑行一段距离。结果,底部的接触损坏可能会变成一条长长的裂口,长达数十甚至数百米。

同样,当一艘船与另一艘船的舷侧结构相撞时,被撞船的甲板结构可能被撞击船艏切割并穿透。钢板会类似搁浅的方式被撕裂、分离、弯曲。平板撕裂在碰撞事故中起到了吸收冲击能量的重要作用。

为了考察在这种条件下的结构强度,20 世纪 80 年代,曾有研究者通过落锤装置向垂直或近垂直钢板抛入重楔,并进行多次试验(Vaughan,1980;Woisin,1982;Jones et al.,1987)。20 世纪 90 年代,准静态试验也是把楔块非常缓慢地推入平板(Lu et al.,1990;Wierzbicki et al.,1993;Paik,1994)进行的。准静态试验具有可连续记录各种特性参数的优点。

图 10.24 显示了一个切割试验装置的示意图,把一个尖锐的楔形椎切入钢板。在这样的情况下楔块一般做成刚性,冲击能量完全被钢板吸收。当楔形椎切入板材时,板材会发生屈曲,产生平面外弯曲。载荷先增加到峰值后下降,但材料没有发生分离。最终,随着楔椎的进一步推进,切割开始,载荷再次上升。板在楔尖前沿被横向撕裂。分离出的部分随后弯曲,形成两个卷曲或分片。在楔子不断推动下,弯曲的分片在楔子后面卷起。在楔尖附近,板也发生了整体变形模式,在平面外变形并分离。在某些情况下,板材可能会向相反方向弯曲,并反向卷曲。图 10.25 显示了楔形切割的板材。

在这个过程中,有几种不同的能量吸收机制,即撕裂、弯曲和摩擦。在楔尖附近,材料被横向拉伸,应力状态主要是膜拉伸的结果。楔子后,板平面外弯曲,应力状态主要是由于塑性弯曲造成的。当楔子移动时,它的侧面与板接触,摩擦产生并消耗一部分能量。

在下面的章节中,我们给出了撕裂力 F 和穿透深度 l 之间关系的解析和经验公式。所有这些公式都是在准静态加载条件下推导出来的,动态效应可通过应变速率敏感性对材料屈服应力的影响来近似地考虑。

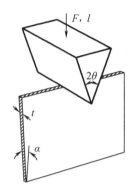

图 10.24　板材切割测试设置的示意图

(a)一块板被楔形切割时撕裂和卷曲的典型照片
(Thomas,1992)

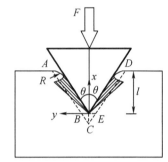

(b)刚性楔切割钢板解析模型示意图
(Zhang, 2002)

图 10.25　钢板被楔形切割造成的撕裂和卷曲

10.9.2　解析方法

有两种不同的塑性变形过程在起作用:近端撕裂和远场中的总体弯曲。图 10.26 为板损伤的示意图,包括撕裂和卷曲(Wierzbicki et al. ,1993)。

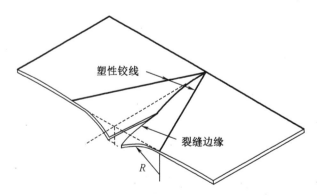

图 10.26　被楔形切割的板损伤示意图

远场两卷曲分片弯曲所做的功包括连续速度场和不连续速度场两部分的贡献。连续变形场的积分在整个塑性变形区进行,而不连续场的贡献是在有限个直线段上进行。这些不连续的速度场与局部塑性铰有关。

撕裂缝尖端附近塑性膜应力功的计算可以基于传统的刚塑性方法,也可以基于断裂力学方法。在刚塑性方法中,如 Ohtsubo 和 Wang(1995)的方法,材料拉伸的膜应力功通过连续的塑性变形场积分。这种膜拉伸板的程度可以根据临界破裂应变的标准来确定(Zhang,2002)。断裂力学方法(Wierzbicki et al.,1993;Simonsen et al.,1998)利用裂纹尖端张开位移(CTOD)等相关参数描述局部应力状态,并计算裂纹扩展所需的功(见第9章)。

薄膜拉伸和卷曲弯曲不是独立的,它们通过一个几何参数相关联。该参数用 R 表示,如图 10.26 所示,它表示楔形尾部圆柱形分片的瞬时弯曲或滚转半径。具体而言,远场弯曲做功与 R 成反比,而近尖端区域的膜应力做功随着滚转半径的增加而增加。

Ohtsubo 和 Wang(1995)等使用刚塑性方法得出的板撕裂力与切割长度的解析表达式如下:

$$F = 1.51\sigma_0 t^{1.5} l^{0.5} (\sin\theta)^{0.5} \left(1 + \frac{\mu}{\tan\theta}\right) \tag{10.56}$$

式中,σ_0 是流变应力;t 是板厚;l 是撕裂长度;2θ 是楔块的展开角;μ 是摩擦系数。

Wierzbicki 和 Thomas(1993)等使用断裂力学方法推导出以下表达式:

$$F = 1.67\sigma_0 (\delta_t)^{0.2} t^{1.6} l^{0.4} \frac{1}{(\cos\theta)^{0.8}} \left[(\tan\theta)^{0.4} + \frac{\mu}{(\tan\theta)^{0.6}}\right] \tag{10.57}$$

式中,δ_t 是第 9 章所述的 CTOD 参数。

考虑膜拉伸的临界破裂应变,Zhang(2002)推导出半解析表达式如下:

$$F = 1.942\sigma_0 t^{1.5} l^{0.5} \varepsilon_f^{0.25} (\tan\theta)^{0.5} \left(1 + \frac{\mu}{\tan\theta}\right) \tag{10.58}$$

式中,ε_f 是临界断裂应变。

前面提到的此类解析公式将摩擦系数和楔形展开角作为影响参数。在大多数实验室测试中,在楔形尖端前没有裂纹扩展的迹象,并且在材料分离之前在该区域观察到板材的局部颈缩。因此,普遍认为楔形前面的材料可能因撕裂而不是切割发生分离,但这种机制很难准确地包含在解析模型中。楔块前面的材料分离是由于延性破坏。刚塑性分析方法描述了楔形尖端附近的局部变形区,而断裂力学方法解释了驱动裂纹的机制。两种方法都计算了楔形尖端附近局部区域吸收的内能,两个估计值可能相似。实际上,撕裂力对 CTOD 参数 δ_t 的取值依赖性非常弱,因为所涉及的指数为 0.2,如式(10.57)所示。

在楔椎切入板时,已知撕裂力 F 和切割长度 l 之间的关系,则可以通过对 F-l 曲线下方的面积进行积分,计算出在 $l = l_m$ 之前所吸收的应变能 W。方程如下:

$$W = \int_0^{l_m} F\,\mathrm{d}l \tag{10.59}$$

10.9.3　经验公式

基于力学测试结果,还可以通过量纲分析得出撕裂力的经验公式。撕裂力 F 取决于楔块的几何参数、板的厚度和撕裂长度。它还取决于材料屈服应力，因为在切入过程中塑性变形很明显。因为涉及深度切入，杨氏模量参数不包括在内，而弹性变形仅限于初始屈曲之前的阶段。

如果将问题的量纲取为撕裂载荷和撕裂长度，则涉及两个不同的无量纲参数。如果包括其他两个参数，即板厚和屈服应力，则问题涉及四个变量。所谓的白金汉定理（Buckingham，1914；Jones，2012）告诉我们，一个四变量问题有两个独立的无量纲群。这样的表达式满足

$$\frac{F}{\sigma_0 t^2} = C\left(\frac{l}{t}\right)^n \tag{10.60}$$

式中，F 是撕裂力；σ_0 是流变应力；t 是板厚；l 是撕裂长度；C 和 n 是常数。C 的值取决于许多因素，包括楔块的几何形状和摩擦参数。n 的值反映了主要能量吸收机制的相互依赖性。

Lu 和 Calladine（1990）根据他们对用刚性楔块切割的未加筋高强度钢板的测试结果进行曲线拟合，发现 n 的值介于 0.2~0.4。他们的测试板的厚度在 0.7~2 mm，$\alpha = 0°$，$2\theta = 20°$ 和 40°。他们通过使用 $n = 0.3$ 的值进一步简化了表达式，并计算出 C 的相应最佳拟合值。他们得到的经验关系如下：

$$F = C\sigma_0 t^{1.7} l^{0.3}, 5 \leqslant \frac{l}{t} \leqslant 150 \tag{10.61}$$

式中，C 是一个常数，取决于材料或测试条件。

Paik（1994）对带有纵向加强筋的高强度钢板进行了一系列切割试验。Paik 的测试板厚度为 3.4~7.8 mm，$\alpha = 0°$，$2\theta = 15°$、30°、45° 和 60°。在这种情况下，该系列测试证明了式（10.60）中的 C 值对楔形几何参数的依赖性。通过实验数据的最小二乘法拟合提出以下表达式：

$$F = 1.5C\sigma_0 t_{eq}^{1.5} l^{0.5} \tag{10.62a}$$

式中，t_{eq} 是等效板厚，由式（10.44）中定义；C 是考虑楔形几何形状影响的参数，它是楔形扩展角的函数，即

$$C = 1.112 - 1.156\theta + 3.760\theta^2 \tag{10.62b}$$

式中，θ 如图 10.24 定义（以弧度为单位）。

需要注意的是，虽然式（10.61）用于非加筋板，但式（10.62）将用于纵向加筋板。虽然式（10.61）和式（10.62）是基于相对薄板的测试结果，但它们可能近似地适用于较厚的板。

图 10.27 比较了给定情况下的板撕裂力表达式。在此比较中，$t = 8$ mm 和 $\sigma_0 = 270$ MPa 的低碳钢板被刚性楔椎切割。假定摩擦系数为 0.25，临界断裂应变为 $\varepsilon_f = 0.25$。Paik 公式基本上适用于纵向加筋板的切割，在此计算中应用 $t_{eq} = t$。

从图 10.27 可以看出，当楔角较小时，即 $2\theta = 40°$ 时，所有方法都取得了很好的一致性；而当楔角较大时，即 $2\theta = 90°$ 时，会出现一些差异。对于较大的楔角，与加强筋间距相比，楔椎尖端后面宽度相对较大，Paik 公式预测较大的撕裂力，因为它主要是基于纵向加筋板推导出来的，而其余的公式仅基于未加筋板。

10.9.4 手风琴撕裂

当加筋板被楔椎切割时,板可能会在加筋构件附近开裂。两条或多条裂缝线随着楔子进展;楔尖正前方没有裂缝,板像手风琴一样折叠起来。这种撕裂过程有时被称为手风琴撕裂。图10.28给出了一张由楔椎切割的加筋板上的手风琴撕裂照片。

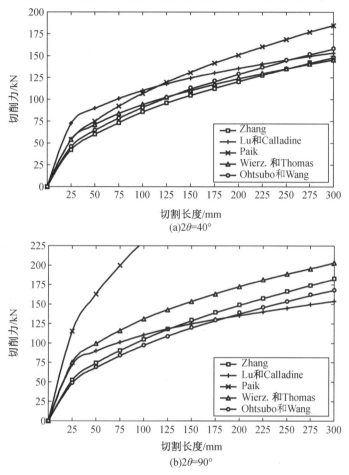

图 10.27 对不同角度楔角使用不同方法计算的切削力的比较(Zhang,2002)

图 10.28 手风琴撕裂

在材料分离的意义上,手风琴撕裂与通常的撕裂过程相似。在结构折叠的意义上,它也类似于板的压溃。应用刚塑性理论,Wierzbicki(1995)推导出了钢板的平均手风琴撕裂载荷的解析公式。在这种方法中,折叠的长度被视为撕裂载荷和压痕之间关系中的一个参数,从而将塑料铰处的膜拉伸和弯曲联系起来。然后通过最小化载荷推导出平均手风琴撕裂载荷公式。平均手风琴撕裂载荷的 Wierzbicki 公式由下式给出:

$$F_{\text{m}} = \frac{1}{\lambda}(3.25\sigma_0 b^{0.33} t^{1.67} + 2Rt) \qquad (10.63)$$

式中,F_{m} 为平均手风琴撕裂载荷;σ_0 为流变应力;t 为板厚;b 为折叠宽度;λ 为有效压溃长度系数;R 为断裂参数。

10.10　板的冲击穿孔

300 多年来,各种物体造成的结构穿孔一直引起工程界的兴趣,特别是军事机构(Johnson,2001;Blyth et al.,2002)。因为变量过多,这个看似简单的题目实际上是一个复杂的问题。

冲击物质(导弹、撞锤或弹丸)的特点是参数多,包括形状、质量、冲击速度、结构强度和硬度,但为了简单起见,通常认为冲击物是刚性的。几何形状既包括具有严格规定形状的军用武器又包括不规则形体。这些物质可能源于压力容器意外爆炸或跌落撞击。撞击速度可以达到几个数量级,并可能引起一系列明显不同的响应。被冲击目标本身可能具有不同的几何形状,可能由多种材料制成,有的是韧性的,有的则不是,并且可能具有各种应变硬化和应变速率敏感的特性。冲击物可能斜向撞击平板上任意位置,例如在硬点附近,冲击速度等。因此,实验数据只适用于整个领域的某些局部,还存在许多空缺。

然而,经验公式很大程度上是在有限的实验数据基础上发展起来的。这些公式本应严格限制在试验测试参数的适用范围,但在设计工况和灾害评估中常常被应用在这些限制之外。很明显,经验公式对于快速估计板穿孔能量是有价值的。在时间充分的情况下,已经发展出数值方法作为设计工具,但它们的确需要对目标和导弹材料的应变速率、温度、失效特性等试验测试方面进行相当大的投入(Borvik et al.,2009;Rusine et al.,2009)。

导弹的冲击速度高于 100 m/s。坠物、爆炸或其他动力性事故产生的大且低速的碎片导致的板穿孔属于低速范围。人们认识到,厚板和薄板的高速[如超高速撞击(Anderson,2001)]冲击穿孔需要加以区分,其中局部效应(包括可能与温度有关的现象)远大于总体影响,这一点应经常被完全忽视。

为了更清楚地区分薄板和厚板,Backman 和 Goldsmith(1978)研究了单一弹性波沿导弹长度 L 的穿越过程中,通过目标厚度 H 的弹性波数 n,如下所示:

$$n = \frac{C_{\text{t}}}{C_{\text{m}}}\frac{L}{H} \qquad (10.64)$$

式中,C_{t} 和 C_{m} 分别是目标和导弹中的弹性波速度;L 是弹体的长度;H 是板厚。

如果 $n \geq 1$,则假设在弹性应力波到达导弹末端之前,导弹下方目标的弹性应力状态在整个目标厚度上是均匀的。在这种情况下,可以认为这样的目标很薄。具有非弹性行为和穿孔的实际冲击问题将比这种简单的分析复杂得多,但 Backman 和 Goldsmith (1978)建议,$n>5$ 时可以视为薄板,$n<1$ 可以视为厚板,$1<n<5$ 可以视为具有中等厚度的板。

式(10.64)与冲击速度 V_0 无关,它是动力问题中的一个重要参数。然而,Johnson (1972)引入了损伤数 Φ,如下所示:

$$\Phi = \frac{\rho V_0^2}{\sigma} \tag{10.65}$$

式中,ρ 是板材的密度;σ 是平均动态流变应力;V_0 是冲击速度。

将式(10.65)改写为 $\rho V_0^2 = \sigma \Phi$,显然 Φ 给出了在严重塑性变形区域应变的量级估计。式(10.65)可以用来解释这一现象,而这种现象很有可能支配着一个特定冲击问题的响应。表征弹板响应的另一种方法是将塑性铰穿过板(t_h)所需的时间与射孔失效发展所需的时间(t_p)进行比较。假设弹体以冲击速度 V_0、平均速度 $V_0/2$ 穿过一个板厚 H 的时间粗略估计为 $t_p = 2H/V_0$。Liu 和 Jones(1996)对具有一定质量的平头圆柱体上冲击半径为 R 的圆板中心的情况进行了刚塑性分析,但需要进行数值分析得到铰速度和时间 t_h。

Florence(1977)对作用在圆形板的中心圆形区域上的动态压力载荷进行了类似的分析,发现也是成立的。因此,可以通过在整个板上实施脉冲加载,评估塑性铰穿过简支圆板所需的时间来估算 t_h。除以 t_p 后给出表达式如下:

$$\frac{t_h}{t_p} = \frac{\Phi}{6}\left(\frac{R}{H}\right)^2 \tag{10.66}$$

式中,R 是圆板的半径。

方程(10.66)表明,如果 $t_h \ll t_p$,则整个板将参与穿孔过程,即板的整体变形在整个响应过程中都是重要的。另一方面,如果 $t_h \gg t_p$,则穿孔过程将高度局部化,没有足够时间发展整体效应。

以钢板为例,当 $R/H = 10$ 且 $\rho = 7\,850$ kg/m³、$\sigma = 392.5$MPa、$V_0 = 10$ m/s 时,由 $t_h/t_p = 0.033$ 得出 $\Phi = 2 \times 10^{-3}$。这表明全局效应(如膜力)将是响应的一个重要方面,因为它们在穿孔发生之前就已经发展。如果同一板块的 $V_0 = 100$ m/s,则 $t_h/t_p = 3.33$,因此式(10.66)表明,在射孔过程中,局部和全局效应都很重要。在 $V_0 = 1\,000$ m/s 时,$t_h/t_p = 333$,这意味着该板的射孔是高度局部化的,因为没有足够的时间来发展任何全局变形,扰动通过塑性铰运动从冲击部位附近传递出去。

对于铝合金板的另一个示例,当 $R/H = 10$ 且 $\rho = 2\,720$ kg/m³、$\sigma = 272$ MPa 和 $V_0 = 10$ m/s 时,由 $t_h/t_p = 0.016$ 得出 $\Phi = 1 \times 10^{-3}$。如果同一板的 $V_0 = 100$ m/s,则 $t_h/t_p = 1.6$,因此式(10.66)表明局部和全局效应在射孔过程中都很重要。在 $V_0 = 1\,000$ m/s 时,$t_h/t_p = 166$,这就意味着该板的射孔高度局部化。

穿孔速度取为能使弹体刚好穿过平板的最大速度与能导致平板穿孔的最小记录速度之间的平均值。穿孔速度的阈值定义为弹体在射孔后没有残余应力或出口速度的极限情况。然而,在一些实验研究中发现,穿孔产生时伴随着板远处的开裂。

穿孔速度达到约 20 m/s 的低速冲击,可视为准静态响应,其总体效应显著。适用于落物冲击或管道与压力容器爆炸失效产生的大碎片的影响。对于高冲击速度,如超过 300 m/s,则局部效应一般占主导地位,总体效应较小。冲击速度介于 20~300 m/s,近似中速冲击范围,总体效应和局部效应共同控制响应。如方程(10.66)对 t_h/t_p 的预测所示,在此范围内,随着冲击速度的增加,总体效应的影响逐渐减小。

如想更详细地了解,感兴趣的读者可以参考 Backman 和 Gold smith (1978)、Goldsmith (1999)、Corbett 等(1996)以及 Jones 和 Paik(2012,2013)、Jones 和 Paik(2012)的文献,他们对几个现有的和最近提出的经验公式与最近的低碳钢和不锈钢板试验结果进行了比较,Jones 和 Paik(2013)的文献对铝板进行了比较。

10.11　冷温下板和加筋板的冲击断裂

板结构很可能在低温下受到冲击载荷。Paik 等(2011)研究了低温(-40 ℃ 和-60 ℃)对钢板结构压溃响应的影响。Dipaolo 和 Tom (2009)等在-45 ℃条件下做了相同的研究。McGregor 等(1993)研究了铝板结构的压溃特性,发现六角形铝箱型材的平均压溃力随着温度的降低(从室温到-40 ℃)而增加。关于低温下的冲击载荷,Min 等(2012)开展了承受(~5-5.5 m/s)冲击载荷钢板结构的塑性变形试验,并通过数值分析进行了比较研究,实验在-30 ℃ 和-50 ℃下进行。Manjunath 和 Surendran (2013) 研究了在较低温度下采用多层复合材料搪衬的 6063 铝的动态断裂韧性。Kim 等(2016)进行了一项实验和数值研究,以检查钢板结构在北极环境(-60 ℃)下的非线性冲击响应,包括屈曲、屈服、压溃和脆性断裂。

图 10.29 给出了通过落体试验获得的交叉加筋钢板(带有两个扁钢加强筋)在中心集中冲击载荷下,于-60 ℃的脆性断裂响应照片(Kim et al.,2016)。从该图中可以明显看出,暴露在低温下的金属结构在冲击载荷下会发生脆性断裂破坏,而室温下的结构可能会出现韧性断裂或破裂。另外,还观察到裂纹沿焊缝或任意方向呈现复杂的扩展趋势。该图还显示了加强筋中发生的局部屈曲(弯扭屈曲)失效。

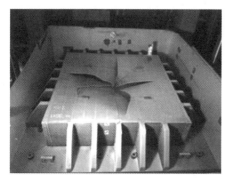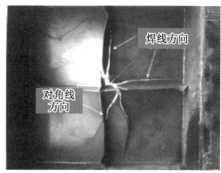

图 10.29　钢加强板在低温下的冲击断裂响应(Kim et al.,2016)

图 **10. 29**(续)

10. 12　轴向压缩冲击载荷下板的极限强度

Paik 和 Thayamballi(2003)提供了一个钢板在轴向压缩冲击载荷下的极限强度的实验数据。对一块方形钢板($a×b×t=500$ mm×500 mm×1. 6 mm,屈服应力 σ_Y 为 251. 8 MPa,杨氏模量 E 为 198. 5 GPa)进行了一系列冲击失效试验。轴向压缩载荷的加载速度 V_0 在 0. 05~400 mm/s,对应的应变率在 10^{-4}~0. 8 /s。其中应变率 $\dot\varepsilon$ 近似确定为 $\dot\varepsilon=V_0/a$。他们通过实验数据研究了加载速度(或应变率)对板极限强度的影响,并推导了预测板抗压冲击极限强度的有用公式。

图 10. 30 为轴向压缩冲击载荷下板的极限强度随加载速度的变化规律。图 10. 31 所示为钢板的极限抗压冲击强度随应变率的变化。值得注意的是,板的极限抗压冲击强度也可以利用第 10. 32 节描述的 Cowper-Symonds 方程中材料的动态屈服强度来计算。

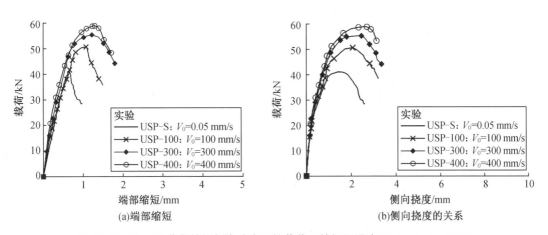

图 **10. 30**　由实验获得的钢板在冲击压缩载荷下的极限强度(**Paik et al. ,2003**)

为了直接计算,Paik 和 Thayamballi (2003)推导出了一个经验公式,其表达式与 Cowper-Symonds 方程(10. 17)类似,如下:

$$\frac{\sigma_{ud}}{\sigma_u}=1. 0+\left(\frac{\dot\varepsilon}{D}\right)^{\frac{1}{q}}=1. 0+\left(\frac{V_0}{aD}\right)^{\frac{1}{q}} \tag{10. 67}$$

式中，σ_{ud} 为板的动态极限抗压强度；σ_u 为板的准静态极限抗压强度；$\dot{\varepsilon} = V_0/a$，$V_0$ 为加载速度；a 为板长；D 和 q 为系数，对于钢板，$D = 5.41 / s$，$q = 2.21$。图 10.31 证实了方程(10.67)的有效性。

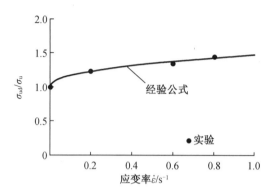

图 10.31　钢板的冲击极限抗压强度与应变率的关系曲线

10.13　凹陷板的极限强度

　　板结构可能因许多因素受到机械损伤。例如，在海上钻井平台中，由于起重机上掉落的物体，受到冲击的甲板会发生局部凹陷；散货船货舱内底板经常因操作不当或货物卸载而受到机械损伤；铁矿石货物在装载期间的撞击；挖掘机在卸载煤炭或铁矿石等散装货物时的撞击。此类机械损伤可能产生各种特征，如凹痕、裂纹、塑性变形引起的残余应力或应变以及涂层损伤，凹陷板的承载能力会降低。

　　如图 10.32 所示，板材在撞击或被障碍物撞击时的局部凹痕损伤取决于障碍物的形状和尖锐程度，以及质量和冲击速度等其他因素。冲击损伤的形成不仅是局部凹陷和整体变形，还可能是穿孔或撕裂，后者将在第 10.10 节中进行描述。

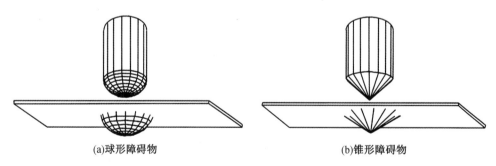

(a)球形障碍物　　　　　　　　　　　　(b)锥形障碍物

图 10.32　被撞击板的局部凹陷损伤示意图

　　图 10.33 定义了两种典型凹陷形状的几何参数，即球形和圆锥形。局部凹陷中心 x 坐标为 s，y 坐标为 h。一般来说，凹陷会导致局部凹陷和整体变形，如图 10.34 和图 10.35 所示。一般认为，后一种损伤(整体变形)可能会影响板的失效行为，就像焊后初始变形一样。事实上，由于凹陷导致的整体变形将不可避免地与焊接引起的初始挠度叠加。因此，在板强度计算中，凹陷引起的整体变形也可以被视为焊接引起的初始变形。

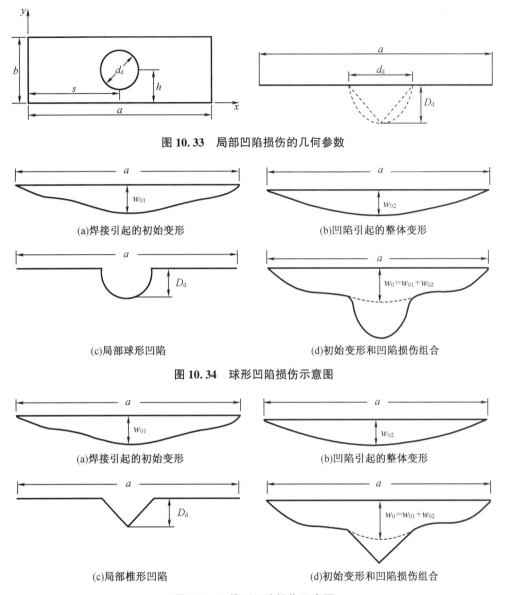

图 10.33 局部凹陷损伤的几何参数

(a)焊接引起的初始变形

(b)凹陷引起的整体变形

(c)局部球形凹陷

(d)初始变形和凹陷损伤组合

图 10.34 球形凹陷损伤示意图

(a)焊接引起的初始变形

(b)凹陷引起的整体变形

(c)局部椎形凹陷

(d)初始变形和凹陷损伤组合

图 10.35 锥形凹陷损伤示意图

10.13.1 轴向压缩的凹陷板

Paik 等(2003)使用非线性有限元法研究了板在轴向压缩载荷下的极限强度行为,其中板长为 2 400 mm,宽为 800 mm,板厚 t 是变化的。板的材料为高强度钢,屈服强度 $\sigma_y = 352.8$ MPa,弹性模量 $E = 205.8$ GPa,泊松比 $\nu = 0.3$。该板具有 $w_{0pl} = 0.1\beta^2 t$ 的焊接初始变形(屈曲模式分量),其中 $\beta = (b/t)\sqrt{\sigma_Y/E}$ 是板的长细比。假设板四边都是简支条件。

图 10.36 为局部球形凹陷损伤和锥形凹陷损伤板的图示。图 10.37 给出了在轴向压缩下达到极限强度后有或无凹陷板的某时刻的变形形状。图 10.38 为极限状态下板内的薄膜应力分布。从这些图中可以观察到,只要凹陷损伤位于某局部区域,凹陷板的变形模式和

膜应力分布与未凹陷(完整)板相似。

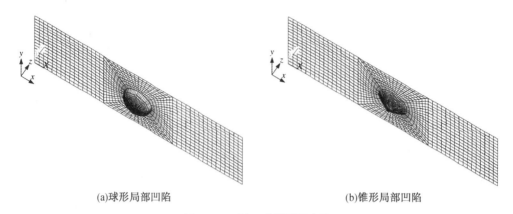

(a)球形局部凹陷   (b)锥形局部凹陷

图 10.36　板凹陷模型示意图

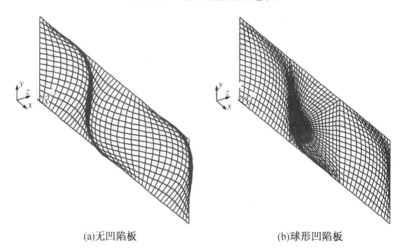

(a)无凹陷板   (b)球形凹陷板

图 10.37　轴向压缩载荷下有或无凹陷板极限状态下的变形形状

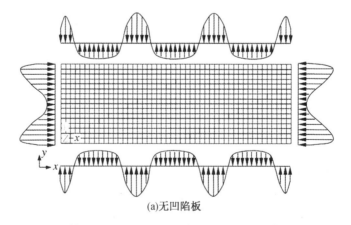

(a)无凹陷板

图 10.38　轴向压缩下有或无凹陷板极限状态下的膜应力分布

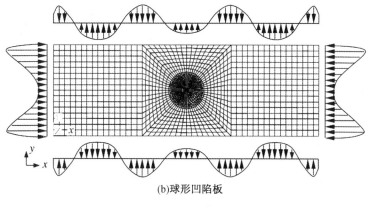

(b)球形凹陷板

图 **10.38**(续)

图 10.39 和 10.40 显示了凹陷参数(凹陷深度、直径和位置)和板尺度(厚度和长宽比)参数对凹陷板极限抗压强度行为影响的非线性有限元解。研究发现,随着局部凹陷深度和/或直径的增加,极限抗压强度显著降低。很明显,球形凹痕的失效行为与锥形凹陷相似,在凹陷深度和直径相同的条件下,前者比后者更有可能降低承载能力。还观察到,当局部凹陷位于板中心位置时,板的承载能力最差。

可见,局部凹陷的大小(深度、直径)和位置一般对无量纲化极限抗压强度比较敏感,而在凹陷直径较小的情况下,凹陷深度对板的极限抗压强度影响不显著。此外,由于球形凹陷的板失效行为与锥形凹陷相似,且略逊于锥形凹陷,因此球形凹痕可以作为局部凹痕形状的代表用于板的极限强度预测,不必考虑凹陷的实际形状。从图 10.40(f)可以看出,随着凹陷位置越来越靠近板的无外力边缘,其极限强度比凹陷位置位于板中心时的极限强度降低了 20%。

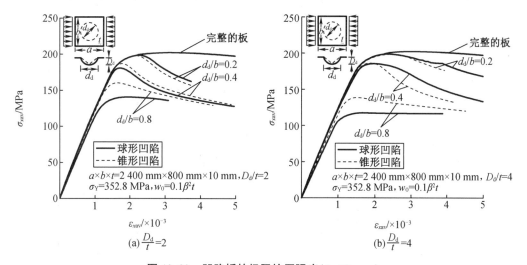

图 **10.39** 凹陷板的极限抗压强度($t = 10$ mm)

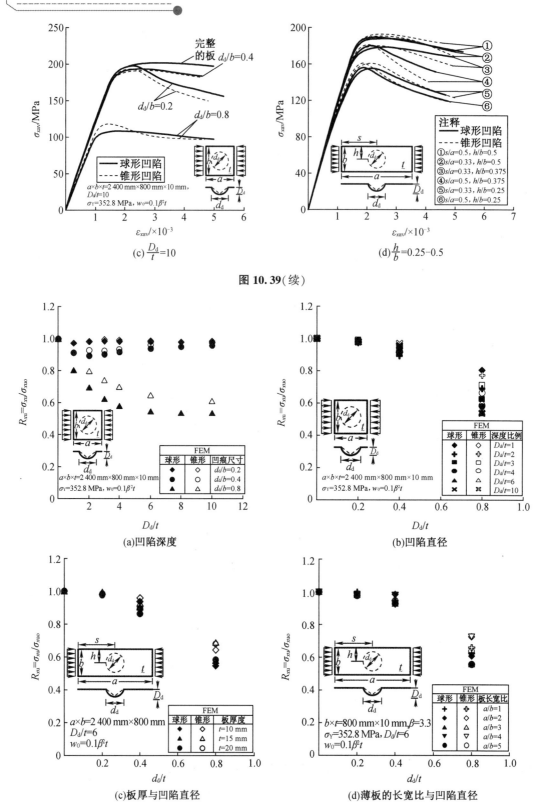

图 10.39(续)

(c) $\frac{D_d}{t}=10$

(d) $\frac{h}{b}=0.25-0.5$

(a)凹陷深度

(b)凹陷直径

(c)板厚与凹陷直径

(d)薄板的长宽比与凹陷直径

图 10.40　参数对凹陷板极限抗压强度的影响

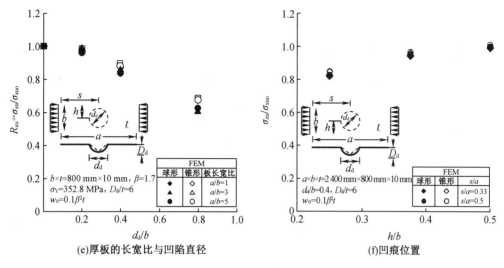

(e)厚板的长宽比与凹陷直径　　　　　　　　(f)凹痕位置

图 **10.40**(续)

如第 4.12 节所述,凹陷板的极限抗压强度可通过基于折减系数的经验公式进行预测,即 $R_{xu} = \sigma_{xu}/\sigma_{xuo}$,其中 R_{xu} 是强度折减系数。在这种情况下,板厚和长宽比对强度折减系数没有影响,因为它们已经在 σ_{xuo} 的确定时用到

$$\frac{\sigma_{xu}}{\sigma_{xuo}} = C_3 \left[C_1 \ln\left(\frac{D_d}{t}\right) + C_2 \right] \tag{10.68a}$$

式中,σ_{xu} 和 σ_{xuo} 分别是凹陷或无凹陷(完整)板的极限抗压强度;C_1、C_2 和 C_3 是通过计算结果的曲线拟合确定的经验系数,当 $\dfrac{d_d}{b} < 1$ 时,如下所示:

$$C_1 = -0.042\left(\frac{d_d}{b}\right)^2 - 0.105\left(\frac{d_d}{b}\right) + 0.015 \tag{10.68b}$$

$$C_2 = -0.138\left(\frac{d_d}{b}\right)^2 - 0.302\left(\frac{d_d}{b}\right) + 1.042 \tag{10.68c}$$

$$C_3 = -1.44\left(\frac{H}{b}\right)^2 + 1.74\left(\frac{H}{b}\right) + 0.49 \tag{10.68d}$$

式中,对于 $h \leqslant \dfrac{b}{2}$,$H = h$;对于 $h > \dfrac{b}{2}$,$H = b - h$。

图 10.41 证实,与非线性有限元法解相比,式(10.68)给出了合理准确的板极限强度折减系数结果。值得注意的是,具有较大凹陷深度的凹陷板的极限抗压强度接近第 4.10 节中所述的穿孔板的极限抗压强度,如图 10.41(c)所示。

感兴趣的读者还可以参考 Saad Elden 等(2015,2016),Raviprakash 等(2012),Xu 和 Guedes Soares(2013,2015)以及 Li 等(2014)的文献。对于轴向拉伸中的凹陷板,可参考李等(2015)的文献。

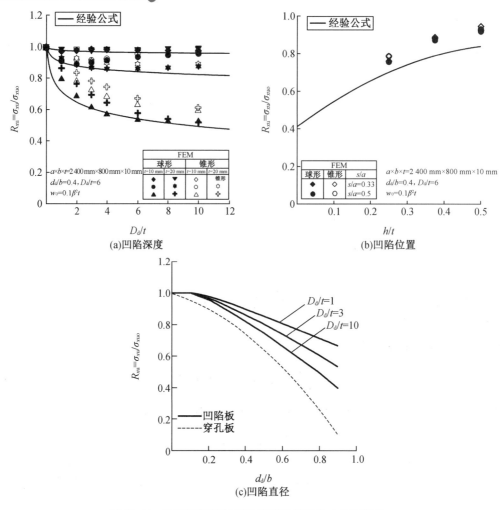

图 10.41 凹痕板极限抗压强度预测经验公式的有效性

10.13.2 边缘剪切的凹陷板

Paik(2005)使用非线性有限元法研究了边缘剪切的凹陷板的极限强度行为。使用与第 10.13.1 节相同的板。图 10.42 显示在达到边缘剪切极限强度后,有和无局部凹陷板的某时刻的变形形状。

图 10.43 表明呈球形或锥形的局部凹陷板的极限抗剪强度行为随凹陷大小(即深度和直径)和位置而不同。也表明随着局部凹陷深度和/或直径的增加,极限抗剪强度显著降低。很明显,在凹陷深度和直径相同的情况下,球形凹陷的破坏行为与锥形凹陷相似,但球形凹陷比锥形凹陷更容易降低板的承载能力。与轴向受压的板类似,当局部凹痕位于板中心时,板的承载能力最差。

图 10.44 表明凹陷参数(凹陷深度、直径和位置)和板尺度(厚度和长宽比)对板极限剪切强度的影响。与板在轴向压缩过程中类似,局部凹陷的大小(深度、直径)和位置通常对无量纲化的极限剪切强度比较敏感,而在凹陷直径较小的情况下,凹陷深度对板的极限抗剪强度影响不显著。此外,由于球形凹陷的板失效行为与锥形凹陷的板相似,且前者在程

度上略逊于后者,因此,无论凹陷的实际形状如何,球形凹陷可作为局部凹痕形状的代表,用于预测板的极限剪切强度。

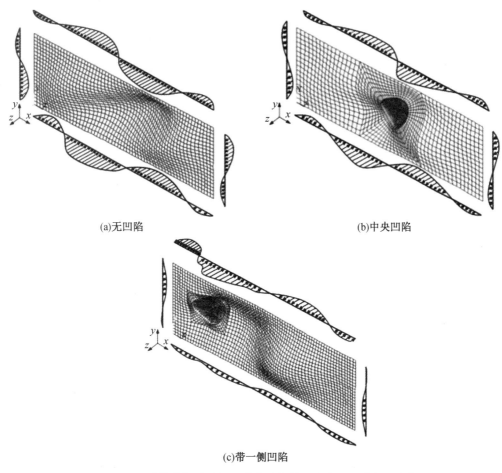

(a)无凹陷   (b)中央凹陷

(c)带一侧凹陷

图 10.42 边缘剪切达到极限状态后板的即刻变形和膜应力分布

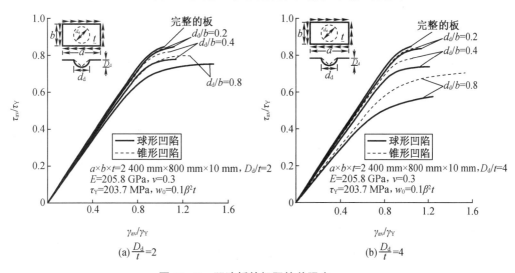

(a) $\dfrac{D_d}{t}=2$ (b) $\dfrac{D_d}{t}=4$

图 10.43 凹陷板的极限抗剪强度

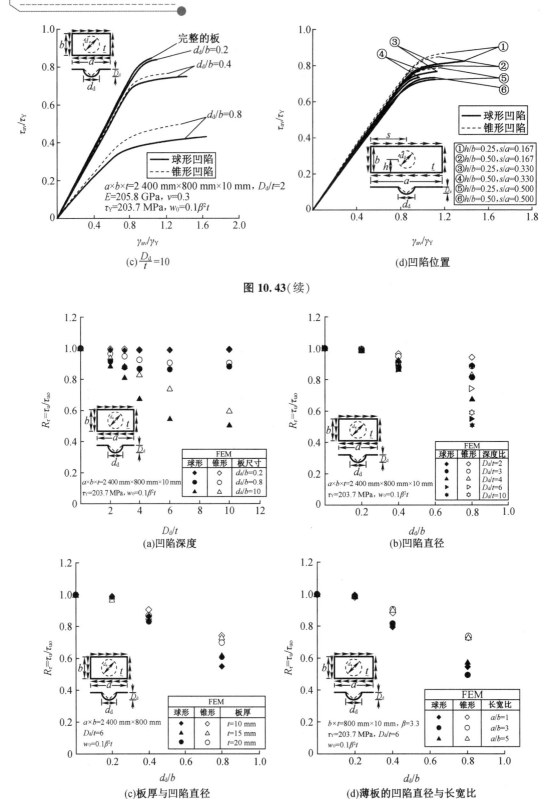

(c) $\dfrac{D_d}{t}=10$ (d)凹陷位置

图 10.43(续)

(a)凹陷深度   (b)凹陷直径

(c)板厚与凹陷直径   (d)薄板的凹陷直径与长宽比

图 10.44 参数对凹陷板极限剪切强度的影响

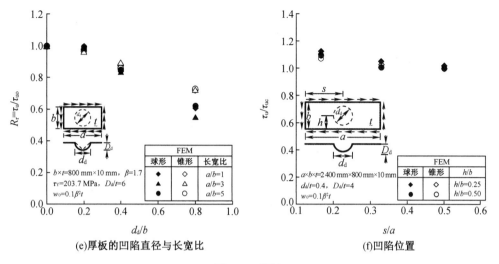

(e)厚板的凹陷直径与长宽比   (f)凹陷位置

图 10.44(续)

如第 4.12 节所述,可通过基于强度折减因子的经验公式来预测凹形板的极限剪切强度,即 $R_\tau = \dfrac{\tau_u}{\tau_{uo}}$,其中 R_τ 为强度折减因子。在这种情况下,板厚和边长比对强度折减系数没有影响,因为它们已经在确定 τ_{uo} 时用到

$$\frac{\tau_u}{\tau_{uo}} = \begin{cases} C_1\left(\dfrac{D_d}{t}\right)^2 - C_2\left(\dfrac{D_d}{t}\right) + 1 & 1 < \dfrac{D_d}{t} \leqslant 10 \\ \\ 100C_1 - 10C_2 + 1 & 10 > \dfrac{D_d}{t} \end{cases} \tag{10.69a}$$

式中,τ_u 和 τ_{uo} 分别是凹陷或未凹陷(完整)板的极限抗剪强度;C_1 和 C_2 是可以通过计算结果回归分析确定的经验系数,如下所示:

$$C_1 = 0.012\,9\left(\frac{d_d}{b}\right)^{0.26} - 0.007\,6 \tag{10.69b}$$

$$C_2 = 0.188\,8\left(\frac{d_d}{b}\right)^{0.49} - 0.07 \tag{10.69c}$$

图 10.45 证实,与非线性有限元解相比,式(10.69)给出了板在不利一侧极限抗剪强度的合理准确结果。值得注意的是,具有较大深度的凹陷板的极限抗剪强度接近第 4.10 节中所述的穿孔板的极限抗剪强度。

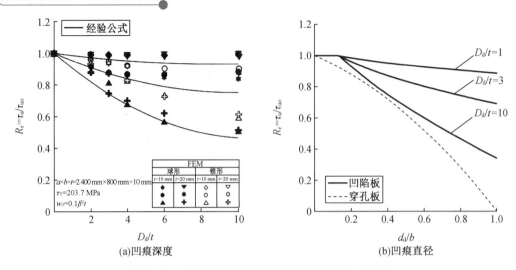

图 10.45　凹陷板极限剪切强度预测的经验公式验证

参 考 文 献

Abramowicz, W. & Wierzbicki, T. (1989). Axial crushing of multi–corner sheet metalcolumns. Journal of Applied Mechanics, 156: 113–119.

Alexander, J. M. (1960). An approximate analysis of the collapse of thin cylindrical shells under axial loading. Quarterly Journal of Mechanics and Applied Mathematics, 13(1): 10–15.

Amdahl, J. (1983). Energy absorption in ship–platform impacts. Division of MarineStructures, University of Trondheim, Report No. UR–83–34, September.

Anderson, C. E. (2001). Proceedings of hypervelocity impact symposium. International Journal of Impact Engineering, 26: 1–890.

Backman, M. E. & Goldsmith, W. (1978). The mechanics of penetration of projectiles into targets. International Journal of Engineering Science, 16(1): 1–99.

Blyth, P. H. & Atkins, A. G. (2002). Stabbing of metal sheets by a triangular knife (an archaeological investigation). International Journal of Impact Engineering, 27(4): 459–473.

Bodner, S. R. & Symonds, P. S. (1962). Experimental and theoretical investigation of the plastic deformation of cantilever beams subjected to impulsive loading. Journal of Applied Mechanics, 29: 719–728.

Borvik, T., Forrestal, M. J., Hopperstad, O. S., Warren, T. L. & Langseth, M. (2009). Perforation of AA 5083–H116 aluminium plates with conical–nose steel projectiles— calculations. International Journal of Impact Engineering, 36(3): 426–437.

Buckingham, E. (1914). On physically similar systems: illustrations of the use of dimensional equations. Physics Review, 4: 347–350.

Campbell, J. D. & Ferguson, W. G. (1970). The temperature and strain–rate dependence of the shear strength of mild steel. Philosophical Magazine, 21: 63.

Chen, W. (1993). A new bound solution for quadrangular plates subjected to impulsive loads.

Proceedings of the 3rd International Offshore and Polar Engineering Conference, Singapore, June 6-11, IV: 702-708.

Corbett, G. G., Reid, S. R. & Johnson, W. (1996). Impact loading of plates and shells by free-flying projectiles: a review. International Journal of Impact Engineering, 18(2): 141-230.

Cowper, G. R. & Symonds, P. S. (1957). Strain-hardening and strain-rate effects in the impact loading of cantilever beams. Technical Report No. 28, Division of Applied Mathematics, Brown University, September.

Dipaolo, B. P. & Tom, J. G. (2009). Effects of ambient temperature on a quasi-static axial-crush configuration response of thin-wall, steel box components. Thin-Walled Structures, 47: 984-997.

Florence, A. L. (1977). Response of circular plates to central pulse loading. International Journal of Solids and Structures, 13(11): 1091-1102.

Forrestal, M. J. & Sagartz, M. J. (1978). Elastic-plastic response of 304 stainless steel beams to impulse loads. Journal of Applied Mechanics, 45: 685-687.

Goldsmith, W. (1999). Non-ideal projectile impact on targets. International Journal of Impact Engineering, 22(2-3): 95-395.

Harrigan, J. J., Reid, S. R. & Peng, C. (1999). Inertia effects in impact energy absorbing materials and structures. International Journal of Impact Engineering, 22(9): 955-979.

Hayashi, T. & Tanaka, Y. (1988). Impact engineering. Nikkan Kogyo Simbunsha (Daily Engineering Newspaper Company), Tokyo (in Japanese).

Hollomon, J. H. (1945). Tensile deformation. Transactions of the Metallurgical Society of American Institute of Mining, Metallurgical, and Petroleum Engineers, 162: 268-290.

Hsu, S. S. & Jones, N. (2004). Dynamic axial crushing of aluminum alloy 6063-T6 circular tubes. Latin American Journal of Solids and Structures, 1(3): 277-296.

Johnson, W. (1972). Impact strength of materials. Edward Arnold, London.

Johnson, W. (2001). Collected works on Benjamin Robins and Charles Hutton. Phoenix Publishing House Pvt Ltd, New Delhi.

Jones, N. (1989). On the dynamic inelastic failure of beams. In Structural failure, Edited by Wierzbicki, T. & Jones, N., John Wiley & Sons, Inc., New York, 133-159.

Jones, N. (1997). Dynamic plastic behaviour of ship and ocean structures. Transactions of the Royal Institution of Naval Architects, 139: 65-97.

Jones, N. (2012). Structural impact. Second Edition, Cambridge University Press, Cambridge.

Jones, N. & Jouri, W. S. (1987). A study of plate tearing for ship collision and grounding damage. Journal of Ship Research, 31: 253-268.

Jones, N., Liu, T., Zheng, J. J. & Shen, W. Q. (1991). Clamped beam grillages struck transversely by a mass at the center. International Journal of Impact Engineering, 11: 379-399.

Jones, N. & Paik, J. K. (2012). Impact perforation of aluminum alloy plates. International Journal of Impact Engineering, 48: 46-53.

Jones, N. & Paik, J. K. (2013). Impact perforation of steel plates. Ships and Offshore

Structures, 8(5): 579-596.

Karagiozova, D., Alves, M. & Jones, N. (2000). Inertia effects in axisymmetrically deformed cylindrical shells under axial impact. International Journal of Impact Engineering, 24: 1083-1115.

Karagiozova, D. & Jones, N. (1997). Strain-rate effects in the dynamic buckling of a simple elastic-plastic model. Journal of Applied Mechanics, 64: 193-200.

Karagiozova, D. & Jones, N. (1998). Stress wave effects on the dynamic axial buckling of cylindrical shells under impact. In Structures under shock and impact V, Edited by Jones, N., Computational Mechanics Publications, Southampton, 201-210.

Kim, K. J., Lee, J. H., Park, D. K., Jung, B. G., Han, X. & Paik, J. K. (2016). An experimental and numerical study on nonlinear impact response of steel-plated structures in an Arctic environment. International Journal of Impact Engineering, 93: 99-115.

Kolsky, H. (1963). Stress waves in solids. Dover, New York.

Li, Z. G., Zhang, M. Y., Liu, F., Ma, C. S., Zhang, J. H., Hu, Z. M., Zhang, J. Z. & Zhao, Y. N. (2014). Influence of dent on residual ultimate strength of 2024-T3 aluminum alloy plate under axial compression. Transactions of Nonferrous Metals Society of China, 24 (10): 3084-3094.

Li, Z. G., Zhang, D. N., Peng, C. L., Ma, C. S., Zhang, J. H., Hu, Z. M., Zhang, J. Z. & Zhao, Y. N. (2015). The effect of local dents on the residual ultimate strength of 2024-T3 aluminum alloy plate used in aircraft under axial tension tests. Engineering Failure Analysis, 48: 21-29.

Liu, J. H. & Jones, N. (1996). Shear and bending response of a rigid-perfectly plastic circular plate struck transversely by a mass. Mechanics Based Design of Structures and Machines, 24 (3): 361-388.

Lu, G. & Calladine, C. R. (1990). On the cutting of a plate by a wedge. International Journal of Mechanical Science, 32: 293-313.

Ludwick, P. (1909). Elemente der technologischen mechanic. Springer Verlag, Berlin.

Malvern, L. E. (1969). Introduction to the mechanics of continuous media. Prentice Hall, Englewood Cliffs, NJ.

Manjunath, G. L. & Surendran, S. (2013). Dynamic fracture toughness of aluminium 6063 with multilayer composite patching at lower temperatures. Ships and Offshore Structures, 8 (2): 163-175.

McGregor, I. J., Meadows, D. J., Scott, C. E. & Seeds, A. D. (1993). Impact performance of aluminium structures. In Structural crashworthiness and failure, Edited by Jones, N. & Wierzbicki, T., Alcan International Limited, Banbury Laboratory, Oxfordshire, 385-421.

Min, D. K., Shin, D. W., Kim, S. H., Heo, Y. M. & Cho, S. R. (2012). On the plastic deformation of polar-class ship's single frame structures subjected to collision loadings. Journal of the Society of Naval Architects of Korea, 49: 232-238.

Murray, N. W. (1983). The static approach to plastic collapse and energy dissipation in some thin-walled steel structures. In Structural crashworthiness, Edited by Jones, N. &

Wierzbicki, T. , Butterworths, London, 44-65.

Nurick, G. N. & Jones, N. (1995). Prediction of large inelastic deformations of T-beams subjected to uniform impulsive loads. In High strain rate effects on polymer metal and ceramic matrix composites and other advanced materials, vol. 48, Edited by Rajapakse, Y. , The American Society of Mechanical Engineers, New York, 127-153.

Nurick, G. N. , Jones, N. & von Alten-Reuss, G. V. (1994). Large inelastic deformations of Tbeams subjected to impulsive loads. Proceedings of the 3rd International Conference on Structures Under Shock and Impact, Computational Mechanics Publications, Southampton and Boston, MA: 191-206.

Nurick, G. N. & Martin, J. B. (1989). Deformation of thin plates subjected to impulsive loading—a review. Part II experimental studies. International Journal of Impact Engineering, 8: 171-186.

Nurick, G. N. , Olson, M. D. , Fagnan, J. R. & Levin, A. (1995). Deformation and tearing of blast loaded stiffened square plates. International Journal of Impact Engineering, 16: 273-291.

Ohtsubo, H. & Suzuki, K. (1994). The crushing mechanics of bow structures in head-on Collision (1st report). Journal of the Society of Naval Architects of Japan, 176: 301-308 (in Japanese).

Ohtsubo, H. & Wang, G. (1995). An upper-bound solution to the problem of plate tearing. Journal of Marine Science and Technology, 1: 46-51.

Paik, J. K. (1994). Cutting of a longitudinally stiffened plate by a wedge. Journal of Ship Research, 38(4): 340-348.

Paik, J. K. (2005). Ultimate strength of dented steel plates under edge shear loads. Thin-Walled Structures, 43: 1475-1492.

Paik,J. K. &Chung,J. Y. (1999). Abasic studyonstatic anddynamic crushing behaviorof astiffened tube. Transactions of the Korean Society of Automotive Engineers, 7(1): 219-238 (in Korean).

Paik, J. K. , Chung, J. Y. , Choe, I. H. , Thayamballi, A. K. , Pedersen, P. T. & Wang, G. (1999). On the rational design of double hull tanker structures against collision. Transactions of the Society of Naval Architects and Marine Engineers, 107: 323-363.

Paik, J. K. , Chung, J. Y. & Chun, M. S. (1996). On quasi-static crushing of a stiffened square tube. Journal of Ship Research, 40(3): 258-267.

Paik, J. K. , Kim, K. J. , Lee, J. H. , Jung, B. G. & Kim, S. J. (2017). Test database of the mechanical properties of mild, high-tensile and stainless steel and aluminum alloy associated with cold temperatures and strain rates. Ships and Offshore Structures, 12(S1): S230-S256.

Paik, J. K. , Kim, B. J. , Park, D. K. & Jang, B. S. (2011). On quasi-static crushing of thin-walled steel structures in cold temperature: experimental and numerical studies. International Journal of Impact Engineering, 38: 13-28.

Paik, J. K. , Lee, J. M. & Kee, D. H. (2003). Ultimate strength of dented steel plates under axial compressive loads. International Journal of Mechanical Sciences, 45: 433-448.

Paik, J. K. & Pedersen, P. T. (1995). Ultimate and crushing strength of plated structures. Journal of Ship Research, 39(3): 259-261.

Paik, J. K. & Pedersen, P. T. (1996). Modeling of the internal mechanics in ship collisions. Ocean Engineering, 23(2): 107-142.

Paik, J. K. & Thayamballi, A. K. (2003). An experimental investigation on the dynamic ultimate compressivestrength of ship plating. International Journal ofImpactEngineering, 28: 803-811.

Paik, J. K. & Wierzbicki, T. (1997). A benchmark study on crushing and cutting of plated structures. Journal of Ship Research, 41(2): 147-160.

Park, D. K. (2015). Nonlinear structural response analysis of ship and offshore structures in low temperature. Ph. D. Thesis, Department of Naval Architecture and Ocean Engineering, Pusan National University, Busan.

Pedersen, P. T., Valsgaard, S., Olsen, D. & Spangenberg, S. (1993). Ship impacts—bow collisions. International Journal of Impact Engineering, 13: 163-187.

Perzyna, P. (1974). The constitutive equations describing thermo-mechanical behavior of materials at high rates of strain. In Mechanical properties at high rates of strain, Conference Series, vol. 21, Edited by Harding, J. E., American Institute of Physics, New York, 138-153.

Raviprakash, A. V., Prabu, B. & Alagumurthi, N. (2012). Residual ultimate compressive strength of dented square plates. Thin-Walled Structures, 58: 32-39.

Reid, S. R. & Reddy, T. Y. (1983). Experimental investigation of inertia effects in onedimensional metal ring systems subjected to end impact—part I fixed-ended systems. International Journal of Impact Engineering, 1(1): 85-106.

Rosenfield, A. R. & Hahn, G. T. (1974). Numerical descriptions of the ambient lowtemperature and high strain rate flow and fracture behavior of plain carbon steel. Transactions of the American Society of Mechanical Engineers, 59: 138.

Rudrapatna, N. S., Vaziri, R. & Olson, M. D. (2000). Deformation and failure of blast loaded stiffened plates. International Journal of Impact Engineering, 24: 457-474.

Rusinek, A., Rodriguez-Martinez, J. A., Zaera, R., Klepaczko, J. R., Arias, A. & Sauvelet, C. (2009). Experimental and numerical study on the perforation process of mild steel sheets subjected to perpendicular impact by hemispherical projectiles. International Journal of Impact Engineering, 36(4): 565-587.

Saad-Eldeen, S., Garbatov, Y. & Guedes Soares, C. (2015). Stress-strain analysis of dented rectangular plates subjected to uni-axial compressive loading. Engineering Structures, 99: 78-91.

Saad-Eldeen, S., Garbatov, Y. & Guedes Soares, C. (2016). Ultimate strength analysis of highly damaged plates. Marine Structures, 45(1): 63-85.

Saitoh, T., Yosikawa, T. & Yao, H. (1995). Estimation of deflection of steel panel under impulsive loading. Transactions of the Society of Mechanical Engineers of Japan, 61(590): 2241-2246 (in Japanese).

Schubak, R. B., Anderson, D. L. & Olson, M. D. (1989). Simplified dynamic analysis of rigidplastic beams. International Journal of Impact Engineering, 8(1): 27-42.

Shen, W. Q. (1997). Dynamic response of rectangular plates under drop mass impact. International Journal of Impact Engineering, 19(3): 207-229.

Simonsen, B. C. & Wierzbicki, T. (1998). Plasticity, fracture, friction in steady-state plate cutting. International Journal of Impact Engineering, 21(5): 387-411.

Smith, C. S. (1989). Behavior of composite and metallic superstructures under blast loading. In Structural failure. John Wiley & Sons, Inc., New York, 435-462.

Symonds, P. S. & Chon, C. T. (1974). Approximation techniques for impulsive loading of structures of time - dependent plastic behaviour with finite - deflections. In Mechanical properties of materials at high rates of strain, Conference Series, vol. 21, Edited by Harding, J. E., American Institute of Physics, New York, 299-316.

Symonds, P. S. & Jones, N. (1972). Impulsive loading of fully clamped beams with finite plastic deflections. International Journal of Mechanical Sciences, 14: 49-69.

Thomas, P. F. (1992). Application of plate cutting mechanics to damage prediction in ship grounding. MIT - Industry Joint Program on Tanker Safety, Report No. 8, Department of Ocean Engineering, Massachusetts Institute of Technology, Cambridge, MA.

Toyosada, M., Fujii, E., Nohara, K., Kawaguchi, Y., Arimochi, K. & Isaka, K. (1987). The effect of strain rate on critical CTOD and J - integral. Journal of the Society of Naval Architects of Japan, 161: 343-356 (in Japanese).

Vaughan, H. (1980). The tearing of mild steel plate. Journal of Ship Research, 24(2): 96-100.

Wierzbicki, T. (1983). Crushing behavior of plate intersections. Proceedings of the 1st International Symposium on Structural Crashworthiness, University of Liverpool, September: 66-95.

Wierzbicki, T. (1995). Concertina tearing of metal plates. International Journal of Solid Structures, 19: 2923-2943.

Wierzbicki, T. & Thomas, P. (1993). Closed-form solution for wedge cutting force through thin metal sheets. International Journal of Mechanical Science, 35: 209-229.

Woisin, G. (1979). Design against collision. Schiff & Hafen, 31: 1059-1069.

Woisin, G. (1982). Comments on Vaughan: the tearing strength of mild steel plate. Journal of Ship Research, 26: 50-52.

Woisin, G. (1990). Analysis of the collisions between rigid bulb and side shell panel. Proceedings of the 7th International Symposium on Practical Design of Ships and Mobile Units (PRADS'90), The Hague: 165-172.

Xu, M. C. & Guedes Soares, C. (2013). Assessment of residual ultimate strength for side dented stiffened panels subjected to compressive loads. Engineering Structures, 49: 316-328.

Xu, M. C. & Guedes Soares, C. (2015). Effect of a central dent on the ultimate strength of narrow stiffened panels under axial compression. International Journal of Mechanical Sciences,

100: 68-79.

Yu, T. X. & Chen, F. L. (1992). The large deflection dynamic plastic response of rectangular plates. International Journal of Impact Engineering, 12(4): 603-616.

Zhang, S. (2002). Plate tearing and bottom damage in ship grounding. Marine Structures, 15: 101-117.

第11章 增量伽辽金法

11.1 增量伽辽金法的特点

本章介绍了增量伽辽金法,这是一种半解析方法,用于分析钢或铝制加筋板结构极限状态之间的弹塑性大挠度行为。该方法通过解析过程来适应与屈曲相关的几何非线性,而数值程序则考虑了与塑性相关的材料非线性(Paik et al.,2001;Paik et al.,2005)。

增量伽辽金法的独特之处在于,它可以解析地表示弹性大挠度板理论的非线性控制微分方程的增量形式。利用伽辽金方法求解这些增量控制微分方程(Fletcher,1984),能得到一组易与求解的未知线性一阶联立方程,有助于减少计算工作量。

通过非线性控制微分方程来表示几何和材料非线性的板和加筋板通常是困难的,但也并非是不可能的。一个主要困难是,随着施加载荷的增加,对塑性范围的分析处理是相当麻烦的。一种更简单的方法是用数值方法处理塑性过程。

增量伽辽金法的优点是可以提供极高的求解精度,大大节省了计算工作量,并在分析中处理几乎所有载荷分量的组合形式,包括双轴压缩或拉伸、双轴平面内弯曲、边缘剪切和侧向压力载荷,还可以考虑初始缺陷(初始挠度和焊接引起的残余应力)的影响。增量伽辽金法适用于钢板和铝板结构。

11.2 板和加筋板的结构理想化

在本节中,给出了增量伽辽金法计算板和加筋板的弹塑性大挠度行为的一些重要的基本假设:

(1)板由各向同性均质钢或铝合金制成,杨氏模量为 E,泊松比为 ν。对于加筋板,加强筋之间的板的杨氏模量与加强筋相同,但板的屈服应力可能与加强筋不同。

(2)板的长度和宽度分别为 a 和 b,板的厚度为 t,如图 11.1(a)所示。

(3)加强筋的间距或加强筋之间的板宽度可以不同,如图 11.1(b)所示。

(4)板的边界可以为简支、固支,或为两者的某种组合。

(5)板通常承受组合载荷。作用在板上可能的载荷分量有双轴压缩或拉伸、边缘剪切、双轴平面内弯矩和侧向压力载荷,如图 11.1 所示。

(6)施加的载荷会逐渐增加。

(7)板的初始挠度的形状通常很复杂,但可以用傅里叶级数函数表示。对于加筋板,加强筋之间的板可能具有相同的局部初始挠度,而加强筋可能有不同的整体柱式初始挠度。

(8)由于沿板边以及加强筋腹板下沿的交叉点进行焊接,板上具有焊接引起的残余应力。因为焊接通常在板的 x,y 方向进行,残余应力分布在这两个方向。如图 11.2 所示,加强筋之间板的焊接残余应力分布被理想化为两种应力块组成,即压缩和拉伸残余应力块,如第 1.7 节所述。假设加强筋腹板具有与图 11.2 所示等效的均匀压缩残余应力。

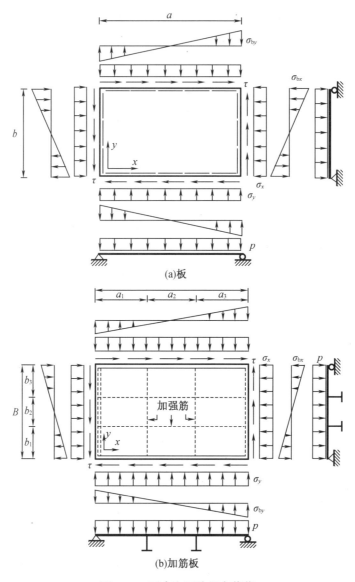

(a)板

(b)加筋板

图 11.1　面内和面外组合载荷

（9）为了评估塑性，假设板由 x 和 y 方向上的许多膜纤维组成。每个膜纤维在 z 方向上有许多层，如图 11.3 所示。

（10）人们认识到，软化区焊接铝合金的强度可以通过一段时间的自然时效恢复（Lancaster，2003），但在材料强度没有恢复时，焊接铝合金板的极限强度可能会因热影响区的软化现象而降低。软化的影响使用第 9 项的技术说明。

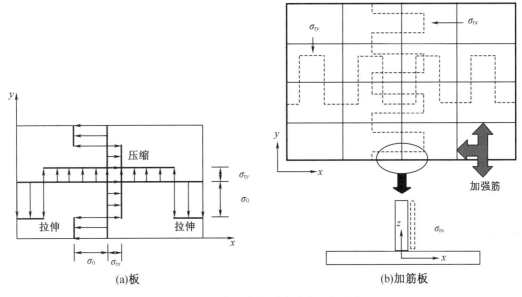

(a)板   (b)加筋板

图 11.2   内部的焊接残余应力理想分布

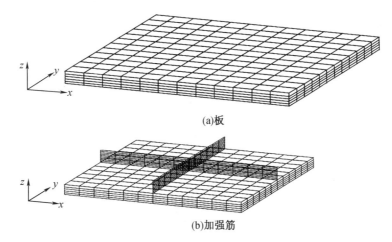

(a)板

(b)加强筋

图 11.3   用于塑性处理的网格区域细分示例(注意:几何非线性是通过解析处理的)

11.3   板弹塑性大挠度行为分析

11.3.1   传统方法

如第4章所述,具有初始挠度板的弹性大挠度行为有两个微分方程控制:一个表示平衡条件,另一个表示相容性条件(Marguerre,1938)。这些方程如下:

$$\Phi = D\left(\frac{\partial^4 w}{\partial x^4} + 2\frac{\partial^4 w}{\partial x^2 \partial y^2} + \frac{\partial^4 w}{\partial y^4}\right) - t\left[\frac{\partial^2 F}{\partial y^2}\frac{\partial^2 (w+w_0)}{\partial x^2} + \frac{\partial^2 F}{\partial x^2}\frac{\partial^2 (w+w_0)}{\partial y^2} - 2\frac{\partial^2 F}{\partial x \partial y}\frac{\partial^2 (w+w_0)}{\partial x \partial y} + \frac{p}{t}\right] = 0$$

$$(11.1a)$$

$$\frac{\partial^4 F}{\partial x^4}+2\frac{\partial^4 F}{\partial x^2 \partial y^2}+\frac{\partial^4 F}{\partial y^4}-E\left[\left(\frac{\partial^2 w}{\partial y \partial x}\right)^2-\frac{\partial^2 w}{\partial x^2}\frac{\partial^2 w}{\partial y^2}+2\frac{\partial^2 w_0}{\partial x \partial y}\frac{\partial^2 w}{\partial x \partial y}-\frac{\partial^2 w_0}{\partial x^2}\frac{\partial^2 w}{\partial y^2}-\frac{\partial^2 w}{\partial y^2}\frac{\partial^2 w_0}{\partial y^2}\right]=0$$

$$(11.1\text{b})$$

式中,$D=Et^3/[12(1-\nu^2)]$,侧压 p 在板上可以变化,即 $p=p(x,y)$。通过使用 Airy 应力函数 F,可以计算板内任意位置的应力分量,如下所示:

$$\sigma_x=\frac{\partial^2 F}{\partial y^2}-\frac{Ez}{1-\nu^2}\left(\frac{\partial^2 w}{\partial x^2}+\nu\frac{\partial^2 w}{\partial y^2}\right) \tag{11.2a}$$

$$\sigma_y=\frac{\partial^2 F}{\partial x^2}-\frac{Ez}{1-\nu^2}\left(\frac{\partial^2 w}{\partial y^2}+\nu\frac{\partial^2 w}{\partial x^2}\right) \tag{11.2b}$$

$$\tau=\tau_{xy}=-\frac{\partial^2 F}{\partial x \partial y}-\frac{Ez}{2(1+\nu)}\frac{\partial^2 w}{\partial x \partial y} \tag{11.2c}$$

同时,在板内任意位置的应变分量为

$$\varepsilon_x=\frac{\partial u}{\partial x}+\frac{1}{2}\left(\frac{\partial w}{\partial x}\right)^2+\frac{\partial w}{\partial x}\frac{\partial w_0}{\partial x}-z\frac{\partial^2 w}{\partial x^2} \tag{11.3a}$$

$$\varepsilon_y=\frac{\partial v}{\partial y}+\frac{1}{2}\left(\frac{\partial w}{\partial y}\right)^2+\frac{\partial w}{\partial y}\frac{\partial w_0}{\partial y}-z\frac{\partial^2 w}{\partial y^2} \tag{11.3b}$$

$$\gamma_{xy}=\frac{\partial u}{\partial y}+\frac{\partial v}{\partial x}+\frac{\partial w}{\partial x}\frac{\partial w}{\partial y}+\frac{\partial w_0}{\partial x}\frac{\partial w}{\partial y}+\frac{\partial w}{\partial x}\frac{\partial w_0}{\partial y}-2z\frac{\partial^2 w}{\partial x \partial y} \tag{11.3c}$$

式中,u 和 v 分别是 x 和 y 方向上的位移。前面提到的每个应变分量表示为应力分量的函数,如下所示:

$$\varepsilon_x=\frac{1}{E}(\sigma_x-\nu\sigma_y) \tag{11.4a}$$

$$\varepsilon_y=\frac{1}{E}(\sigma_y-\nu\sigma_x) \tag{11.4b}$$

$$\gamma_{xy}=\frac{2(1+\nu)}{E}\tau_{xy} \tag{11.4c}$$

在通过伽辽金法求解非线性控制微分方程(11.1a)和方程(11.1b)时,可以假设增加的挠度 w 和初始挠度 w_0 如下:

$$w=\sum_{m=1}\sum_{n=1}A_{mn}f_m(x)g_n(y) \tag{11.5a}$$

$$w_0=\sum_{m=1}\sum_{n=1}A_{0mn}f_m(x)g_n(y) \tag{11.5b}$$

式中,$f_m(x)$ 和 $g_n(y)$ 是满足板边界条件的函数;A_{mn} 和 A_{0mn} 分别是未知和已知的挠度系数。将式(11.5a)和式(11.5b)代入式(11.1b)并求解应力函数 F 后,特解 F_P 可表示为

$$F_P=\sum_{r=1}\sum_{s=1}K_{rs}p_r(x)q_s(y) \tag{11.6}$$

式中,K_{rs} 是关于未知挠度系数 A_{mn} 的二阶函数的系数。

在包括载荷作用的条件下,完整的应力函数 F 如下:

$$F=F_H+\sum_{r=1}\sum_{s=1}K_{rs}p_r(x)q_s(y) \tag{11.7}$$

式中,F_H 是满足施加载荷条件的应力函数的通解。为了计算未知系数 A_{mn},可以使用伽辽

金法求解平衡方程,即方程(11.1a),得出以下方程:

$$\iiint \Phi f_r(x) g_s(y) \, \mathrm{dVol} = 0, r = 1,2,3,\cdots, s = 1,2,3,\cdots \tag{11.8}$$

将方程(11.5a)、方程(11.5b)和方程(11.7)代入方程(11.8),并对整个板体积进行积分,得到一组关于未知系数 A_{mn} 的三阶联立方程。求解联立方程得到系数 A_{mn} 通常需要迭代过程。由于每个系数的解应该是唯一的,因此必须正确地为每个系数得到的三个解中选择一个。可是,求解一组这样的三阶联立方程并不容易,尤其是当未知系数 A_{mn} 的数量变大时。

11.3.2 增量方法

增量方法可以更有效地求解承受组合载荷板的非线性控制微分方程(Ueda et al.,1987)。首先,必须建立板控制微分方程的增量形式。在使用伽辽金法解析求解这些增量控制微分方程后,获得了一组未知量的线性联立方程。这种方法的一个优点在于能够大大减少计算工作量(即一阶容易求解),另一个优点是解是唯一确定的,这与第11.3.1节中描述的传统方法不同。

在下面内容中,推导了板控制微分方程的增量形式。首先,假设以递增方式施加载荷,在第 $i-1$ 载荷增量步结束时,挠度和应力函数用 w_{i-1} 和 F_{i-1} 表示。以同样的方式,第 i 个载荷增量步结束时的挠度和应力函数分别用 w_i 和 F_i 表示。

因此,第 $i-1$ 个载荷增量步骤结束时的平衡方程(11.1a)和相容性方程(11.1b)可写为

$$\Phi_{i-1} = D \left(\frac{\partial^4 w_{i-1}}{\partial x^4} + 2 \frac{\partial^4 w_{i-1}}{\partial x^2 \partial y^2} + \frac{\partial^4 w_{i-1}}{\partial y^4} \right) -$$

$$t \left[\frac{\partial^2 F_{i-1}}{\partial y^2} \frac{\partial^2 (w_{i-1}+w_0)}{\partial x^2} + \frac{\partial^2 F_{i-1}}{\partial x^2} \frac{\partial^2 (w_{i-1}+w_0)}{\partial y^2} - 2 \frac{\partial^2 F_{i-1}}{\partial x \partial y} \frac{\partial^2 (w_{i-1}+w_0)}{\partial x \partial y} + \frac{p_{i-1}}{t} \right] = 0$$

$$\tag{11.9a}$$

$$\frac{\partial^4 F_{i-1}}{\partial x^4} + 2 \frac{\partial^4 F_{i-1}}{\partial x^2 \partial y^2} + \frac{\partial^4 F_{i-1}}{\partial y^4} - E \left[\left(\frac{\partial^2 w_{i-1}}{\partial y \partial x} \right)^2 - \frac{\partial^2 w_{i-1}}{\partial x^2} \frac{\partial^2 w_{i-1}}{\partial y^2} + 2 \frac{\partial^2 w_0}{\partial x \partial y} \frac{\partial^2 w_{i-1}}{\partial x \partial y} - \frac{\partial^2 w_0}{\partial x^2} \frac{\partial^2 w_{i-1}}{\partial y^2} - \frac{\partial^2 w_{i-1}}{\partial x^2} \frac{\partial^2 w_0}{\partial y^2} \right] = 0$$

$$\tag{11.9b}$$

以同样的方式,在第 i 个载荷增量步结束时式(11.1a)和式(11.1b)如下:

$$\Phi_i = D \left(\frac{\partial^4 w_i}{\partial x^4} + 2 \frac{\partial^4 w_i}{\partial x^2 \partial y^2} + \frac{\partial^4 w_i}{\partial y^4} \right) -$$

$$t \left[\frac{\partial^2 F_i}{\partial y^2} \frac{\partial^2 (w_i+w_0)}{\partial x^2} + \frac{\partial^2 F_i}{\partial x^2} \frac{\partial^2 (w_i+w_0)}{\partial y^2} - 2 \frac{\partial^2 F_i}{\partial x \partial y} \frac{\partial^2 (w_i+w_0)}{\partial x \partial y} + \frac{p_i}{t} \right] = 0 \tag{11.10a}$$

$$\frac{\partial^4 F_i}{\partial x^4} + 2 \frac{\partial^4 F_i}{\partial x^2 \partial y^2} + \frac{\partial^4 F_i}{\partial y^4} - E \left[\left(\frac{\partial^2 w_i}{\partial y \partial x} \right)^2 - \frac{\partial^2 w_i}{\partial x^2} \frac{\partial^2 w_i}{\partial y^2} + 2 \frac{\partial^2 w_0}{\partial x \partial y} \frac{\partial^2 w_i}{\partial x \partial y} - \frac{\partial^2 w_0}{\partial x^2} \frac{\partial^2 w_i}{\partial y^2} - \frac{\partial^2 w_i}{\partial x^2} \frac{\partial^2 w_0}{\partial y^2} \right] = 0$$

$$\tag{11.10b}$$

假设在第 i 个载荷增量步结束时增加挠度 w_i 和应力函数 F_i 通过以下公式计算:

$$w_i = w_{i-1} + \Delta w \tag{11.11a}$$

$$F_i = F_{i-1} + \Delta F \tag{11.11b}$$

式中,Δw 和 ΔF 分别为挠度和应力函数的增量,前缀 Δ 表示变量的增量。

将方程(11.11a)和方程(11.11b)代入方程(11.10a)和方程(11.10b),并分别从方程(11.10a)中减去方程(11.9a)或从方程(11.10b)中减去方程(11.9b),控制微分方程的必要增量形式如下:

$$\Delta\Phi = D\left(\frac{\partial^4 \Delta w}{\partial x^4} + 2\frac{\partial^4 \Delta w}{\partial x^2 \partial y^2} + \frac{\partial^4 \Delta w}{\partial y^4}\right) - t\left[\frac{\partial^2 F_{i-1}}{\partial y^2}\frac{\partial^2 \Delta w}{\partial x^2} + \frac{\partial^2 \Delta F}{\partial y^2}\frac{\partial^2(w_{i-1}+w_0)}{\partial x^2} + \frac{\partial^2 F_{i-1}}{\partial x^2}\frac{\partial^2 \Delta w}{\partial y^2} + \right.$$

$$\left.\frac{\partial^2 \Delta F}{\partial x^2}\frac{\partial^2(w_{i-1}+w_0)}{\partial y^2} - 2\frac{\partial^2 F_{i-1}}{\partial x \partial y}\frac{\partial^2 \Delta w}{\partial x \partial y} - 2\frac{\partial^2 \Delta F}{\partial x \partial y}\frac{\partial^2(w_{i-1}+w_0)}{\partial x \partial y} + \frac{\Delta p}{t}\right] = 0 \tag{11.12a}$$

$$\frac{\partial^4 \Delta F}{\partial x^4} + 2\frac{\partial^4 \Delta F}{\partial x^2 \partial y^2} + \frac{\partial^4 \Delta F}{\partial y^4} - E\left[2\frac{\partial^2(w_{i-1}+w_0)}{\partial x \partial y}\frac{\partial^2 \Delta w}{\partial x \partial y} - \frac{\partial^2(w_{i-1}+w_0)}{\partial x^2}\frac{\partial^2 \Delta w}{\partial y^2} - \frac{\partial^2 \Delta w}{\partial x^2}\frac{\partial^2(w_{i-1}+w_0)}{\partial y^2}\right] = 0$$

$$\tag{11.12b}$$

式中,忽略了增量 Δw 和 ΔF 的二阶以上的极小量项。

在第 $i-1$ 步载荷增量步骤结束时,得到的挠度 w_{i-1} 和应力函数 F_{i-1} 如下:

$$w_{i-1} = \sum_{m=1}\sum_{n=1} A_{mn}^{i-1} f_m(x) g_n(y) \tag{11.13a}$$

$$F_{i-1} = F_H^{i-1} + \sum_{i=1}\sum_{j=1} K_{ij}^{i-1} p_i(x) q_j(y) \tag{11.13b}$$

式中,A_{mn}^{i-1} 和 K_{ij}^{i-1} 是已知系数,F_H^{i-1} 是应力函数的通解,满足施加的载荷条件。焊接引起的残余应力作为初始应力项可以包括在应力函数 F_H^{i-1} 中。

与第 i 步载荷增量相关的挠度增量 Δw 可假设如下:

$$\Delta w = \sum_{k=1}\sum_{l=1} \Delta A_{kl} f_k(x) g_l(y) \tag{11.14}$$

式中,ΔA_{kl} 是未知的挠度增量。

将式(11.5b)、式(11.11a)和式(11.14)代入式(11.12b),应力函数增量 ΔF 可通过以下公式获得:

$$\Delta F = \Delta F_H + \sum_{i=1}\sum_{j=1} \Delta K_{ij} p_i(x) q_j(y) \tag{11.15}$$

式中,ΔK_{ij} 是未知系数 ΔA_{kl} 中的线性(即一阶)函数。ΔF_H 是满足施加载荷条件的应力函数增量的通解。

为了计算未知系数 ΔA_{kl},可以将伽辽金法应用于方程(11.12a):

$$\iiint \Delta\Phi f_r(x) g_s(y) \mathrm{d}Vol = 0, r = 1,2,3,\cdots, s = 1,2,3,\cdots \tag{11.16}$$

将方程(11.5b)和方程(11.13)至方程(11.15)代入方程(11.16),并对整个板体积进行积分,得到一组未知系数 ΔA_{kl} 的线性联立方程。求解这些线性联立方程通常很容易。获得 ΔA_{kl} 后,在第 i 个载荷增量步结束时,可以根据式(11.14)计算 Δw,;由式(11.15)计算 ΔF;由式(11.11a)计算 $w_i(=w_{i-1}+\Delta w)$;由式(11.11b)计算 $F_i(=F_{i-1}+\Delta F)$。

随着施加载的增加,重复上述步骤,可以获得板的弹性大变形行为。显然在此过程中,载荷增量必须很小,才能避免非平衡力来获得更精确的解。由于该过程所需的计算工作量通常较小,与通常的非线性数值方法不同,使用较小的载荷增量几乎不会导致任何严重的错误。

11.3.3 四边简支板的应用

增量伽辽金法可应用于各种边界条件板的非线性分析:固支、简支或其组合形式。下面详细描述了在所有(四)边界上简支板的增量伽辽金法公式。

板的简支边界条件应满足:

$$w=0, \frac{\partial^2 w}{\partial y^2}+\upsilon\frac{\partial^2 w}{\partial x^2}=0 \quad \text{当 } y=0,b \text{ 时} \tag{11.17a}$$

$$\frac{\partial^2 w}{\partial y^2}=0 \quad \text{当 } y=0,b \text{ 时} \tag{11.17b}$$

$$w=0, \frac{\partial^2 w}{\partial x^2}+\upsilon\frac{\partial^2 w}{\partial y^2}=0 \quad \text{当 } x=0,a \text{ 时} \tag{11.17c}$$

$$\frac{\partial^2 w}{\partial y^2}=0 \quad \text{当 } x=0,a \text{ 时} \tag{11.17d}$$

必须满足边界条件的变形函数的傅里叶级数可以假设如下:

$$w_0 = \sum_{m=1}\sum_{n=1} A_{0mn}\sin\frac{m\pi x}{a}\sin\frac{n\pi y}{b} \tag{11.18a}$$

$$w_{i-1} = \sum_{m=1}\sum_{n=1} A_{mn}^{i-1}\sin\frac{m\pi x}{a}\sin\frac{n\pi y}{b} \tag{11.18b}$$

$$\Delta w = \sum_{k=1}\sum_{l=1} \Delta A_{kl}\sin\frac{k\pi x}{a}\sin\frac{l\pi y}{b} \tag{11.18c}$$

式中,$A_{0mn}(=A_{mn}^0)$ 和 A_{mn}^{i-1} 是已知系数;ΔA_{kl} 是外部载荷增量计算的未知系数。

组合载荷应用的条件包括双轴向载荷、双向平面内弯曲、边界剪切和侧向压力载荷:

$$\int_0^b \frac{\partial^2 F}{\partial y^2}t\,\mathrm{d}y = P_x \quad \text{当 } x=0,a \text{ 时} \tag{11.19a}$$

$$\int_0^b \frac{\partial^2 F}{\partial y^2}t\left(y-\frac{b}{2}\right)\mathrm{d}y = M_x \quad \text{当 } x=0,a \text{ 时} \tag{11.19b}$$

$$\int_0^a \frac{\partial^2 F}{\partial x^2}t\,\mathrm{d}x = P_y \quad \text{当 } x=0,b \text{ 时} \tag{11.19c}$$

$$\int_0^a \frac{\partial^2 F}{\partial x^2}t\left(x-\frac{a}{2}\right)\mathrm{d}x = M_y \quad \text{当 } x=0,b \text{ 时} \tag{11.19d}$$

$$\frac{\partial^2 F}{\partial x\partial y}=-\tau \quad \text{所有边界条件下} \tag{11.19e}$$

式中,P_x 和 P_y 分别是 x 和 y 方向上的载荷;M_x 和 M_y 分别是 x 和 y 方向上的平面内弯矩。

为了简化表达使用以下缩写:

$$sx(m)=\sin\frac{m\pi x}{a}$$

$$sy(n)=\sin\frac{n\pi y}{b}$$

$$cx(m)=\cos\frac{m\pi x}{a}$$

$$cy(n)=\cos\frac{n\pi y}{b}$$

为了获得应力函数增量 ΔF,将式(11.18a)至式(11.18c)代入式(11.12b)得到

$$\frac{\partial^4 \Delta F}{\partial x^4} + 2 \frac{\partial^4 \Delta F}{\partial x^2 \partial y^2} + \frac{\partial^4 \Delta F}{\partial y^4}$$

$$= \frac{E\pi^4}{4a^2b^2} \sum_m \sum_n \sum_k \sum_l \Delta A_{kl} A_{mn}^{i-1} \times [-(kn-ml)^2 cx(m-k)cy(n-l) + (kn+ml)^2 cx \cdot$$

$$(m-k)cy(n+l) + (kn+ml)^2 cx(m+k)cy(n-l) - (kn-ml)^2 cx(m+k)cy(n+l)]$$

$$(11.20)$$

然后，应力函数增量的特解 ΔF_P 如下：

$$\Delta F_P = \sum_m \sum_n \sum_k \sum_l [B_1(m,n,k,l)cx(m-k)cy(n-l) + B_2(m,n,k,l)cx(m-k)cy \cdot$$

$$(n+l) + B_3(m,n,k,l)cx(m+k)cy(n-l) + B_4(m,n,k,l)cx(m+k)cy(n+l)]$$

$$(11.21)$$

由 $\Delta F = \Delta F_P$，将式(11.21)代入式(11.20)，得到系数 $B_1 \sim B_4$ 如下：

$$B_1(m,n,k,l) = \frac{E\alpha^2\pi^4}{4} \Delta A_{kl} A_{mn}^{i-1} \frac{-(kn-ml)^2}{[(m-k)^2+\alpha^2(n-l)^2]^2} \tag{11.22a}$$

$$B_2(m,n,k,l) = \frac{E\alpha^2\pi^4}{4} \Delta A_{kl} A_{mn}^{i-1} \frac{(kn+ml)^2}{[(m-k)^2+\alpha^2(n+l)^2]^2} \tag{11.22b}$$

$$B_3(m,n,k,l) = \frac{E\alpha^2}{4} \Delta A_{kl} A_{mn}^{i-1} \frac{(kn-ml)^2}{(m+k)^2+\alpha^2(n-l)^2} \tag{11.22c}$$

$$B_4(m,n,k,l) = \frac{E\alpha^2}{4} \Delta A_{kl} A_{mn}^{i-1} \frac{-(kn-ml)^2}{(m+k)^2+\alpha^2(n+l)^2} \tag{11.22d}$$

式中，$\alpha = a/b$。

将式(11.22)代入式(11.21)，ΔF_P 的简化形式如下：

$$\Delta F_P = \frac{E\alpha^2\pi^4}{4} \sum_m \sum_n \sum_k \sum_l \Delta A_{kl} A_{mn}^{i-1} \times \sum_{r=1}^2 \sum_{s=1}^2 (-1)^{r+s+1} h_1[(-1)^r k, (-1)^l l]cx \cdot$$

$$[m+(-1)^r k][n+(-1)^s l] \tag{11.23}$$

式中

$$h_1[\omega_1, \omega_2] = \frac{(-n\omega_1 + m\omega_2)^2}{[(m+\omega_1)^2 + \alpha^2(n+\omega_2)^2]^2}$$

$$h_1 = 0 \quad 当 m+\omega_1=0 \text{ 且 } n+\omega_2=0 \text{ 时}$$

通过考虑载荷施加条件，应力函数增量的通解 ΔF_H 如下：

$$\Delta F_H = \Delta P_x \frac{y^2}{2bt} + \Delta P_y \frac{x^2}{2at} - \Delta M_x \frac{y^2(2y-3b)}{b^3t} - \Delta M_y \frac{x^2(2x-3a)}{a^3t} - \Delta\tau_{xy}xy \tag{11.24}$$

然后，整体应力函数增量可表示为特解和通解的和，如下所示：

$$\Delta F = \Delta F_P + \Delta F_H \tag{11.25}$$

同样，为了得到第 $i-1$ 载荷增量步结构时的应力函数 F_P^{i-1}，可以将方程(11.18)代入式(11.18b)，如下式：

$$\frac{\partial^4 F_{i-1}}{\partial x^4} + 2 \frac{\partial^4 F_{i-1}}{\partial x^2 \partial y^2} + \frac{\partial^4 F_{i-1}}{\partial y^4}$$

$$= \frac{E\pi^4}{4a^2b^2} \sum_m \sum_n \sum_k \sum_l (A_{mn}^{i-1} A_{kl}^{i-1} - A_{mn}^0 A_{kl}^0) \times [ml(kn-ml)]cx(m-k)cy(n-l) +$$

$$ml(kn+ml)cx(m-k)cy(n+l)+ml(kn+ml)cx(m+k)cy(n-l)+$$
$$ml(kn-ml)cx(m+k)cy(n+l)] \tag{11.26}$$

应力函数 $F_{i-1}(\equiv F^{i-1})$ 的特解 F_P^{i-1}，可以由下式得到：

$$F_P^{i-1}=\sum_m\sum_n\sum_k\sum_l[C_1(m,n,k,l)cx(m-k)cy(n-l)+C_2(m,n,k,l)cx(m-k)cy\cdot$$
$$(n+l)+C_3(m,n,k,l)cx(m+k)cy(n-l)+C_4(m,n,k,l)cx(m+k)cy(n+l)] \tag{11.27}$$

方程(11.27)中的系数 $C_1\sim C_4$ 可通过将方程(11.27)中的 F_P^{i-1} 代入方程(11.26)来确定，如下所示：

$$C_1(m,n,k,l)=\frac{E\pi^4}{4\alpha^2}(A_{mn}^{i-1}A_{kl}^{i-1}-A_{mn}^0A_{kl}^0)\frac{ml(kn-ml)}{[(m-k)^2+(n-l)^2/\alpha^2]^2} \tag{11.28a}$$

$$C_2(m,n,k,l)=\frac{E\pi^4}{4\alpha^2}(A_{mn}^{i-1}A_{kl}^{i-1}-A_{mn}^0A_{kl}^0)\frac{ml(kn+ml)}{[(m-k)^2+(n+l)^2/\alpha^2]^2} \tag{11.28b}$$

$$C_3(m,n,k,l)=\frac{E\pi^4}{4\alpha^2}(A_{mn}^{i-1}A_{kl}^{i-1}-A_{mn}^0A_{kl}^0)\frac{ml(kn+ml)}{[(m+k)^2+(n-l)^2/\alpha^2]^2} \tag{11.28c}$$

$$C_4(m,n,k,l)=\frac{E\pi^4}{4\alpha^2}(A_{mn}^{i-1}A_{kl}^{i-1}-A_{mn}^0A_{kl}^0)\frac{ml(kn-ml)}{[(m+k)^2+(n+l)^2/\alpha^2]^2} \tag{11.28d}$$

将式(11.28)代入式(11.27)，F_P^{i-1} 可写为

$$F_P^{i-1}=\frac{E\pi^4}{4\alpha^2}\sum_m\sum_n\sum_k\sum_l(A_{mn}^{i-1}A_{kl}^{i-1}-A_{mn}^0A_{kl}^0)\times\sum_{r=1}^2\sum_{s=1}^2(-1)^{r+s}h_2[(-1)^rk,(-1)^rl]cx\cdot$$
$$[m+(-1)^rk]cy[n+(-1)^sl] \tag{11.29}$$

式中

$$h_2[\omega_1,\omega_2]=\frac{m\omega_2(n\omega_1-m\omega_2)}{\left[(m+\omega_1)^2+\frac{(n+\omega_2)^2}{\alpha^2}\right]^2}$$

$$h_2=0 \quad 当 m+\omega_1=0,n+\omega_2=0 时$$

通解 F_H^{i-1} 可以通过考虑载荷应用条件来表示，如下所示：

$$F_H^{i-1}=P_x^{i-1}\frac{y^2}{2bt}+\sigma_{rx}\frac{y^2}{2}+P_y^{i-1}\frac{x^2}{2at}+\sigma_{ry}\frac{x^2}{2}-M_x^{i-1}\frac{y^2(2y-3b)}{b^3t}-M_y^{i-1}\frac{x^2(2x-3a)}{a^3t}-\tau_{xy}^{i-1}xy \tag{11.30}$$

式中，σ_{rx} 和 σ_{ry} 为焊接引起的残余应力，如第1.7节所述，作为初始应力项。因此，在第 $i-1$ 个载荷增量步结束时的应力函数 F^{i-1} 可以通过方程(11.27)和方程(11.28)之和得到，如下：

$$F^{i-1}=F_P^{i-1}+F_H^{i-1} \tag{11.31}$$

数值技术可以有效地计算方程(11.16)。如果板在 x、y 和 z 方向上被细分(用网格划分)为多个区域，式(11.16)就可以表示为

$$\sum_u\sum_v\sum_w\int_{a_u}^{a_{u+1}}\int_{b_v}^{b_{v+1}}\int_{t_w}^{t_{w+1}}\Delta\Phi(x,y,z)sx(r)sy(s)\mathrm{d}x\mathrm{d}y\mathrm{d}z=0,r=1,2,3,\cdots,s=1,2,3,\cdots \tag{11.32}$$

式中，$\sum_u$、$\sum_v$、$\sum_w$ 分别表示 x、y、z 方向上的网格区域的求和

将式(11.12a)代入式(11.32)得到以下表达式,具体如下:

$$
\sum_u \sum_v \sum_w \int_{a_u}^{a_{u+1}} \int_{b_v}^{b_{v+1}} \int_{t_w}^{t_{w+1}} \left[\frac{E}{1-\nu^2} \left(\frac{\partial^4 \Delta w}{\partial x^4} + 2 \frac{\partial^4 \Delta w}{\partial x^2 \partial y^2} + \frac{\partial^4 \Delta w}{\partial y^4} \right) z^2 - \left(\frac{\partial^2 F_{i-1}}{\partial y^2} \frac{\partial^2 \Delta w}{\partial x^2} + \right. \right.
$$

$$
\left. \left. \frac{\partial^2 \Delta F}{\partial y^2} \frac{\partial^2 w_{i-1}}{\partial x^2} - 2 \frac{\partial^2 F_{i-1}}{\partial x \partial y} \frac{\partial^2 \Delta w}{\partial x \partial y} - 2 \frac{\partial^2 \Delta F}{\partial x \partial y} \frac{\partial^2 w_{i-1}}{\partial x^2} + \frac{\partial^2 F_{i-1}}{\partial x^2} \frac{\partial^2 \Delta w}{\partial y^2} + \frac{\partial^2 \Delta F}{\partial x^2} \frac{\partial^2 w_{i-1}}{\partial y^2} \right) \right] \cdot
$$

$$
sx(r)sy(s)\mathrm{d}x\mathrm{d}y\mathrm{d}z - \sum_u \sum_v \int_{a_u}^{a_{u+1}} \int_{b_v}^{b_{v+1}} \Delta p sx(r) sy(s) \mathrm{d}x\mathrm{d}y = 0 \tag{11.33}
$$

其中 $D = \sum_u \int_{-t/2}^{t/2} Ez\mathrm{d}z/(1-\nu^2)$, $t = \sum_w \int_{-t/2}^{t/2} \mathrm{d}z$,侧向压力载荷仅分布在板面上,只在 xy 平面上进行相关积分,也就是说,z 方向没有与侧向压力载荷相关的积分。

方程(11.33)的积分最终得出一组未知系数为 ΔA_{kl} 的线性联立方程。方程可以写成矩阵形式,如下所示:

$$
\{\Delta P\} = ([P_0] + [K_B] + [K_M]) \{\Delta A\} \tag{11.34}
$$

式中,$\{\Delta P\}$ 是外部载荷增量;$[P_0]$ 是与初始应力(包括焊接引起的残余应力)相关的刚度矩阵;$[K_B]$ 是弯曲刚度矩阵;$[K_M]$ 是由于膜效应引起的刚度矩阵;$\{\Delta A\}$ 是挠度幅值的未知系数。

11.3.4 塑性处理

到目前为止,板的弹性大挠度行为的控制微分方程已经建立并进行了解析推导,但还没有考虑塑性的影响。通常情况下,难以直接建立控制微分方程来同时表示几何非线性和材料非线性,尽管对板而言并非完全不可能。如前所述,一个主要难点是,随着载荷的增加,对塑性的分析处理非常困难。一种更简单的方法是用数值方法处理塑性过程。

因此,在增量伽辽金法中,用数值方法处理塑性随外加载荷增加的过程。为此,将板在三个方向上细分为多个网格区域,这类似于传统的有限元方法,如图 11.3(a)所示。可以在每个载荷增量步骤计算每个网格区域的平均膜应力分量。使用相关屈服标准检查每个网格区域的屈服率,如式(1.31c)中定义的冯·米塞斯屈服条件,忽略应变硬化效应:

$$
\sigma_x^2 - \sigma_x \sigma_y + \sigma_y^2 + 3\tau^2 \geqslant \sigma_Y^2 \tag{11.35}
$$

假设四边支撑构件的板单元在板长度和宽度方向上由许多膜线(或纤维)组成。每根纤维在厚度方向上有许多层。每个区域的膜应力可以在载荷增量的每一步进行解析计算,也可以通过解析检查板局部区域的屈服。如果纤维中的任何局部区域屈服,纤维(即线)将被切割,从而使相关的膜效应不再有效,导致更大的挠度。为了近似评估塑性,假设板由 x 和 y 方向上的许多膜纤维组成。每个膜纤维视为在 z 方向上有许多层,如图 11.3(a)所示。

随着载荷的增加,考虑塑性过程,重新定义了板的刚度矩阵。在式(11.34)中,无论塑性如何,都应计算板材整个体积与外部载荷相关的刚度矩阵。然而,如果任何网格区域屈服,弯曲刚度将因塑性而降低。因此,在计算弯曲刚度矩阵时,去除了屈服区域的贡献。

由于板由两个(即 x、y)方向上的多个膜线(或纤维)组成,其中每根纤维在 z 方向上具有多个层,因此每根纤维的末端条件也满足板边界条件。事实上,随着外载荷进一步增加,由于纤维的膜效应,板的变形增量可能在一定程度上受到干扰。然而,如果纤维中的任何局部区域屈服,纤维(即线)将被切断,从而使膜效应不再有效。

因此,在计算(积分)膜效应引起的刚度矩阵时,不包括与屈服区域关联的整个纤维。应注意,板内的网格区域可能是两种纤维的共同区域,即在 x(如长度)和 y(如宽度)方向。在这种情况下,在计算与膜效应相关的刚度矩阵时,应去除两种纤维(即弦)的贡献。由于大挠度和局部屈服,板的刚度将逐渐降低。当板的刚度最终变为零(或负)时,即认为板已达到极限强度。

11.4 加筋板弹塑性大挠度行为分析

11.4.1 传统方法

具有初始挠度加筋板的弹性大挠度响应由两个微分方程控制:一个表示平衡条件,另一个表示相容条件。这些方程如下:

$$
\Phi = D\left(\frac{\partial^4 w}{\partial x^4} + 2\frac{\partial^4 w}{\partial x^2 \partial y^2} + \frac{\partial^4 w}{\partial y^4}\right) - t\left[\frac{\partial^2 F}{\partial y^2}\frac{\partial^2(w + w_0)}{\partial x^2} + \frac{\partial^2 F}{\partial x^2}\frac{\partial^2(w + w_0)}{\partial y^2} - \right.
$$

$$
\left. 2\frac{\partial^2 F}{\partial x \partial y}\frac{\partial^2(w + w_0)}{\partial x \partial y}\right] + \sum_{ii=1}^{n_{sx}}\left[EI_{ii}\frac{\partial^4 w}{\partial x^4} - A_{ii}\left(\frac{\partial^2 F}{\partial y^2} - \nu\frac{\partial^2 F}{\partial x^2}\right)\frac{\partial^2(w + w_0)}{\partial x^2}\right]_{y=y_{ii}} +
$$

$$
\sum_{jj=1}^{n_{sy}}\left[EI_{jj}\frac{\partial^4 w}{\partial y^4} - A_{jj}\left(\frac{\partial^2 F}{\partial x^2} - \nu\frac{\partial^2 F}{\partial y^2}\right)\frac{\partial^2(w + w_0)}{\partial y^2}\right]_{x=x_{jj}} - p = 0 \tag{11.36a}
$$

$$
\frac{\partial^4 F}{\partial x^4} + 2\frac{\partial^4 F}{\partial x^2 \partial y^2} + \frac{\partial^4 F}{\partial y^4} - E\left[\left(\frac{\partial^2 w}{\partial y \partial x}\right)^2 - \frac{\partial^2 w}{\partial x^2}\frac{\partial^2 w}{\partial y^2} + 2\frac{\partial^2 w_0}{\partial x \partial y}\frac{\partial^2 w}{\partial x \partial y} - \frac{\partial^2 w_0}{\partial x^2}\frac{\partial^2 w}{\partial y^2} - \frac{\partial^2 w}{\partial x^2}\frac{\partial^2 w_0}{\partial y^2}\right] = 0
$$

$$
\tag{11.36b}
$$

式中,D 和 p 在式(11.1)中定义;I_{ii} 是在 x 方向上第 ii 个加强筋的惯性矩;I_{jj} 是在 y 方向上第 jj 个加强筋的惯性矩。

通过使用 Airy 应力函数,面板内某个位置的应力分量可以表示为

$$
\sigma_x = \frac{\partial^2 F}{\partial y^2} - \frac{Ez}{1-\nu^2}\left[\frac{\partial^2 w}{\partial x^2} + \nu\frac{\partial^2 w}{\partial y^2}\right] \tag{11.37a}
$$

$$
\sigma_y = \frac{\partial^2 F}{\partial x^2} - \frac{Ez}{1-\nu^2}\left(\frac{\partial^2 w}{\partial y^2} + \nu\frac{\partial^2 w}{\partial x^2}\right) \tag{11.37b}
$$

$$
\tau = \tau_{xy} = -\frac{\partial^2 F}{\partial x \partial y} - \frac{Ez}{2(1+\nu)}\frac{\partial^2 w}{\partial x \partial y} \tag{11.37c}
$$

在求解方程(11.36)时,通过伽辽金法,可以假设增加挠度 w 和初始挠度 w_0 如下:

$$
w = \sum_{m=1}\sum_{n=1} A_{mn}f_m(x)g_n(y) \tag{11.38a}
$$

$$
w_0 = \sum_{m=1}\sum_{n=1} A_{0mn}f_m(x)g_n(y) \tag{11.38b}
$$

式中,$f_m(x)$ 和 $g_n(y)$ 是满足板边界条件的函数,A_{mn} 和 A_{0mn} 分别是未知和已知的挠度系数。

将方程(11.38)代入方程(11.36b)并求解应力函数 F 后,F 的特解 F_P 可以表示为

$$
F_P = \sum_{r=1}\sum_{s=1} K_{rs}p_r(x)q_s(y) \tag{11.39}
$$

式中,K_{rs} 是关于未知挠度系数 A_{mn} 的二阶函数系数。

在包括载荷作用的条件下,完整的应力函数 F 如下:

$$F = F_H + \sum_{r=1} \sum_{s=1} K_{rs} p_r(x) q_s(y) \tag{11.40}$$

式中,F_H 是满足施加载荷条件的应力函数的通解。

为了计算未知系数 A_{mn},可以使用伽辽金法计算平衡方程(11.36a),得到如下方程:

$$\iiint \Phi f_r(x) g_s(y) \mathrm{d}\mathrm{Vol} = 0, r = 1,2,3,\cdots, s = 1,2,3,\cdots \tag{11.41}$$

将方程(11.38)和方程(11.40)代入方程(11.41),并对整个面板体积进行积分,得到一组关于未知系数 A_{mn} 的三阶联立方程。

求解联立方程以获得系数 A_{mn} 通常需要迭代过程。由于每个系数的解应该是唯一的,因此必须从每个系数得到的三个解中正确选择一个。然而,求解一组这样的三阶联立方程并不容易,尤其是当未知系数 A_{mn} 的数量变大时。

11.4.2 增量方法

推导了加筋板控制微分方程的增量形式后,可以通过将加强筋的属性设置为零,由加筋板的平衡微分方程很容易得到非加筋板的微分方程,因此推导过程从传统的控制微分方程开始。

首先,假设以增量方式施加载荷。在第 $i-1$ 个载荷增量步结束时,挠度和应力函数可以分别用 W_{i-1} 和 F_{i-1} 表示。同样,在第 i 个载荷增量步结束时的挠度和应力函数分别用 W_i 和 F_i 表示。

平衡方程(11.36a)和相容性方程(11.36b)在第 $i-1$ 次载荷增量步结束时如下:

$$\begin{aligned}
\Phi_{i-1} = &D\left(\frac{\partial^4 w_{i-1}}{\partial x^4} + 2\frac{\partial^4 w_{i-1}}{\partial x^2 \partial y^2} + \frac{\partial^4 w_{i-1}}{\partial y^4}\right) - t\left[\frac{\partial^2 F_{i-1}}{\partial y^2}\frac{\partial^2(w_{i-1}+w_0)}{\partial x^2} + \frac{\partial^2 F_{i-1}}{\partial x^2}\frac{\partial^2(w_{i-1}+w_0)}{\partial y^2} - \right. \\
&\left. 2\frac{\partial^2 F_{i-1}}{\partial x \partial y}\frac{\partial^2(w_{i-1}+w_0)}{\partial x \partial y}\right] + \sum_{ii=1}^{n_{sx}}\left[EI_{ii}\frac{\partial^4 w_{i-1}}{\partial x^4} - A_{ii}\left(\frac{\partial^2 F_{i-1}}{\partial y^2} - \nu\frac{\partial^2 F_{i-1}}{\partial x^2}\right)\frac{\partial^2(w_{i-1}+w_0)}{\partial x^2}\right]_{y=y_{ii}} + \\
&\sum_{jj=1}^{n_{sy}}\left[EI_{jj}\frac{\partial^4 w_{i-1}}{\partial y^4} - A_{jj}\left(\frac{\partial^2 F_{i-1}}{\partial x^2} - \nu\frac{\partial^2 F_{i-1}}{\partial y^2}\right)\frac{\partial^2(w_{i-1}+w_0)}{\partial y^2}\right]_{x=x_{jj}} - p_{i-1} = 0 \tag{11.42a}
\end{aligned}$$

$$\frac{\partial^4 F_{i-1}}{\partial x^4} + 2\frac{\partial^4 F_{i-1}}{\partial x^2 \partial y^2} + \frac{\partial^4 F_{i-1}}{\partial y^4} - E\left[\left(\frac{\partial^2 w_{i-1}}{\partial y \partial x}\right)^2 - \frac{\partial^2 w_{i-1}}{\partial x^2}\frac{\partial^2 w_{i-1}}{\partial y^2} + 2\frac{\partial^2 w_0}{\partial x \partial y}\frac{\partial^2 w_{i-1}}{\partial x \partial y} - \frac{\partial^2 w_0}{\partial x^2}\frac{\partial^2 w_{i-1}}{\partial y^2} - \frac{\partial^2 w_{i-1}}{\partial x^2}\frac{\partial^2 w_0}{\partial y^2}\right] = 0 \tag{11.42b}$$

以同样的方式,在第 i 个载荷增量步中,平衡方程和相容方程如下所示:

$$\begin{aligned}
\Phi_i = &D\left(\frac{\partial^4 w_i}{\partial x^4} + 2\frac{\partial^4 w_i}{\partial x^2 \partial y^2} + \frac{\partial^4 w_i}{\partial y^4}\right) - t\left[\frac{\partial^2 F_i}{\partial y^2}\frac{\partial^2(w_i+w_0)}{\partial x^2} + \frac{\partial^2 F_i}{\partial x^2}\frac{\partial^2(w_i+w_0)}{\partial y^2} - 2\frac{\partial^2 F_i}{\partial x \partial y} \cdot\right. \\
&\left.\frac{\partial^2(w_i+w_0)}{\partial x \partial y}\right] + \sum_{ii=1}^{n_{sx}}\left[EI_{ii}\frac{\partial^4 w_i}{\partial x^4} - A_{ii}\left(\frac{\partial^2 F_i}{\partial y^2} - \nu\frac{\partial^2 F_i}{\partial x^2}\right)\frac{\partial^2(w_i+w_0)}{\partial x^2}\right]_{y=y_{ii}} + \\
&\sum_{jj=1}^{n_{sy}}\left[EI_{jj}\frac{\partial^4 w_i}{\partial y^4} - A_{jj}\left(\frac{\partial^2 F_i}{\partial x^2} - \nu\frac{\partial^2 F_i}{\partial y^2}\right)\frac{\partial^2(w_i+w_0)}{\partial y^2}\right]_{x=x_{jj}} - p_i = 0 \tag{11.43a}
\end{aligned}$$

$$\frac{\partial^4 F_i}{\partial x^4}+2\frac{\partial^4 F_i}{\partial x^2\partial y^2}+\frac{\partial^4 F_i}{\partial y^4}-E\left[\left(\frac{\partial^2 w_i}{\partial y\partial x}\right)^2-\frac{\partial^2 w_i}{\partial x^2}\frac{\partial^2 w_i}{\partial y^2}+2\frac{\partial^2 w_0}{\partial x\partial y}\frac{\partial^2 w_i}{\partial x\partial y}-\frac{\partial^2 w_0}{\partial x^2}\frac{\partial^2 w_i}{\partial y^2}-\frac{\partial^2 w_i}{\partial x^2}\frac{\partial^2 w_0}{\partial y^2}\right]=0$$

$$(11.43b)$$

假设在第 i 个载荷增量步结束时的累积(总)挠度 w_i 和应力函数 F_i 为

$$w_i = w_{i-1}+\Delta w \tag{11.44a}$$

$$F_i = F_{i-1}+\Delta F \tag{11.44b}$$

式中,Δw 和 ΔF 分别为挠度或应力函数的增量,其中前缀 Δ 表示变量的增量。

将方程(11.44a)和方程(11.44b)代入方程(11.43a)和方程(11.43b),再将方程(11.43a)减去方程(11.42a),方程(11.43b)减去方程(11.42b),控制微分方程的必要增量形式如下:

$$\Delta\Phi = D\left(\frac{\partial^4\Delta w}{\partial x^4}+2\frac{\partial^4\Delta w}{\partial x^2\partial y^2}+\frac{\partial^4\Delta w}{\partial y^4}\right)-t\left[\frac{\partial^2 F_{i-1}}{\partial y^2}\frac{\partial^2\Delta w}{\partial x^2}+\frac{\partial^2\Delta F}{\partial y^2}\frac{\partial^2(w_{i-1}+w_0)}{\partial x^2}+\frac{\partial^2 F_{i-1}}{\partial x^2}\cdot\right.$$

$$\frac{\partial^2\Delta w}{\partial y^2}+\frac{\partial^2\Delta F}{\partial x^2}\frac{\partial^2(w_{i-1}+w_0)}{\partial y^2}-2\frac{\partial^2 F_{i-1}}{\partial x\partial y}\frac{\partial^2\Delta w}{\partial x\partial y}-2\frac{\partial^2\Delta F}{\partial x\partial y}\frac{\partial^2(w_{i-1}+w_0)}{\partial x\partial y}\right]+$$

$$\sum_{ii=1}^{n_{sx}}\left[EI_{ii}\frac{\partial^4\Delta w}{\partial x^4}-A_{ii}\left(\frac{\partial^2 F_{i-1}}{\partial y^2}-\nu\frac{\partial^2 F_{i-1}}{\partial x^2}\right)\frac{\partial^2\Delta w}{\partial x^2}-A_{ii}\left(\frac{\partial^2\Delta F}{\partial y^2}-\nu\frac{\partial^2\Delta F}{\partial x^2}\right)\frac{\partial^2(w_{i-1}+w_0)}{\partial x^2}\right]_{y=y_{ii}}+$$

$$\sum_{jj=1}^{n_{sy}}\left[EI_{jj}\frac{\partial^4\Delta w}{\partial y^4}-A_{jj}\left(\frac{\partial^2 F_{i-1}}{\partial x^2}-\nu\frac{\partial^2 F_{i-1}}{\partial y^2}\right)\frac{\partial^2\Delta w}{\partial y^2}-A_{jj}\left(\frac{\partial^2\Delta F}{\partial x^2}-\nu\frac{\partial^2\Delta F}{\partial y^2}\right)\frac{\partial^2(w_{i-1}+w_0)}{\partial y^2}\right]_{x=x_{jj}}-\Delta p$$

$$=0 \tag{11.45a}$$

$$\frac{\partial^4\Delta F}{\partial x^4}+2\frac{\partial^4\Delta F}{2x^2\partial y^2}+\frac{\partial^4\Delta F}{\partial y^4}-E\left[2\frac{\partial^2(w_{i-1}+w_0)}{\partial x\partial y}\frac{\partial^2\Delta w}{\partial x\partial y}-\frac{\partial^2(w_{i-1}+w_0)}{\partial x^2}\frac{\partial^2\Delta w}{\partial y^2}-\frac{\partial^2\Delta w}{\partial x^2}\frac{\partial^2(w_{i-1}+w_0)}{\partial y^2}\right]=0$$

$$(11.45b)$$

式中,忽略了增量 Δw 和 ΔF 的二阶以上的高阶小量。

在第 i 个载荷增量步结束时,挠度 w_{i-1} 和应力函数 F_{i-1} 如下:

$$w_{i-1}=\sum_{m=1}\sum_{n=1}A_{mn}^{i-1}f_m(x)g_n(y) \tag{11.46a}$$

$$F_{i-1}=F_H^{i-1}+\sum_{i=1}\sum_{j=1}K_{ij}^{i-1}p_i(x)q_j(y) \tag{11.46b}$$

式中,A_{mn}^{i-1} 和 K_{ij}^{i-1} 是已知系数;F_H^{i-1} 是应力函数的通解,满足施加的载荷条件。焊接引起的残余应力可以包含在应力函数 F_H^{i-1} 中作为初始应力项。(当建造中未使用焊接时,焊接残余应力设置为零。)

与第 i 步载荷增量相关的挠度增量 Δw 可假设如下:

$$\Delta w=\sum_{k=1}\sum_{l=1}\Delta A_{kl}f_k(x)g_l(y) \tag{11.47}$$

式中,ΔA_{kl} 是未知的挠度增量函数系数。

将式(11.38b)、式(11.46a)和式(11.47)代入式(11.45b),应力函数增量 ΔF 如下:

$$\Delta F=\Delta F_H+\sum_{i=1}\sum_{j=1}\Delta K_{ij}p_i(x)q_j(y) \tag{11.48}$$

式中,ΔK_{ij} 是未知系数 ΔA_{kl} 的线性(即一阶)函数;ΔF_H 是满足施加载荷条件的应力函数增量的通解。

为了计算未知系数 ΔA_{kl}，可以应用伽辽金法于方程(11.43a)：

$$\iiint \Delta \Phi f_r(x) g_s(y) \mathrm{d}\mathrm{Vol} = 0, r = 1, 2, 3, \cdots, s = 1, 2, 3, \cdots \tag{11.49}$$

将式(11.38b)和式(11.46)至式(11.48)代入式(11.49)，并对整个板体积积分，得到一组未知系数 ΔA_{kl} 的线性联立方程。求解这些线性联立方程通常很容易。在第 i 个负载增量步骤结束时，获得 ΔA_{kl} 后，可以根据式(11.47)计算 Δw；由式(11.48)计算 ΔF；由式(11.44a)计算 $W_i(=W_{i-1}+\Delta W)$；式(11.44b)计算 $F_i(=F_{i-1}+\Delta F)$。

11.4.3　在四边简支加筋板上的应用

在本节中，增量伽辽金法用于分析四边简支加筋板的弹性大挠度行为。板的简支边界条件应满足下式：

$$w = 0, \frac{\partial^2 w}{\partial y^2} + \nu \frac{\partial^2 w}{\partial x^2} = 0 \quad \text{当 } y = 0, b \text{ 时} \tag{11.50a}$$

$$\frac{\partial^2 w}{\partial y^2} = 0 \quad \text{当 } x = x_{jj} \text{且 } xy = 0, b \text{ 时} \tag{11.50b}$$

$$w = 0, \frac{\partial^2 w}{\partial x^2} + \nu \frac{\partial^2 w}{\partial y^2} = 0 \quad \text{当 } x = 0, a \text{ 时} \tag{11.50c}$$

$$\frac{\partial^2 w}{\partial x^2} = 0 \quad \text{当 } y = y_{ii} \text{且 } x = 0, a \text{ 时} \tag{11.50d}$$

需要满足边界条件的变形函数的傅里叶级数可以假设如下：

$$w_0 = \sum_{m=1} \sum_{n=1} A_{0mn} \sin \frac{m\pi x}{a} \sin \frac{n\pi y}{b} \tag{11.51a}$$

$$w_{i-1} = \sum_{m=1} \sum_{n=1} A_{mn}^{i-1} \sin \frac{m\pi x}{a} \sin \frac{n\pi y}{b} \tag{11.51b}$$

$$\Delta w = \sum_{k=1} \sum_{l=1} \Delta A_{kl} \sin \frac{k\pi x}{a} \sin \frac{l\pi y}{b} \tag{11.51c}$$

式中，$A_{0mn} = A_{mn}^0$ 和 A_{mn}^{i-1} 是已知系数；ΔA_{kl} 是要为外部载荷增量计算的未知系数。

组合载荷应用的条件包括双轴载荷、双轴平面内弯曲、边界剪切和侧向压力载荷：

$$\int_0^b \frac{\partial^2 F}{\partial y^2} t \mathrm{d}y + \sum_{ii=1} A_{ii} \left(\frac{\partial^2 F}{\partial y^2} - \nu \frac{\partial^2 F}{\partial x^2} \right)_{y=y_{ii}} = P_x \quad \text{当 } x = 0, a \text{ 时} \tag{11.52a}$$

$$\int_0^b \frac{\partial^2 F}{\partial y^2} t \left(y - \frac{b}{2} \right) \mathrm{d}y + \sum_{ii=1} A_{ii} \left(\frac{\partial^2 F}{\partial y^2} - \nu \frac{\partial^2 F}{\partial x^2} \right)_{y=y_{ii}} \left(y_{ii} - \frac{b}{2} \right) = M_x \quad \text{当 } x = 0, a \text{ 时}$$

$$\tag{11.52b}$$

$$\int_0^a \frac{\partial^2 F}{\partial x^2} t \mathrm{d}x + \sum_{jj=1} A_{jj} \left(\frac{\partial^2 F}{\partial x^2} - \nu \frac{\partial^2 F}{\partial y^2} \right)_{x=x_{jj}} = P_y \quad \text{当 } x = 0, b \text{ 时} \tag{11.52c}$$

$$\int_0^a \frac{\partial^2 F}{\partial x^2} t \left(x - \frac{a}{2} \right) \mathrm{d}x + \sum_{jj=1} A_{jj} \left(\frac{\partial^2 F}{\partial x^2} - \nu \frac{\partial^2 F}{\partial y^2} \right)_{x=x_{jj}} \left(x_{jj} - \frac{a}{2} \right) = M_y \quad \text{当 } x = 0, b \text{ 时}$$

$$\tag{11.52d}$$

$$\frac{\partial^2 F}{\partial x \partial y} = -\tau \quad \text{所有边界条件下} \tag{11.52e}$$

式中,轴向载荷和平面内弯矩由加强筋和板承受。为了简化表达,使用以下缩写:

$$sx(m) = \sin \frac{m\pi x}{a}$$

$$sy(n) = \sin \frac{n\pi y}{b}$$

$$cx(m) = \cos \frac{m\pi x}{a}$$

$$cy(n) = \cos \frac{n\pi y}{b}$$

为了获得应力函数增量 ΔF,将式(11.51)代入式(11.45b)得到

$$\frac{\partial^4 \Delta F}{\partial x^4} + 2 \frac{\partial^4 \Delta F}{\partial x^2 \partial y^2} + \frac{\partial^4 \Delta F}{\partial y^4}$$

$$= \frac{E\pi^4}{4a^2 b^2} \sum_m \sum_n \sum_k \sum_l \Delta A_{kl} A_{mn}^{i-1} \times \left[-(kn-ml)^2 cx(m-k)cy(n-l) + (kn+ml)^2 cx \cdot \right.$$

$$\left. (m-k)cy(n+l) + (kn+ml)^2 cx(m+k)cy(n-l) - (kn-ml)^2 cx(m+k)cy(n+l) \right] \tag{11.53}$$

用 ΔF_{P} 表示的应力函数增量的特解假设如下:

$$\Delta F_{\text{P}} = \sum_m \sum_n \sum_k \sum_l \left[B_1(m,n,k,l)cx(m-k)cy(n-l) + B_2(m,n,k,l)cx(m-k)cy \cdot \right.$$

$$\left. (n+l) + B_3(m,n,k,l)cx(m+k)cy(n-l) + B_4(m,n,k,l)cx(m+k)cy(n+l) \right] \tag{11.54}$$

由 $\Delta F = \Delta F_{\text{P}}$,将式(11.54)代入式(11.53)的左侧,得到系数 $B_1 \sim B_4$ 如下:

$$B_1(m,n,k,l) = \frac{E\alpha^2 \pi^4}{4} \Delta A_{kl} A_{mn}^{i-1} \frac{-(kn-ml)^2}{[(m-k)^2 + \alpha^2(n-l)^2]^2}$$

$$B_2(m,n,k,l) = \frac{E\alpha^2 \pi^4}{4} \Delta A_{kl} A_{mn}^{i-1} \frac{(kn+ml)^2}{[(m-k)^2 + \alpha^2(n+l)^2]^2}$$

$$B_3(m,n,k,l) = \frac{E\alpha^2}{4} \Delta A_{kl} A_{mn}^{i-1} \frac{(kn-ml)^2}{(m+k)^2 + \alpha^2(n-l)^2}$$

$$B_4(m,n,k,l) = \frac{E\alpha^2}{4} \Delta A_{kl} A_{mn}^{i-1} \frac{-(kn-ml)^2}{(m+k)^2 + \alpha^2(n+l)^2} \tag{11.55}$$

将式(11.55)代入式(11.54),应力函数增量的特解可简化为

$$\Delta F_{\text{P}} = \frac{E\alpha^2 \pi^4}{4} \sum_m \sum_n \sum_k \sum_l \Delta A_{kl} A_{mn}^{i-1} \times \sum_{r=1}^{2} \sum_{s=1}^{2} (-1)^{r+s+1} \cdot h_1 [(-1)^r k, (-1)^s l] cx \cdot$$

$$(m + (-1)^r k)(n + (-1)^s l) \tag{11.56}$$

式中

$$h_1[\omega_1, \omega_2] = \frac{(-n\omega_1 + m\omega_2)^2}{[(m+\omega_1)^2 + \alpha^2(n+\omega_2)^2]^2}$$

$$h_1 = 0 \quad \text{当} \ m+\omega_1 = 0 \ \text{且} \ n+\omega_2 = 0 \ \text{时}$$

通过考虑载荷施加条件,用 ΔF_{H} 表示的应力函数增量的通解如下:

$$\Delta F_{\mathrm{H}} = \frac{1}{c}\left[\Delta P_x\left(1+\frac{A_{sy}}{at}\right)+\Delta P_y\left(\frac{\nu A_{sx}}{at}\right)\right]\frac{y^2}{2bt}+\frac{1}{c}\left[\Delta P_y\left(1+\frac{A_{sx}}{bt}\right)+\Delta P_x\left(\frac{\nu A_{sy}}{by}\right)\right]\frac{x^2}{2at}-$$

$$\Delta M_x\frac{Z_{px}}{Z_{px}+Z_{sx}}\frac{y^2(2y-3b)}{b^3t}-\Delta M_y\frac{Z_{py}}{Z_{py}+Z_{sy}}\frac{x^2(2x-3a)}{a^3t}-\Delta\tau_{xy}xy \tag{11.57}$$

式中

$$c=\left(1+\frac{A_{sx}}{bt}\right)\left(1+\frac{A_{sy}}{at}\right)-\nu^2\frac{A_{sx}A_{sy}}{abt^2},\ Z_{px}=\frac{b^2t}{6},\ Z_{py}=\frac{a^2t}{6}$$

$$Z_{sx}=\sum_{ii=1}^{n_{sx}}A_{ii}\left(y_{ii}-\frac{b}{2}\right)^2\frac{2}{b},\ Z_{sy}=\sum_{jj=1}^{n_{sy}}A_{jj}\left(x_{jj}-\frac{a}{2}\right)^2\frac{2}{a}$$

整体应力函数增量可以用特解和通解的和表示如下:

$$\Delta F=\Delta F_{\mathrm{P}}+\Delta F_{\mathrm{H}} \tag{11.58}$$

同样,为了获得第 $i-1$ 载荷增量步结束时的应力函数 F_{P}^{i-1},在第 $i-1$ 载荷增量步结束时将方程(11.51)代入兼容性方程,得到下式:

$$\frac{\partial^4 F_{i-1}}{\partial x^4}+2\frac{\partial^4 F_{i-1}}{\partial x^2\partial y^2}+\frac{\partial^4 F_{i-1}}{\partial y^4}$$

$$=\frac{E\pi^4}{4a^2b^2}\sum_m\sum_n\sum_k\sum_l(A_{mn}^{i-1}A_{kl}^{i-1}-A_{mn}^0A_{kl}^0)\times[ml(kn-ml)cx(m-k)cy(n-l)+ml\cdot$$

$$(kn+ml)cx(m-k)cy(n+l)+ml(kn+ml)cx(m+k)cy(n-l)+ml(kn-ml)cx\cdot$$

$$(m+k)cy(n+l)] \tag{11.59}$$

应力函数 $F_{i-1}(\equiv F^{i-1})$ 的一个特解 F_{P}^{i-1} 可以由下式得到:

$$F_{\mathrm{P}}^{i-1}=\sum_m\sum_n\sum_k\sum_l[C_1(m,n,k,l)cx(m-k)cy(n-l)+C_2(m,n,k,l)cx(m-k)cy\cdot$$

$$(n+l)+C_3(m,n,k,l)cx(m+k)cy(n-l)+C_4(m,n,k,l)cx(m+k)cy(n+l)] \tag{11.60}$$

方程(11.60)的系数 $C_1\sim C_4$ 可以通过将方程(11.60)代入方程(11.59)来确定,如下所示:

$$C_1(m,n,k,l)=\frac{E\pi^4}{4\alpha^2}(A_{mn}^{i-1}A_{kl}^{i-1}-A_{mn}^0A_{kl}^0)\frac{ml(kn-ml)}{[(m-k)^2+(n-l)^2/\alpha^2]^2}$$

$$C_2(m,n,k,l)=\frac{E\pi^4}{4\alpha^2}(A_{mn}^{i-1}A_{kl}^{i-1}-A_{mn}^0A_{kl}^0)\frac{ml(kn+ml)}{[(m-k)^2+(n+l)^2/\alpha^2]^2}$$

$$C_3(m,n,k,l)=\frac{E\pi^4}{4\alpha^2}(A_{mn}^{i-1}A_{kl}^{i-1}-A_{mn}^0A_{kl}^0)\frac{ml(kn+ml)}{[(m+k)^2+(n-l)^2/\alpha^2]^2}$$

$$C_4(m,n,k,l)=\frac{E\pi^4}{4\alpha^2}(A_{mn}^{i-1}A_{kl}^{i-1}-A_{mn}^0A_{kl}^0)\cdot\frac{ml(kn-ml)}{[(m+k)^2+(n+l)^2/\alpha^2]^2} \tag{11.61}$$

应力函数的特解 F^{i-1} 通过将等式(11.61)的系数代入式(11.60)得到,如下所示:

$$F_{\mathrm{P}}^{i-1}=\frac{E\pi^4}{4\alpha^2}\sum_m\sum_n\sum_k\sum_l(A_{mn}^{i-1}A_{kl}^{i-1}-A_{mn}^0A_{kl}^0)\times\sum_{r=1}^2\sum_{s=1}^2(-1)^{r+s}h_2[(-1)^rk,(-1)^sl]cx\cdot$$

$$(m+(-1)^rk)cy(n+(-1)^sl) \tag{11.62}$$

式中

$$h_2[\omega_1,\omega_2]=m\omega_2\cdot\dfrac{n\omega_1-m\omega_2}{\left[(m+\omega_1)^2+\dfrac{(n+\omega_2)^2}{\alpha^2}\right]^2}$$

$$h_2=0 \quad \text{当 } m+\omega_1=0 \text{ 且 } n+\omega_2=0 \text{ 时}$$

应力函数 F^{i-1} 的通解由 F_{H}^{i-1} 表示,通过考虑载荷应用条件得到,如下所示:

$$F_{\mathrm{H}}^{i-1}=\frac{1}{c}\left[P_x^{i-1}\left(1+\frac{A_{\mathrm{sy}}}{at}\right)+P_y^{i-1}\frac{\nu A_{\mathrm{sx}}}{at}\right]\frac{y^2}{2bt}+\sigma_{\mathrm{rx}}\frac{y^2}{2}+\sum_{ii=1}^{n_{\mathrm{sx}}}\sigma_{\mathrm{rsx}}\frac{y^2}{2}\bigg|_{y=y_{ii}}+$$

$$\frac{1}{c}\left[P_y^{i-1}\left(1+\frac{A_{\mathrm{sx}}}{bt}\right)+P_x^{i-1}\frac{\nu A_{\mathrm{sy}}}{bt}\right]\frac{x^2}{2at}+\sigma_{\mathrm{ry}}\frac{x^2}{2}+\sum_{ji=1}^{n_{\mathrm{sy}}}\sigma_{\mathrm{rsy}}\frac{x^2}{2}\bigg|_{x=x_{jj}}-$$

$$M_x^{i-1}\frac{Z_{\mathrm{px}}}{Z_{\mathrm{px}}+Z_{\mathrm{sx}}}\frac{y^2(2y-3b)}{b^3t}-M_y^{i-1}\frac{Z_{\mathrm{py}}}{Z_{\mathrm{py}}+Z_{\mathrm{sy}}}\frac{x^2(2x-3a)}{a^3t}-\tau_{xy}^{i-1}xy \qquad (11.63)$$

其中,焊接引起的残余应力作为初始应力项。因此,应力函数 F^{i-1} 在 i 结束时第 $i-1$ 个载荷增量步可通过式(11.62)和式(11.63)之和获得,如下所示:

$$F^{i-1}=F_{\mathrm{P}}^{i-1}+F_{\mathrm{H}}^{i-1} \qquad (11.64)$$

为了有效地计算式(11.49),可以使用数值技术。当板在 x、y 和 z 方向上细分(网格化)为多个区域时,式(11.49)可表示为

$$\sum_u\sum_v\sum_w\int_{a_u}^{a_{u+1}}\int_{b_v}^{b_{v+1}}\int_{t_w}^{t_{w+1}}\Delta\Phi(x,y,z)sx(r)sy(s)\mathrm{d}x\mathrm{d}y\mathrm{d}z=0,r=1,2,3,\cdots,s=1,2,3,\cdots$$

$$(11.65)$$

式中 $\sum\limits_u$、$\sum\limits_v$ 和 $\sum\limits_w$ 分别表示 x、y 和 z 方向上网格区域的总和。

将式(11.45a)代入式(11.65)得到以下表达式,具体如下:

$$\sum_u\sum_v\sum_w\int_{a_u}^{a_{u+1}}\int_{b_v}^{b_{v+1}}\int_{t_w}^{t_{w+1}}\left[\frac{E}{1-\nu^2}\left(\frac{\partial^4\Delta w}{\partial x^4}+2\frac{\partial^4\Delta w}{\partial x^2\partial y^2}+\frac{\partial^4\Delta w}{\partial y^4}\right)z^2-\left(\frac{\partial^2 F_{i-1}}{\partial y^2}\frac{\partial^2\Delta w}{\partial x^2}+\frac{\partial^2\Delta F}{\partial y^2}\cdot\right.\right.$$

$$\frac{\partial^2 w_{i-1}}{\partial x^2}-2\frac{\partial^2 F_{i-1}}{\partial x\partial y}\frac{\partial^2\Delta w}{\partial x\partial y}-2\frac{\partial^2\Delta F}{\partial x\partial y}\frac{\partial^2 w_{i-1}}{\partial x^2}+\frac{\partial^2 F_{i-1}}{\partial x^2}\frac{\partial^2\Delta w}{\partial y^2}+\frac{\partial^2\Delta F}{\partial x^2}\frac{\partial^2 w_{i-1}}{\partial y^2}\right)\bigg]\cdot$$

$$sx(r)sy(s)\mathrm{d}x\mathrm{d}y\mathrm{d}z+\sum_{ii=1}^{n_{\mathrm{sx}}}\sum_u\sum_w\int_{a_u}^{a_{u+1}}\int_{t_w}^{t_{w+1}}\left[E\frac{\partial^2\Delta w}{\partial x^4}z^2-t_{ii}\left\{\left(\frac{\partial^2 F_{i-1}}{\partial y^2}-\nu\frac{\partial^2 F_{i-1}}{\partial x^2}\right)\frac{\partial^2\Delta w}{\partial x^2}-\right.\right.$$

$$\left.\left(\frac{\partial^2\Delta F}{\partial y^2}-\nu\frac{\partial^2\Delta F}{\partial x^2}\right)\frac{\partial^2 w_{i-1}}{\partial x^2}\right\}_{y=y_{ii}}sx(r)sy(s)\right]\mathrm{d}x\mathrm{d}z+\sum_{jj=1}^{n_{\mathrm{sy}}}\sum_v\sum_w\int_{b_v}^{b_{v+1}}\int_{t_w}^{t_{w+1}}\left[E\frac{\partial^4\Delta w}{\partial y^4}z^2-\right.$$

$$t_{jj}\left\{\left(\frac{\partial^2 F_{i-1}}{\partial x^2}-\nu\frac{\partial^2 F_{i-1}}{\partial y^2}\right)\frac{\partial^2\Delta w}{\partial y^2}-\left(\frac{\partial^2\Delta F}{\partial x^2}-\nu\frac{\partial^2\Delta F}{\partial y^2}\right)\frac{\partial^2 w_{i-1}}{\partial y^2}\right\}_{x=x_{jj}}sx(r)sy(s)\right]\mathrm{d}y\mathrm{d}z-$$

$$\sum_u\sum_v\int_{a_u}^{a_{u+1}}\int_{b_v}^{b_{v+1}}\Delta psx(r)sy(s)\mathrm{d}x\mathrm{d}y=0 \qquad (11.66)$$

其中,$D=\sum\limits_w\int_{-t/2}^{t/2}\dfrac{E}{1-\nu^2}z\mathrm{d}z,t=\sum\limits_w\int_{-t/2}^{t/2}\mathrm{d}z$。侧向压力载荷分布在面板表面上,相关积分在 xy 平面的两个方向上进行,即在 z 方向上不进行与侧向压力载荷相关的积分。

方程(11.66)的积分最终得出一组未知系数 ΔA_{kl} 的线性(即一阶)联立方程。方程可以写成矩阵形式,如下所示:

$$\{\Delta P\} + \{\Delta P_S\} = ([P_O] + [P_{OS}] + [K_B] + [K_{BS}] + [K_M] + [K_{MS}])\{\Delta A\} \qquad (11.67)$$

其中:

$\{\Delta P\}$ = 施加到板件的外部载荷增量;

$\{\Delta P_S\}$ = 施加到加强筋的外部载荷增量;

$[P_O]$ = 与板件初始应力相关的刚度矩阵(包括焊接引起的残余应力);

$[P_{OS}]$ = 与加强筋初始应力相关的刚度矩阵(包括焊接引起的残余应力);

$[K_B]$ = 板的弯曲刚度矩阵;

$[K_{BS}]$ = 加强筋的弯曲刚度矩阵;

$[K_M]$ = 板因膜作用引起的刚度矩阵;

$[K_{MS}]$ = 加强筋的膜效应引起的刚度矩阵;

$\{\Delta A\}$ = 未知系数。

式(11.67)中,弹性状态下的各种矩阵或向量的增量具体如下。

板的外部载荷增量矢量:

$$\{\Delta P\} = \{\Delta P_1, \Delta P_2, \cdots, \Delta P_{N_i}, \cdots, \Delta P_{N_x \times N_y}\} \qquad (11.68a)$$

其中,式(11.68a)中向量 $\{\Delta P\}$ 的每个分量可以通过下式计算:

$$\Delta P_{N_i} = \Delta p H_0(i,j) + \frac{\pi^2}{a^2 b^2} \sum_{m=1}^{N_x} \sum_{n=1}^{N_y} A_{mn}^{i-1} \left[m^2 b^2 H_1(i,j,m,n)(\Delta\sigma_s - \nu\Delta\sigma_{by}) + \right.$$
$$n^2 a^2 H_1(i,j,m,n)(\Delta\sigma_y - \nu\Delta\sigma_{bx}) + 2m^2 b H_2(i,j,m,n)\Delta\sigma_{bx} +$$
$$\left. 2n^2 a H_3(i,j,m,n)\Delta\sigma_{by} - mnab H_4(i,j,m,n)\Delta\tau \right]$$

式中

$$i = 1, 2, \cdots, N_x, j = 1, 2, \cdots, N_y, N_i = (i-1) \cdot N_x + j$$

与板初始应力相关的刚度矩阵:

$$[P_O] = \begin{bmatrix} P_O(1,1) & P_O(1,2) & \cdots & P_O(1,N_j) & \cdots & P_O(1,N_x \times N_y) \\ P_O(2,1) & P_O(2,2) & \cdots & P_O(2,N_j) & \cdots & P_O(2,N_x \times N_y) \\ P_O(N_i,1) & P_O(N_i,2) & \cdots & P_O(N_i,N_j) & \cdots & P_O(N_i,N_x \times N_y) \\ \vdots & \vdots & \cdots & \vdots & \cdots & \vdots \\ P_O(N_x \times N_y,1) & P_O(N_x \times N_y,2) & \cdots & P_O(N_x \times N_y,N_j) & \cdots & P_O(N_x \times N_y,N_x \times N_y) \end{bmatrix}$$
$$(11.68b)$$

式(11.68b)中矩阵 $[P_O]$ 的每个分量可以通过下式计算:

$$P_O(N_i,N_j) = \frac{m^2\pi^2}{a^2} \left[-H_1(i,j,m,n)\sigma_x^{i-1} + H_1(i,j,m,n)\sigma_{bx}^{i-1} \right] + \frac{m^2\pi^2}{a^2} \cdot$$
$$\left[-H_1(i,j,m,n)\sigma_y^{i-1} + H_1(i,j,m,n)\sigma_{by}^{i-1} \right] - \frac{2\pi^2}{a^2 \cdot b^2} \cdot$$
$$\left[m^2 b H_2(i,j,m,n)\sigma_{bx}^{i-1} + n^2 a H_3(i,j,m,n)\sigma_{by}^{i-1} \right] + \frac{mn\pi^2}{ab} H_4(i,j,m,n)\tau^{i-1}$$

式中,$i, m = 1, 2, \cdots, N_x, j, n = 1, 2, \cdots, N_y, N_i = (i-1) \cdot N_x + j, N_j = (m-1) \cdot N_x + n$。

板的弯曲刚度矩阵：

$$[K_B] = \begin{bmatrix} K_B(1,1) & K_B(1,2) & \cdots & K_B(1,N_j) & \cdots & K_B(1,N_x\times N_y) \\ K_B(2,1) & K_B(2,2) & \cdots & K_B(2,N_j) & \cdots & K_B(2,N_x\times N_y) \\ K_B(N_i,1) & K_B(N_i,2) & \cdots & K_B(N_i,N_j) & \cdots & K_B(N_i,N_x\times N_y) \\ \vdots & \vdots & \cdots & \vdots & \cdots & \vdots \\ K_B(N_x\times N_y,1) & K_B(N_x\times N_y,2) & \cdots & K_B(N_x\times N_y,N_j) & \cdots & K_B(N_x\times N_y,N_x\times N_y) \end{bmatrix}$$

(11.68c)

式(11.68c)中矩阵$[K_B]$的每个分量可以通过下式计算：

$$K_B(N_i,N_j) = \frac{E\pi^4}{a^4(i-\nu^2)}(m^2+\alpha^2 n^2)^2 G_0(i,j,m,n)$$

式中，$i,m = 1,2,\cdots,N_x$，$j,n = 1,2,\cdots,N_y$，$N_i = (i-1)\cdot N_x+j$，$N_j = (m-1)\cdot N_x+n$。

板因膜作用引起的刚度矩阵：

$$[K_M] = \begin{bmatrix} K_M(1,1) & K_M(1,2) & \cdots & K_M(1,N_j) & \cdots & K_M(1,N_x\times N_y) \\ K_M(2,1) & K_M(2,2) & \cdots & K_M(2,N_j) & \cdots & K_M(2,N_x\times N_y) \\ K_M(N_i,1) & K_M(N_i,2) & \cdots & K_M(N_i,N_j) & \cdots & K_M(N_i,N_x\times N_y) \\ \vdots & \vdots & \cdots & \vdots & \cdots & \vdots \\ K_M(N_x\times N_y,1) & K_M(N_x\times N_y,2) & \cdots & K_M(N_x\times N_y,N_j) & \cdots & K_M(N_x\times N_y,N_x\times N_y) \end{bmatrix}$$

(11.68d)

式(11.68d)中矩阵$[K_M]$的每个分量可以通过下式计算：

$$\begin{aligned}
K_M(N_i,N_j) =& \frac{E\alpha^2\pi^4}{4a^2b^2}\sum_{m=1}^{N_x}\sum_{n=1}^{N_y}\sum_{k=1}^{N_x}\sum_{l=1}^{N_y}\Big[A_{mn}^{i-1}A_{kl}^{i-1}\times\big[(rn-sm)\{k^2(n+s)^2+l^2(m+r)^2\}\cdot \\
& G_1(i,j,m,n,k,l,r,s)+(rn-sm)\{k^2(n-s)^2+l^2(m-r)^2\}\cdot \\
& G_2(i,j,m,n,k,l,r,s)-(rn+sm)\{k^2(n-s)^2+l^2(m+r)^2\}\cdot \\
& G_3(i,j,m,n,k,l,r,s)-(rn+sm)\{k^2(n+s)^2+l^2(m-r)^2\}\cdot \\
& G_4(i,j,m,n,k,l,r,s)-2kl(rn-sm)(m+r)(n+s)G_5(i,j,m,n,k,l,r,s)- \\
& 2kl(rn-sm)(m-r)(n-s)G_6(i,j,m,n,k,l,r,s)+2kl(rn+sm)\cdot \\
& (m+r)(n-s)G_7(i,j,m,n,k,l,r,s)-2kl(rn-sm)(m-r)(n+s)\cdot \\
& G_8(i,j,m,n,k,l,r,s)\big]-(A_{mn}^{i-1}A_{kl}^{i-1}-A_{mn}^0 A_{kl}^0)\times\big[ml\{r^2(n+l)^2+s^2(m+k)^2\}\cdot \\
& G_9(i,j,m,n,k,l,r,s)+ml\{r^2(n-l)^2+s^2(m-k)^2\}G_{10}(i,j,m,n,k,l,r,s)+ \\
& ml\{r^2(n-l)^2+s^2(m+k)^2\}G_{11}(i,j,m,n,k,l,r,s)+ml\{r^2(n+l)^2+ \\
& s^2(m-k)^2\}G_{12}(i,j,m,n,k,l,r,s)-2mlrs(m+k)(n+l)\cdot \\
& G_{13}(i,j,m,n,k,l,r,s)-2mlrs(m-k)(n-l)G_{14}(i,j,m,n,k,l,r,s)- \\
& 2mlrs(m+k)(n-l)G_{15}(i,j,m,n,k,l,r,s)-2mlrs(m-k)(n+l)\cdot \\
& G_{16}(i,j,m,n,k,l,r,s)\big]\big]
\end{aligned}$$

式中，$i,r = 1,2,\cdots,N_x$，$j,s = 1,2,\cdots,N_y$，$N_i = (i-1)\cdot N_x+j$，$N_j = (r-1)\cdot N_x+s$。

未知系数向量：

$$\{\Delta A\} = \{\Delta A_1,\Delta A_2,\cdots,\Delta A_{N_i},\cdots,\Delta A_{N_x\times N_y}\}$$

(11.68e)

加强筋的外载荷增量矢量：

$$\{\Delta P_{\mathrm{S}}\} = \{\Delta P_{\mathrm{S}1}, \Delta P_{\mathrm{S}2}, \cdots, \Delta P_{\mathrm{S}N_i}, \cdots, \Delta P_{\mathrm{S}N_x \times N_y}\} \tag{11.68f}$$

式(11.68f)中向量$\{\Delta P_{\mathrm{S}}\}$的每个分量可以通过下式计算：

$$\Delta P_{\mathrm{S}N_i} = \frac{\pi^2}{a^2} \sum_{ii=1}^{mm} \sum_{i=1}^{N_x} \sum_{n=1}^{N_y} A_{mn}^{i-1} m^2 Q_1(i,j,m,n)(\Delta\sigma_x - \nu\Delta\sigma_y) +$$

$$\frac{\pi^2}{b^2} \sum_{jj=1}^{nn} \sum_{m=1}^{N_x} \sum_{n=1}^{N_y} A_{mn}^{i-1} n^2 Q_2(i,j,m,n)(\Delta\sigma_y - \nu\Delta\sigma_x)$$

式中，$i=1,2,\cdots,N_x, j=1,2,\cdots,N_y, N_i=(i-1)\cdot N_x+j$。

与加强筋初始应力相关的刚度矩阵：

$$[P_{\mathrm{OS}}] = \begin{bmatrix} P_{\mathrm{OS}}(1,1) & P_{\mathrm{OS}}(1,2) & \cdots & P_{\mathrm{OS}}(1,N_j) & \cdots & P_{\mathrm{OS}}(1,N_x \times N_y) \\ P_{\mathrm{OS}}(2,1) & P_{\mathrm{OS}}(2,2) & \cdots & P_{\mathrm{OS}}(2,N_j) & \cdots & P_{\mathrm{OS}}(2,N_x \times N_y) \\ P_{\mathrm{OS}}(N_i,1) & P_{\mathrm{OS}}(N_i,2) & \cdots & P_{\mathrm{OS}}(N_i,N_j) & \cdots & P_{\mathrm{OS}}(N_i,N_x \times N_y) \\ \vdots & \vdots & \cdots & \vdots & \cdots & \vdots \\ P_{\mathrm{OS}}(N_x \times N_y,1) & P_{\mathrm{OS}}(N_x \times N_y,2) & \cdots & P_{\mathrm{OS}}(N_x \times N_y,N_j) & \cdots & P_{\mathrm{OS}}(N_x \times N_y,N_x \times N_y) \end{bmatrix}$$

$$\tag{11.68g}$$

式(11.68g)中矩阵$[P_{\mathrm{OS}}]$的每个分量可以通过下式计算：

$$P_{\mathrm{OS}}(N_i,N_j) = \frac{\pi^2}{a^2} \sum_{ii=1}^{mn} A_{mn}^{i-1} m^2 Q_1(i,j,m,n)(\sigma_x^{i-1} - \nu\sigma_y^{i-1}) +$$

$$\frac{\pi^2}{b^2} \sum_{jj=1}^{nn} A_{mn}^{i-1} n^2 Q_2(i,j,m,n)(\sigma_y^{i-1} - \nu\sigma_x^{i-1})$$

式中，$i,m=1,2,\cdots,N_x, j,n=1,2,\cdots,N_y, N_i=(i-1)\cdot N_x+j, N_j=(m-1)\cdot N_x+n$。

加强筋的弯曲刚度矩阵：

$$[K_{\mathrm{BS}}] = \begin{bmatrix} K_{\mathrm{BS}}(1,1) & K_{\mathrm{BS}}(1,2) & \cdots & K_{\mathrm{BS}}(1,N_j) & \cdots & K_{\mathrm{BS}}(1,N_x \times N_y) \\ K_{\mathrm{BS}}(2,1) & K_{\mathrm{BS}}(2,2) & \cdots & K_{\mathrm{BS}}(2,N_j) & \cdots & K_{\mathrm{BS}}(2,N_x \times N_y) \\ K_{\mathrm{BS}}(N_i,1) & K_{\mathrm{BS}}(N_i,2) & \cdots & K_{\mathrm{BS}}(N_i,N_j) & \cdots & K_{\mathrm{BS}}(N_i,N_x \times N_y) \\ \vdots & \vdots & \cdots & \vdots & \cdots & \vdots \\ K_{\mathrm{BS}}(N_x \times N_y,1) & K_{\mathrm{BS}}(N_x \times N_y,2) & \cdots & K_{\mathrm{BS}}(N_x \times N_y,N_j) & \cdots & K_{\mathrm{BS}}(N_x \times N_y,N_x \times N_y) \end{bmatrix}$$

$$\tag{11.68h}$$

式(11.68h)中矩阵$[K_{\mathrm{BS}}]$的每个分量可以通过以下公式计算：

$$K_{\mathrm{BS}}(N_i,N_j) = \sum_{ii=1}^{mm} \frac{E\pi^4}{a^4} m^4 Q_3(i,j,m,n) + \sum_{jj=1}^{nn} \frac{E\pi^4}{b^4} n^4 Q_4(i,j,m,n)$$

式中，$i,m=1,2,\cdots,N_x, j,n=1,2,\cdots,N_y, N_i=(i-1)\cdot N_x+j, N_j=(m-1)\cdot N_x+n$。

加强筋膜效应的刚度矩阵：

$$[K_{MS}] = \begin{bmatrix} K_{MS}(1,1) & K_{MS}(1,2) & \cdots & K_{MS}(1,N_j) & \cdots & K_{MS}(1,N_x \times N_y) \\ K_{MS}(2,1) & K_{MS}(2,2) & \cdots & K_{MS}(2,N_j) & \cdots & K_{MS}(2,N_x \times N_y) \\ K_{MS}(N_i,1) & K_{MS}(N_i,2) & \cdots & K_{MS}(N_i,N_j) & \cdots & K_{MS}(N_i,N_x \times N_y) \\ \vdots & \vdots & \cdots & \vdots & \cdots & \vdots \\ K_{MS}(N_x \times N_y,1) & K_{MS}(N_x \times N_y,2) & \cdots & K_{MS}(N_x \times N_y,N_j) & \cdots & K_{MS}(N_x \times N_y,N_x \times N_y) \end{bmatrix}$$

$$(11.68\text{i})$$

式(11.68i)中矩阵$[K_{MS}]$的每个分量可以通过以下公式计算:

$$
\begin{aligned}
K_{MS}(N_i,N_j) = {} & \frac{E\pi^4}{4a^2b^2} \sum_{ii=1}^{mm} \sum_{m=1}^{N_x} \sum_{n=1}^{N_y} \sum_{k=1}^{N_x} \sum_{l=1}^{N_y} \Big[A_{mn}^{i-1} A_{kl}^{i-1} \times \big[k^2(rn-sm)\{\alpha^2(n+s)^2 - \nu(m+r)^2\} \cdot \\
& R_1(i,j,m,n,k,l,r,s) + k^2(rn-sm)\{\alpha^2(n-s)^2 - \nu(m-r)^2\} \cdot \\
& R_2(i,j,m,n,k,l,r,s) - k^2(rn+sm)\{\alpha^2(n-s)^2 - \nu(m+r)^2\} \cdot \\
& R_3(i,j,m,n,k,l,r,s) - k^2(rn+sm)\{\alpha^2(n+s)^2 - \nu(m-r)^2\} \cdot \\
& R_4(i,j,m,n,k,l,r,s) \big] + (A_{mn}^{i-1} A_{kl}^{i-1} - A_{mn}^0 A_{kl}^0) \times \big[-mr^2\{\alpha^2(n+l)^2 - \\
& \nu(m+k)^2\} R_5(i,j,m,n,k,l,r,s) - mlr^2\{\alpha^2(n-l)^2 - \nu(m-k)^2\} \cdot \\
& R_6(i,j,m,n,k,l,r,s) - mlr^2\{\alpha^2(n-l)^2 - \nu(m+k)^2\} \cdot \\
& R_7(i,j,m,n,k,l,r,s) - mlr^2\{\alpha^2(n+l)^2 - \nu(m-k)^2\} \cdot \\
& R_8(i,j,m,n,k,l,r,s) \big] \big] + \frac{E\pi^4}{4a^2b^2} \sum_{jj=1}^{nn} \sum_{m=1}^{N_x} \sum_{n=1}^{N_y} \sum_{k=1}^{N_x} \sum_{l=1}^{N_y} \Big[A_{mn}^{i-1} A_{kl}^{i-1} \times \\
& \big[l^2(rn-sm)\{(m+r)^2 - \nu\alpha^2(n+s)^2\} R_9(i,j,m,n,k,l,r,s) + \\
& l^2(rn-sm)\{(m-r)^2 - \nu\alpha^2(n-s)^2\} R_{10}(i,j,m,n,k,l,r,s) - \\
& l^2(rn+sm)\{(m+r)^2 - \nu\alpha^2(n-s)^2\} R_{11}(i,j,m,n,k,l,r,s) - \\
& l^2(rn+sm)\{(m-r)^2 - \nu\alpha^2(n+s)^2\} R_{12}(i,j,m,n,k,l,r,s) \big] + \\
& (A_{mn}^{i-1} A_{kl}^{i-1} - A_{mn}^0 A_{kl}^0) \times \big[-mls^2\{(m+k)^2 - \nu\alpha^2(n+l)^2\} \cdot \\
& R_{13}(i,j,m,n,k,l,r,s) - mls^2\{(m-k)^2 - \nu\alpha^2(n+l)^2\} \cdot \\
& R_{14}(i,j,m,n,k,l,r,s) - mls^2\{(m+k)^2 - \nu\alpha^2(n-l)^2\} \cdot \\
& R_{15}(i,j,m,n,k,l,r,s) - mls^2\{(m-k)^2 - \nu\alpha^2(n-l)^2\} \cdot \\
& R_{16}(i,j,m,n,k,l,r,s) \big] \big]
\end{aligned}
$$

式中,$i,r = 1,2,\cdots,N_x$,$j,s = 1,2,\cdots,N_y$,$N_i = (i-1) \cdot N_x + j$,$N_j = (r-1) \cdot N_x + s$。

最终,上述方程中使用的系数G、H、Q和R如下所示:

$$H_0(i,j) = \sum_u \sum_v \left[\int_{a_u}^{a_{u+1}} \int_{b_v}^{b_{v+1}} sx(i)sy(j)\,\mathrm{d}x\mathrm{d}y \right]$$

$$H_1(i,j,m,n) = \sum_u \sum_v \sum_w \left[\int_{a_u}^{a_{u+1}} \int_{b_v}^{b_{v+1}} \int_{t_w}^{t_{w+1}} sx(m)sy(n)sx(i)sy(j)\,\mathrm{d}x\mathrm{d}y\mathrm{d}z \right]$$

$$H_2(i,j,m,n) = \sum_u \sum_v \sum_w \left[\int_{a_u}^{a_{u+1}} \int_{b_v}^{b_{v+1}} \int_{t_w}^{t_{w+1}} y(sx(m)sy(n)sx(i)sy(j))\,\mathrm{d}x\mathrm{d}y\mathrm{d}z \right]$$

$$H_3(i,j,m,n) = \sum_u \sum_v \sum_w \left[\int_{a_u}^{a_{u+1}} \int_{b_v}^{b_{v+1}} \int_{t_w}^{t_{w+1}} x(sx(m)sy(n)sx(i)sy(j))\,\mathrm{d}x\mathrm{d}y\mathrm{d}z \right]$$

$$H_4(i,j,m,n) = \sum_u \sum_v \sum_w \left[\int_{a_u}^{a_{u+1}} \int_{b_v}^{b_{v+1}} \int_{t_w}^{t_{w+1}} cx(m)cy(n)sx(i)sy(j)\,\mathrm{d}x\mathrm{d}y\mathrm{d}z \right]$$

$$G_1(i,j,m,n,k,l,r,s) = \frac{(rn-sm)}{[(m+r)^2+\alpha^2(n+s)^2]^2} \sum_u \sum_v \sum_w \left[\int_{a_u}^{a_{u+1}} \int_{b_v}^{b_{v+1}} \int_{t_w}^{t_{w+1}} cx(m+r) \cdot \right.$$

$$\left. cy(n+s)sx(k)sy(l)sx(i)sy(j)\,\mathrm{d}x\mathrm{d}y\mathrm{d}z \right]$$

$$G_2(i,j,m,n,k,l,r,s) = \frac{(rn-sm)}{[(m-r)^2+\alpha^2(n-s)^2]^2} \cdot \sum_u \sum_v \sum_w \left[\int_{a_u}^{a_{u+1}} \int_{b_v}^{b_{v+1}} \int_{t_w}^{t_{w+1}} cx(m-r) \cdot \right.$$

$$\left. cy(n-s)sx(k)sy(l)sx(i)sy(j)\,\mathrm{d}x\mathrm{d}y\mathrm{d}z \right]$$

$$G_3(i,j,m,n,k,l,r,s) = \frac{(rn+sm)}{[(m+r)^2+\alpha^2(n-s)^2]^2} \cdot \sum_u \sum_v \sum_w \left[\int_{a_u}^{a_{u+1}} \int_{b_v}^{b_{v+1}} \int_{t_w}^{t_{w+1}} cx(m+r) \cdot \right.$$

$$\left. cy(n-s)sx(k)sy(l)sx(i)sy(j)\,\mathrm{d}x\mathrm{d}y\mathrm{d}z \right]$$

$$G_4(i,j,m,n,k,l,r,s) = \frac{(rn+sm)}{[(m-r)^2+\alpha^2(n+s)^2]^2} \cdot \sum_u \sum_v \sum_w \left[\int_{a_u}^{a_{u+1}} \int_{b_v}^{b_{v+1}} \int_{t_w}^{t_{w+1}} cx(m-r) \cdot \right.$$

$$\left. cy(n+s)sx(k)sy(l)sx(i)sy(j)\,\mathrm{d}x\mathrm{d}y\mathrm{d}z \right]$$

$$G_5(i,j,m,n,k,l,r,s) = \frac{(rn-sm)}{[(m+r)^2+\alpha^2(n+s)^2]^2} \cdot \sum_u \sum_v \sum_w \left[\int_{a_u}^{a_{u+1}} \int_{b_v}^{b_{v+1}} \int_{t_w}^{t_{w+1}} sx(m+r) \cdot \right.$$

$$\left. sy(n+s)cx(k)cy(l)sx(i)sy(j)\,\mathrm{d}x\mathrm{d}y\mathrm{d}z \right]$$

$$G_6(i,j,m,n,k,l,r,s) = \frac{(rn-sm)}{[(m-r)^2+\alpha^2(n-s)^2]^2} \cdot \sum_u \sum_v \sum_w \left[\int_{a_u}^{a_{u+1}} \int_{b_v}^{b_{v+1}} \int_{t_w}^{t_{w+1}} sx(m-r) \cdot \right.$$

$$\left. sy(n-s)cx(k)cy(l)sx(i)sy(j)\,\mathrm{d}x\mathrm{d}y\mathrm{d}z \right]$$

$$G_7(i,j,m,n,k,l,r,s) = \frac{(rn+sm)}{[(m+r)^2+\alpha^2(n-s)^2]^2} \cdot \sum_u \sum_v \sum_w \left[\int_{a_u}^{a_{u+1}} \int_{b_v}^{b_{v+1}} \int_{t_w}^{t_{w+1}} sx(m+r) \cdot \right.$$

$$\left. sy(n-s)cx(k)cy(l)sx(i)sy(j)\,\mathrm{d}x\mathrm{d}y\mathrm{d}z \right]$$

$$G_8(i,j,m,n,k,l,r,s) = \frac{[rn+sm)}{[(m-r)^2+\alpha^2(n+s)^2]^2} \cdot \sum_u \sum_v \sum_w \left[\int_{a_u}^{a_{u+1}} \int_{b_v}^{b_{v+1}} \int_{t_w}^{t_{w+1}} sx(m-r) \cdot \right.$$

$$\left. sy(n+s)cx(k)cy(l)sx(i)sy(j)\,\mathrm{d}x\mathrm{d}y\mathrm{d}z \right]$$

$$G_9(i,j,m,n,k,l,r,s) = \frac{(kn-ml)}{[(m+k)^2+\alpha^2(n+l)^2]^2} \cdot \sum_u \sum_v \sum_w \left[\int_{a_u}^{a_{u+1}} \int_{b_v}^{b_{v+1}} \int_{t_w}^{t_{w+1}} cx(m+k) \cdot \right.$$

$$\left. cy(n+l)sx(r)sy(s)sx(i)sy(j)\,\mathrm{d}x\mathrm{d}y\mathrm{d}z \right]$$

$$G_{10}(i,j,m,n,k,l,r,s) = \frac{(kn-ml)}{[(m-k)^2+\alpha^2(n-l)^2]^2} \cdot \sum_u \sum_v \sum_w \left[\int_{a_u}^{a_{u+1}} \int_{b_v}^{b_{v+1}} \int_{t_w}^{t_{w+1}} cx(m-k) \cdot \right.$$

$$\left. cy(n-l)sx(r)sy(s)sx(i)sy(j)\,\mathrm{d}x\mathrm{d}y\mathrm{d}z \right]$$

$$G_{11}(i,j,m,n,k,l,r,s) = \frac{(kn+ml)}{\left[(m+k)^2 + \alpha^2(n-l)^2\right]^2} \cdot \sum_u \sum_v \sum_w \left[\int_{a_u}^{a_{u+1}} \int_{b_v}^{b_{v+1}} \int_{t_w}^{t_{w+1}} cx(m+k) \cdot\right.$$

$$\left. cy(n-l)sx(r)sy(s)sx(i)sy(j)\,dxdydz\right]$$

$$G_{12}(i,j,m,n,k,l,r,s) = \frac{(kn+ml)}{\left[(m-k)^2 + \alpha^2(n+l)^2\right]^2} \cdot \sum_u \sum_v \sum_w \left[\int_{a_u}^{a_{u+1}} \int_{b_v}^{b_{v+1}} \int_{t_w}^{t_{w+1}} cx(m-k) \cdot\right.$$

$$\left. cy(n+l)sx(r)sy(s)sx(i)sy(j)\,dxdydz\right]$$

$$G_{13}(i,j,m,n,k,l,r,s) = \frac{(kn-ml)}{\left[(m+k)^2 + \alpha^2(n+l)^2\right]^2} \cdot \sum_u \sum_v \sum_w \left[\int_{a_u}^{a_{u+1}} \int_{b_v}^{b_{v+1}} \int_{t_w}^{t_{w+1}} sx(m+k) \cdot\right.$$

$$\left. sy(n+l)cx(r)cy(s)sx(i)sy(j)\,dxdydz\right]$$

$$G_{14}(i,j,m,n,k,l,r,s) = \frac{(kn-ml)}{\left[(m-k)^2 + \alpha^2(n-l)^2\right]^2} \cdot \sum_u \sum_v \sum_w \left[\int_{a_u}^{a_{u+1}} \int_{b_v}^{b_{v+1}} \int_{t_w}^{t_{w+1}} sx(m-k) \cdot\right.$$

$$\left. sy(n-l)cx(r)cy(s)sx(i)sy(j)\,dxdydz\right]$$

$$G_{15}(i,j,m,n,k,l,r,s) = \frac{(kn+ml)}{\left[(m+k)^2 + \alpha^2(n-l)^2\right]^2} \cdot \sum_u \sum_v \sum_w \left[\int_{a_u}^{a_{u+1}} \int_{b_v}^{b_{v+1}} \int_{t_w}^{t_{w+1}} sx(m+k) \cdot\right.$$

$$\left. sy(n-l)cx(r)cy(s)sx(i)sy(j)\,dxdydz\right]$$

$$G_{16}(i,j,m,n,k,l,r,s) = \frac{(kn+ml)}{\left[(m-k)^2 + \alpha^2(n+l)^2\right]^2} \cdot \sum_u \sum_v \sum_w \left[\int_{a_u}^{a_{u+1}} \int_{b_v}^{b_{v+1}} \int_{t_w}^{t_{w+1}} sx(m-k) \cdot\right.$$

$$\left. sy(n+l)cx(r)cy(s)sx(i)sy(j)\,dxdydz\right]$$

$$Q_1(i,j,m,n) = \sum_u \sum_w \left[\int_{a_u}^{a_{u+1}} \int_{h_w}^{h_{w+1}} t_{sii}sx(m)sy(n)sx(i)sy(j)\,dxdz\right]_{y=y_{ii}}$$

$$Q_2(i,j,m,n) = \sum_v \sum_w \left[\int_{b_v}^{b_{v+1}} \int_{h_w}^{h_{w+1}} t_{sjj}sx(m)sy(n)sx(i)sy(j)\,dydz\right]_{x=x_{jj}}$$

$$Q_3(i,j,m,n) = \sum_u \sum_v \left[\int_{a_u}^{a_{u+1}} \int_{h_w}^{h_{w+1}} t_{sii}sx(m)sy(n)sx(i)sy(j)z^2\,dxdz\right]_{y=y_{ii}}$$

$$Q_4(i,j,m,n) = \sum_v \sum_w \left[\int_{b_v}^{b_{v+1}} \int_{h_w}^{h_{w+1}} t_{sjj}sx(m)sy(n)sx(i)sy(j)z^2\,dydz\right]_{x=x_{jj}}$$

$$R_1(i,j,m,n,k,l,r,s) = \frac{(rn-sm)}{\left[(m+r)^2 + (n+s)^2/\alpha^2\right]^2} \times \sum_u \sum_w \left[\int_{a_u}^{a_{u+1}} \int_{h_w}^{h_{w+1}} t_{ii}cx(m+r) \cdot\right.$$

$$\left. cy(n+s)sx(k)sy(l)sx(i)sy(j)\,dxdz\right]$$

$$R_2(i,j,m,n,k,l,r,s) = \frac{(rn-sm)}{\left[(m-r)^2 + (n-s)^2/\alpha^2\right]^2} \times \sum_u \sum_w \left[\int_{a_u}^{a_{u+1}} \int_{h_w}^{h_{w+1}} t_{ii}cx(m-r) \cdot\right.$$

$$\left. cy(n-s)sx(k)sy(l)sx(i)sy(j)\,dxdz\right]_{y=y_i}$$

$$R_3(i,j,m,n,k,l,r,s) = \frac{(rn+sm)}{[(m+r)^2+(n-s)^2/\alpha^2]^2} \times \sum_u \sum_w \left[\int_{a_u}^{a_{u+1}} \int_{h_w}^{h_{w+1}} t_{ii} cx(m+r) \cdot \right.$$

$$\left. cy(n-s)sx(k)sy(l)sx(i)sy(j)\mathrm{d}x\mathrm{d}z \right]_{y=y_{ii}}$$

$$R_4(i,j,m,n,k,l,r,s) = \frac{(rn+sm)}{[(m-r)^2+(n+s)^2/\alpha^2]^2} \times \sum_u \sum_w \left[\int_{a_u}^{a_{u+1}} \int_{h_w}^{h_{w+1}} t_{ii} cx(m-r) \cdot \right.$$

$$\left. cy(n+s)sx(k)sy(l)sx(i)sy(j)\mathrm{d}x\mathrm{d}z \right]_{y=y_{ii}}$$

$$R_5(i,j,m,n,k,l,r,s) = \frac{(kn-ml)}{[(m+k)^2+(n+l)^2/\alpha^2]^2} \times \sum_u \sum_w \left[\int_{a_u}^{a_{u+1}} \int_{h_w}^{h_{w+1}} t_{ii} cx(m+k) \cdot \right.$$

$$\left. cy(n+l)sx(r)sy(s)sx(i)sy(j)\mathrm{d}x\mathrm{d}z \right]_{y=y_{ii}}$$

$$R_6(i,j,m,n,k,l,r,s) = \frac{(kn-ml)}{[(m-k)^2+(n-l)^2/\alpha^2]^2} \times \sum_u \sum_w \left[\int_{a_u}^{a_{u+1}} \int_{h_w}^{h_{w+1}} t_{ii} cx(m-k) \cdot \right.$$

$$\left. cy(n-l)sx(r)sy(s)sx(i)sy(j)\mathrm{d}x\mathrm{d}z \right]_{y=y_{i}}$$

$$R_7(i,j,m,n,k,l,r,s) = \frac{(kn+ml)}{[(m+k)^2+(n-l)^2/\alpha^2]^2} \times \sum_u \sum_w \left[\int_{a_u}^{a_{u+1}} \int_{h_w}^{h_{w+1}} t_{ii} cx(m+k) \cdot \right.$$

$$\left. cy(n-l)sx(r)sy(s)sx(i)sy(j)\mathrm{d}x\mathrm{d}z \right]_{y=y_{ii}}$$

$$R_8(i,j,m,n,k,l,r,s) = \frac{(kn+ml)}{[(m-k)^2+(n+l)^2/\alpha^2]^2} \times \sum_u \sum_w \left[\int_{a_u}^{a_{u+1}} \int_{h_w}^{h_{w+1}} t_{ii} cx(m-k) \cdot \right.$$

$$\left. cy(n+l)sx(r)sy(s)sx(i)sy(j)\mathrm{d}x\mathrm{d}z \right]_{y=y_{ii}}$$

$$R_9(i,j,m,n,k,l,r,s) = \frac{(rn-sm)}{[(m+r)^2+(n+s)^2/\alpha^2]^2} \times \sum_v \sum_w \left[\int_{b_v}^{b_{v+1}} \int_{h_w}^{h_{w+1}} t_{jj} cx(m+r) \cdot \right.$$

$$\left. cy(n+s)sx(k)sy(l)sx(i)sy(j)\mathrm{d}y\mathrm{d}z \right]_{x=x_{jj}}$$

$$R_{10}(i,j,m,n,k,l,r,s) = \frac{(rn-sm)}{[(m+r)^2+(n+s)^2/\alpha^2]^2} \times \sum_v \sum_w \left[\int_{b_v}^{b_{v+1}} \int_{h_w}^{h_{w+1}} t_{jj} cx(m-r) \cdot \right.$$

$$\left. cy(n-s)sx(k)sy(l)sx(i)sy(j)\mathrm{d}y\mathrm{d}z \right]_{x=x_{jj}}$$

$$R_{11}(i,j,m,n,k,l,r,s) = \frac{(rn-sm)}{[(m+r)^2+(n+s)^2/\alpha^2]^2} \times \sum_v \sum_w \left[\int_{b_v}^{b_{v+1}} \int_{h_w}^{h_{w+1}} t_{jj} cx(m+r) \cdot \right.$$

$$\left. cy(n-s)sx(k)sy(l)sx(i)sy(j)\mathrm{d}y\mathrm{d}z \right]_{x=x_{jj}}$$

$$R_{12}(i,j,m,n,k,l,r,s) = \frac{(rn+sm)}{[(m-r)^2+(n+s)^2/\alpha^2]^2} \times \sum_v \sum_w \left[\int_{b_v}^{b_{v+1}} \int_{h_w}^{h_{w+1}} t_{jj} cx(m-r) \cdot \right.$$

$$cy(n+s)sx(k)sy(l)sx(i)sy(j)\mathrm{d}y\mathrm{d}z\Big]_{x=x_{jj}}$$

$$R_{13}(i,j,m,n,k,l,r,s)=\frac{(kn-ml)}{[(m+k)^2+(n+l)^2/\alpha^2]^2}\times\sum_v\sum_w\Big[\int_{b_v}^{b_{v+1}}\int_{h_w}^{h_{w+1}}t_{jj}cx(m+k)\cdot$$

$$cy(n+l)sx(r)sy(s)sx(i)sy(j)\mathrm{d}y\mathrm{d}z\Big]_{x=x_{jj}}$$

$$R_{14}(i,j,m,n,k,l,r,s)=\frac{(kn-ml)}{[(m-k)^2+(n-l)^2/\alpha^2]^2}\times\sum_v\sum_w\Big[\int_{b_v}^{b_{v+1}}\int_{h_w}^{h_{w+1}}t_{jj}cx(m-k)\cdot$$

$$cy(n-l)sx(r)sy(s)sx(i)sy(j)\mathrm{d}y\mathrm{d}z\Big]_{x=x_{jj}}$$

$$R_{15}(i,j,m,n,k,l,r,s)=\frac{(kn+ml)}{[(m+k)^2+(n-l)^2/\alpha^2]^2}\times\sum_v\sum_w\Big[\int_{b_v}^{b_{v+1}}\int_{h_w}^{h_{w+1}}t_{jj}cx(m+k)\cdot$$

$$cy(n-l)sx(r)sy(s)sx(i)sy(j)\mathrm{d}y\mathrm{d}z\Big]_{x=x_{jj}}$$

$$R_{16}(i,j,m,n,k,l,r,s)=\frac{(kn+ml)}{[(m-k)^2+(n+l)^2/\alpha^2]^2}\times\sum_v\sum_w\Big[\int_{b_v}^{b_{v+1}}\int_{h_w}^{h_{w+1}}t_{jj}cx(m-k)\cdot$$

$$cy(n+l)sx(r)sy(s)sx(i)sy(j)\mathrm{d}y\mathrm{d}z\Big]_{x=x_{jj}}$$

11.4.4 塑性处理

塑性处理即以类似于板的方式,对随外加载荷增加的塑性过程进行数值处理。如图 11.3 所示,与传统有限元法类似,加筋板在三个方向上细分为多个网格区域。可以在每个载荷增量步骤计算每个网格区域的平均膜应力分量。使用以下屈服标准检查板件和加强筋的每个网格区域。

对于板:

$$\sigma_x^2-\sigma_x\sigma_y+\sigma_y^2+3\tau^2\geq\sigma_Y^2 \tag{11.69a}$$

对于加强筋:

$$\sigma_{sx}\geq\sigma_{Ys},\sigma_{sy}\geq\sigma_{Ys} \tag{11.69b}$$

式中,σ_{sx} 和 σ_{sy} 分别是加强筋在 x 或 y 方向上的法向应力;σ_Y 和 σ_{Ys} 分别是板或加强筋的屈服应力。对于软化区,应使用降低的材料屈服强度。

随着载荷的增加,通过考虑塑性过程,重新定义了面板的刚度矩阵。在式(11.67)中,无论塑性如何,都应计算与外部载荷相关的整个板体积的刚度矩阵。然而,如果任何网格区域屈服,弯曲刚度将因塑性而降低。因此,在计算(即积分)弯曲刚度矩阵时,去除了屈服区域的贡献。随着施加载荷的增加,板的刚度将因为大挠度和局部屈服逐渐降低。当板刚度最终为零(或负值)时,可以认为板已达到 ULS。

11.5 应用示例

增量伽辽金法公式可在计算机程序 ALPS/SPINE(2017)中实现。前几节中描述的包含塑性效应的过程在计算机程序中以数值方式执行。这种方法可以更好地归类为半解析(或半数值)方法。此外,计算机程序的用户可以选择只进行弹性大挠度分析,即不考虑塑性。如果整个加筋板的总刚度矩阵行列式为零(或为负),则程序自动停止。

下文是板和加筋板的应用示例,包括板的不同尺寸、载荷应用和初始缺陷(Paik et al.,2001;Paik et al.,2005)。将板和加筋板的边界条件视为在所有(四个)边缘处简单支撑,钢板由钢制成,杨氏模量(E)为 205.8 GPa,泊松比(ν)为 0.3。

11.5.1 纵向压缩下的矩形板

对承受单向压缩的简支板进行了弹塑性大挠度分析,考虑了板长宽比的变化,直到达到极限强度位置。图 11.4 为 $a/b=3$ 的矩形板的平均压应力–挠度曲线,其中式(11.18)的初始和附加挠度函数假设由两项组成,$m=1$ 和 3,$n=1$,如下:

$$w_0 = \left(A_{011}\sin\frac{\pi x}{a} + A_{031}\sin\frac{3\pi x}{a}\right)\sin\frac{\pi y}{b}$$

$$w = \left(A_{11}\sin\frac{\pi x}{a} + A_{31}\sin\frac{3\pi x}{a}\right)\sin\frac{\pi y}{b}$$

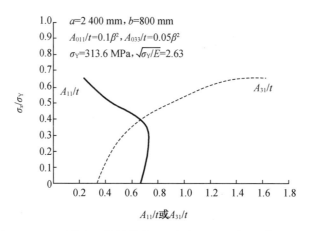

图 11.4 承受纵向压缩的简支矩形板的平均压应力–挠度曲线

从图 11.4 可以明显看出,在加载开始时,一个半波模式占主导地位。然而,随着施加载荷的增加,板以三个半波数坍塌,这与纵横比 $a/b=3$ 的板的屈曲模式正好对应。图 11.5 绘制了板的极限强度随长宽比的变化。将这种情况下的 ALPS/SSPINE 解与基于非线性有限元分析的曲线拟合开发的经验公式进行比较(Ohtsubo et al.,1985)。

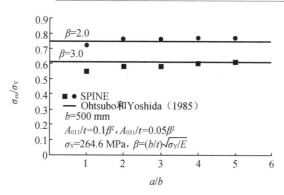

图11.5 承受纵向压缩的钢板的极限强度结果比较($i=2,3,4,5$分别对应$a/b=2,3,4,5$)

11.5.2 横向轴向压缩下的矩形板

考虑承受横向压缩的长钢板(长径比$a/b=3$)。图11.6显示了板的载荷与挠度曲线。从载荷作用开始,两个挠度项一起增加,但一个半波模式始终明显占主导地位。

图11.7显示了ULS状态板的变形形状。从图11.7可以明显看出,板变形模式不是正弦曲线,而是围绕板边界形成一个"浴缸"(或灯泡)形状。

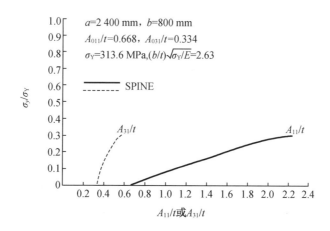

图11.6 承受横向压缩的简支矩形板的平均压应力-挠度曲线

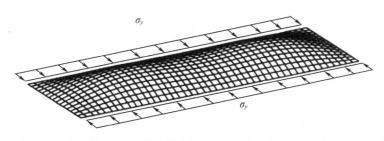

图11.7 ALPS/SPINE得到的在ULS状态横向压缩下简支矩形板的所谓"浴缸"形状挠度,$a/b=3$

图11.8显示了板材顶层塑性区域的渐进扩展。图11.9显示了板的极限横向抗压强度随长宽比的变化。图中还比较了Ohtsubo和Yoshida(1985)的非线性有限元结果。该图表

明,SPINE 和非线性有限元法解之间取得了良好的一致性。

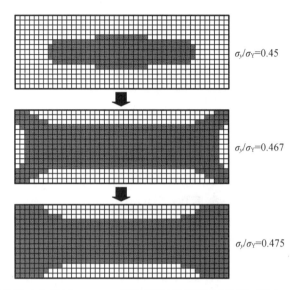

图 **11.8** 在横向压缩下简支矩形板($a/b=3$)顶层塑性区域的渐进扩展(通过 **ALPS**/**SPINE** 分析得到)

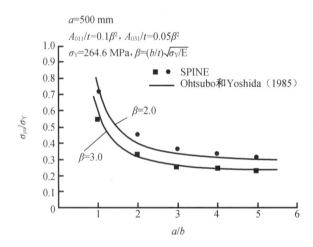

图 **11.9** 承受横向压缩的简支矩形板的极限强度变化($i=2,3,4,5$ 分别对应 $a/b=2,3,4,5$)

11.5.3 边缘剪切下的矩形板

现在,使用 ALPS/SPINE 法分析了方形板在边缘剪切直至极限强度下的弹塑性大挠度响应。这种情况下的初始和增加挠度函数假设如下:

$$w_0 = \sum_{m=1}^{3} \sum_{n=1}^{3} A_{0mn} \sin \frac{m\pi x}{a} \sin \frac{n\pi y}{b}$$

$$w = \sum_{m=1}^{3} \sum_{n=1}^{3} A_{mn} \sin \frac{m\pi x}{a} \sin \frac{n\pi y}{b}$$

其中,除 $A_{011}=0.1\beta^2 t$ 和 $A_{033}=0.05\beta^2$ 外,取 $A_{0mn}=0$。

图 11.10 给出了承受边缘剪切的方形板的载荷与挠度曲线。图 11.11 显示了 ULS 状

态边缘剪切下板的变形形状。图 11.12 显示了边缘剪切下板顶层塑性区域的渐进扩展。

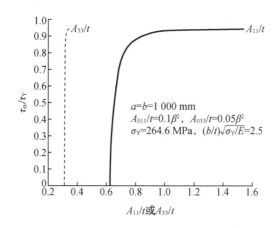

图 11.10 承受边缘剪切的简支方形板的平均应力-挠度曲线

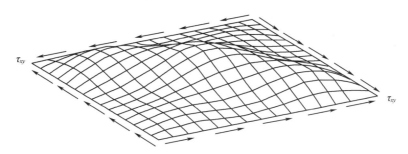

图 11.11 边缘剪切作用下简支方板的极限状态变形形状

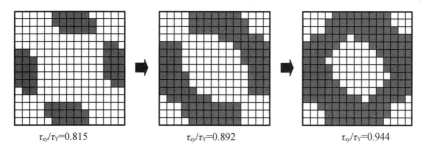

图 11.12 边缘剪切下简支方形板顶层塑性区域的渐进扩展

11.5.4 平面内弯曲下的矩形板

采用 ALPS/SPINE 法分析方形板在面内弯矩作用下的弹塑性大挠度响应。这种情况下的初始和增加挠度函数假设如下：

$$w_0 = \sum_{m=1}^{5} \sum_{n=1}^{5} A_{0mn} \sin \frac{m\pi x}{a} \sin \frac{n\pi y}{b}$$

$$w = \sum_{m=1}^{5} \sum_{n=1}^{5} A_{mn} \sin \frac{m\pi x}{a} \sin \frac{n\pi y}{b}$$

其中，除 $A_{011}=A_{055}=0.1\beta^2 t$ 外，取 $A_{0mn}=0$。

图 11.13 显示了方形板在一个方向平面内弯曲作用下的载荷与挠度曲线。

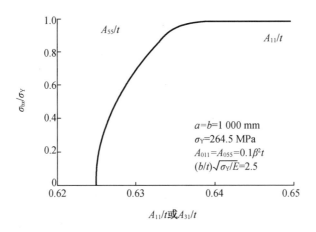

图 11.13　承受平面内弯曲的简支方形板的平均应力-挠度曲线

11.5.5　承受侧向压力载荷的矩形板

使用 ALPS/SPINE 方法分析方形板在均匀分布侧向压力载荷下正常直至极限强度的弹塑性大挠度响应。假设板挠度函数只有一个半波,即 $m = n = 1$。图 11.14 显示了简支板的载荷与挠度曲线。

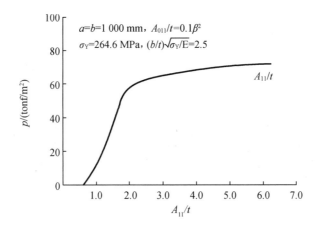

图 11.14　简支方形板在侧向压力作用下载荷与挠度曲线

承受侧向压力载荷的方形板,如图 11.14 显示,开始时,板的挠度在一定程度上受到膜效应的阻力,但由于塑性,挠度逐渐增加。图 11.15 显示了在侧向压力载荷下,方形板极限状态时顶层塑性区域的渐进扩展。

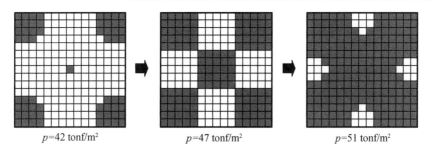

p=42 tonf/m² p=47 tonf/m² p=51 tonf/m²

图 11.15 在侧向压力载荷下简支方形板顶层塑性区域的渐进扩展

11.5.6 承受横向轴向压缩和边缘剪切的矩形板

现在分析矩形板(长宽比 $a/b=2$)在横向压缩和边缘剪切组合作用下的弹塑性大挠度响应,其间改变了长细比。板的初始挠度由以下公式得出:

$$w_0 = A_{011} \sin \frac{\pi x}{a} \sin \frac{\pi y}{b} + A_{021} \sin \frac{2\pi x}{a} \sin \frac{\pi y}{b}$$

式中,$A_{011}=0.1\beta^2 t$;$A_{021}=0.05\beta^2 t$;$\beta=(b/t)\sqrt{\sigma_Y/E}$。这种情况下的增加挠度函数需要特别考虑。当边缘剪力是主要载荷分量时,挠度模式可能很复杂,因此应使用更多的挠度项。因此,可以假设本次计算的增加挠度函数由 x 方向的五个半波项和 y 方向的三个半波项组成,如下所示:

$$w = \sum_{m=1}^{5} \sum_{n=1}^{3} A_{mn} \sin \frac{m\pi x}{a} \sin \frac{n\pi y}{b}$$

在分析中,轴向压应力与边缘剪应力的占比在每个计算点保持恒定,直到达到极限强度为止。图 11.16 显示了在组合横向压缩和边缘剪切的情况下,长宽比 $a/b=2$ 的板的极限强度交互关系。在同一图中,Ohtsubo 和 Yoshida(1985)获得的非线性有限元解与 ALPS／SPINE 结果进行比较,双方一致性良好。

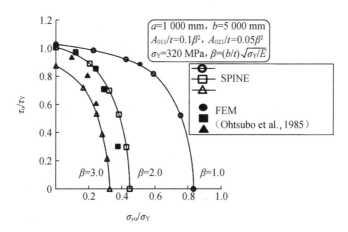

图 11.16 承受横向压缩和边缘剪切的简支矩形板的极限强度交互关系

11.5.7 其他类型组合载荷作用下的矩形板

ALPS/SPINE 法可用于承受由以下六种载荷分量任意组合的钢板或铝板:纵向压缩或拉伸、横向压缩/拉伸、纵向平面内弯曲、横向平面内弯曲、边缘剪切和侧向压力。图 11.17 和图 11.18 分别显示了钢板在组合平面内弯曲和边缘剪切以及所有六个载荷分量下的极限强度交互关系。

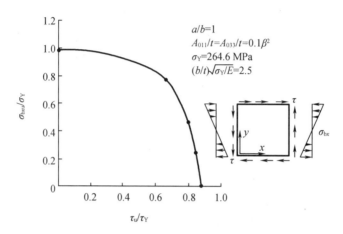

图 11.17 受平面内纵向弯曲和边缘剪切组合作用的简支方形板的极限强度交互关系

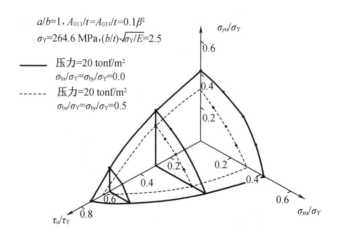

图 11.18 承受双向压缩、边缘剪切、双向平面内弯曲和侧向压力载荷的简支方形板的极限强度交互关系

11.5.8 单向压缩下带扁钢加强筋的板

考虑在纵向上由一个扁钢加强筋加固的方形钢板,该钢板承受单向压缩。板的网格区域数在 x、y 和 z 方向上分别取 $11 \times 11 \times 9$,对于加强筋,在 z(即加强筋腹板高度)方向上取 9。初始和增加挠度函数假设为

$$w_0 = A_{011} \sin \frac{\pi x}{a} \sin \frac{\pi y}{b}, w = \sum_{m=1}^{2} \sum_{n=1}^{2} A_{mn} \sin \frac{m\pi x}{a} \sin \frac{n\pi y}{b}$$

图 11.19 显示加筋钢板的极限抗压强度随加强筋腹板高度的增加而变化。图中比较了

其他人获得的结果。在 Ohtsubo 等(1978)的有限条法计算中,假设卸载边缘保持直线与 SPINE 分析中的情况相同。然而,在 Ueda 等(1976)的有限元分析中,假设了空载边缘在平面方向上自由移动(即使只是得到简单支撑)。Niho(1978)通过应用刚塑性理论来解释大挠度效应,预测了加筋板的极限强度。板用单侧加强筋加固。加筋板的中性面不再与板的中性面重合。本分析未考虑偏心率的影响。从图 11.19 可以明显看出,极限抗压强度随着加强筋腹板高度的增加而增加;然而,加筋肋腹板高度的临界阈值似乎分为两种不同的坍塌模式:整体坍塌和局部坍塌。

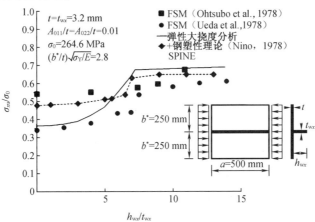

图 11.19　带有一个扁钢加强筋的加筋板承受单向压缩的极限强度比较

11.5.9　在轴向压缩和侧向压力组合载荷下具有三个加强筋的加筋板

对纵向有三个 T 形加强筋的矩形钢板,承受纵向(或横向)压缩和侧向压力载荷,具有奇数半波的初始和增加挠度函数假设如下:

$$w_0 = A_{011}\sin\frac{\pi x}{a}\sin\frac{\pi y}{b} + A_{039}\sin\frac{3\pi x}{a}\sin\frac{9\pi y}{b}$$

$$w = \sum_{m=1}^{2}\sum_{n=1}^{5} A_{(2m-1)(2n-1)}\sin\frac{(2m-1)\pi x}{a}\sin\frac{(2n-1)\pi y}{b}$$

式中,不包括偶数的半波。因为板主要承受侧向压力载荷,在这种情况下,只有奇数的半波在大挠度响应中起主导作用。

图 11.20 显示了板极限抗压强度随侧向压力载荷的变化,由 ALPS /SPINE 分析得到。

图中比较了姚等(1997)获得的传统非线性有限元结果。姚等(1997)使用板-加强筋组合模型计算了这种情况下板的极限强度,即使用一个加强筋及带板作为如第 2 章所述加筋板的代表。相反,SPINE 程序从整体上分析了加筋板的非线性行为。

从图 11.20 可以明显看出,随着侧向压力的增加,板的极限抗压强度总体上近似呈线性下降。然而,也可以从图 11.20 所示的 ALPS/SPINE 结果中观察到,如果侧向压力相对较小,则极限纵向抗压强度略有增加。随着侧向压力载荷的进一步增加,压缩极限强度降低,认为是侧向压力载荷干扰了纵向压缩理论屈曲模式的初始屈曲。因为当侧向压力幅值相对较小时,板被施加了横向壳体形式的曲率。随着侧向压力的增加,理论纵向屈曲模式显示仍受到抑制。

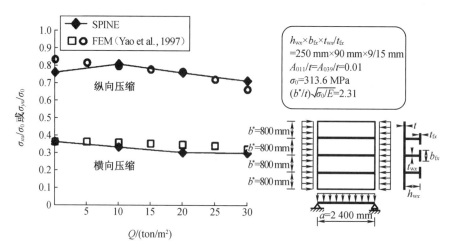

图 11.20　具有三个 T 形加强筋的加筋板在纵向压缩和侧向压力载荷组合作用下的极限强度结果比较

只要侧向压力载荷的增加幅度不是很大,轴向压缩下长板(加强筋之间)的屈曲强度可能会增加,因为屈曲模式与仅由侧向压力载荷引起的挠度模式不同,当侧向压力载荷干扰屈曲发生时,通常需要更多的能量。相反,对于宽(方形)板,侧向压力载荷总是会降低极限强度,因为板的屈曲模式与仅由侧向压力载荷引起的挠度模式相似,在这种情况下,不会发生分岔(屈曲),因为板从加载开始就发生挠度。面板在横向上以一个半波模式达到其极限强度,该模式由侧向压力载荷本身的作用施加。

11.5.10　承受轴向压缩和侧向压力组合载荷的超大型原油船甲板结构

增量伽辽金法用于研究交叉加筋超大型油轮甲板结构在纵向轴向压缩和侧向压力下的极限强度特性,后者由施加真空引起,以假设减少船舶碰撞和/或搁浅事故中的油流出。当然,在这种情况下,没有相应的测试数据或 FEA 结果可供比较,而 ALPS/SPINE(2017)方法的解决方案在第 4 章和第 6 章中进行了描述。

图 11.21 显示了用于示例的超大型油轮甲板加筋板的相关信息。图 11.22 显示了结构在侧向压力载荷下的弹塑性大挠度行为,直到达到极限强度,如阿尔卑斯/斯普林增量伽辽金法所示。图 11.23 显示了 ALPS/ULSAP(2017)和 ALPS/SPINE 对极限强度交互关系的预测。

对于 ALPS/SPINE 极限强度预测,考虑了两种与计算范围有关的结构建模:一种用于整个结构,另一种用于两个相邻横向框架之间的纵向加筋板。极限强度取两个结果中的较小值。与前者相比,后一种计算模型明显高估了极限强度,尤其是当侧向压力载荷的幅值较大时,因为交叉加筋结构的极限强度特性取决于横向和纵向加强筋的尺寸。

当施加较大的侧向压力载荷时,格架中相对较弱的横向框架可能无法支撑相关面板,因此后一种建模类型,即仅适用于两个相邻横向框架之间的加筋板,假设其保持笔直或不会失效,可以提供相当乐观的板架极限强度预测。

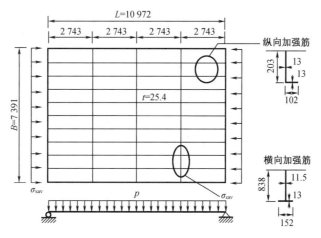

图 11.21 在轴向压缩和横向压力组合作用下的交叉加筋超大型油轮甲板结构(单位:mm)

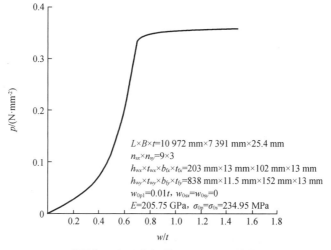

图 11.22 采用 ALPS/SPINE 增量伽辽金法获得的受侧向压力载荷影响的交叉加筋超大型油轮甲板结构的弹塑性大挠度特性(w 为结构中心的侧向挠度)

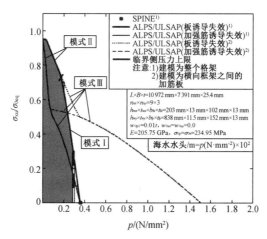

图 11.23 根据净侧压力绘制的交叉加筋超大型油轮甲板结构的极限轴向抗压强度变化,以及基于 ALPS/SPINE 和 ALPS/ULSAP 方法的预测

使用第 6 章中描述的 Perry-Robertson 公式法,基于加强筋诱导失效的模式Ⅲ预测也显示出来,以进行比较,尽管它们不包括在 ALPS/ULSAP 极限强度计算中。临界侧压力的上限位于约 30 m 的水头处。实际甲板极限强度由图 11.23 中临界侧压力上限内较粗的实线表示。

从图 11.23 可以明显看出,在这种特殊情况下,侧向压力可能不会影响高达约 5 psi(0.035 MPa 或 3.5 m 的海水水头)的压缩坍塌,但随后会显著降低侧压较大幅度下的面板极限抗压强度。同样明显的是,在这些大真空压力下,整个交叉加筋结构的模式Ⅰ失效。这表明,在使用强制真空作为减少石油外流的一种手段时,要极其谨慎,除非该结构明确设计为在此类条件下所需的性能,且之前很少或没有经验。另外,重要的是要认识到,交叉加筋结构的极限强度计算模型必须考虑整个范围,即包括横向框架和纵向加强筋。本案例说明了 ALPS/SPINE 和 ALPS/ULSAP 方法的可能使用,尽管这只是一个纯粹的假设。

参 考 文 献

ALPS/SPINE (2017). A computer program for the elastic-plastic large deflection analysis of platesand stiffened panels using the incremental Galerkin method. MAESTRO Marine LLC, Stevensville, MD.

ALPS/ULSAP (2017). A computer program for the ultimate strength analysis of plates and stiffened panels. MAESTRO Marine LLC, Stevensville, MD.

Fletcher, C. A. J. (1984). Computational Galerkin method. Springer-Verlag, New York.

Lancaster, J. (2003). Handbook of structural welding: processes, materials and methods used in the welding of major structures, pipelines and process plant. Abington Publishing, Cambridge.

Marguerre, K. (1938). Zur Theorie der gekreummter Platte grosser Formaenderung. Proceedings of the 5th International Congress for Applied Mechanics, Cambridge.

Niho, O. (1978). Ultimate strength of plated structures. Dr. Eng. Dissertation, Tokyo University, Tokyo (in Japanese).

Ohtsubo, H., Yamamoto, Y. & Lee, Y. J. (1978). Ultimate compressive strength of stiffened plates (part 1). Journal of the Society of Naval Architects of Japan, 143: 316-325 (in Japanese).

Ohtsubo, H. & Yoshida, J. (1985). Ultimate strength of rectangular plates under combination of loads (part 2): interaction of compressive and shear stresses. Journal of the Society of Naval Architects of Japan, 158: 368-375 (in Japanese).

Paik, J. K. & Kang, S. J. (2005). A semi-analytical method for the elastic-plastic large deflection analysis of stiffened panels under combined biaxial compression/tension, biaxial in-plane bending, edge shear and lateral pressure loads. Thin-Walled Structures, 43(2):375-410.

Paik, J. K., Thayamballi, A. K., Lee, S. K. & Kang, S. J. (2001). A semi-analytical method for the elastic-plastic large deflection analysis of welded steel or aluminum plating under combined in-plane and lateral pressure loads. Thin-Walled Structures, 39: 125-152.

Ueda, Y., Rashed, S. M. H. & Paik, J. K. (1987). An incremental Galerkin method for plates and stiffened plates. Computers & Structures, 27(1): 147-156.

Ueda, Y., Yao, T. & Kikumoto, H. (1976). Minimum stiffness ratio of a stiffener against ultimate strength of a plate. Journal of the Society of Naval Architects of Japan, 140: 199-204 (in Japanese).

Yao, T., Fujikubo, M., Yanagihara, D. & Irisawa, W. (1997). Considerations on FEM modeling for buckling/plastic collapse analysis of stiffened plates. Journal of the Kansai Society of Naval Architects of Japan, 95: 121-128 (in Japanese).

第12章 非线性有限元法

12.1 引　言

有限元法（Zienkiewicz，1977）是分析结构非线性行为的最有效的方法之一。在一般情况下，这种方法需要大量的计算，主要是因为在求解过程中必须解决大量未知数，并且含有相当复杂的数值积分过程，尤其是为了获得单元变形时的非线性刚度矩阵。

全面讨论非线性有限元法将需要完整的一本或更多书（Wriggers，2008；Belytschko et al.，2014；Borst et al.，2014；Kim，2014；Reddy，2015）。需要注意的是，如果非线性有限元法在对真实问题的理想化过程中建模技术不足，那么该方法的解可能是完全不正确的。一些教材虽然给出了非线性有限元法的原理，但很少包括该方法的建模技巧和技术（Paik et al.，2007；Hughes et al.，2013）。

本章重点介绍了非线性有限元法分析非线性结构响应的建模技术，并演示了一些结构极限强度和压溃的非线性有限元建模方法案例。前者与极端载荷有关，而后者与事故行为有关，如碰撞、搁浅、火灾和爆炸。需要指出的是，非线性有限元法对于钢板和铝板结构是通用的。

12.2　分析范围

图12.1显示了正在船厂建造的一个典型的、具有强弱支撑构件的船体板结构。一般分析时都希望考虑整体结构，但如果结构建模和计算时间或资源有限，有限元法建模可以只考虑部分目标结构。在这种情况下，必须为局部结构人为设定边界条件，而且只有在边界条件（载荷、支撑等）合理地理想化时，结果才会令人满意。

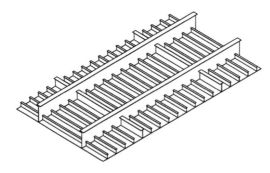

图 12.1　一个典型的船体平板结构

在研究结构变形和失效模式方面，若具有对称性的结构，分析的范围通常从目标结构中去除对称线外重复部分。图12.2展示了一些关于板和加筋板局部结构模型的例子，图12.3展示了船体结构的例子。

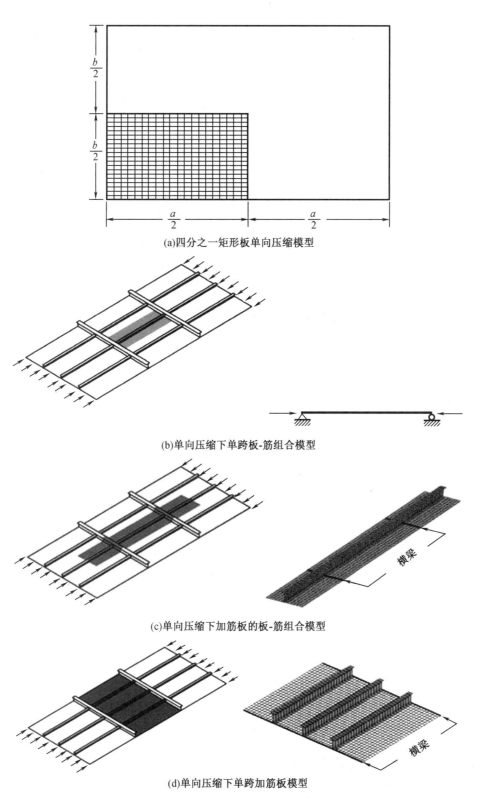

(a)四分之一矩形板单向压缩模型

(b)单向压缩下单跨板-筋组合模型

横梁

(c)单向压缩下加筋板的板-筋组合模型

横梁

(d)单向压缩下单跨加筋板模型

图 12.2 板和加筋板局部结构模型示例

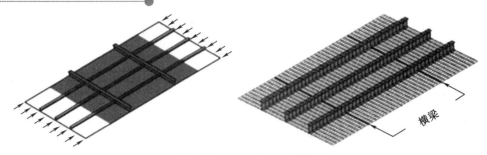

(e)单向压缩下双跨/单区加筋板模型

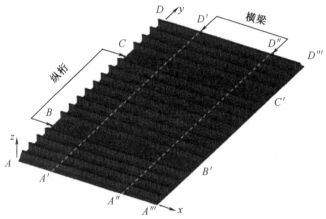

(f)单向压缩下双跨/双区加筋板模型

图 12.2(续)

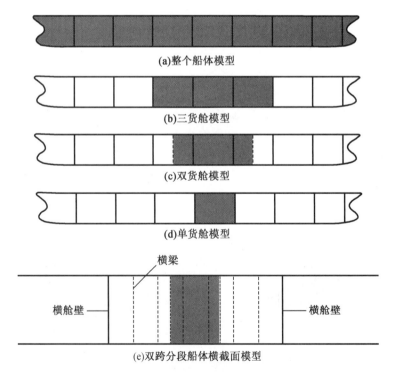

(a)整个船体模型

(b)三货舱模型

(c)双货舱模型

(d)单货舱模型

(e)双跨分段船体横截面模型

图 12.3　连续船体梁失效分析的范围

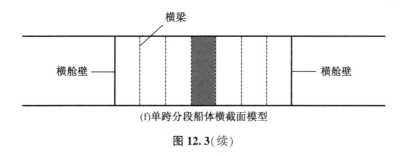

(f)单跨分段船体横截面模型

图 12.3(续)

12.3　有限单元类型

有限单元的类型有很多,但困难的是建立明确的指导来确定哪种有限元类型最合适。对于板结构的非线性分析来说,矩形板壳单元比三角形板壳单元更合适,因为矩形板壳单元在使用笛卡儿坐标系情况下更容易定义每个元素内部的膜应力分量,这种做法也适用于线性结构力学分析(Paik et al. ,2007)。

因此,四节点板壳单元通常适用于结构极限状态和结构压溃相关的非线性分析。板厚度方向上的节点位于每个单元厚度中间,这意味着在厚度层不划分单元网格。为了更准确地反映非线性行为,型材的腹板、翼板和外板也适用于板壳单元。然而对于支撑结构,建模时采用梁单元会更有效,至少如翼板,往往不推荐更精细的分析。

12.4　有限元网格尺度

尽管细化的网格尺寸会令结果更加精确,但这可能不是一个最好的做法,因为较粗的网格建模也可以获得相似的精度,这样仅需要很少的计算成本。一般会根据计算成本和精度之间的折中,通过收敛性研究来确定有限元网格的最佳尺度,通过比较各种单元网格尺寸的非线性分析案例,来筛选具备足够精度的最大有限元网格尺寸。

图 12.4 给出了结构的承载能力与有限元数量之间关系的收敛性研究曲线。有限单元的数量越多,意味着网格尺寸就越小。一般认为当使用"非协调单元"(Shi,2002)时,承载能力会随着网格尺寸的减小或单元数量的增加趋于收敛到一个稳定值。因此可以根据图 12.4 所示承载能力的收敛值来选择有限元网格的最佳尺度。这种收敛性研究可以为非线性有限元法建模时确定网格尺寸提供最佳实践。在一些"非协调单元"不收敛的情况下,根据力学特性和计算经验将有助于解决问题(Taylor et al. ,1986;Irons et al. ,1972)。

然而,需要强调的是收敛性研究本身是需要相当大的计算能力的,因此,需要指导有限元网格尺寸大小,而不必要做这样的收敛性研究。如图 12.5 所示,对于涉及弹塑性大挠度响应的加筋板结构的极限强度分析,至少需要 8 个四节点板壳单元来模拟小支撑构件(如纵向加强筋)之间的板。这些板壳单元在板长度方向上分布排列,比较理想的情况是,每个单元的长宽比接近 1。当使用四节点板壳单元时,在腹板高度方向上至少有六个单元,并且在翼板全宽度上至少有四个单元。

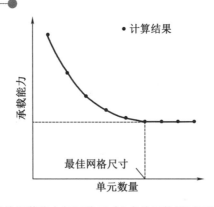

图 12.4　使用"非协调单元"的承载能力与网格尺寸(或单元数量)相关的收敛性研究(或补充测试)

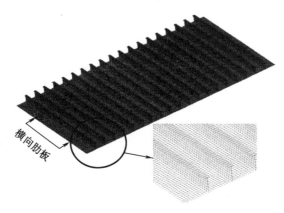

图 12.5　用于极限状态分析的加筋板结构中的板、腹板和翼板的网格尺寸

在结构碰撞性的分析中,涉及薄板的压溃和褶皱,至少需要八个四节点的板壳单元来反映板的单个压溃长度上的褶皱行为,如图 12.6 和第 10 章所述。薄板结构在压溃载荷作用下的压溃有理论公式可用,例如 Wierzbicki 和 Abramowicz(1983)推导出以下板的压溃长度公式(如第 10 章所述):

$$H = 0.983b^{\frac{2}{3}}t^{\frac{1}{3}} \tag{12.1}$$

式中,b 代表板的宽度;t 代表板的厚度;H 代表板长度的一半。

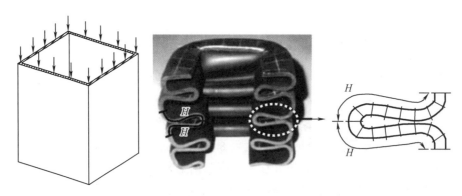

图 12.6　板结构的压溃行为和必要的有限元尺寸

因此,板碰撞性分析的单个有限元的尺寸大小可由式(12.1)预测的压溃长度除以8,即网格的尺度应小于$H/8$,然后再根据长宽比确定单元尺寸,以确保长宽比接近1。

图12.7展示了撞击船的艏部和被撞船舷侧的结构模型,撞击区域结构涉及屈曲、屈服、压溃和断裂,用更细的网格建模,而其他区域(远离碰撞区域)则用粗网格建模,由于撞击船艏也是可变形的,不是刚体,这种情况下它也需要通过更细的网格进行建模。

(a)被撞船舷和撞击船艏均为精细网格的有限元模型(黑色区域)

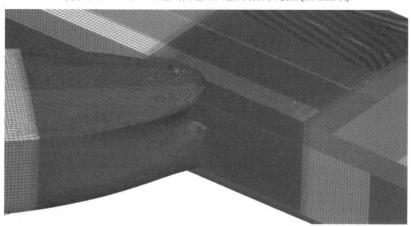

(b)碰撞开始前的放大模型

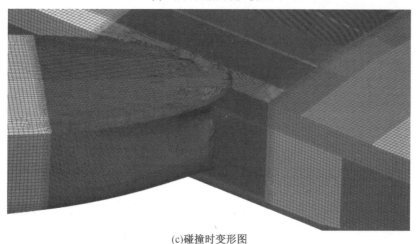

(c)碰撞时变形图

图 12.7 船舶碰撞结构分析模型示例

(d)被撞击船舷侧变形图

图 12.7(续)

12.5 材 料 模 型

在其他因素中,非线性结构计算结果通常包括材料的塑性或屈服相关的非线性。因此,对于非线性有限元分析,应根据第 1.3 节中描述的真实应力-真实应变关系精确定义材料的行为特征。当然,我们希望可以通过试件拉伸试验来确定这些应力和应变之间的实际关系,包括屈服前行为、屈服、屈服后行为(包括应变硬化效应)、极限强度和极限强度后行为(包括颈缩效应)。需要强调的是,材料的性能也会受到温度的影响。

尽管材料的实际特性已在事故极限状态评估中应用,但目前极限强度评估的行业实践仍然采用简单的材料模型。例如,在极限强度分析中,通常不考虑应变硬化和颈缩(应变软化)的影响。如第 1.3.2 节所述,这种简化的材料模型采用理想弹塑性材料模型,表示材料在达到屈服强度之前一直保持弹性行为,在屈服后既不考虑应变硬化,也不考虑颈缩。当主要考虑屈曲,塑性应变不大时,这种近似方法可能对钢适用。而结构碰撞则不同,压溃和断裂涉及较大塑性应变。然而,需要注意的是理想弹塑性模型对铝合金材料并不总是能给出足够精确的结果。

在事故情况下,结构可能会由于渐进的裂纹累积损伤引起断裂,在这种情况下,必须按照第 10 章的论述来考虑结构破裂或断裂行为。影响板壳单元临界断裂应变的一个因素是单元尺寸,这对于分析破裂或韧性断裂很重要。可以根据下面的公式用单元尺寸来预测材料的临界断裂应变 (Paik,2007a, 2007b;Hughes et al.,2013):

$$\varepsilon_{fc} = \gamma d_1 \left(\frac{t}{s} \right)^{d_2} \varepsilon_f \tag{12.2}$$

式中,ε_{fc} 为有限元模型中用于极限强度分析的临界断裂应变;ε_f 为试件拉伸试验数据得到的断裂应变;t 为单元厚度;s 为网格尺寸;γ 为局部弯曲效应相关的修正(敲减)因子;当 $t=2\ mm$ 时,室温下低碳钢的系数 $d_1 = 4.1$,$d_2 = 0.58$(Hughes et al.,2013)。随着单元厚度的增加,局部弯曲效应变得更加显著,修正因子 γ 会取值比单位值小,如 $0.3 \sim 0.4$。

应变率敏感度在结构碰撞和冲击响应分析中起重要作用。因此材料模型必须考虑动态屈服强度和动态断裂应变,第 10.3.2 节和第 10.3.3 节所述的 Cowper-Symonds 方程通常用可以用来解决该问题。利用 Cowper-Symonds 方程,可以近似计算应变率 $\dot{\varepsilon}$,假设动态加载的初始速度为 V_0,加载结束时线性降低到零,平均位移 δ 如方程(1.29)所示:

$$\dot{\varepsilon} = \frac{V_0}{2\delta} \tag{12.3}$$

对于船舶碰撞事故,应变率 $\dot{\varepsilon}$(1/s)可以近似为碰撞速度的函数(Paik et al.,2017;Ko et al. 2017):

$$\dot{\varepsilon} = 2.970 V_0 - 0.686 \quad 当 V_0 \geqslant \frac{0.231m}{s} 时 \tag{12.4}$$

式中,V_0 为撞击船舶的速度,单位为 m/s。但速度会随时间变化,为了简单起见,V_0 通常可以取初始碰撞速度。

在结构碰撞和/冲击响应分析中,应变率敏感性是一个重要的因素,因此必须予以考虑。正如第 10 章所述,通常可以采用 Cowper-Symonds 方程解决这个问题。

$$\sigma_{Yd} = \left\{ 1 + \left(\frac{\dot{\varepsilon}}{C} \right)^{\frac{1}{q}} \right\} \sigma_Y \tag{12.5}$$

$$\varepsilon_{fd} = \left\{ 1 + \left(\frac{\dot{\varepsilon}}{C} \right)^{\frac{1}{q}} \right\}^{-1} \varepsilon_{fc} \tag{12.6}$$

式中,σ_{Yd} 为动态屈服应力;σ_Y 为静态屈服应力;ε_{fd} 为有限元模型中使用的动态断裂应变;ε_{fc} 是从式(12.2)中获得的有限元模型中使用的静态断裂应变。C 和 q 是在第 10 章中描述的测试常数。

12.6 边界条件模型

当目标结构的边界与相邻结构连接时,这些边界的条件必须按实际理想化,这种问题最常发生在从目标结构中选取部分来进行局部分析时,从而产生人工边界。当试图进行某些结构简化时,目标结构内部也可能会出现类似的情况。例如,刚性约束可以用强支撑构件代替,认为强支撑构件是不变形的,不发生移动和转动,而弱支撑构件可以忽略(零约束)。然而,当边界上的约束程度既不是零也不是无限大时,就需要一组更具体的边界条件定义。

在边界理想化之前,对这些边界的实际情况有一个清晰的认识是非常重要的,如果代替部分结构的边界条件产生不确定性,则最好将该部分包含在结构模型中,尽管这样需要更多计算。

如图 12.2(f)所示的一个加筋板结构模型,单跨模型只有当横向框架位置的约束为零或无限大时(即简支或固定)才有意义。然而,如果这些框架的刚度既不是零也不是无限大,要根据分析所需的精度水平做出决定。当采用图 12.2(f)的双跨双区模型时,表 12.1 列出了与表 4.3 相似的边界条件。

表 12.1　使用双跨/双区加筋板结构有限元模型的边界条件

边界	说明
A—D 与 A'''—D'''	对称条件 $R_y = R_z = 0$，x 方向均匀位移（$U_x = 0$），与纵向加强筋耦合
A—A''' 与 D—D'''	对称条件 $R_x = R_z = 0$，y 方向均匀位移（$U_y = 0$），与横梁耦合
A'—D'，A''—D''，B—B' 与 C—C'	$U_z = 0$

注意：U_x、U_y、U_z 表示 x、y、z 方向的平动自由度，R_x、R_y、R_z 表示 x、y、z 方向的转动自由度。

12.7　初始缺陷模型

如第 1.7 节所述，焊接金属结构总是存在初始变形和残余应力等初始缺陷。与钢结构相比，焊接铝结构热影响区的屈服应力小于母材。如图 12.8 所示，焊接加筋板结构存在三种初始变形。

- 支撑构件之间船体板的初始变形：

$$w_{0pl} = A_0 \sin \frac{m\pi x}{a} \sin \frac{\pi y}{b}$$

- 柱式支承构件的初始挠度：

$$w_{0c} = B_0 \sin \frac{\pi x}{a} \sin \frac{\pi y}{b}$$

- 支持性构件初始侧偏：

$$w_{0s} = C_0 \frac{z}{h_w} \sin \frac{\pi x}{a}$$

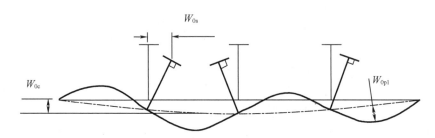

图 12.8　加筋板结构的三种初始变形

每种初始变形的大小和形状在屈曲失效行为中起着重要的作用，因此有必要更深入地了解目标结构中的实际缺陷构造。事实上，在结构建模开始之前，关于目标结构初始变形的精确信息是可取的。考虑制造相关的初始缺陷所涉及的大量不确定性，初始变形的现场测量在焊接金属结构的代表性模型开发中往往是有用的。

金属板或加强筋内部由焊接导致的残余应力分布可以如第 1.7.3 节所述理想化地描述，焊接残余应力包括拉伸和压缩残余应力区块。焊接残余应力可在纵向和横向两个方向发展，因为支撑构件通常在这两个方向焊接。结构的软化现象也可以进行建模，按照第 1.7.4 节所述，在软化区域（即热影响区）中降低材料屈服应力。

图 12.9 给出了考虑焊接初始缺陷影响的双壳油轮和集装箱船在垂向弯矩作用下的船体梁极限强度分析的非线性有限元模型。其中,采用单肋距分段船体横截面模型作为分析范围,如图 12.3(f)所示。

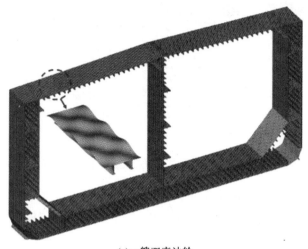

(a)一艘双壳油轮

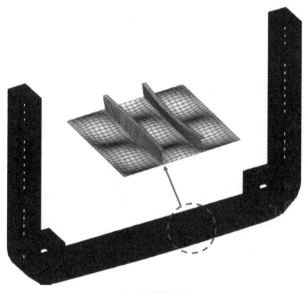

(b)一艘集装箱船

图 12.9 船体梁极限强度分析的非线性有限元模型实例(在垂向弯矩作用下,并有初始缺陷)

12.8 载荷分量施加顺序

当同时施加组合载荷分量时,可能会出现与载荷分量施加顺序有关的问题,例如,船舶结构的底板很可能受到侧向压力和压缩载荷的联合作用。前者是由货物和水引起的,后者是由船体梁在中拱状态下的弯矩引起的,如图 12.10 所示。在这种情况下,通常先施加侧压力,然后在保持侧压力不变的情况下施加轴向压缩载荷。

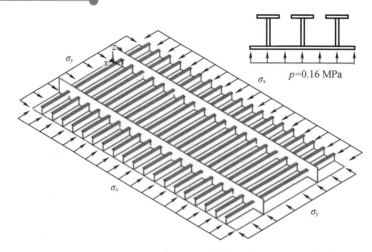

图 12.10　加筋板在轴压和侧压作用下的计算示例

随着侧压力的增大,板内初始变形的形状和大小会发生较大的变化。图 12.11 和图 12.12 给出了板在纵向和横向压缩前后侧向压力。压力使船体板有效"夹紧",改变了不同于屈曲模态的变形形状,可能导致面内压缩极限强度值大于小压力或无压力时的极限强度值。因此,对于可承受高或低侧压力,同时面内受压的板结构(如油船或散货船的水下板架),应分别计算满载和压载条件下的极限强度,取较小的值为真实极限强度。

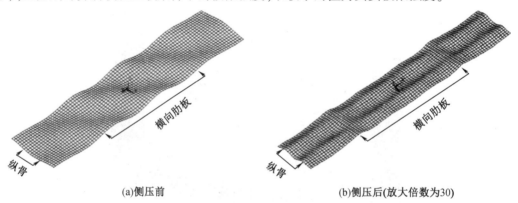

(a)侧压前　　　　　　　　　　　　　　(b)侧压后(放大倍数为30)

图 12.11　两跨板架模型在纵向压缩时的初始挠度形状

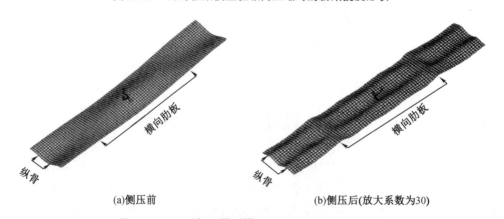

(a)侧压前　　　　　　　　　　　　　　(b)侧压后(放大系数为30)

图 12.12　双跨板架模型横向压缩下的初始变形形状

在多载荷分量组合作用下的线性结构力学中,满足各载荷分量结构响应线性叠加的原理,与载荷路径无关,结构响应的最终状态都是相同的。即使是关注屈曲或极限强度的非线性结构力学问题,在达到屈曲或极限强度之前,应变很小,载荷效应或由此产生的变形不大,也常常采用这一原理。相比之下,在碰撞和搁浅等事故情况下的结构碰撞问题,表现出与破裂和断裂相关的大应变,因此线性叠加原理不再适用。

参 考 文 献

Belytschko, T., Liu, W. K., Moran, B. & Elkhodary, K. (2014). Nonlinear finite elements for continua and structures. Second Edition, John Wiley & Sons, Ltd, Chichester.

Borst, R., Crisfield, M. A., Remmers, J. C. & Verhoosel, C. V. (2014). Nonlinear finite element analysis of solids and structures. Second Edition, John Wiley & Sons, Ltd, Chichester.

Hughes, O. F. & Paik, J. K. (2013). Ship structural analysis and design. The Society of Naval Architects and Marine Engineers, Alexandria, VA.

Irons, B. M. & Razzaque, A. (1972). Experience with the patch test. In Proceedings of the symposium on mathematical foundations of the finite element method, Edited by Aziz, A. R., Academic Press, New York, 557-587.

Kim, N. H. (2014). Introduction to nonlinear finite element analysis. Springer, Berlin.

Ko, Y. G., Kim, S. J., Sohn, J. M. & Paik, J. K. (2017). A practical method to determine the dynamic fracture strain for the nonlinear finite element analysis of structural crashworthiness in ship - ship collisions. Ships and Offshore Structures, doi. org/10. 1080/17445302. 2017. 1405584.

Paik, J. K. (2007a). Practical techniques for finite element modeling to simulate structural crashworthiness in ship collisions and grounding (Part I: Theory). Ships and Offshore Structures, 2(1): 69-80.

Paik, J. K. (2007b). Practical techniques for finite element modeling to simulate structural crashworthiness in ship collisions and grounding (Part II: Verification). Ships and Offshore Structures, 2(1): 81-85.

Paik, J. K. & Hughes, O. F. (2007). Ship structures. In Modeling complex engineering structures, Edited by Melchers, R. E. & Hough, R., ASCE Press, The American Society of Civil Engineers, Reston, VA.

Paik, J. K., Kim, S. J., Ko, Y. G. & Youssef, S. A. M. (2017). Collision risk assessment of a VLCC tanker. Proceedings of the 2017 SNAME Maritime Convention, Houston.

Reddy, J. N. (2015). An introduction to nonlinear finite element analysis. Oxford University Press, Oxford.

Shi, Z. C. (2002). Nonconforming finite element methods. Journal of Computational and Applied Mathematics, 149(1): 221-225.

Taylor, R. L. , Simo, T. C. , Zienkiewicz, O. C. & Chan, A. H. C. (1986). The patch test: a condition for assessing FEM convergence. International Journal of Numerical Methods, 22: 39-62.

Wierzbicki, T. & Abramowicz, W. (1983). On the crushing mechanics of thin - walled structures. Journal of Applied Mechanics, 50: 727-734.

Wriggers, P. (2008). Nonlinear finite element methods. Springer, Berlin.

Zienkiewicz, O. C. (1977). The finite element method. Third Edition, McGraw-Hill, London.

第13章　智能超大尺度有限元法

13.1　智能超大尺度有限元法的特点

第12章中阐述的非线性有限元法(NLFEM)是一种用于模拟非线性结构响应的、强有力的数值分析技术。然而,传统非线性有限元法的缺点是,进行大型结构的非线性分析需要大量的建模工作量和计算时间。针对该问题,学者们投入了大量的精力来改善提高分析效率。在极端或事故载荷下,结构可能会发生屈服、屈曲、压溃,有时甚至是单个构件的断裂相关的高度非线性响应。

减少建模工作量和计算时间最显著的方法是减少自由度数,从而减少了有限元刚度矩阵中的未知数。使用大结构单元进行建模可能是一种最好的方法,为了避免精度损失,必须使用专用的有限单元,所以制定合适的结构单元可以有效地模拟大部分结构的非线性行为。

在这种思想下,Ueda 团队(Ueda et al. ,1974,1984,1991;Ueda et al. ,1983,1984,1986a,1986b)提出了理想化结构单元方法(ISUM),他们认为所谓理想化的结构单元的非线性行为应由闭合的公式表示,是基于以增量形式提供的解析解,并且单个结构单元的结构刚度与整个目标结构的矩阵一起组装计算。随着载荷的增加,就可以计算出结构的进一步失效行为。

与理想化结构单元方法一同发展的是,史密斯(1977)也提出了一种类似的方法来预测船体的最大弯矩。他将船体建模为板–加强筋的组合模型,即图 2.2(a)所示的加强筋与带板(或梁–柱单元)。板–加强筋组合单元的载荷–端缩关系是通过考虑初始缺陷的 NLFEM获得的,这样就建立了大型结构的响应行为。

相比之下,ISUM 是基于结构单元的解析工程模型,因此求解结果是相当准确的,但有时候只能限于计算简单形状的结构,对复杂三维形状的结构会有一定的困难。

由 Paik(Hughes et al. ,2013)提出的智能超大尺度有限元法(ISFEM)采用了大尺度单元,这种公式化方法在其他方面与传统的有限元方法相似,相比于传统有限元方法,ISFEM方法更加智能,因为大尺度单元的高度非线性行为是预先"训练"或制定的,在判断失效状态和失效模式方面产生高水平的智能性。因为它基本采用了传统的有限元建模技术,有利于模拟复杂形状结构的非线性行为。图 13.1 展示了典型的加筋板结构,ISFEM 使用矩形板单元,可以对船体板、腹板或翼板进行建模,如图 2.2(d)所示,而 NLFEM 模型如图 2.2(e)所示。

本章主要介绍了使用矩形板单元进行极限状态分析的 ISFEM 的公式,该方法也可用于结构耐撞性分析,包括压溃和断裂失效,并对板结构达到极限强度之前和之后的渐进失效行为,给出了应用案例。

图 13.1　典型的钢板结构案例——一艘正在船厂建造的船体横剖面结构

13.2　矩形板单元的节点力和节点位移

矩形板单元的面内和面外组合变形行为可以用节点力向量 $\{R\}$ 和位移向量 $\{U\}$ 表示，每个角节点有 6 个自由度，并且认为节点位于单元的厚度中间处。

$$\{R\} = \{R_{x1}\quad R_{y1}\quad R_{z1}\quad M_{x1}\quad M_{y1}\quad M_{z1}\quad \cdots\quad R_{x4}\quad R_{y4}\quad R_{z4}\quad M_{x4}\quad M_{y4}\quad M_{z4}\}^{\mathrm{T}} \quad (13.1\mathrm{a})$$

$$\{U\} = \{u_1\quad v_1\quad w_1\quad \theta_{x1}\quad \theta_{y1}\quad \theta_{z1}\quad \cdots\quad u_4\quad v_4\quad w_4\quad \theta_{x4}\quad \theta_{y4}\quad \theta_{z4}\}^{\mathrm{T}} \quad (13.1\mathrm{b})$$

式中，R_x、R_y、R_z 分别为 x、y、z 方向的轴向节点力；M_x 和 M_y 分别是 x 和 y 方向的平面外弯矩；M_z 是 z 方向的扭矩；u、v 和 w 分别是 x、y 和 z 方向上的位移；$\theta_x = (-\partial w/\partial y)$，$\theta_y = (\partial w/\partial x)$ 和 θ_z 分别是关于 x、y 和 z 方向的转动；$\{\}^{\mathrm{T}}$ 表示向量的转置。图 13.2 中符号下标中的数字表示所定义的矩形板单元的节点号。

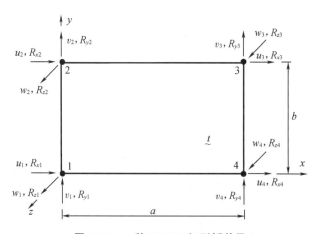

图 13.2　一种 ISFEM 矩形板单元

13.3 应变位移关系

在笛卡儿坐标系下,考虑面外和面内大变形效应的 ISFEM 矩形板单元的应变-位移关系如下:

$$\varepsilon_x = \frac{\partial u}{\partial x} - z\frac{\partial^2 w}{\partial x^2} + \frac{1}{2}\left\{\left(\frac{\partial u}{\partial x}\right)^2 + \left(\frac{\partial v}{\partial x}\right)^2\right\} + \frac{1}{2}\left(\frac{\partial w}{\partial x}\right)^2 \tag{13.2a}$$

$$\varepsilon_y = \frac{\partial v}{\partial y} - z\frac{\partial^2 w}{\partial y^2} + \frac{1}{2}\left\{\left(\frac{\partial u}{\partial y}\right)^2 + \left(\frac{\partial v}{\partial y}\right)^2\right\} + \frac{1}{2}\left(\frac{\partial w}{\partial y}\right)^2 \tag{13.2b}$$

$$\gamma_{xy} = \left(\frac{\partial u}{\partial y} + \frac{\partial v}{\partial x}\right) - 2z\frac{\partial^2 w}{\partial x \partial y} + \left\{\left(\frac{\partial u}{\partial x}\right)\left(\frac{\partial u}{\partial y}\right) + \left(\frac{\partial v}{\partial x}\right)\left(\frac{\partial v}{\partial y}\right)\right\} + \left(\frac{\partial w}{\partial x}\right)\left(\frac{\partial w}{\partial y}\right) \tag{13.2c}$$

式中,ε_x、ε_y 和 γ_{xy} 为板平面应力状态的广义应变分量。

方程右侧第一项表示小变形情况的应变,第二项表示平面外的小变形,第三和第四项分别是由于在平面内和平面外的大变形引起的非线性应变分量。由式(13.2)可以明显看出,垂直于单元平面的 z 轴转动分量不影响单元的应变。

式(13.2)对应的增量表达式为

$$\Delta\varepsilon_x = \frac{\partial \Delta u}{\partial x} - z\frac{\partial^2 \Delta w}{\partial x^2} + \left(\frac{\partial u}{\partial x}\right)\left(\frac{\partial \Delta u}{\partial x}\right) + \left(\frac{\partial v}{\partial x}\right)\left(\frac{\partial \Delta v}{\partial x}\right) + \left(\frac{\partial w}{\partial x}\right)\left(\frac{\partial \Delta w}{\partial x}\right) + \frac{1}{2}\left\{\left(\frac{\partial \Delta u}{\partial x}\right)^2 + \left(\frac{\partial \Delta v}{\partial x}\right)^2\right\} +$$
$$\frac{1}{2}\left(\frac{\partial \Delta w}{\partial x}\right)^2 \tag{13.3a}$$

$$\Delta\varepsilon_y = \frac{\partial \Delta v}{\partial y} - z\frac{\partial^2 \Delta w}{\partial y^2} + \left(\frac{\partial u}{\partial y}\right)\left(\frac{\partial \Delta u}{\partial y}\right) + \left(\frac{\partial v}{\partial y}\right)\left(\frac{\partial \Delta v}{\partial y}\right) + \left(\frac{\partial w}{\partial y}\right)\left(\frac{\partial \Delta w}{\partial y}\right) + \frac{1}{2}\left\{\left(\frac{\partial \Delta u}{\partial y}\right)^2 + \left(\frac{\partial \Delta v}{\partial y}\right)^2\right\} +$$
$$\frac{1}{2}\left(\frac{\partial \Delta w}{\partial y}\right)^2 \tag{13.3b}$$

$$\Delta\gamma_{xy} = \left(\frac{\partial \Delta u}{\partial y} + \frac{\partial \Delta v}{\partial x}\right) - 2z\frac{\partial^2 \Delta w}{\partial x \partial y} + \left(\frac{\partial u}{\partial x}\right)\left(\frac{\partial \Delta u}{\partial y}\right) + \left(\frac{\partial u}{\partial y}\right)\left(\frac{\partial \Delta u}{\partial x}\right) + \left(\frac{\partial v}{\partial x}\right)\left(\frac{\partial \Delta v}{\partial y}\right) + \left(\frac{\partial v}{\partial y}\right)\left(\frac{\partial \Delta v}{\partial x}\right) +$$
$$\left(\frac{\partial w}{\partial x}\right)\left(\frac{\partial \Delta w}{\partial y}\right) + \left(\frac{\partial w}{\partial y}\right)\left(\frac{\partial \Delta w}{\partial x}\right) + \left(\frac{\partial \Delta u}{\partial x}\right)\left(\frac{\partial \Delta u}{\partial y}\right) + \left(\frac{\partial \Delta v}{\partial x}\right)\left(\frac{\partial \Delta v}{\partial y}\right) + \left(\frac{\partial \Delta w}{\partial x}\right)\left(\frac{\partial \Delta w}{\partial y}\right) \tag{13.3c}$$

式中,前缀 Δ 表示变量的无穷小增量。

为了便于 ISFEM 法矩形单元的计算,将节点位移矢量 $\{U\}$ 分为三个分量:面内分量 $\{S\}$、面外分量 $\{W\}$ 和绕 z 轴转动的分量。因此,可以用向量 $\{S\}$ 和 $\{W\}$ 将式(13.3)改写为矩阵形式,如下:

$$\{\Delta\varepsilon\} = [B_p]\{\Delta S\} - z[B_b]\{\Delta W\} + [C_p][G_p]\{\Delta S\} + [C_b][G_b]\{\Delta W\} +$$
$$\frac{1}{2}[\Delta C_p][G_p]\{\Delta S\} + \frac{1}{2}[\Delta C_b][G_b]\{\Delta W\}$$
$$= [B]\{\Delta U\} \tag{13.4}$$

式中,$\{\Delta\varepsilon\} = \{\Delta\varepsilon_x \quad \Delta\varepsilon_y \quad \Delta\gamma_{xy}\}^T$,是应变向量的增量;$\{U\} = \{S \quad W\}^T$,是节点位移向量;$\{S\} = \{u_1 \quad v_1 \quad u_2 \quad v_2 \quad u_3 \quad v_3 \quad u_4 \quad v_4\}^T$,是平面内位移向量;$\{W\} = \{w_1 \quad \theta_{x1} \quad \theta_{y1} \quad w_2$ $\theta_{x2} \quad \theta_{y2} \quad w_3 \quad \theta_{x3} \quad \theta_{y3} \quad w_4 \quad \theta_{x4} \quad \theta_{y4}\}^T$,是平面外位移矢量;$[B]$是应变位移矩阵。

$$\left\{\frac{\partial u}{\partial x} \quad \frac{\partial v}{\partial y} \quad \frac{\partial u}{\partial y}+\frac{\partial v}{\partial x}\right\}^{\mathrm{T}} = [B_{\mathrm{p}}]\{S\}$$

$$\left\{\frac{\partial^2 w}{\partial x^2} \quad \frac{\partial^2 w}{\partial y^2} \quad 2\frac{\partial^2 w}{\partial x \partial y}\right\}^{\mathrm{T}} = [B_{\mathrm{b}}]\{W\}$$

$$\left\{\frac{\partial u}{\partial x} \quad \frac{\partial v}{\partial x} \quad \frac{\partial u}{\partial y} \quad \frac{\partial v}{\partial y}\right\}^{\mathrm{T}} = [G_{\mathrm{p}}]\{S\}$$

$$\left\{\frac{\partial w}{\partial x} \quad \frac{\partial w}{\partial y}\right\}^{\mathrm{T}} = [G_{\mathrm{b}}]\{W\}$$

$$[C_{\mathrm{p}}] = \begin{bmatrix} \frac{\partial u}{\partial x} & \frac{\partial v}{\partial x} & 0 & 0 \\ 0 & 0 & \frac{\partial u}{\partial y} & \frac{\partial v}{\partial y} \\ \frac{\partial u}{\partial y} & \frac{\partial v}{\partial y} & \frac{\partial u}{\partial x} & \frac{\partial v}{\partial x} \end{bmatrix}$$

$$[C_{\mathrm{b}}] = \begin{bmatrix} \frac{\partial w}{\partial x} & 0 \\ 0 & \frac{\partial w}{\partial y} \\ \frac{\partial w}{\partial y} & \frac{\partial w}{\partial x} \end{bmatrix}$$

13.4 应力应变关系

平面应力状态下,由于应变增量$\{\Delta\varepsilon\}$引起的膜应力(平面应力)增量$\{\Delta\sigma\}$可计算如下:

$$\{\Delta\sigma\} = [D]\{\Delta\varepsilon\} \tag{13.5}$$

式中,$\{\Delta\sigma\} = \{\Delta\sigma_x \quad \Delta\sigma_y \quad \Delta\tau_{xy}\}^{\mathrm{T}}$为平面应力状态下平均膜应力分量的增量;$\{\Delta\varepsilon\} = \{\Delta\varepsilon_x \quad \Delta\varepsilon_y \quad \Delta\tau_{xy}\}^{\mathrm{T}}$为平面应力状态下平均膜应变分量的增量。

式(13.5)中$[D]$为平均应力-平均应变矩阵,根据失效状态不同,其确定方法也不同,如第4.13节所述。具体定义如下:

- 屈曲前或未变形状态:$[D] = [D_{\mathrm{p}}]^{\mathrm{E}}$,定义如式(4.94b)
- 屈曲后或已变形状态:$[D] = [D_{\mathrm{p}}]^{\mathrm{B}}$,定义如式(4.102)
- 在极限强度后状态:$[D] = [D_{\mathrm{p}}]^{\mathrm{U}}$,定义如式(4.110)

在失效状态下,如屈曲或极限强度,应由第4章所述的理论进行校核,其中使用平均膜应力和侧压力载荷进行失效校核是必要的。图13.3说明了以轴向压缩或拉伸载荷为主的ISFEM矩形板单元的行为。值得注意的是,在第1.3.2节中所描述的材料理想弹塑性模型是在忽略应变硬化效应的情况下应用的。焊接引起的初始缺陷和结构损伤的影响与式(13.5)所示的平均应力-平均应变关系有关。

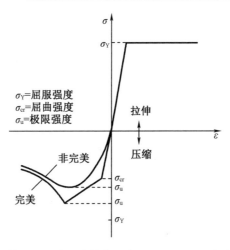

图 13.3　以轴向压缩或拉伸载荷为主的 ISFEM 矩形板单元的行为

13.5　切向刚度方程

计算非线性有限元刚度矩阵有两种常用的方法:全拉格朗日公式和更新的拉格朗日公式,后者可用于 ISFEM 的矩形板单元计算。接下来,将分别处理垂直于单元平面的与 z 轴转动有关的矩阵分量。

13.5.1　全拉格朗日方法

考虑弹性结构在节点力 $\{R\}$ 作用下,产生的内应力 $\{\sigma\}$ 处于平衡状态。假设增加虚拟位移增量 $\delta\{\Delta U\}$,相应的虚应变增量 $\delta\{\Delta\varepsilon\}$,产生节点力 $\{\Delta R\}$ 和合成应力 $\{\Delta\sigma\}$,结构仍然保持平衡。

应用虚功原理,得到如下方程:

$$\delta\{\Delta U\}^{\mathrm{T}}\{R + \Delta R\} = \int_V \delta\{\Delta\varepsilon\}^{\mathrm{T}}\{\sigma + \Delta\sigma\}\,\mathrm{dVol} \tag{13.6}$$

式中,左侧项表示虚位移增量所做的外部功;右侧项表示加载过程中变形消耗的应变能;$\int_V (\ )\,\mathrm{dVol}$ 表示对整个体积进行积分;δ 表示虚值。应变分量的虚值 $\delta\{\Delta\varepsilon\}$ 可以通过将微分方程(13.4)代入位移的增量得到,如下所示:

$$\delta\{\Delta\varepsilon\} = [B_{\mathrm{p}}]\delta\{\Delta S\} - z[B_{\mathrm{b}}]\delta\{\Delta W\} + [C_{\mathrm{p}} + \Delta C_{\mathrm{p}}][G_{\mathrm{p}}]\delta\{\Delta S\} + [C_{\mathrm{b}} + \Delta C_{\mathrm{b}}][G_{\mathrm{b}}]\delta\{\Delta W\}$$

$$\tag{13.7}$$

将式(13.5)和式(13.7)代入式(13.6),忽略高于二阶增量的高阶小量,得到单元的弹性刚度方程为

$$\{L\} + \{\Delta R\} = [K]\{\Delta U\} \tag{13.8}$$

式中,$[K]$ 为单元的刚度矩阵;$\{L\} = \{R\} - \{r\}$,为总外力 $\{R\}$ 与总内力 $\{r\}$ 之间的差值所引起的不平衡力,$\{r\}$ 可以由下式计算:

$$\{r\} = \int_V [B_p]^T \{\sigma\} dVol + \int_V [G_p]^T [C_p]^T \{\sigma\} dVol + \int_V [G_b]^T [C_b]^T \{\sigma\} dVol$$

$$(13.9)$$

式中，$\{\sigma\} = \{\sigma_x \quad \sigma_y \quad \tau_{xy}\}^T$ 为总平均膜应力分量。

载荷施加过程的每一步都应消除不平衡力。式(13.8)中的切向刚度矩阵$[K]$一般可细分为如下四项：

$$[K] = [K_p] + [K_b] + [K_g] + [K_\sigma] \qquad (13.10)$$

在上式右侧，第一项和第二项分别表示与面内和面外小变形相关的刚度矩阵。第三项是初始变形刚度矩阵，它又由三项组成，分别是几何非线性效应相关的面内和面外变形及其相互作用项(耦合项)。第四项是初始应力刚度矩阵，它是由单元的初始应力产生的，其中没有出现相互作用项(耦合项)。

每一项可以更详细地表达如下：

$$[K_p] = \begin{bmatrix} [K_1] & 0 \\ 0 & 0 \end{bmatrix}$$

$$[K_b] = \begin{bmatrix} 0 & 0 \\ 0 & [K_2] \end{bmatrix}$$

$$[K_g] = \begin{bmatrix} [K_3] & [K_4] \\ [K_4]^T & [K_5] \end{bmatrix} \qquad (13.11)$$

$$[K_\sigma] = \begin{bmatrix} [K_6] & 0 \\ 0 & [K_7] \end{bmatrix}$$

式中

$$[K_1] = \int_V [B_p]^T [D]^E [B_p] dVol$$

$$[K_2] = \int_V [B_b]^T [D]^e [B_b] z^2 dVol$$

$$[K_3] = \int_V [G_p]^T [C_p]^T [D]^E [B_p] dVol + \int_V [B_p]^T [D]^E [C_p][G_p] dVol + \int_V [G_p]^T [C_p]^T [D]^E [C_p][G_p] dVol$$

$$[K_4] = \int_V [B_p]^T [D]^E [C_b][G_b] dVol + \int_V [G_p]^T [C_p]^T [D]^E [C_b][G_b] dVol$$

$$[K_5] = \int_V [G_b]^T [C_b]^T [D]^E [C_b][G_b] dVol$$

$$[K_6] = \int_V [G_p]^T [\sigma_p][G_p] dVol$$

$$[K_7] = \int_V [G_b]^T [\sigma_b][G_b] dVol$$

$$[\sigma_p] = \begin{bmatrix} \sigma_x & 0 & \tau_{xy} & 0 \\ 0 & \sigma_x & 0 & \tau_{xy} \\ \tau_{xy} & 0 & \sigma_y & 0 \\ 0 & \tau_{xy} & 0 & \sigma_y \end{bmatrix}$$

$$[\sigma_b] = \begin{bmatrix} \sigma_x & \tau_{xy} \\ \tau_{xy} & \sigma_y \end{bmatrix}$$

在计算式(13.11)时,对弹性区域单元的整个体积积分后,涉及变量z的一阶项变为零。在弹塑性范围内,塑性变形被集中到塑性节点中体现。除了塑性节点外,在本方法中单元内部假定为弹性的。因此,这些项可以从表达式中去掉。

13.5.2 更新的拉格朗日方法

考虑到单元的局部坐标系相对于全局坐标系是固定的,式(13.10)中切向刚度矩阵$[K]$由全拉格朗日法推导,使得在整个增量加载过程中可以使用统一的变换矩阵。

相比之下,所谓更新的拉格朗日方法要求在每次施加载荷过程中都要更新局部坐标系,这样每次都要重新建立从局部坐标系到全局坐标系的变换矩阵。更新后的拉格朗日方法的好处是:由于每次施加载荷过程开始时的初始变形均可设为零,初始变形矩阵$[K_g]$可以从式(13.10)中消除。因此,切向弹性刚度矩阵$[K]$可简化为

$$[K] = [K_p] + [K_b] + [K_\sigma] \tag{13.12}$$

13.6 位移分量的刚度矩阵

关于z轴转动的刚度矩阵分量通常可以设置为零,但在某些情况下,这可能会在结构刚度方程的计算中产生数值不稳定。为了在数值计算中获得稳定效果,可以将位移分量的刚度矩阵分量θ_z加到式(13.12)的刚度矩阵中。位移分量θ_z的刚度方程可以由下式得出:

$$\begin{Bmatrix} M_{z1} \\ M_{z2} \\ M_{z3} \\ M_{z4} \end{Bmatrix} = \alpha E A t \begin{bmatrix} 1 & -\dfrac{1}{2} & -\dfrac{1}{2} & -\dfrac{1}{2} \\ -\dfrac{1}{2} & 1 & -\dfrac{1}{2} & -\dfrac{1}{2} \\ -\dfrac{1}{2} & -\dfrac{1}{2} & 1 & -\dfrac{1}{2} \\ -\dfrac{1}{2} & -\dfrac{1}{2} & -\dfrac{1}{2} & 1 \end{bmatrix} \begin{Bmatrix} \theta_{z1} \\ \theta_{z2} \\ \theta_{z3} \\ \theta_{z4} \end{Bmatrix} \tag{13.13}$$

式中,t是板的厚度;A是单元的表面积;α是一个常数,通常可以认为是一个非常小的值,例如,5.0×10^{-5}(Zienkiewicz,1977)。

13.7 位移(形状)函数

为了获得单元内部剪切应力的统一状态,本文的有限元方法中对平面内位移u和v假定为非线性函数,而对平面外位移w假定为多项式函数,用12个参数表示,这样

$$u = a_1 + a_2 x + a_3 y + a_4 xy + \frac{b_4}{2}(b^2 - y^2) \tag{13.14a}$$

$$v = b_1 + b_2 x + b_3 y + b_4 xy + \frac{a_4}{2}(a^2 - x^2) \tag{13.14b}$$

$$w = c_1 + c_2 x + c_3 y + c_4 x^2 + c_5 xy + c_6 y^2 + c_7 x^3 + c_8 x^2 y + c_9 xy^2 + c_{10} y^3 + c_{11} x^3 y + c_{12} xy^3 \quad (13.14c)$$

式中，$a_1, a_2, \cdots, c_{12}$ 为未知系数，以节点位移 $\{U\}$ 表示。

对于长 a、宽 b 的矩形板单元，将节点处的局部坐标和位移代入式(13.14)即可得到位移函数系数。

13.8　局部到总体的转换矩阵

矩形单元变换矩阵的精确公式是很难定义的，在近似公式中，通常认为单元在一个至少包含单元的三个节点的平面中。从局部坐标系到全局坐标系的变换矩阵 $[T]$ 可以用笛卡儿坐标表示(即作为节点处全局坐标的函数)。因此，局部坐标系中的单元刚度矩阵可以转换为全局坐标系中表达式如下：

$$[K]_G = [T]^T [K]_L [T] \quad (13.15)$$

式中，$[K]_L$ 和 $[K]_G$ 分别是局部坐标系和全局坐标系中的单元刚度矩阵；$[T]$ 是从局部坐标系到全局坐标系的变换矩阵。

然后，按通常的方式将全局坐标系中的所有单元刚度矩阵按组合在一起进行有限元计算，得到整个结构的刚度矩阵。通过求解给定载荷和边界条件下的刚度方程，得到结构响应。将所有单元的全局刚度矩阵组合，即可得到目标结构在全局坐标系下的增量形式的刚度方程：

$$\{\Delta R\} = \sum [K]_G \{\Delta U\} \quad (13.16)$$

13.9　扁钢型材腹板和单侧加强材翼板模型

扁钢型材腹板和角钢或 T 型材的单侧(不对称)翼板由三边支持，一边自由，如图 5.8 所示。扁钢型材腹板会发生侧向扭转屈曲(或侧倾)破坏。扁钢型材腹板可能发生的纵向扭转屈曲的临界强度可按第 5.6 节和第 5.9 节进行评估，后一部分采用第 2.9.5.1 节所述的 Johnson-Ostenfeld 公式方法进行评估。当角钢或 T 形加强筋的单侧翼板局部屈曲时，翼板的临界屈曲强度可按第 5.7 节和第 5.9 节所述进行评估。

在扁钢型材腹板或单侧翼板发生局部屈曲之前，式(13.5)所对应的板单元的应力-应变矩阵 $[D]$ 为 $[D] = [D_p]^E$，在屈曲前或未挠曲状态下均可得到，如式(4.94b)所定义。实际上，加强翼板应设计得足够强，并具有很小的细长比。在这种情况下，这种局部屈曲可能很少发生，而极限强度是通过总屈服达到的。在此情况下，与式(13.5)相关联的 ISFEM 矩形板单元的应力-应变矩阵 $[D]$ 可以遵循完全弹塑性材料模型，而没有局部屈曲效应。

13.10　应　用　案　例

将 ISFEM 理论应用于计算机程序 ALPS/GENERAL(2017)中，分析大型船体板结构的渐进失效问题。ALPS/GENERAL 的一个特殊版本是 ALPS/HULL(2017)，它可以分析船体在垂直弯曲、水平弯曲、剪切力和扭矩的联合作用下的渐进破坏。在下文中，应用 ISFEM 理论对板、箱形柱、船体梁和桥梁结构进行了连续碰撞分析，直至达到极限强度。

关于 ISFEM 的更多应用实例，感兴趣的读者可以参考 Magoga 和 Flockhart(2014)，

Zhang 等(2016),Faisal 等(2017)和 Youssef 等(2016,2017)的文献。

13.10.1 矩形板

分析矩形板在纵向和横向受压条件下的极限强度特性。板的尺寸为长 $a=3\,000$ mm,宽 $b=1\,000$ mm,杨氏模量 $E=205.8$ GPa,屈服应力 $\sigma_Y=355$ MPa,泊松比 $\nu=0.3$,板的厚度分别为 $t=15$ mm、20 mm 和 25 mm,相应的板细长比 $\beta=(b/t)\sqrt{\sigma_Y/E}=2.768$、2.076 和 1.661。

假定板内初始挠度分布为 $w_{0pl}=0.05t\sin(m\pi x/a)\sin(\pi y/b)$,其中 m 为 x 方向屈曲模态半波数,即 x 方向单向缩时 $m=3$,y 方向单向压缩时 $m=1$。假定板不存在残余应力。虽然未加载的边可以在平面上自由移动,但仍将板视为四边简支,保持直线。这种边界条件更实际,因为在连续板结构中,板块边缘很可能保持直线。

ISFEM ALPS/GENERAL 和 NLFEM 的分析模型如图 13.4 所示。在非线性有限元分析中,考虑到几何对称条件和由此产生的结果,通常只分析板的四分之一。图 13.5(a)和图 3.15(b)比较了不同板厚时,板在纵向和横向单向压缩载荷作用下的极限强度行为。从图 13.5 可以看出,ISFEM 解与 NLFEM 结果完美吻合。

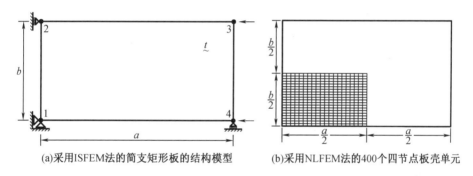

(a)采用ISFEM法的简支矩形板的结构模型　　(b)采用NLFEM法的400个四节点板壳单元

图 13.4　ISFEM ALPS/GENERAL 和 NLFEM 的分析模型

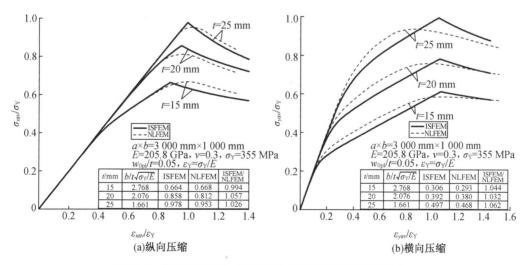

(a)纵向压缩　　　　　　　　　　(b)横向压缩

图 13.5　简支板在纵向压缩和横向压缩下的极限强度行为

注:σ_{xav} 和 σ_{yav} 分别为 x 和 y 方向的平均轴向压应力;ε_{xav} 和 ε_{yav} 分别为 x 和 y 方向的平均轴向压应变;ε_Y 为屈服应变。

13.10.2　箱形柱

将 ISFEM ALPS/GENERAL 应用于轴向受压下的薄壁箱形柱的渐进破坏分析,并将计算结果与 NLFEM 解进行了比较。

图 13.6 显示了长度方向上中部的半个箱形柱,它由非加强的矩形板单元和若干隔板组成。箱形柱两端各板单元的边缘简支,随着箱形柱两端屈曲后会产生平移和弯矩约束,这意味着箱形柱整体的端部条件像是固支(clamped,有平移但无转角)。

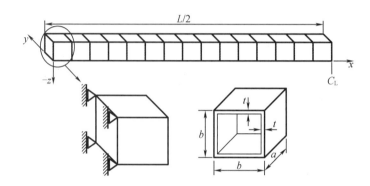

图 13.6　两端有平移和弯矩约束的简支箱形柱

分析中,箱形柱整体长度 L 在 500 mm、8 000 mm、21 000 mm 处变化,结构尺寸、材料性能及初始缺陷如下:

- 板部分的几何形状:$a \times b \times t = 500$ mm×500 mm×75 mm;
- 横隔板的厚度 $= 3.0$ mm;
- 杨氏模量:$E = 205.8$ GPa;
- 屈服应力:$\sigma_Y = 352.8$ MPa;
- 泊松比:$\nu = 0.3$;
- 最大板初始变形:$w_{0pl} = 0.05t$;
- 箱形柱初始挠度函数:$w_{0c} = \delta_0 \sin(\pi x/L)$,其中 $\delta_0 = 0.001\,5L$;
- 不存在焊接残余应力:$\sigma_{rcx} = \sigma_{rcy} = 0$。

在箱形柱中,板交接的四角位置未施加载荷的边可能对其渐进失效行为产生影响。因此,在非线性有限元分析中要考虑未加载荷边的三种不同情况。ISFEM 分析时,假定未加载荷的板边缘尽管可以在相应板单元平面内运动,但始终保持直线。在 NLFEM 分析中,考虑的两个沿角交线的相邻直角板单元未加载荷边界条件如下:

- 情况 1:未加载荷的边自由。
- 情况 2:未加载荷的板边在 y(水平)方向上保持直线,而在 z(垂直)方向上保持自由,尽管它们可以在相应的板单元平面的 y 方向上移动。
- 情况 3:未加载荷的板边在 y、z 方向上保持直线运动,但可以在相应的板单元平面的 y、z 方向上移动。

值得注意的是,轴向位移(即通过位移控制)可以均匀地施加在箱形柱的截面上。当针对箱柱整体屈曲(也包括局部屈曲)时,箱柱在 z 方向会发生整体变形,不应采用情况 3 的边界条件。

13.10.2.1 长度 $L=500\ mm$ 的短箱形柱

下面分析了 $L=500\ mm$ 的短箱形柱的渐进失效行为。箱形柱由四个矩形板单元组成。图 13.7 给出了用 NLFEM 和 ISFEM 分析的结构模型。考虑几何对称条件和由此产生的响应行为,NLFEM 分析取结构的四分之一,而 ISFEM 分析取整个结构。虽然在 NLFEM 分析中需要使用若干个网格较细的四节点板壳单元,但在进行 ISFEM 分析时,结构的每个板仅建模为一个 ISFEM 板单元,导致总共只有 4 个 ISFEM 矩形板单元。结果表明,ISFEM 分析与 NLFEM 分析相比,计算工作量要小得多。

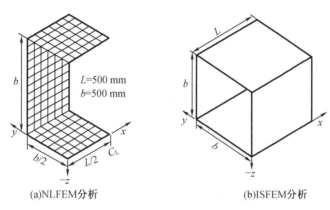

(a)NLFEM分析   (b)ISFEM分析

图 13.7 单跨(短)箱形柱的结构分析模型

图 13.8 展示了短箱形柱在极限状态下的变形形状。在这种情况下,只发生个别板块单元的局部破坏。图 13.9 显示了用 NLFEM 和 ISFEM 分析得到的短箱形柱的渐进失效行为。从图 13.9 可以明显看出,渐进失效行为取决于未加载荷板边条件,但就极限强度预测而言,ISFEM 解位于 NLFEM 结果的情况 2 和情况 3 之间。

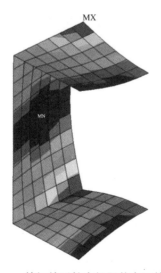

图 13.8 由 NLFEM 分析 $L=500\ mm$ 的短箱形柱在极限状态下的变形形状(显示结构的四分之一)

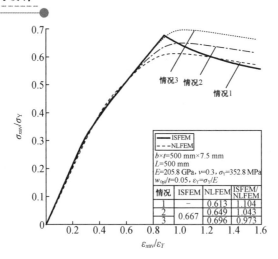

图 13.9 $L=500$ mm 短箱形柱的渐进失效行为(ε_{xav} 为 x 方向轴向平均压缩应变

注: ε_Y 为屈服应变; ε_{xav} 为 x 方向平均轴向压应力。

13.10.2.2 长度 $L=800$ mm 的中型箱形柱

本例对 $L=8\,000$ mm 或柱细长比 $\lambda=L/(\pi r)\times\sqrt{\sigma_Y/E}=0.504$ 的中型箱形柱进行了渐进失效行为的 NLFEM 和 ISFEM 计算,其中 $r=\sqrt{I/A}$ 为回转半径,A 为截面面积,I 为惯性矩。图 13.10 显示了用于 NLFEM 和 ISFEM 分析的结构模型。再次考虑对称条件,将结构的四分之一作为 NLFEM 分析的范围,而 ISFEM 结构建模包括整个结构。

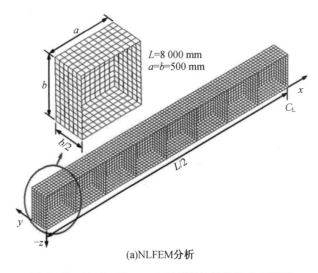

(a)NLFEM分析

图 13.10 $L=8\,000$ mm 中型箱形柱的结构分析模型

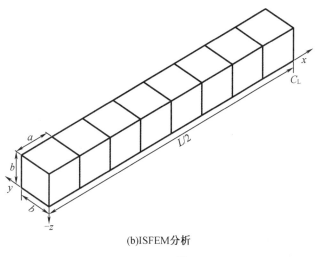

(b)ISFEM分析

图 13.10(续)

图 13.11 显示了通过 NLFEM 分析得到的结构在极限状态下的变形形状,图 13.12 给出了中型箱形柱中部受压翼板上局部板单元中心或边界的极限强度行为。图 13.13 显示了箱形柱在达到极限强度之前及之后的渐进破坏行为。用 NLFEM 分析得到的结构在极限后强度状态下的行为是非常不稳定的。其中,针对情况 1 的边界条件,有限元模型中未加载的板边界完全自由。极限强度的 ISFEM 结果介于 NLFEM 针对情况 2 和情况 3 边界条件的分析结果之间。同样,未加载荷的板边条件也会影响结构的渐进失效行为。从图 13.11 和图 13.12 可以明显看出,箱形柱的渐进失效行为仍然主要由单个板单元的局部破坏控制,但结构的局部和整体破坏模式之间的相互作用看上去很小。

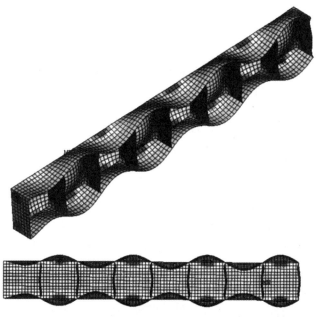

图 13.11 由 NLFEM 分析得到 $L = 8\ 000$ mm 的中型箱形柱在极限状态下的变形形状(显示结构的四分之一)

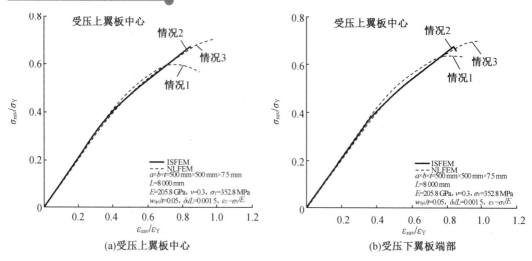

图 13.12 在 L=8 000 mm 的中型箱形柱中,在轴向压缩下的平均应力与平均应变关系

注:ε_{xav} 为 x 方向的平均轴向压缩应变;ε_Y 为屈服应变;σ_{xav} 为 x 方向的平均轴向压缩应力。

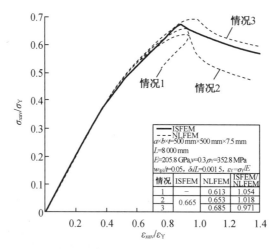

图 13.13 L=8 000 mm 的中型箱形柱的渐进失效行为

注:ε_{xav} 为 x 方向的平均轴向压缩应变;ε_Y 为屈服应变;σ_{xav} 为 x 方向的平均轴向压缩应力。

13.10.2.3 长度 L=21 000 mm 的长箱形柱

本文对 L=21 000 mm 或柱细长比 $\lambda = L/(\pi r) \times \sqrt{\sigma_Y/E} = 1.323$ 的长箱形柱进行了渐进失效计算,其中 $r = \sqrt{I/A}$ 为回转半径,A 为截面面积,I 为惯性矩。

图 13.14 显示了使用 NLFEA 和 ISFEM 的分析模型。再次考虑对称条件,将结构的四分之一作为 NLFEM 的分析范围,而 ISFEM 结构建模包括整个结构。

图 13.15 显示了通过非线性有限元分析获得的极限状态下结构的变形形状。图 13.16 显示了长箱形柱在达到极限强度之前及之后的渐进破坏行为,从图中可以看出,板单元局部失效、整体系统失效及它们的相互作用对长箱形柱的渐进破坏行为有显著影响。在这种情况下,情况 3 的边界条件不适用于非线性有限元分析,而允许在 z(垂直)方向开始整体屈曲。因此未加载板的边界条件再次影响结构的渐进倒塌行为。

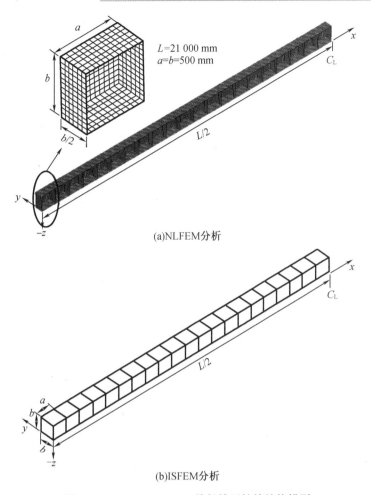

(a)NLFEM分析

(b)ISFEM分析

图 13.14　$L = 21\ 000\ mm$ 的长箱形柱的结构模型

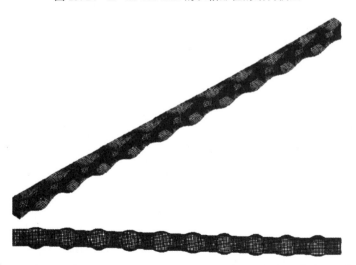

图 13.15　$L = 21\ 000\ mm$ 的长箱形柱通过 **NLFEM** 分析得到的极限状态下的变形形状(显示结构的四
　　　　分之一)

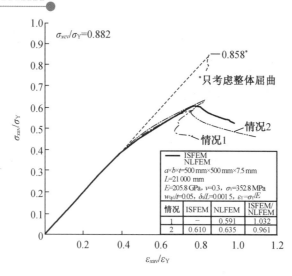

图 13.16　$L = 21\ 000$ mm 长箱形柱的渐进失效行为

用 NLFEM 得到的结构在极限后强度状态下的行为非常不稳定,在情况 1 和情况 2 中都表现出"穿透"行为。极限强度的 ISFEM 解与更精细的 NLFEM 分析结果吻合较好。

13.10.2.4　箱形柱整体屈曲

两端夹持的箱形柱的欧拉(弹性)整体屈曲应力可由第 7.4 节或第 2.9.3 节预测得到:

$$\sigma_{\mathrm{EG}} = \frac{4\pi^2 EI}{AL^2} \qquad (13.17)$$

式中,σ_{EG} 为整体弹性屈曲应力;I 为惯性矩;A 为截面面积;L 为箱形柱长度。对式(13.17)定义的弹性屈曲应力,采用第 2.9.5.1 节的 Johnson-Ostfeld 公式法进行塑性修正,即可计算出考虑塑性效应的临界屈曲应力。

非线性有限元法也可用于预测整体屈曲强度,本节将考虑两种情况,一种情况仅考虑整体屈曲模态,另一种情况同时考虑局部和整体屈曲模态,在这两种情况下都考虑了塑性的影响。进行整体屈曲分析时,不考虑板单元的局部屈曲,采用了较粗的有限元网格尺寸。由图 13.16 可知,考虑局部屈曲、整体屈曲及其相互作用,板单元无局部破坏时的承载能力(应力)为 $0.858\sigma_{\mathrm{Y}}$,远远大于实际极限强度。得出 $L = 21\ 000$ mm 长箱形柱临界屈曲应力 $\sigma_{\mathrm{crG}} = 0.882\sigma_{\mathrm{Y}}$,与 NLFEM 计算的 $0.858\sigma_{\mathrm{Y}}$ 非常接近,误差为 2.8%。

另一方面,箱形柱的实际极限强度值小于忽略局部屈曲影响得到的承载力($0.858\sigma_{\mathrm{Y}}$),误差为 31%。这意味着在计算箱形柱的极限强度时,必须考虑局部破坏、整体破坏及其相互作用的影响。

13.10.3　船体梁:DOW 试验模型

两横向框架之间的船体结构分析的范围如图 12.3(f)所示,与单跨船体横截面模型相关联。将该方法应用于在中垂弯矩下试验的 1:3 比例的护卫舰船体模型(Dow,1991)。图 13.17 显示了测试船体的横剖面图。表 13.1 列出了结构的详细信息,包括其尺寸和坐标。当然该结构有初始缺陷,Dow(1991)报道了由于制造而产生的初始挠度和残余应力的测量。但是,为了简单起见,在本计算中假定试验模型中船体板和加强筋初始缺陷的平均水平如下：

$$w_{0pl}=0.1t, \quad \sigma_{rcx}=-0.1\sigma_Y, \quad w_{0c}=w_{0s}=0.0015a$$

式中，w_{0pl} 为钢板的最大初始挠度；σ_{rcx} 为钢板在纵向（x）方向上的残余压应力；w_{0c} 为加强筋的柱式初始变形；w_{0s} 为加强筋的侧向初始变形；a 为横向框架间加强筋的长度；b 为加强筋间钢板的宽度。

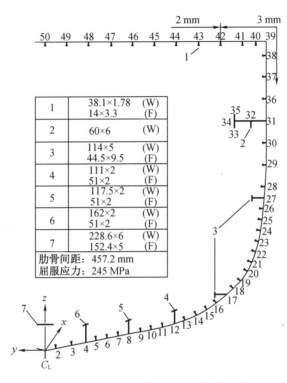

图 13.17 1：3 比例的护卫舰船体模型在下垂状态下测试（Dow,1991）

表 13.1 1：3 比例的护卫舰船体模型中板–加强筋节点坐标以及板和加强筋的结构尺寸（Dow,1991）

序号	x/mm	y/mm	z/mm	分段	板	序号	腹板/mm	翼板/mm
1	0.0	0.0	0.0	1-2	99.2×3	1	228.6×3	152.4×5
2	0.0	-98.4	13.9	2-3	153.7×3	2	38.1×1.78	14×3.3
3	0.0	-249.3	41.9	3-4	127.2×3	3	38.1×1.78	14×3.3
4	0.0	-373.9	67.7	4-5	100.3×3	4	162×2	51×2
5	0.0	-472.3	87.1	5-6	103.5×3	5	38.1×1.78	14×3.3
6	0.0	-574.0	106.5	6-7	103.5×3	6	38.1×1.78	14×3.3
7	0.0	-675.7	125.8	7-8	100.3×3	7	38.1×1.78	14×3.3
8	0.0	-774.1	145.2	8-9	110.5×3	8	117.5×2	51×2
9	0.0	-882.3	167.7	9-10	104.2×3	9	38.1×1.78	14×3.3

表 13.1(续)

序号	x /mm	y /mm	z /mm	分段	板	序号	腹板 /mm	翼板 /mm
10	0.0	−984.0	190.3	10−11	108.1×3	10	38.1×1.78	14×3.3
11	0.0	−1 089.0	216.1	11−12	111.2×3	11	38.1×1.78	14×3.3
12	0.0	−1 197.0	241.9	12−13	101.5×3	12	111×2	51×2
13	0.0	−1 292.0	277.4	13−14	108.8×3	13	38.1×1.78	14×3.3
14	0.0	−1 394.0	316.1	14−15	109.6×3	14	38.1×1.78	14×3.3
15	0.0	−1 492.0	364.5	15−16	109.8×3	15	38.1×1.78	14×3.3
16	0.0	−1 588.0	419.4	16−17	123.2×3	16	38.1×1.78	14×3.3
17	0.0	−1 686.0	493.5	17−18	78.3×3	17	114×5	44.5×9.5
18	0.0	−1 742.0	548.4	18−19	99.0×3	18	38.1×1.78	14×3.3
19	0.0	−1 807.0	622.6	19−20	103.4×3	19	38.1×1.78	14×3.3
20	0.0	−1 863.0	709.7	20−21	95.6×3	20	38.1×1.78	14×3.3
21	0.0	−1 909.0	793.5	21−22	97.3×3	21	38.1×1.78	14×3.3
22	0.0	−1 945.0	883.9	22−23	98.1×3	22	38.1×1.78	14×3.3
23	0.0	−1 975.0	977.4	23−24	101.9×3	23	38.1×1.78	14×3.3
24	0.0	−1 994.0	1077.4	24−25	98.2×3	24	38.1×1.78	14×3.3
25	0.0	−2 011.0	1 174.2	25−26	100.9×3	25	38.1×1.78	14×3.3
26	0.0	−2 024.0	1 274.2	26−27	94.0×3	26	38.1×1.78	14×3.3
27	0.0	−2 034.0	1 367.7	27−28	103.5×3	27	114×5	44.5×9.5
28	0.0	−2 040.0	1471.0	28−29	200.2×3	28	38.1×1.78	14×3.3
29	0.0	−2 050.0	1 671.0	29−30	196.7×3	29	38.1×1.78	14×3.3
30	0.0	−2 050.0	1 867.7	30−31	196.8×3	30	38.1×1.78	14×3.3
31	0.0	−2 050.0	2 064.5	31−32	146×6	31	—	—
32	0.0	−1 904.0	2 064.5	32−33	146×6	32	60×6	—
33	0.0	−1 758.0	2 004.5	33−34	60×10	33	—	—
34	0.0	−1 758.0	2 064.5	34−35	60×10	34	—	—
35	0.0	−1 758.0	2 124.4	35−36	200×3	35	—	—
36	0.0	−2 050.0	2 264.5	36−37	200×3	36	38.1×1.78	14×3.3
37	0.0	−2 050.0	2 464.5	37−38	193.6×3	37	38.1×1.78	14×3.3
38	0.0	−2 050.0	2 658.1	38−39	141.9×3	38	38.1×1.78	14×3.3
39	0.0	−2 050.0	2 800.0	39−40	101.7×3	39	—	—
40	0.0	−1 948.3	2 800.0	40−41	124×3	40	38.1×1.78	14×3.3
41	0.0	−1 824.3	2 800.0	41−42	202.7×3	41	38.1×1.78	14×3.3
42	0.0	−1 621.6	2 800.0	42−43	202.7×3	42	38.1×1.78	14×3.3

表 **13.1**(续)

序号	x /mm	y /mm	z /mm	分段	板	序号	腹板 /mm	翼板 /mm
43	0.0	−1 418.9	2 800.0	43−44	202.7×3	43	38.1×1.78	14×3.3
44	0.0	−1 216.2	2 800.0	44−45	202.7×3	44	38.1×1.78	14×3.3
45	0.0	−1 013.5	2 800.0	45−46	202.7×3	45	38.1×1.78	14×3.3
46	0.0	−810.8	2 800.0	46−47	202.7×3	46	38.1×1.78	14×3.3
47	0.0	−608.1	2 800.0	47−48	202.7×3	47	38.1×1.78	14×3.3
48	0.0	−405.4	2 800.0	48−49	202.7×3	48	38.1×1.78	14×3.3
49	0.0	−202.7	2 800.0	49−50	202.7×3	49	38.1×1.78	14×3.3
50	0.0	0.0	2 800.0	—	—	50	38.1×1.78	14×3.3

图 13.18 为采用四节点板壳单元的 NLFEM 模型,共有 36 432 个单元,其中板宽方向分配 10 个单元,加强筋腹板高度方向分配 4 个单元,加强筋翼板上分配 2 个单元,T 型材加强筋翼板两侧各有 1 个单元。图 13.19 为 ISFEM ALPS/HULL(2017)模型,其中板、加强筋腹板和加强筋翼板均采用 ISFEM 矩形板单元建模,共有 345 个智能超大尺寸矩形板单元。通过对比 NLFEM 和 ISFEM 的试验结果,图 13.20 给出了垂向弯矩与曲率的关系曲线。表 13.2 总结了 NLFEM 和 ISFEM 试验得到的极限中垂力矩。ISFEM ALPS/HULL 方法的计算结果与试验结果吻合较好。图 13.21 显示了船体横截面中性轴位置的变化。从图 13.21 中可以明显看出,随着垂向弯矩的增加,中性轴向下移,这是由于甲板板因为屈曲失效而失去作用。与非线性有限元法 NLFEM 相比,ISFEM 有限元法在计算成本方面有明显的优势。ISFEM 的另一个好处是,随着外力的增加,单个板单元的渐进破坏状态和破坏模式可以明显地被捕捉到。如果在整个结构达到极限强度之前,横向框架存在失效甚至变形的可能性,则可以使用如图 12.3(d)所示的两个横向舱壁之间的一个(货舱)模型。图 13.22 显示了 DOW 试验船体设计的 ISFEM ALPS/HULL 单舱模型,共有 4 990 个智能超大板单元。

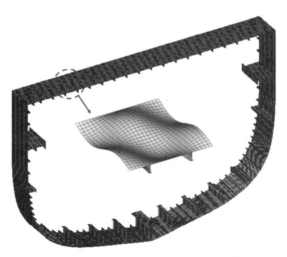

图 13.18 NLFEM 单跨船体横截面模型

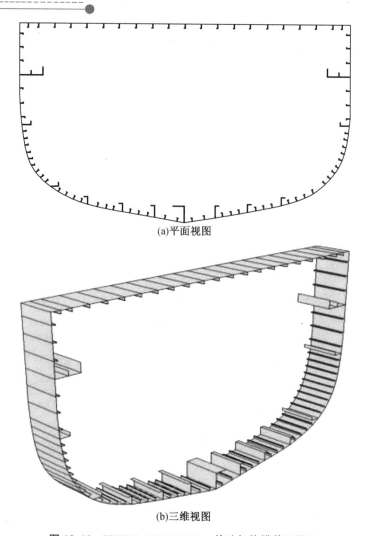

(a)平面视图

(b)三维视图

图 13.19　ISFEM ALPS/HULL 单跨船体横截面模型

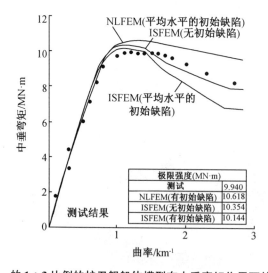

图 13.20　Dow 的 1∶3 比例的护卫舰船体模型在中垂弯矩作用下的渐进失效行为

表 13.2　通过 NLFEM 和 ISFEM 试验得到极限中垂弯矩

试验	NKFEM	NLFEM/试验	ISFEM	ISFEM/试验
9.940 MN·m	10.618 MN·m	1.068	10.144 MN·m	1.020

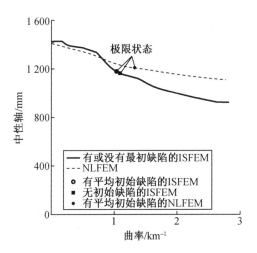

图 13.21　船体横截面中性轴位置随中垂弯矩增加而变化

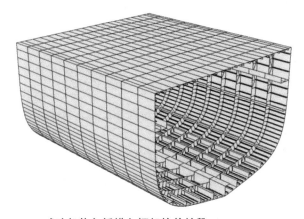

图 13.22　Dow 试验船体包括横向框架的单舱段 ISFEM ALPS/HULL 模型

13.10.4　一种腐蚀钢桥结构

如图 13.23 所示,本例对由柱支撑的钢桥的极限抗弯能力进行分析。图 13.24 显示了使用 ALPS/GENERAL 对钢桥结构分析的 ISFEM 模型,该结构由 1 845 个板单元组成,式中 $L = 30a = 75$ m(桥长),$B = 15b = 15$ m(桥宽),$H = 1.5$ m(桥高),a 为横向框架间距,b 为纵梁间距,$t_d = 15$ mm(甲板厚度),$t_b = 10$ mm(底板厚度),$t_w = 15$ mm(纵梁或横架腹板厚度),$\sigma_Y = 320$ MPa(材料屈服应力),$E = 205.8$ GPa(弹性模量),$\nu = 0.3$(泊松比)。

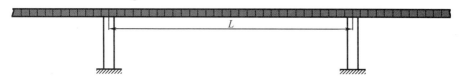

图 13.23 由柱子简单支撑的钢桥结构

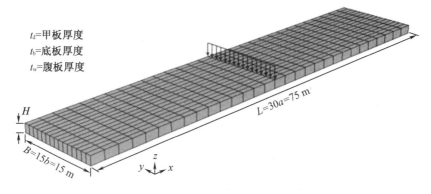

t_d=甲板厚度
t_b=底板厚度
t_w=腹板厚度

图 13.24 某钢桥结构的 ISFEM ALPS/GENERAL 模型

对纵梁和横向框架简支桥面板，$b=1000$ mm，$t_d=15$ mm。由式(3.2)和式(3.33)分别计算弹性抗屈曲强度 σ_{xE} 和临界抗屈曲强度 σ_{xcr}，分别为

$$\sigma_{xE}=\left[\frac{a}{m_o b}+\frac{m_o b}{a}\right]^2 \frac{\pi^2 E}{12(1-\nu^2)}\left(\frac{t_d}{b}\right)^2=172.8 \text{ MPa}$$

$$\sigma_{xcr}=\sigma_Y\left(1-\frac{\sigma_Y}{4\sigma_{xE}}\right)=171.9 \text{ MPa}$$

式中，m_0 是屈曲半波数，对于 $a=2\,500$ mm 和 $b=1\,000$ mm 的甲板，根据式(3.6b)确定其值为 3。

认为该结构在图 13.25 所示的区域中遭受了均匀的腐蚀损耗，其中板厚腐蚀量为 1 mm。假定板单元具有第 13.10.3 节所考虑的初始缺陷的平均水平。图 13.26 展示了由 ISFEM ALPS/GENERAL 计算机程序得到的，桥梁结构在两端夹持、跨中横向载荷作用下的渐进失效行为(图 13.25)，可由施加的线载荷与跨中挠度之间的关系表示。结果证实了腐蚀损耗会显著降低桥梁结构的极限抗弯强度。同时也证明 ISFEM 有限元方法也可用于大型平板结构的渐进失效计算。

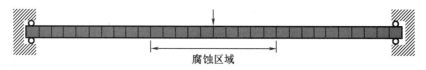

腐蚀区域

图 13.25 应用于渐进破坏分析腐蚀区域、载荷和边界条件

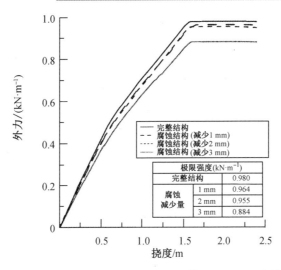

图 13.26 采用 ISFEM ALPS/GENERAL 程序计算了该桥梁结构的渐进失效行为

参 考 文 献

ALPS/GENERAL（2017）. A computer program for the progressive collapse analysis of general plated structures. MAESTRO Marine LLC, Stevensville, MD.

ALPS/HULL（2017）. A computer program for the progressive collapse analysis of ship's hull structures. MAESTRO Marine LLC, Stevensville, MD.

Dow, R. S.（1991）. Testing and analysis of 1/3-scale welded steel frigate model. Proceedings of the International Conference on Advances in Marine Structures, Dunfermline, Scotland: 749-773.

Faisal, M., Noh, S. H., Kawsar, M. R. U., Youssef, S. A. M., Seo, J. K., Ha, Y. C. & Paik, J. K.（2017）. Rapid hull collapse strength calculations of double hull oil tankers after collisions. Ships and Offshore Structures, 12(5): 624-639.

Hughes, O. F. & Paik, J. K.（2013）. Ship structural analysis and design. The Society of Naval Architects and Marine Engineers, Alexandria, VA.

Magoga, T. & Flockhart, C.（2014）. Effect of weld-induced imperfections on the ultimate strength of an aluminium patrol boat determined by the ISFEM rapid assessment method. Ships and Offshore Structures, 9(2): 218-235.

Smith, C. S.（1977）. Influence of local compressive failure on ultimate longitudinal strength of ship's hull. Proceedings of the International Symposium on Practical Design in Shipbuilding, Tokyo: 73-79.

Ueda, Y. & Rashed, S. M. H.（1974）. An ultimate transverse strength analysis of ship structures. Journal of the Society of Naval Architects of Japan, 136: 309-324（in Japanese）.

Ueda, Y. & Rashed, S. M. H.（1984）. The idealized structural unit method and its application to deepgirder structures. Computers & Structures, 18(2): 277-293.

Ueda, Y. & Rashed, S. M. H.（1991）. Advances in the application of ISUM to marine structures. Proceedings of the International Conference on Advances in Marine Structures, Dunfermline, Scotland: 628-649.

Ueda, Y. , Rashed, S. M. H. , Nakacho, K. & Sasaki, H. (1983). Ultimate strength analysis of offshorestructures: application of idealized structural unit method. Journal of the Kansai Society of Naval Architects of Japan, 190: 131-142 (in Japanese).

Ueda, Y. , Rashed, S. M. H. & Paik, J. K. (1984). Plate and stiffened plate units of the idealized structural unit method (1st report): under in-plane loading. Journal of the Society of Naval Architects of Japan, 156: 389-400 (in Japanese).

Ueda, Y. , Rashed, S. M. H. & Paik, J. K. (1986a). Plate and stiffened plate units of the idealized structural unit method (2nd report): under in-plane and lateral loading considering initial deflection and residual stress. Journal of the Society of Naval Architects of Japan, 160: 321-339 (in Japanese).

Ueda, Y. , Rashed, S. M. H. , Paik, J. K. & Masaoka, K. (1986b). The idealized structural unit methodincluding global nonlinearities: idealized rectangular plate and stiffened plate elements. Journal of the Society of Naval Architects of Japan, 159: 283-293 (in Japanese).

Youssef, S. A. M. , Faisal, M. , Seo, J. K. , Kim, B. J. , Ha, Y. C. , Kim, D. K. , Paik, J. K. , Cheng, F. & Kim, M. S. (2016). Assessing the risk of ship hull collapse due to collision. Ships and Offshore Structures, 11(4): 335-350.

Youssef, S. A. M. , Noh, S. H. & Paik, J. K. (2017). A new method for assessing the safety of ships damaged by collisions. Ships and Offshore Structures, 12(6): 862-872.

Zhang, X. M. , Paik, J. K. & Jones, N. (2016). A new method for assessing the shakedown limit stateassociated with the breakage of a ship's hull girder. Ships and Offshore Structures, 11(1): 92-104.

Zienkiewicz, O. C. (1977). The finite element method. Third Edition, McGraw-Hill, New York.

附　录　A

A.1　计算机程序 CARDANO 的 FORTRAN 源代码

考虑一个关于未知变量 W 的三阶方程如下：

$$C_1 W^3 + C_2 W^2 + C_3 W + C_4 = 0 \qquad (A.1)$$

这个方程可以通过所谓的卡尔达诺(Cardano)方法来求解。以下是解上述方程的 FORTRAN 子程序 CARDANO 的源代码。

```
      SUBROUTINE CARDANO(C1,C2,C3,C4,W)
      IMPLICIT REAL*8(A-H,O-Z)
C
C***  C1*W**3+C2*W**2+C3*W+C4=0
C***  INPUT: C1,C2,C3,C4
C***  OUTPUT: W
C     PROGRAMMED BY PROF. J.K. PAIK
C     (C) J.K. PAIK. ALL RIGHTS RESERVED.
C
      S1=C2/C1
      S2=C3/C1
      S3=C4/C1
      P=S2/3.0-S1**2/9.0
      Q=S3-S1*S2/3.0+2.0*S1**3/27.0
      Z=Q**2+4.0*P**3
      IF(Z.GE.0.0) THEN
      AZ=(-Q+SQRT(Z))*0.5
      BZ=(-Q-SQRT(Z))*0.5
      AM=ABS(AZ)
      BM=ABS(BZ)
      IF(AM.LT.1.0E-10) THEN
      CA=0.0
      ELSE
      CA=AZ/AM
      END IF
      IF(BM.LT.1.0E-10) THEN
      CB=0.0
      ELSE
      CB=BZ/BM
      END IF
      W=CA*AM**(1.0/3.0)+CB*BM**(1.0/3.0)-S1/3.0
      ELSE
      TH=ATAN(SQRT(-Z)/(-Q))
      W=2.0*(-P)**0.5*COS(TH/3.0)-S1/3.0
      END IF
      RETURN
      END
```

A.2 国际单位制单位

表 A.1 国际单位与其他单位的换算

参数	国际单位	其他单位	逆因子
长度	1 m=1 000 mm	3. 280 84 feet（ft）	1 ft=0. 304 8 m
	1 cm=10 mm	0. 393 701 inch（in）	1 in=2. 54 cm
	1 km=1 000 m	0. 539 957 nautical mile（nm）	1 nm=1. 852 km
		0. 621 371 mile	1 mije=1. 609 344 km
面积	1 m^2	10. 763 9 ft^2	1 ft^2=0. 092 903 04 m^2
	1 mm^2	0. 001 55 in^2	1 in^2=645. 16 mm^2
体积	1 m^3	35. 314 7 ft^3	1 ft^3=0. 028 316 8 m^3
	1 000 cm^3=1 L	0. 219 969 gal（UK）	1 gal（UK）=4. 546 09 L
		0. 264 172 gal（US）	1 gal（US）=3. 785 41 L
		1 bushel（UK）=8 gal（UK）	1 gal（UK）=0. 125 bushel（UK）
		1 barrel（US）=42 gal（US）	1 gal（US）=0. 023 81 barrel（US）
质量	1 kg	2. 204 62 pound（lb）	1 lb=0. 453 592 37 kg
	1 mg	0. 015 432 3 grain（gr）	1 gr=64. 798 91 mg
	1 g	0. 035 274 0unce（oz）	1 oz=28. 349 5 g
	1 tonne	0. 984 204 long tonne（LT）（UK）	1 LT=1. 016 05 tonne
		1. 102 31 short tonne（ST）（US）	1 ST=0. 907 185 tonne
速度	1 m/s=3. 6 km/h	3. 280 84 ft/s	1 ft/s=0. 304 8 m/s
		2. 236 94 mile/h	1 mile/h=0. 447 04 m/s
		1. 943 84 knot（kt）（meter system）	1 kt（meter system）=0. 514 444 m/s
		1. 942 60 knot（kt）（yard－pound system）	1 kt（Yard－Pound system）=0. 514 773 m/s
速长比	$1 \dfrac{m/s}{\sqrt{m}}$	0. 319 33 Froude no. （$V/\sqrt{Lg}$）	1 Froude no. =3. 131 56 $\dfrac{m/s}{\sqrt{m}}$
		1. 943 84 $\dfrac{kt}{\sqrt{m}}$	$1 \dfrac{kt}{\sqrt{m}}=0. 514 44 \dfrac{m/s}{\sqrt{m}}$
		1. 072 49 $\dfrac{kt}{\sqrt{m}}$	$1 \dfrac{kt}{\sqrt{m}}=0. 932 41 \dfrac{m/s}{\sqrt{m}}$
加速度	1 m/s^2	100 cm/s^2（Gal）	1 Gal=0. 01 m/s^2
		0. 101 972 G	1 G=9. 806 65 m/s^2

表 A.1(续)

参数	国际单位	其他单位	逆因子
密度	1 kg/m^3	3. 612 73×10^{-5} lb/in^3	1 lb/in^3=2. 767 99×10^4 kg/m^3
		1. 002 24×10^{-2} lb/gal(UK)	1 lb/gal (UK)=99. 776 4 kg/m^3
		8. 345 4×10^{-3} lb/gal (US)	1 lb/gal (US)=119. 826 kg/m^3
运动黏度	1 m^2/s	10. 763 9 ft^2/s	1 ft^2/s=9. 290 3×10^{-2} m^2/s
力	1 N	0. 101 972 kgf	1 kgf=9. 806 65 N
		0. 1 Mdyn	1 Mdyn=10 N
		0. 224 809 lbf	1 lbf=4. 448 22 N
压强	1 Pa = 1 N/m^2 = 1. 019 72 × 10^{-5} kgf/cm^2	1. 450 38×10^{-4} lbf/in^2(psi)	1 psi=6 894. 76 Pa
		1. 0×10^{-5} bar	1 bar=1. 0×10^5 Pa
		9. 869 23×10^{-6} atm	1 atm=1. 013 25×10^5 Pa
压力	1 N/mm^2=1 MPa=0. 101 972 kgf/mm^2, 1 kgf/mm^2=9. 806 65 MPa		
	1 N/mm^2	145. 038 lbf/in^2	1 lbf/in^2=6. 894 76×10^{-3} MPa
冲量	1 J/cm^2=0. 101 972 kgf · m/cm^2	4. 758 45 lbf · ft/in^2	1 lbf · ft/in^2=0. 210 152 J/cm^2
热量	1 J=1 N · m, 1 kJ=101. 972 kgf · m, 1 kgf · m=9. 806 65 J		
	1 kJ	737. 563 lbf · ft	1 lbf · ft=1. 355 82×10^{-3} kJ
		0. 238 889 kcal	1 kcal=4. 186 05 kJ
能量	1 kW=101. 972 kgf · m/s,1 kgf · m/s=9. 806 65×10^{-3} kW		
	1 kW	1. 359 62 PS(meter system)	1 PS(meter system)=0. 735 5 kW
		1. 341 02 HP(yard-pound system)	1 HP(yard-pund system)=7. 457×10^{-3} kW
		737. 562 lbf · ft/s	1 lbf · ft/s=1. 355 82×10^{-3} kW
		0. 238 889 kcal/s	1 kcal/s=4. 186 05 kW
温度	℃=(℉-32)×$\dfrac{5}{9}$, ℉=℃×$\dfrac{5}{9}$+32,K=℃+273. 15		

表 A.2　国际单位制单位前缀

Exa (E)=10^{18}	Deci (d)=10^{-1}
Peta (P)=10^{15}	Centi (c)=10^{-2}
Tera (T)=10^{12}	Milli (m)=10^{-3}
Giga (G)=10^9	Micro (μ)=10^{-6}
Mega (M)=10^6	Nano (n)=10^{-9}
Kilo (k)=10^3	Pico (p)=10^{-12}
Hecto (h)=10^2	Femto (f)=10^{-15}
Deca (da)=10	Atto (a)=10^{-18}

A. 3　水、盐水、空气的密度和运动黏度

表 A. 3　水、盐水、空气的密度和运动黏度

温度/℃	密度/(kg·m⁻³)			运动黏度/(m²·s⁻¹)		
	水	盐水	空气	水	盐水	空气
0	999.8	1 028.0	1.293	1.79×10^{-6}	1.83×10^{-6}	1.32×10^{-5}
10	999.7	1 026.9	1.247	1.31×10^{-6}	1.35×10^{-6}	1.41×10^{-5}
20	998.2	1 024.7	1.205	1.00×10^{-6}	1.05×10^{-6}	1.50×10^{-5}
30	995.6	1 021.7	1.165	0.80×10^{-6}	0.85×10^{-6}	1.60×10^{-5}

A. 4　物理模型测试的相似定律

尽管当前理论和数值模拟的可信度日益提高,但结构的极限状态分析和设计仍需要开展物理模型试验。使用实尺度原型或大比例模型进行物理模型试验是非常理想的。在使用小比例模型时,对于结构力学和流体力学模型试验,考虑和保持正确的缩放规律是至关重要的。

A. 4. 1　结构力学模型试验

在以结构力学测试为目的的物理模型试验中,小比例试验模型和实尺度原型必须具有一定的相似性,包括几何相似以及弹性模量(E)、质量密度(ρ)和泊松比(ν)。小比例模型和实尺度原型之间的关系由如下定义的几何比例系数给出:

$$\frac{\ell}{L} = \alpha \qquad\qquad (A. 2)$$

式中,α 是几何相似系数;ℓ 是小比例模型的尺度;L 是实尺度原型的尺度。通常情况下考虑 $\alpha \leqslant 1$,测试模型当然也可以大于实尺度原型。表 A. 4 给出了小比例模型和实尺度原型的各量间的关系。

表 A. 4　小比例模型与全尺度原型的相似性关系

项目	全尺度原型	小比例模型	关系
长度	L	l	$l = \alpha L$
排水量	Δ	δ	—
应变	$E = \Delta/L$	ε	$\varepsilon = E$
应力	$\Sigma = EE$	$\sigma = E\varepsilon$	$\sigma = \Sigma$
压力[①]	P	p	$p = P$
动压力	$F = M\Delta/T^2$	f	$f = \alpha^2 F$

表 A.4(续)

项目	全尺度原型	小比例模型	关系
质量	M	m	$m = \alpha^3 M$
时间	T	t	$t = \alpha T$
速度	$V = \Delta / T$	v	$v = V$
加速度	$A = \triangle / T^2$	$a = \delta / t^2$	$a = A / \alpha$
应力波速度	C	c	$c = C$

注:①静水压力作用在体边界上的力与实尺度结构中的 PL^2 有关,表示为 $pl^2 = p\alpha^2 L^2$。

A.4.2 流体动力学模型试验

A.4.2.1 弗劳德相似定律

当实尺度结构按比例缩小到模型尺寸时,弗劳德相似定律是为了确保惯性力和重力(黏性横摇阻尼力除外)之间的关系。可以认为,如果以下弗劳德数 Fr 在小比例模型和实尺度原型都相同,则保证了弗劳德相似,即

$$Fr = \frac{V}{\sqrt{gL}} \quad\quad\quad (A.4.2)$$

式中,Fr 是弗劳德数;V 是速度;L 是长度;g 是重力加速度。

为了获得正确的弗劳德数相似,具体模型测试中的所有长度必须按相同的因子进行比例缩放,如表 A.5 所示。例如,如果以 1：κ 的比例考虑水深,则船舶的长度、宽度、吃水、波高和波长应考虑相同的比例。模型试验通常在淡水中进行,而实尺度装置在盐水中使用。盐水与淡水的密度比被认为是 $r = 1.025$。

表 A.5 各种物理量的弗劳德相似定律

参数	单位	缩放参数
长度	m	κ
时间	s	$\kappa^{0.5}$
频率	1/s	$\alpha^{-0.5}$
速度	m/s	$\kappa^{0.5}$
加速度	m/s^2	1
体积	m^3	κ^2
水密度	t/m^3	r
质量	t	$r \cdot \kappa^3$
力	kN	$r \cdot \kappa^3$
力矩	kN·m	$r \cdot \kappa^4$
延伸刚度	kN/m	$r \cdot \kappa^2$

注:κ 为比例因子;r 为淡水与海水的密度比,在淡水中进行模型试验时通常可取 $r = 1.025$,而实尺度测试时通常采用盐水密度。

A.4.2.2 雷诺比例定律

与黏性力相关的比例效应,例如船舶、立管和系泊线上的黏性横摇阻尼力矩,与弗劳德相似定律不一致,但遵循雷诺相似定律,即在模型和实尺度结构之间存在

$$Re = \frac{VL}{\mu} \tag{A.4}$$

式中,Re 是雷诺数;μ 是运动黏度;L 和 V 在式(A.3)中定义。

实际上,在特定的模型测试中同时实现弗劳德相似定律和雷诺相似定律并不简单。这是因为弗劳德相似定律要求模型速度随长度的平方根而变化,而雷诺相似定律需要一个反比关系。在实践中,当自由表面条件与流和风无关时,模型测试可能需要通过高雷诺数设置进行,要求更高的流速和更大的模型。然而,由于流速和模型雷诺数的物理限制,这又不容易实现。需要注意的是,如果模型和实尺度结构的雷诺数都足够高,则模型和实尺度雷诺数之间的差异可能不显著。

A.4.2.3 涡旋脱落效应

在钝体周围的流动中,涡旋脱落效应很重要,其中尾流的不稳定性会导致旋涡的周期性产生和脱落。由于旋涡脱落,可使物体受到横向(流动方向垂直)上分量最大、流向上分量最小的作用力。对于海洋装置中的立管、系泊线等阻尼较低的柔性结构,当激励频率接近柔性结构的固有频率之一时,可发生涡激振动现象。在模型试验中保持模型和实尺度结构下列相似的情况下,可以考虑旋涡脱落效应。

$$Sr = \frac{\lambda D}{V} \text{或 } V_r = \frac{1}{Sr} \tag{A.5}$$

式中,Sr 是斯特劳哈尔数(Strouhal number);V 是流速;D 是物体的直径;λ 是涡旋脱落的频率;V_r 是被缩减的流速。

A.4.2.4 表面张力效应

与全尺寸原型相比,极小比例的模型测试中表面张力的影响可能很重要。表面张力效应主要源自小波的特性。因为当波浪变得很小时,会对水面产生明显的矫直效应。这可以改变波长与相速度的关系,使表面张力成为重力的附加效应。当模型的波长小于 0.1 m 时,表面张力效应被认为是重要的,这样的波称为波纹或涟漪。在海洋工程领域,对周期小于 4 s,相当于波长小于 25 m 的波浪,一般不感兴趣。因此,只要模型比例大于 1∶250,表面张力效应可能不重要。

A.4.2.5 压缩效应

在海洋工程结构物的设计中通常不考虑水和空气的可压缩性,虽然它们对商船的螺旋桨和动力定位系统的推进器可能很重要。